Reinhold Laska
Christian Felsch

Werkstoffkunde für Ingenieure

Aus dem Programm Werkstoffkunde

Lehrbücher:

Werkstoffkunde und Werkstoffprüfung, von W. Weißbach

Aufgabensammlung, Werkstoffkunde und Werkstoffprüfung,
von W. Weißbach, U. Bleyer und M. Bosse

Werkstoffkunde für Ingenieure, von R. Laska und Ch. Felsch

Werkstoffkunde für Elektroingenieure, von P. Guillely, R. Hezel
und B. Reppich

Technologie der Werkstoffe, von J. Ruge

Praktikum:

Praktikum in Werkstoffkunde, von E. Macherauch

Handbücher:

Arbeitshilfen und Formeln für das technische Studium
Band 1 Grundlagen, von A. Böge

Das Techniker Handbuch, von A. Böge

Vieweg

Reinhold Laska
Christian Felsch

Werkstoffkunde für Ingenieure

Mit 230 Bildern

Friedr. Vieweg & Sohn   Braunschweig/Wiesbaden

CIP-Kurztitelaufnahme der Deutschen Bibliothek

Laska, Reinhold:
Werkstoffkunde für Ingenieure/Reinhold Laska;
Christian Felsch. — Braunschweig, Wiesbaden:
Vieweg, 1980.
   (Viewegs Fachbücher der Technik)

NE: Felsch, Christian.

1981

Satz: Satzstudio R.-E. Schulz, Dreieich
Umschlagentwurf: Hanswerner Klein, Leverkusen

ISBN-13: 978-3-528-04173-1   e-ISBN-13: 978-3-322-88816-7
DOI: 10.1007/978-3-322-88816-7

Vorwort

Dieses Buch soll nicht nur den Studenten der Ingenieurwissenschaften der Hochschulen eine umfassende Hilfe bei ihren werkstoffkundlichen Studien sein, es soll darüber hinaus auch den in der betrieblichen Praxis stehenden Ingenieuren als Fachbuch und Nachschlagewerk zur Wiederaufbereitung des werkstoffkundlichen Fachwissens und zur beruflichen Weiterbildung dienen.

Ausgehend vom atomaren bzw. molekularen Aufbau der metallischen und organischen Werkstoffe werden deren Eigenschaften und Einsatzmöglichkeiten unter Einschaltung der gebräuchlichen Verfahren der Werkstoffprüfung abgeleitet. Dabei geht es den Verfassern nicht um die Vermittlung belastenden Fakten- und Katalogwissens, sondern um die konsequente Erarbeitung der direkten kausalen Zusammenhänge in der Wissenschaft von den Werkstoffen. Bei diesem Bemühen stehen die Metalle und die organischen Werkstoffe wegen ihrer herausragenden technischen und wirtschaftlichen Bedeutung im Vordergrund der Behandlung der theoretischen Grundlagen und der praxisbezogenen Werkstoffanwendung.

Das Lehrbuch setzt diejenigen Grundlagenkenntnisse der naturwissenschaftlichen Fächer voraus, die in den Gymnasien und Fachoberschulen gemäß der an ihnen gültigen Stoffpläne behandelt werden. Aus diesem Grunde wird z. B. auf die detaillierte verfahrensbezogene Beschreibung der verschiedenen metallurgischen Prozesse verzichtet. Es werden lediglich diejenigen chemischen und metallurgischen Technologien in das Stoffvolumen einbezogen, die einen direkten verarbeitungsbezogenen Einfluß auf die Eigenschaften und das Betriebsverhalten der Werkstoffe ausüben.

Dortmund, Herbst 1980

Reinhold Laska
Christian Felsch

Inhaltsverzeichnis

1 Übersicht über die Werkstoffe

Als Werkstoffe sind solche Stoffe zu bezeichnen, die unter Beachtung wirtschaftlicher Kriterien und Aspekte wegen ihrer besonderen Eigenschaften gezielt hergestellt und in der industriellen, handwerklichen, wissenschaftlichen und militärischen Praxis genutzt werden. Sie kommen durchweg im festen Zustand zum Einsatz. Schmelzen und Dämpfe spielen im Hinblick auf ihre Verwendung nur eine untergeordnete Rolle. Für die Funktionserfüllung und Nutzung der Werkstoffe sind z. B. das Schmelz-, Gieß- und Erstarrungsverhalten, das sich bei den verschiedenen Beanspruchungsarten und Temperaturen einstellende Festigkeits- und Bruchverhalten, das Verhalten bei der Elektrizitäts- und Wärmeleitung und bei der Magnetisierung, das Korrosionsverhalten, das Verhalten bei Verschleißbeanspruchung und das Verhalten bei Teilchenbestrahlung von Bedeutung.

Bei der Zuordnung der einzelnen Werkstoffe zu wenigen umfassenden Werkstoffgruppen ergibt sich, daß der großen Werkstoffgruppe der metallischen Werkstoffe die fast ebenso vielfältige der organischen Werkstoffe gegenübersteht (Bild 1.1). Die verbleibenden Gruppen der Halbleiter und der keramischen Werkstoffe haben nur in vergleichsweise begrenzten technischen Bereichen eine herausragende Bedeutung, und die Verbundwerkstoffe sollen die besonderen Eigenschaften der Vertreter der genannten Werkstoffgruppen optimal miteinander kombinieren.

Das Hauptgewicht der Werkstoffkunde liegt seit langem bei den metallischen Werkstoffen. Bei ihnen handelt es sich trotz der mengenmäßigen Zunahme und der fortschreitenden Anpassung der Substitutionswerkstoffe an die vielfältigen Wünsche und Forderungen der Verarbeiter und Anwender von Werkstoffen um die technisch und wirtschaftlich im Vordergrund stehende Werkstoffgruppe.

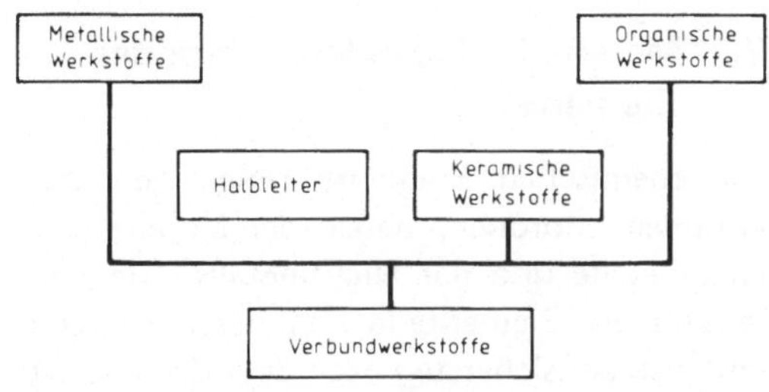

Bild 1.1 Übersicht über die Werkstoffgruppen

2 Metallische Werkstoffe

2.1 Metalle im Periodensystem der Elemente

Die chemischen Elemente lassen sich drei Gruppen zuordnen, denen der Metalle, der Halbmetalle und der Nichtmetalle. Die Einreihung der Elemente in eine dieser Gruppen läßt sich am sichersten nach dem Zahlenwert der elektrischen Leitfähigkeit vornehmen. Die *Metalle* sind durchweg gute Leiter des elektrischen Stromes, wobei ihre Leitfähigkeit mit steigender Temperatur abnimmt. Die *Halbmetalle* weisen nur eine sehr geringe Leitfähigkeit auf, die im Gegensatz zu derjenigen der Metalle bei Temperaturzunahme größer wird, und die *Nichtmetalle* sind ausgesprochene Nichtleiter. Die zahlenmäßig stärkste Gruppe ist die der Metalle. Etwa 75 % aller chemischen Elemente sind Metalle.

Im Periodensystem der Elemente nimmt deren Neigung zum metallischen Verhalten innerhalb der Perioden von rechts nach links und innerhalb der Gruppen mit steigender Ordnungszahl zu. Der Grund für diese Systematik ist, daß die Außenelektronen der Atome in diesen Richtungen als Folge der abnehmenden Ladung des Atomrumpfes in der Periode bzw. der zunehmenden Ausdehnung des Atomrumpfes in den Gruppen weniger fest an den Rumpf gebunden sind und ihre Abspaltung eine verminderte Energie erfordert. Die Ionisierungsenergie nimmt folglich in diesen Richtungen ab, und die Abgabe der Außenelektronen an das für die typischen metallischen Eigenschaften verantwortliche Elektronengas kann leichter erfolgen. Metalle sind folglich Elemente oder Gemenge von Elementen, deren Atome eine niedrige Ionisierungsenergie aufweisen, und metallische Werkstücke bestehen aus einem System positiv geladener Ionen (Atomrümpfe) und einem System von Kollektivelektronen, die sich innerhalb des Ionenverbandes weitgehend frei bewegen können.

Die Abgrenzung der Elemente mit Metallcharakter von den Nichtmetallen erfolgt durch das Band der sich diagonal durch das Periodensystem erstreckenden Elementgruppe der Halbmetalle B, Si, Ge, As, Sb, Te und Bi. Bei zusätzlicher Berücksichtigung einzelner Modifikationen der Elemente Sn, C, P und Se ergibt sich noch eine Verbreiterung der Halbmetalldiagonalen. Sie sorgt dafür, daß der Übergang von den metallischen Elementen zu den Nichtmetallen fließend erfolgt. Tabelle 2.1 gibt das entsprechend gegliederte Periodensystem der Elemente bei alleiniger Berücksichtigung der Hauptgruppenelemente wieder. Dabei ist zu beachten, daß das Verhältnis der beiden Blöcke der Metalle und der Nichtmetalle wegen des Fehlens der Nebengruppenelemente zugunsten der Nichtmetalle verschoben wird.

2.2 Kennzeichnende Eigenschaften der Metalle

Die Metalle sind durch eine Reihe typischer Eigenschaften ausgezeichnet, die sich bei den Halb- und Nichtmetallen nicht oder weit weniger ausgeprägt finden. Dabei soll im folgenden der Metallbegriff sowohl für ein chemisches Element mit eindeutigem Metallcharakter, als auch für eine aus mehreren Elementen bestehende Legierung Verwendung finden.

Im festen Aggregatzustand bilden die Metallatome in der Regel einfach kubische oder hexagonale *Kristallgitter*, wobei die Atome in die Metallionen und die Leitungselektronen aufgespalten sind. Ein dreidimensionales Ionengitter ist demnach in eine Wolke

Tabelle 2.1 Periodensystem der Elemente (Hauptgruppenelemente)

Perioden	Gruppen							
	I	II	III	IV	V	VI	VII	VIII/O
1	H							He
2	Li	Be	B	C	N	O	F	Ne
3	Na	Mg	Al	Si	P	S	Cl	Ar
4	K	Ca	Ga	Ge	As	Se	Br	Kr
5	Rb	Sr	In	Sn	Sb	Te	J	Xe
6	Cs	Ba	Tl	Pb	Bi	Po	At	Rn
7	Fr	Ra						
	Metalle			Halbmetalle		Nichtmetalle		

leicht beweglicher Elektronen eingebettet. Diese sind zeitweilig nicht an ein bestimmtes Atom gebunden. Diese Elektronenabspaltung betrifft größenordnungsmäßig ein Elektron pro Atom. Die durch die negative Raumladung der Elektronen bewirkte metallische Bindung führt also zu Stoffen, die neben den an die Atomkerne gebundenen Elektronen noch freie Elektronen enthalten. Die Gesamtheit der zu einem Zeitpunkt frei beweglichen Elektronen stellt das *Elektronengas* dar. Auch für diese im Metall vagabundierenden Elektronen gilt der mit Hilfe der klassischen Physik nicht erfaßbare Dualismus von Partikel und Welle. Der kleinen Masse der Elektronen stehen deren ausgeprägte Welleneigenschaften gegenüber.

Auf die metallische Bindung sind die typischen Metalleigenschaften wie die durchweg gute Leitung des elektrischen Stromes und der Wärme, der metallische Glanz, die dichte Atompackung, die weitgehende Legierbarkeit, die durchweg hohe Festigkeit und die Umformbarkeit zurückzuführen. Diese kennzeichnenden Eigenschaften der Metalle bieten die Voraussetzungen für die gesteuerte vielfältige Nutzung der Reinmetalle und besonders der Legierungen.

3 Grundlagen der Metallkunde und der Metallphysik

3.1 Erstarrung der metallischen Schmelzen

3.1.1 Keimbildung und Kristallwachstum

Die technische Verwendung eines metallischen Werkstoffes erfolgt fast immer im festen Aggregatzustand. Lediglich das Quecksilber und das Natrium finden, abgesehen von Zusatzwerkstoffen für das Schweißen und Löten, als Schmelze Verwendung, das Quecksilber in Meß-, Steuer- und Regelgeräten, das Natrium als Kühlmittel in einigen Kernreaktortypen. Der flüssige Zustand ist sonst immer nur ein verfahrenstechnisch bedingter Zwischenzustand, der aber häufig mitbestimmend ist hinsichtlich der Eigenschaften und damit der Gebrauchseignung der Werkstoffe.

Die Erstarrung einer Schmelze geht bei Wärmeentzug von Stellen aus, die gegenüber anderen Punkten der Schmelze besonders bevorzugt sind. Dabei werden aus der schmelzflüssigen Phase Kristalle gebildet, ein Vorgang, der als *Kristallisation* bezeichnet wird. Schmelze und Kristalle unterscheiden sich darin, daß die Atome der Schmelze eine hohe Beweglichkeit besitzen, während die Atomrümpfe der Kristalle in einem dreidimensionalen Kristallgitter an eine vorgegebene Gleichgewichtslage gebunden sind. In einem Kristall besteht also eine weitreichende atomare Fernordnung. Die Atombewegungen beschränken sich auf regelmäßige Schwingungen um feste Ruhelagen. Die Schwingungsamplituden wachsen mit der Temperatur und beeinflussen dadurch eine Reihe von Eigenschaften des metallischen Festkörpers wie z. B. die Wärmeausdehnung und die elektrische Leitfähigkeit. In einer Schmelze kann dagegen höchstens eine mehr oder weniger zufällige Nahordnung der Ato-

me bestehen, die sich lediglich über wenige Atomabstände erstreckt. In erster Annäherung kann dem schmelzflüssigen Zustand eine ungeordnete Atomverteilung zugeschrieben werden.

Der Vorgang der Kristallisation beginnt mit der *Keimbildung.* Diese muß zwangsläufig noch in atomaren Dimensionen ablaufen. Eine Reihe von Atomen der Schmelze ordnen sich zufällig zu einem Haufwerk an, das eine für das erstarrende Metall charakteristische stabile Atomanordnung besitzt. Ein derartig geordnetes Atomhaufwerk wird als Cluster oder Subkeim bezeichnet. Als Folge der Wärmebewegung der Atome bilden sich in der Schmelze laufend derartige Subkeime, zerfallen aber auch schnell wieder. Es kommt erst dann zu einer beginnenden Kristallisation, wenn die durch eine stabile Atomanordnung gekennzeichneten Keimembryos die Fähigkeit besitzen zu wachsen. Erst ein derartiges wachstumsfähiges Atomhaufwerk eines Keimembryos ist als Keim zu bezeichnen. Er beginnt erst bei Erreichen der Erstarrungstemperatur, thermodynamisch stabil zu werden. Unterhalb dieser Temperatur wird die Triebkraft für die Keimbildung und das Keimwachstum immer größer. Dementsprechend zeigt die Erfahrung, daß die Kristallisation eines Metalles aus einer unterkühlten Schmelze heraus erfolgt. Dabei ist ein Keim wachstumsfähig, wenn sein Radius unter der Annahme einer kugelförmigen Keimform gleich einem gewissen kritischen Radius ist. Die Erstarrungstemperatur ist dann diejenige Temperatur, die bei geringfügiger Unterschreitung Kristallisationskeime stabiler Größe zuläßt. Der maßgebende kritische Radius r_k liegt in der Größenordnung von zehn Atomdurchmessern, ist aber von der Unterkühlung der Schmelze abhängig. Eine stärkere Unterkühlung bedingt einen kleineren kritischen

Keimradius, erhöht also die Keimbildungswahrscheinlichkeit.

Eine *homogene Keimbildung* liegt vor, wenn alle Punkte innerhalb der Metallschmelze hinsichtlich des Auftretens stabiler arteigener Keime gleichberechtigt sind. Die bei homogener Keimbildung auftretenden Keime zeigen innerhalb des Schmelzvolumens eine regellose Verteilung.

Die *heterogene Keimbildung* erlaubt eine wirkungsvollere Einflußnahme auf den Erstarrungsvorgang. In der Regel bieten sich besonders bevorzugte Punkte in der Schmelze für die Keimbildung an. Solche Punkte sind in erster Linie Tegel-, Form- und Kokillenwände, Verunreinigungen der Schmelze und absichtlich eingebrachte *Impfstoffe*. Deren Impfwirkung ist besonders ausgeprägt, wenn der die artfremden Keime liefernde Zusatz Kristallstrukturen aufweist, die denen des zur Erstarrung kommenden Werkstoffs ähnlich sind, so daß die Anlagerung der Metallatome der Schmelze erleichtert wird.

Artfremde Keime spielen bei der Kristallisationsbeeinflussung von Schmelzen eine bedeutende Rolle. Für viele Werkstoffe wurden spezielle Impflegierungen entwickelt, die den Fremdkeimzustand der Schmelze verändern. So haben Impfelemente und Impflegierungen z. B. bei der Verfeinerung der Primärkristalle in Schnellarbeitsstählen oder bei der Graphitbeeinflussung von Gußeisen eine herausragende Bedeutung.

Ein Keim wächst, wenn die Anlagerung von Atomen die Ablösung bereits an das Atomhaufwerk des Keimes angebauter Atome übersteigt. Das weitere Wachstum des aus dem Keim hervorgehenden Kristalles wird durch die *Kristallisationsgeschwindigkeit* bestimmt. Die im Endstadium zusammenstoßenden Kristalle werden auch als *Körner* bezeichnet. Das entstehende Gefüge besteht aus Körnern, die an den *Korngrenzen* zusammenstoßen. Es kann grobkörnig oder feinkörnig sein. Dabei wird das bei der Erstarrung der Schmelze entstehende Kristallgefüge als Primärgefüge bezeichnet und von dem durch eventuelle Umwandlungen im festen Zustand gebildeten Sekundärgefüge unterschieden.

Hinsichtlich der für die Werkstoffeigenschaften bedeutsamen Korngröße wird das Gefüge durch die beiden Einflußgrößen Keimzahl und Kristallisationsgeschwindigkeit bestimmt. Das Zusammenspiel von Keimzahl und Kristallisationsgeschwindigkeit führt zu einem Grobkorn, wenn die Zahl der arteigenen und artfremden Keime gering und die Kristallisationsgeschwindigkeit groß ist, so daß nur wenig Zeit für die Bildung neuer wachstumsfähiger Keime in der Schmelze verbleibt. Umgekehrt stellt sich ein Feinkorn ein, wenn die Keimzahl groß und die Kristallisationsgeschwindigkeit klein ist.

Ebenso wie die Keimzahl wird auch die Kristallisationsgeschwindigkeit mit zunehmender Unterkühlung größer. Bei der Erstarrungstemperatur ist sie gleich Null, nimmt mit wachsender Unterkühlung zu und fällt dann wieder als Folge der nachlassenden Atombeweglichkeit.

Das bedeutsame Phänomen der *Unterkühlung* einer Schmelze kann anhand des Abkühlungsverlaufs bei der Erstarrung einer Schmelze veranschaulicht werden. Ohne das Auftreten einer Unterkühlung würde sich ein Temperatur-Zeit-Verlauf gemäß Bild 3.1 ergeben. Die bei der Erstarrung der Schmelze freiwerdende Erstarrungswärme führt zu einem ausgeprägten Haltepunkt. Die Temperatur der erstarrenden Schmelze bleibt solange konstant, wie noch Schmelze vorhanden ist. Tritt bei der Erstarrung eine Unterkühlung ein, so wird die ideale Abkühlungskurve des Bildes 3.1 in die reale des Bildes 3.2 abgewandelt. Das Auftreten der ersten Kristalle er-

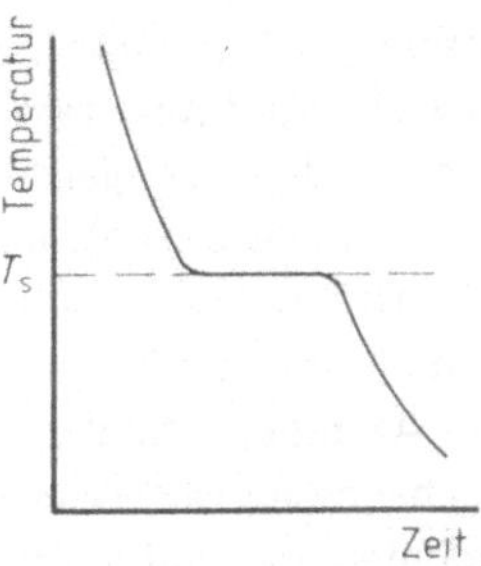

Bild 3.1 Temperaturverlauf bei der Erstarrung ohne Auftreten einer Unterkühlung

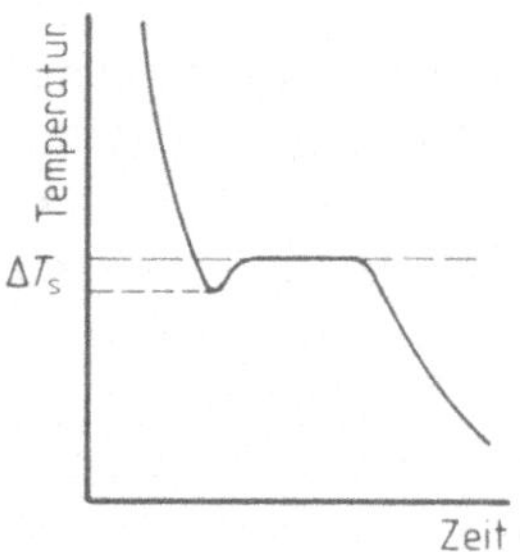

Bild 3.2 Temperaturverlauf bei der Erstarrung mit Unterkühlungseffekt

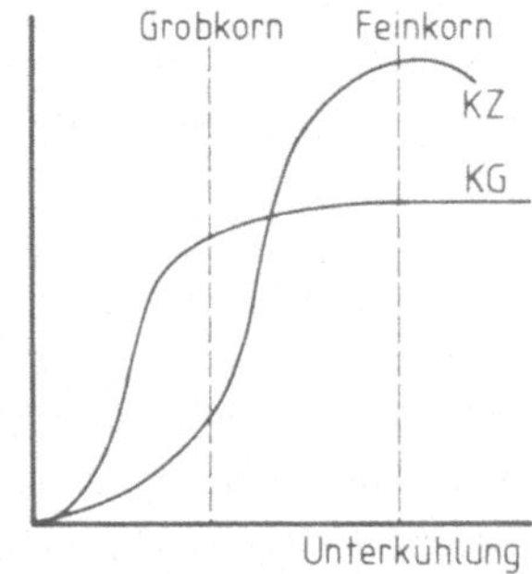

Bild 3.3 Abhängigkeit der Keimzahl KZ und der Kristallisationsgeschwindigkeit KG von der Unterkühlung der Schmelze

folgt nunmehr bei einer Temperatur, die unterhalb des theoretischen Erstarrungspunktes liegt. Die Unterkühlung wird ganz oder teilweise aufgehoben, sobald die Erstarrungswärme als Folge der Kristallisation frei wird. Bild 3.3 gibt eine zusammenfassende schematische Darstellung des Einflusses der Unterkühlung auf die Zahl der arteigenen Keime und die Kristallisationsgeschwindigkeit. Bei der Erstarrungstemperatur sind Keimzahl und Kristallisationsgeschwindigkeit gleich Null. Erst jetzt bilden sich wachstumsfähige Keime. Mit zunehmender Unterkühlung werden Keimzahl und Kristallisationsgeschwindigkeit größer. Wird die Atombeweglichkeit infolge einer noch weitgehenderen Unterkühlung vermindert, so nehmen die Keimzahl und die Kristallisationsgeschwindigkeit jedoch wieder ab.

Bei einer vorgegebenen Zahl artfremder Keime ist der Grad der Unterkühlung der Abkühlungsgeschwindigkeit proportional. Bei einer beschleunigten Abkühlung findet der Werkstoff nicht genug Zeit, um den Gleichgewichtszustand zu erreichen. Dabei lassen sich die bei der Erstarrung von Schmelzen gewonnenen Erkenntnisse auf Kristallisationsvorgänge im festen Zustand übertragen. Für sie gelten die gleichen Zusammenhänge zwischen Keimzahl, Kristallisationsgeschwindigkeit und Unterkühlung.

Besonders die arteigenen Keime gehen bei Temperaturen oberhalb des Schmelzpunktes in Lösung. Sie werden bereits durch eine geringe Schmelzüberhitzung abgebaut. Fremdkeime sind vielfach temperaturbeständiger. Ihre kristallisationsfördernde Wirkung bleibt dann auch bei einer starken Überhitzung erhalten. Es handelt sich dann um hochschmelzende Stoffe, wie um die Oxide und Nitride der Elemente Al, Be, Ti, V, Zr und der Legierungen Al-Ca, Al-Ca-Si oder Ca-Si-Zr. In reinen Metallen und Legierungen erfolgt die Kristallisation zum polykristallinen Gefüge in der Regel unter Bildung von tannenbaumförmigen Kristallskeletten, deren Restfelder erst anschließend erstarren. Diese *Tannenbaumkristalle* oder *Dendriten* bilden sich als Folge von ausgeprägten Vorzugsrichtungen des Kristallwachstums.

3.1.2 Kristallisation im Gußblock

Für das Umformverhalten ist die Ausbildung des Gußgefüges der Rohblöcke und Rohbrammen und des auf Stranggießanlagen erzeugten Stranges von erheblicher Bedeutung. Dabei erfolgt das Gießen in Kokillen, die eine schnelle Wärmeabfuhr bewirken. Demzufolge zeigen derartige Gußerzeugnisse in der Regel über den Querschnitt drei deutlich voneinander abgegrenzte Kristallisationszonen. Bedingt durch die Kühlwirkung der Kokille entstehen in der Randzone viele arteigene Keime, die zusammen mit den artfremden Keimen zu einem feinkörnigen, regellos orientierten, globularen Kristallgefüge führen. Der sich an diese in der Regel dünnen, feinkristalline Randzone zum Innern hin anschließende Kristallisationsbereich besteht aus groben, langgestreckten Kristallen, den sog. Stengelkristallen. Deren Kristallisationsgeschwindigkeit ist entgegengesetzt zur Richtung des Wärmeflusses größer als in den anderen Richtungen. Die so entstehende Querschnittszone wird als Transkristallisationszone und der in ihr ablaufende Kristallwachstumsvorgang als *Transkristallisation* bezeichnet. Die Transkristallisation unterbleibt, wenn keine bevorzugte Wärmeableitung in eine Richtung auftritt. Eine Zunahme des Wärmegefälles begünstigt die Ausbildung der groben Stengelkristalle. Dabei hat die Werkstoffzusammensetzung einen zusätzlichen Einfluß auf die Ausprägung der Transkristallisationszone. Nichtrostende Cr-Ni-Stähle neigen z. B. zu einer besonders unangenehmen Stengelkristallisation. Bei Vorliegen einer ausgeprägten Transkristallisationszone müssen die ersten Umformschritte mit geringen Formänderungen geschehen, weil sonst die Gefahr von Kantenrissen besteht. Eine Zugabe von Impfstoffen kann die Transkristallisation abschwächen. In der Kernzone des Gußblockes verliert das Wärmegefälle schließlich an Wirksamkeit, so daß in ihr wieder regellos orientierte, weitgehend gleichachsige Kristalle vorherrschen. Diese Globularkristalle sind aber wegen der fehlenden Unterkühlung grober ausgebildet als die in der Randzone. Bild 3.4 veranschaulicht die in einem Rohblock auftretenden Kristallisationszonen.

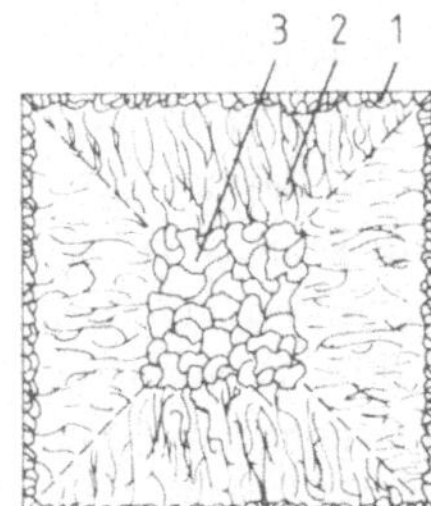

Bild 3.4 Kristallisationszonen in einem Gußblock
Zone 1:   feinglobulare Randzone
Zone 2:   Transkristallisationszone mit Stengelkristallen
Zone 3:   grobglobulare Kernzone

3.2 Kristallgitter

Nach der Kristallisation der Metalle führt die Anordnung der Atome oder präziser gesagt, die der Atomrümpfe oder Ionen zu einem dreidimensionalen Kristallgitter hoher Ordnung, wie es von Bild 3.5 veranschaulicht wird. In ihm kennzeichnen die Kreuze die Positionen der Atome. Dabei kann in Wirklichkeit die Annahme gemacht werden, daß die Atome starre Kugeln sind und ihnen ein von Element zu Element verschiedener Zahlenwert für den Atomradius zugeordnet werden kann. In dieser Hinsicht ist davon auszugehen, daß sich die Atome in dicht gepackten Gitterebenen berühren, wie es von Bild 3.6 gezeigt wird. Aus der Anordnung der Atome ergibt sich eine *Elementarzelle*, und viele Elementarzellen bilden das Gitter eines Kristalles.

Die drei wichtigsten Gittertypen metallischer Elemente sind der kubisch-raumzentrierte Wolfram-Typ, der kubisch-flächenzentrierte Kupfer-Typ und der Magnesium-Typ mit hexagonal-dichtester Kugelpackung. Bild 3.7 gibt die drei Gittertypen wieder. Die Gitterparameter a und c sind die elementtypischen Gitterkonstanten, a ist in kubischen Gittertypen die Länge der Würfelkante und bei hexagonalen Gittertypen die Länge der Sechseckseite der Elementarzellen, c ist die Höhe der hexagonalen Elementarzelle. In der Tabelle 3.1 sind der Gittertyp, die Gitterkonstanten und die Atomradien einiger wichtiger Metalle zusammengestellt. Das kubisch-flächenzentrierte Gitter weist die kubisch-dichteste Kugelpackung auf. Eine größere Raumausfüllung ist bei Packungen mit gleich großen Kugeln nicht möglich.

3.3 Allotropie

Der mit einer sprunghaften Änderung des Wärmeinhaltes verbundene Übergang von einem Aggregatzustand in den anderen ist nicht die einzige Zustandsänderung, der die Metalle unterworfen sein können (Tabelle 3.2). Eine Reihe von ihnen erfahren nach der Erstarrung weitere *Umwandlungen*, die sich eben-

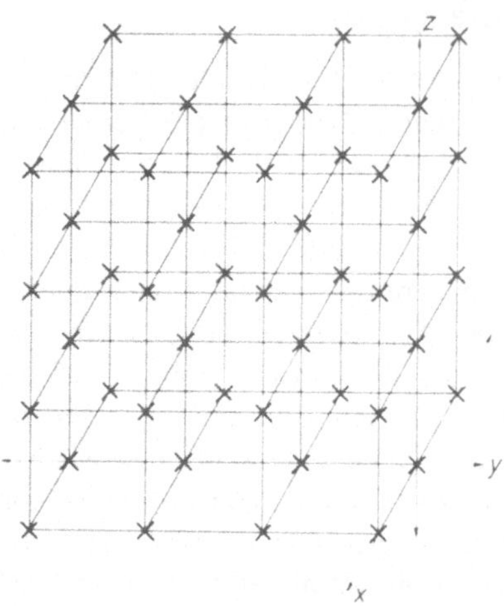

Bild 3.5 Aufbau eines einfach-kubischen Kristallgitters. Der Anbau neuer Atome führt zum Kristallwachstum x = Metallatom

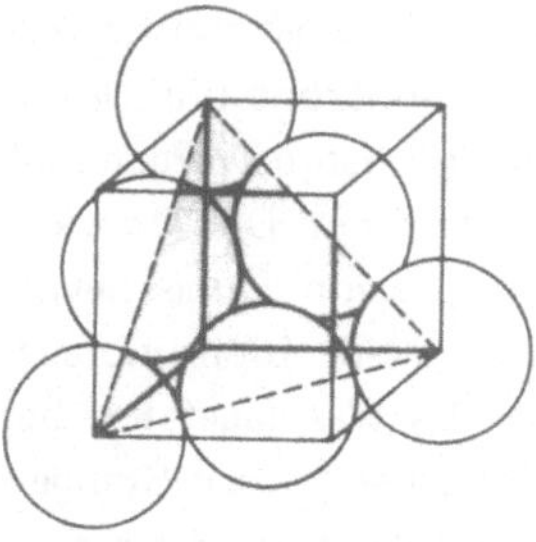

Bild 3.6 Ebene mit dichtester Kugelpackung in der
kubisch-flächenzentrierten Elementarzelle
(Atome als Kugeln dargestellt)

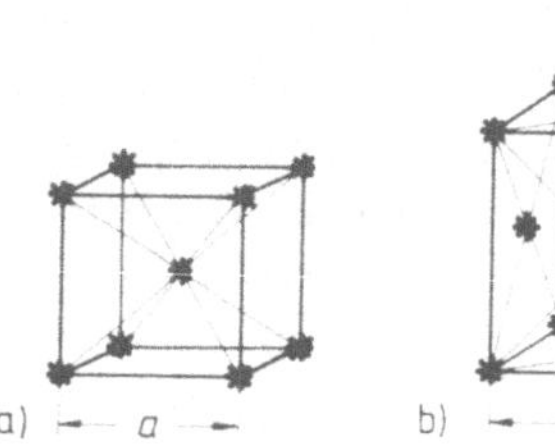
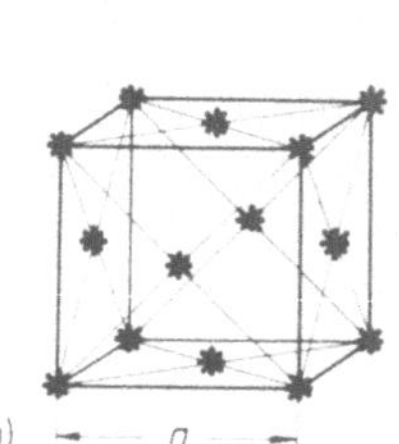
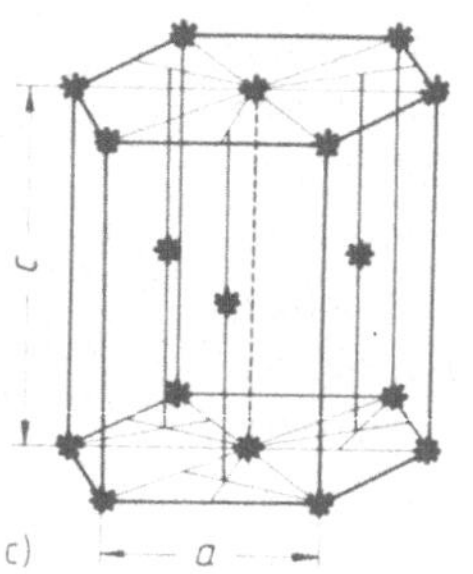

Bild 3.7
Kubisch-raumzentrierte,
kubisch-flächenzentrierte und
hexagonal dichtest gepackte
Elementarzellen

falls durch sprunghafte Änderungen des Wärmeinhaltes und anderer Eigenschaften nach-
weisen lassen. Die im festen Zustand auftretenden verschiedenen *Modifikationen* kristallisieren in unterschiedlichen Gittertypen, wobei der Übergang von der einen in die andere
Modifikation als allotrope Umwandlung bezeichnet wird. Die Lage der Umwandlungspunkte ist druckabhängig. Bei Druckerhö-
hung wird die spezifisch dichtere Modifikation begünstigt. Die Umwandlungspunkte
lassen sich z. B. mit Hilfe der thermischen
oder dilatometrischen Analyse ermitteln. Dabei liegt der *thermischen Analyse* die Erscheinung zugrunde, daß Zustands- und Struktur-
änderungen mit einer Änderung des Wärmeinhaltes d. h. mit einer Wärmeabgabe bzw.

Wärmeaufnahme verbunden sind. Umwandlungen werden dementsprechend bei der Aufnahme von Temperatur-Zeit-Kurven durch eine Unstetigkeit im Kurvenverlauf angezeigt.
Dabei können Aufheiz- und Abkühlkurven
aufgenommen werden. Bild 3.8 gibt die Abkühlungskurve von Eisen wieder, das bei einer
Temperatur von 1536 $^\circ$C zur kubisch-raumzentrierten Modifikation des δ-Eisens erstarrt,
bei einer Temperatur von 1392 $^\circ$C eine Umwandlung in das kubisch-flächenzentrierte
γ-Eisen erfährt und schließlich bei 911 $^\circ$C in
das kubisch-raumzentrierte α-Eisen übergeht.
Dabei ist zu beachten, daß die geringen Wär-
metönungen der Umwandlungen meßtech-
nisch schlecht zu erfassen sind, so daß in der
Regel die dilatometrische Analyse der ther-

Tabelle 3.1
Kristallgitter, Gitterkonstanten und Atomradien wichtiger Metalle (wenn keine Temperaturangaben gemacht werden, beziehen sich die Gitterkonstanten auf Raumtemperatur)

Metall	Gittertyp	Gitterkonstanten 10^{-8} cm	Atomradius 10^{-8} cm
Cr	kubisch-raumzentriert	2,884	1,248
Mo	kubisch-raumzentriert	3,147	1,362
W	kubisch-raumzentriert	3,165	1,369
β-Ti (900 °C)	kubisch-raumzentriert	3,307	1,457
V	kubisch-raumzentriert	3,028	1,316
α-Fe	kubisch-raumzentriert	2,866	1,240
δ-Fe (1392 °C)	kubisch-raumzentriert	2,932	1,240
Ag	kubisch-flächenzentriert	4,086	1,443
Au	kubisch-flächenzentriert	4,078	1,442
Al	kubisch-flächenzentriert	4,049	1,430
Cu	kubisch-flächenzentriert	3,615	1,277
Ni	kubisch-flächenzentriert	3,524	1,245
Pt	kubisch-flächenzentriert	3,923	1,386
γ-Fe (916 °C)	kubisch-flächenzentriert	3,647	1,240
Mg	hexagonal-dichteste Kugelpackung	3,209/5,210	1,598
α-Ti	hexagonal-dichteste Kugelpackung	2,950/4,679	1,457
Zn	hexagonal-dichteste Kugelpackung	2,665/4,947	1,331

Tabelle 3.2 Allotrope Umwandlungen bei Metallen

Modifikation	Gittertyp	Umwandlungstemperatur °C
δ-Fe	kubisch-raumzentriert	1392 (A_4)
γ-Fe	kubisch-flächenzentriert	911 (A_3)
α-Fe	kubisch-raumzentriert	
β-Co	kubisch-flächenzentriert	450
α-Co	hexagonal-dichteste Kugelpackung	
β-Ti	kubisch-raumzentriert	882
α-Ti	hexagonal-dichteste Kugelpackung	
β-Zr	kubisch-raumzentriert	862
α-Zr	hexagonal-dichteste Kugelpackung	
β-Sn	tetragonal	13,2
α-Sn	Diamantgitter	
γ-U	kubisch-raumzentriert	775
β-U	tetragonal	662
α-U	orthorhombisch	

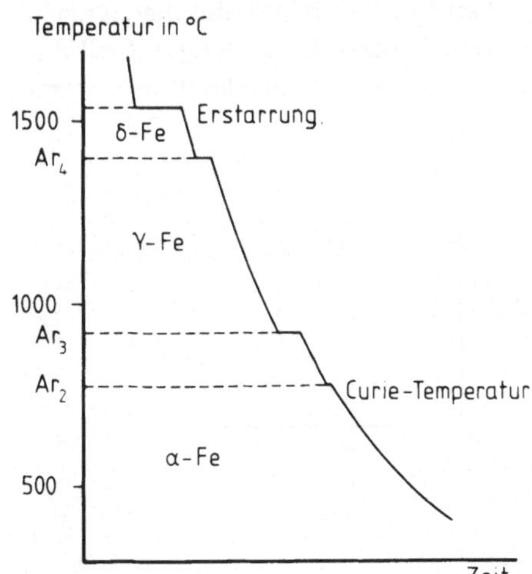

Bild 3.8 Thermische Analyse von reinem Eisen (Abkühlungskurve)

mischen Analyse bei der Ermittlung von Umwandlungen im festen Zustand vorgezogen wird. Bei Umwandlungen treten Volumenänderungen ein, die infolge der modifikationsbedingten Dichteänderung zu einer Unstetigkeit der Ausdehnungs-Temperaturkurve führen. Die Längenänderungen sind bei Umwandlungen in der Regel so groß, daß sie ohne allzu großen Aufwand mit Hilfe eines Dilatometers gemessen werden können. Bild 3.9 gibt die Dilatometerkurve für die Aufheizung von reinem Eisen wieder. Sie zeigt, daß die gegenüber dem α- und δ-Eisen dichtere Packung des γ-Eisens nicht ganz durch die vergrößerte Gitterkonstante kompensiert wird.

Die Umwandlungspunkte des Eisens werden allgemein mit dem Buchstaben A bezeichnet, wobei die Zusatzbuchstaben c und r die für die Aufheizung geltenden Temperaturen von den für die Abkühlung geltenden unterscheiden. Diese Notwendigkeit ergibt sich aus der bei endlicher Aufheiz- und Abkühlgeschwindigkeit zu beobachtenden Hysterese der Umwandlung. Mit der Ar_4-Temperatur ist bei zusätzlicher Kennzeichnung der Umwandlung durch die Ziffern 1 bis 4 die δ-γ-Umwandlung und mit der Ar_3-Temperatur die γ-α-Umwandlung gemeint. Bei der Ac_3-Temperatur handelt es sich um die α-γ-Umwandlung und bei der Ac_4-Temperatur um die γ-δ-Umwandlung. Die A_1-Temperatur tritt bei reinem Eisen nicht auf, und die A_2-Temperatur kennzeichnet lediglich den bei 768 °C

eintretenden Verlust des Ferromagnetismus des Eisens, ohne daß eine Gitterumwandlung eintritt.

3.4 Millersche Indizes

Ein Kristall kommt durch die Aneinanderreihung vieler Elementarzellen in den drei Koordinatenrichtungen zustande. Das jeweilige Kristallsystem ergibt sich mit Hilfe der Kantenlängen der Elementarzellen und der Winkel zwischen den Kanten. Dabei lassen sich alle in der Natur vorkommenden Kristalle in insgesamt sieben verschiedenen Kristallsystemen ordnen. Gemäß Bild 3.10 gilt für das kubische Kristallsystem: $a = b = c$ und $\alpha = \beta = \gamma = 90°$.

Es ist umständlich, Ebenen oder Richtungen innerhalb der Elementarzellen, die ja stellvertretend für einen Kristall stehen, mit Worten richtig anzusprechen. Dieses ist jedoch häufig notwendig, weil z. B. viele metallkundlichen Vorgänge auf ganz bestimmten kristallographischen Ebenen oder in ganz bestimmten kristallographischen Richtungen ablaufen oder weil die Kristalle innerhalb eines Werkstückes eine ganz bestimmte Orientierung aufweisen. Zum Zweck der unmißverständlichen Kennzeichnung von kristallographischen Ebenen und Richtungen dienen die Millerschen Indizes. Beim kubischen Kristallsystem erfolgt deren Ermittlung mit Hilfe eines rechtwinkligen Koordinationssystems.

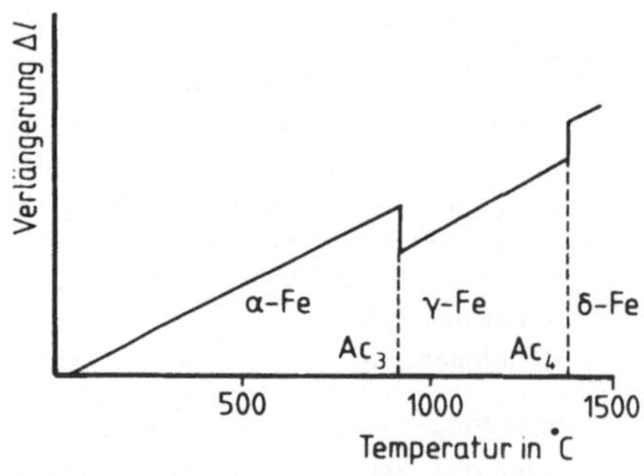

Bild 3.9 Dilatometerkurve für reines Eisen (Aufheizung)

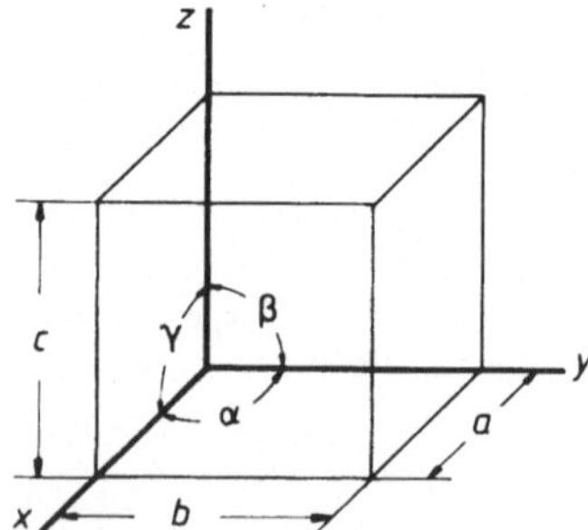

Bild 3.10 Elementarzelle des kubischen Kristallsystems

$a = b = c$ $\alpha = \beta = \gamma = 90°$

Zur Kennzeichnung einer bestimmten kristallographischen Ebene werden die von ihr markierten Achsabschnitte in Vielfachen der Gitterkonstanten auf den Koordinaten festgestellt. Bei der im Bild 3.11 vorgegebenen Ebenen lassen sich die Achsabschnitte $x = 2$, $y = 4$ und $z = 3$ ermitteln. Es hat sich als zweckmäßig erwiesen, nicht die Achsabschnitte selbst, sondern ihre Kehrwerte ins Verhältnis zu setzen und durch eine Folge kleiner, ganzer Zahlen auszudrücken. Für das im Bild 3.11 gegebene Beispiel werden demnach folgende Zahlentripel erhalten:

Achsabstände: 2   4   3

Kehrwerte: $\dfrac{1}{2} \ \dfrac{1}{4} \ \dfrac{1}{3} = \dfrac{6}{12} \ \dfrac{3}{12} \ \dfrac{4}{12}$

Indizes: (6   3   4)

Ebene: (634)-Ebene

Die Indizes für Flächen werden allgemein in runde Klammern gesetzt. Parallele Gitterebenen sind gleichwertig. Ein Minuszeichen über einem Index macht deutlich, daß die vom Koordinatenursprung ausgehende negative Achse geschnitten wird. Sollen alle Ebenen eines Typs erfaßt werden, so werden die Indizes in geschweifte Klammern gesetzt. Die Indizierung $\{100\}$ sagt aus, daß alle Würfelflächen des kubischen Gitters gemeint sind, also die Ebenen (100), (010), (001), ($\overline{1}$00), (0$\overline{1}$0), (00$\overline{1}$). Bild 3.12 zeigt die für das kubische System charakteristischen (100)-, (110)- und (111)-Ebenen.

Zur Kennzeichnung von kristallographischen Richtungen wird die zu beschreibende Richtungsgerade parallel zu sich so verschoben, daß sie durch den Koordinatenursprung verläuft. Die Koordinaten desjenigen Gitterpunktes, der von der vom Koordinatenursprung ausgehenden Geraden getroffen wird, kennzeichnen die fragliche Richtung. Dabei werden die Indizes kristallographischer Richtungen in eckige Klammern gesetzt und kristallographisch gleichwertige Richtungen durch spitze Klammern summarisch gekennzeichnet. Die Indizierung $\langle 111 \rangle$ erfaßt also alle Raumdiagonalen. Bild 3.12 verdeutlicht die Indizierung der wichtigsten im kubischen System vorhandenen Richtungen.

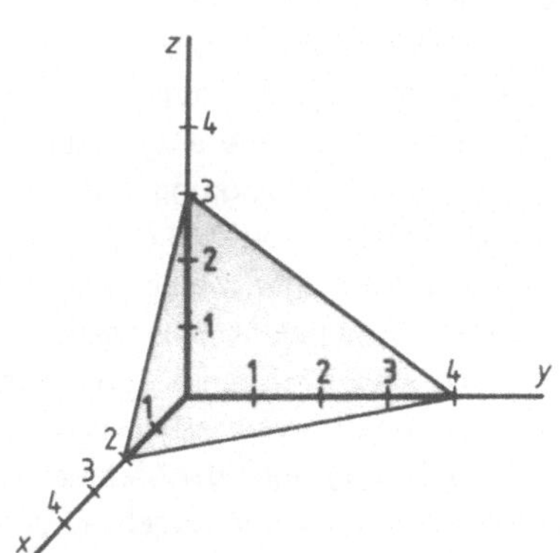

Bild 3.11 (634)-Ebene. Indizierung einer Kristallfläche

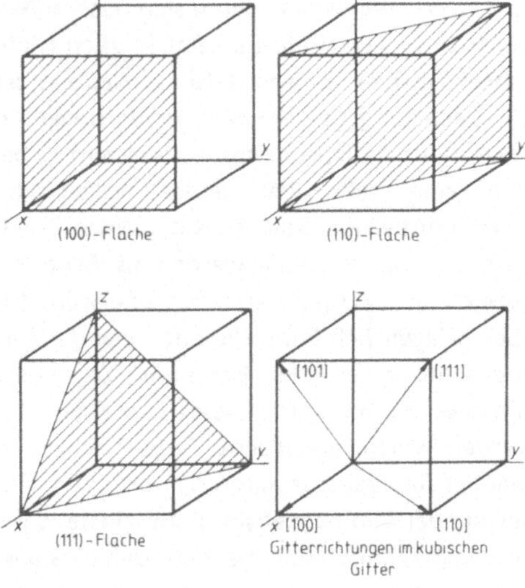

Bild 3.12 Indizierung wichtiger Ebenen und Richtungen im kubischen Gitter

3.5 Anisotropie – Kornorientierung

Die Belegungsdichte der verschiedenen Richtungen in einem Kristallgitter mit Atomen ist anisotrop, d. h. unterschiedlich. Das führt im allgemeinen auch zu einer Anisotropie der physikalischen mechanischen und technologischen Eigenschaften der Kristalle. Als Beispiel für die Anisotropie von Eigenschaften sei die Richtungsabhängigkeit des Elastizitätsmoduls eines Eisenkristalles gewählt. Dabei ist der E-Modul das Verhältnis der aufgebrachten Spannung σ zur auftretenden Dehnung ϵ_e im elastischen Bereich des Spannungs-Dehnungs-Diagrammes. Für ihn werden bei Raumtemperatur in den verschiedenen kristallographischen Richtungen folgende Werte gemessen:

$\langle 1\,0\,0 \rangle$ – Richtung
(Würfelkante)   : E = 135 000 N/mm^2

$\langle 1\,1\,0 \rangle$ – Richtung
(Flächendiagonale) : E = 217 000 N/mm^2

$\langle 1\,1\,1 \rangle$ – Richtung
(Raumdiagonale)   : E = 290 000 N/mm^2

In der Regel ist davon auszugehen, daß in einem metallischen Werkstück alle Kristallorientierungen mit gleicher Häufigkeit auftreten. Dieses Werkstück würde sich nach außen hin isotrop verhalten. Es zeigt in allen Richtungen gleiche Eigenschaften. Vielfach ist die Verteilung der Kristallorientierungen jedoch nicht statistisch-regellos, sondern es besteht eine mehr oder weniger ausgeprägte Kornorientierung. Solche gleichartigen Orientierungen der Kristalle werden als *Texturen* bezeichnet. Vielfach sind sie unerwünscht, aber gelegentlich kann die entstehende Vorzugsrichtung zwecks Erzielung besonders günstiger Eigenschaften genutzt werden. So werden weichmagnetische Fe-Si-Bleche und -Bänder für Transformatoren zwecks Verminderung der Ummagnetisierungsverluste walz- und glühtechnisch so behandelt, daß eine ausgeprägte Kornorientierung entsteht, bei der die gut magnetisierbare Würfelkante der kubischen Elementarzelle in der Walzrichtung verläuft.

3.6 Gitterbaufehler

Es hat sich gezeigt, daß das streng geometrisch aufgebaute, dreidimensionale Gitter des idealen Kristalles in der Regel nicht vorliegt. Der Gitteraufbau der *Realkristalle* weist Baufehler auf, die hinsichtlich ihrer Ausdehnung unterschieden werden können in 0-dimensionale Gitterfehler (Punktfehler), 1-dimensionale Gitterfehler (Linienfehler) und 2-dimensionale Gitterfehler (Flächenfehler). Dreidimensionale Inhomogenitäten sind in der Regel bereits als selbständige Phasen bzw. Hohlräume anzusehen. Die Gitterbaufehler entstehen beim Kristallwachstum, bei der plastischen Umformung oder bei der Einwirkung einer Korpuskularstrahlung.

0-dimensionale Gitterbaufehler sind chemisch oder physikalisch bedingte *Punktfehler*. Chemische Punktfehler sind falsch besetzte Gitterplätze, wobei es sich um Fremdatome handeln kann oder um Atome, die sich auf falschen Gitterplätzen befinden. Die Fremdatome stammen aus Werkstoffverunreinigungen. Sie können ordnungsgemäß als Substitutionsatome im Gitter eingebaut sein und die Stelle eines Atoms des Grundgitters einnehmen, oder sie besetzen Zwischengitterplätze. Eine Substitution kann nur dann erfolgen, wenn die Radien der beteiligten Atome annähernd gleich sind, und eine Einlagerung auf Zwischengitterplätzen bedingt einen kleinen Radius des einzulagernden Atoms. Physikalische Punktfehler sind die Leerstellen, bei denen Gitterplätze nicht besetzt sind, und die Eigenatome, die zwangsweise auf Zwischengitterplätzen eingebaut sind. Letztere treten zusammen mit einer Leerstelle als Frenkeldefekt als Folge einer Behandlung mit einer energiereichen Strahlung auf. Bild 3.13 veranschaulicht die Entstehung eines Frenkeldefektes. Dabei ist zu berücksichtigen, daß Leerstellen, Zwischengitteratome und Substitutionsatome zu Gitterverzerrungen Anlaß geben. In den Kristallgittern der Metalle, besonders in denen mit dichter Kugelpackung, treten nur relativ kleine Gitterlücken auf. Der Einbau von Zwischengitteratomen ist daher mit einem hohen Energieaufwand verbunden. Die Zahl der Zwischengitteratome ist folglich merklich kleiner als die der Leerstellen.

Einen wesentlichen Schlüssel für das Verständnis der innerkristallinen Vorgänge bei der plastischen Umformung der metallischen Werkstoffe und deren mechanische Eigenschaften liefert die Kenntnis von den eindimensionalen Gitterbaufehlern. Es handelt sich dabei um die *Versetzungen,* die in ihrer einfachsten Form als Stufen- und Schraubenversetzungen auftreten. Dabei genügt es in der Regel, den Einfluß der Stufenversetzungen auf das Werkstoffverhalten zu erfassen. Bild 3.14 veranschaulicht den Aufbau einer Stufenversetzung. In die obere Hälfte des erfaßten Kristallbereiches ist von oben her eine zusätzliche Atomebene eingeschoben worden. Die Stufenversetzung ist also eine Gitterstörung, bei der in gegenüberliegenden Netzebenen n Atomen n+1 Atome gegenüberstehen. Die sinnbildliche Kennzeichnung einer Stufenversetzung erfolgt durch das Symbol ⊥. Dabei steht der senkrechte Strich für die eingeschobene Halbebene, und der waagerechte Strich versinnbildlicht die Gitterebene, bis zu der die Halbebene in das Gitter hineinreicht. Unter der Einwirkung äußerer Kräfte können die Versetzungen durch den Kristall hindurchwandern. Die Ebene, längs der die Versetzungen wandern, sind die Gleitebenen. Bild 3.15 verdeutlicht die Versetzungsbewegung, in deren Verlauf sich die obere Kristallbereichshälfte um einen Atomabstand gegen die untere verschiebt. Eine Vielzahl dieser Schritte führt zu der erwünschten oder unerwünschten plastischen Umformung.

Die Häufigkeit der vorhandenen Versetzungen wird durch die Versetzungsdichte ρ angegeben. Sie beschreibt in der Regel die Zahl der Durchstoßpunkte von Versetzungen durch 1 cm^2 Oberfläche. In geglühten Werkstoffen liegt die Versetzungsdichte bei $\rho = 10^7$ cm^{-2}. Im Verlauf einer Kaltumformung wird die Versetzungsdichte um mehrere Zehnerpotenzen größer und erreicht einen Wert von $\rho = 10^{12}$ cm^{-2}. Andererseits gelingt es, praktisch versetzungsfreie Kristalle makroskopischer Größe zu erzeugen.

Die metallischen Werkstoffe sind durchweg polykristalliner Natur. Sie bestehen aus einem Haufwerk meistens unterschiedlich orientierter Kristalle, die durch *Korn- und Phasengrenzen* voneinander getrennt sind. Je nach dem Orientierungsunterschied der benachbarten Kristalle ist zwischen Kleinwinkel- und Großwinkelkorngrenzen zu unterscheiden. Wegen ihrer flächenhaften Ausdehnung zählen sie zu den zweidimensionalen

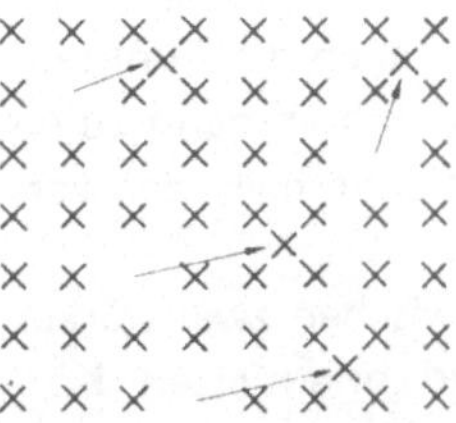

Bild 3.13 Frenkeldefekte (Frenkelpaare) (Leerstellen + Zwischengitteratome)

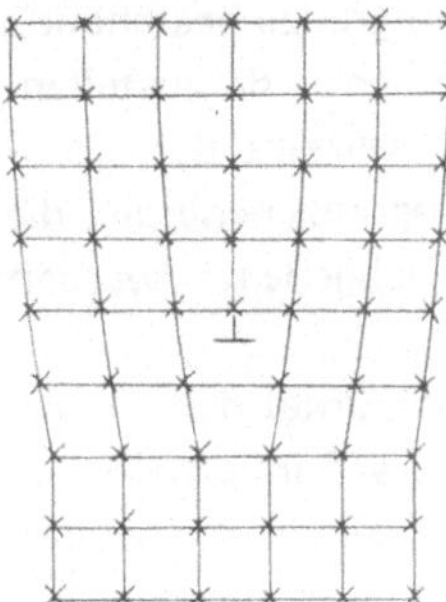

Bild 3.14 Stufenversetzung im einfach-kubischen Gitter

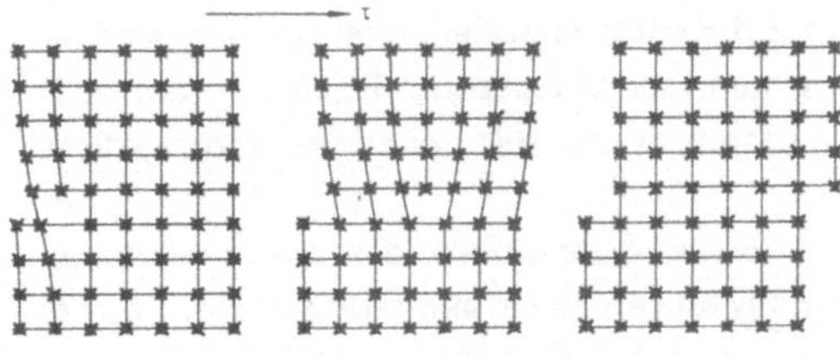

Bild 3.15 Bewegung einer Stufenversetzung durch einen Gitterbereich (einfach-kubisches Gitter)

Gitterbaufehlern. Wenn die *Kleinwinkelkorngrenzen* gemäß Bild 3.16 als Kippgrenzen ausgebildet sind, bestehen sie aus einer Reihe übereinander angeordneter Stufenversetzungen. Diese gleichen den Orientierungsunterschied zwischen zwei benachbarten, gegeneinander gekippten Körnern aus. Die wechselseitige Anbindung von Körnern mit Hilfe von Versetzungen ist jedoch nur dann möglich, wenn ein geringer Orientierungsunterschied der Körner besteht. Er ist in der Regel nicht größer als 12°. Kleinwinkelkorngrenzen mit geringem Orientierungsunterschied übernehmen gelegentlich auch die Funktion von Subkorngrenzen. Sie führen dann zu einer sog. Polygonisation innerhalb der vorhandenen Körner.

In der Übergangszone zwischen zwei stärker voneinander abweichend orientierten Körnern besteht ein höherer Fehlordnungsgrad. Diese zwei bis fünf Atomdurchmesser breite Zone mit mehr oder weniger guter wechselseitiger Anbindung der Körner bildet die *Großwinkelkorngrenze*. Bild 3.17 versucht, die in der Großwinkelkorngrenze bestehende Gitterverzerrung vereinfacht darzustellen. Diese Gitterdeformation verleiht der Korngrenze eine gewisse Korngrenzenenergie, die durch Kornwachstum abgebaut werden kann.

Eine Korngrenze kann sich unter der Einwirkung einer treibenden Kraft innerhalb des Vielkristalles verschieben. Die Verschiebung ist mit einem Transport von Atomen aus dem Gitter des einen Kornes in das Gitter des anderen Kornes verbunden. Bei ausreichend hoher Temperatur wachsen energiearme Körner auf Kosten energiereicher Körner. Körner mit niedriger Versetzungsdichte wachsen z.B. zu Lasten solcher mit hoher Versetzungsdichte.

Die Gitterverzerrungen des Korngrenzenbereiches führen zu Ansammlungen von Fremdatomen und Ausscheidungen. Durch sie können die mechanischen, technologischen, physikalischen und chemischen Eigenschaften der polykristallinen metallischen Werkstoffe merklich beeinträchtigt werden. Der hohe

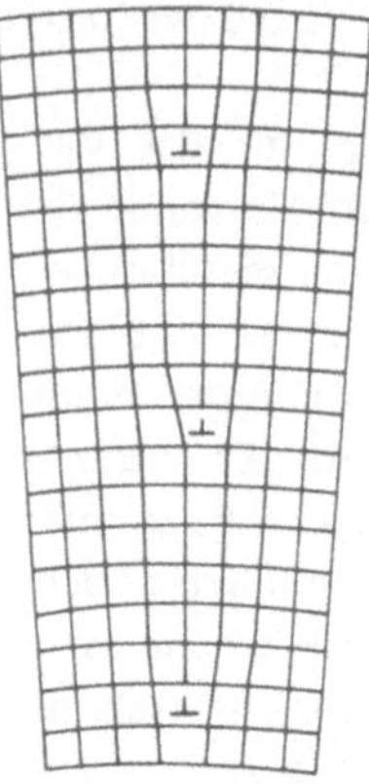

Bild 3.16 Kleinwinkelkorngrenze, die aus Stufenversetzungen gebildet wird (Kippgrenze)

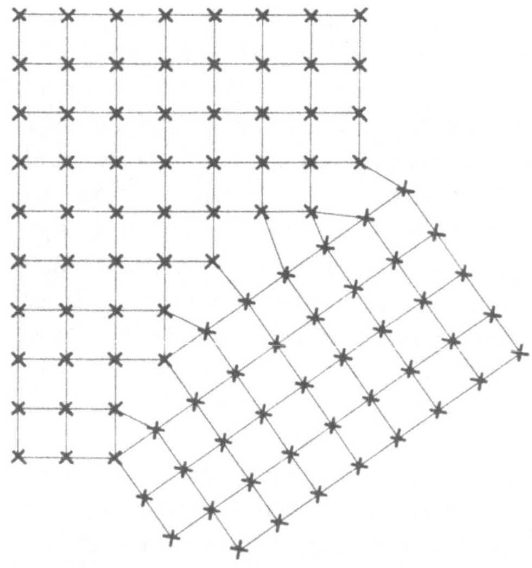

Bild 3.17 Gitterverzerrungen im Bereich einer Großwinkelkorngrenze (Schicht von Teilleerstellen)

Fehlordnungsgrad der Großwinkelkorngrenzen begünstigt Diffusionsvorgänge, so daß die Diffusionsgeschwindigkeit im Bereich der Korngrenzen vergleichsweise hoch ist.

Benachbarte Körner können an der Korngrenze relativ zueinander abgleiten, wenn in ihr eine Schubspannung auftritt. Dieses Korngrenzengleiten kann als viskoses Abscheren der beiden benachbarten Kristalle gegeneinander in der Korngrenzenebenen oder als Versetzungsbewegung in der Korngrenze verstanden werden. Es tritt bei Temperaturen auf, die höher sind als Zweidrittel der Schmelztemperatur. Die Korngrenzengleitung liefert einen wesentlichen Beitrag zum Kriechen der Metalle bei hohen Temperaturen.

Wenn sich benachbarte Körner des Werkstoffgefüges nicht nur durch ihre Orientierung, sondern auch durch ihren Gitteraufbau und ihre chemische Zusammensetzung unterscheiden, treten *Phasengrenzen* auf. Sie können kohärent, semi- oder teilkohärent oder inkohärent sein. Bild 3.18 gibt eine semikohärente Phasengrenze zwischen zwei Gitterbereichen mit kubischem Aufbau wieder.

Bevorzugt in einigen Metallen treten *Zwillingsgrenzen* auf. Sie trennen Kristalle voneinander, die spiegelbildlich zueinander liegen. Die Zwillingsgrenze stellt die Spiegelfläche dar. Bild 3.19 veranschaulicht eine kohärente Zwillingsgrenze.

In die Gruppe der zweidimensionalen Gitterbaufehler gehören weiterhin noch die *Stapelfehler*. Durch sie wird die reguläre Stapelfolge paralleler Gitterebenen gestört.

3.7 Mechanische Eigenschaften

Die mechanischen Eigenschaften der metallischen Werkstoffe sind im wesentlichen die Ergebnisse des Zugversuchs, des Druckversuchs, der Härteprüfverfahren und der technischen Kriech- und Ermüdungsversuche. Sie werden ergänzt durch die physikalischen und chemischen Eigenschaften und vor allem durch die technologischen Eigenschaften. Letztere liefern Zahlenwerte für die Verarbeitungseigenschaften und das Werkstoff- und Werkstückverhalten bei betrieblichen Beanspruchungen. Das betrifft z. B. die Zerspanbarkeit, die Härtbarkeit, die Schweißbarkeit oder das Umformverhalten.

Aus der Gruppe der eingeführten Prüfverfahren zur Feststellung der mechanischen Eigenschaften hat der *Zugversuch* eine herausragende Bedeutung erlangt. Er dient der Ermittlung des Werkstoffverhaltens bei einachsiger, gleichmäßig über den Probenquerschnitt verteilter Zugbeanspruchung. Zu diesem Zweck wird eine dem zu prüfenden Werkstoff bzw. Werkstück entnommene Probe gleichmäßig und stoßfrei gereckt. In der Regel wird der Versuch bis zum Bruch ausgeführt. Wenn keine Proben entnommen werden können, werden solche gesondert angefertigt. So spielt der getrennt gegossene Probestab bei der Prüfung von Gußeisen eine wichtige Rolle. Dabei ist jedoch die nur begrenzte Aussagekraft der an ihm erhaltenen Zahlenwerte zu bedenken. Die Formen, Abmessungen der Zugproben sowie die Richtlinien für deren Herstellung sind in DIN 50 125 angegeben.

Bei der Versuchsdurchführung werden die Zugkraft F und die Verlängerung ΔL der Probe laufend gemessen. Durch Aufzeichnung der jeweiligen Zugkraft über der zugehörigen Verlängerung einer vorgegebenen Meßlänge L_0 ergibt sich das Kraft-Verlängerungs-Diagramm. Wird die Zugkraft F auf den Ausgangsquerschnitt S_0 und die Verlängerung

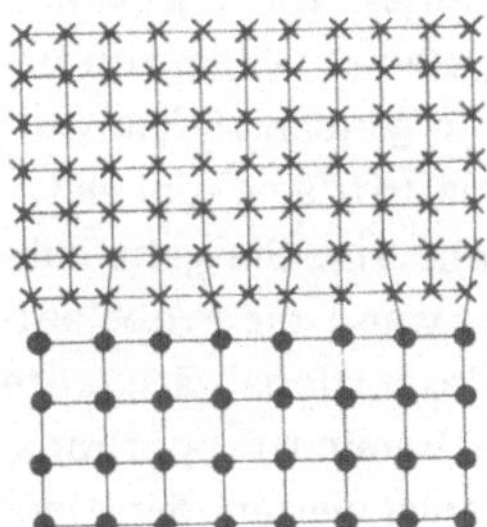

Bild 3.18 Semikohärente Phasengrenze. Phasen mit einfach-kubischem Gitter

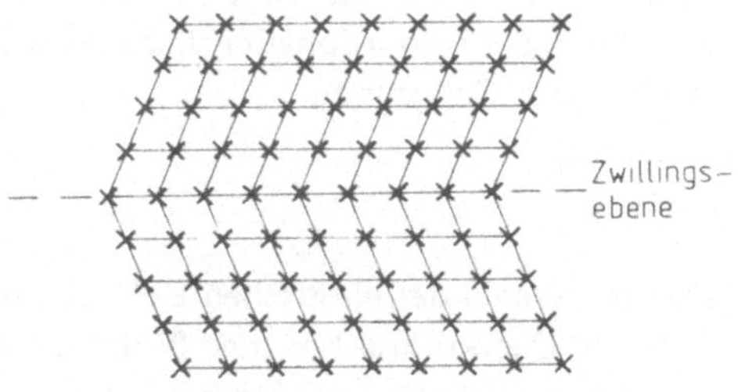

Bild 3.19 Kohärente Zwillingsgrenze

ΔL auf die vorgegebene Meßlänge L_0 bezogen, so ergibt sich das *Spannungs-Dehnungs-Diagramm* mit den Koordinaten

$$\text{Spannung} \quad \sigma = \frac{F}{S_0}$$

$$\text{und Dehnung} \quad \epsilon = \frac{\Delta L}{L_0} =$$

$$= \frac{L - L_0}{L_0}$$

wobei die Dehnung allgemein in Prozent angegeben wird gemäß

$$\text{Dehnung} \quad \epsilon = \frac{\Delta L}{L_0} \cdot 100 =$$

$$= \frac{L - L_0}{L_0} \cdot 100 \text{ in \%}.$$

Das Spannungs-Dehnungs-Diagramm hat für die verschiedenen metallischen Werkstoffe ein recht unterschiedliches Aussehen. Bild 3.20 gibt zunächst einmal das Spannungs-Dehnungs-Diagramm eines weichgeglühten unlegierten Vergütungsstahles wieder. Im Bereich des zu Beginn erfolgenden steilen Aufstiegs der Schaubildlinie tritt eine rein elastische Dehnung der Probe ein. Sie geht vollständig wieder zurück, wenn die Probe entlastet wird. Bis zur Proportionalitätsgrenze besteht im elastischen Bereich Proportionalität zwischen den Zahlenwerten der Dehnung und der Spannung. Sie wird durch das Hookesche Gesetz beschrieben:

$$\epsilon_e = \alpha \, \sigma.$$

Unter Verwendung des Elastizitätsmoduls E ergibt sich die Proportionalitätsbeziehung des *Hookeschen Gesetzes* zu

$$\epsilon_e = \frac{\sigma}{E} \cdot$$

Die im Bereich der elastischen Dehnung eintretende Querkontraktion der Probe ist das μ-fache der elastischen Verlängerung. Das Verhältnis von Querkontraktion zu Längsdilatation wird als Poissonsche Konstante bezeichnet. Sie beträgt bei Metallen etwa 0,3.

Bei der elastischen Dehnung der Probe handelt es sich um eine geringfügige Vergrößerung der Atomabstände im Kristallgitter. Die Atome werden ein wenig aus ihrer Gleichgewichtslage entfernt.

Der Übergang von der elastischen Dehnung zur plastischen Dehnung ist nicht scharf ausgeprägt, so daß es zur Festlegung der Elastizitätsgrenze einer allgemeinen Übereinkunft bedarf. Als Grenzdehnung sind bleibende Dehnungen von $\epsilon = 0{,}005$ %, 0,01 % oder 0,03 % üblich.

Nach Überschreiten der Elastizitätsgrenze wird eine Spannung erreicht, bei der die Probe merklich zu fließen beginnt und nach Entlastung eine deutliche bleibende Dehnung auftritt. Diese Spannung wird als *Fließ- oder Streckgrenze* bezeichnet. Es handelt sich dabei um diejenige Spannung, bei der unter Zunahme der Verlängerung die Zugkraft erstmalig gleichbleibt oder zurückgeht. Zeigt sich ein deutlicher Abfall der Zugkraft, so ist zwischen der oberen und unteren Streckgrenze zu unterscheiden. Geht die Spannungs-Dehnungs-Kurve stetig in den Fließbereich über, so wird stellvertretend für die Streckgrenze die *0,2 %-Dehngrenze* $R_{p0,2}$ ermittelt.

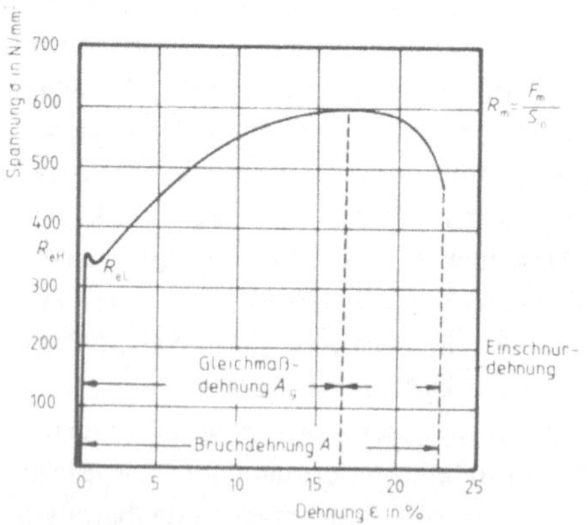

Bild 3.20 Spannungs-Dehnungs-Diagramm eines weichgeglühten unlegierten Vergütungsstahles mit 0,43 % C

Bei Vorliegen einer ausgeprägten Streckgrenze dient der Spannungswert der oberen Streckgrenze R_{eH} als die den Fließbeginn kennzeichnende Werkstoffkenngröße. Dabei ist die zuverlässige Aussagekraft dieses Spannungswertes allerdings nicht unumstritten, denn sowohl von der Probe, als auch von der Versuchsdurchführung her gibt es eine Reihe von Störeinflüssen, die auf den Zahlenwert der oberen Streckgrenze Einfluß nehmen.

Im plastischen Bereich ist eine Anhebung der zum weiteren Fließen notwendigen Spannung erforderlich. Diese Verfestigung resultiert aus der durch die plastische Verformung bedingten Erhöhung der Versetzungsdichte und der gegenseitigen Behinderung der entstandenen Versetzungen. Die höchste Spannung, die im Diagramm erreicht wird, wird als *Zugfestigkeit* R_m der Probe bezeichnet. Sie ergibt sich als Quotient aus der größten Zugkraft F_m und dem Ausgangsquerschnitt S_0 der Zugprobe. Bis zu dieser Spannung hat sich die Probe unter Verminderung des Stabquerschnittes gleichmäßig über die Länge gedehnt, so daß die Dehnung bis zu diesem Punkt als Gleichmaßdehnung A_g bezeichnet wird.

Wird der Spannungswert der Zugfestigkeit überschritten, ergibt sich bei duktilen Werkstoffen im Bereich der späteren Bruchstelle eine Einschnürung, und die Gleichmaßdehnung geht in die Einschnürdehnung über. Die *Bruchdehnung* A setzt sich also aus der Gleichmaßdehnung und der Einschnürdehnung zusammen. Sie errechnet sich als die auf die Ausgangsmeßlänge L_0 bezogene bleibende Längenänderung ΔL_r nach dem Bruch der Probe. In Prozent ergibt sich demzufolge:

$$A = \frac{L_u - L_0}{L_0} \cdot 100.$$

In dieser Beziehung ist L_u die Meßlänge der Probe nach dem Bruch. In erster grober Annäherung kann die Bruchdehnung als Maßzahl für das Formänderungsvermögen eines Werkstoffes angesehen werden. Eine bessere Aussage macht jedoch der Zahlenwert der Gleichmaßdehnung, denn sie erfaßt den für die Verfahren der plastischen Werkstoffumformung zur Verfügung stehenden Dehnungsbereich.

Die *Brucheinschnürung* Z ist die auf den Ausgangsquerschnitt S_0 bezogene größte bleibende Querschnittsänderung ΔS nach dem Bruch der Probe. Es gilt demnach:

$$Z = \frac{S_0 - S_u}{S_0} \cdot 100 \text{ in \%}.$$

S_u ist der kleinste Probenquerschnitt nach dem Bruch. Auch der Zahlenwert der Brucheinschnürung wird oftmals zur Beurteilung des Formänderungsvermögens eines Werkstoffes herangezogen. Gegenüber der Bruchdehnung hat die Brucheinschnürung den Vorteil, daß ihr Zahlenwert unabhängig von der Meßlänge ist.

Zur Beurteilung des Werkstoffverhaltens liefert der statische Zugversuch demnach die Spannungswerte der Streckgrenze R_e bzw. der Dehngrenze $R_{p0,2}$ und der Zugfestigkeit R_m, außerdem den Zahlenwert der Bruchdehnung A und den der Brucheinschnürung Z. Aus den Spannungswerten der Streckgrenze R_e bzw. der Dehngrenze $R_{p0,2}$ und der Zugfestigkeit R_m wird vielfach der Quotient des Streckgrenzenverhältnisses R_e/R_m gebildet. Er wird dann als eine Maßzahl für die Wirksamkeit einer Stahlvergütung oder für das Formänderungsvermögen eines umzuformenden Werkstoffes angesehen. Ein vergüteter Stahl sollte ein hohes Streckgrenzenverhältnis besitzen, ein Werkstoff für Kaltumformzwecke hingegen ein niedriges.

Bild 3.21 stellt die Spannungs-Dehnungs-Diagramme einiger wichtiger Eisenwerkstoffe vor. Das Diagramm (1) zeigt das Verhalten von Blechen und Bändern aus einem unlegierten weichen Stahl für Kaltumformzwecke, die als Folge einer leichten Nachwalzbehandlung keine ausgeprägte Streckgrenze aufweisen und für Streck- und Tiefziehumformungen eingesetzt werden. Die hohen Zahlenwerte für die Bruch- und Gleichmaßdehnung deuten darauf hin, daß der Stahl ein hohes Form-

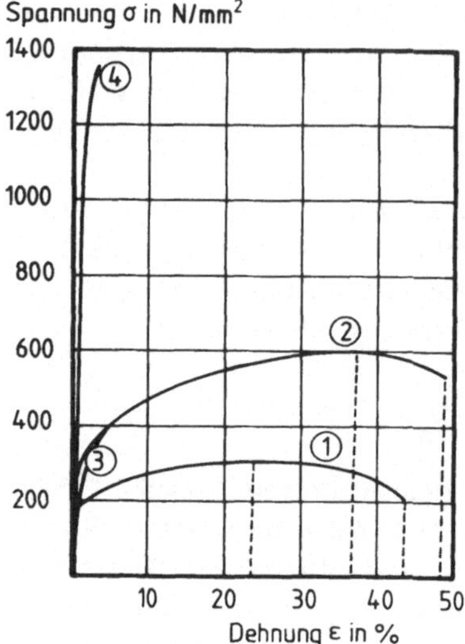

Bild 3.21 Spannungs-Dehnungs-Diagramme von Eisenwerkstoffen. Unlegierter weicher Stahl für Kaltumformzwecke (1), Nichtrostender Cr-Ni-Stahl (2), Gußeisen mit Lamellengraphit (3), Gehärteter Stahldraht (4)

änderungsvermögen besitzt. Der niedrige Wert für die 0,2 %-Dehngrenze weist auf einen frühzeitigen Fließbeginn bei der Blechumformung hin. Das niedrige Streckgrenzenverhältnis beschreibt den für eine Umformung zur Verfügung stehenden großen Spannungsbereich zwischen den Spannungswerten der Streckgrenze und der Zugfestigkeit. Diese Feststellungen gelten in verstärktem Maße für das Spannungs-Dehnungs-Diagramm (2), das ein nichtrostender Cr-Ni-Stahl liefert, der auf der Basis des kubisch-flächenzentrierten Eisengitters aufgebaut ist. Es verdeutlicht, daß dieser Stahl eine noch bessere Kaltumformbarkeit besitzt. Der Kurvenverlauf weist jedoch darauf hin, daß sich der Stahl im Verlauf der plastischen Umformung stark verfestigt, so daß zur Weiterführung einer begonnenen Umformung große Kräfte notwendig sind.

Das Diagramm (3) stammt von einem Gußeisen mit Lamellengraphit. Hier handelt es sich offensichtlich um einen spröden Werkstoff, der zudem noch eine geringe Zugfestigkeit erbringt. Der Streckgrenzenwert

ist gleich dem der Zugfestigkeit. Ein Fließen des Werkstoffes kann daher nicht erwartet werden, und es ist selbstverständlich, daß ein Gußeisen mit Lamellengraphit für Umformzwecke nicht in Betracht kommt. Die Graphitlamellen bewirken eine ausgeprägte Kerbwirkung. Es ist aber darauf hinzuweisen, daß sich der Grauguß unter Druckeinwirkung merklich günstiger verhält.

Auch das Spannungs-Dehnungs-Diagramm (4) zeigt ein sprödes Werkstoffverhalten. Es ergibt sich bei der Prüfung eines gehärteten Stahldrahtes. Er liefert im Gegensatz zum Gußeisen mit Lamellengraphit eine hohe Zugfestigkeit, eine hohe Härte und eine hohe Verschleißfestigkeit. Das Formänderungsvermögen ist sehr gering. Es kann jedoch bei einem Festigkeits- und Härteabbau durch eine Anlaßbehandlung merklich verbessert werden.

Diese Aussagen gelten zwar zunächst nur für eine Zugumformung. Sie lassen sich aber näherungsweise auch auf Umformungen übertragen, die als Folge anderer Werkstoffbeanspruchungen zustandekommen.

Die *Härte* ist eine komplexe Eigenschaft. Sie kommt durch Überlagerung anderer Eigenschaften wie z. B. der Formänderungsfestigkeit und der Verfestigungsfähigkeit zustande. Allgemein ist unter der Härte eines Werkstoffes der Widerstand zu verstehen, den der Werkstoff dem Eindringen eines härteren Prüfkörpers entgegensetzt. Der mit Hilfe eines geeigneten Eindringkörpers gewonnene Härtewert stellt jedoch keine Berechnungsgrundlage dar. Der eigentliche Wert der Härteprüfung besteht darin, daß Werkstoffe, einzelne Chargen oder Werkstücke hinsichtlich ihrer Härte miteinander verglichen werden können und daß bei einer Reihe von technisch wichtigen Werkstoffen ein einfacher numerischer Zusammenhang zwischen der Härte und der Zugfestigkeit besteht.

Bei den statischen Härteprüfverfahren wird ein Prüfkörper in den zu prüfenden Werkstoff eingedrückt und ein Eindruck erzeugt, der nach seiner Fläche bzw. nach seiner Tiefe ausgemessen wird. Die einzelnen Prüfverfahren unterscheiden sich voneinander durch die Form und Größe des Eindringkörpers und durch die Größe der einwirkenden Last. Die verbreitetsten Härteprüfverfahren sind die statischen Verfahren nach Brinell, Vickers und Rockwell. Bei den dynamischen Verfahren wird entweder ein Prüfkörper in die Werkstückoberfläche eingeschlagen oder es wird die Rücksprunghöhe eines Fallkörpers bestimmt.

Bei der *Härteprüfung nach Brinell* wird eine gehärtete Stahlkugel geeigneten Durchmessers D mit einer genormten Prüfkraft F in den Prüfling eingedrückt und aus der Prüfkraft F und der Eindruckoberfläche O die Brinell-Härte HB ermittelt. Dabei muß die Prüfkraft so groß sein, daß der Eindruckdurchmesser d zwischen $0,2 D$ und $0,7 D$ liegt. Tabelle 3.3 enthält die Zahlenwerte für die Kugeldurchmesser und Prüfkräfte und gibt Beispiele für die Anwendung der Härteprüfung nach Brinell. Dabei ist darauf zu achten, daß die gehärtete Stahlkugel nicht zur Prüfung gehärteter Stähle und von Hartguß eingesetzt werden kann. Durch die Verwendung einer Hartmetallkugel kann die Härteprüfung nach Brinell auch auf harte Werkstoffe ausgedehnt werden. Die Einwirkungszeit der Prüfkraft auf das Werkstück muß bis zum Ende des Werkstofffließens dauern. Bei Eisenwerkstoffen genügen 10 s, bei stark fließenden Werkstoffen sind 30 s erforderlich. Die Brinell-Härte kann mit Hilfe des Zahlenwertes für den Eindruckdurchmesser errechnet, aus Tabellen entnommen oder unter Zuhilfenahme von Rechenschiebern oder Nomogrammen ermittelt werden.

Bei der *Härteprüfung nach Vickers* wird eine Diamantpyramide mit quadratischer Grundfläche und einem Winkel von 136° zwischen gegenüberliegenden Flächen in das zu prüfende Werkstück eingedrückt. Bei der Einwirkung unterschiedlicher Prüfkräfte ergeben sich bei diesem Verfahren im üblichen Prüfkraftbereich geometrisch ähnliche Eindrücke, so daß die Härtewerte von der Höhe der Prüfkraft weitgehend unabhängig sind. Die Vickers-Härte errechnet sich aus dem Mittelwert der Eindruckdiagonalen, oder sie kann direkt aus Tabellen entnommen bzw. mit Hilfe von Rechenschiebern oder Nomogrammen bestimmt werden. Bis zu Härtewerten um 450 HV stimmen die Zahlenwerte der Vicker-Härte mit denen der Brinel-Härte überein. Kleinlast- und Mikrohärteprüfer arbeiten mit kleinen Lasten. Die Eindrücke werden mikroskopisch ausgemessen. Auf diese Weise kann die Härte dünner Schichten und die einzelner Gefüge-

Tabelle 3.3
Kugeldurchmesser, Prüfkräfte und Anwendung der Härteprüfung nach Brinell

Kugel-∅ D in mm	Prüfkraft F in N bei einem Belastungsgrad $b = \dfrac{0,102\, F}{D^2}$				
	$b = 30$	$b = 10$	$b = 5$	$b = 2,5$	$b = 1,25$
10	29 420	9800	4900	2450	1225
5	7 355	2450	1225	613	306,5
2,5	1 840	613	306,5	153,2	76,6
1	294	98	49	24,5	12,25
Anwendung:	Stahl Gußeisen Temper- guß Titan Titanlegie- rungen NiCr Monel Hastelloy	CuZn CuSn CuNiZn CuNi Al-Legie- rungen (ausge- härtet)	Rein-Al Al-Leg. (weich) Mg-Leg. Zink Zinklegie- rungen	Lager- metalle	Blei Zinn

bestandteile ermittelt werden. Im Rahmen der üblichen Werkstoffprüfung ist die Härteprüfung nach Vickers für alle Werkstoffe anwendbar.

Bei den verschiedenen *Härteprüfverfahren nach Rockwell* wird die Eindringtiefe der Prüfkörper bestimmt. Der Härtewert ergibt sich dann durch Subtraktion der Eindringtiefe von einer vorgegebenen Zahl. Die Härteprüfverfahren nach Rockwell sind durch eine Prüfvorkraft ausgezeichnet. Sie dient der genauen Festlegung des Nullpunktes und der Ausschaltung von Oberflächenveränderungen wie z. B. Entkohlungen von kohlenstoffhaltigen Stählen. Die verschiedenen Härteprüfverfahren nach Rockwell decken im wesentlichen den gesamten Bereich der üblichen Härtegrade ab. Für jeden Werkstoff muß jedoch erst das geeignete Verfahren ausgewählt werden. Tabelle 3.4 faßt die Prüfbedingungen der aus der Vielzahl der Verfahren ausgewählten wichtigsten Varianten zusammen. Ihre Vorteile bestehen darin, daß die Messung schnell und einfach ausgeführt und die Härtezahl unmittelbar am Prüfgerät abgelesen werden kann.

Eines der wichtigsten dynamischen Härteprüfverfahren ist die Rücksprunghärteprüfung oder *Shorehärteprüfung,* die hauptsächlich zur Prüfung von Walzen und Kurbelwellen durchgeführt wird. Dabei wird die Rücksprunghöhe eines Prüfkörpers gemessen. Sie ist im wesentlichen von der Elastizität des zu prüfenden Werkstoffes abhängig. Der Rockwell-C-Härte eines gehärteten Stahles von 66 HRC entspricht eine Rücksprunghärte von 100 Shore C.

Die Erfahrung lehrt, daß die Umrechnung eines Härtewertes in einen anderen nur informatorischen Zwecken dienen kann. Der durch Umrechnung gewonnenen Härtezahl kann kein urkundliches Gewicht beigelegt werden. Die Umrechnung birgt immer Fehler in sich und sollte möglichst unterlassen werden.

Gelegentlich wird eine empirische Beziehung zwischen der Härte und der Zugfestigkeit eines Werkstoffes benutzt, um die Zugfestigkeit kleiner Werkstücke angeben zu können oder um die Zugfestigkeit von Konstruktionsteilen ohne deren Beschädigung zu ermitteln. Dabei ist zu bedenken, daß oftmals beträchtliche Abweichungen der Meßwerte von den Rechenwerten auftreten. Einen herausragenden Einfluß hat das Streckgrenzenverhältnis des zu prüfenden Werkstoffes. Stähle gehorchen ungefähr der Beziehung

$$\frac{R_\mathrm{m} \text{ in N/mm}^2}{\mathrm{HB}} = 3{,}5 \pm 0{,}1 .$$

Tabelle 3.4
Prüfbedingungen der wichtigsten
Härteprüfverfahren nach Rockwell

	Prüfverfahren		
	HRC	HRB	HR 30-T
Prüfkörper	Diamantkegel 120°-Spitzenwinkel	Stahlkugel $D = 1/16''$	Stahlkugel $D = 1/16''$
Prüfvorkraft	98 N	98 N	29 N
Prüfkraft	1373 N	883 N	265 N
Gesamtprüfkraft	1471 N	981 N	294 N
Ermittlung der Härte	HRC = 100 - e	HRB = 130 - e	HR 30-T = 100 - e
	harte Werkstoffe (gehärteter Stahl)	weiche Werkstoffe (Tiefziehbleche)	Feinstbleche Weißblech

Bei Gußeisen mit Lamellengraphit ist der Zusammenhang zwischen Härte und Zugfestigkeit nicht so eindeutig. Je nach der Gefügeausbildung liegt der Quotient zwischen 1,2 und 1,4. Bei Gußeisen mit Kugelgraphit kann das Verhältnis des Zahlenwertes der Zugfestigkeit zu dem der Brinellhärte mit größerer Sicherheit zu 2,8 angesetzt werden.

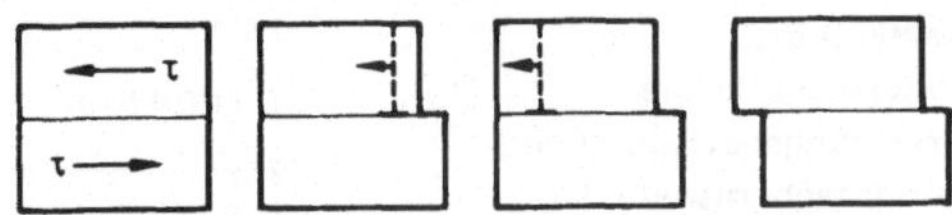

Bild 3.22 Bewegung einer Stufenversetzung unter der Einwirkung einer Schubspannung (Abgleitung von Kristallbereichen auf einer Gleitebene)

3.8 Verfestigungsmechanismen

Aus der Gruppe der Baufehler des metallischen Gitters kommt den Versetzungen eine besondere Bedeutung zu. Das Festigkeits- und Bruchverhalten der Metalle wird maßgeblich durch die *Bewegung der Versetzungen,* deren Beeinflussung durch äußere Kräfte und ihre Wechselwirkung mit Hindernissen, die im Metallgitter vorliegen, bestimmt. Versetzungen bewegen sich durch den Kristall, wenn ausreichend große Kräfte auf sie einwirken. Dabei erfolgt die Bewegung auf besonderen kristallographischen Ebenen, den *Gleitebenen.* Die Bewegungsrichtung der Versetzungen ist die *Gleitrichtung.* Gleitebenen und Gleitrichtung bilden ein Gleitsystem. Sowohl die Gleitebenen als auch die Gleitrichtungen sind dadurch ausgezeichnet, daß sie dicht mit Atomen besetzt sind. Im kubisch-raumzentrierten Kristallgitter handelt es sich dabei bevorzugt um die $\{100\}$-Ebene und die $\langle 111 \rangle$-Richtung und im kubisch-flächenzentrierten Gitter um die $\{111\}$-Ebene und die $\langle 110 \rangle$-Richtung. Bild 3.22 veranschaulicht die Bewegung einer Stufenversetzung unter der Einwirkung einer Schubspannung durch einen begrenzten Kristallbereich hindurch. Die Versetzungen bewirken weitreichende Verzerrungszustände innerhalb des Gitters. Als Ergebnis der Versetzungsbewegung stellt sich eine Abgleitung des oberen Kristallbereiches gegenüber dem unteren um einen Atomabstand ein. Die Summe aller Abgleitungen ergibt schließlich die erreichte Werkstückumformung.

Die Atome der Gleitebene bewegen sich bei dem Translationsvorgang nicht gleichzeitig gegeneinander, sondern sie überwinden nacheinander die wechselseitigen Bindungen. Um die Bewegung der Versetzungen zu veranlassen, bedarf es einer bestimmten von außen wirkenden Spannung, der kritischen Schubspannung. Das Spannungsfeld der einzelnen Versetzungen tritt einmal mit den äußeren Kräften in Wechselwirkung und zum anderen mit inter- und innerkristallinen *Hindernissen.* Dabei handelt es sich um 0-dimensionale Hindernisse wie z. B. Substitutions- und Legierungsatome, um die Spannungsfelder der 1-dimensionalen Versetzungen, um die Korngrenzen, Zwillingsgrenzen und Phasengrenzen und um Teilchen einer zweiten Phase, die in Form von Ausscheidungen und Dispersionen in feiner Verteilung im Kristall vorhanden sind. Tabelle 3.5 gibt eine Zusammenstellung der zu einer Beeinträchtigung der Versetzungsbewegung führenden Hindernisse. Dabei bietet sich eine gezielte Veränderung der Leerstellenkonzentration innerhalb des Gitters zwecks Werkstoffverfestigung normalerweise nicht an, weil ein temperaturabhängiges thermodynamisches Gleichgewicht für die Leerstellenkonzentration besteht. Lediglich eine Bestrahlung mit energiereichen Korpuskeln führt zu einer Verlagerung von Atomen aus ihren Gitterplätzen heraus, so daß die aus Leerstellen und Zwischengitteratomen bestehenden Frenkelpaare entstehen, wodurch sich eine Bestrahlungsverfestigung bei gleichzeitiger Versprödung ergibt.

Eingelagerte Fremdatome und solche, die als Substitutionsatome auf Gitterplätzen eingebaut sind, verzerren das Matrixgitter und verursachen ein Spannungsfeld, das mit dem Spannungsfeld der Versetzungen in Wechselwirkung tritt und die Versetzungsbewegung

Tabelle 3.5
Hindernisse für die Versetzungsbewegung und Grundmechanismen der Härtung

Hindernis	Geometrische Abmessung	Härtungsmechanismus
Substitutionsatome Einlagerungsatome	0-dimensional	Mischkristallhärtung Legierungshärtung
Versetzungen	1-dimensional	Verformungsverfestigung Kaltverfestigung
Korngrenzen Zwillingsgrenzen Phasengrenzen	2-dimensional	Korngrenzenhärtung Feinkornhärtung
Ausscheidungen Dispersionen	3-dimensional	Teilchenhärtung Ausscheidungshärtung Dispersionshärtung

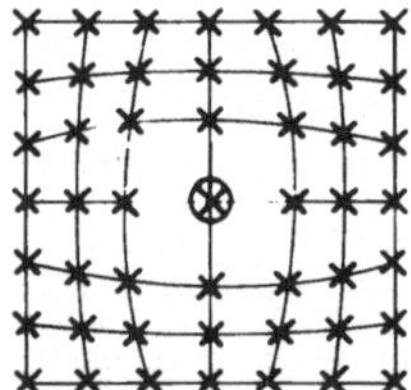

Bild 3.23 Schematische Darstellung der Gitterstörung durch ein Substitutionsatom, dessen Durchmesser größer ist als derjenige der Matrixatome (Atomgrößeneffekt)

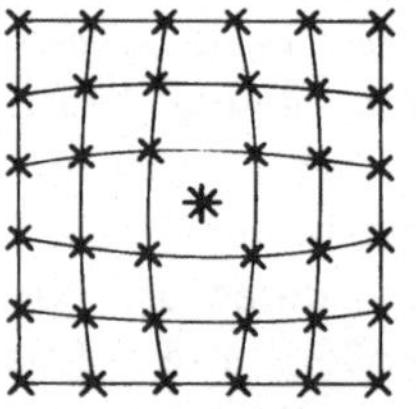

Bild 3.24 Schematische Darstellung der Gitterstörung durch ein Einlagerungsatom (Interstitielle Lösung)

behindert (*Mischkristallhärtung*). Die Bilder 3.23 und 3.24 veranschaulichen die durch gelöste Atome bewirkte Gitterstörungen. Ihre Fließbehinderung kann einmal durch eine Verankerung ruhender, zum andern durch eine Behinderung sich bewegender Versetzungen erfolgen.

Die bevorzugt vom Kristallwachstum herrührende Versetzungsdichte in Höhe von $\rho = 10^6$ bis 10^7 cm^{-2} reicht nicht aus, eine nennenswerte plastische Umformung zu ermöglichen. Es sind daher zusätzliche Versetzungen nötig, die aus Versetzungsquellen entstehen. Auf diesem Wege erhöht sich die Versetzungsdichte während der Umformung um mehrere Zehnerpotenzen, was zu einer zunehmenden Wechselwirkung der Versetzungen untereinander führt. Einerseits muß die sich bewegende Versetzung die weitreichenden Spannungsfelder der benachbarten Versetzungen überwinden, andererseits muß die in Bewegung befindliche Versetzung Versetzungen anderer Gleitsysteme schneiden. Diese Wechselwirkung bedeutet, daß für eine weitere plastische Umformung eine immer weiter ansteigende Spannung aufgebracht werden muß (*Verformungsverfestigung*).

Korngrenzen zeigen einen Aufbau, der gegenüber dem Idealgitter stark gestört ist. Dementsprechend bilden Korngrenzen Hindernisse für die Versetzungsbewegung. Sie führen zu einer Aufstauung der sich bewegenden Versetzungen. Bild 3.25 verdeutlicht die aufstauende Wirkung von Hindernissen auf die Versetzungen. Wird die auf sie einwirkende Spannung erhöht, so werden die aufgestauten Versetzungen noch etwas zusammengeschoben. Es ist daher anzunehmen, daß der für eine plastische Umformung aufzubringende Spannungswert von der Korngröße des Werkstoffes abhängt. Diesen Einfluß des mittleren Korndurchmessers d auf den Zahlenwert der Fließspannung erfaßt die *Hall-Petch-Beziehung*. Danach gilt für die aufzubringende Spannung

$$\sigma = \sigma_i + kd^{-1/2}.$$

In dieser Rechnung ist σ_i die sog. Reibungsspannung, die der Behinderung der Versetzungsbewegung innerhalb eines Kristalles entspricht, der eine unbegrenzte Ausdehnung hat. k ist eine Maßzahl, die den Korngrenzeneinfluß auf die Versetzungsbewegung wiedergibt. Sie ist als *Korngrenzenwiderstand* zu bezeichnen.

Wird die Hall-Petch-Beziehung auf die Streckgrenze bzw. die 0,2 %-Dehngrenze des Zugversuches übertragen, so ergibt sich für den Spannungswert der unteren Streckgrenze R_{eL}:

$$R_{eL} = \sigma_i + k_y d^{-1/2}.$$

Die jeweilige Fließspannung setzt sich demnach aus einem Kornanteil und einem Korngrenzenanteil zusammen. Der Kornanteil hängt in erster Linie von der Konzentration der eingelagerten und substituierenden Fremdatome, von der Versetzungsdichte und von der Menge und vom Dispersionsgrad der innerhalb der Körner vorhandenen Teilchen ab.

Wird die jeweilige Fließspannung über den Reziprokwert der Quadratwurzel aus dem mittleren Korndurchmesser aufgetragen, so ergibt sich eine Gerade, deren Steigung durch den Zahlenwert von k bzw. k_y bestimmt wird. Bild 3.26 zeigt für einen unberuhigt und einen beruhigt vergossenen unlegierten C-armen Stahl die Abhängigkeit des Spannungswertes der 0,2 %-Dehngrenze vom Mittelwert des Korndurchmessers. Dabei weist der beruhigt vergossene Stahl Desoxidationsprodukte auf, welche die Versetzungsbewegung im Korninnern verstärkt behindern.

Besonders wirksame Hindernisse für die Versetzungsbewegung stellen Teilchen dar, die als Ausscheidungen oder Dispersionen in hinreichend feiner Verteilung in der me-

tallischen Matrix vorliegen. Einflußgrößen für die *Teilchenhärtung* sind die Härte der Teilchen, ihr Volumenanteil, der Teilchenabstand, die Form und die Verteilung der Teilchen. Die zwischen den sich bewegenden Versetzungen und den Teilchen auftretenden Wechselwirkungen lassen sich durch zwei Mechanismen erläutern. Das in der Matrix vorliegende Teilchen wird einmal als undurchdringliches Hindernis von den Versetzungen umgangen oder zum andern von ihnen durchwandert, d. h. geschnitten. Von diesen beiden Prozessen ist der *Umgehungsmechanismus* der wirkungsvollere hinsichtlich einer Steigerung der Fließspannung und der Festigkeit. Bild 3.27 veranschaulicht zunächst den Vorgang des Durchschneidens der Teilchen. Dabei handelt es sich in der Regel um kleine, meistens kohärente Teilchen, die eine nur geringe Verspannung des Gitters bewirken. Die Gleitebene geht ohne Stö-

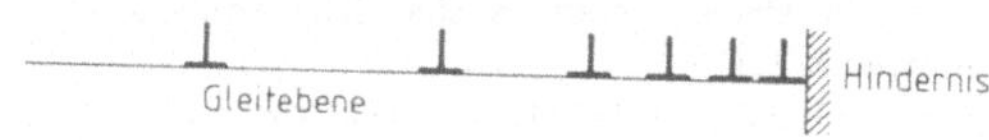

Bild 3.25 Versetzungsstau vor einem Hindernis (Korngrenze, Teilchen)

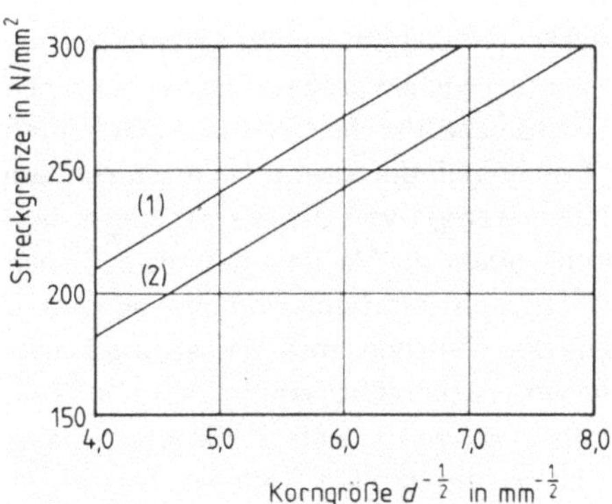

Bild 3.26 Zusammenhang zwischen Streckgrenze und Korngröße bei Kaltbandproben aus beruhigt vergossenem unlegierten weichen Stahl (1) und aus unberuhigt vergossenem weichen Stahl (Randzone) (2)

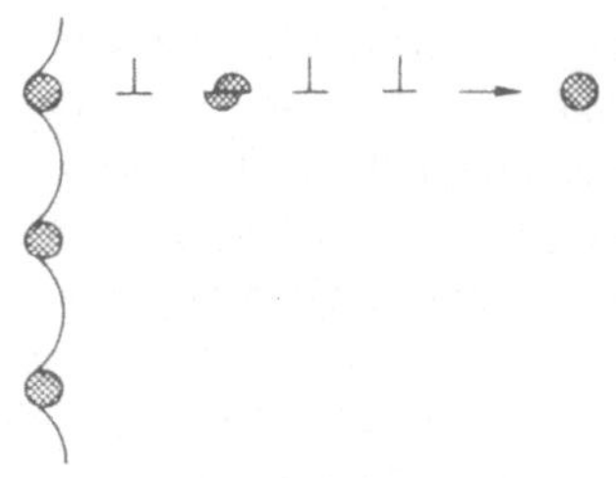

Bild 3.27 Wechselwirkung zwischen einer Versetzungslinie und schneidbaren Teilchen (Schneidmechanismus)

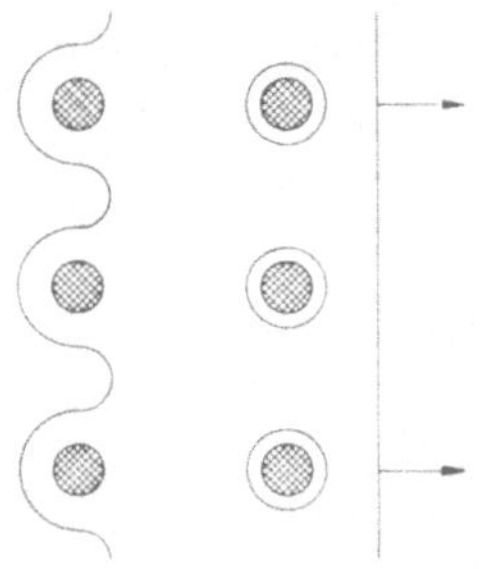

Bild 3.28 Wechselwirkung einer Versetzungslinie mit nicht-schneidbaren Teilchen (Umgehungs-mechanismus)
Nicht-schneidbare Teilchen = harte Teilchen

rung von der Matrix in das Teilchen über. Bild 3.28 gibt die Wechselwirkung zwischen einer Versetzungslinie und nicht-schneidbaren Teilchen wieder. Hier handelt es sich durchweg um semikohärente und inkohärente Teilchen größerer Härte, bei denen die Gleitebene der Matrix nicht glatt durch das Teilchen hindurchgeht. Nichtschneidbare Teilchen werden von den Versetzungen umgangen, indem die Versetzungslinie zwischen den Teilchen hindurchgedrückt wird und dabei die Teilchen mit Versetzungsringen umgeben werden (Orowan-Prozeß). Der Teilchenabstand wirkt sich dahingehend aus, daß bei einem großen Teilchenabstand die für den Umgehungsmechanismus benötigte Spannung verhältnismäßig klein ist, während sie mit abnehmendem Teilchenabstand schnell ansteigt. Eine Koagulation der Teilchen führt zu einer Vergrößerung des Teilchenabstan-

des und damit zu einer Verminderung der Verfestigungswirkung.

Der Prozeß der Teilchenhärtung ist z. B. in Al-Legierungen, in Cu-Legierungen und in hochfesten Stählen von großer Bedeutung. Dabei handelt es sich um Ausscheidungen aus Mischkristallen, die eine Festigkeitssteigerung bewirken. Eine weitere Möglichkeit der Teilchenhärtung bietet das Einbringen feinverteilter Oxide, Nitride und Carbide in eine metallische Matrix. Als wirksame Teilchen dieser dispersionshärtenden Werkstoffe bieten sich vor allem die Oxide des Th, des Al, des Mg, des Zr und des Hf an. Bei einer Temperaturerhöhung lösen sie sich nicht oder nur sehr wenig in der Matrix und koagulieren nicht, so daß dispersionshärtende Werkstoffe bevorzugt als warmfeste Werkstoffe Verwendung finden.

Die Festigkeit vieler metallischer Werkstoffe beruht auf einer Kombination der angeführten Verfestigungsmechanismen. Dabei kann davon ausgegangen werden, daß sich die Mechanismen additiv zusammensetzen. Die Fließspannung ergibt sich folglich zu

$$\sigma = \sigma_\perp + \Delta\sigma_M + \Delta\sigma_V + \Delta\sigma_{KG} + \Delta\sigma_T.$$

In dieser Summe bedeuten

$\sigma_\perp$ diejenige Spannung, die notwendig ist die Versetzungen durch einen störungsfreien Kristall mit einigen beweglichen Versetzungen zu bewegen,

$\Delta\sigma_M$ den Spannungsanteil der Mischkristallhärtung,

$\Delta\sigma_V$ den Spannungsanteil, der durch die Anhebung der Versetzungsdichte als Folge einer Umformung zustandekommt,

$\Delta\sigma_{KG}$ den Spannungsanteil der Korngrenzenhärtung,

$\Delta\sigma_T$ den Spannungsanteil der Teilchenhärtung.

Bild 3.29 setzt dieses Spannungsanteile vektoriell zusammen.

3.9 Diffusion

Die Atome der Festkörper führen eine Wärmebewegung in Form von Schwingungen um eine Gleichgewichtslage aus. Dabei ver-

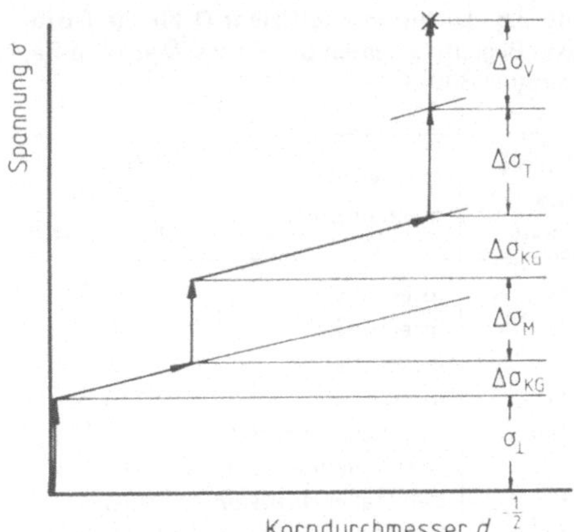

Bild 3.29 Zusammenwirken der Verfestigungsmechanismen in metallischen Werkstoffen

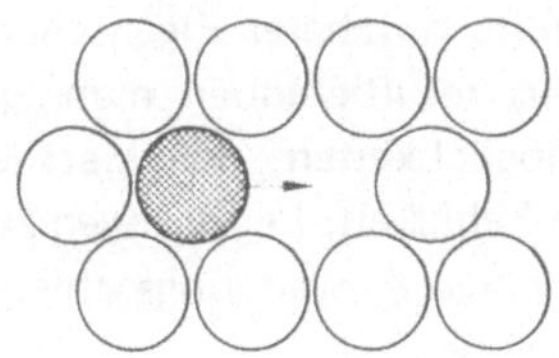

Bild 3.30 Leerstellenmechanismus der Diffusion (Fremddiffusion)

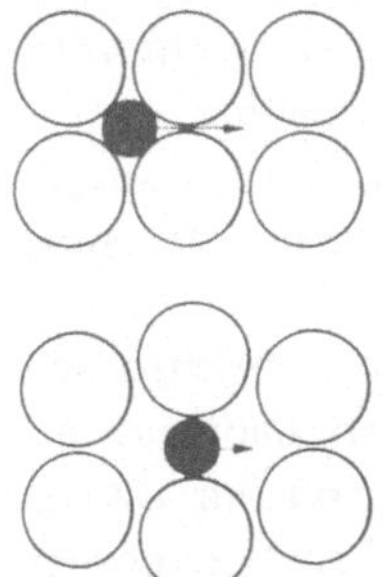

Bild 3.31
Verlauf der interstitiellen Diffusion (Platzwechsel über Zwischengitterplätze)

lassen einige von ihnen ihre Gitterplätze und wandern durch das Gitter hindurch. Es findet eine stetige Atombewegung statt, deren Intensität hauptsächlich von der Temperatur abhängt. Dieser thermisch aktivierte Platzwechsel der Atome wird als Diffusion bezeichnet. Durch sie kommt es zu einem Ma-

terietransport, der bei Vorliegen eines Konzentrationsgefälles gerichtet verläuft. Diffundieren fremde Atome in einem Werkstoff, so wird von Fremddiffusion gesprochen. Erfolgt die Diffusion in einer nur aus einer Atomart bestehenden Matrix, so wird der Vorgang als *Selbstdiffusion* bezeichnet. Diffusionsvorgänge spielen z. B. bei der Auf- und Entkohlung, der Nitrier- und Carbonitrierbehandlung von Stahl, bei den Sinterprozessen der pulvermetallurgischen Fertigung, bei der Verzunderung von Metalloberflächen und bei vielen Wärmebehandlungen eine beherrschende Rolle.

Hinsichtlich des Ablaufs der Diffusion in kristallinen Festkörpern sind im wesentlichen zwei Mechanismen zu unterscheiden. Es bietet sich zunächst für die Selbstdiffusion und die Diffusion von solchen Fremdatomen, die sich als Substitutionsatome auf regulären Gitterplätzen befinden, der *Leerstellenmechanismus* an. Er hängt von der Leerstellenkonzentration ab. Dabei stellt sich für jede Temperatur eine ganz bestimmte Gleichgewichtskonzentration an Leerstellen im Gitter ein. Sie steigt exponentiell mit der Temperatur an, so daß mit steigender Temperatur mehr Leerstellen für diffundierende Atome zur Verfügung stehen. Aus Bild 3.30 geht hervor, daß bei diesem Mechanismus das diffundierende Atom um einen Gitterplatz weiterspringt, während sich die Leerstelle gleichzeitig um einen Platz in die entgegengesetzte Richtung bewegt und an seinem neuen Platz dem nächsten Atom die Möglichkeit zum Platzwechsel bietet.

Ein anderer Diffusionsmechanismus ist die Atombewegung über Zwischengitterplätze. Bild 3.31 verdeutlicht diese *interstitielle Diffusion.* Bei den Zwischengitteratomen handelt es sich um Atome mit kleinem Atomradius wie H-, C-, N-, O- oder B-Atome. Für Eigenzwischengitteratome ist die Aktivierungsenergie der Bildung und erst recht der Diffusion in der Regel zu groß. Eine typische interstitielle Diffusion ist der Platzwechsel von C-Atomen im Eisen. Wegen der wesentlich dichteren Packung der Atome im γ-Fe ist die Kohlenstoffdiffusion im γ-Gitter bei vergleichbaren Temperaturen um ein Vielfaches geringer als im α-Fe.

Der hohe Fehlordnungsgrad der Korngrenzen erlaubt eine besonders hohe Platzwechselgeschwindigkeit der Atome. Dabei sind die Korngrenzen nicht gleichwertig, denn der Grad der Fehlordnung hängt vom Orientierungsunterschied der angrenzenden Körner ab, so daß Großwinkelkorngrenzen die Diffusion mehr begünstigen als Kleinwinkelkorngrenzen. Am leichtesten geht die Diffusion jedoch an freien Kristalloberflächen vonstatten. An ihnen ist die Störung des kristallinen Gitters besonders groß und die Diffusion entsprechend beschleunigt. Hinsichtlich der örtlichen Intensität der Diffusion ergibt sich folglich eine deutliche Abstufung von der Oberflächendiffusion über die Korngrenzendiffusion zur Volumendiffusion.

Die bei einer bestimmten Temperatur in der Zeiteinheit durch einen Querschnitt diffundierende Masse dm eines Stoffes ergibt sich mit Hilfe des 1. Fickschen Gesetzes zu

$$\mathrm{d}m = -D \cdot A \cdot \frac{\mathrm{d}c}{\mathrm{d}x} \cdot \mathrm{d}t.$$

In dieser Beziehung ist D der Diffusionskoeffizient oder die Diffusionskonstante, A ist der zur Verfügung stehende Querschnitt und dc/dx ist das bestehende Konzentrationsgefälle. Der Diffusionskoeffizient D ist eine Maßzahl für das Diffusionsvermögen der Atome eines Elementes in einem anderen Element bei einer bestimmten Temperatur. Er ist bei vorgegebenen Diffusionspartnern vor allem von der Temperatur abhängig, weiterhin vom Gitteraufbau der Matrix, vom Druck, vom Verformungsgrad und vom Gehalt an Verunreinigungen bzw. Legierungselementen. Tabelle 3.6 gibt die Zahlenwerte des Diffusionskoeffizienten D für die Diffusion einiger Begleitelemente des Eisens in der Eisenmatrix bei 800 °C wieder. Es zeigt sich das gegenüber den Substitutionselementen bevorzugte Diffusionsvermögen der interstitiell gelösten Elemente H, C, N und O.

Tabelle 3.6 Diffusionskoeffizient D für die Diffusion von Begleitelementen des Eisens. Matrix: α-Fe. Temperatur: 800 °C

Diffundierendes Element	Diffusionsmechanismus	Diffusionskoeffizient D in cm$^2 \cdot$s^{-1}
H	interstitiell	$5 \cdot 10^{-4}$
N	interstitiell	$8 \cdot 10^{-7}$
C	interstitiell	$5 \cdot 10^{-7}$
O	interstitiell	$5 \cdot 10^{-8}$
Mo	Leerstellendiffusion	$2 \cdot 10^{-10}$
Ni	Leerstellendiffusion	$5 \cdot 10^{-11}$
P	Leerstellendiffusion	$7 \cdot 10^{-9}$
Si	Leerstellendiffusion	$5 \cdot 10^{-12}$
S	Leerstellendiffusion	$2 \cdot 10^{-10}$

3.10 Legierungsbildung

Die große Bandbreite nutzbarer Eigenschaften und die daraus resultierenden mannigfaltigen Einsatzmöglichkeiten der Metalle beruhen auf deren Fähigkeit, Legierungen zu bilden. Nur für wenige Anwendungsgebiete werden reine Metalle benötigt.

Im schmelzflüssigen Zustand zeigen die Legierungspartner mit wenigen Ausnahmen eine vollständige gegenseitige Löslichkeit oder Mischbarkeit. Bei einer weitgehend statistischen Atomverteilung sind die atomaren Schmelzpartikel bei begrenzter Wechselwirkung frei gegeneinander verschiebbar.

Bezüglich der sich im festen Zustand einstellenden Legierungsbildung sind folgende Grenzfälle zu unterscheiden:

1. Die Legierungskomponenten mischen sich nicht. Die Legierung besteht dann aus verschiedenen Kristallarten, die im Gefüge nebeneinander liegen und ein heterogenes Gemenge bilden.

2. Die Legierungskomponenten sind bei begrenzter Affinität in allen Verhältnissen mischbar. Es entsteht eine Legierung mit einem homogenen Gefüge, weil die atomare Mischung mikroskopisch nicht aufgelöst werden kann. Die entstehenden Kristalle sind Mischkristalle. Dabei kann auch von einer festen Lösung gesprochen werden.

3. Mit zunehmender Affinität bilden die Komponenten eine Verbindung mit neuen charakteristischen Eigenschaften und einem Kristallgitter, das in der Regel von den Gittern der Komponenten verschieden ist. Es handelt sich um intermetallische Verbindungen, die nicht den Valenzregeln der Chemie gehorchen und eine mehr oder weniger stöchiometrische Zusammensetzung $A_m B_n$ aufweisen (z. B. Laves-Phasen oder Hume-Rothery-Phasen).

In den meisten Fällen liegen bei der Legierungsbildung jedoch Übergänge zwischen diesen Grenzfällen vor. Es kommt dann zu einer beschränkten Mischbarkeit oder Löslichkeit evtl. unter Einschaltung intermetallischer Verbindungen.

Bei der Bildung von Mischkristallen ergeben sich zwei Möglichkeiten. In den *Substitutionsmischkristallen* werden die Atome des Matrixelementes durch die Atome des Legierungselementes ersetzt. Dabei ist in der Regel eine statistische Atomverteilung anzunehmen. Diese Art der Legierungsbildung hat zur Voraussetzung, daß beide Komponenten das gleiche Kristallgitter aufweisen, daß ihre Atomradien nicht mehr als 15 % voneinander abweichen und daß zwischen den Komponenten eine gewisse, aber nicht zu große Affinität besteht. Unter Zuhilfenahme der Tabelle 3.1 ergibt sich, daß die beiden ersten Voraussetzungen z. B. von Cu-Ni-, Ag-Au- oder γ-Fe-Ni-Legierungen erfüllt werden, so daß die unbeschränkte Bildung von Substitutionsmischkristallen zu erwarten ist.

Wenn die Legierungsatome ganz bestimmte Plätze des Matrixgitters einnehmen, entsteht eine Ordnungsphase, die einer bestimmten stöchiometrischen Zusammensetzung entspricht. Die Gitterplätze sind folglich bei dieser geordneten Atomverteilung nicht mehr gleichwertig. Es handelt sich dabei offensichtlich um eine gewisse Vorstufe zur Verbindungsbildung. Derartige *Überstrukturen* finden sich z. B. in den Zweistoff-

legierungen Au-Cu, Fe-Al, Fe-Ni, Fe-Co, Fe-Si, Cu-Zn und Cd-Mg. Bild 3.32 stellt der ungeordneten Atomverteilung eines Substitutionsmischkristalles die geordnete Atomverteilung einer Überstruktur gegenüber. Der Übergang von einer ungeordneten in eine geordnete Mischkristallphase erfolgt in der Regel im Verlauf einer langsamen Abkühlung. Ordnungsphasen zeigen gegenüber ungeordneten Mischkristallen in der Regel veränderte physikalische, mechanische und technologische Eigenschaften. Als Folge der geringeren Störung des periodischen Gitteraufbaus handelt es sich dabei meistens um Maximal- bzw. Minimalwerte der Eigenschaften.

Wenn der Atomradius des Legierungselementes klein ist, so besteht die Möglichkeit, daß dessen Atome auf den Zwischengitterplätzen des Matrixgitters eingebaut werden. Es entstehen dann *Einlagerungsmischkristalle*, die auch als interstitielle Lösungen bezeichnet werden. Die für diese Art der Mischkristallbildung in Betracht kommenden Elemente sind der Wasserstoff, der Kohlenstoff, der Stickstoff, der Sauerstoff und das Bor. In Fe-C-Einlagerungsmischkristallen bietet sich für das kubisch-flächenzentrierte Kristallgitter des γ-Fe die Würfelmittel der Elementarzelle als Platz für das zu lösende C-Atom an. Im kubisch-raumzentrierten α-Fe sind die Gitterlücken auf den Kantenmitten und die Mitten der Würfelflächen gemäß

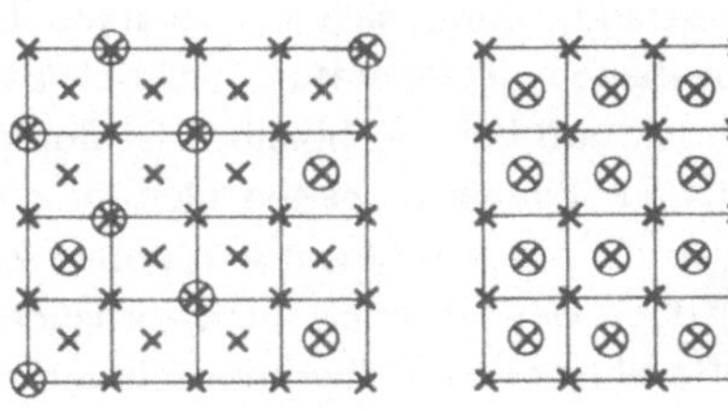

Bild 3.32 Gitterbereiche mit ungeordneter und geordneter Atomverteilung

Bild 3.33 mögliche Lagen der C-Atome. Dabei steht dem Kohlenstoff im γ-Gitter ein größerer Platz zur Verfügung, so daß die Löslichkeit des γ-Fe für Kohlenstoff größer ist als die des α-Fe.

3.11 Heterogene Gleichgewichte

Die notwendige Beschäftigung mit den elementaren Zustandsdiagrammen der Werkstoffkunde setzt vorab die Definition einiger Begriffe voraus. Eine Legierung besteht aus mehreren Komponenten, wobei es sich um die Legierung eines Metalles mit einem anderen Metall oder auch mit einem Nichtmetall handeln kann. Das sich nach einer geeigneten Vorbehandlung einer Probe wie Schleifen, Polieren und Ätzen unter dem Mikroskop oder unter dem Heiztisch-Mikroskop darstellende Gefüge setzt sich bei einem heterogenen Aufbau aus mehreren Phasen zusammen, die selbst einen homogenen Aufbau und eine homogene chemische Zusammensetzung aufweisen. Ist das gesamte Werkstoffgefüge homogen, so ist nur eine Phase vertreten. Der termperaturabhängige Zustand einer Legierung ergibt sich aus der Art und der Menge der im Gefüge vorliegenden Phasen und der Zusammensetzung der Phasen.

Zustandsdiagramme gelten in der Regel für Gleichgewichtsbedingungen, und die Lehre von den heterogenen Gleichgewichten befaßt sich dabei mit den mehrphasigen Stoffen. Ein Gefüge befindet sich dann im Gleichgewichtszustand, wenn sich ein Zustand bei gleichbleibender Temperatur, gleichbleibendem Druck und bei gleichbleibender Zusammensetzung über lange Zeiten nicht ändert. Dann ist der thermodynamisch stabile Zustand jedoch vielfach noch nicht vorhanden. In der Regel ist es dann aber möglich und zulässig, metastabile Gefügezustände als stabile Gleichgewichtszustände anzusehen.

Zustandsänderungen von Legierungen sind wie die reiner Metalle mit Änderungen der freien Energie bzw. der freien Enthalpie verbunden. Deshalb geben Messungen der Wärmeaufnahme bzw. der Wärmeabgabe bei Aufheiz- oder Abkühlvorgängen Auskunft

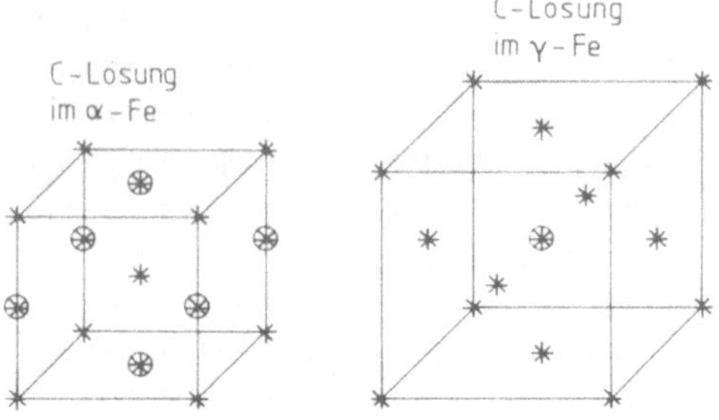

Bild 3.33 Interstitielle Lösung von Kohlenstoff im α-Eisen und im γ-Eisen

über Zustandsänderungen. Bei dieser *thermischen Analyse* werden Temperatur-Zeit-Kurven aufgenommen. Sie zeigen als Folge der thermischen Effekte die Vorgänge bei der Erstarrung, beim Aufschmelzen und bei den Umwandlungen im festen Zustand in Form von Haltepunkten und Knickpunkten an. Dabei werden in der Regel Abkühlungskurven aufgenommen. Umwandlungen im festen Zustand sind meistens nur durch schwache Wärmeeffekte ausgezeichnet. Dann ist es notwendig, die zu untersuchende Probe über eine Differenzschaltung mit einer zweiten, unter gleichen Bedingungen abkühlenden Probe zu vergleichen, die keine Umwandlung erfährt. Ebenso dient die *dilatometrische Analyse* der Erfassung von Umwandlungen im festen Zustand.

Bei der Betrachtung der elementaren Vorgänge bei der Wärmebehandlung von Legierungen stehen die Gleichgewichtsdiagramme der Zweistoffsysteme oder binären Systeme im Vordergrund. Sie gelten für den Normaldruck von 1 bar. Die Konzentrationen werden in Masseprozent angegeben.

Für den Fall, daß beide Komponenten des binären Systems im flüssigen und festen Zustand über die gesamte Konzentrationsbreite miteinander mischbar sind, ergibt sich aufgrund der Ergebnisse der thermischen Analyse das Zustandsdiagramm gemäß Bild

3.34. Dabei handelt es sich um das Beispiel des Zweistoffsystems Ni-Cu. Es leitet sich aus den Abkühlkurven der reinen Metalle Ni und Cu und zweier Ni-Cu-Legierungen her. Bei der Abkühlung der reinen Komponenten Ni und Cu zeigen sich als Folge der freiwerdenden Erstarrungswärme bei den Temperaturen 1453 °C bzw. 1083 °C Haltepunkte, wobei vorausgesetzt wird, daß keine Unterkühlungen auftreten. Die Abkühlkurven der beiden Ni-Cu-Legierungen weisen jeweils zwei Knickpunkte auf, die den Beginn und das Ende der Erstarrung kennzeichnen. Die verzögerte Abkühlung im Temperaturbereich zwischen diesen beiden Knickpunkten wird durch den kontinuierlich ablaufenden Erstarrungsvorgang verursacht. Bei der Temperatur des oberen Knickpunktes treten die ersten Ni-Cu-Mischkristalle auf, und bei der Temperatur des unteren Knickpunktes wird der letzte Rest Schmelze fest. Dabei stehen die Abkühlkurven der gewählten Zusammensetzungen stellvertretend für alle möglichen Zusammensetzungen im System Ni-Cu. Werden die oberen und unteren Knickpunkte mit den Temperaturen der Haltepunkte der reinen Metalle Ni und Cu verbunden, so ergeben sich zwei Linien, von denen die obere den Beginn der Erstarrung und die untere das Ende der Erstarrung angeben. Die obere Linie ist die *Liquiduslinie,* die untere die *Soliduslinie.* Beim Aufheizen einer Legierung beginnt an der Soliduslinie der Schmelzprozeß, der mit dem Erreichen der Liquiduslinie abgeschlossen ist. Bei den Ni-Cu-Mischkristallen handelt es sich wegen der sehr ähnlichen Atomradien der Elemente Ni und Cu um Substitutionsmischkristalle. Voraussetzungsgemäß kristallisieren beide Elemente zudem im kubisch-flächenzentrierten Gitter.

Das Zustandsdiagramm des Bildes 3.34 kann für bestimmte Komponenten Abwandlungen erfahren. Es kann sich eine lückenlose Mischkristallreihe mit einem Schmelzpunktmaximum oder einem Schmelzpunktminimum ergeben. Das Bild 3.35 veranschaulicht diese beiden Möglichkeiten.

Bei der technischen Nutzung der Zustandsdiagramme interessieren in der Regel die bei der Aufheizung und Abkühlung einer Legierung ablaufenden Phasenumwandlungen einschließlich der dabei eintretenden Konzentrationsveränderungen der Phasen. Anhand des Zustandsschaubildes Ni-Cu ergeben sich bei langsamer Gleichgewichtsabkühlung einer

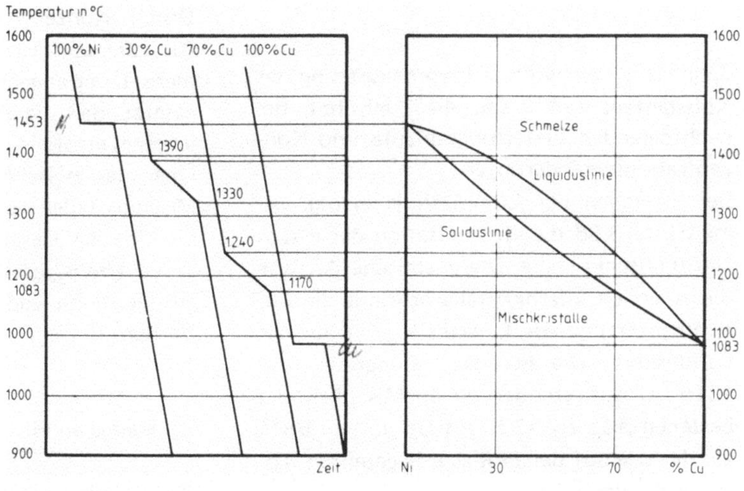

Bild 3.34 Entwicklung des Zustandsdiagrammes Ni-Cu mit Hilfe der thermischen Analyse

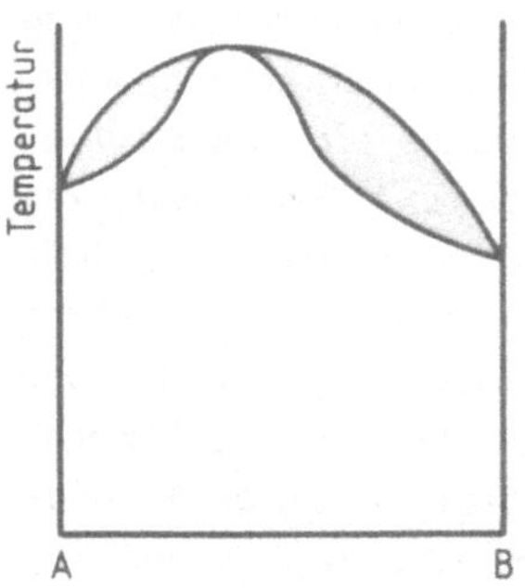
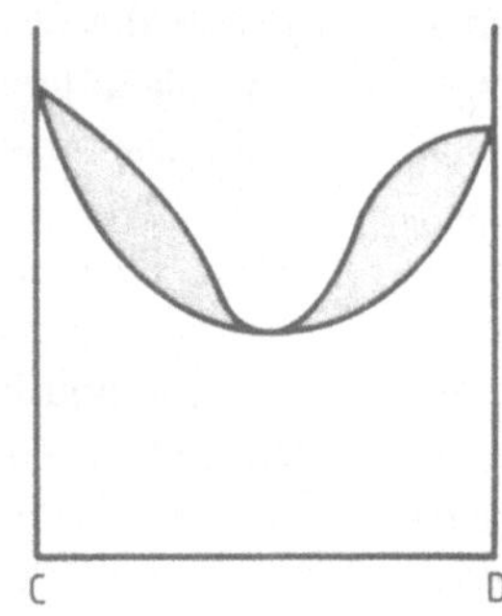

Bild 3.35
Bildung einer lückenlosen Reihe von Mischkristallen unter Auftreten eines Schmelzpunktmaximums bzw. Schmelzpunktminimums

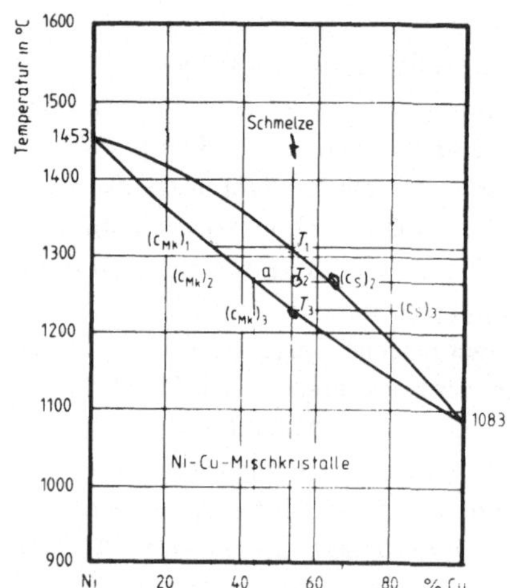

Bild 3.36 Konzentrationsveränderungen bei der Erstarrung einer Ni-Cu-Schmelze

Schmelze, welche die Zusammensetzung des Konstantans (56 % Cu, 44 % Ni) hat, die nachfolgenden Erstarrungsabläufe und Konzentrationsveränderungen:

Bei Erreichen der Liquiduslinie erfolgt gemäß Bild 3.36 die Kristallisation der ersten Ni-Cu-Mischkristalle. Die chemische Analyse dieser ersten Mischkristalle erbringt die Zusammensetzung des Punktes $(c_{Mk})_1$ auf der Soliduslinie. Die bei der Temperatur von 1315 °C auftretenden ersten Mischkristalle bestehen also zu 32 % aus Cu und zu 68 % aus Ni wie auf der in Masse-% geteilten Abszisse abzulesen ist.

Weil sich aus der Schmelze verhältnismäßig Cu-arme Mischkristalle gebildet haben, rei-

chert sich die Schmelze an Cu an. Ihre Zusammensetzung verschiebt sich mit fallender Temperatur längs der Liquiduslinie, während sich die Zusammensetzung der Mischkristalle entlang der Soliduslinie verändert. Bei der Temperatur T_2 (1265 °C) steht demnach die Schmelze der Zusammensetzung $(c_S)_2$ mit den Mischkristallen der Zusammensetzung $(c_{Mk})_2$ im *Gleichgewicht*. Dabei wird die Verbindungslinie zwischen den Zustandspunkten zweier miteinander im Gleichgewicht stehenden Phasen als *Konode* bezeichnet.

Bei Erreichen der Soliduslinie (1230 °C) ist die gesamte Schmelze erstarrt. Der letzte Rest an Schmelze besaß die Zusammensetzung $(c_S)_3$, und die Mischkristalle haben die Ausgangszusammensetzung $(c_{Mk})_3$ erreicht. Durch Konzentrationsausgleich haben alle Kristalle und Kristallbereiche diese Zusammensetzung angenommen. Dabei wird vorausgesetzt, daß die Abkühlung außerordentlich langsam erfolgt.

Über das zwischen der Schmelze und den Mischkristallen bestehende Mengenverhältnis gibt das Gesetz der abgewandten Hebelarme (*Hebelgesetz*) Auskunft. Unter Zugrundelegung von Bild 3.37 ergibt sich das Verhältnis

$$\frac{\text{Menge an Schmelze}}{\text{Menge an Mischkristallen}} = \frac{\text{Hebelarm } a}{\text{Hebelarm } b}.$$

Diese Hebelbeziehung erlaubt vor allem das schnelle Abschätzen der Mengenanteile vorhandener Phasen.

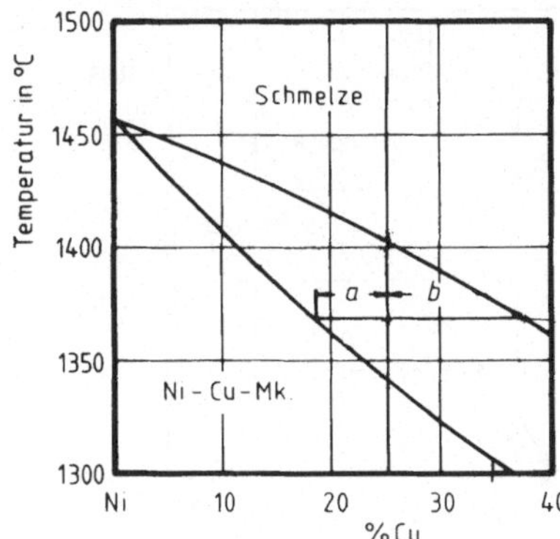

Bild 3.37 Mengenverhältnis zwischen Schmelze und Ni-Cu-Mischkristallen bei der Erstarrung einer Schmelze mit 75 % Ni und 25 % Cu (T = 1370 °C)

$$\frac{a}{b} = \frac{35\ \%\ \text{Schmelze}}{65\ \%\ \text{Mischkristalle}}$$

(Gesetz der abgewandten Hebelarme)

Die metallkundliche Praxis bietet Beispiele dafür, daß sich die beiden Komponenten im flüssigen Zustand zwar vollkommen mischen, daß aber im festen Zustand Nichtmischbarkeit besteht. Die homogene Schmelze zerfällt also bei der Erstarrung. Das diesen Fall beschreibende Zustandsdiagramm kann wieder mit Hilfe der thermischen Analyse aufgestellt werden. Auch hier sei ein praxisorientiertes System als Beispiel gewählt. Es handelt sich um das etwas vereinfachte Diagramm

Ni-NiS, das ganz besonders für Ni-haltige hitzebeständige Stähle und hochwarmfeste Nickellegierungen von weitreichender Bedeutung ist. Gemäß Bild 3.38 belegt die thermische Analyse des reinen Nickels dessen Schmelzpunkt bzw. Erstarrungspunkt mit 1453 °C. Wenn die Schmelze 30 % NiS enthält, erfolgt der Erstarrungsbeginn bei 1200 °C, und es bilden sich die ersten Kristalle, die analytisch als Ni-Kristalle zu identifizieren sind. Folglich muß die Schmelze an Ni verarmen. Der sich bei einer Temperatur von 645 °C auf der Abkühlkurve zeigende Haltepunkte deutet darauf hin, daß die noch vorhandene Restschmelze bei dieser Temperatur erstarrt. Eine metallographische Untersuchung, gekoppelt mit einer Elektronenstrahl-Mikroanalyse, führt zu dem Ergebnis, daß die Restschmelze zu einem Gemenge aus Ni- und NiS-Kristallen bei der Erstarrung zerfallen ist.

Bei einer NiS-Konzentration von 61 % tritt keine Erstarrung von Ni-Kristallen mehr auf. Die gesamte Schmelze zerfällt bei der Erstarrungstemperatur von 645 °C zu dem Gemenge aus Ni und NiS. Dieses Gemenge wird allgemein als *Eutektikum* bezeichnet. Die eutektische Zusammensetzung liegt in diesem Beispiel bei 61 % NiS und 39 % Ni, und die eutektische Temperatur beträgt 645 °C. Der eutektische Zerfall führt vielfach zu einem

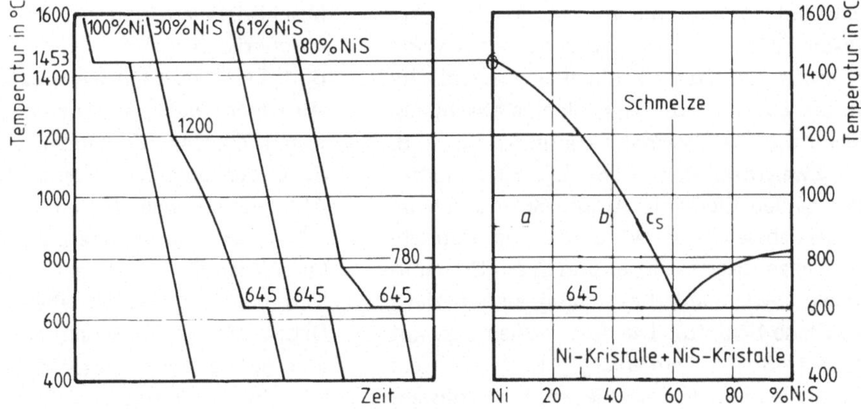

Bild 3.38 Abkühlkurven der thermischen Analyse für das Zweistoffsystem NiNiS und Zweistoffsystem Ni-NiS

streifigen Gefüge, das u. U. noch durch besondere Zusätze zur Schmelze verändert werden kann.

Bei höheren NiS-Gehalten kristallisieren zunächst NiS-Kristalle, und die verbleibende Schmelze zerfällt bei der eutektischen Temperatur von 645 °C zum eutektischen Gemenge aus Ni- und NiS-Kristallen.

Das Zustandsdiagramm Ni-NiS wird durch die zeichnerische Verbindung der Knick- und Haltepunkte der bei der thermischen Analyse aufgenommenen Abkühlungskurven erhalten. Die besondere Aussage dieses binären Systems besteht darin, daß bereits kleinste NiS-Gehalte schon bei einer Temperatur von 645 °C zu einem schmelzflüssigen Eutektikum führen. Dadurch ergeben sich gefährliche interkristalline Schädigungen bei der Hochtemperaturbeanspruchung von Konstruktions- und Bauteilen aus Ni-haltigen Werkstoffen.

Das Mengenverhältnis der auftretenden Phasen ergibt sich wieder aus dem Gesetz der abgewandten Hebelarme. Für eine Legierung mit 30 % NiS stehen bei einer Temperatur von 900 °C die Mengen der bereits erstarrten Ni-Kristalle und der Schmelze im Verhältnis der Hebelarme *b* und *a*. Demnach sind 40 % Ni-Kristalle und 60 % Schmelze vorhanden. Dabei besteht die Schmelze zu 50 % aus NiS und zu 50 % aus Ni.

Von erheblicher technischer Bedeutung sind solche Legierungen, bei denen im flüssigen Zustand vollkommene Mischbarkeit, im festen Zustand aber nur eine *beschränkte Mischbarkeit* bzw. Löslichkeit besteht. Im festen Zustand tritt demnach eine Mischungslücke auf. Diese Verhältnisse finden sich z. B. im Zweistoffsystem Al-Si. Die Kristallgitter der beiden Elemente Al und Si sind voneinander abweichend. Al besitzt ein kubischflächenzentriertes Gitter und Si ein Diamantgitter. Dabei handelt es sich um eine spezielle kubische Struktur. Die Atomradien sind mit $r_{Al} = 1,43 \cdot 10^{-8}$ cm und $r_{Si} = 1,18 \cdot 10^{-8}$ cm ebenfalls deutlich verschieden. Eine vollständige Löslichkeit ist daher nicht zu erwarten. Bild 3.39 gibt dieses Diagramm wieder, wie

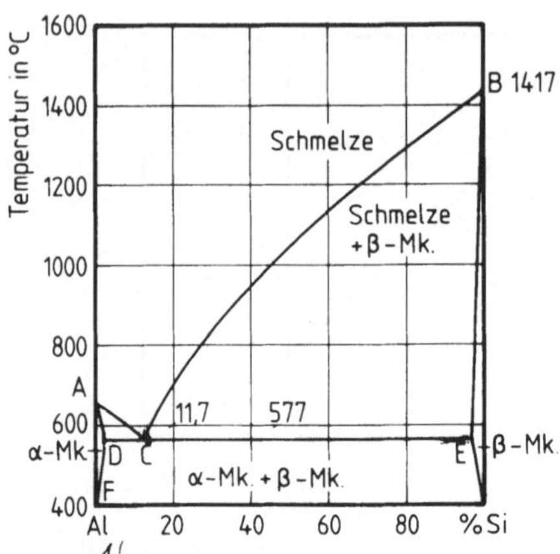

Bild 3.39 Zweistoffsystem Al-Si
Eutektisches System mit beschränkter Mischkristallbildung

es mit Hilfe der thermischen Analyse erhalten wird.

Al kann im festen Zustand etwas Si lösen, wobei die maximale Löslichkeit mit 1,6 % Si bei der eutektischen Temperatur von 577 °C auftritt. Ebenso kann Si etwas Al lösen. Das Eutektikum bildet sich bei einem Si-Gehalt von 11,7 %. Es besteht aus einem Gemenge von Al-Mischkristallen, die einen Si-Gehalt von 1,6 % besitzen, und Si-Mischkristallen, die etwas Al enthalten. Mit sinkender Temperatur nimmt die Löslichkeit der Al-Mischkristalle für Si und die der Si-Mischkristalle für Al ab. Bei langsamer Abkühlung scheidet sich Si in Form von Si-Mischkristallen und Al in Form von Al-Mischkristallen aus.

Bild 3.40 bietet ein weiteres Beispiel für das Auftreten einer begrenzten Löslichkeit im festen Zustand. Es handelt sich um die Al-Seite des binären Systems Al-Al$_2$Cu. Eine Al-Legierung weist bei einem Cu-Gehalt von 4,5 % bei Raumtemperatur ein aus Al-Cu-Mischkristallen und der intermetallischen Verbindung Al$_2$Cu bestehendes Gefüge auf. Dabei ist der Cu-Gehalt der Mischkristalle sehr gering. Wird dieses Gefüge aufgeheizt, so geht mit steigender Temperatur zunehmend Al$_2$Cu in Lösung. Der Al$_2$Cu-Hebelarm wird immer kürzer. Wird die Löslichkeitslinie C-D erreicht, ist das gesamte Al_2Cu im Al-Mischkristall in Lösung gegangen. Das Gefüge ist jetzt homogen. Die Glühbehandlung ist also ein Lösungsglühen oder Homogenisieren. Bei einer langsamen Abkühlung beginnt bei Erreichen der Löslichkeitslinie die Ausscheidung des Al_2Cu aus dem Mischkristall, der mithin längs der Linie C-D an Cu ärmer wird. Es ist einleuchtend, daß bei einer beschleunigten Abkühlung nicht genügend Zeit für die Ausscheidung zur Verfügung steht. Das Gefüge bleibt homogen. Es besteht jetzt aus übersättigten Mischkristallen, die das Bestreben haben, in den vom Zustandsdiagramm vorgegebenen stabilen Gleichgewichtszustand überzugehen. Die dabei auftretenden Ausscheidungen führen zur Ausscheidungshärtung oder Aushärtung entsprechender Al-Legierungen.

In Zweistoffsystemen besteht die Möglichkeit, daß die beiden Komponenten bei hinreichender Affinität zu Verbindungen zusammentreten, deren Gitteraufbau von den Gitterstrukturen der Komponenten in der Regel erheblich abweichen. Diese *intermetallischen Verbindungen* weisen vielfach eine gewisse Bandbreite hinsichtlich ihrer chemischen Zusammensetzung auf, so daß sich ein in der Ausdehnung temperaturabhängiger Phasenbereich ergibt. Intermetallische Verbindungen sind in der Regel sehr hart und spröde und beeinträchtigen daher die Verwendbarkeit der Legierungen. Bild 3.41 gibt das Zweistoffdiagramm Mg-Si wieder, in dem die Verbindung Mg_2Si das Schaubild in zwei gleichartige Systeme unterteilt. Die Verbindung ist bis zum Schmelzpunkt beständig. Mg_2Si ist das Magnesiumsilizid.

Die in einem Zweistoffsystem auftretende chemische Verbindung kann auch beim Aufheizen bereits vor Erreichen des Schmelzpunktes zerfallen. Das zu erwartende Schmelzpunktmaximum wird dann verdeckt. Bild 3.42 gibt für diesen Fall ein Beispiel aus dem technisch überaus wichtigen Bereich der *Feuerfeststoffe*. Das binäre System SiO_2-Al_2O_3 erfaßt im wesentlichen die Bereiche der chemischen Zusammensetzung der Silikasteine,

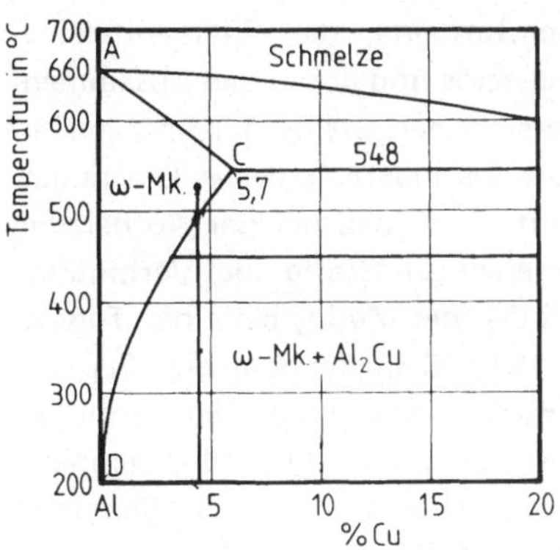

Bild 3.40 Zweistoffsystem Al-Al_2Cu (Al-Seite) (Lösungsglühen und Abkühlung einer aushärtbaren Al-Cu-Legierung)

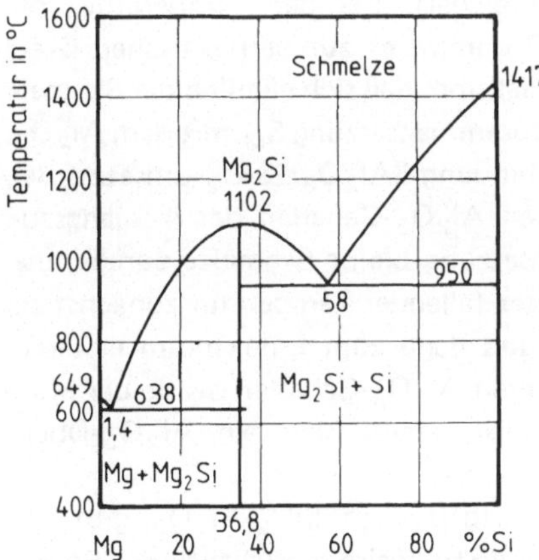

Bild 3.41 Zweistoffsystem Mg-Si System mit einer kongruent schmelzenden Verbindung

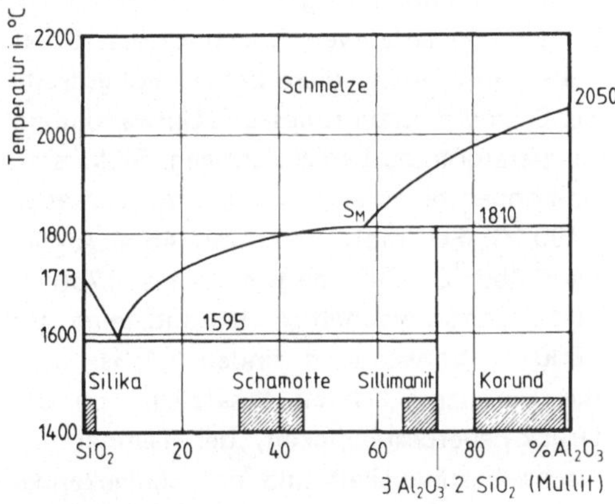

Bild 3.42 Zweistoffsystem SiO_2-Al_2O_3 System mit einer inkongruent schmelzenden Verbindung

der Schamottesteine, der Sillimanitsteine, der Korundsteine und der in den Zusammensetzungsbereich der Steine hineinfallenden Massen. Die Besonderheit dieses Diagrammtyps besteht darin, daß bei der Aufheizung hochtonerdehaltiger Stoffe die Verbindung $3Al_2O_3 \cdot 2SiO_2$, der Mullit, bei einer Temperatur von 1810 °C in die Schmelze S_M und Al_2O_3 zerfällt. Anhand der Hebelarme ergibt sich, daß bei weiter steigender Temperatur das vorhandene Al_2O_3 in der Schmelze in Lösung geht. Bei der Abkühlung einer hochtonerdehaltigen Schmelze scheiden sich aus ihr zunächst Al_2O_3-Kristalle aus, wodurch sich die Schmelze längs der Liquiduslinie an SiO_2 anreichert. Bei der Temperatur von 1810 °C kommt es zur peritektischen Dreiphasenreaktion, daß sich nämlich die Schmelze der Zusammensetzung S_M mit dem Al_2O_3 zur Verbindung $3Al_2O_3 \cdot 2SiO_2$ umsetzt. Bei geringeren Al_2O_3-Gehalten der Ausgangszusammensetzung bleibt Schmelze zurück, die mit weiter fallender Temperatur zunächst zu Al_2O_3 und dann zum Eutektikum erstarrt. Bei höheren Al_2O_3-Gehalten als sie der Mullit aufweist, ergibt sich ein Al_2O_3-Überschuß.

Das Zweistoffsystem SiO_2-Al_2O_3 gibt die elementaren Hinweise hinsichtlich der Feuerfestigkeit der von diesem System erfaßten Feuerfeststoffe. Dabei ist zu bedenken, daß die Gleichgewichte der Zustandsdiagramme durch Verunreinigungen und Begleitstoffe der Komponenten verschoben werden. Es ist daher unerläßlich, diese Schwankungsbreite der Schmelz-, Erstarrungs- und Umwandlungstemperaturen zu berücksichtigen. Silikatsteine können bis zu einer Temperatur von etwa 1700 °C, Schamottesteine mit 45 % Al_2O_3 bis 1450 °C, Sillimanitsteine bis 1700 °C und hochtonerdehaltige Korundsteine bis 2000 °C Verwendung finden. Dabei wird die Einsatzmöglichkeit zusätzlich von der Druck-Feuerbeständigkeit, der Temperaturwechselbeständigkeit und der Schlackenbeständigkeit beeinflußt.

Bei einer beschränkten Mischkristallbildung kann der Fall eintreten, daß die Temperatur

der beginnenden Erstarrung der einen Komponente als Folge der Lösung des Legierungspartners abgesenkt und die der anderen Komponente angehoben wird. Das sich ergebende Zustandsschaubild ist ein Diagramm mit *Peritektikum*. Bild 3.43 gibt als typisches Beispiel das Zweistoffsystem Pt-Ag wieder. Eine technisch besonders wichtige peritektische Umsetzung findet sich im Zustandsschaubild Fe-C. In Bild 3.44 ist das aus diesem Diagramm herausgeschnittene Zustandsfeld des Peritektikums wiedergegeben.

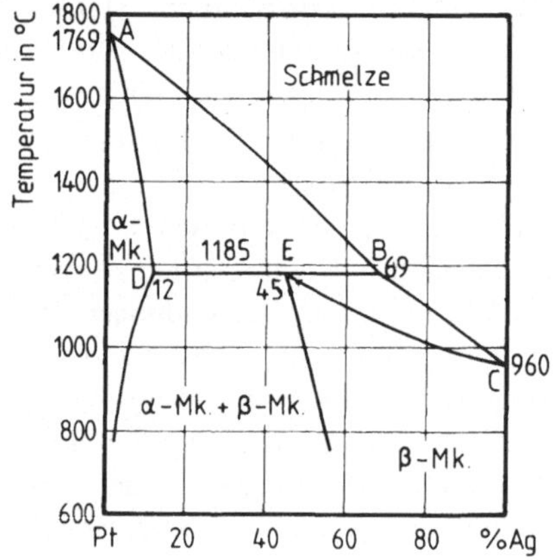

Bild 3.43 Zustandsdiagramm Pt-Ag. System mit Peritektikum

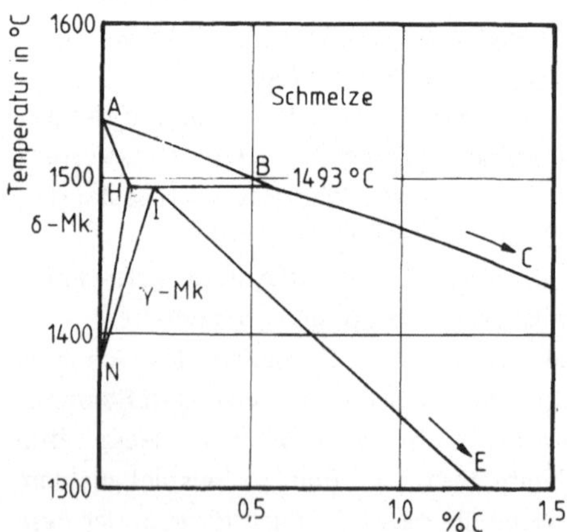

Bild 3.44 Peritektikum im Zustandsdiagramm Fe-C
Punkt H: 0,10 % C; Punkt I: 0,16 % C;
Punkt B: 0,51 % C.

Fe-C-Legierungen mit C-Gehalten bis 0,10 % erstarren nach dem Beispiel der Ni-Cu-Legierungen zu homogenen δ-Mischkristallen, die allerdings den Kohlenstoff interstitiell gelöst enthalten. Die Besonderheit ist lediglich, daß diese bei niedrigeren Temperaturen nach dem gleichen Schema in γ-Mischkristalle übergehen.

Hat die zur Erstarrung kommende Fe-C-Legierung einen C-Gehalt zwischen 0,10 % und 0,16 %, so beginnt die Erstarrung an der Liquiduslinie A-B. Dabei treten die ersten C-armen δ-Mischkristalle auf, so daß sich die Schmelze längs der Linie A-B an C anreichern muß. Kurz vor Unterschreiten der Linie H-I-B, die entsprechend der Eutektikalen im Zweistoffsystem mit Eutektikum Peritektikale genannt wird, sind in der den Stahl aufnehmenden Kokille Schmelze der Zusammensetzung des Punktes B und δ-Mischkristalle der Zusammensetzung des Punktes H miteinander im Gleichgewicht. Das Hebelgesetz sagt aus, daß die Menge der Schmelze weniger als 14,6 % ausmacht. Bei Erreichen der Peritektikalen H-I-B läuft die peritektische Reaktion ab, bei der sich δ-Mischkristalle der Zusammensetzung des Punktes H mit der Schmelze der Konzentration des Punktes B unter Bildung von γ-Mischkristallen der Zusammensetzung des Punktes I umsetzen. Durch diese Umsetzung wird die gesamte Schmelze aufgebraucht, während noch δ-Mischkristalle zurückbleiben, die sich bei weiterer Abkühlung ebenfalls in γ-Mischkristalle umwandeln. Unterhalb der Linie I-N liegen dann nur noch γ-Mischkristalle mit dem C-Gehalt der zu Beginn der Erstarrung vorhandenen Schmelze vor.

Besitzt die abkühlende Fe-C-Schmelze einen C-Gehalt von 0,16 %, verschwinden bei der peritektischen Umsetzung sowohl die primären δ-Mischkristalle der Zusammensetzung des Punktes H als auch die Schmelze der Konzentration des Punktes B und bilden γ-Mischkristalle der Zusammensetzung des Punktes I. Die Umsetzung erfolgt ohne Restmenge nach der Beziehung

$$\delta\text{-Mk}_H + S_B \rightarrow \gamma\text{-Mk}_I.$$

Liegt der C-Gehalt der Schmelze zwischen 0,16 % und 0,51 %, so bleibt bei der peritektischen Reaktion ein Rest Schmelze zurück. Er erstarrt bei weiterer Abkühlung im Temperaturbereich zwischen Liquidus- und Soliduslinie zu γ-Mischkristallen. Im Verlauf dieser Abkühlung haben die aus der peritektischen Umsetzung stammenden γ-Mischkristalle längs der Linie I-E Kohlenstoff aufgenommen. Mit Erreichen der Soliduslinie I-E ist die Erstarrung abgeschlossen.

Eine Reihe von Metallen erfährt im festen Zustand allotrope Umwandlungen. Dabei erfahren die Umwandlungstemperaturen den Erstarrungs- und Aufschmelzvorgänen entsprechende Veränderungen durch die Legierungsbildung mit einer zweiten Komponente. An die Stelle der Schmelze tritt dabei im festen Zustand die feste Lösung der Mischkristalle. Das Eutektikum wird zum Eutektoid, und aus der peritektischen Umsetzung wird im festen Zustand die peritektoide Umsetzung. Ein technisch wichtiges binäres System mit Phasenänderungen im festen Zustand ist das Fe-C-Diagramm.

3.12 Zweistoffdiagramm Fe-C

Im Zweistoffsystem Fe-C ist zwischen dem *stabilen Gleichgewichtsdiagramm* Fe-C$_{\text{Graphit}}$ und dem *metastabilen Diagramm* Fe-Fe$_3$C zu unterscheiden. Die Verbindung Fe$_3$C ist das Eisencarbid. Sein C-Gehalt errechnet sich zu 6,67 %. Als Gefügebestandteil der Eisenwerkstoffe wird das Eisencarbid als *Zementit* bezeichnet. Das Fe$_3$C ist deshalb metabstabil, weil es nach langen Glühzeiten in eine Eisenphase und Graphit zerfallen kann.

Von den beiden Schaubildern beschreibt das Diagramm Fe-Fe$_3$C die Gefüge- und Konzentrationsveränderungen bei der langsamen Aufheizung und Abkühlung von unlegierten C-Stählen und der Randzone von unlegiertem Hartguß, während das Diagramm Fe-C$_{\text{Graphit}}$ ganz oder teilweise die Gefügezustände und Gefügeveränderungen im grauen Gußeisen und im schwarzen Temperguß wiedergibt. In Stählen spielt das stabile Diagramm fast keine Rolle. Ein Zerfall des Fe$_3$C erfolgt nur nach langen Glühzeiten. In Stählen ist dieser Vorgang als Schwarzbruch bekannt.

Wegen der nur wenig voneinander abweichenden Gleichgewichtslinien des stabilen und metastabilen Systems wird das Zustandsschaubild Fe-C allgemein als Doppelschaubild dargestellt. Das metastabile Schaubild Fe-Fe$_3$C wird in der Regel mit ausgezogenen Linien und das stabile Schaubild Fe-C$_{Graphit}$ gestrichelt gezeichnet.

Bild 3.45 gibt das Doppelschaubild Fe-C wieder. Der Schmelzpunkt des Eisens wird mit steigendem C-Gehalt zunächst abgesenkt, bis im metastabilen System bei 4,3 % C die eutektische Zusammensetzung und damit die niedrigste Schmelz- bzw. Erstarrungstemperatur auftritt.

Die drei Eisenmodifikationen vermögen auf Grund ihres Gitteraufbaus unterschiedliche Mengen an Kohlenstoff zu lösen. Das kubisch-raumzentrierte δ-Fe hat mit 0,10 % sein größtes Lösungsvermögen bei der peritektischen Temperatur von 1493 °C. Das kubisch-flächenzentrierte γ-Fe ist in der Lage, mit 2,06 % bei der eutektischen Temperatur von 1147 °C wesentlich mehr Kohlenstoff zu lösen, denn die Elementarzelle des γ-Fe kann dem C-Atom den energetisch günstigen interstitiellen Gitterplatz in der Würfelmitte anbieten. Das Lösungsvermögen des kubisch-raumzentrierten α-Fe ist mit 0,02 % bei der eutektoiden Temperatur von 723 °C wieder sehr gering. Es geht mit fallender Temperatur zurück und beträgt bei Raumtemperatur

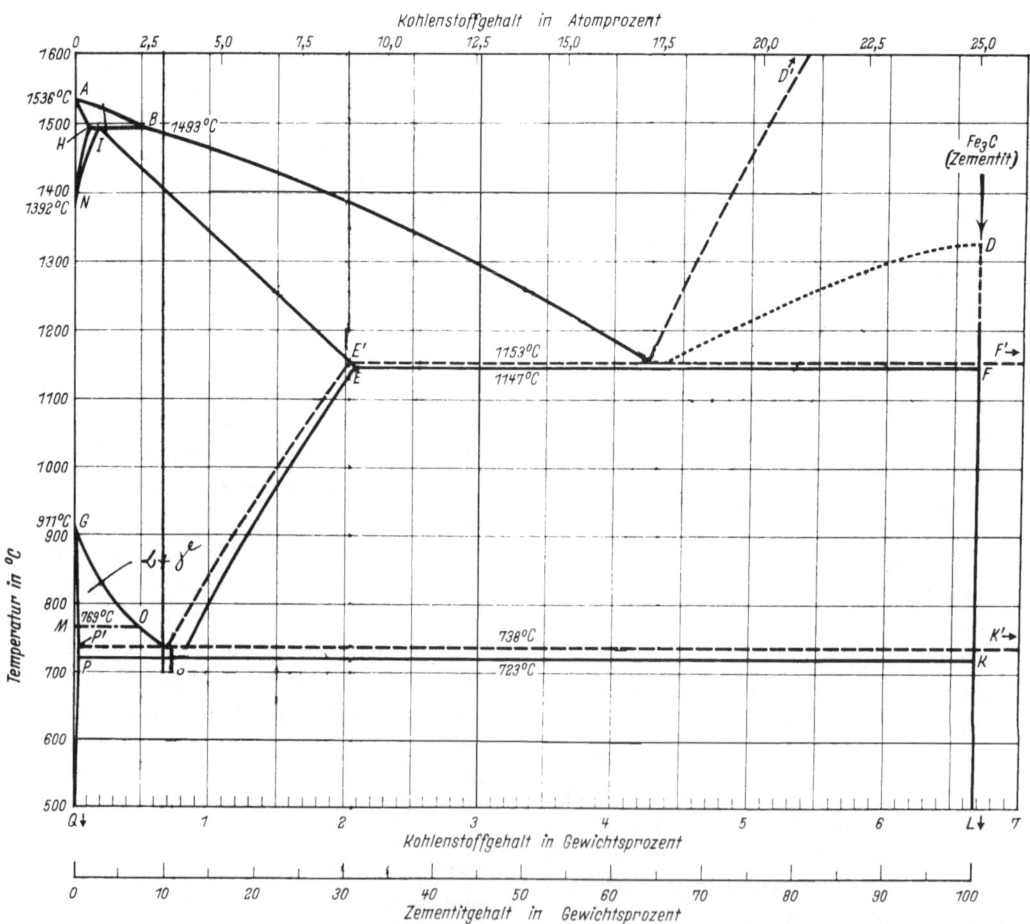

Bild 3.45 Doppelschaubild Fe-C. Stabiles Diagramm Fe-C$_{Graphit}$. Metastabiles Diagramm Fe-Fe$_3$C

nur noch etwa 10^{-7} %. In der Gefügebeschreibung wird der γ-Mischkristall als *Austenit* und der α-Mischkristall als *Ferrit* bezeichnet.

Maßgebend für die Gefügeausbildung der unlegierten C-Stähle sind die Gefüge- und Konzentrationsveränderungen bei der Abkühlung von Fe-C-Legierungen aus dem Feld der γ-Mischkristalle. Dabei sind Fe-Werkstoffe mit Gehalten bis etwa 2,0 % C als Stähle anzusehen.

Im folgenden werden die Gefüge- und Konzentrationsveränderungen einiger wichtiger Fe-C-Werkstoffe im Diagramm Fe-Fe$_3$C verfolgt.

Ein unlegierter weicher Stahl für Kaltumformzwecke hat einen C-Gehalt um 0,05 %. Wird er langsam aus dem Zustandsfeld der homogenen γ-Mischkristalle abgekühlt, so wandeln sich bei Erreichen der G-O-S-Linie die ersten γ-Mischkristalle in C-arme α-Mischkristalle um. Ihre Zusammensetzung ist durch die G-P-Linie bestimmt (Bild 3.46). Die γ-Mischkristalle werden demzufolge C-reicher und verändern ihre Zusammensetzung längs der G-O-S-Linie. Dicht oberhalb von 723 °C befinden sich demnach α-Mischkristalle der Zusammensetzung des Punktes P und γ-Mischkristalle der Zusammensetzung des Punktes S innerhalb des Werkstoffgefüges im Gleichgewicht. Die Menge der γ-Mischkristalle ist gemäß der Hebelbeziehung mit knapp 4 % nur noch gering. Bei Unterschreiten der P-S-K-Linie zerfällt dieser geringe Anteil der γ-Mischkristalle zu einem Gefüge, das dem eines Eutektikums gleicht und bei Umwandlungsvorgängen im festen Zustand als Eutektoid bezeichnet wird. Das Eutektoid des Punktes S wird allgemein *Perlit* genannt. Es hat ein streifiges Aussehen, weil Zementitlamellen in Ferrit eingebettet sind. Das kubisch-flächenzentrierte Eisengitter der γ-Mischkristalle hat sich in das kubisch-raumzentrierte der α-Mischkristalle umgewandelt, und die im γ-Mischkristall gelösten C-Atome haben das Eisengitter verlassen, weil das kubisch-raumzentrierte Fe-Gitter nur sehr wenig Kohlenstoff lösen kann. Sie bilden den

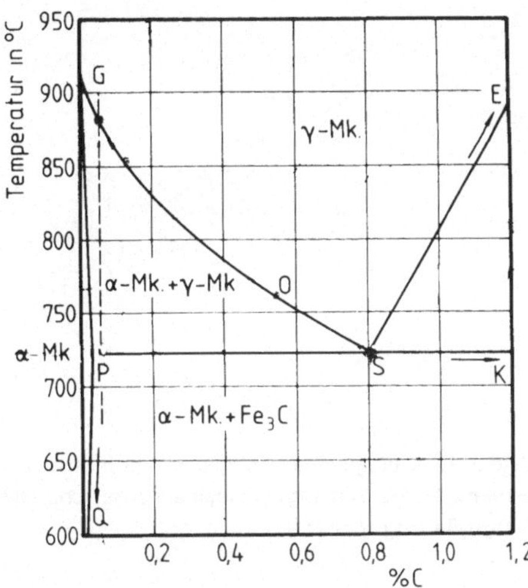

Bild 3.46 Teilgebiet der eutektoidischen Umwandlung im Zustandsdiagramm Fe-Fe$_3$C

Zementit des Perlits. Bei höherer Abkühlungsgeschwindigkeit wird der Perlit feinstreifiger, weil die C-Atome, die das Eisengitter verlassen, nicht mehr so weite Wege zurücklegen können. Dicht unterhalb der P-S-K-Linie besteht das Gefüge demnach aus α-Mischkristallen der Zusammensetzung des Punktes P (0,02 % C) und Perlit mit 0,8 % C. Der Perlitanteil beträgt wieder knapp 4 %. Bei weiter abfallender Temperatur nimmt die Löslichkeit der α-Mischkristalle für Kohlenstoff ab, und es scheidet sich Kohlenstoff in Form von Zementit aus. Dieser als *Tertiärzementit* bezeichnete Gefügebestandteil befindet sich entweder auf den Korngrenzen des weitgehend ferritischen Gefüges, oder er kristallisiert am Zementit des bereits vorhandenen Perlits an. Der C-arme Stahl für Kaltumformzwecke zeigt demnach unter dem Mikroskop ein Gefüge, das im wesentlichen aus mehr oder weniger feinkörnigem Ferrit besteht, ganz wenig Perlit enthält und gelegentlich Tertiärzementit auf den Korngrenzen besitzt. Bild 3.47 gibt das Gefüge eines derartigen unlegierten weichen Stahles wieder.

Bei Fe-C-Werkstoffen mit höheren C-Gehalten handelt es sich zunächst weiterhin um untereutektoidische Stähle, bei denen der Perlitanteil des Gefüges mit zunehmendem C-Ge-

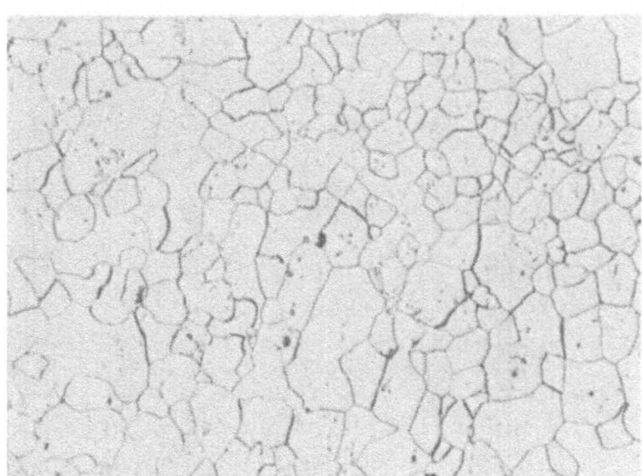

Bild 3.47 Gefüge eines unlegierten kohlenstoffarmen Stahles. Ätzung: 3 %-ige alkoholische HNO_3,
Vergrößerung V = 250:1

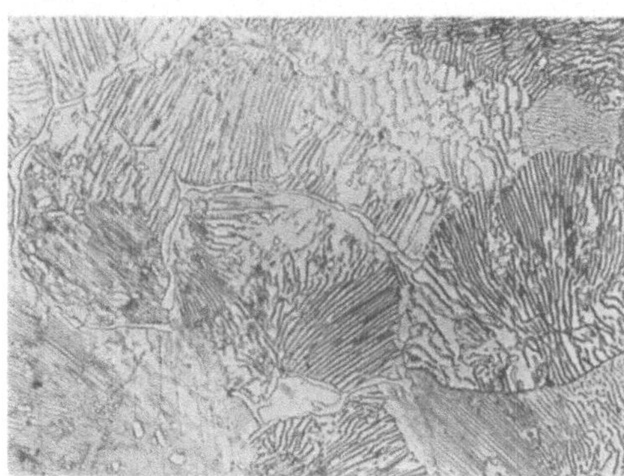

Bild 3.49 Gefüge eines zähharten unlegierten
Werkzeugstahles mit 1,0 % C (Perlit + etwas
Sekundärzementit auf den Korngrenzen)
Ätzung: 2 %-ige alkoholische HNO_3
Vergrößerung V = 250:1

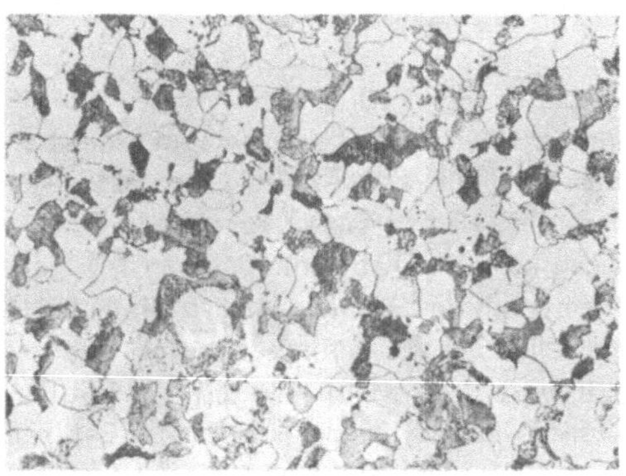

Bild 3.48a Gefüge eines unlegierten Vergütungs-
stahles mit 0,35 % C (Ferrit + Perlit)
Ätzung: 2 %-ige alkoholische HNO_3
Vergrößerung V = 100:1

Bild 3.48b Gefüge eines unlegierten Werkzeug-
stahles mit 0,75 % C (Perlit mit wenig Ferrit)
Ätzung: 2 %-ige alkoholische HNO_3
Vergrößerung V = 100:1

halt gemäß der Hebelbeziehung kontinuierlich größer und der Ferritanteil kleiner wird.
Wegen der mit ca. 850 HV etwa 10mal so
großen Härte wie der Ferrit bewirkt der Zementit eine deutliche Zunahme der Härte-
und Festigkeitswerte der Stähle mit ansteigendem C-Gehalt. Die Zahlenwerte für die
Bruchdehnung, die Brucheinschnürung und
das Formänderungsvermögen verringern sich
mit der Vergrößerung des Zementit- bzw.
Perlitanteils im Gefüge. In die Gruppe der
untereutektoidischen Stähle gehören die allgemeinen Baustähle, die Einsatz- und Vergütungsstähle und die zähen unlegierten Werk-

zeugstähle. Bild 3.48a zeigt das Gefüge eines
unlegierten Vergütungsstahles mit 0,35 % C,
und Bild 3.48b gibt das Gefüge eines unlegierten Werkzeugstahles mit 0,75 % C wieder.
Ein Fe-C-Werkstoff mit 0,8 % C ist ein eutektoidischer Stahl mit einem perlitischen Gefüge. Bei der Abkühlung aus dem Zustandsfeld
der γ-Mischkristalle zerfallen diese im Punkt S
zum streifigen Gefüge des Perlits. Das Bild
3.49 führt vor Augen, daß in derartiges Gefüge wegen der harten Zementitlamellen eine
erhebliche Beeinträchtigung der spanlosen
und spanabhebenden Bearbeitung des eutektoidischen Stahles zur Folge hat.

Harte Fe-C-Werkstoffe mit mehr als 0,8 % C sind übereutektoidische Stähle. Dabei handelt es sich hauptsächlich um unlegierte Werkzeugstähle höherer Verschleißfestigkeit. Bei der Abkühlung scheiden die γ-Mischkristalle eines übereutektoidischen Stahles nach dem Unterschreiten der Löslichkeitslinie E-S Kohlenstoff in Form von Zementit aus, der als *Sekundärzementit* die Körner der γ-Mischkristalle umschließt. Im Punkt S erfolgt bei 723 °C der Austenitzerfall, so daß sich bei Raumtemperatur ein Gefüge aus Perlit und Sekundärzementit ergibt. Der Sekundärzementit, der die Perlitkörner schalenförmig auf den Korngrenzen umfaßt, bewirkt eine erhebliche Versprödung und eine weitere Verschlechterung der Bearbeitbarkeit des Stahles in diesem Gefügezustand.

Liegt der C-Gehalt des Fe-C-Werkstoffes höher als etwa 2,0 %, so handelt es sich um ein weißes Gußeisen, das auch als *Hartguß* oder Schalenhartguß bezeichnet wird. Auch der Temperrohguß für die Herstellung von schwarzem und weißem Temperguß ist ein weißes Gußeisen. Beläuft sich der C-Gehalt des Eisens auf Werte zwischen 2,06 % und 4,3 %, so beginnt die Erstarrung mit der Bildung von C-ärmeren γ-Mischkristallen, deren Zusammensetzung auf der Sättigungslinie I-E des Diagrammes Fe-Fe$_3$C abgelesen werden kann. Die austenitischen Dendriten wachsen von Keimen ausgehend in die Schmelze hinein. Infolge der Kristallisation C-ärmerer γ-Mischkristalle reichert sich die Schmelze längs der Linie B-C an Kohlenstoff an. Dicht oberhalb von 1147 °C sind demnach γ-Mischkristalle der Zusammensetzung des Punktes E mit der Schmelze der Zusammensetzung des Punktes C im Gleichgewicht. Im Punkt C erstarrt die Restschmelze zu einem eutektischen Gemenge aus γ-Mischkristallen und Fe$_3$C, das allgemein als Ledeburit bezeichnet wird. Der Ledeburit besteht bei der eutektischen Temperatur von 1147 °C aus γ-Mischkristallen der Zusammensetzung des Punktes E (2,06 % C) und Fe$_3$C mit 6,67 % C. Bei der weiteren Abkühlung der Fe-C-Legierung nimmt die Löslich-

keit der γ-Mischkristalle für Kohlenstoff ab, so daß sich Kohlenstoff in Form von Sekundärzementit längs der Linie E-S aus den γ-Mischkristallen ausscheidet. Dabei lagert sich der Sekundärzementit weitgehend an den eutektischen Zementit an. Bei der eutektischen Temperatur von 723 °C zerfallen die primären γ-Mischkristalle und die γ-Mischkristalle des Ledeburits zum Eutektoid Perlit. Die bei weiterer Abkühlung noch erfolgende Ausscheidung von Tertiärzementit aus dem α-Mischkristall des Perlits kann in der Regel mikroskopisch nicht verfolgt werden, weil der tertiäre Zementit an den bereits vorhandenen Zementit ankristallisiert. Bild 3.50 zeigt das Gefüge eines unlegierten Hartgusses. Das Auftreten des metastabilen weißen Gußeisens wird durch eine beschleunigte Abkühlung begünstigt, so daß Fe-C-Werkstoffe mit der Zusammensetzung des unlegierten Hartgusses vielfach in Kokillen vergossen werden. Der metallische Kokillenwerkstoff führt die Wärme schnell ab und bewirkt, daß dem Eisencarbid keine Zeit zum Zerfall in die Eisenkomponente und elementaren Kohlenstoff bleibt. Dabei ist zu berücksichtigen, daß eine Heraufsetzung der Abkühlungsgeschwindigkeit zu einer Verschiebung der Gleichgewichtslinien des Diagramms Fe-Fe$_3$C führt.

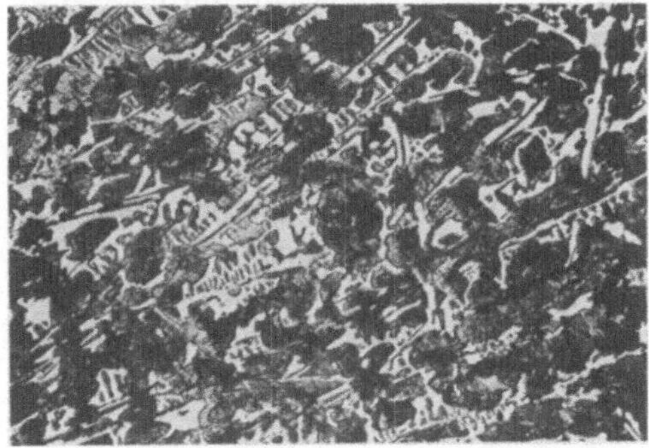

Bild 3.50 Gefüge eines unlegierten Hartgusses (primäre austenitische Dendriten + Eutektikum aus Zementit und fein verteiltem Austenit, Austenit eutektoidisch zu Perlit zerfallen)
Ätzung: 3 %-ige alkoholische HNO$_3$
Vergrößerung V = 50:1

Der eutektische Fe-C-Werkstoff mit 4,3 % C erstarrt bei 1147 °C direkt zum Ledeburit, der sich als Gemenge aus γ-Mischkristallen mit 2,06 % C und Fe_3C mit 6,67 % C aufbaut. Bei weiterer Abkühlung nimmt die Löslichkeit der γ-Mischkristalle für Kohlenstoff ab, so daß sich Sekundärzementit aus ihnen ausscheidet. Im Punkt S erfolgt der Zerfall der γ-Mischkristalle zu Perlit.

Bei den technisch unbedeutenden übereutektischen Fe-C-Werkstoffen scheidet sich zunächst *Primärzementit* grobnadelig aus der Schmelze aus, die infolgedessen längs der Linie D-C an Kohlenstoff ärmer wird. Die verbleibende Schmelze zerfällt bei der Erstarrung zum Eutektikum Ledeburit.

Das stabile Gleichgewichtsdiagramm Fe-$C_{Graphit}$ führt dazu, daß der nicht im Fe-Mischkristall gelöste Kohlenstoff als Graphit auftritt, wobei das Diagramm keine Auskunft darüber gibt, ob es sich um Lamellengraphit, um Kugelgraphit oder um knotenförmige Temperkohle handelt. Um ein carbidfreies Gefüge zu gewährleisten, muß allerdings in der betrieblichen Praxis der Gußeisenschmelze noch Si zur Graphitstabilisierung zugesetzt werden, und in der Regel muß das Gußstück zusätzlich einer Glühbehandlung unterworfen werden. Dabei ist der notwendige Si-Gehalt wanddickenabhängig.

Die Erstarrung einer Schmelze aus untereutektischem Grauguß beginnt im stabilen System Fe-$C_{Graphit}$ mit der dendritischen Kristallisation von vergleichsweise C-armen γ-Mischkristallen. Die Schmelze wird demzufolge C-reicher und verändert ihre Zusammensetzung längs der Linie B-C'. Die erstarrten γ-Mischkristalle werden längs der Soliduslinie I-E' C-reicher, so daß bei einer Temperatur dicht oberhalb der Eutektikalen (1153 °C) γ-Mischkristalle der Zusammensetzung des Punktes E' und Schmelze der Zusammensetzung des Punktes C' miteinander im Gleichgewicht stehen. Bei der eutektischen Temperatur von 1153 °C erstarrt die noch vorhandene Schmelze zu einem Eutektikum aus γ-Mischkristallen und Graphit.

Dabei beträgt die eutektische Zusammensetzung 4,25 % C. Dicht unterhalb der Eutektikalen ergibt sich also ein Gefüge aus primären und eutektischen γ-Mischkristallen der Zusammensetzung des Punkte E' und Graphit. Im Verlauf der weiteren Gußstückabkühlung nimmt die Löslichkeit der γ-Mischkristalle für Kohlenstoff längs der Löslichkeitslinie E'-S' ab, so daß sich der Kohlenstoff in Form von Graphit sekundär aus den γ-Mischkristallen ausscheidet. Bei der eutektoidischen Temperatur von 738 °C zerfallen die γ-Mischkristalle im Punkte S' zu dem Eutektoid aus α-Mischkristallen und Graphit, so daß sich bei Raumtemperatur ein Gußstückgefüge aus einer ferritischen Grundmasse mit eingelagertem Graphit ergibt. Diese Ausbildung des Gefüges ist jedoch im Gußzustand kaum zu finden. Das alleinige Auftreten von Ferrit in der Grundmasse setzt eine extrem langsame Abkühlung und einen hohen Si-Gehalt voraus. Dabei wirkt das Si als Graphitstabilisator.

Es ist davon auszugehen, daß zunächst zumindest ein Teil des Kohlenstoffs bei der Erstarrung als Fe_3C auftritt. Unter den genannten Grenzbedingungen kommt das Eisencarbid vollständig zum Zerfall, so daß bei Raumtemperatur kein Zementit im Gefüge erscheint. Bei technischen Abkühlungsgeschwindigkeiten und etwas weniger hohen Si-Gehalten bleiben jedoch Fe_3C-Anteile im Verlauf der Gußstückabkühlung erhalten bzw. entstehen bei der C-Ausscheidung aus dem γ-Mischkristall und beim eutektoidischen Zerfall der γ-Mischkristalle. Während der Abkühlung erfolgt demnach ein Wechsel vom stabilen Diagramm Fe-$C_{Graphit}$ zum metastabilen Diagramm Fe-Fe_3C. Das Grundgefüge eines Graugusses ist im Grenzfall ferritisch, üblicherweise aber ferritisch-perlitisch oder perlitisch. Mit zunehmendem Carbidanteil im Gefüge erhöhen sich die Festigkeits- und Härtewerte des Gußeisens.

In einer übereutektischen Fe-C-Legierung kann sich der Primärgraphit leicht aus der Schmelze ausscheiden und unbehindert in die

Schmelze hineinwachsen. Als *Garschaumgraphit* vermag er in der Schmelze aufzusteigen und aufzuschwimmen.

Das Bild 3.51 gibt das Gefüge eines üblichen Gußeisens mit Lamellengraphit wieder. Die im Schliff sichtbaren Lamellen entstehen durch das Schneiden eines weitgehend zusammenhängenden Graphitgebildes, das innerhalb der metallischen Grundmasse eine ausgeprägte Kerbwirkung ausübt und die mechanischen Eigenschaften des Gußstückes stark beeinträchtigt. Das Grundgefüge des Gußeisenschliffes ist weitgehend perlitisch.

3.13 Metallographische Untersuchungen

Der Bedeutung des Wortes gemäß befaßte sich die Metallographie in früheren Jahren mit dem gesamten Stoffgebiet der Metallkunde. Heute wird allgemein unter der Metallographie nur noch ein begrenztes Teilgebiet der Metallkunde verstanden. Es umfaßt hauptsächlich die Lehre von der Untersuchung der Konstitution und des Gefügeaufbaus der metallischen Werkstoffe.

Aus der Reihe der metallographischen Untersuchungsverfahren kommt der mikroskopischen Gefügeuntersuchung die größte Bedeutung zu. Dabei sind die mikroskopischen Arbeitsverfahren nicht auf die Lichtmikroskopie beschränkt. Zusätzlich kommen elektronen-, ionen- und röntgenmikroskopische Verfahren zur Anwendung.

Wegen der Lichtundurchlässigkeit kompakter Metalle erfolgt die konventionelle Gefügebeobachtung und -beurteilung mit Hilfe des Auflichtmikroskopes. Zu ihrer Vorbereitung wird die sorgfältig entnommene Probe unter Verwendung von Klammern oder Einbettmitteln auf Kunststoffbasis gefaßt und von Hand oder auf Schleifmaschinen mit feiner werdender Körnung des Schleifmittels geschliffen. An das *Schleifen* schließt sich das *Polieren* an. Es kann mechanisch, elektrolytisch oder chemisch poliert werden. Das mechanische Polieren erfolgt mit Hilfe eines Poliermittels auf Polierscheiben oder unter Benut-

Bild 3.51 Gefüge eines Gußeisens mit Lamellengraphit (GG 20)
Grundgefüge: Perlit + Phosphideutektikum
Ätzung: 2 %-ige alkoholische HNO_3
Vergrößerung V = 250 : 1

zung von Vibrationsgeräten. Der polierte Schliff ermöglicht unter dem Mikroskop zunächst die Beurteilung des Schleif- und Poliereffektes, dann bietet er bereits die Möglichkeit, den Reinheitsgrad des Werkstoffes zu ermitteln, die Graphitausbildung und -verteilung im Gußeisen zu beurteilen und Lunker, Gasblasen, Risse, Korrosionsangriffe und Überwalzungen festzustellen.

Die einzelnen Gefügebestandteile werden durch eine geeignete Ätzbehandlung sichtbar gemacht. Dabei ist die *Makroätzung* von der *Mikroätzung* zu trennen. Hinsichtlich der Wirkung der Mikroätzmittel kann im wesentlichen zwischen der Kornflächenätzung und der Korngrenzenätzung unterschieden werden. Das bekannteste Ergebnis einer makroskopischen Untersuchung ist der *Baumann- oder Schwefelabdruck*, der dem Nachweis von Sulfiden und Phosphiden im Stahl und deren Anordnung über dem Querschnitt dient. Dabei wird Bromsilberpapier mit etwa 5 %iger H_2SO_4 getränkt und anschließend eine bis drei Minuten lang mit der geschliffenen Probenoberfläche zur Reaktion gebracht. Die Sulfide reagieren mit der verdünnten H_2SO_4 gemäß

$$MnS + H_2SO_4 \rightarrow MnSO_4 + H_2S.$$

Der Schwefelwasserstoff bildet mit dem Silberbromid des Fotopapieres schwarzbraunes Silbersulfid gemäß der Reaktionsgleichung

$$H_2S + 2\,AgBr \rightarrow Ag_2S + 2\,HBr.$$

Das Papier wird fixiert, gewässert und getrocknet. Der entstandene Abdruck erlaubt die Feststellung ob ein unberuhigt vergossener Stahl mit einer ausgeprägten Seigerung oder ein weitgehend seigerungsfreier beruhigt vergossener Stahl vorliegt. Weiterhin können S-haltige Automatenstahlqualitäten von nichtgeschwefelten Qualitäten unterschieden werden.

Ein allgemein für unlegierte, niedrig- und mittellegierte Stähle und für Gußeisen einsetzbares Mikroätzmittel ist die alkoholische HNO_3, die 1 ... 5 ml HNO_3 (1,40) in 100 ml Aethanol C_2H_5OH enthält. Daneben gibt es für die verschiedenen Werkstoffe und Gefügezustände viele andere Ätzmittel, die fast alle empirisch entwickelt wurden. Außerdem können viele Metalle elektrolytisch geätzt werden. Dieses geschieht in der Regel in derselben Apparatur im Anschluß an das elektrolytische Polieren. Unterschiedliche Anlauffarben der Gefügebestandteile bilden die Grundlage des Anlaßätzens.

Die *Metallmikroskope* mit 50- bis 1000-facher Vergrößerung erlauben neben der üblichen Hellfeldbeleuchtung die Dunkelfeldbeleuchtung, die Anwendung des polarisierten Lichtes und das Arbeiten mit Hilfe des kontrastverstärkenden Phasenkontrastverfahrens. Die mikroskopische Gefügebeobachtung und -beurteilung erfolgt zweckmäßigerweise zunächst bei einer geringen Vergrößerung, um eine allgemeine Übersicht zu erhalten.

Die Beurteilung und quantitative sowie qualitative Erfassung der Korngröße und Kornstreckung, der Einschlüsse, der Carbid- und Graphitausbildung erfolgen vielfach mit Hilfe von Richtreihen. Durch den Vergleich mit abgestuften Gefügevorbildern und durch die Beurteilung mit Hilfe von Richtreihennummern oder Bewertungsziffern wird die serienmäßige Schliffbeurteilung wesentlich vereinfacht und beschleunigt.

Vor allem die Korngröße hat einen bestimmenden Einfluß auf die mechanischen, physikalischen, chemischen und technologischen Eigenschaften der metallischen Werkstoffe. Dabei ist zunächst zwischen der Primär- und Sekundärkorngröße zu unterscheiden. Die Primärkorngröße ist die Erstarrungskorngröße, d. h. die Korngröße des Primärgefüges. Sie wird durch die chemische Zusammensetzung und durch die Schmelz- und Gießbedingungen bestimmt. Die Sekundärkorngröße stellt sich als Folge der Umwandlungen und der Umkristallisationsvorgänge im festen Zustand ein. Sie hängt im wesentlichen von der chemischen Zusammensetzung, vom Grad der Umformung und von der Art der Wärmebehandlung ab. Die Sekundärkorngröße der Eisenwerkstoffe wird hauptsächlich als Austenitkorngröße, Ferritkorngröße, Perlitkorngröße, Martensitkorngröße, Carbidkorngröße und Netzwerkkorngröße erfaßt. Bei Stählen ergeben sich zwischen der Sekundärkorngröße des Ferrit-Perlitgefüges und den wichtigsten Eigenschaften die qualitativen Zusammenhänge der Tabelle 3.7.

Die *Austenitkorngröße* erfaßt bei Stählen mit γ-α-Umwandlung die Korngröße im Gebiet der γ-Mischkristalle und bei Stählen, die bei Raumtemperatur ein austenitisches Gefüge aufweisen, dessen Korngröße. Die Sichtbarmachung der Korngröße erfordert in der Regel die Anwendung der üblichen Mikroätzmit-

Tabelle 3.7 Einfluß der Sekundärkorngröße auf die Eigenschaften von Stählen

Eigenschaften	Beeinflussung durch	
	Grobkorn	Feinkorn
Festigkeit	–	+
Zähigkeit	–	+
Formänderungsvermögen	–	+
Zerspanbarkeit	+	–
Magnetisierung	+	–
Elektrische Leitfähigkeit	+	–

+ Anhebung
– Verminderung

tel. Bei den Stählen mit γ-α-Umwandlung muß jedoch die im Austenitgebiet vorhandene Korngröße so festgehalten werden, daß sie auch nach der Umwandlung noch ermittelt werden kann. Bei der Bestimmung der McQuaid-Ehn-Korngröße geschieht dieses mit Hilfe einer Aufkohlungsbehandlung. Das Zementitnetz des übereutektoidisch aufgekohlten Stahles gibt das Netz der Austenitkorngrenzen wieder. Die Korngrößenbestimmung erfolgt bei 100-facher Vergrößerung durch Vergleich mit der ASTM-Bildrichtreihe.

Vielfach machen auch Bruchproben eine Aussage hinsichtlich der Korngröße. Darauf beruht z. B. die Beurteilung des Bruchaussehens gehärteter oder vergüteter Stähle.

Die Korngröße der metallischen Werkstoffe entspricht der *Ferritkorngröße* von Weicheisen und weichen Stählen mit geringem C-Gehalt. Die Methoden zu ihrer Bestimmung lassen sich in die quantitativen Bestimmungsmethoden und die Vergleichsmethoden einteilen. Zu den bekanntesten quantitativen Bestimmungsmethoden gehören neben der Kornstatistik das Kreisverfahren und das Linienschnittverfahren. Vergleichsverfahren erlauben die Bildrichtreihen nach ASTM E 112-63 und nach Stahl-Eisen-Prüfblatt 1510-61. Letztere sind an die Richtreihen nach ASTM angelehnt.

Beim *Kreisverfahren* wird die Anzahl der Körner innerhalb eines kreisförmigen Schliffbereiches bestimmten Durchmessers gezählt. Die Kreisfläche dividiert durch die Anzahl der Körner ergibt den Mittelwert für die Kornfläche, dessen Wurzelwert als mittlerer Korndurchmesser angenommen wird. Die von der Kreislinie geschnittenen Körner werden in der Regel zur Hälfte gezählt. Bild 3.52 veranschaulicht die Korngrößenbestimmung nach dem Kreisverfahren.

Beim *Linienschnittverfahren* wird eine Anzahl gerader Linien über das Schliffbild gezogen und die Anzahl der geschnittenen Körner ermittelt. Die Gesamtlänge der Linien dividiert durch die Anzahl der gezählten Körner ergibt den mittleren Korndurchmesser.

Bei der *ASTM-Richtreihe* hängt die Bildrei-

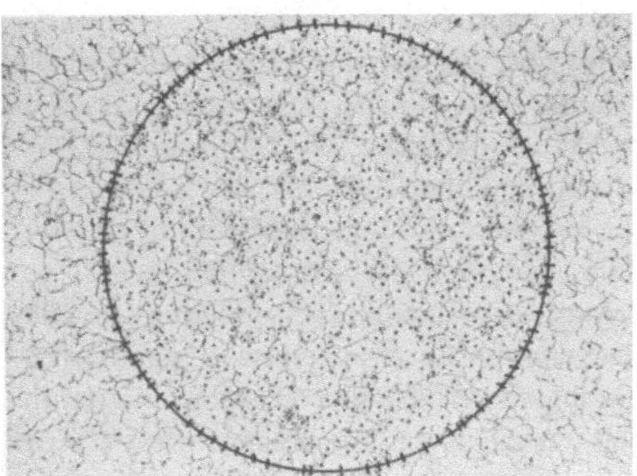

Bild 3.52 Korngrößenbestimmung nach dem Kreisverfahren
Werkstoff: Unlegierter, C-armer Stahl für Kaltumformzwecke (0,05 % C)
Ätzung: 3 %-ige alkoholische HNO_3
Vergrößerung V = 50:1

hennummer N mit der Zahl der Körner Z pro Quadratzoll bei 100-facher Vergrößerung über die Beziehung $Z = 2^{N-1}$ zusammen. Der zu beurteilende Schliff wird mit einer Anzahl ähnlicher, abgestufter Vorlagen verglichen, und die Kennzeichnung erfolgt durch subjektive Ähnlichkeitszuordnung einer oder ggf. mehrerer Vorlagen der Bildrichtreihen. Als ausgesprochene Grobkornstähle werden üblicherweise solche Stähle bezeichnet, deren ASTM-Korngrößen-Nr. zwischen ASTM 1 und 5 liegt. Feinkornstähle weisen eine Korngröße zwischen ASTM-Nr. 6 und 9 auf. Darüberhinaus handelt es sich um Feinstkornstähle. Bei diesen bewirken in erster Linie Mikrolegierungselemente wie Niob, Titan und Vanadin über eine Keimwirkung von Nitriden und Carbonitriden ein sehr feines Ferritkorn.

3.14 Wärmebehandlungen im Eisen-Kohlenstoff-Diagramm

Als Folge der Gleichgewichtsumwandlungen im Eisen-Kohlenstoff-Diagramm bietet dieses die Möglichkeiten für eine Reihe von Wärmebehandlungen der Fe-C-Werkstoffe.

Zwecks Herbeiführung eines normalen, feinkörnigen Stahlgefüges wird beim *Normalglühen* oder Normalisieren untereutektoidischer und eutektoidischer Stähle die α-γ-Umwandlung zweimal durchlaufen. Dabei liegt die Temperatur dieses Umwandlungsglühens dicht oberhalb der Ac_3-Temperatur (GOS-Linie). Bei übereutektoidischen Stählen wird die Glühtemperatur in der Regel dicht oberhalb der Ac_1-Temperatur (PSK-Linie) gewählt. Dadurch ergibt sich ein Gefüge, in dem der nicht im Austenit gelöste Zementit kugelig eingeformt ist. Eine vollständige Austenitisierung bei einer Temperatur oberhalb der S-E-Linie würde zu sekundärem Korngrenzenzementit und zu Kornvergröberungen führen, wodurch die mechanischen und technologischen Eigenschaften und die spanlose und spanabhebende Bearbeitung verschlechtert würden.

In der Regel wird die GOSK-Linie bei der Normalgelühbehandlung um 30 ... 50 °C überschritten. Dabei wird das Glühgefüge um so feinkörniger, je schneller die Aufheizung und Abkühlung im Temperaturbereich der Umwandlung vonstatten gehen. Das ist das Ergebnis einer Anhebung der für die Umkristallisation wirksamen Keimzahl. Bei der Abkühlung muß jedoch gewährleistet sein, daß die Austenitumwandlung im Temperaturbereich der Perlitstufe erfolgt.

Untereutektoidische Stähle weisen nach dem Normalglühen ein feinkörniges ferritisch-perlitisches Gefüge auf, dessen Perlitanteil etwas größer ist, als es dem Gleichgewichtsdiagramm Fe-Fe_3C entspricht, denn die beschleunigte Abkühlung führt zu einer Verschiebung der Gleichgewichtslinien des Diagramms Fe-Fe_3C. Als Ergebnis dieser Unterkühlungserscheinungen ergibt sich eine Verbreiterung des Konzentrationsbereiches, in dem Perlit auftritt. Bild 3.53 gibt die Verschiebung der Gleichgewichtslinien im Diagramm Fe-Fe_3C für eine Abkühlungsgeschwindigkeit von 15 °C/s wieder.

Die Werkstückerwärmung auf Normalglühtemperatur hat der Notwendigkeit Rechnung zu tragen, daß auch der Kern die Austenitisierungstemperatur erreichen muß. Dabei ist zu berücksichtigen, daß die Wärmeleitfähigkeit legierter Stähle merklich niedriger liegt als

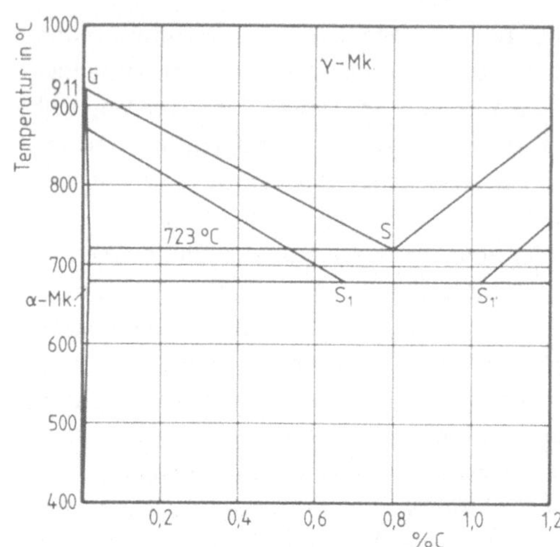

Bild 3.53 Verschiebung der Gleichgewichtslinien im Diagramm Fe-Fe_3C durch eine erhöhte Abkühlungsgeschwindigkeit im Bereich der γ-α-Umwandlung (Abkühlgeschwindigkeit: 15 °C/s)

die unlegierter, wobei der Kohlenstoff als Legierungselement zu zählen ist.

Eine Normalglühung ist in der Regel notwendig bei Stahlformguß, um das grobe Gußgefüge zu beseitigen, bei großen Schmiedestükken, um Ungleichmäßigkeiten im Gefügezustand zu beseitigen, bei Schweißverbindungen, um die Folgen der unkontrollierten Wärmebehandlung in der wärmebeeinflußten Zone der Schweißnaht zu beseitigen, bei Mittel- und Grobblechen, deren Walzendtemperatur unterhalb der Ar_3-Temperatur gelegen hat und bei Feinkornbaustählen. Die Glühbehandlung kann bei Walzerzeugnissen durch eine geregelte Temperaturführung beim Walzen gleichwertig ersetzt werden. Eine Walzendtemperatur dicht oberhalb der Ar_3-Umwandlung führt stets zu einem Normalisiergefüge.

Eine zu hohe Normalglühtemperatur führt zu einem Kornwachstum. Dabei sind Al-beruhigte Stähle wegen der Keimwirkung des Aluminiumnitrids AlN weniger empfindlich als unberuhigt vergossene Stähle. Eine als Überzeiten bezeichnete Verlängerung der Glühzeit hat ebenfalls ein Kornwachstum zur Folge. Grundsätzlich hat der Werkstoff das Bestreben, die Korngrenzenenergie zu vermindern.

Eine Kornvergröberung hat in der Regel bei Stählen mit niedrigem und mittlerem C-Gehalt eine verbesserte Zerspanbarkeit zur Folge. Je nach C-Gehalt wird die Glühtemperatur bei der sog. *Grobkornglühung* zwischen 980 °C und 1140 °C gewählt. Die Glühdauer wird meisten auf 1 ... 3 Stunden ausgedehnt. Ziel der Grobkornglühung ist ein ferritisch-perlitisches Gefüge der ASTM-Korngröße 4 bis 5, dessen grobstreifiger Perlit unter dem Metallmikroskoph bereits bei 100-facher Vergrößerung gut aufgelöst wird.

Innerhalb eines Werkstückes ist mit Konzentrationsunterschieden zu rechnen. Dabei kann es sich um Seigerungen in der Größenordnung der Blockseigerungen handeln und um Kristall- und *Gasblasenseigerungen,* die in den begrenzten Bereichen der Primärkristalle und der Gasblasen auftreten. Gasblasenseigerungen kommen dadurch zustande, daß die an Begleitelementen angereicherte Restschmelze in Gasblasen eindringt. Gasblasen entstehen, wenn Reaktionsgase oder ausgeschiedene Gase mit zunehmender Viskosität der Schmelze im Block festgehalten werden.

Block- und Kristallseigerungen treten auf, weil die Erstarrung nicht gemäß den Gleichgewichtsbedingungen des Zustandsschaubildes abläuft. Bei unvollständigem Konzentrationsausgleich haben die zuerst erstarrenden Zonen eines Blockes und eines Kristalles einen wesentlich geringeren Gehalt an Begleitelementen als die zuletzt zur Erstarrung kommenden Zonen. In einem Stahlblock aus einem *unberuhigt vergossenen Stahl,* in dem der Konzentrationsausgleich gemäß Zustandsdiagramm als Folge der Umlaufbewegung des flüssigen Stahles nicht stattfinden kann, sind die zuerst erstarrenden, kokillennahen Zonen arm an Begleitelementen, während die zuletzt erstarrenden Kernzonen an den Begleitelementen P, S, C, N, Mn, Ni, Cr und Si mehr oder weniger stark angereichert sind. Dabei kommt die Umlaufbewegung des flüssigen Stahles durch die in der Kokille

wieder einsetzende *Kochreaktion* FeO + C → Fe + CO zustande. Bild 3.54 veranschaulicht die in einem Walzstab aus unberuhigt vergossenem Stahl auftretende Seigerung, die für die Elemente Schwefel und Phosphor mehrere hundert Prozent betragen kann. Ein beruhigt vergossener Stahl, der infolge der Zugabe von Desoxidationselementen oder -legierungen in der Kokille nicht kocht, erlaubt einen weitgehenden Konzentrationsausgleich bei der Erstarrung und zeigt daher keine ausgeprägte Seigerung.

Bei den Primärkristallen ist das zuerst gebildete Tannenbaumskelett der Dendriten arm an Begleitelementen, während die Restfelder eine höhere Konzentration an solchen Elementen besitzen, die diffusionsträge sind.

Blockseigerungen und Gasblasenseigerungen lassen sich durch eine diffusionsfördernde Wärmebehandlung kaum vermindern. Lediglich bei den Kristallseigerungen sind die Diffusionswege hinreichend kurz, um einen gewissen Konzentrationsausgleich zuzulassen. Voraussetzung für eine ausgleichende Wärmebehandlung ist eine möglichst hohe Temperatur, weil die Beweglichkeit der Atome in der Eisenmatrix und damit der Diffusionskoeffizient mit steigender Temperatur grö-

Bild 3.54 Blockseigerung in einem Walzstab aus einem unberuhigt vergossenem Stahl
Seigerungsfreie Randzone = Speckschicht
Seigerungszone: Anreicherung der Elemente P, S, C, N, Mn
Makroätzung: Schwefelabdruck nach Baumann

ßer werden. Folglich wird die Temperatur für eine *Diffusionsglühung* möglichst nahe an die Soliduslinie herangeschoben. Die Glühzeiten müssen ausreichend lang sein, vor allem dann, wenn diffusionsträge Elemente am Konzentrationsausgleich teilnehmen sollen. Phosphor ist solch ein diffusionsträges Element.

Den Möglichkeiten zur beschränkten Homogenisierung des Stahles stehen bei der Diffusionsglühung bedeutende Gefahren gegenüber. Dabei handelt es sich um Korngrenzenschädigungen, Kornvergröberungen, Verzunderungen und Randentkohlungen. Vielfach stehen auch wirtschaftliche Überlegungen einer vielstündigen Hochtemperaturglühung entgegen.

Bild 3.55 gibt eine Zusammenstellung der für die Normalglühung, die Grobkornglühung und Diffusionsglühung zur Anwendung kommenden Temperaturen in Abhängigkeit vom C-Gehalt des Kohlenstoffstahles.

Wegen der mit 850 HV hohen Härte führen der streifige Zementit des Perlits und der schalige Sekundärzementit bei der spanenden Werkstückbearbeitung zu einem hohen Werkzeugverschleiß und bedingen bei der spanlosen Umformung hohe Umformkräfte und ein unzureichendes Formänderungsvermögen.

Bei der *Weichglühung* sollen der lamellare Zementit des Perlits und der sekundäre Korngrenzenzementit in die körnige oder kugelige Form übergeführt werden. Durch sie wird nicht nur die Bearbeitung gekohlter Stähle merklich verbessert, sondern es werden auch günstige Voraussetzungen für eine nachfolgende Härtung geschaffen. Vielfach wird die Feststellung gemacht, daß für eine spanabhebende Bearbeitung der weichste Gefügezustand nicht immer der günstigste ist. Vor allem Stähle mit niedrigem und mittlerem C-Gehalt neigen bei der Zerspanung zum Schmieren und weisen eine unzureichende Oberflächengüte auf. Dann ist eine besondere Feinkugeligkeit des Zementits anzustreben, oder die Weichglühung sollte durch eine Grobkornglühung ersetzt werden.

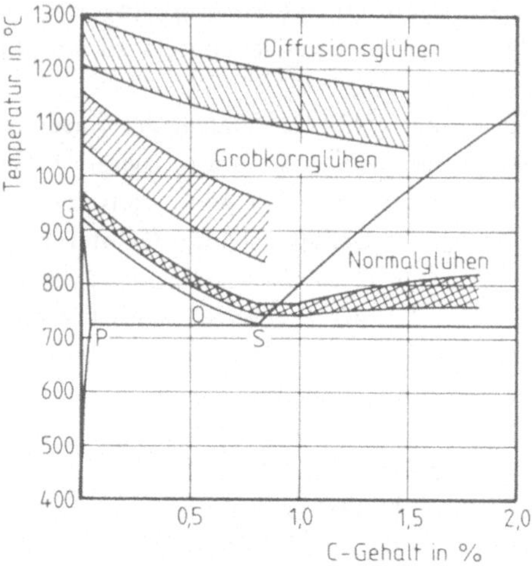

Bild 3.55 Temperaturbereiche des Normalglühens (Normalisierens) und der abgeleiteten Wärmebehandlungen des Stahles

Untereutektoidische Stähle werden bei Temperaturen unterhalb der Ac_1-Temperatur (PSK-Linie) einige Stunden lang geglüht. Dabei kugelt sich der streifige Zementit als Vorstufe der Auflösung im γ-Mischkristall unter Einwirkung der Oberflächenspannung ein. Die Abkühlung bis 600 °C hat langsam zu erfolgen. Weitere Möglichkeiten der Weichglühung untereutektoidischer Stähle mit mittlerem und höherem C-Gehalt bestehen darin, kurzzeitig dicht oberhalb der Ac_1-Temperatur zu glühen bzw. um die Ac_1-Temperatur zu pendeln. Bei der Anwendung einer zu hohen Glühtemperatur oder einer zu langen Glühzeit oberhalb Ac_1 tritt aber leicht wieder eine Neubildung von lamellarem Perlit auf. Die Gefügebildung folgt dann dem Zustandsdiagramm Fe-Fe_3C. Es ist daher ratsam, eine Temperatur von 740 °C nicht zu überschreiten.

Übereutektoidische Stähle werden bei Temperaturen oberhalb der Ac_1-Temperatur geglüht. Das entstehende Weichglühgefüge zeigt die ferritische Matrix, in die gröbere Carbidkugeln des sekundären Korngrenzenzementits und feinere des perlitischen Zementits eingelagert sind.

Bild 3.56 gibt über die bei der Weichglühung von Stählen zur Anwendung kommenden Temperaturen Auskunft. Dabei ist zu beachten, daß die Gleichgewichtslinien des Diagramms $Fe\text{-}Fe_3C$ durch Legierungselemente des Stahles verschoben werden. So senken die Elemente Mn und Ni die Ac_1-Temperatur, während durch die Elemente Cr, Mo W und V eine Anhebung erfolgt. Bild 3.57 gibt das Weichglühgefüge eines untereutektoidischen Stahles wieder. Es verdeutlicht, daß die ferritische Matrix bei dieser Gefügeausbildung für die Stahleigenschaften bestimmend ist. Der Zementit hat gegenüber der lamellaren Form weitgehend an Einfluß verloren.

Das *Spannungsarmglühen* resultiert nicht aus dem Zustandsschaubild Fe-C. Es hat den Abbau von *Eigenspannungen* zum Ziel, ohne daß merkliche Gefügeänderungen eintreten. Eigenspannungen sind die einem Werkstück eigenen Spannungen, die ohne äußere Beanspruchung wirksam sind. Sie können sich je nach Größe und Vorzeichen hinsichtlich Verzug, Korrosion, Rißbildung oder Bruch unangenehm bemerkbar machen. Eigenspannungen I. Art sind über größere Werkstückbereiche hinweg hinsichtlich ihrer Größe und Richtung weitgehend konstant. Diese Bereiche erstrecken sich über eine größere Anzahl von Körnern (Makrospannungen). Eigenspannungen II. Art sind über kleine, nur wenige Körner abdeckende Werkstückbereiche in bezug auf Größe und Richtung nahezu homogen, und Eigenspannungen III. Art sind im Elementarzellenbereich inhomogen. Die räumliche Ausdehnung der Eigenspannungen kann demnach makroskopisch, mikroskopisch oder submikroskopisch sein. Eigenspannungen I. und II. Art treten im Verlauf aller zeitlich und räumlich inhomogen ablaufenden Erstarrungs-, Abkühl-, Aufheiz-, Umwandlungs-, Umformungs- und Oberflächenbehandlungsvorgänge auf. Eigenspannungen III. Art sind die Folge von Gitterinhomogenitäten, wie sie z. B. durch Fremdatome, Korngrenzen oder Ausscheidungen zustande kommen.

Die betriebliche Spannungsarmglühung soll im Temperaturbereich der Glühung eine Absenkung der Streckgrenze herbeiführen, damit der Werkstoff in die Lage versetzt wird, die inneren Spannungen durch Fließvorgänge abzubauen. Bei geringer Aufheiz- und Abkühlgeschwindigkeit wird die Spannungsarmglühung von Stählen im Temperaturbereich zwischen 500 °C und 630 °C durchgeführt.

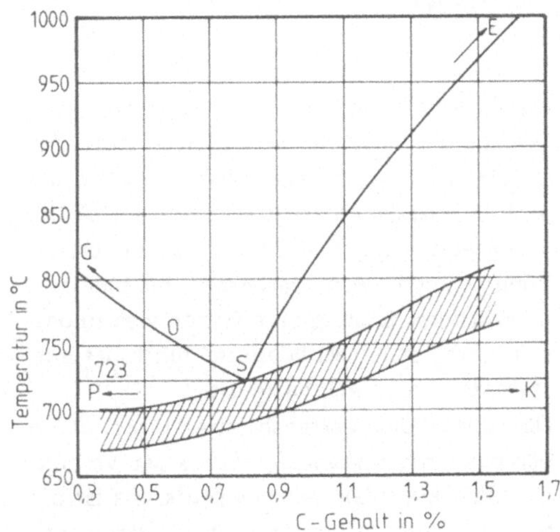

Bild 3.56 Temperaturbereich für die Glühung auf kugeligem Zementit (Weichglühen)

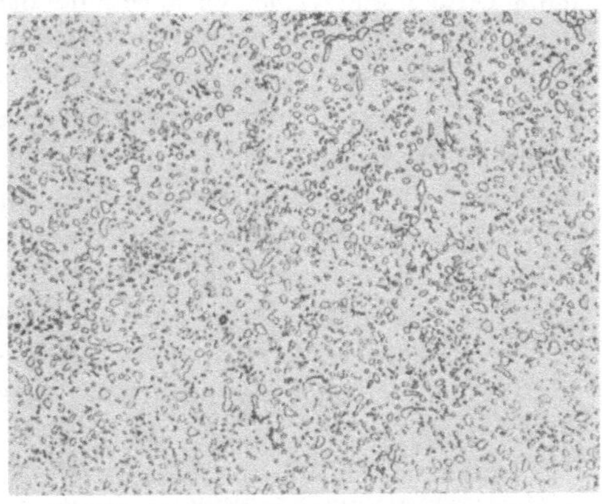

Bild 3.57 Weichglühgefüge eines zähharten unlegierten Werkzeugstahles mit 0,95 % C (Kugeliger Zementit in ferritischer Grundmasse) Ätzung: 3 %-ige alkoholische HNO_3 Vergrößerung V = 250:1

Besonders bei Schweißverbindungen ist eine Spannungsarmglühung angezeigt, denn die sich als Folge der örtlichen Wärmebehandlung des Schweißens einstellenden, in der Regel mehrachsigen Spannungen können die Funktionsstabilität von Schweißkonstruktionen unkontrolliert herabsetzen. Dabei ist allerdings zu überlegen, ob die Spannungsarmglühung nicht durch eine zusätzlich gefügeverbessernde Normalglühung ersetzt werden kann.

3.15 Martensitische Umwandlung

Bei den bislang behandelten Gitterumwandlungen, die den Werkstoff in den thermodynamisch stabilen Gleichgewichtszustand überführen, ist der Umwandlungsvorgang mit einer Wanderung der Atome verbunden. Es handelt sich folglich um diffusionsgesteuerte Vorgänge, deren Ablauf werkstoff-, temperatur- und zeitabhängig ist.

Die im Verlauf einer beschleunigten Werkstoffabkühlung ablaufende martensitische Umwandlung, wie sie z. B. in Stählen stattfindet, erfolgt hingegen diffusionslos. Sie ist durch gekoppelte Atomverschiebungen gekennzeichnet, ohne daß Konzentrationsveränderungen eintreten. Der von der Umwandlung betroffene Gitterbereich erfährt eine Gestaltänderung durch die Verschiebung der Netzebenen. Es kommt zu einer Änderung der Stapelfolge der Atome, die das flächenzentrierte Eisengitter unter Einbeziehung des Kohlenstoffs zu einem raumzentrierten Gitter werden läßt. Dieses erfährt als Folge der Übersättigung an Kohlenstoff eine *tetragonale Aufweitung,* die durch die beiden Gitterparameter a und c beschrieben wird. Bild 3.58 gibt die tetragonale Verzerrung des Eisengitters wieder und zeigt die möglichen Plätze für die eingelagerten C-Atome. Bild 3.59 erfaßt ergänzend die Änderung der Gitterkonstanten a und c der tetragonalen Martensitelementarzelle in Abhängigkeit vom C-Gehalt der Fe-C-Legierung.

Von den Teilvorgängen der Gleichgewichtsumwandlung einer Fe-C-Legierung gemäß Diagramm Fe-Fe$_3$C findet im Endergebnis

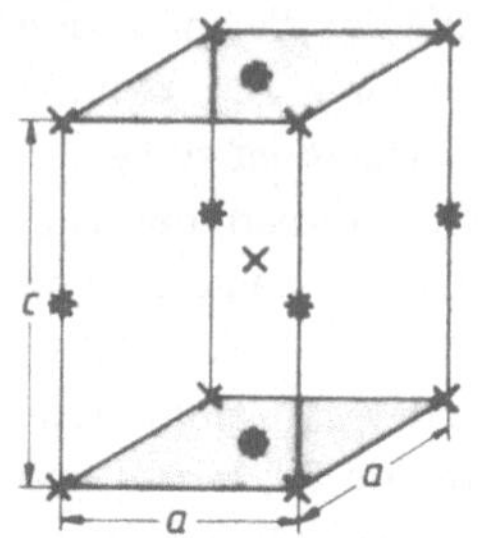

Bild 3.58 Tetragonale Verzerrung des Martensitgitters in Fe-C-Werkstoffen

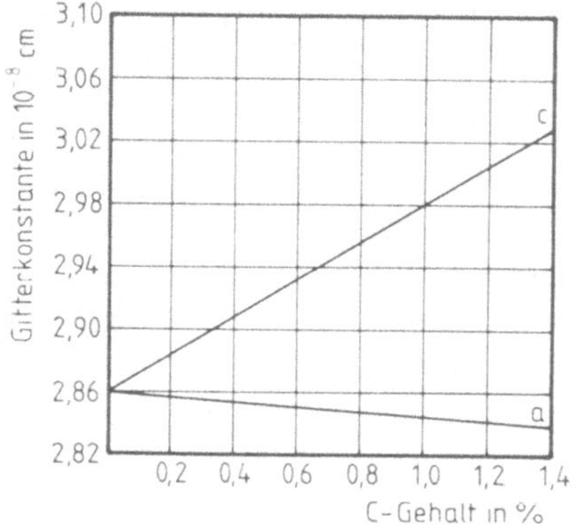

Bild 3.59 Gitterparameter der tetragonalen Elementarzelle des Martensits in Abhängigkeit vom C-Gehalt

die Gitterumwandlung vom flächenzentrierten zum raumzentrierten Fe-Gitter statt. Das in der Raummitte der Elementarzelle des γ-Mischkristalls interstitiell gelöste C-Atom kann jedoch das Fe-Gitter bei schneller Abkühlung nicht mehr verlassen und bleibt in übersättigter Lösung im α-Gitter, was zu dessen tetragonaler Aufweitung führt. Es entsteht der Abschreckmartensit.

Der durch die martensitische Umwandlung bedingte *Härtungsmechanismus* ist verhältnismäßig komplex. Als Hauptursache ist die Mischkristallhärtung anzusehen, denn der C-Gehalt des Martensits kann um mehr als zwei Zehnerpotenzen höher liegen als die maximale Löslichkeit des α-Mischkristalles,

die durch das Diagramm Fe-Fe$_3$C vorgege-
ben ist. Daneben ergibt sich eine weitgehende Aufstauung der Versetzungen an Korn-
und Zwillingsgrenzen und eine allgemeine
Vergrößerung der Versetzungsdichte als Folge der Gitterdeformation.

Für die hohe Martensithärte ist in erster Linie
der in übersättigter Lösung befindliche Kohlenstoff verantwortlich. Bild 3.60 erläutert
anhand der Gefügeausbildung, wie das im
γ-Mischkristall befindliche C-Atom bei geringer Abkühlgeschwindigkeit das Fe-Gitter verlassen kann und den Zementit des grobstrei-
figen Perlits bildet, bei höherer Abkühlgeschwindigkeit aber keine langen Wege mehr
zurücklegen kann und zu fein- bzw. feinst-
streifigen Perlit führt. Bei hoher Abkühlgeschwindigkeit vermag das C-Atom schließlich das Fe-Gitter nicht mehr zu verlassen
und verbleibt in übersättigter Lösung. Die
mit zunehmender Abkühlgeschwindigkeit
entstehenden feinperlitischen und martensitischen Gefüge behindern in verstärktem
Maße die Bewegung der Versetzungen und
bewirken somit einen Härteanstieg.

Die Martensitbildung hat zur Voraussetzung,
daß eine bestimmte Mindest-Abkühlgeschwin-
digkeit eingehalten wird. Sie wird als *kritische Abkühlgeschwindigkeit* bezeichnet. Die
untere kritische Abkühlgeschwindigkeit kennzeichnet diejenige Abkühlung aus dem Temperaturgebiet der γ-Mischkristalle, die erste
Martensitanteile im Gefüge zur Folge hat. Be-
deutsamer ist die obere kritische Abkühlgeschwindigkeit. Sie legt die Abkühlbedingungen fest, die bei Unterdrückung der Austenitumwandlung in der Perlitstufe zu einem voll-
martensitischen Gefüge führen. Die Höhe der
kritischen Abkühlgeschwindigkeit wird durch
den C-Gehalt, der sich im γ-Mischkristall in
Lösung befindet, durch den Gehalt an Be-
gleit- und Legierungselementen, durch die
Höhe der Austenitisierungstemperatur und
durch die Austenitkorngröße beeinflußt.

Im Bereich der üblichen C-Gehalte nimmt
die obere kritische Abkühlgeschwindigkeit
ab, die Einhärtung wird folglich größer. Während Kobalt und geringe Al-Gehalte die kri-

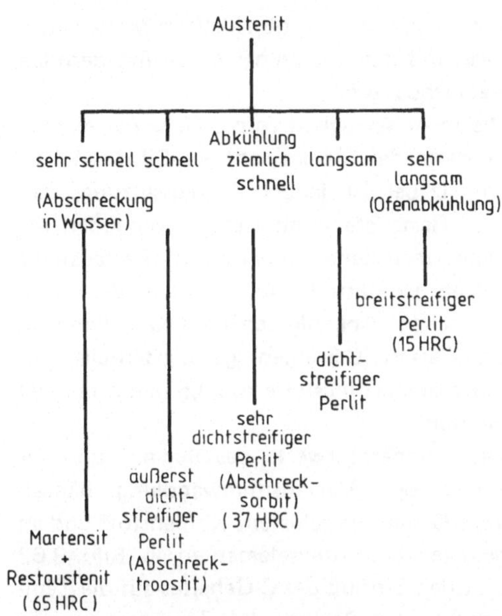

Bild 3.60 Einfluß der Abkühlungsgeschwindigkeit auf das Gefüge eines Stahles mit 0,8 % C

tische Abkühlgeschwindigkeit erhöhen, verringern die übrigen Stahllegierungselemente
die kritische Abkühlgeschwindigkeit. Über
die feste Lösung führen sie zu einer größeren
Einhärtung und gestatten die Anwendung eines Härtemittels geringerer Abschreckinten-
sität. Das Abschreckmittel Wasser bzw. Wasser mit Zusätzen, welche die Dampfmantelbildung abschwächen, kann durch Härteöle
und bei hochlegierten Stählen durch Luft ersetzt werden. Dadurch ergibt sich eine Verminderung der Härtespannungen und damit
der Härterißgefahr.

Eine Anhebung der Austenitisierungstemperatur und eine Verlängerung der Haltezeit
führen ebenfalls zu einer Verminderung der
kritischen Abkühlgeschwindigkeit. Es gehen
mehr Carbide und mehr Kristallisationskeime in Lösung. Eine Vergrößerung des Auste-
nitkornes verringert die Länge der Korngrenzen und damit die Störstellendichte, die
Gitterumwandlungen begünstigt.

Hinsichtlich der Wahl der Austenitisierungstemperatur und der Haltezeit ist zu bedenken, daß ein starkes Anwachsen des Austenit-

kornes zu einem grobnadeligen Martensitgefüge und damit zu einer härterißfördernden Versprödung führt.

Die in Abhängigkeit vom C-Gehalt erreichbare Härte des Stahles geht aus Bild 3.61 hervor. Dabei ist jedoch Voraussetzung, daß kein· Restaustenit im Gefüge vorhanden ist, denn merkliche Gehalte an Restaustenit setzen die Härte herab. Als Folge der hohen kritischen Abkühlgeschwindigkeit kann in unlegierten C-Stählen günstigstenfalls mit einer Einhärtungstiefe von 3,5 mm gerechnet werden.

Die Temperaturwerte des Beginns und des Endes der Martensitumwandlung hängen vom Gehalt an gelöstem Kohlenstoff und an gelösten Legierungselementen ab. Bild. 3.62 gibt den Einfluß des C-Gehaltes auf die Temperatur des Beginns (M_s-*Temperatur*) und die des Endes (M_f-*Temperatur*) der Martensitumwandlung in einem unlegierten C-Stahl wieder. Es verdeutlicht, daß bei C-Gehalten von über 0,5 % die Austenit-Martensit-Umwandlung bei Verwendung von Abschreckmitteln mit Raumtemperatur nicht zu Ende geführt werden kann. Es verbleibt ein mit zunehmendem C-Gehalt größer werdender Anteil von *Restaustenit* im Gefüge (Bild 3.63). Er ist bei höher gekohlten und vor allem höher legierten Stählen deutlich im Gefüge zu erkennen. Je nach dem Legierungsgehalt des Stahles kann die Wirkung der Legierungselemente mit austenitstabilisierendem Einfluß durch empirische Formeln erfaßt werden. Derartige Beziehungen lassen im allgemeinen unberücksichtigt, daß die Höhe der Austenitisierungstemperatur und die Austenitkorngröße ebenfalls einen Einfluß auf die Martensitbildungstemperaturen haben. So gehen mit steigender Temperatur mehr Carbide in Lösung und heben den in Lösung befindlichen Gehalt an Kohlenstoff und evtl. auch an Legierungselementen an, was zu einer Absenkung der M_s- und M_f-Temperatur führt.

Die bei Raumtemperatur im Gefüge verbleibende Restaustenitmenge kann durch eine Tiefkühlung in Martensit umgewandelt wer-

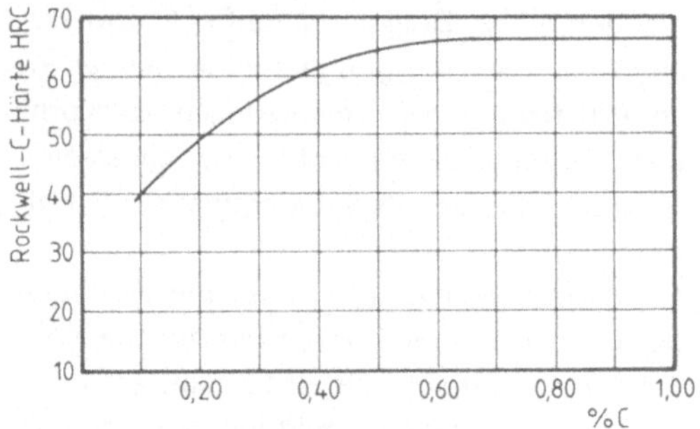

Bild 3.61 Abschreckhärte von C-Stählen in Abhängigkeit vom C-Gehalt

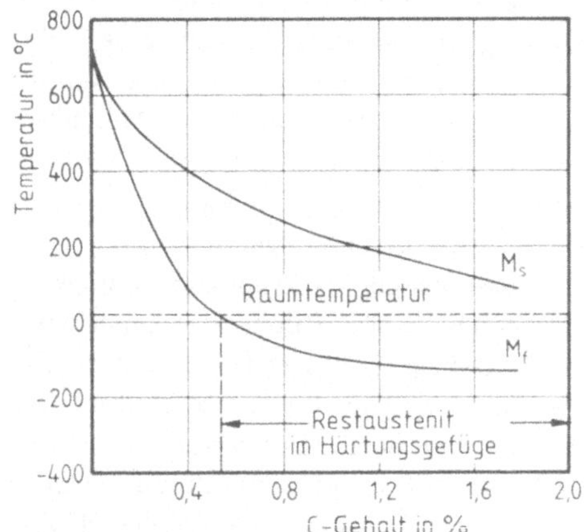

Bild 3.62 Abhängigkeit der Temperaturen des Beginns und des Endes der Martensitbildung M_s und M_f vom C-Gehalt in Eisen-Kohlenstoff-Legierungen

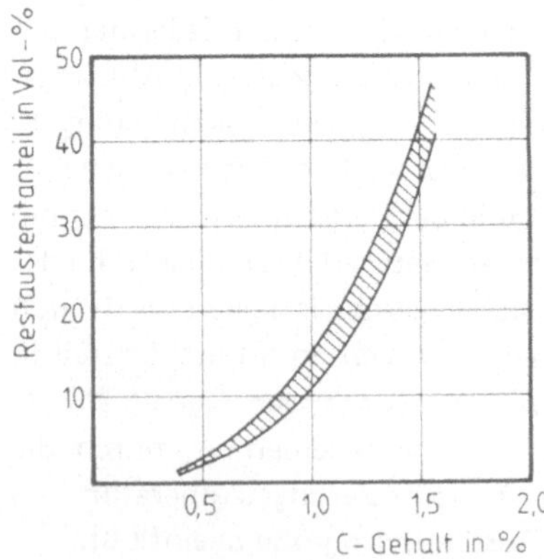

Bild 3.63 Einfluß des C-Gehaltes auf den Restaustenitanteil im Gefüge von Eisen-Kohlenstoff-Legierungen nach dem Abschrecken von Austenitisierungstemperatur in Wasser

den. Dabei ist es notwendig, die M_f-Temperatur zu unterschreiten. Diese Kühlung muß jedoch möglichst schnell erfolgen, weil sonst eine Stabilisierung des Restaustenits erfolgt. Bild 3.64 zeigt, daß die Härtetemperatur für unlegierte untereutektoidische Stähle etwa 25 … 50 °C über der Ac_3-Temperatur und für unlegierte übereutektoidische Stähle etwa 30 … 60 °C über Ac_1 liegt. Übereutektoidische Stähle werden demnach nicht in das Temperaturgebiet der γ-Mischkristalle erwärmt, sondern es wird im wesentlichen nur der Perlit in γ-Mischkristalle überführt. Bei der Härtetemperatur ergibt sich demzufolge ein Gefüge aus Austenit und Sekundärzementit. Um die Zähigkeit des Stahles nicht zusätzlich durch den sekundären Korngrenzenzementit zu beeinträchtigen, wird dieser zweckmäßigerweise vorher körnig geglüht. Nach dem Abschrecken besteht das Gefüge aus Martensit und eingelagerten Zementitkugeln, die eine der Martensithärte vergleichbare Härte aufweisen. Durch die harten Zementitkugeln wird die Verschleißfestigkeit des Gefüges erhöht.

Bei der Beurteilung des Verhaltens von Stählen bei der Abschreckhärtung ist davon auszugehen, daß für die erreichbare Höchsthärte die Menge des im Austenit gelösten Kohlenstoffs maßgebend ist, während die übrigen Legierungspartner des Stahles wegen ihres Einflusses auf die kritische Abkühlgeschwindigkeit die Einhärtung bestimmen.

Das Verhalten eines Stahles bei der Abschreckhärtung hinsichtlich der Härteannahme über den Werkstückquerschnitt wird als *Härtbarkeit* bezeichnet und in der Regel mit Hilfe des Stirnabschreckversuches nach Jominy und Boegehold ermittelt. Er liefert legierungstypische Stirnabschreckkurven. Bild 3.65 veranschaulicht die für den *Stirnabschreckversuch* zur Anwendung kommende Versuchseinrichtung. Die Rundprobe von 25 mm ϕ wird auf Härtetemperatur gebracht und anschließend an der Stirnfläche mit einem Wasserstrahl, dessen freie Steighöhe 65 ± 10 mm betragen soll, abgeschreckt. In Längsrichtung des Probenmantels werden

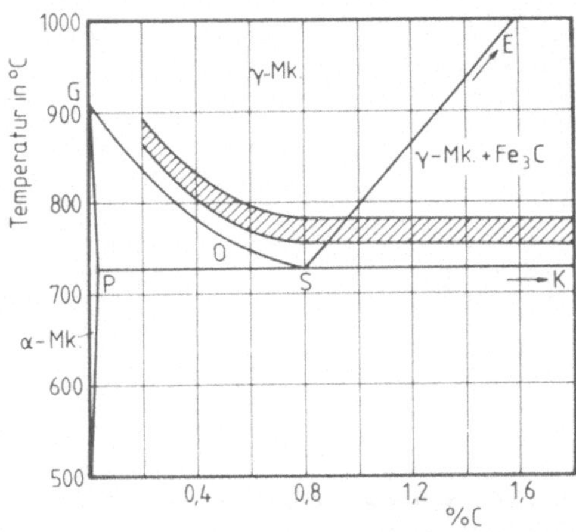

Bild 3.64 Härtetemperatur für unlegierte C-Stähle

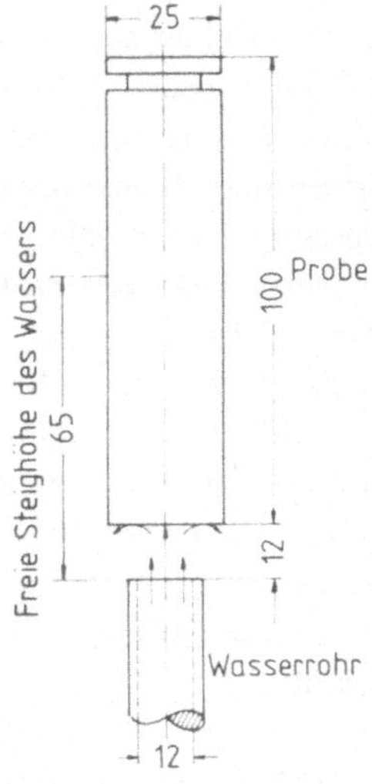

Bild 3.65 Stirnabschreckversuch nach Jominy zur Härtbarkeitsprüfung von Stählen

zwei planparallele Prüfbahnen angeschliffen, wobei der Abschliff je Fläche 0,4 mm betragen soll. Längs der Mittellinie dieser Bahnen wird die Härte in HRC oder HV gemessen und gegen den Abstand von der Stirnfläche aufgetragen. Bild 3.66 gibt die *Stirnabschreckkurven* eines unlegierten Stahles und dreier legierter Vergütungsstähle mit annähernd gleichen C-Gehalten wieder. Der unlegierte Stahl zeigt bereits einige mm von der abgeschreckten Stirnfläche einen steilen Abfall der Härte-

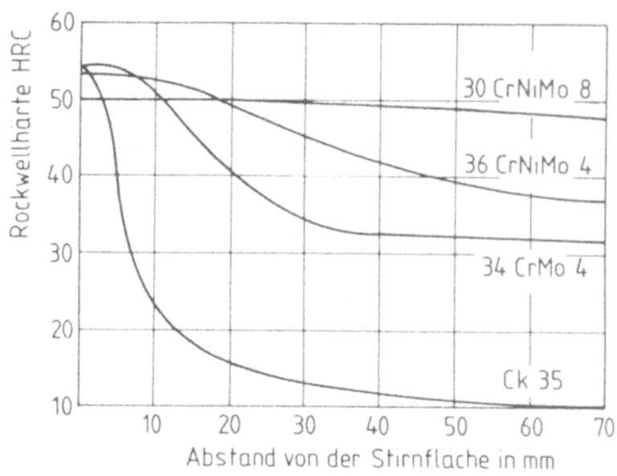

Bild 3.66 Stirnabschreckkurven unlegierter und legierter Vergütungsstähle
Austenitisierungstemperatur: 840 °C

werte, während die legierten Stähle mit steigendem Gehalt an Legierungselementen, welche die kritische Abkühlgeschwindigkeit vermindern, einen zunehmend flachen Verlauf der Stirnabschreckkurven aufweisen.

Weiterhin kann die Einhärtung über das Bruchaussehen von Proben beurteilt werden. Dabei kann zusätzlich eine Bewertung des Bruchkorns mit Hilfe von *Bruchproben-Richtreihen* vorgenommen werden. Bruchproben eignen sich besonders für unlegierte Stähle, bei denen der Stirnabschreckversuch wegen des dicht an der Stirnfläche verlaufenden Steilabfalls der Härte nur begrenzt anwendbar ist.

Eine zwischen der Perlitstufe und der Martensitstufe stattfindende Umwandlung wird als *Zwischenstufenumwandlung* und das sich dabei ausbildende Gefüge als Zwischenstufengefüge (Bainit) bezeichnet. Bei sehr kleiner Abkühlungsgeschwindigkeit bildet sich aus den γ-Mischkristallen gemäß Diagramm Fe-Fe$_3$C das Gleichgewichtsgefüge aus α-Mischkristallen und Fe$_3$C. Unter den anderen Extrembedingungen einer sehr großen Abkühlgeschwindigkeit entsteht im Temperaturbereich zwischen M$_s$ und M$_f$ Martensit, bei dem es sich um einen an Kohlenstoff übersättigten α-Mischkristall handelt. Das Gefüge der Zwischenstufe besteht aus Ferrit, der auch noch an Kohlenstoff übersättigt ist, und Carbidausscheidungen. Es kommt als

Gefügebestandteil des Kerns von gehärteten Werkstücken größeren Durchmessers verhältnismäßig häufig vor.

Es sind im wesentlichen zwei Arten von Zwischenstufengefüge zu unterscheiden. Das nadelige Gefüge wird im unteren und mittleren Bereich der Zwischenstufenumwandlung erhalten. Es enthält Ferritnadeln mit eingelagerten submikroskopischen Stäbchen aus Fe$_3$C. Im oberen Bereich der Zwischenstufenumwandlung niedriggekohlter Stähle stellt sich ein körniges Gefüge ein, das gröbere Carbide enthält.

Bei der *Zwischenstufenvergütung* wird das Werkstück von der Härtetemperatur in ein Warmbad abgeschreckt, das eine Temperatur im Bereich der Zwischenstufenumwandlung des Stahles besitzt (>M$_s$). Nach abgelaufener Umwandlung kann beliebig weiter abgekühlt werden. Das Verfahren ist nur für solche Stähle anwendbar, die eine ausgeprägte Zwischenstufe aufweisen und keine zu langen Haltezeiten im Warmbad benötigen. Der Vorteil der Zwischenstufenvergütung liegt darin, daß vor allem im Bereich niedriger Umwandlungstemperaturen, d. h. zwischen 250 °C und 330 °C, bei zugleich hohen Festigkeits- und Härtewerten hohe Zahlenwerte für die Kerbschlagarbeit erhalten werden.

Für Wärmebehandlungen der Stähle, die im Rahmen der Abkühlung mit Umwandlungen in der Perlit-, Zwischen- oder Martensitstufe verbunden sind, ist die Kenntnis der für den Ablauf der Umwandlungen benötigten Zeiten von erheblicher Wichtigkeit. Über sie geben die *Zeit-Temperatur-Umwandlungs-(ZTU)-Schaubilder* Auskunft. Sie zeigen über den Logarithmus der Zeit den Anfang und das Ende der Umwandlung an. Bei der Aufstellung der Schaubilder ist neben der isothermen Versuchsdurchführung auch die Erfassung des Umwandlungsverlaufes bei kontinuierlicher Abkühlung üblich.

Bild 3.67 gibt das isotherme ZTU-Schaubild eines unlegierten Stahles mit 0,45 % C wieder. Der Perlitbildung geht gemäß Diagramm Fe-Fe$_3$C die Bildung des voreutektoidischen Ferrits voraus, die aber mit sinkender Um-

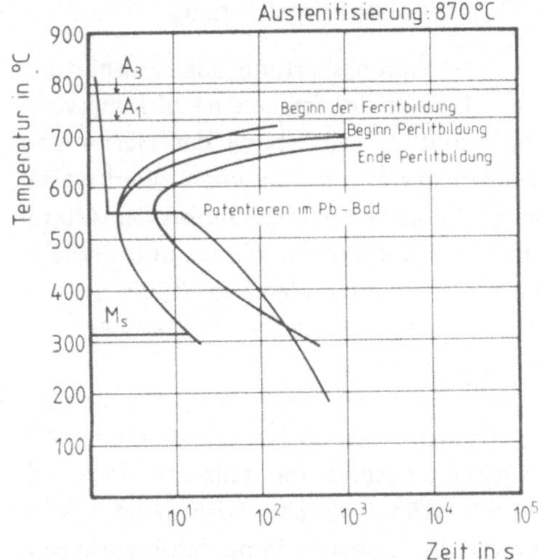

Bild 3.67 Isothermes ZTU-Schaubild eines unlegierten Stahles mit 0,45 % C einschließlich Temperaturverlauf bei der Drahtpatentierung

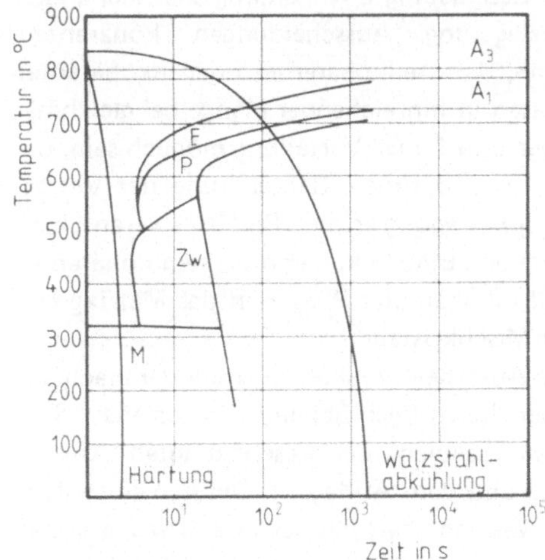

Bild 3.68 ZTU-Schaubild für kontinuierliche Abkühlung eines unlegierten Stahles mit 0,45 % C einschließlich Temperaturverlauf bei der Walzstahl-abkühlung und bei der Härtung

F   Bereich der Ferritbildung
P   Bereich der Perlitbildung
Zw   Bereich der Bildung von Zwischenstufengefüge
M   Bereich der Martensitbildung

wandlungstemperatur und zunehmender Unterkühlung unterdrückt wird. Das Schaubild enthält den Abkühlvorgang für eine Wärmebehandlung, die in der Drahtindustrie als Patentieren bekannt ist und die Erzeugung eines feinstreifigen Sorbitgefüges zum Ziele hat. Dabei muß der Draht nach dem Austenitisieren im Durchziehverfahren in ein Pb-Bad geführt werden, in dem isotherm die Austenitumwandlung vollständig abläuft.

In Bild 3.68 ist das ZTU-Schaubild des unlegierten Stahles mit 0,45 % C für kontinuierliche Abkühlung dargestellt. Zusätzlich sind die Abläufe für eine Walzstahlabkühlung und eine Abschreckhärtung eingetragen. Dabei ergibt sich bei der Walzstahlabkühlung ein ferritisch-perlitisches Gefüge, und bei der Abschreckbehandlung wird nur die Linie der beginnenden Martensitbildung von der Abkühlkurve geschnitten.

In den ZTU-Schaubildern legierter Stähle tritt in der Regel die Zwischenstufe deutlich hervor. Das ist besonders dann der Fall, wenn die Legierungselemente den Temperaturbereich der Perlitstufe zurückdrängen. Das kann soweit führen, daß zwischen der Perlitstufe und der Martensitstufe ein Bereich erhöhter Austenitstabilität auftritt, in dem die Umwandlung in der Perlitstufe erst nach sehr langen Zeiten einsetzt und die Unterkühlung für die Zwischenstufe noch nicht groß genug ist. Bild 3.69 zeigt das ZTU-Schaubild eines legierten Stahles mit 0,45 % C und 3,50 % Cr. Chrom verschiebt das Maximum der Umwandlungsgeschwindigkeit in der Perlitstufe zu höheren Temperaturen und engt den Perlitbereich ein. Wichtig ist, daß die Umwandlungszeiten deutlich verlängert werden. Die Zwischenstufenvergütung (Bild 3.69) bedingt eine Abschreckung des Stahles auf eine Temperatur im Gebiet der Zwischenstufe. Die Haltezeit im Warmbad führt zur vollständigen Zwischenstufenumwandlung. Die dafür benötigten Zeiten sind verhältnismäßig lang. Das isotherme ZTU-Schaubild bietet die Möglichkeit einer *Warmbadhärtung* an. Das auf Härtetemperatur erwärmte Werkstück wird in einem temperierten Öl-, Metall- oder Salz-

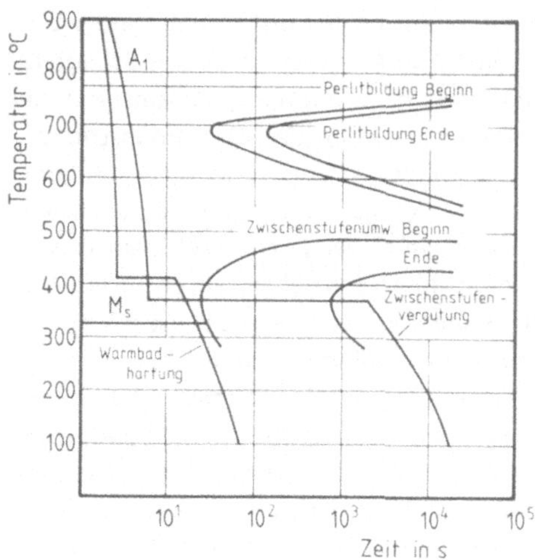

Bild 3.69 Isothermes ZTU-Schaubild eines Stahles mit 0,45 % C und 3,50 % Cr einschließlich Temperaturverlauf bei der Zwischenstufenvergütung und bei der Warmbadhärtung

bad abgeschreckt. Die Temperatur des Warmbades soll dabei oberhalb der Martensittemperatur der zu härtenden Stahlqualität liegen. Im Verlauf des kurzzeitigen Haltens des Werkstückes im Warmbad werden die Abschreckspannungen weitgehend abgebaut. Das Durchlaufen des Temperaturbereiches der Martensitstufe kann langsam erfolgen, denn es besteht nur die Notwendigkeit, den Temperaturbereich hoher Abkühlungsgeschwindigkeit im ZTU-Schaubild genügend schnell zu durchlaufen (Bild 3.69). Die Verminderung der Abkühlspannungen führt zu einem geringeren Härteverzug und zu einer verringerten Gefahr von Härterissen. Für die Warmbadhärtung eignen sich besonders legierte Stähle, deren kritische Abkühlungsgeschwindigkeit geringer ist als die unlegierter C-Stähle. Das nach einer Warmbadhärtung· auftretende martensitische Gefüge unterscheidet sich nicht von dem eines konventionell abgeschreckten Werkstückes. Bild 3.70 gibt das nadelige Härtungsgefüge eines legierten Kaltarbeitsstahles wieder. Besonders die 1000fache Vergrößerung zeigt, daß neben dem Martensit noch Restaustenit im Gefüge vorhanden ist.

3.16 Ausscheidungshärtung

Die Ausscheidungshärtung oder Aushärtung bietet als *Teilchenhärtung* eine wirkungsvolle Möglichkeit zur Anhebung der Härte- und Festigkeitswerte metallischer Werkstoffe. Das gilt sowohl für Legierungen des Aluminiums, des Kupfers, des Titans und des Nikkels als auch für Cu-legierte Stähle, mikrolegierte Baustähle und martensitaushärtende höchstfeste Stähle.

Für die Ausscheidungshärtung gelten die Voraussetzungen, daß für die zweite Phase eine Löslichkeit besteht, mit fallender Temperatur eine *Abnahme der Löslichkeit* erfolgt und die bei höherer Temperatur vorliegenden homogenen Mischkristalle bei einer beschleunigten Abkühlung nicht bereits in die Gleichgewichtsphasen zerfallen, sondern als übersättigte Mischkristalle zunächst bestehen bleiben. Weiterhin müssen bei einer sich an die beschleunigte Abkühlung anschließenden Auslagerung Ausscheidungen kohärenter, semi-, d. h. teilkohärenter oder inkohärenter Phasen in hinreichender Menge bei gleichmäßiger und feiner Verteilung möglich sein, damit eine optimale Behinderung der Versetzungsbewegung erfolgt. Bild 3.71 veranschaulicht den Einbau kohärenter, semikohärenter und inkohärenter Phasen in das Matrixgitter der Mischkristalle.

Die Ausscheidungshärtung muß demnach aus einer dreistufigen Behandlung bestehen, dem Lösungsglühen, der beschleunigten Abkühlung und dem Auslagern. Die sich einstellende Werkstoffhärtung hat ihre Ursache in der Behinderung der Versetzungen. Die mit den ausgeschiedenen Teilchen eintretende Wechselwirkung der Versetzungen führt zu einer Anhebung der bei der plastischen Umformung zum Bewegen der Versetzungen notwendigen Formänderungsspannung.

Beim *Lösungsglühen* gehen die durch die Vorgeschichte des Werkstoffs bedingten Ausscheidungen in Lösung, so daß das Gefüge aus homogenen Mischkristallen mit statistisch im Gitter verteilten Atomen des Legierungselementes besteht. Dabei kann es sich auch um mehrere Elemente handeln, so daß bei

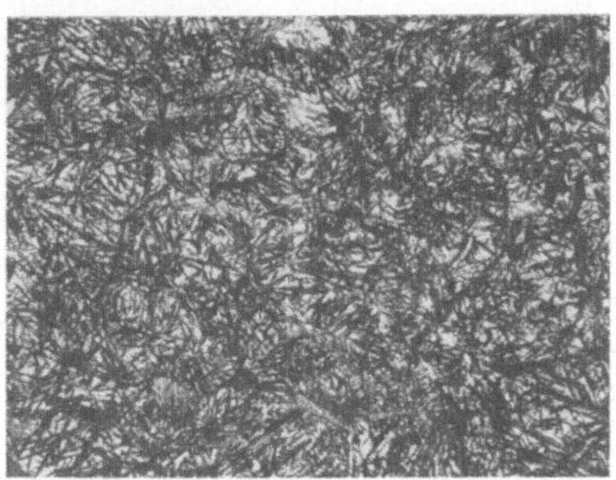

Bild 3.70 Härtungsgefüge des legierten Kaltarbeitsstahles 115 CrV 3 (Martensit + Restaustenit)
Austenitisierungstemperatur: 950 °C, Abschreckung in Öl, Ätzung: 3 %-ige alkoholische HNO_3,
Vergrößerung V = 200:1 und V = 1000:1

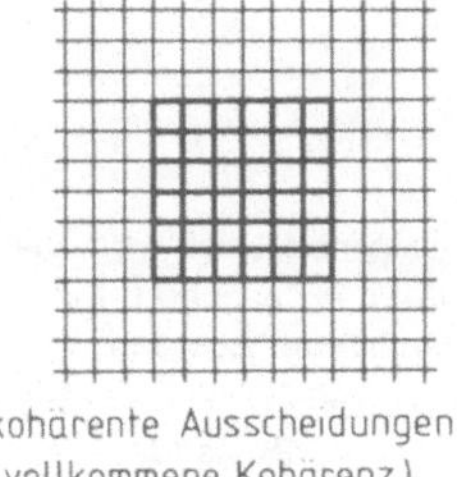

Bild 3.71 Schematische Darstellung kohärenter, semikohärenter und inkohärenter Ausscheidungen aus
übersättigten Mischkristallen bei der Auslagerung (mehrphasiger Endzustand)

der Auslagerung dreidimensionale Teilchen aus intermetallischen Verbindungen entstehen. Im Verlauf der beschleunigten Abkühlung kommt es beim Unterschreiten der Löslichkeitslinie nicht zu den vom Gleichgewichtsdiagramm vorgeschriebenen Ausscheidungen, da die dabei ablaufenden Diffusionsvorgänge eine längere Zeit benötigen. Der Gitter- und Gefügezustand bleibt zunächst bestehen. Erst im Verlauf der *Auslagerung* kommt es zu Entmischungen und Ausscheidungen, die den Werkstoffzustand in Richtung des stabilen Gleichgewichtszustandes verschieben. Dabei bilden sich metastabile Zwischenphasen unterschiedlicher Struktur und Wirkung auf die Versetzungen. Die Wechselwirkung zwischen den Versetzungen und den ausgeschiedenen Phasen besteht entweder in einem Umgehen oder in einem Schneiden der Ausscheidungen durch die bewegten Versetzungen. Dabei müssen harte Teilchen von ihnen umgangen werden. Die Bilder 3.40 und 3.72 veranschaulichen in den Zweistoffsystemen Al-Al_2Cu und Al-Mg_2Si den Temperaturverlauf beim Lösungsglühen und bei der Abkühlung. Bei einer langsamen Abkühlung ergeben sich grobe netzförmige Ausscheidungen von Al_2Cu bzw. Mg_2Si, die keine optimale Wirkung auf die Versetzungen ausüben. Bei einer schnellen Abkühlung kann sich der Gleichgewichtszustand zunächst nicht einstellen, und es treten keine Ausscheidungen auf, so daß bei Raumtemperatur ein übersättigter Mischkristall vorliegt.

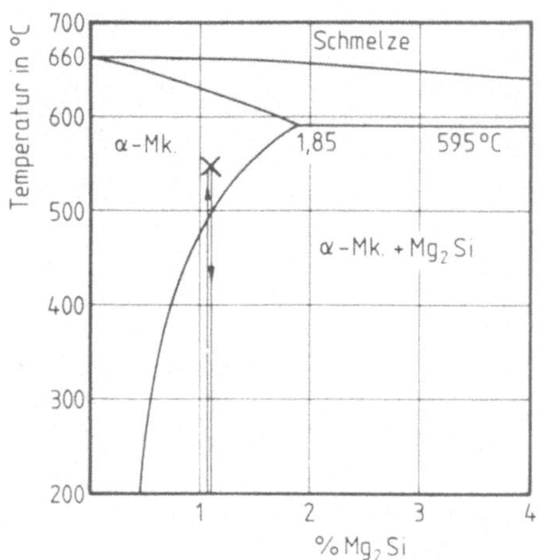

Bild 3.72 Lösungsglühen und Abkühlen einer aushärtbaren Legierung im Zweistoffsystem Al-Mg₂Si
Langsame Abkühlung: Mg₂Si-Ausscheidungen
Abschreckung: Keine Mg₂Si-Ausscheidungen
(übersättigte α-Mischkristalle)

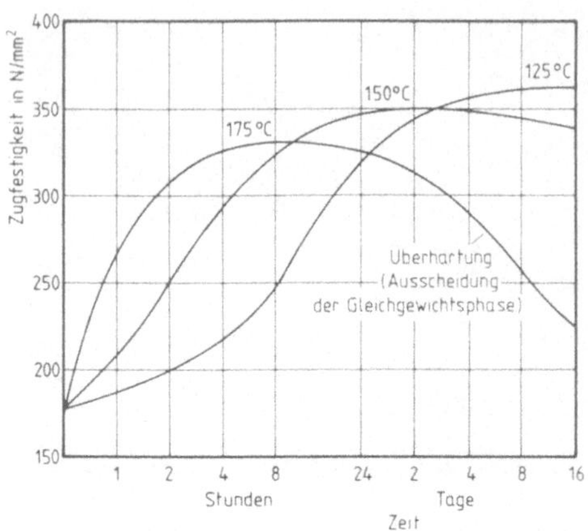

Bild 3.73 Verlauf der Zugfestigkeit einer AlMgSi 1-Legierung mit 1,0 % Mg, 1,0 % Si und 0,6 % Mn in Abhängigkeit von der Dauer und der Temperatur der Warmauslagerung
Vorbehandlung: Lösungsglühen bei 540 °C + Wasserabschreckung

Erst im Verlauf der Auslagerung bilden sich wirksame versetzungshemmende Teilchen. Es entsteht eine submikroskopische Teilchendispersion.

Eine Auslagerung bei erhöhter Temperatur hat im allgemeinen einen schnelleren Anstieg und eine stärkere Zunahme der Härte- und Festigkeitswerte zur Folge als eine Kaltauslagerung. Im Gegensatz zu ihr stellt sich jedoch mit der Zeit kein stabiler Ausscheidungszustand ein, sondern die Zahlenwerte für die Härte und die Festigkeit nehmen mit der Zeit bei der Warmauslagerung nach Erreichen eines Höchstwertes wieder ab. Diese Erscheinung wird allgemein als *Überalterung* oder *Überhärtung* bezeichnet. Sie ist die Folge einer zunehmenden Koagulation der anfänglich feinen Ausscheidungen. Bild 3.73 gibt den Verlauf der Zugfestigkeitswerte einer AlMgSi1-Legierung in Abhängigkeit von der Warmauslagerungstemperatur und der Auslagerungszeit wieder. Dabei ging der Auslagerung ein Lösungsglühen bei 540 °C und eine Wasserabschreckung voraus. Je höher die Auslagerungstemperatur ist, desto schneller wird das Maximum der Festigkeitswerte erreicht.

Tabelle 3.8 Festigkeitseigenschaften von Blechen und Bändern aus AlMgSi 1 im weichen, kaltausgehärteten und warmausgehärteten Zustand

	Zustand		
	weich	kaltausgehärtet	warmausgehärtet
Dehngrenze $R_{p0,2}$ in N/mm²	85	120	280
Zugfestigkeit R_m in N/mm²	150	230	350
Bruchdehnung A in %	18	15	12

Eine Kaltumformung nach der Abschreckbehandlung kann den Aushärtevorgang beschleunigen.

Tabelle 3.8 bietet eine Zusammenstellung der im weichen, kaltausgehärteten und warmausgehärteten Zustand erreichten Zahlenwerte für die 0,2 %-Dehngrenze, die Zugfestigkeit und die Bruchdehnung von Blechen und Bändern aus einer AlMgSi-Legierung mit 1,0 % Mg, 0,6 % Mn und 1,0 % Si. Den Werten ist zu entnehmen, daß die Legierung möglichst einer Warmaushärtung unterzogen werden sollte.

3.17 Alterung von Stählen

Die Alterung der Stähle führt zu Eigenschaftsänderungen, die sich erst im Laufe der Zeit
bemerkbar machen. Besteht der auslösende
Vorgang in einem Glühen mit mehr oder weniger beschleunigter Abkühlung, ohne daß
eine Härtung eintritt, so wird die Änderung
der mechanischen, technologischen und
physikalischen Eigenschaften als *Abschreckalterung* bezeichnet. Wird dagegen die Änderung der Eigenschaften durch eine Kaltumformung hervorgerufen, so wird von *Reck*-
oder *Verformungsalterung* gesprochen. Weil
die bei der Alterung im Werkstoff ablaufenden Vorgänge diffusionsgesteuert sind, besteht eine ausgeprägte Temperatur- und Zeitabhängigkeit. Dementsprechend wird zwischen der natürlichen und der künstlichen
Alterung unterschieden. Bei der natürlichen
Alterung werden die Eigenschaftsänderungen durch ein Lagern bei Raumtemperatur
und bei der künstlichen Alterung durch eine
beschleunigend wirkende erhöhte Temperatur hervorgerufen. Von den durch eine Alterung verursachten Eigenschaftsänderungen
sind hinsichtlich der Stahlverarbeitung und
Stahlanwendung besonders die eine Veränderung erfahrenden Zahlenwerte der Festigkeitseigenschaften, des Formänderungsvermögens, der Zähigkeit und des Rißauffangvermögens sowie der magnetischen Eigenschaften von besonderer Bedeutung.

Die Abschreckalterung der Stähle ist ein
typisches Beispiel für die Ausscheidungshärtung. Als Folge der abnehmenden Löslichkeit
der Begleitelemente Kohlenstoff und Stickstoff im α-Fe (Bild 3.74) liegt nach einer beschleunigten Abkühlung ein an Kohlenstoff
und Stickstoff übersättigter Einlagerungsmischkristall vor. Dieser hat das Bestreben,
über die Ausscheidung der zuviel gelösten
Atome in Form von submikroskopisch feinen Carbiden, Nitriden und Carbonitriden
wieder den stabilen Gleichgewichtszustand
zu erreichen. Dabei wird der Ausscheidungsablauf durch eine erhöhte Temperatur beschleunigt. Die Keimbildung der neuen Phasen kann sowohl an Korngrenzen und Ver-

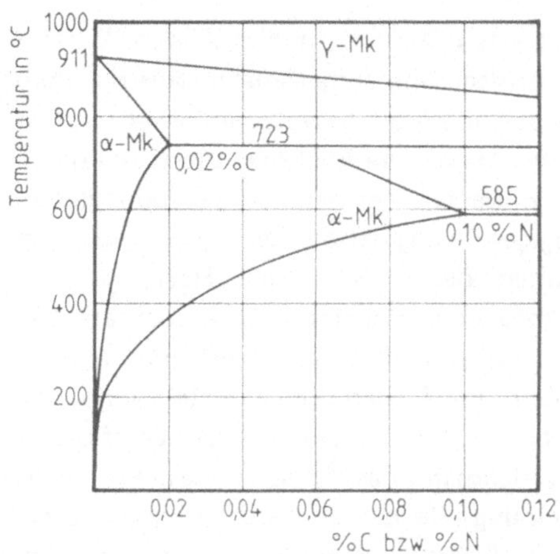

Bild 3.74 Löslichkeit der Elemente Kohlenstoff
und Stickstoff im α-Fe

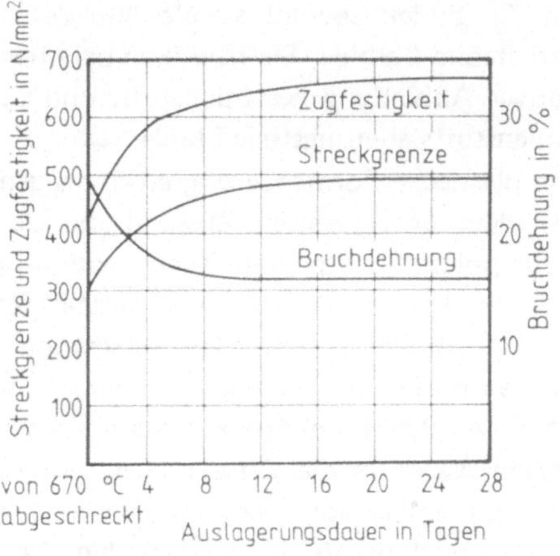

Bild 3.75 Einfluß der Abschreckalterung auf die
Streckgrenze, die Zugfestigkeit und die Bruchdehnung eines unlegierten C-armen Stahles
(unberuhigt vergossen)
C-Gehalt: 0,07 %   N-Gehalt: 0,005 %

setzungen als auch innerhalb der Matrix erfolgen. Bei Vorliegen einer hohen Versetzungsdichte sind die Versetzungen die bevorzugten Keimbildungsstellen. Bild 3.75 zeigt
für den Grenzfall einer Wasserabschreckung
aus dem Temperaturbereich hoher Löslichkeit den Einfluß der Alterung auf die Höhe
der Zahlenwerte für die Streckgrenze, die
Zugfestigkeit und die Bruchdehnung eines

unlegierten C-armen Stahles. Die im Verlauf der Auslagerung aufgetretenen Ausscheidungen behindern die Versetzungsbewegung und haben eine höhere Fließspannung zur Folge. Mit Einsetzen der temperatur- und zeitabhängigen Koagulation der Ausscheidungen nehmen die eingetretenen Härtungs- und Versprödungserscheinungen wieder ab. Die Koagulation führt zu einer Überalterung.

Begleit- und Legierungselemente können die Abschreckalterung des Stahles beeinflussen. So verlangsamt das Mangan die Stickstoffausscheidung. Da der Stickstoff in erster Linie für die Alterung verantwortlich ist, kann bereits ein Al-Zusatz zum Stahl eine weitgehende Alterungsbeständigkeit herbeiführen, obwohl das Aluminium keine stabilen Carbide bildet. Elemente wie V, Nb, Ta, Ti, Zr und Cr bilden sowohl stabile Nitride als auch stabile Carbide. Sie bewirken bei quantitativer Abbindung des Stickstoffs und des Kohlenstoffs alterungsfreie Stähle.

Eine plastische Formänderung erhöht gegenüber dem unverformten Zustand die Versetzungsdichte um mehrere Zehnerpotenzen. Dadurch kommt es zu einer verstärkten Wechselwirkung zwischen den Versetzungen und den im Fe-Mischkristall gelösten C- und N-Atomen. Diese können auf nunmehr verkürzten Wegen in die Versetzungen einwandern und Wolken von Fremdatomen im Dilatationsbereich der Versetzungen bilden. Diese Atomwolken werden allgemein als *Cottrell-Wolken* bezeichnet. Bild 3.76 veranschaulicht eine Wolke von interstitiell gelösten Fremdatomen im Kern einer Stufenversetzung. Diese in den Versetzungen auftretenden Atomwolken hemmen infolge der Wechselwirkung zwischen den Fremdatomen und den Versetzungen eine Bewegung der Versetzungen, so daß eine erhöhte Fließspannung benötigt wird, um die Versetzungsbewegung und damit den Umformprozeß in Gang zu bringen. Die Versetzungen werden also durch die Fremdatome verankert. Im Spannungs-Dehnungs-Diagramm äußert sich die Verformungsalterung in einer immer ausgeprägter werdenden Streckgrenze. Dabei muß der

Spannungswert der oberen Streckgrenze aufgebracht werden, um die Versetzungen von den sie blockierenden Fremdatomen zu lösen bzw. um neue Versetzungen zu bilden. Ist die Versetzungsbewegung in Gang gebracht, kann die Fließspannung abfallen, d. h. im Spannungs-Dehnungs-Diagramm auf den Spannungswert der unteren Streckgrenze. Bild 3.77 gibt die Änderung des Spannungs-Dehnungs-Diagrammes im Bereich der

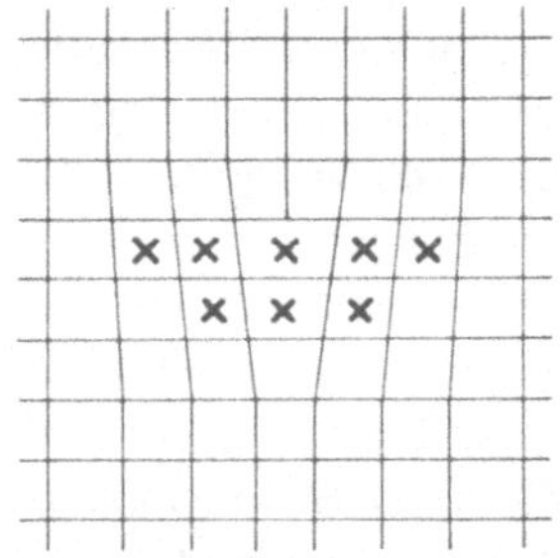

Bild 3.76 Wolke von interstitiell gelösten Atomen in einer Stufenversetzung (Cottrell-Wolke)

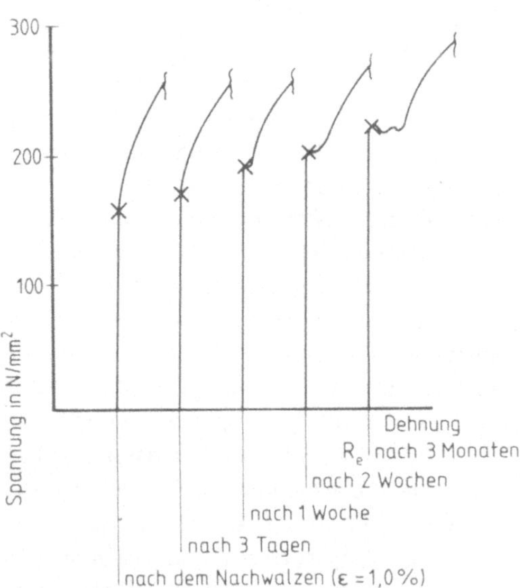

Bild 3.77 Einfluß der Verformungsalterung auf die Ausbildung und Höhe der Streckgrenze eines unberuhigt vergossenen unlegierten C-armen Stahles

Streckgrenze als Folge einer Verformungsalterung wieder. Es handelt sich dabei um einen unberuhigt vergossenen, unlegierten, C-armen Stahl, der nach einer rekristalisierenden Glühbehandlung zwecks Beseitigung der im Verlauf der Glühung aufgetretenen ausgeprägten Streckgrenze mit geringem Umformungsgrad nachgewalzt wurde. Diese Nachumformung hat die Versetzungen von den Blockierungen gelöst bzw. neue Versetzungen gebildet, so daß keine ausgeprägte Streckgrenze mehr auftritt. Nach einer Lagerzeit tritt jedoch der unstetige Übergang vom elastischen zum plastischen Werkstoffverhalten wieder auf, wobei der Spannungswert der Streckgrenze deutlich ansteigt. Bei den meisten metallischen Werkstoffen tritt eine ausgeprägte Streckgrenze nicht auf. Bei Blechen und Bändern für Kaltumformzwecke aus weichen Stählen führt der unstetige Übergang vom elastischen in den plastischen Dehnungsbereich zu einem ungleichmäßigen Fließen und damit zu *Fließfiguren*.

Die Eindiffusion der blockierenden Atome in die Versetzungen erfolgt bei höheren Temperaturen merklich schneller. Der Vorgang, der bei Raumtemperatur in Wochen abläuft, geht bei einer Temperatur von 100 $^\circ$C in Stunden und bei 250 $^\circ$C in Minuten vonstatten. Dabei wird die Alterung bei Raumtemperatur, die auch als *natürliche Alterung* bezeichnet wird, hauptsächlich von den N-Atomen getragen, während bei einer Temperaturerhöhung zunehmend auch die C-Atome zur Alterung beitragen.

Die Verformungsalterung führt ebenso wie die Abschreckalterung zu einer Beeinträchtigung der Stahleigenschaften. Diese wirkt sich insbesondere bei unlegierten C-armen Stählen für Kaltumformzwecke und bei allgemeinen Baustählen unangenehm aus. Es wird nicht nur die Fließspannung der Streckgrenze angehoben, sondern es vermindern sich auch die Zahlenwerte für die Bruch- und Gleichmaßdehnung, die Brucheinschnürung, die Kerbschlagarbeit und das Formänderungsvermögen. Außerdem wird der Steilabfall der

Kerbschlagarbeit zu höheren Temperaturen verschoben.

Der Verformungsalterung entspricht ursächlich die Erscheinung der *Blausprödigkeit,* die während oder nach einer Umformung im Temperaturbereich zwischen 200 $^\circ$C und 300 $^\circ$C auftritt. Durch die Umformung bei angehobener Temperatur wird bereits in ihrem Verlauf wegen der vergrößerten Diffusionsgeschwindigkeit der N- und C-Atome eine Alterung ausgelöst.

Auch bei der Verformungsalterung muß dem Stickstoff im Vergleich zum Kohlenstoff die größere Wirkung zugeschrieben werden. Dementsprechend vermindert das stickstoffaffine Element Al die Alterungsanfälligkeit. Durch die N-Abbindung wird das Wechselspiel mit den Versetzungen unterbunden, und die Eigenschaftswerte bleiben über die Auslagerungszeit hinweg weitgehend unverändert. Da das Al gleichzeitig das bevorzugte Desoxidationsmittel bei der Stahlerzeugung ist, sind Al-beruhigte Stähle weitgehend alterungsbeständig.

Unter ungünstigen Bedingungen kann es in Bau- und Konstruktionsteilen aus Stahl zu spröden Brüchen kommen, ohne daß die Nennbeanspruchung die Streckgrenze übersteigt. Dabei wird unter einem *Sprödbruch* ein verformungsloser oder -armer Bruch verstanden. Er tritt dann auf, wenn ein Stahl seine Fähigkeit zu einer bleibenden Formänderung verloren hat. Das Sprödbruchverhalten eines Bauteiles wird von werkstoffunabhängigen und werkstoffabhängigen Einflußgrößen bestimmt. Zu den werkstoffunabhängigen Einflußgrößen sind in erster Linie die Temperatur, die Beanspruchungsgeschwindigkeit, die Art des Spannungszustandes, die Beanspruchungsweise, ein Korrosionsangriff und eine Korpuskularstrahlung zu zählen. Werkstoffabhängige Faktoren sind hauptsächlich die Werkstoffzusammensetzung, die Korngröße, die Art und Menge der Korngrenzensubstanz, der Lamellenabstand des Perlits, der Grad der Verformungsverfestigung und der Alterung. Dabei ist vorauszusetzen, daß ein martensitisches Gefüge für spröddruchempfindliche Bauteile außer Diskussion steht. Eine Verstärkung der *Sprödbruchneigung* der Stähle ergibt sich werkstoffseitig durch eine Kornvergröberung, eine Perlitverfeinerung, eine Verformungsverfestigung, eine Alterung und durch Korngrenzensubstanzen. Von den üblichen Begleitelementen des Stahles wirken sich insbesondere die Elemente C, P, N, H und das im Fe-Mischkristall gelöste Si ungünstig aus.

Ein fester Körper wird durch Bindungskräfte zwischen den Atomen zusammengehalten. Wird dieser Zusammenhalt als Folge der Einwirkung von Spannungen großräumig zerstört, kommt es zum Bruch. Aus der Erfahrung ergibt sich jedoch, daß ein Festkörper bereits unter weitaus geringeren Spannungen bricht, als zum Aufreißen der atomaren Bindungen erforderlich sind. Eine zahlenmäßige Kennzeichnung des realen Werkstoffverhaltens unter der Einwirkung von Spannungen liefern die Verfahren der *Bruchmechanik.* Diese geht davon aus, daß in einem Bauteil stets schon Risse oder Fehlstellen vorhanden sind. Selbst wenn es sich dabei um keine makroskopischen Risse oder Fehlstellen handelt, so sind zumindest stets mikroskopische Erscheinungen vorhanden, die sich z. B. in Form von Gefügeinhomogenitäten wie Fehlstellen verhalten. Es ist das Ziel der Bruchmechanik, ein quantitatives Maß für den Werkstoffwiderstand gegen das Rißwachstum zu entwickeln. Dabei hängt die Rißausbreitung vom Spannungszustand im Bereich der Rißspitze ab.

Werkstoffprüfverfahren zur Ermittlung der Sprödbruchneigung von Stählen sind der Kerbschlagbiegeversuch, der Kerbzugversuch und Versuche zur Ermittlung der Rißauffangtemperatur. Wird die Kerbschlagarbeit in Abhängigkeit von der Temperatur ermittelt, so liefert die Lage des *Steilabfalls der Kerbschlagarbeit* einen aussagesicheren Temperaturwert für den wichtigen Übergang vom zähen zum spröden Bruch. Der zähe Bruch mit seinem sehnigen Bruchgefüge ist ein *Verformungsbruch,* und der spröde Bruch mit einem körnigen Bruchgefüge ist ein *Trennbruch.*

Schweißkonstruktionen aus hochfesten Stählen sind Sprödbruchgefahren besonders ausgesetzt. Im Schweißgut und im wärmebeeinflußten Grundwerkstoff können schweißmetallurgisch und durch das Gefüge bedingte Werkstoffzustände vorliegen, die zu einem Sprödbruch führen. Im Schweißgut selbst können Lunker (Schwindungshohlräume), Poren, Rotbrucherscheinungen, erhöhte Wasserstoffgehalte, Anteile von Härtungsgefüge, Einschlüsse und Entmischungen auftreten. Im Grundwerkstoff ergibt sich eine wärmebeeinflußte Übergangszone, in der als Folge der bei der Schweißung herrschenden Temperatur und der Abkühlbedingungen verschiedenartige Gefügezustände vorliegen. Von besonderem Einfluß ist dabei das Umwandlungsverhalten des Stahles. Es kann dazu führen, daß sich ein mehr oder weniger ausgeprägtes Härtungsgefüge ausbildet. Dabei ist das Auftreten von Martensit mit einer Volumenvergrößerung verbunden, die zu beträchtlichen Eigenspannungen führt. Diese überlagern sich mit den Wärmespannungen und führen zu ungünstigen mehrachsigen Spannungszuständen, die zur Rißbildung Anlaß geben. Dabei wird die Rißbildung durch das geringe Formänderungsvermögen des Martensits gefördert. Die Erfahrung hat gelehrt, daß in der Übergangszone mit Rissen zu rechnen ist, wenn Härtespitzen von über 400 HV bzw. 40 HRC auftreten. Außer der Abschreckhärtung wirken Kornwachstums- und Ausscheidungsvorgänge auf das Verhalten von Schweißverbindungen ein. Es ist ratsam, die zu verschweißenden Teile einer Vorwärmung zu unterziehen. Dadurch wird die Abkühlgeschwindigkeit verringert und die Umwandlung in der Martensitstufe zugunsten der in der Perlitstufe verschoben. Schweißspannungen werden abgebaut, und die Wasserstoffdiffusion wird erleichtert.

Eine *Korpuskularstrahlung* führt ebenfalls zu einer Werkstoffversprödung. Diese Schädigung des Werkstoffs durch energiereiche Strahlen beruht auf der bleibenden Verlagerung von angestoßenen Atomen aus ihren Gitterplätzen heraus. Die Strahlenschädigung der Metalle beruht somit auf der Entstehung von Gitterbaufehlern, in erster Linie von Leerstellen und Zwischengitteratomen. Dabei entstehen Leerstellen und Zwischengitteratome paarweise (Frenkel-Paar). Liegt die kinetische Energie des primär angestoßenen Atoms höher als die zum Verlassen eines Gitterplatzes notwendige Energie, so kann dieses Atom seinerseits weitere Gitteratome aus ihren Plätzen herausstoßen. Es entsteht eine *Verlagerungskaskade.* Diese Wechselwirkung zwischen der Korpuskularstrahlung und den Atomen des Metallgitters führt zu einer Beeinflussung der mechanischen Eigenschaften der im Strahlungsbereich liegenden Metalle. Bei der Strahlung handelt es sich in der Regel um eine Neutronenstrahlung. Mit zunehmender Neutronendosis steigen die Zahlenwerte für die Streckgrenze, die Zugfestigkeit, das Streckgrenzenverhältnis und die Härte, während die Zahlenwerte für die Bruchdehnung, die Gleichmaßdehnung und die Brucheinschnürung abfallen. Daneben werden besonders die Werte für die Kerbschlagarbeit beeinträchtigt und die Übergangstemperatur der Kerbschlagarbeit heraufgesetzt. Eine Ausheilung der Strahlenschäden kann durch eine Glühbehandlung erreicht werden. Ebenso führt eine Bestrahlung von Stählen bei Temperaturen, die über 350 °C liegen, zu keiner merklichen Werkstoffschädigung mehr. Die Erzeugung von punktförmigen Gitterfehlern wird durch die Ausheilung vorhandener Fehler kompensiert.

Die Ermittlung der Alterungs- und Sprödbruchneigung und des Strahleneinflusses erfolgt vielfach mit Hilfe des Kerbschlagbiegeversuches. Dabei wird die Kerbschlagarbeit in Abhängigkeit von der Prüftemperatur gemessen und aufgetragen. Dabei liefert der Kerbschlagbiegeversuch allerdings keinen Zahlenwert, der für die Berechnung und Bemessung von Bauteilen Verwendung finden kann.

Der *Kerbschlagbiegeversuch* wird gemäß Bild 3.78 mit Hilfe eines Pendelschlagwerkes oder

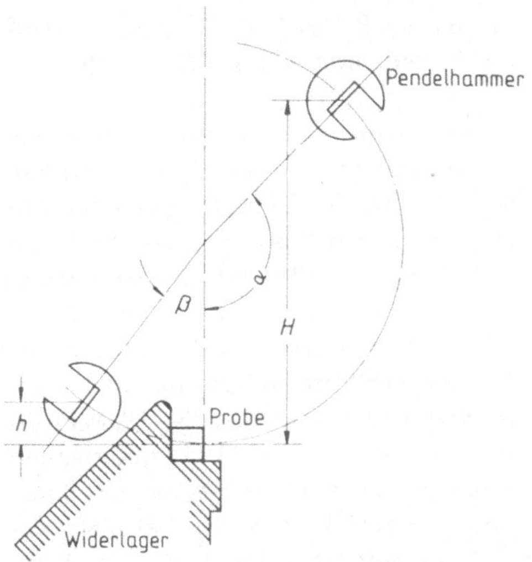

Bild 3.78 Pendelschlagwerk für den Kerbschlagviegeversuch

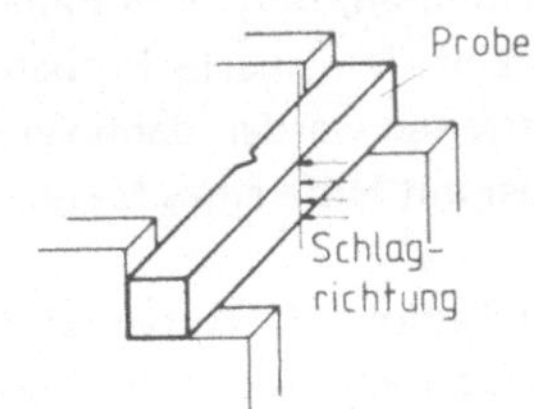

Bild 3.79 Probenlagerung beim Kerbschlagbiegeversuch

Pendelhammers durchgeführt. Der mit einer Schneide versehene Hammerkopf schwingt aus einer Höhe H herab und durchschlägt die Probe, die so gegen zwei Widerlager gelegt wurde, daß sich der Kerb in der Mitte der Stützweite befindet und der Hammerkopf mit seiner Schneide auf die dem Kerb gegenüberliegende Probenseite auftrifft (Bild 3.79). Nach dem Durchschlagen der Probe schwingt der Hammerkopf noch bis zur Höhe *h* durch, so daß die verbrauchte Schlagarbeit über die Beziehung

$$A_v = 9{,}807\, G\, (H - h) \text{ in J}$$

in der *G* die Masse des Hammers in kg ist, errechnet werden kann. Da die Kerbschlagarbeit von der Probenform abhängig ist, wird diese in der Form A_v (ISO-V) kenntlich gemacht.

Für den Kerbschlagbiegeversuch wurde eine Vielzahl von Probenformen vorgeschlagen. Die in Deutschland am häufigsten zur Anwendung kommenden Proben sind die DVM-Probe und die ISO-Spitzkerbprobe. Beide Proben haben die Abmessungen 10 mm · 10 mm · 55 mm bei einer durch die Widerlager gebildeten Stützweite von 40 mm. Die Kerbtiefe beträgt bei der DVM-Probe 3 mm. Der Kerb besitzt bei ihr im Kerbgrund einen Radius von 1 mm. Bei der ISO-Spitzkerbprobe beläuft sich die Kerbtiefe des 45°-Kerbs auf 2 mm. Der Radius im Kerbgrund beträgt 0,25 mm.

Gelegentlich besteht der Wunsch, den Kerbschlagbiegeversuch auch an dünnen Blechen und Bändern durchzuführen. In diesem Falle besteht die Möglichkeit, lamellierte Proben zu prüfen. Die Blechstreifen werden dann verschraubt, genietet oder mit Hilfe eines Metallklebers verbunden.

Die Kerbschlagarbeit-Temperatur-Kurve zeigt bei Stählen in der Regel eine sog. *Hochlage* der Werte, eine *Tieflage* und dazwischen ein als *Steilabfall* bezeichnetes Übergangsgebiet, in dem die Werte nicht unerheblich streuen. Bild 3.80 zeigt schematisch den Verlauf der Kerbschlagarbeit in Abhängigkeit von der Temperatur unter Einschluß des Übergangsgebietes. In Bild 3.81 ist das Übergangsgebiet durch eine Kurve ersetzt worden, so daß ein stetiger Kurvenzug entsteht. Die Hochlage der Kerbschlagarbeit ist durch einen sehnigen *Verformungsbruch* gekennzeichnet. Mit abnehmender Prüftemperatur tritt in steigendem Maße ein Mischbruch auf, bis schließlich in der Tieflage nur noch der körnige *Trennbruch* zu finden ist.

Für den Steilabfall der Kerbschlagarbeit-Temperatur-Kurve kann eine *Übergangstemperatur* $t_ü$ angegeben werden, welche die Temperaturlage des Steilabfalls beschreibt. Ein Kriterium für die Höhe der Übergangstemperatur kann ein bestimmter Zahlenwert der Kerbschlagarbeit sein oder ein bestimm-

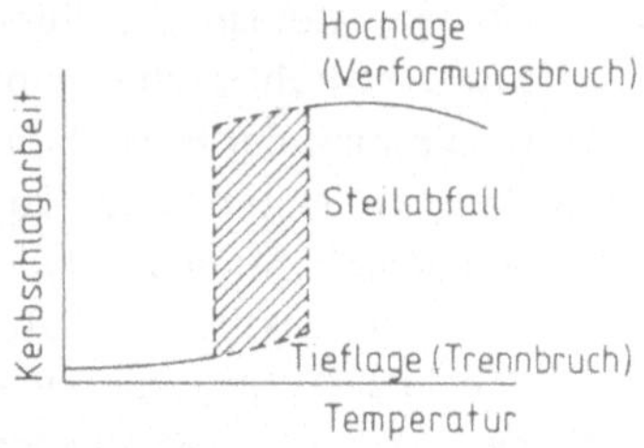

Bild 3.80 Kerbschlagarbeit-Temperatur-Kurve mit Übergangsgebiet des Steilabfalls

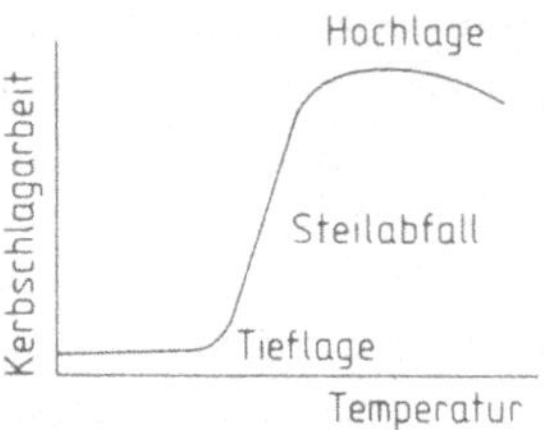

Bild 3.81 Kerbschlagarbeit-Temperatur-Kurve mit Kurve für den Steilabfall

ter Prozentsatz der Kerbschlagarbeit in der Hochlage oder ein bestimmter Anteil an kristallinem Bruchgefüge. Der Angabe einer Übergangstemperatur ist stets das der Feststellung zugrunde liegende Kriterium beizufügen.

Die Höhe der Kerbschlagarbeit bei einer bestimmten Temperatur und die Übergangstemperatur der Kerbschlagarbeit werden im wesentlichen von folgenden Einflußgrößen bestimmt: chemische Zusammensetzung, metallurgische Behandlung, Art des Gefüges, Korngröße, Alterungszustand, Anlaßversprödung, Verformungsverfestigung, Korpuskularstrahlung, Temperatur, Eigenspannungszustand, Probengröße, Kerbtiefe, Kerbschärfe, Schlaggeschwindigkeit. Bild 3.82 erfaßt die sich durch eine Neutronenbestrahlung ergebende Versprödung eines unlegierten Baustahles mit 0,15 % C, und Bild 3.83 verdeutlicht die Einflüsse der wichtigsten Parameter auf Lage und Höhe der Kerbschlagarbeit-Temperatur-Kurve.

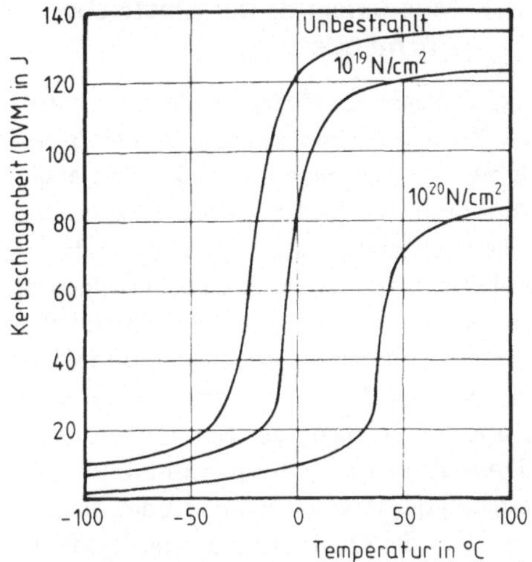

Bild 3.82 Einfluß einer Neutronenbestrahlung unterschiedlicher Dosis auf die Kerbschlagarbeit-Temperatur-Kurve eines unlegierten Stahles mit 0,15 % C (normalisiert)

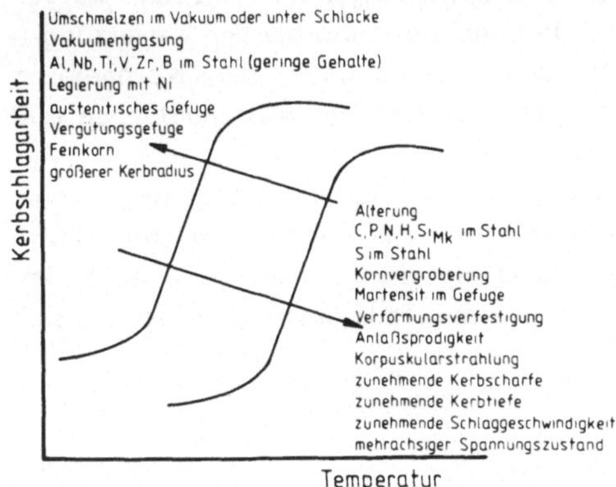

Bild 3.83 Einflüsse auf die Lage der Kerbschlag-arbeit-Temperatur-Kurve von Stahl

Von den üblichen Begleit- und den möglichen Legierungselementen des Stahles üben der Kohlenstoff, das im Fe-Mischkristall gelöste Silizium, der versprödende Phosphor und der nicht stabil abgebundene Stickstoff einen ungünstigen Einfluß aus. Das im Mischkristall gelöste Legierungselement Nickel bewirkt eine deutliche Verschiebung des Steilabfalls zu tieferen Temperaturen, wobei der Abfall mit steigendem Ni-Gehalt zunehmend flacher wird. Elemente, die über eine Keimbildung oder über eine Kornwachstumshemmung zu einem Feinkorn führen, erhöhen die Kerbschlagarbeit und senken die Übergangstemperatur. Es handelt sich dabei hauptsächlich um die nitrid- bzw. carbonitridbildenden Elemente Al, V, Nb, Ta, Ti, Zr und B.

Eine wesentliche Beeinflussung des Zahlenwertes der Kerbschlagarbeit und der Höhe der Übergangstemperatur erfolgt durch das Gefüge. Eine Kornverfeinerung führt zu einer Anhebung der Werte für die Kerbschlagarbeit und zu einer Verschiebung des Überganges vom zähen Verformungsbruch zum spröden Trennbruch zu tieferen Temperaturen. Dabei ergibt sich vielfach ein linearer Zusammenhang zwischen der Übergangstemperatur und der Quadratwurzel aus dem mittleren Korndurchmesser bzw. der ASTM-Korngröße.

Der ausgeprägte Steilabfall der Kerbschlagarbeit ist ein Kennzeichen der Metalle mit kubisch-raumzentriertem Gitter. Bei kubisch-flächenzentrierten Werkstoffen tritt ein derartiger Abfall der Werte für die Kerbschlagarbeit wegen der vielfältigen Gleitmöglichkeiten nicht ein. Deshalb sind austenitische Stähle bevorzugte Tieftemperaturstähle.

Die nach einer Vergütung festzustellende Kornverfeinerung führt zusammen mit einer feinen Carbidausbildung zu einer hohen Zähigkeit, so daß das Vergütungsgefüge bei einer dem Verwendungszweck angepaßten Streckgrenze bzw. Zugfestigkeit des Werkstoffes hohe Zahlenwerte für die Kerbschlagarbeit und einen bei verhältnismäßig niedrigen Temperaturen liegenden Steilabfall liefert. Dabei setzt sich die Vergütung aus einer Härtung und einer Anlaßbehandlung zusammen.

Die sich als Folge einer Gefüge- und Einschlußzeiligkeit bevorzugt bei Walzerzeugnissen einstellende Anisotropie der Eigenschaften wirkt sich auch auf die Zahlenwerte der Kerbschlagarbeit aus. Eine Streckung und Ausrichtung der sulfidischen Einschlüsse führt zu einem besonders ausgeprägten Abfall von der Walzrichtung über die Querrichtung zur Dickenrichtung.

3.18 Plastisches Verhalten der Metalle

Metallische Werkstoffe können elastisch und plastisch verformt werden. Dabei interessiert die elastische Verformung in erster Linie hinsichtlich der elastischen Formänderung von Konstruktionen, Maschinen und Maschinenteilen unter der Einwirkung von Kräften.
Die Gesamtformänderung eines metallischen Körpers setzt sich aus einem elastischen Anteil und einem plastischen Anteil zusammen:

$$\epsilon_{ges} = \epsilon_{elast} + \epsilon_{plast}$$

Für das Verhalten eines Werkstoffes bei der plastischen Formänderung sind die Formänderungsfestigkeit k_f und das Formänderungsvermögen kennzeichnend. Die *Formänderungsfestigkeit* ist diejenige Spannung, die aufgebracht werden muß, um das Fließen des Werkstoffes in Gang zu setzen und in Gang zu halten. Unter dem *Formänderungsvermögen* eines Werkstoffes wird dessen Fähigkeit verstanden, plastische Formänderungen ertragen zu können, ohne daß ein Bruch bzw. ein Riß eintritt.

3.18.1 Mechanismus der plastischen Formänderung

Der grundlegende Mechanismus der plastischen Formänderung besteht in der *Bewegung der Versetzungen* durch das Kristallgitter hindurch. Sie findet auf Gleitebenen und in Gleitrichtungen statt, die eine dichte Atombesetzung aufweisen. Dabei erfolgt eine schrittweise Abgleitung zweier Kristallebenen in der Gleitebene. Gleitebenen und Gleitrichtungen werden als Gleitsystem bezeichnet, und der Vorgang der Formänderung ist als *Translation* zu verstehen (Bild 3.84). Zur Erzeugung der innerkristallinen Verschiebungen muß in der Gleitrichtung eine werkstoffabhängige *kritische Schubspannung* aufgebracht werden. Diese kritische Schubspannung setzt sich aus mehreren Teilbeträgen zusammen. Diese resultieren aus den verschiedenen Hemmechanismen, die auf die Versetzungsbewegung einwirken. Es sind dies die Wechselwirkungen der Versetzungssysteme untereinander und die der Versetzungen mit den Fremdatomen, den Korngrenzen und den Teilchen der Ausscheidungen und Dispersionen.
Eine andere Art des Formänderungsmechanismus ist die *Zwillingsbildung* (Bild 3.85). Bei ihr erfolgt die Formänderung durch Umklappen eines Teils des Gitters, so daß sich

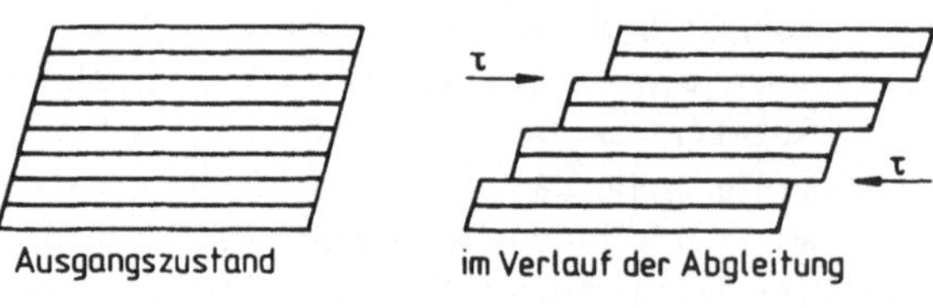

Bild 3.84 Translation oder Gleitung innerhalb des Kristallgitters unter der Einwirkung einer Schubspannung

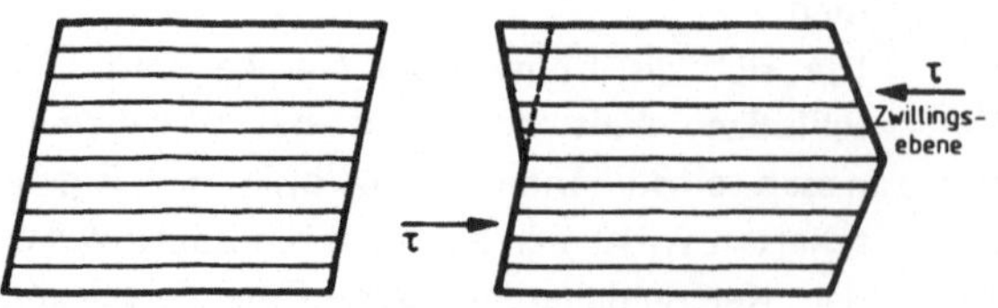

Bild 3.85 Umklappvorgang der Zwillingsbildung unter der Einwirkung einer Schubspannung

anschließend zwei Gitterbereiche spiegelbildlich gegenüberstehen. Die Symmetrieebene wird als Zwillingsebene bezeichnet. Die kritische Schubspannung ist bei der Zwillingsbildung höher als bei der Translation. Deshalb ist die Gleitung der bei der Formänderung bevorzugte Mechanismus. Die Zwillingsbildung tritt dann auf, wenn die Gleitung erschwert wird. Dementsprechend erfolgt die Zwillingsbildung bevorzugt in Metallen mit einem hexagonalen Gitter, die wegen der beschränkten Anzahl der Gleitsysteme nur begrenzt durch Gleitung umzuformen sind. Eine erschwerte Gleitung liegt weiterhin oftmals bei mehrachsiger Beanspruchung und bei einer Beanspruchung bei tiefen Temperaturen vor. Tiefe Temperaturen erschweren die Bewegung der Versetzungen auf den Gleitebenen.

3.18.2 Formänderungsfestigkeit und Fließkurve

Als Formänderungsfestigkeit k_f wird die bei einachsiger Beanspruchung zum plastischen Fließen notwendige Spannung definiert. Es handelt sich dabei um eine Werkstoffkenngröße, die von der chemischen Zusammensetzung, von der Gefügeausbildung und von submikroskopischen Fließbehinderungen abhängt, weiterhin von der Umformtemperatur, vom Grad der Formänderung und von der Formänderungsgeschwindigkeit. Bei der Kaltumformung überwiegen die Einflüsse des zur Umformung kommenden Werkstoffes und der Formänderung. Bei der Warmumformung kommt vielfach noch der Einfluß der Formänderungsgeschwindigkeit hinzu, weil die mit dem Umformvorgang gekoppelten Vorgänge der Erholung und Rekristallisation zeitabhängig sind. Wird die Formänderungsgeschwindigkeit bei Raumtemperatur erhöht, so ergibt sich erst dann ein Einfluß der Formänderungsgeschwindigkeit auf die Formänderungsfestigkeit, wenn für die Bewegung der Versetzungen nicht mehr genügend Zeit zur Verfügung steht.

Die Abhängigkeit der Formänderungsfestigkeit k_f von der Formänderung wird durch die *Fließkurve* erfaßt. Dabei ist die bezogene Formänderung ϵ von der logarithmischen Formänderung φ zu unterscheiden. Für die Walzumformung ergibt sich die bezogene Formänderung zu

$$\epsilon = \frac{S_o - S_1}{S_o} \cdot 100 \text{ in } \%.$$

In dieser Beziehung ist S_o der Ausgangsquerschnitt, und S_1 ist der Querschnitt nach der Umformung. Bei der Band- und Blechwalzung bleibt die Walzgutbreite weitgehend konstant, so daß dann für die bezogene Formänderung der einfache Zusammenhang

$$\epsilon_h = \frac{h_o - h_1}{h_o} \cdot 100 \text{ in } \%$$

gilt. Dabei ist h_o die Ausgangsdicke, und h_1 ist die Walzgutdicke nach dem Stich. Für die Erfassung metallkundlicher und verformungskundlicher Zusammenhänge bietet die Verwendung der logarithmischen Formänderung φ gegenüber der Angabe der bezogenen Formänderung ϵ Vorteile. Die logarithmische Formänderung ergibt sich zu

$$\varphi = \ln \frac{S_o}{S_1} \quad \text{bzw.} \quad \varphi_h = \ln \frac{h_o}{h_1}.$$

Die Fließkurve liefert die Spannung, die im einachsigen Spannungszustand notwendig ist, um plastisches Fließen einzuleiten und aufrechtzuerhalten. Der einachsige Spannungszustand ist der Bezugszustand. Die Fließspannung unter mehrachsigen Spannungszuständen kann mit Hilfe der Fließbedingungen von Tresca und v. Mises ermittelt werden. Als Aufnahmeverfahren für Fließkurven kann grundsätzlich jedes Umformverfahren herangezogen werden. Hinsichtlich der Temperatur ist zwischen Kaltfließkurven und Warmfließkurven zu unterscheiden. Dabei ist die Höhe der Fließspannung von der Versetzungsdichte abhängig, die durch Versetzungsneubildung infolge von Versetzungsaufstauungen an Hindernissen oder durch Abbau der Versetzungsdichte infolge von Erholungs-und Rekristallisationsvorgängen Veränderungen erfährt.

Die bei weitgehend konstant gehaltener Temperatur und Formänderungsgeschwindigkeit aufgenommene Fließkurve eines metallischen Werkstoffes beschreibt bei Raumtemperatur dessen Kalt- oder Verformungsverfestigung, die als Folge der sich im Verlauf der Umformung aufstauenden und vermehrenden Versetzungen eintritt. Bei nicht vorgeformten unlegierten und niedriglegierten Stählen sowie bei Aluminium und Aluminiumlegierungen kann die Fließkurve bei Raumtemperatur durch eine Parabel höherer Ordnung beschrieben werden:

$$k_f = a\varphi^n.$$

In dieser Beziehung ist a ein werkstoffabhängiger Festwert, und der Exponent n erfaßt das Verfestigungsverhalten des Werkstoffes. Er wird deshalb als *Verfestigungsexponent* bezeichnet. In der logarithmierten Form

$$\log k_f = \log a + n \cdot \log \varphi$$

ergibt die *Potenzfunktion* im doppeltlogarithmischen Koordinatennetz eine Gerade, deren Steigung durch den Zahlenwert für den Exponenten n festgelegt ist. Es ist mathematisch und experimentell nachzuweisen, daß der n-Wert bei solchen Werkstoffen, die sich im Zugversuch oberhalb des Kraftmaximums einschnüren, dem Zahlenwert der logarithmischen Gleichmaßdehnung entspricht. Unlegierte weiche Stähle liefern einen n-Wert von $n = 0,20$ bis $0,26$.

Bild 3.86 gibt die Fließkurve eines unlegierten Stahles mit 0,05 % C wieder, und Bild 3.87 stellt diese Fließkurve im doppeltlogarithmischen Netz dar. Aus der Steigung der Geraden ergibt sich ein n-Wert von 0,24. Bild 3.88 vergleicht ergänzend die Fließkurven eines Reinaluminiums, eines unlegierten Einsatzstahles mit 0,10 % C und eines Cr-legierten Kaltarbeits- und Wälzlagerstahles miteinander.

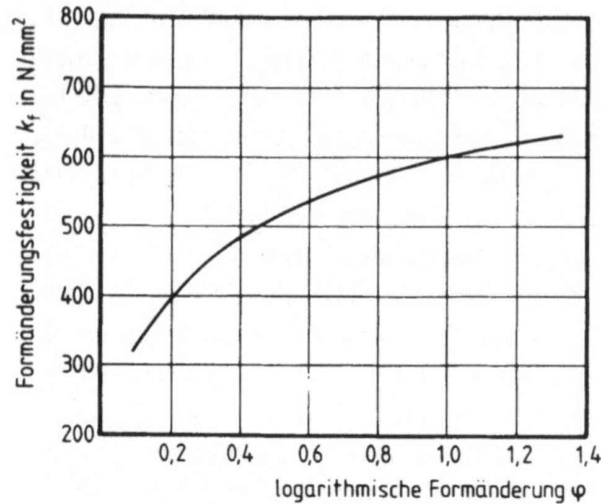

Bild 3.86 Fließkurve eines unlegierten Stahles mit 0,05 % C bei Raumtemperatur

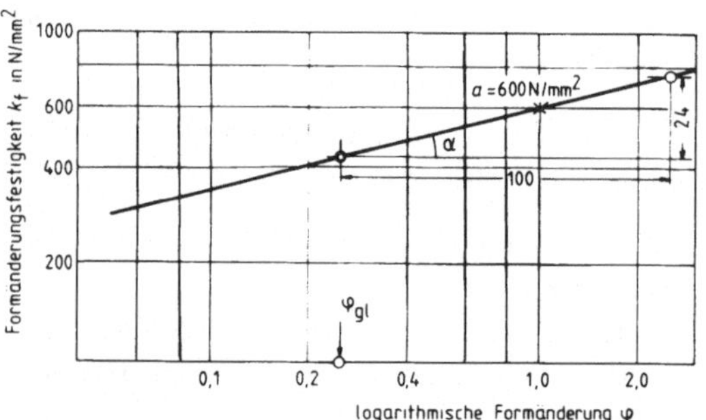

Bild 3.87 Fließkurve eines unlegierten Stahles mit 0,05 % C in doppeltlogarithmischer Darstellung
$a = 600$ N/mm²; $n = 0,24$

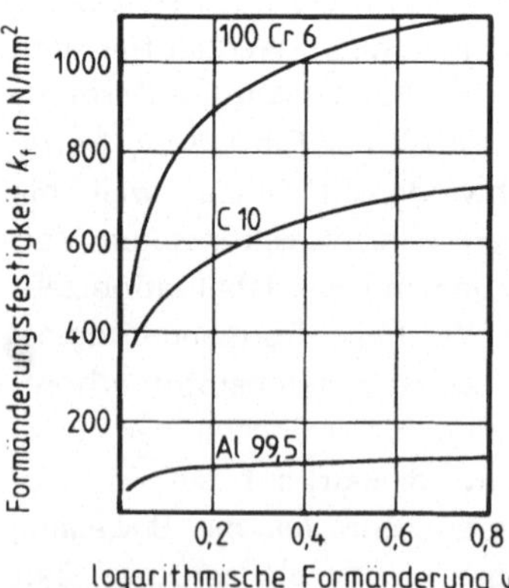

Bild 3.88 Fließkurven von Al 99,5 und den Stählen C 10 und 100Cr6

Eine merklich stärkere Verfestigung als ferritische bzw. ferritisch-perlitische Stähle erfahren austenitische Stähle. Diese Erscheinung ist einmal eine Eigenart des dicht gepackten kubisch-flächenzentrierten Kristallgitters und ist zum anderen eine Folge der Metastabilität des Austenits. Die durch die Fließkurve erfaßte Kaltverfestigung ist zu Beginn der Werkstoffumformung auf eine Anhebung der Versetzungsdichte und eine gegenseitige Blockierung der Versetzungen zurückzuführen. Bei stärkerer Umformung tritt eine zusätzliche Verfestigung durch Umwandlung des metastabilen Austenits in den stabileren Martensit ein. Dadurch wird die Potenzfunktion $k_f = a \cdot \varphi^n$ dem Verlauf der Fließkurven der austenitischen Stähle nur noch unzureichend gerecht. Dieser Martensit wird als *Verformungsmartensit* bezeichnet.

Für die Verfahren der bildsamen Formgebung ist neben dem Zahlenwert der Formänderungsfestigkeit und dem der Verfestigung des zur Umformung gelangenden Werkstoffes dessen *Formänderungsvermögen* von Wichtigkeit. Diese Werkstoffeigenschaft kann wegen der Vielzahl der Umformverfahren und der in der Regel komplexen Werkstoffbeanspruchung nicht durch eine einzelne Kenngröße erfaßt werden. Vielfach wird versucht, das Werkstoffverhalten durch nachahmende Prüfverfahren zu ermitteln. Grundsätzlich hängt das Formänderungsvermögen von der chemischen Zusammensetzung des umzuformenden Werkstoffes, seinem Gefügezustand, von der Umformtemperatur, der Formänderungsgeschwindigkeit und vom Spannungszustand, der die Formänderung bewirkt, ab. Daneben spielen Fließbehinderungen durch eine ungünstige Werkzeuggestaltung oder eine unzureichende Schmierung eine Rolle. Unter Druckspannungen sind größere Formänderungen möglich als unter Zugspannungen. So erlauben z. B. die Umformverfahren des Walzens, Schmiedens, Strangpressens oder Fließpressens höhere Formänderungen als die Verfahren der Zugumformung wie sie vom Zugversuch simuliert werden. In erster Annäherung kann das Formänderungsvermögen eines Werkstoffes anhand der Zahlenwerte der Gleichmaß- und Bruchdehnung, der Brucheinschnürung und des Streckgrenzenverhältnisses aus dem Zugversuch beurteilt werden. Einen Anhalt für das Werkstoffverhalten bei der Warmumformung gibt die Zahl der möglichen Verdrehungen im Warmtorsionsversuch. Bei der Wertung dieser Zahlenwerte ist zu berücksichtigen, daß bei den betrieblichen Formgebungsverfahren andersartige Spannungsverhältnisse vorliegen. So handelt es sich z. B. beim Walzen um eine Druckbeanspruchung und beim Tiefziehen um eine Zug-Druck-Umformung des Werkstoffes.

3.18.3 Whisker

Voraussetzung für eine plastische Umformung ist das Vorhandensein beweglicher Versetzungen in den Kristallen. Ihre Bewegung bringt die Umformung zustande. Sie können sich aber auch gegenseitig behindern und so zu unbeweglichen Versetzungen werden. Zur Weiterführung der plastischen Formänderung werden dann neue Versetzungen gebildet, so daß die Versetzungsdichte Werte von $\rho = 10^{12}$ cm^{-2} annehmen kann. Mit größer werdender Versetzungsdichte wird eine höhere Spannung benötigt, um eine Versetzung durch die Spannungsfelder der anderen Versetzungen zu treiben. Hohe Fließspannungen werden also einmal dann auftreten, wenn keine gleitfähigen Versetzungen vorhanden sind und zum andern, wenn eine hohe Versetzungsdichte und damit eine starke gegenseitige Behinderung der Versetzungen vorliegt. Bild 3.89 veranschaulicht die Abhängigkeit der Formänderungsfestigkeit von der Versetzungsdichte. Sobald in einem Kristall Versetzungen entstehen, ergibt sich ein Steilabfall der Fließspannung, und die plastische Umformung geht bei einer sehr viel niedrigeren Spannung weiter. Die einsetzende Verfestigung als Folge der gegenseitigen Behinderung der Versetzungen führt zu einem Wiederanstieg der Formänderungsfestigkeit.

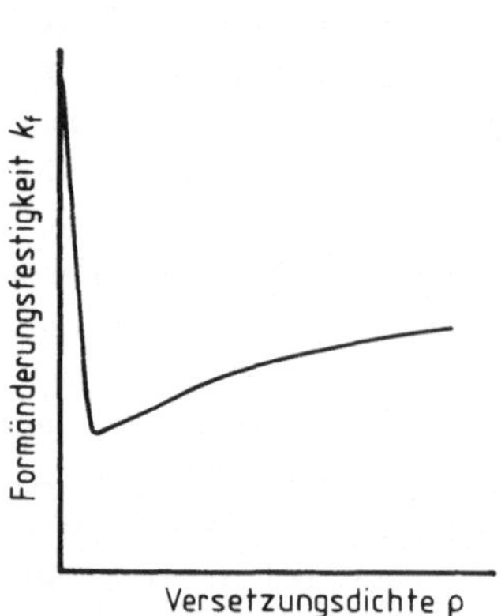

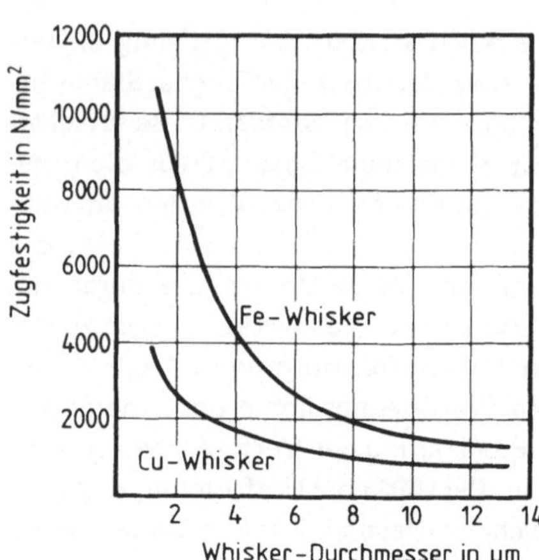

Bild 3.89 Abhängigkeit der Fließspannung von der Versetzungsdichte (schematisch)

Bild 3.90 Zugfestigkeit von Whisker in Abhängigkeit von ihrem Durchmesser

Tabelle 3.9
Eigenschaften von metallischen und nichtmetallischen Whiskern

Werkstoff	Dichte ρ kg/dm³	Zugfestigkeit R_m N/mm²	Reißlänge km
		Eigenschaften	
Cu	8,8	3000	34
Ni	8,9	3950	44
Fe	7,8	13000	167
BeO	2,8	13350	480
SiC	3,2	21000	660
Al_2O_3	3,95	28000	710
C	1,9	20000	1050

Besonders gezüchtete *Haarkristalle* sind praktisch frei von Versetzungen. Sie werden als Whisker bezeichnet. Ihre kritische Schubspannung liegt nahe der theoretischen Schubspannung, die notwendig ist, um zwei Ebenen eines fehlerfreien Kristalls gegeneinander zu verschieben. Tabelle 3.9 gibt eine Übersicht über die Zugfestigkeitswerte von metallischen und nichtmetallischen Whiskern. Dabei besteht vielfach ein noch größeres Interesse am Zahlenwert der sog. Reißlänge. Sie ist definiert als das Verhältnis von Zugfestigkeit zu Dichte und ist somit ein Maß für die Gewichtsersparnis bei der Verwendung von Fäden und Whiskern. Die Zahlenwerte für die Zugfestigkeit von Whiskern sind stark von den Abmessungen und Wachstumsbedingungen abhängig. Bild 3.90 zeigt die Abhängig-keit der Werte für die Zugfestigkeit von Fe- und Cu-Whiskern von ihren Durchmesserwerten. Dabei ist davon auszugehen, daß bei kleiner werdendem Querschnitt die Wahrscheinlichkeit für Kerben und Mikrorisse geringer wird. Eine weitere herausragende Eigenschaft der Whisker ist ihr elastisches Verhalten. Im Gegensatz zu massiven Werkstückformen wie Walzerzeugnisse, zeigen Whisker eine erstaunlich hohe elastische Dehnung. Sie beläuft sich z. B bei Fe-Whiskern auf fast 5 %. Den hohen Zahlenwerten für die Zugfestigkeit der Whisker stehen niedrige Werte für die Scher- und Biegefestigkeit gegenüber, was den Einbau der Whisker in eine metallische oder nichtmetallische Matrix erschwert. Die Herstellung der Whisker kann durch Abscheidung aus der Gasphase, durch Reduktion von Metallhalogeniden und durch Elektrokristallisation erfolgen. Die Längen der erzeugten Haarkristalle liegen in mm- und cm-Bereich.

Statt die theoretische Festigkeit durch das fehlerfreie Gitter von *Einkristall-Whiskern* anzustreben, kann über eine Versetzungsbehinderung in *polykristallinen Whiskern* eine Festigkeitssteigerung herbeigeführt werden. Die freien Weglängen der Versetzungen werden in den äußerst feinkristallinen Metallhaaren sehr klein. Polykristalline Fe-Whisker erreichen Werte für die Zugfestigkeit von R_m = 8000 N/mm². Ihr besonderer Vorteil liegt in der hohen Wachstumsgeschwindigkeit, die um ein Vielfaches höher ist als die der versetzungsfreien Einkristall-Whisker.

Metallische und keramische Whisker werden zur Verstärkung von metallischen und nichtmetallischen Matrixwerkstoffen eingesetzt. Dabei wird gegenüber der Matrix eine wesentliche Festigkeitssteigerung erzielt, die um so höher ist, je größer der Anteil der Haarkristalle ist. Für warmfeste und hochwarmfeste Werkstoffe werden keramische Whisker benötigt, von denen die Al_2O_3-Whisker die günstigsten Eigenschaften aufweisen. Wegen der geringen Scherfestigkeit der Whisker ist darauf zu achten, daß diese möglichst ohne Abweichung in Krafteinleitungsrichtung in die Matrix eingebracht werden.

Ähnlich wie Whisker können auch dünne Fäden und Drähte zur Verstärkung einer Matrix verwendet werden. Bei den Fäden handelt es sich in erster Linie um solche aus Kohlenstoff, Bor, Siliziumcarbid, Quarz und Glas und bei den Drähten um dünne hochfeste Stahl-, Wolfram-, Molybdän- und Berylliumdrähte bzw. um Drähte aus hochfesten Legierungen. Dabei nehmen auch bei Fäden und Drähten die Werte für die Zugfestigkeit zu, wenn ihr Durchmesser verringert wird.

3.18.4 Erholung und Rekristallisation

Die Umformung metallischer Werkstoffe erzeugt neue Versetzungen, was zu einem Werkstoffzustand höherer freier Energie, also

größerer Instabilität, führt. Neben der Änderung anderer physikalischer und technologischer Eigenschaften stellt sich eine Verformungsverfestigung ein, und die Körner des Gefüges erfahren eine Streckung (Bild 3.91). Außerdem kann es zu einer deutlichen Verformungstextur z. B. in Form einer Walz- oder Ziehtextur kommen.

Nach der Umformung hat der Werkstoff das Bestreben, den thermodynamisch stabilen Gleichgewichtszustand zu erreichen. Diese Annäherung an den energiearmen Gleichgewichtszustand erfolgt im Verlauf einer Temperaturerhöhung in mehreren Schritten. Zunächst finden im umgeformten Werkstoff Erholungsprozesse statt, die sich dann in den weiterführenden Schritten der Rekristallisation fortsetzen.

Bei Erreichen der Erholungstemperatur verringert sich zunächst die Zahl der punktförmigen Kristallbaufehler. Insbesondere heilen die Leerstellen bis zur temperaturabhängigen Gleichgewichtskonzentration aus. Dadurch ergibt sich zwar noch keine wesentliche Verminderung der Verformungsverfestigung, wohl aber eine merkliche gestufte Herabsetzung des elektrischen Widerstandes.

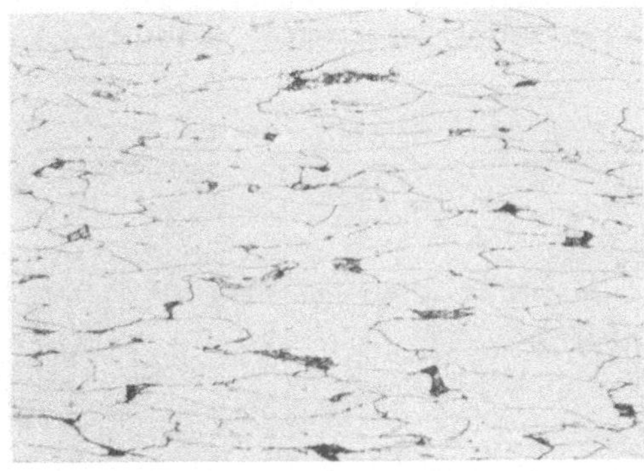

Bild 3.91 Kornstreckung nach einer Kaltwalzung (ϵ = 70 %)
Werkstoff: Unlegierter, C-armer Stahl für Kaltumformzwecke (0,05 % C)
Ätzung: 3 %-ige alkoholische HNO_3
Vergrößerung V = 250:1

Eine *Verminderung der Versetzungsdichte* tritt als Folge einer gegenseitigen Anziehung und nachfolgenden Auslöschung von Versetzungen mit entgegengesetzten Vorzeichen ein (Bild 3.92). Die Versetzungen gleichen Vorzeichens ordnen sich in energetisch günstigen Subkorngrenzen an. Durch die Bildung dieser Subgrenzen kommt es innerhalb der Kristalle zu einer *Polygonisation,* wie sie von Bild 3.93 veranschaulicht wird. Diese Vorgänge der Versetzungsvernichtung und Versetzungsumordnung führen zu einer gewissen, aber unvollständigen Werkstoffentfestigung. Eine Verschiebung der Großwinkelkorngrenzen findet nicht statt. Die bei der Umformung eingetretene Kornstreckung bleibt also erhalten. Unter dem Lichtmikroskop sind die Erholungsvorgänge nicht sichtbar zu machen. Die Netzwerkbildung der Polygonisation ist erst elektronenmikroskopischen Beobachtungen zugänglich.

Die Rekristallisation führt zu einem vollständigen Rückgang der Verfestigung. Es bildet

sich ein neues, versetzungs- und damit energiearmes Gefüge. Der Vorgang ist mit der Gefügebildung bei der Kristallisation einer Schmelze zu vergleichen. Der erste Teilvorgang zur Erzielung eines Gefüges, das sich im thermodynamischen Gleichgewicht befindet, ist die *primäre Rekristallisation.* Auch dieser Kristallisationsvorgang setzt sich aus der Keimbildung und dem Keimwachstum zusammen. Keime bilden sich bevorzugt an Stellen starker Umformung. Der Keim selbst ist arm an Versetzungen, seine Umgebung ist versetzungsreich. Genau wie bei den Erstarrungsvorgängen muß auch hier der Keim eine gewisse Mindestgröße haben, um wachsen zu können. Er muß weiterhin eine hinreichend große Orientierungsdifferenz zum Matrixgitter besitzen. Die Wachstumsgeschwindigkeit wird mit zunehmender Orientierungsdifferenz größer. Durch gelöste Atome und Teilchen einer zweiten Phase werden das Keimwachstum und die Korngrenzenbewegung gebremst.

Als treibende Kraft der primären Rekristallisation ist die *latente Verformungsenergie* anzusehen, die vom Umformprozeß her im Gitter gespeichert ist. Sie kann als Rekristallisationswärme kalorimetrisch bestimmt werden.

Unter der Rekristallisationstemperatur eines Metalles wird diejenige Temperatur verstanden, die nach einer vorgegebenen Kaltumformung in einem begrenzten Zeitraum zur vollständigen Rekristallisation führt. Die Rekristallisationstemperatur reiner Metalle kann bereits durch geringe Gehalte an Verunreinigungen merklich heraufgesetzt werden. Für reine Metalle kann ein grober Anhaltswert aus der empirischen Beziehung

$$T_R = 0,45\ T_s \text{ in K}$$

ermittelt werden. In ihr ist T_s die Schmelztemperatur.

Die Temperatur der primären Rekristallisation hängt vom Grad der voraufgegangenen Formänderung ab. Je größer die Formänderung war, desto niedriger liegt die Tempera-

Bild 3.92 Anziehung und Auslöschung von Versetzungen entgegengesetzten Vorzeichens

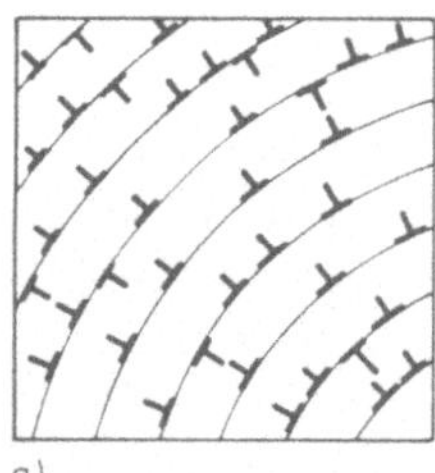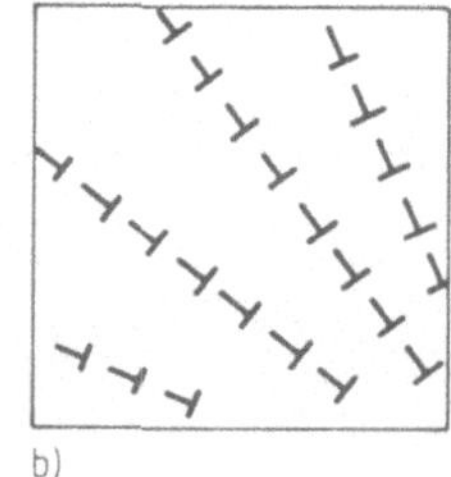

Bild 3.93 Versetzungsanordnung vor und nach den Vorgängen der Versetzungsauslöschung und Polygonisation (schematisch)

a) Versetzungsanordnung nach einer Kristallbiegung
b) Versetzungsanordnung nach Versetzungsauslöschung und Polygonisation

tur der Primärrekristallisation. Mit steigendem Formänderungsgrad nimmt die Keimbildungsgeschwindigkeit zu, und der Werkstoff hat bereits bei niedrigeren Temperaturen das Bestreben, in den stabileren Zustand überzugehen. Allerdings ist für das Einsetzen der Rekristallisation ein gewisser minimaler Umformungsgrad notwendig. Dieser kritische Umformungsgrad ist von Werkstoff zu Werkstoff verschieden und liegt zwischen $\epsilon = 3\,\%$ und $\epsilon = 6\,\%$. Bild 3.94 gibt die Abhängigkeit der Temperatur der abgeschlossenen Primärrekristallisation von Reinaluminium vom Kaltwalzgrad wieder.

Die Werkstoffeigenschaften, die sich nach der Rekristallisation zeigen, werden im wesentlichen durch die Korngröße festgelegt. Dabei zeigt das Gefüge nach der Primärkristallisation eine deutliche Korngrößenabhängigkeit von der vorausgegangenen Umformung. Mit ansteigendem Umformungsgrad nimmt die Korngröße des rekristallisierten Gefüges ab. Dabei stellt sich aber nach kleinen Umformgraden ein ausgeprägtes Grobkorn ein. Nach geringen Formänderungen ist die Versetzungsdichte noch klein, und es treten nur wenige Stellen hoher Versetzungskonzentration auf, so daß die Keimzahl für den Rekristallisationsvorgang klein ist. Eine Grobkornbildung ist aber in der Regel in metallischen Werkstoffen unerwünscht. Sie beeinträchtigt z. B. das Werkstoffverhalten bei der Umformung und vermindert die Zähigkeit bei Raumtemperatur und bei tiefen Temperaturen. Außerdem stellt sich besonders bei der Blechumformung eine unzulässige Oberflächenaufrauhung des umgeformten Teiles ein. Formänderungen unter 25 % sollten daher vor einer Rekristallisationsbehandlung vermieden werden. Bild 3.95 gibt den Einfluß des Kaltwalzgrades auf die Korngröße eines bei 700 °C einer Rekristallisationsglühung unterzogenen Kaltbandes aus unlegiertem C-armen Stahl wieder.

Bei der Primärrekristallisation stoßen die wachsenden Körner in zufälliger Weise zusammen. Damit ist die latente Verformungsenergie als treibende Kraft für die Korngren

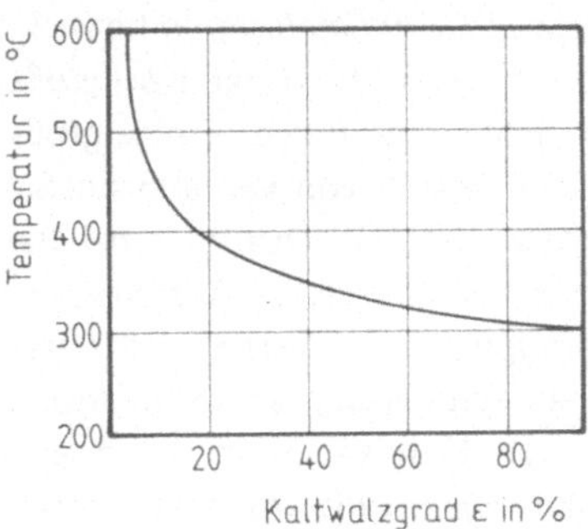

Bild 3.94 Abhängigkeit der Temperatur der abgeschlossenen Primärrekristallisation von Al 99,7 vom Kaltwalzgrad (Glühdauer: 45 min)

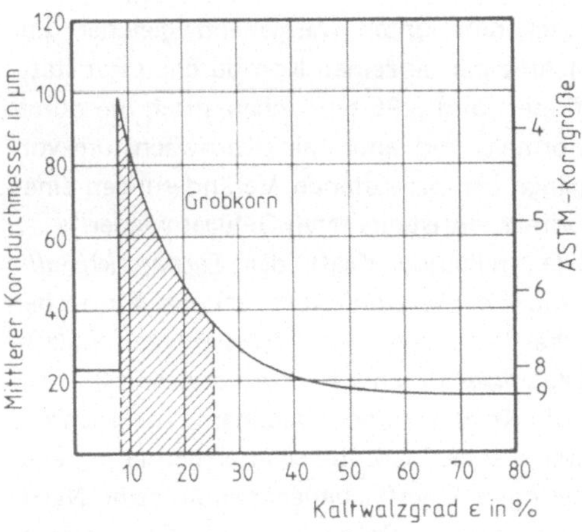

Bild 3.95 Einfluß des Kaltwalzgrades auf die Korngröße eines bei einer Temperatur von 700 °C rekristallisierend geglühten Kaltbandes aus einem unlegierten Stahl mit 0,06 % C

zenbewegung weitgehend abgebaut. Es steckt jedoch in den Korngrenzen selbst noch eine gewisse freie Energie, die in den Gitterverzerrungen des Korngrenzenbereiches lokalisiert ist. Deshalb ist der Werkstoff erst dann thermodynamisch im Gleichgewicht, wenn die Korngrenzen verschwunden sind. Mit diesem Ziel erfolgt zunächst eine weitgehende Begradigung der Korngrenzen. Parallel dazu kann aber bereits ein schnelles bevorzugtes Wachstum einzelner Körner auf Kosten ihrer Umgebung beginnen. Dieser Vorgang wird allgemein als *Sekundärrekristallisation* bezeichnet. Sie hat ein hinsichtlich der Korngröße heterogenes Gefüge zur Folge. Einige große Körner liegen inmitten von verhältnismäßig kleinen Körnern, deren Wachstum in der Regel durch inhomogen verteilte Ausscheidungen und Fremdphasen behindert wird. Diese bewirken eine Verankerung der Korngrenzen. Ein allgemeines Kornwachstum kann erst dann erfolgen, wenn die Ausscheidungen und Fremdphasen in Lösung gehen oder koagulieren. Die sekundäre Rekristallisation wird auch als *anormale oder unstetige Kornvergrößerung* bezeichnet.

Eine *normale oder stetige Kornvergrößerung* ergibt sich, wenn ein gleichmäßiges Kornwachstum unter weitgehend gleicher Zunahme der einzelnen Korndurchmesser stattfindet. Bild 3.96 gibt schematisch die durch normale und anormale Kornwachstumsvorgänge hervorgerufenen Veränderungen eines primär rekristallisierten Gefüges wieder.

Die treibende Kraft der *Tertiärrekristallisation* ist die Oberflächenenergie. Ein in der Oberfläche eines rekristallisierenden Walzerzeugnisses liegendes Korn hat das Bestreben, auf Kosten seiner Nachbarn zu wachsen, wenn es auf Grund seiner Orientierung eine geringere Oberflächenenergie als seine Nachbarn besitzt. Dabei kann die Oberflächenenergie über die Glühatmosphäre durch Adsorption geeigneter Substanzen wie Sauerstoff oder Schwefel beeinflußt werden. Diese Art des Kornwachstums findet hauptsächlich in dünnen Blechen und Bändern statt.

Die Triebkräfte für die Primärkristallisation, die Vorgänge der stetigen und unstetigen Kornvergrößerung und die tertiäre Rekristallisation werden in dieser Reihenfolge kleiner.

Dementsprechend ist auch der zeitliche Ablauf der Rekristallisationsschritte. Die primäre Rekristallisation geht dem stetigen Kornwachstum und der Sekundärrekristallisation voraus, und die tertiäre Rekristallisation schließt sich an die Sekundärrekristallisation an.

Die Erholung und die Rekristallisation finden einmal als dynamische und statische Vorgänge im Verlauf der Warmumformung oberhalb der Rekristallisationstemperatur statt, zum andern werden sie im Anschluß an eine Kaltumformung im Verlauf einer Glühbehandlung zwecks Werkstoffentfestigung herbeigeführt. Dynamische Erholungs- und Rekristallisationsvorgänge laufen zusammen mit der Umformung ab, also z. B. im Walzspalt. Statische Vorgänge finden im Anschluß an den Umformungsprozeß statt. Die *Rekristallisationsglühung* gezogener und kaltgewalzter Erzeugnisse findet unter Schutzgas in Haubenöfen, Durchlauföfen und Durchziehöfen statt. Dabei führen die hohen Bandgeschwindigkeiten der Durchziehöfen zu einem besonders feinen Korn und damit zu erhöhten Werten für die Härte und für die Streckgrenze und Zugfestigkeit.

Als Folge der Rekristallisationsvorgänge kann es zu einer ausgeprägten *Textur* kommen. Die Ursache für eine Kornorientierung kann einmal eine Vorzugsorientierung der Rekristallisationskeime sein, zum andern kann eine Wachstumsauslese der wachsenden Körner stattfinden. Die wichtigsten Texturtypen sind die Goss-Textur (110) [001] und die Würfeltextur (001) [100]. Sie treten nach einer Sekundärrekristallisation auf, wobei die Tertiärrekristallisation einen zusätzlichen Einfluß ausüben kann.

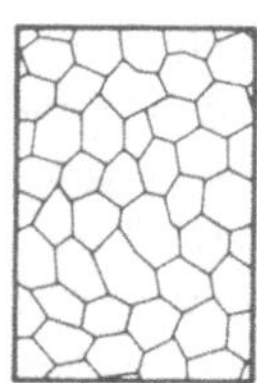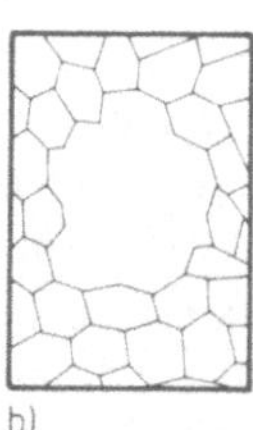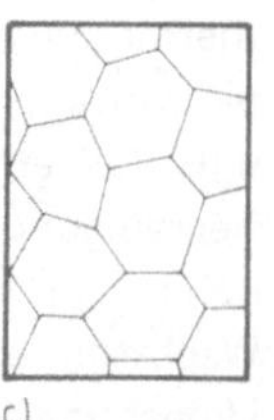

Bild 3.96 Veränderung eines primärrekristallisierten Gefüges durch eine anormale und normale Kornvergrößerung

a) Gefüge nach Primärrekristallisation
b) Gefüge nach einer anormalen Kornvergrößerung (Sekundärrekristallisation)
c) Gefüge nach einer normalen Kornvergrößerung (stetige Kornvergrößerung)

3.18.5 Warmumformung

Die Warmumformung bedingt ein Anwärmen des umzuformenden Werkstückes auf Umformtemperatur. Dabei muß die Wärm- oder Ziehtemperatur deutlich unterhalb der Soliduslinie des jeweils gültigen Zustandsschaubildes liegen. Es dürfen keine Werkstoffschädigungen in Form von starken Kornvergröberungen, oxidischen oder sulfidischen Ausscheidungen auf den Korngrenzen oder Verbrennungen auftreten. Bild 3.97 gibt die Ziehtemperatur für unlegierte C-Stähle wieder. Sie verläuft etwa 200 $^\circ$C unterhalb der Soliduslinie des Diagrammes Fe-Fe$_3$C.

Als untere Grenztemperatur des für eine Warmumformung zur Verfügung stehenden Temperaturbereiches bieten sich die Raumtemperatur, die Rekristallisationstemperatur und eine werkstoffbedingte Umwandlungstemperatur an. Von diesen Temperaturwerten bietet die Raumtemperatur keinen Bezug zu metall- oder verformungskundlichen Vorgängen und Phänomenen. Die Rekristallisationstemperatur ist eine metallkundlich fundierte Grenztemperatur. Umformvorgänge, die oberhalb der Rekristallisationstemperatur ablaufen, stellen Warmumformungen dar, und solche, die darunter stattfinden, sind Kaltumformprozesse. Nachteilig ist die Erschwerung einer präzisen Temperaturangabe, da eine Reihe von Einflußgrößen auf die Höhe der Rekristallisationstemperatur einwirken. Dazu gehören die Formänderung ϵ und die Formänderungsgeschwindigkeit. Eine Umwandlungstemperatur bietet als Grenztemperatur den Vorteil, daß die Warmumformung in einem anderen Zustandsfeld stattfindet wie die Kaltumformung. So kann es angebracht sein, den Temperaturbereich der Warmumformung unlegierter C-Stähle an der G-O-S-Linie des Diagrammes Fe-Fe$_3$C beginnen zu lassen, so daß die Warmumformung untereutektoidischer Stähle im Temperaturgebiet der homogenen γ-Mischkristalle stattfindet.

Eine Warmumformung setzt sich aus zwei Teilvorgängen zusammen. Es laufen die *Vorgänge der plastischen Umformung und die der Rekristallisation* ab. Die Formänderungsfestigkeit k$_f$ ist bei der Warmumformung eine Funktion des Werkstoffes, der Temperatur, der Formänderung und der Formänderungsgeschwindigkeit. Bild 3.98 erfaßt den Einfluß der Temperatur und der Formänderungsgeschwindigkeit auf den Zahlenwert der Formänderungsfestigkeit eines

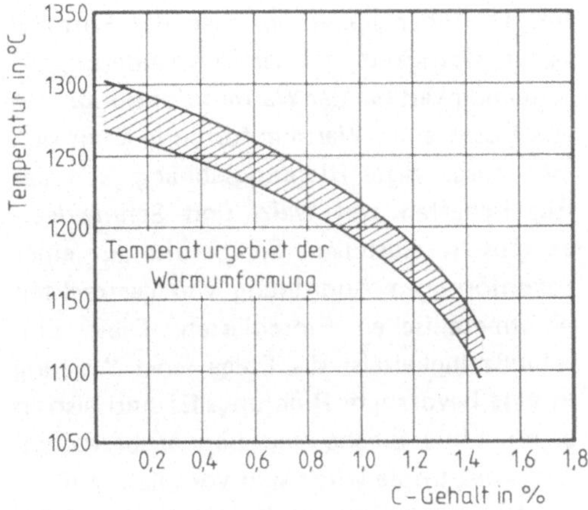

Bild 3.97 Ziehtemperatur von unlegierten C-Stählen in Abhängigkeit vom C-Gehalt

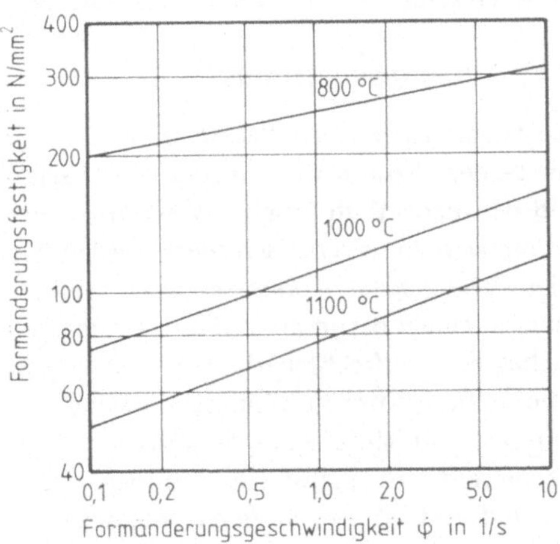

Bild 3.98 Einfluß der Temperatur und der Formänderungsgeschwindigkeit $\Phi = \varphi/t$ auf die Formänderungsfestigkeit k_f eines unlegierten Vergütungsstahles mit 0,45 % C bei der Warmumformung (Formänderung $\varphi = 0,4$)

unlegierten Vergütungsstahles mit 0,45 % C. Die Erholungs- und Rekristallisationsvorgänge laufen mit einer bestimmten Geschwindigkeit ab, die von der Temperatur abhängig ist. Bei hohen Werten für die Formänderungsgeschwindigkeit überwiegen als Folge der Zunahme der Versetzungsdichte die Wechselwirkungen der Versetzungen untereinander gegenüber dem Abbau der Versetzungsdichte durch die Erholung und Rekristallisation. Im doppeltlogarithmischen Netz ergibt sich eine lineare Abhängigkeit zwischen der Formänderungsfestigkeit und der Formänderungsgeschwindigkeit bei der Warmumformung.

Als Folge einer Warmumformung kann sich eine ausgeprägte Richtungsabhängigkeit der Eigenschaften von Walz- und Schmiedeerzeugnissen einstellen. Sie beruht auf einer zeilenförmigen Anordnung von gestreckten nichtmetallischen Einschlüssen. Diese Einschlußzeiligkeit ist die Folge einer Walzung in eine bevorzugte Richtung. Es sind also in erster Linie Bleche und Bänder betroffen. Die Anisotropie wirkt sich vor allem auf die mechanischen Eigenschaften und auf die Werte der Kerbschlagarbeit aus. Sie wird hauptsächlich durch Sulfidzeilen verursacht und bewirkt, daß z. B. die Zahlenwerte der Kerbschlagarbeit in Quer- und Dickenrichtung merklich schlechter sind als in Walzrichtung.

3.19 Ferromagnetismus

Die ferromagnetischen Werkstoffe können in die beiden Gruppen der magnetisch harten und der magnetisch weichen Werkstoffe eingeteilt werden. Magnetisch harte Werkstoffe oder *Dauermagnetwerkstoffe* haben die Aufgabe, in einem bestimmten Raum ein magnetisches Feld aufrechtzuerhalten. Magnetisch weiche Werkstoffe sind hingegen solche, die zunächst mit Hilfe eines möglichst kleinen Magnetfeldes möglichst stark zu magnetisieren sind und dann nach Wegnahme des Magnetfeldes die Magnetisierung möglichst restlos wieder verlieren. Sie unterscheiden sich von den Dauermagnetwerkstoffen besonders im Zahlenwert der Koerzitivfeldstärke. *Weichmagnetische Werkstoffe* zeigen eine

schmale Hystereseschleife und damit kleine Zahlenwerte für die Koerzitivfeldstärke. Hartmagnetische Werkstoffe haben breite Hystereseschleifen und somit hohe Zahlenwerte für die Koerzitivfeldstärke, so daß sich der Werkstoff mit kleinen Feldstärken nicht ummagnetisieren läßt. Bild 3.99 gibt einen Vergleich der Hystereseschleifen von hart- und weichmagnetischen Werkstoffen.

Der ferromagnetische Werkstoff besteht unterhalb der Curie-Temperatur aus gesättigt magnetisierten kleinen, dreidimensionalen Gebilden, den Elementarbereichen, Domänen oder *Weißschen Bezirken* und den zwischen diesen liegenden Wänden, den *Blochwänden,* in denen die Magnetisierungsrichtung von einem Elementarbereich zum benachbarten stetig übergeht. Bild 3.100 ver-

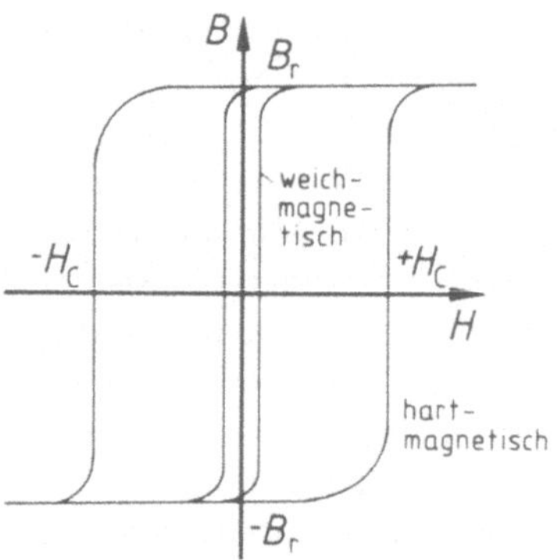

Bild 3.99 Vergleich der Hystereseschleifen hart- und weich-magnetischer Werkstoffe
B_r Remanenz; H_C Koerzitivfeldstärke

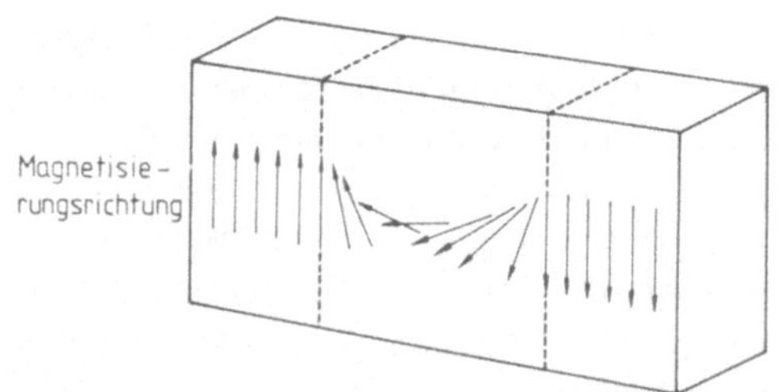

Bild 3.100 Schematische Darstellung einer 180°-Blochwand
(Blochwanddicke: ca. $0,35 \cdot 10^{-5}$ cm)

anschaulicht eine $180°$-Blochwand. In ihr wird der Magnetisierungsvektor in die neue Richtung eingedreht. Ihre Dicke beläuft sich auf einige hundert Atomabstände.

Innerhalb der Weißschen Bezirke sind die Elementarmagnete miteinander gekoppelt. Die Kopplungskräfte sind so stark, daß die Elementarmagnete bei Raumtemperatur fast vollständig parallel ausgerichtet sind. Bei einer Temperaturerhöhung nehmen die thermischen Richtungsschwankungen der Elementarmagnete jedoch stetig zu, bis bei der *Curietemperatur* die Kopplungskräfte vollständig überwunden werden. Es liegt dann der paramagnetische Zustand vor.

Bei Anlegen eines Magnetfeldes geht der Magnetisierungsvorgang bei kleinen Feldstärken zunächst durch Verschieben der Blochwände in der Weise vor sich, daß sich der in Bezug auf die Richtung des Magnetfeldes günstig liegende Elementarbereich auf Kosten seines weniger günstig orientierten Nachbarbereiches vergrößert. Dabei verlaufen diese *Wandverschiebungen* zunächst reversibel. Die Wand geht also nach Wegnahme des Feldes wieder in ihre Ausgangslage zurück. Mit ansteigender Feldstärke werden die Wandverschiebungen irreversibel. Schließlich sind die Wandverschiebungen abgeschlossen, und es sind nur noch Elementarbereiche mit kleinen Winkeln zwischen ihren Magnetisierungsrichtungen und der Richtung des äußeren Magnetfeldes übriggeblieben. Die weitere Magnetisierung des Werkstoffes erfolgt dann durch *Drehprozesse,* die ein stetiges Eindrehen der Magnetisierungsrichtungen der Elementarbereiche in die Richtung des von außen einwirkenden Magnetfeldes zur Folge haben. Bild 3.101 gibt eine schematische Darstellung der bei der Magnetisierung ablaufenden Wandbewegungen und Drehprozesse, und Bild 3.102 zeigt die ungefähre Zuordnung der im Werkstoff stattfindenden Elementarvorgänge zu den einzelnen Abschnitten der Magnetisierungskurve (Neukurve).

Wenn mit ansteigender Feldstärke die Wandverschiebungen und Drehprozesse abgelaufen sind, ist die Sättigungsflußdichte erreicht. In

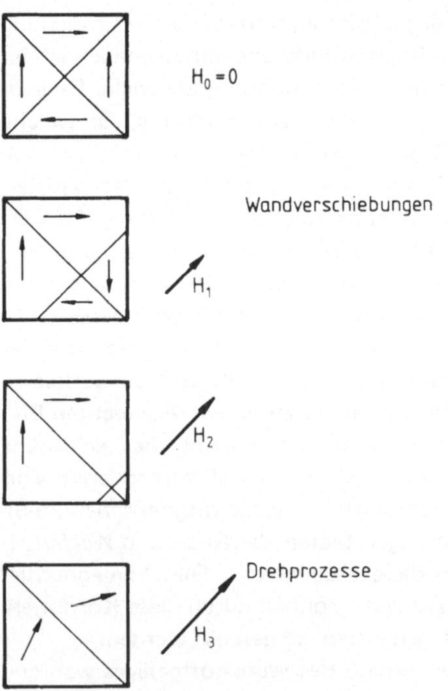

Bild 3.101 Blochwandverschiebungen und Drehprozesse beim Anlegen eines Magnetfeldes $(H_1 < H_2 < H_3)$

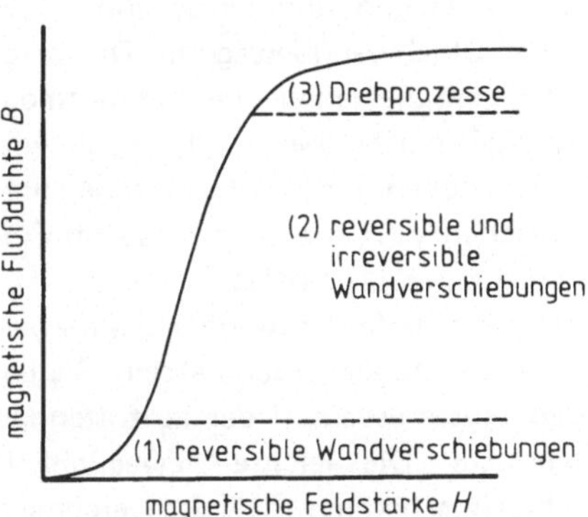

Bild 3.102 Zusammenhang zwischen Blochwandverschiebungen, Drehprozessen und dem Verlauf der Magnetisierungskurve (Neukurve)

Abhängigkeit von der Temperatur hat sie am absoluten Nullpunkt wegen des Verschwindens der Richtungsschwankungen der Elementarmagnete ihren Höchstwert und wird bei Erreichen der Curie-Temperatur Null.

Die Magnetisierungsarbeit, die zur Erreichung der Sättigungsflußdichte aufzuwenden ist, ist bei Einkristallen richtungsabhängig. Diejenige kristallographische Richtung, für welche die Magnetisierungsarbeit am kleinsten wird, ist die Richtung der leichtesten Magnetisierbarkeit. Beim Eisen ist die Richtung der Würfelkante $\langle 1\,0\,0 \rangle$ der kubischen Elementarzelle die Vorzugsrichtung, und beim Nickel ist es die Richtung der Raumdiagonalen $\langle 1\,1\,1 \rangle$. Eine möglichst weitgehende Ausrichtung der Kristalle des polykristallinen Haufwerkes eines Bleches führt zu einem regelrechten Einkristallzustand und erlaubt die technische Nutzung der im Einkristall vorhandenen Vorzugsrichtungen. In weichmagnetischen Fe-Si-Legierungen bieten die *Goss- und Würfeltexturen* diese Möglichkeit. Die Ummagnetisierungsverluste können durch diese Kornorientierungen erheblich gesenkt werden.

Die innerhalb des Werkstoffgefüges während des Magnetisierungsprozesses stattfindenden Blochwandverschiebungen werden durch Gitter- und Gefügeinhomogenitäten erschwert. Verunreinigungs- und Legierungsatome, Versetzungen, Korn-, Phasen- und Zwillingsgrenzen, Ausscheidungen und Dispersionen behindern die Blochwandbewegung. Die magnetischen Eigenschaften weich- und hartmagnetischer Werkstoffe hängen demnach von der metallurgischen, umformtechnischen und glühtechnischen Vorbehandlung des zum Einsatz kommenden Werkstoffes ab.

Die Hystereseschleife der *weichmagnetischen Werkstoffe* soll möglichst schmal sein. Sie bewirkt den Hystereseanteil der auftretenden Gesamtverluste. Die leichte Beweglichkeit der Blochwände bedingt, daß der weichmagnetische Werkstoff frei von Eigenspannungen ist, einen hohen Reinheitsgrad besitzt, möglichst wenige Versetzungen aufweist, ein grobkörniges Gefüge zeigt und keine Ausscheidungen und Dispersionen enthält. Zwecks Vermeidung von Eigenspannungen sollte der Werkstoff möglichst keine Umwandlungen erfahren, nach einer Wärmebehandlung ist er langsam abzukühlen, und es ist jede Art von elastischer und plastischer Verformung zu unterlassen. Eine als Folge einer Kaltumformung eingetretene Anhebung der Versetzungsdichte muß mit Hilfe einer Rekristallisationsglühung wieder rückgängig gemacht werden. Dabei ist besonderer Wert auf die Vorgänge der sekundären und tertiären Rekristallisation zu legen, denn der weichmagnetische Werkstoff sollte möglichst grobkörnig sein, weil Korngrenzen die Blochwandbewegung stark beeinträchtigen.

Auf Grund seiner hohen Sättigungsflußdichte und der verhältnismäßig kostengünstigen Erzeugung ist das reine Eisen der im Vordergrund stehende weichmagnetische Werkstoff. Nachteilig ist jedoch der niedrige spezifische Widerstand des reinen Eisens. Wird es einem magnetischen Wechselfeld ausgesetzt, so treten in ihm Wirbelströme auf, die zu dem hohen Anteil der Wirbelstromverluste an den Ummagnetisierungsverlusten führen. Für das Rein- oder Weicheisen kommen daher in der Regel nur Gleichstromanwendungen in Betracht.

Bei Wechselfeldanwendungen muß der spezifische elektrische Widerstand des Eisens durch eine Legierung mit Silizium angehoben werden. Außerdem müssen die im üblichen Frequenzbereich zum Einsatz kommenden Fe-Si-Legierungen in Blech- und Bandform bei Blech- bzw. Banddicken von z. B. $h = 0{,}35$ mm bzw. $h = 0{,}50$ mm verwendet werden. Hochfrequenzbleche haben eine noch geringere Dicke. Eine Isolation der Einzelbleche gegeneinander trägt weiterhin zur Verminderung der Wirbelstromverluste bei.

Dauermagnetwerkstoffe haben die Aufgabe, den Magnetisierungszustand der Ausrichtung der Weißschen Bezirke möglichst weitgehend zu bewahren. Nach der Magnetisierung soll der Werkstoff von Fremdfeldern, Temperaturveränderungen und Erschütterungen unbeeinflußt in einem remanenten Zustand verbleiben. Die Hystereseschleife der Dauermagnetwerkstoffe ist durch einen hohen Zahlenwert für die Remanenz und einen hohen Wert für die Koerzitivfeldstärke ausgezeichnet. Es besteht das Ziel, die Beweglichkeit der Blochwände zu behindern und möglichst niedrig zu halten bzw. Blochwände ganz zu vermeiden. Eine Ausschaltung der Blochwände führt dazu, daß nur Drehprozesse ablaufen, die einer höheren Feldstärke bedürfen. Dabei müssen Teilchen in Form eines Feinstpulvers Verwendung finden, die so klein sind, daß Blochwände nicht entstehen.

Eine Behinderung der Blochwandbewegung und damit der Entmagnetisierung kann durch innere Spannungen und durch nichtmagnetische Einschlüsse und Fremdkörper hervorgerufen werden. Innere Spannungen werden durch Gefügeumwandlungen und Ausscheidungen von Zweitphasen bewirkt. Außerdem besitzen Versetzungen und Korngrenzen wirkungsvolle Spannungsfelder, die auf die Blochwände einwirken.

3.20 Elektrische Leitfähigkeit

Metalle sind dadurch ausgezeichnet, daß sie neben den an den Atomkern gebundenen Elektronen noch freie Elektronen besitzen, die das *Elektronengas* bilden und den Raum zwischen den positiven Atomrümpfen ausfüllen. Die normalerweise ungeordnete Bewegung der Elektronen innerhalb des Gitters wird beim Anlegen eines elektrischen Feldes durch eine geordnete Bewegung in der Feldrichtung überlagert. Dabei erfolgt eine *Streuung der Elektronenwellen* und damit eine Schwächung des Elektronenstromes in Feldrichtung. Die Streuung wird einmal durch die harmonischen Schwingungen der Gitterionen um ihre Gleichgewichtslage hervorgerufen zum anderen durch Störungen im Gitteraufbau der Kristalle. Der Widerstandsanteil, der durch die Wärmeschwingungen der Atomrümpfe verursacht wird, wächst um so mehr, je stärker die Schwingungen erfolgen, d. h. je höher die Temperatur ist. Der Einfluß der Fremdatome und eigentlichen Kristallbaufehler ist dagegen nur sehr wenig von der Temperatur abhängig.

Wird der spezifische Widerstand eines Metalles auf die Temperatur des absoluten Nullpunkts $T = 0$ extrapoliert, so verbleibt ein gewisser Restwiderstand, der von der Konzentration an Gitterstörungen abhängig ist. Er nimmt mit sinkendem Gehalt an Fremdatomen und mit einer Verminderung der Konzentration an Leerstellen, Versetzungen und Korngrenzen ab. Eine besondere Wirksamkeit kommt dabei den Verunreinigungen der metallischen Elemente zu. Bild 3.103 zeigt den erheblichen Einfluß der Begleitelemente auf die elektrische Leitfähigkeit des wichtigsten Leitungswerkstoffes, dem Kupfer.

Eine Kaltumformung erhöht die Versetzungsdichte im Gitter. Dadurch erfolgt eine verstärkte Streuung der durch das Gitter bewegten Elektronen bzw. Elektronenwellen, und der Widerstand des metallischen Leiters wird angehoben.

Die elektrische Leitfähigkeit der metallischen Elemente bewegt sich hinsichtlich der Zahlenwerte in verhältnismäßig weiten Grenzen. Tabelle 3.10 gibt eine Zusammenstellung von Zahlenwerten der Leitfähigkeit einiger technisch wichtiger reiner Metalle im rekristallisierten Zustand.

Für eine Reihe technischer Anwendungen sind die Gesetzmäßigkeiten der elektrischen Leitfähigkeit in Zwei- und Mehrstoffsyste-

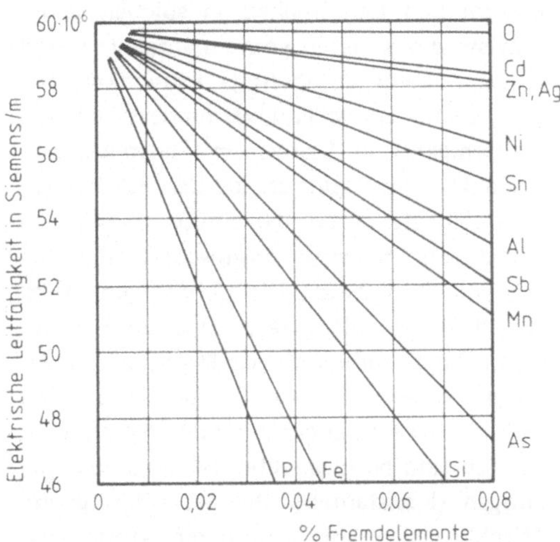

Bild 3.103 Einfluß von Fremdelementen auf die elektrische Leitfähigkeit von E-Cu

Tabelle 3.10 Elektrische Leitfähigkeit von Metallen im rekristallisierten Zustand

Metall	Elektrische Leitfähigkeit 10^6 Siemens $\cdot$ m^{-1}
Ag	64
Cu	59
Au	46
Al	38
Mg	23
Na	23
Zn	17
Ni	15
Fe	10
Cr	7
Ti	2
Hg	1

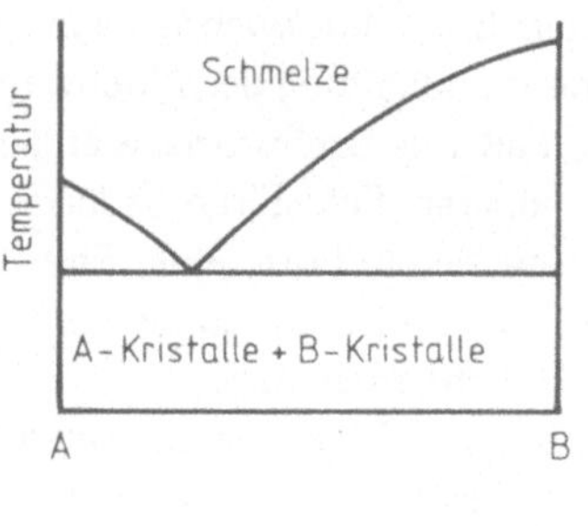

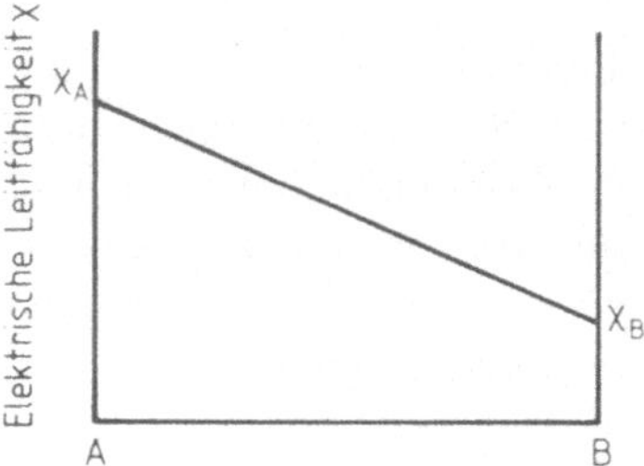

Bild 3.104 Elektrische Leitfähigkeit bei Unlöslichkeit im festen Zustand (Phasengemisch)

men wichtig. Dabei interessiert in erster Linie das Verhalten binärer Systeme. Besteht keine Löslichkeit der Legierungspartner im festen Zustand, so ergibt sich eine additive Verknüpfung der Leitfähigkeitsanteile der beiden Komponenten. Die in den Legierungssystemen auftretenden Abweichungen von der Additivität sind nicht sehr groß und können in erster Annäherung vernachlässigt werden. Bild 3.104 veranschaulicht die Konzentrationsabhängigkeit der elektrischen Leitfähigkeit in solchen Zweistoffsystemen, deren Komponenten im festen Zustand keine gegenseitige Löslichkeit zeigen. Dementsprechend vermindert sich die Leitfähigkeit in Stählen mit ansteigendem C-Gehalt. Die Beeinflussung der elektrischen Leitfähigkeit durch die Bildung völlig ungeordneter Substitutionsmischkristalle beschreibt Bild 3.105. Die Leitfähigkeit wird durch die hinzulegierte Komponente verringert. Dabei stellt sich das Minimum in der Regel bei etwa 50 Atom-% ein. So ergeben sich im System der gut leitenden Komponenten Cu und Ni regelrechte Widerstandslegierungen (Konstantan). Bei der Bildung von Mischkristallen mit geordneter Atomverteilung besteht eine im Vergleich zum ungeordneten Mischkristall verminderte Störung des periodischen Gitteraufbaus, so daß sich für

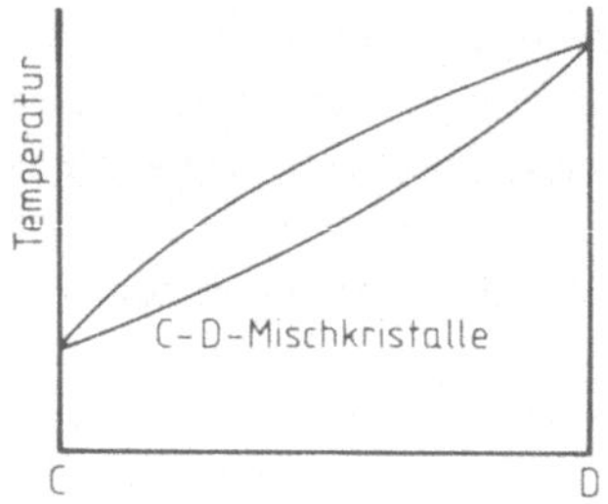

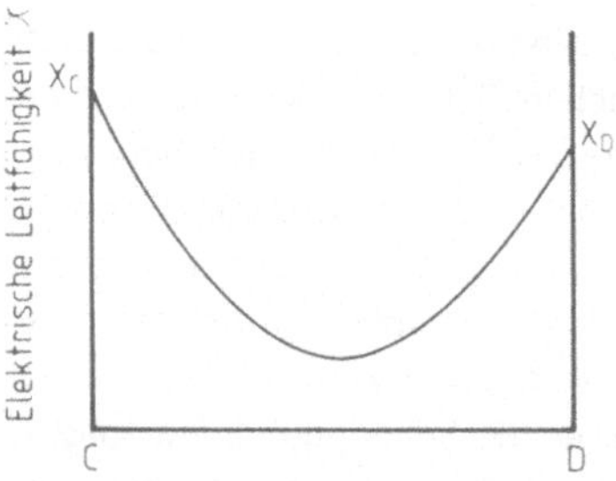

Bild 3.105 Elektrische Leitfähigkeit bei Mischkristallbildung mit ungeordneter Atomverteilung

die Konzentration der Überstrukturen höhere Werte für die elektrische Leitfähigkeit einstellen.

Bei den meisten metallischen Werkstoffen bleibt auch bei den tiefsten erreichbaren Temperaturen ein gewisser Restwiderstand zurück, während bei den *supraleitenden Werkstoffen* der elektrische Widerstand innerhalb weniger hundertstel Grad in der Nähe des absoluten Nullpunktes auf unmeßbar kleine Werte absinkt. Dabei ist die sog. *Sprungtemperatur* des elektrischen Widerstandes von besonderem Interesse. Die höchsten Sprungtemperaturen liegen oberhalb von $T = 20$ K. Der schmale Temperaturbereich des Sprungintervalls wird beeinflußt vom Reinheitsgrad und vom mikroskopischen und submikroskopischen Gefügezustand des Leitungswerkstoffes. Bild 3.106 veranschaulicht die Temperaturabhängigkeit des elektrischen Widerstandes von normal- und supraleitenden Werkstoffen.

Die elektronenleitenden Festkörper werden allgemein nach dem Zahlenwert der elektrischen Leitfähigkeit in Leiter, Halbleiter und Nichtleiter unterteilt. Wegen der fließenden Übergänge ist die Zuordnung der einzelnen Stoffe zu den drei Gruppen gelegentlich etwas problematisch. Die elektrische Leitfähigkeit der Metalle weist durchweg hohe bis sehr hohe Werte auf, während auf der anderen Seite die Isolatoren praktisch keine Elektrizitätsleitung zeigen. Zwischen diesen

beiden Werkstoffgruppen befindet sich die Gruppe der *Halbleiter.* Sie besitzen die Fähigkeit, im reinen Zustand in der Nähe des absoluten Nullpunktes als vollkommene Isolatoren zu wirken, bei Raumtemperatur jedoch eine gewisse elektronische Leitfähigkeit zu zeigen. Typische Vertreter dieser Elementgruppe sind die Elemente Germanium, Silizium, Selen und Tellur. Am absoluten Nullpunkt sind bei ihnen alle Elektronen gebunden. Bei Zufuhr von Wärme werden einige Elektronen aus ihren Bindungen gelöst und können dann eine elektronische Stromleitung übernehmen. Es erfolgt dann die Eigen- oder *Intrinsic-Leitung.* Sie tritt in möglichst idealen Kristallen ohne Verunreinigungen und Gitterbaufehlern auf. Der grundlegende Unterschied zwischen den Metallen und den Halbleitern besteht darin, daß in den Metallen eine sehr große Zahl von Leitungselektronen vorhanden ist, in den elektronischen Halbleitern dagegen eine wesentlich kleinere Zahl. Diese kann indessen durch eine Reihe von äußeren Eingriffen wie eine Temperaturerhöhung, eine einfallende Strahlung oder eine Dotierung mit Fremdatomen in weiten Grenzen verändert werden. Diese künstliche Dotierung mit Fremdatomen führt zu den Halbleitern mit Störstellenleitung oder *Extrinsic-Leitung.* Neben den Elementhalbleitern haben noch Verbindungshalbleiter eine Bedeutung. Dabei handelt es sich z.B. um Verbindungen von Elementen der III. und V. Gruppe des Periodensystems der Elemente.

In den Metallen wird die Wärme durch die gleichen Leitungselektronen transportiert, die bei ihrer Bewegung auch den elektrischen Strom ausmachen. Dementsprechend sind bei nicht zu tiefen Temperaturen *Wärmeleitfähigkeit* und elektrische Leitfähigkeit einander proportional. In Anlehnung an die Aussagen über die elektrische Leitfähigkeit ergibt sich die für die technischen Wärmebehandlungen wichtige Konsequenz, daß Mischkristalle mit hohen Gehalten an gelösten Legierungselementen eine geringe Wärmeleitfähigkeit aufweisen und zwecks Vermeidung

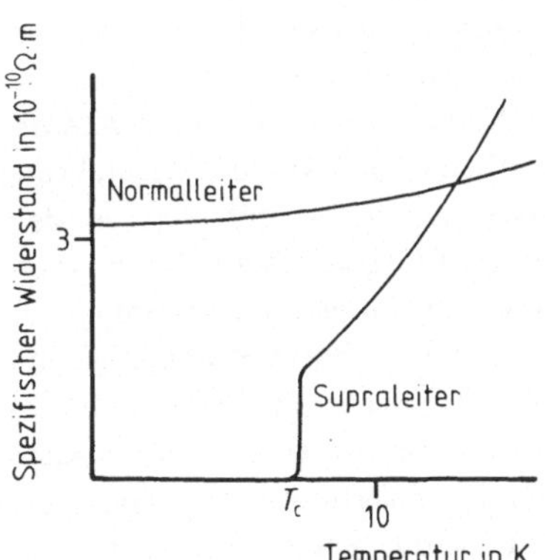

Bild 3.106 Temperaturabhängigkeit des spezifischen Widerstandes in der Nähe des absoluten Nullpunktes bei normal- und supraleitenden metallischen Werkstoffen (schematisch). T_c Sprungtemperatur

unzulässiger hoher Spannungen langsam aufgeheizt und abgekühlt werden müssen. Bei den Stählen gilt das folglich besonders für austenitische Stähle mit hohen Gehalten an Chrom, Nickel und evtl. Molybdän. Gegenüber dem Elektronenanteil der Wärmeleitung tritt in Metallen der durch Gitterschwingungen verursachte Leitungsanteil deutlich zurück und kann in erster Annäherung vernachlässigt werden.

3.21 Korrosion der Metalle

Unter Korrosion wird allgemein die von der Oberfläche eines Werkstücks ausgehende Veränderung des Werkstoffes durch unerwünschte chemische oder elektrochemische Vorgänge verstanden.

Bei der Korrosion durch Gase entstehen in der Regel auf der Werkstückoberfläche Metalloxide. Diese Korrosionsart wird als *Verzunderung* bezeichnet. Parallel zum Oxidationsprozeß können Entkohlungen, Aufkohlungen, Schwefel-, Stickstoff- und Wasserstoffaufnahmen und Gefügeschädigungen stattfinden.

Bei der Korrosion metallischer Werkstoffe in wässrigen Lösungen laufen zwei Reaktionen ab: die anodische Oxidation des Metalls zu Metallionen und die katodische Reduktion eines Oxidationsmittels in dem Angriffsmittel. Beide Teilreaktionen sind elektrochemische Reaktionen. Der Grundvorgang entspricht dem eines kurzgeschlossenen galvanischen Elementes. An der Anode, dem Werkstoffbereich mit dem unedleren Potential gegenüber der Lösung, geht das Metall unter Aussendung von positiv geladenen Ionen in Lösung. An der Katode, dem Werkstoffbereich mit dem edleren Potential, wird der Elektrolyt reduziert, ohne daß der metallische Werkstoff angegriffen wird.

Die Ausdehnung und Art der anodischen und katodischen Bereiche kann sehr verschieden sein. Sie bilden mit dem Grundwerkstoff die sog. *Lokalelemente.* Diese können werkstoff- und konstruktionsbedingt sein. Werkstoffbedingte Lokalelemente ergeben sich als Folge eines heterogenen Gefüges, das durch verschiedene Phasen, durch Einschlüsse, durch Ausscheidungen oder durch eine Gefügezeiligkeit bedingt sein kann. Eine Lokalelementbildung ergibt sich weiterhin als Folge von Seigerungen und von Konzentrationsunterschieden zwischen Korn und Korngrenzen. Bereits Körner unterschiedlicher Orientierung können zu Lokalelementen Anlaß geben ebenso wie Werkstückbereiche unterschiedlicher Versetzungsdichte. Schließlich können Lokalelemente auch durch Konzentrationsunterschiede im angreifenden Mittel hervorgerufen werden.

Bei einer Reihe von Metallen wird wider Erwarten eine hohe Korrosionsbeständigkeit festgestellt. Diese Werkstoffe stehen auf der unedlen Seite der Spannungsreihe und müßten eigentlich für einen Korrosionsangriff besonders anfällig sein. Bei dem chemischen Angriff kommt es jedoch zur Bildung einer dünnen Oberflächenschicht, welche die Auflösung des darunter liegenden Metalls verhindert oder zumindest behindert. Diese *Passivschicht* stellt eine weitgehend stabile porenfreie Deckschicht dar, die entweder oxidischer Natur ist oder durch Chemisorption oder Adsorption von Sauerstoff auf der Werkstückoberfläche entstanden ist. Dabei ist die Passivschicht jedoch nur in einem bestimmten Potentialbereich beständig.

Obwohl thermodynamisch die Möglichkeit einer ausgeprägten Korrosion besteht, verhalten sich beispielsweise die Metalle Aluminium, Chrom, Nickel und Zink an der Atmosphäre so beständig, daß korrosionsgefährdete Werkstücke aus ihnen gefertigt werden oder daß sie als korrosionshemmende Überzüge Verwendung finden. Diese Fähigkeit, leicht in den passiven Zustand überzugehen, vermögen die passivierbaren Elemente in Legierungen auf andere Elemente zu übertragen. So zeigen Fe-Cr-Legierungen mit einem Cr-Gehalt von 17 % das gleiche passive Verhalten wie reines Chrom. Dabei ist die Dicke der oxidischen Deckschicht kleiner als $100 \cdot 10^{-8}$ cm.

Beachtenswert ist, daß bestimmte Angriffsmittel die Passivität örtlich durchbrechen können. So kann die Beständigkeit nichtrostender Cr- und Cr-Ni-Stähle durch Chloridionen punktförmig aufgehoben werden und Lochfraßkorrosion auftreten.

Die Passivierung von Legierungen wird durch bestimmte Legierungselemente besonders stark beeinflußt. So erleichtert das Molybdän in nichtrostenden Stählen die Passivierung und erhöht die Stabilität der Passivschicht. Ebenso können natürliche Zusätze zum Korrosionsmittel den Aktivbereich beeinflussen.

Die abtragende oder ebenmäßige Korrosion oder *Flächenkorrosion* wirkt auf die gesamte Werkstückoberfläche ein. Ihre Wirkung wird durch den Gewichtsverlust in $g/m^2 \cdot h$ oder durch den Wanddickenverlust in mm/Jahr beschrieben. Sie unterliegt in der Regel einem linearen Zeitgesetz, so daß die betriebliche Langzeitkorrosion auch durch Kurzzeitprüfungen erfaßt werden kann. In ihrer allgemeinen Form ist diese Art der Korrosion als Rosten bekannt.

Die Intensität der Flächenkorrosion hängt im wesentlichen von der chemischen Zusammensetzung des unter einem Korrosionsangriff stehenden Werkstoffs, von dessen Gefügeausbildung, von der Güte und der Beschaffenheit der Werkstückoberfläche, von der Temperatur und von der chemischen Zusammensetzung des Angriffsmittels ab. Eine Reihe von Legierungszusätzen führen zu korrosionshemmenden Passiv- und Schutzschichten. Das Werkstoffgefüge sollte weitestgehend homogen sein, um Lokalelemente zu vermeiden. Der Gewichtsverlust vermindert sich bei der Flächenkorrosion mit zunehmender Oberflächengüte. So erweisen sich polierte Oberflächen als widerstandsfähiger als rauhe Oberflächen. Ein zusätzlicher Schutz kann durch besondere Oberflächenbehandlungsverfahren wie Einölen, Einfetten, Einwachsen oder durch das Aufbringen von metallischen oder nichtmetallischen anorganischen oder organischen Überzügen erreicht

werden. Die Beständigkeit der einzelnen Werkstoffe in den verschiedensten Angriffsmitteln kann speziellen Beständigkeitstafeln entnommen werden.

Stehen zwei Metalle miteinander in leitender Verbindung und werden beide gleichzeitig von einem Elektrolyten berührt, so löst sich vornehmlich das unedlere Metall auf. Es kommt zur *Kontaktkorrosion*. Es ist daher von der Konstruktion her unbedingt darauf zu achten, daß derartige Metallverbindungen unterbleiben. Lassen sie sich nicht vermeiden, so muß die unmittelbare Berührung der Metalle durch eine Isolierschicht aus Gummi oder Kunststoff verhindert werden.

Wie der Name bereits ausdrückt, tritt die *Spaltkorrosion* bevorzugt in Spalten und Hohlräumen auf. Sie kann weiterhin unter Dichtungen, Unterlegscheiben, Ankrustungen und Zunderresten wirksam sein. Diese Art der Korrosion wird auch als Belüftungskorrosion bezeichnet, denn die Bildung und Aufrechterhaltung einer Passivschicht ist an das ständige Vorhandensein von Sauerstoff gebunden. Infolge mangelnder Belüftung und infolge einer Diffusionshemmung verliert der Werkstoff in Spalten, Haarrissen usw. seine Passivität, so daß sich Lokalelemente bilden. Die aktiven Bereiche des Spaltes gehen dabei in Lösung. Die Spalt- und Belüftungskorrosion kann einmal durch konstruktive Maßnahmen, zum andern durch eine erhöhte Strömungsgeschwindigkeit des Angriffsmediums eingeschränkt werden. Cl-Ionen fördern die Spaltkorrosion.

Unter der *Spannungsrißkorrosion* ist ein lokalisierter Korrosionsangriff auf metallische Werkstoffe bei gleichzeitiger Einwirkung eines spezifischen Korrosionsmediums und einer statischen Zugspannung zu verstehen. Diese Korrosionsart kann in Angriffsmitteln auftreten, die im spannungsfreien Werkstoffzustand ungefährlich sind. Es ist gleichgültig, ob die Spannungen von außen aufgebracht werden oder ob sie als Eigenspannungen vorliegen. Es erfolgt ein verformungsloser Riß bzw. Bruch mit inter- oder transkristallinem Verlauf. Reine Metalle sind unempfindlich gegen Spannungsrißkorrosion. Austenitische Cr-Ni-Stähle sind selbst bei völlig homogenem Gefüge stark gefährdet. Ferritische Cr-, Cr-Al- und Cr-Si-Stähle sind hingegen weitgehend unempfindlich gegen Spannungsrißkorrosion. Maßnahmen zum Schutz gegen Spannungsrißkorrosion sind die möglichst weitgehende Beseitigung der Eigenspannungen durch eine Spannungsarmglühung und die Erzeugung von Druckspannungen in der Werkstückoberfläche durch Sand- oder Kugelstrahlen.

Die *interkristalline Korrosion* stellt einen Angriff durch spezifische Medien entlang der Korngrenzen des metallischen Werkstoffes dar. Sie kann folglich dazu führen, daß die Körner untereinander den Zusammenhalt verlieren. Diese Erscheinung gibt der interkristallinen Korrosion auch den Namen Kornzerfall. Das Auftreten der interkristallinen Korrosion beruht auf der Ausscheidung hoch Cr-haltiger Sondercarbide vom Typ $(Cr, Fe)_{23}C_6$ längs der Korngrenzen, wenn es sich um nichtrostende Stähle handelt und auf der Korngrenzenausscheidung von Gleichgewichtsphasen, wenn es sich um ausscheidungshärtende Werkstoffe handelt. Im Falle des nichtrostenden Stahles erfolgt wegen der Carbidausscheidungen eine Chromverarmung in der Nähe der Korngrenzen. Demzufolge wird bei Anwesenheit spezifischer Angriffsmittel der an Chrom verarmte Kornrand angegriffen, während das Korn selbst kaum korrodiert.

Da die interkristalline Korrosion der nichtrostenden Stähle stets mit einer Ausscheidung von Cr-Carbiden verbunden ist, zielen alle vorbeugenden Maßnahmen darauf ab, entweder die Carbidbildung durch Absenkung des C-Gehaltes stark einzuschränken oder den Kohlenstoff durch Zusätze von Titan oder Niob bzw. Tantal stabil zu Carbiden abzubinden. Chromverarmte Bereiche längs der Korngrenzen treten dann nicht mehr auf.

Im Vergleich zu einer Flächenkorrosion ist der Angriff an örtlich begrenzten Stellen eines Werkstückes in der Regel unangenehmer. Das gilt speziell für den *Lochfraß,* der an nicht vorherbestimmbaren Punkten zunächst zu kraterförmigen Vertiefungen und schließlich zur Lochbildung führt. Während der Großteil der Werkstückoberfläche nur wenig oder überhaupt nicht angegriffen wird, geht der Werkstoff an einzelnen Stellen punktförmig mit hoher Geschwindigkeit in Lösung. Neben Aluminium, Kupfer und Nickel einschließlich ihrer Legierungen werden auch Eisenwerkstoffe von dieser Nadelstickkorrosion befallen. So haben Chlorionen die Fähigkeit, die Passivität der Eisenwerkstoffe an einzelnen Punkten aufzuheben. Das gilt besonders für das Meerwasser, das in Gegenwart von Luftsauerstoff eine Chloridkorrosion verursacht. Die Beständigkeit gegen die partielle Korrosion des Lochfraßes kann durch Legierungszusätze erhöht werden. So bewirkt eine Anhebung des Cr-Gehaltes der nichtrostenden Cr-Stähle ebenso eine Verbesserung der Beständigkeit wie der Zusatz von Molybdän zu nichtrostenden Cr- und Cr-Ni-Stählen.

4 Metallkunde der Stähle

4.1 Übersicht über die Stähle

Unter der Werkstoffbezeichnung Stahl sind Eisenwerkstoffe zu verstehen, die gemäß Euronorm 20-74 im allgemeinen für eine Warmumformung geeignet sind. Mit Ausnahme einiger Cr-reicher Werkzeugstähle enthalten sie höchstens 2,0 % C. Dabei kann es sich um Stähle für Walz-, Schmiede- oder Stahlformgußerzeugnisse handeln.

Nach ihrer chemischen Zusammensetzung werden zwei große Gruppen von Stählen unterschieden:

> unlegierte Stähle (Kohlenstoffstähle) und
> legierte Stähle.

Legierte Stähle sind in niedriglegierte Stähle mit Gehalten je Legierungselement unter 5 % und hochlegierte Stähle mit Gehalten je Legierungselement von 5 % und mehr zu unterteilen.

Hinsichtlich der allgemeinen Anforderungen an die Gebrauchseigenschaften wird unterschieden nach

> Grundstählen,
> Qualitätsstählen und
> Edelstählen.

Grundstähle sind in der Regel unlegierte Stähle, deren Eigenschaften nicht das Ergebnis einer Wärmebehandlung sind. Dabei gelten Glühbehandlungen nicht als Wärmebehandlungen in diesem Sinne. Qualitätsstähle sind im allgemeinen unlegierte, gelegentlich auch legierte Stähle, an die besondere Anforderungen gestellt werden können wie die Eignung zum Abkanten, Kaltprofilieren, Streck- und Tiefziehen oder besondere Anforderungen hinsichtlich Zerspanbarkeit, Schweißbarkeit, Sprödbruch- und Alterungsbeständigkeit und besonderer Eigenschaften bei höheren oder tieferen Temperaturen.

Edelstähle sind hauptsächlich legierte Stähle, in begrenztem Umfange auch unlegierte Stähle. Ihre besonderen Eigenschaften werden durch eine Wärmebehandlung sichergestellt. Sie bedingen vielfach besondere metallurgische Maßnahmen, um höheren Anforderungen hinsichtlich eines besonderen Reinheitsgrades gerecht werden zu können.

Um die Stähle hinsichtlich ihrer chemischen Zusammensetzung oder ihrer gewährleisteten Festigkeitseigenschaften kennzeichnen zu können, sind Kurzzeichen und Kurzbenennungen in der Anwendung.

Unlegierte Stähle, die für keine besondere Wärmebehandlung vorgesehen sind, werden mit dem Kurzzeichen St unter Hinzufügen des Zahlenwertes der gewährleisteten Mindestzugfestigkeit bzw. der gewährleisteten Mindeststreckgrenze bezeichnet. Vor- bzw. nachgesetzte Buchstaben und Ziffern kennzeichnen bestimmte Gütegruppen, Erschmelzungsverfahren, die Art der Beruhigung und andere Merkmale. Ein Stahl der Bezeichnung U ST 37-2 ist z. B. ein unberuhigt vergossener, unlegierter Stahl, der eine Mindestzugfestigkeit von $R_m = 360$ N/mm^2 aufweist und den gehobenen Anforderungen der Gütegruppe 2 gerecht wird, und bei dem Stahl der Bezeichnung QStE 43 N handelt es sich um einen unlegierten Stahl für kalt gepreßte Bauteile mit einer gewährleisteten Mindeststreckgrenze von $R_e = 420$ N/mm^2, der einer Normalglühung bzw. einer dem Normalglühen gleichwertigen Temperaturführung beim Walzen oder nach dem Walzen unterworfen wurde.

Unlegierte Stähle, für die eine besondere Wärmebehandlung wie eine Härtung oder eine Vergütung vorgesehen ist, werden mit dem Buchstaben C und dem Zahlenwert für das Hundertfache des Gehaltes an Kohlenstoff gekennzeichnet. Ergänzende Merkmale und Verwendungszwecke können durch Kennbuchstaben angezeigt werden. Der Stahl C 35 ist demnach ein unlegierter Stahl mit einem mittleren C-Gehalt von 0,35 %.

Bei *niedriglegierten Stählen* gibt die Kurzbezeichnung Auskunft über den C-Gehalt und den Gehalt an Legierungselementen. Dabei werden die mittleren prozentualen Gehalte mit einem Faktor multipliziert, um zu ganzen Zahlen zu kommen. Tabelle 4.1 gibt über die für die einzelnen Legierungselemente anzuwendenden Multiplikatoren Auskunft. Ein Stahl der Bezeichnung 46 Cr 2 hat demnach als niedriglegierter Stahl einen mittleren C-Gehalt von 0,46 % und einen mittleren Cr-Gehalt von 0,50 %. Der Kurzname 14 MoV 6 3 besagt, daß der mittlere C-Gehalt 0,14 %, der mittlere Mo-Gehalt 0,60 % und der mittlere V-Gehalt 0,30 % beträgt. Schließlich besitzt der Stahl 36 CrNiMo 4 bei einem mittleren C-Gehalt von 0,36 % einen mittleren Cr-Gehalt von 1,0 % und weitere Zusätze an Ni und Mo.

Die *hochlegierten Stähle* werden mit einem X vor der eigentlichen Kurzbezeichnung versehen. Der prozentuale C-Gehalt wird mit dem Faktor 100 multipliziert, und die Legierungszusätze erhalten den Multiplikator 1. Der Stahl X 8 Ni 9 hat demnach einen mittleren C-Gehalt von 0,08 % und einen mittleren Ni-Gehalt von 9,0 %, und ein Stahl der

Bezeichnung X 10 CrNiTi 18 10 weist mittlere Gehalte von 0,10 % C, 18,0 % Cr und 10,0 % Ni auf. Ihm wurde außerdem etwas Ti zugesetzt.

Bei der Kennzeichnung von Feinblechen aus unlegierten weichen Stählen gibt die Ziffernfolge hinter dem Basiskurzzeichen St die Stahlgüte an. Dabei bedeuten die Ziffernfolgen

    10 Grundgüte   13 Tiefziehgüte
    12 Ziehgüte   14 Sondertiefziehgüte.

Zusätzlich werden die Art der Beruhigung, die Oberflächengüte und die Oberflächenausführung gekennzeichnet. So sagt die Benennung RR St 14 05 g z. B. aus, daß es sich um eine besonders beruhigte Sondertiefziehgüte mit spritzlackierfähiger bester Oberfläche und glatter Oberflächenausführung handelt.

4.2 Bemerkungen zur Metallurgie der Stähle

Bleche und Bänder für Kaltumformzwecke sind die wichtigsten Walzerzeugnisse der Hüttenwerke. Demzufolge sollen die unlegierten kohlenstoffarmen Stähle den nachfolgenden metallurgischen Betrachtungen zugrunde liegen. Tabelle 4.2 gibt eine Übersicht über den Herstellungsgang von Blechen und Bändern aus unlegierten weichen Stählen für Kaltumformzwecke.

Mit Hilfe der direkten und indirekten Reduktion der Eisenerze wird im Hochofen das *Roheisen* erzeugt. Infolge seines hohen C-Gehaltes ist es nicht walz- und schmiedbar. Bei gußeisengerechter Zusammensetzung hinsichtlich der Gehalte an C, Si, Mn, P und S wird es als Gießereiroheisen in Form von Masseln in der Eisengießerei eingesetzt.

Unter der Bezeichnung Direktreduktion wird nach Verfahren gearbeitet, bei denen aus Eisenerz im festen Zustand durch Abbau des Erzsauerstoffs mit festen und gasförmigen Reduktionsmitteln Eisenschwamm erzeugt wird. Eisenschwamm kann als Eisenträger im Lichtbogenofen und im Sauerstoffaufblaskonverter eingeschmolzen werden.

Tabelle 4.1 Multiplikatoren zur Kennzeichnung niedriglegierter Stähle

Elemente mit Multiplikator			
4	10	100	1 000
Cr	Al	C	B
Co	Be	Ce	
Mn	Cu	N	
Ni	Mo	P	
Si	Nb	S	
W	Ta		
	Ti		
	V		
	Zr		

Tabelle 4.2 Erzeugung von Blechen und Bändern aus unlegierten C-armen Stählen

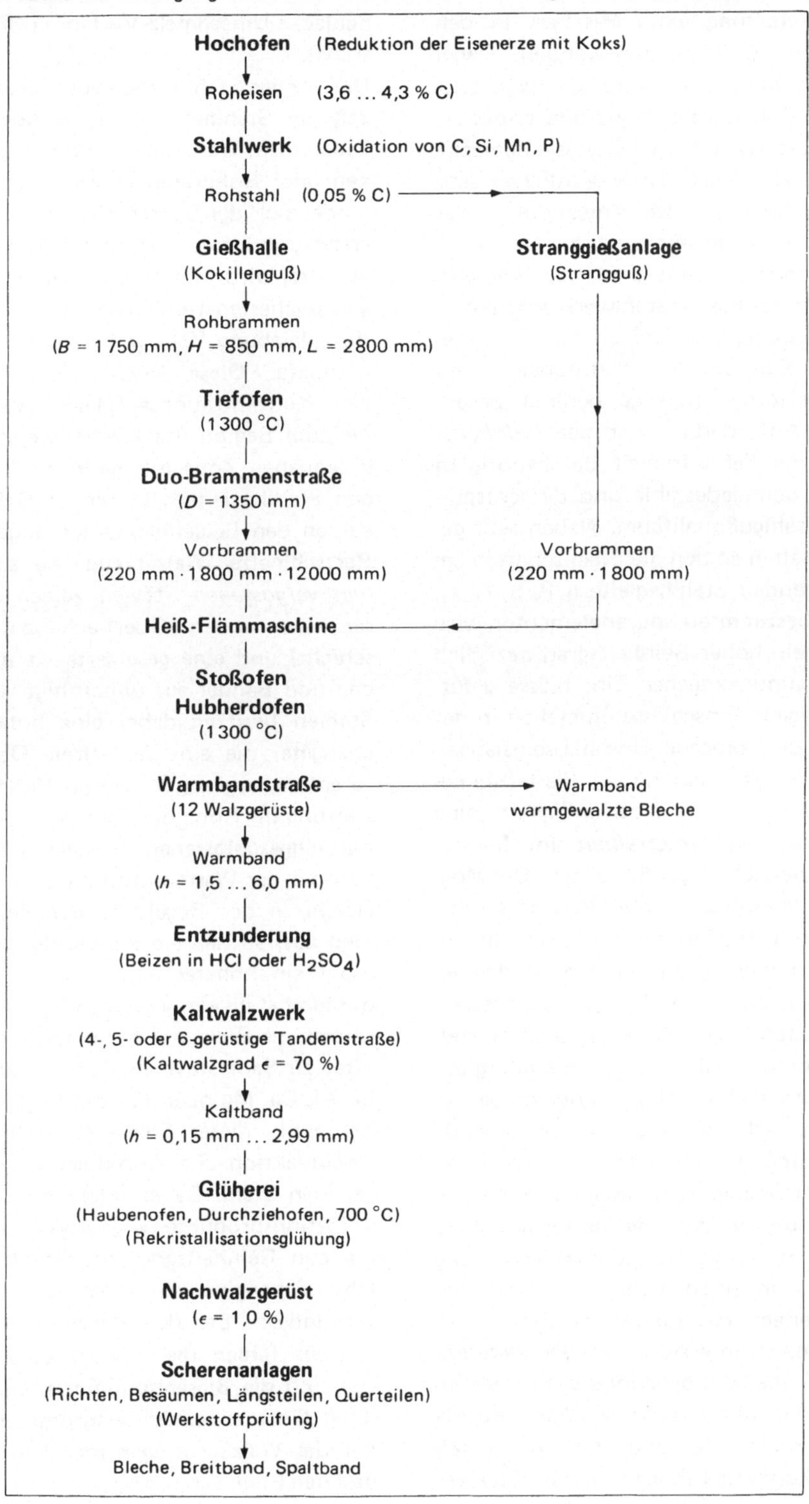

Das vom Hochofen erzeugte Roheisen wird unter Einschaltung eines Mischers in den Stahlwerken zu *Stahl* umgewandelt. Dabei werden der Kohlenstoff und die Begleitelemente des Roheisens oxidiert und entweder über die Gasphase (C) oder über die Schlacke (Mn, P, S) abgeführt. Im wesentlichen sind zwei Verfahren in der Anwendung: das *Sauerstoffaufblasverfahren* und das *Herdschmelzverfahren*, nach dem das Siemens-Martin- und das Elektrostahlwerk arbeiten.

Die Verwendung von Stählen für höchstbeanspruchte Bau- und Konstruktionsteile und für Hochleistungwerkzeuge bedingt besonders hohe Anforderungen an den *Reinheitsgrad* und die Fehlerfreiheit der benötigten Walz- und Schmiedestähle und der entsprechenden Stahlgußqualitäten. Neben sehr geringen Gehalten an den die Eigenschaften beeinträchtigenden Stahlbegleitern P, S, N, H, O und an bestimmten Spurenelementen wird vor allem ein hoher Reinheitsgrad bezüglich endogener und exogener Einschlüsse gefordert. Endogene Einschlüsse entstehen in der Schmelze, und exogene Einschlüsse gelangen von außen in den Stahl hinein. Weiterhin besteht fast immer die Notwendigkeit, eine weitgehende *Seigerungsfreiheit* im Makro- und Mikrobereich zu gewährleisten. Die Möglichkeiten, besonders hohe Qualitätsanforderungen mit den Mitteln der konventionellen Stahlherstellung zu erfüllen, finden jedoch ihre Grenzen in den metallurgischen Gegebenheiten der üblichen Stahlherstellungsverfahren. Zudem ist es metallurgisch und wirtschaftlich günstiger, aufwendige metallurgische Arbeiten wie die weitgehende Verminderung der Schwefel- und Gasgehalte aus dem Stahlerzeugungsaggregat herauszunehmen und in spezielle, besser geeignete Aggregate zu verlegen. Die Stahlerzeugung wird damit in einen mehrstufigen Verfahrensweg zerlegt. Als zusätzliche Verfahrensstufen kommen in erster Linie die *Vakuumentgasung*, die *Spülbehandlung* mit einem Inertgas (Ar), das *Vakuumfrischen* und die *Vakuumdesoxidation* und das *Umschmelzen* im Vakuum-Lichtbogenofen, im Elektronenstrahlofen und nach dem Elektro-Schlacke-Umschmelz-Verfahren (ESU) in Betracht.

Der flüssige Stahl enthält vom Oxidationsprozeß der Stahlherstellung her noch gelösten Sauerstoff. Wenn dieser Stahl zu Rohblöcken oder Rohbrammen vergossen wird, verbindet sich der Sauerstoff, der bei der Stahlerstarrung infolge der verminderten Löslichkeit frei wird, mit dem in der Restschmelze angereicherten Kohlenstoff gemäß der Reaktionsgleichung $[C] + [O] \rightarrow \{CO\}$ zu Kohlenmonoxid. Diese *Kochreaktion* verhindert den Konzentrationsausgleich zwischen der bis zum Beginn des Kochens erstarrten kokillennahen Zone mit geringen Gehalten an den Stahlbegleitern C, Mn, P, S und N und der an den Begleitelementen angereicherten Restschmelze. Walzerzeugnisse aus *unberuhigt vergossenen Stählen* zeigen infolgedessen eine saubere Oberflächenzone (Speckschicht) und eine geseigerte Kernzone. Bleche und Bänder aus unberuhigt vergossenen Stählen besitzen daher eine hohe Oberflächengüte, die eine fehlerfreie Oberflächenveredlung begünstigt. Die im Verlauf der Erstarrung im Rohblock bzw. in der Rohbramme eingeschlossenen Gasblasen verschweißen bei der Warmumformung. Ihr Volumen gleicht in der Regel das Schwindungsvolumen aus, so daß ein unberuhigt vergossener Stahl ein höheres Ausbringen an Walzprodukten hat als ein beruhigt vergossener Stahl. Chemische Elemente mit einer höheren Affinität zu Sauerstoff als Kohlenstoff wie Mn, Si, Al, Ca, Mg oder Ti bzw. Legierungen auf der Basis dieser Elemente verhindern die Kochreaktion. Sie desoxidieren und beruhigen den Stahl. Dabei entstehen jedoch Desoxidationsprodukte wie Al_2O_3 (Tonerde), die den Reinheitsgrad des Stahles und die Oberflächengüte von Blechen und Bändern vermindern. Bei den *beruhigt vergossenen Stählen* fehlen die ausgeprägten Seigerungen und die Blasenhohlräume. Die Schwindung führt zu einem ausgeprägten *Lunker*, der das Walzausbringen merklich verringert und den Stahl verteuert.

Nach dem *Desoxidationsgrad* sind die Stähle in unberuhigt vergossene (U), halbberuhigt vergossene, beruhigt vergossene (R) und besonders beruhigt vergossene (RR) Stähle zu unterteilen. Bei den besonders beruhigten Stählen erfolgt neben der Sauerstoffabbindung auch eine Abbindung des Stickstoffs. Das wird hauptsächlich durch eine Desoxidation mit Al erreicht. Diese Stähle sind dann alterungsbeständig. Die hohen Anforderungen der Verarbeiter an die Oberflächengüte der Bleche und Bänder für Kaltumformzwecke werden heute auch durch den Al-beruhigten Stahl weitgehend erfüllt, und zwar dann, wenn auf dem Wege zu einem halbberuhigten Stahl die zur Beruhigung dienende Al-Zugabe mit einer gewissen Verzögerung in die Kokille gegeben wird. Es bildet sich dann eine dünne, saubere Speckschicht, so daß die Vorteile des beruhigt vergossenen Stahles mit denen des unberuhigt vergossenen zusammentreffen.

Bild 4.1 vergleicht im Teilbild 4.1a das Aussehen der Längsschnitte von Rohblöcken aus unberuhigt und beruhigt vergossenen Stählen miteinander und stellt im Teilbild 4.1b die Verfahrensweise des konventionellen fallenden Blockgusses der des *Stranggusses* gegenüber. In den weitgehend kontinuierlich arbeitenden Stranggießanlagen wird der flüssige Stahl in eine beidseitig offene Cu-Kokille gegossen. In ihr setzt eine schnelle Erstarrung ein, so daß der schalenförmig erstarrte Stahlstrang unterhalb der Kokille in die Sekundärkühlstrecke weitergeführt werden kann. Bei den Erzeugnissen der Stranggießanlagen handelt es sich bereits um Halbzeug, so daß ein Teil der beim konventionellen Blockguß notwendigen Wärm- und Walzarbeit wegfällt. Die kontinuierliche Arbeitsweise der Stranggießanlage führt zu einem vergleichsweise hohen Ausbringen.

Die Walzumformung der Rohblöcke und Rohbrammen erfolgt auf Duo-Block- bzw. Duo-Brammenstraßen zu Vorblöcken bzw. Vorbrammen. Die Vorblöcke werden in erster Linie auf Profilstraßen zu Profilen und auf Halbzeugstraßen zu Vormaterial für die Stab-

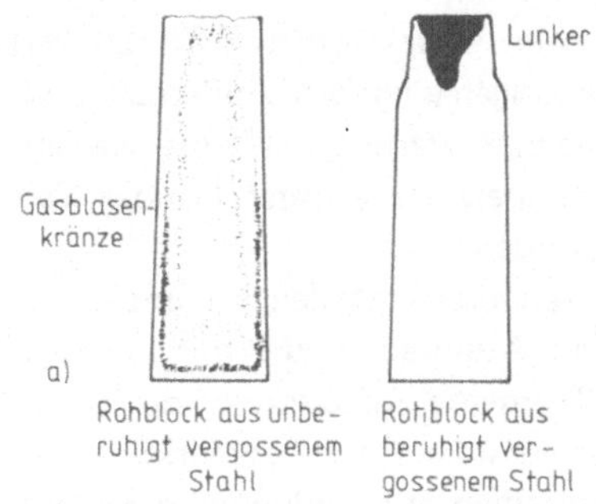

Bild 4.1a Längsschnitt durch Rohblöcke aus unberuhigt und beruhigt vergossenen Stählen

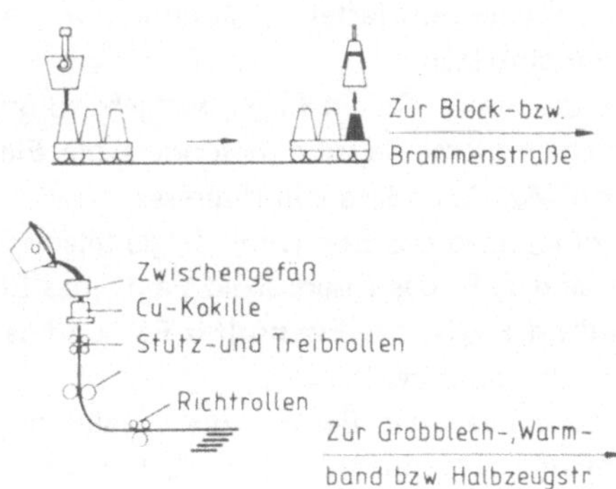

Bild 4.1b Fallender Blockguß und Strangguß von Stahl

stahl-, Draht- und Mittelbandstraßen ausgewalzt. Die Vorbrammen sind das Einsatzmaterial für die Grobblech- und Warmbandstraßen. Das Warmband wird in erster Linie kaltgewalzt, rekristallisierend geglüht und leicht nachgewalzt. Das Kaltband kommt in Form von Tafeln oder Rollen (Coils) als Feinblech, Weißblech oder Feinstblech hauptsächlich für Umform- bzw. Verpakkungszwecke zum Einsatz.

4.3 Einfluß der Legierungselemente des Stahles

Die Begleit- und Legierungselemente des Eisens können in ihm unlöslich sein, sie können mit ihm Mischkristalle bilden und bei

Vorhandensein einer hohen Affinität mit ihm Verbindungen eingehen. Außerdem muß damit gerechnet werden, daß die Begleit- und Legierungselemente untereinander Verbindungen bilden.

Bei den Eisenmischkristallen kommt es bei Fe-ähnlichen Atomradien der mischkristallbildenden Elemente zur Bildung von Substitutionsmischkristallen und bei merklich kleineren Atomradien zur Bildung von Einlagerungsmischkristallen, d. h. zu interstitiellen Lösungen. Dabei kann die Mischkristallbildung unbegrenzt oder begrenzt sein. Weiterhin kann eine Begünstigung der kubisch-raumzentrierten α-Modifikation oder der kubisch-flächenzentrierten γ-Modifikation des Eisens eintreten.

Aus der Reihe der im Eisen weitgehend unlöslichen Elemente sind besonders die Elemente Mg, Ca und Pb von Interesse.

Verbindungen des Eisens mit Begleitelementen sind z. B. das Eisencarbid Fe_3C, das Eisennitrid Fe_4N, das Eisensulfid FeS und das Eisenphosphid Fe_3P.

Verbindungen der Begleit- und Legierungselemente untereinander sind die Sondercarbide der Elemente Cr, Mo, W, V, Ti, Nb, Ta und Zr, die Nitride der Elemente Al, Cr, Mo, W, V, Ti, Nb und Zr oder die Sulfide der Elemente Mn, Mo, W, Ni und Ti.

Wie der Kohlenstoff nehmen auch die anderen Begleit- und Legierungselemente des Eisens Einfluß auf dessen Umwandlungspunkte. Als Folge der Verschiebung der A_3- und A_4-Temperaturen kommt es zu unterschiedlichen Einwirkungen auf das γ-Feld des jeweiligen Zwei- oder Mehrstoffsystems. So kann es zunächst zu einer *Erweiterung des γ-Feldes* kommen. Dabei entsteht durch die spezifische Legierungswirkung einiger Elemente ein unbegrenzt offenes γ-Feld. Diese unbeschränkte Bildung von homogenen γ-Mischkristallen wird durch die Elemente Ni, Co, Mn, Pt, Ir, Os, Pd, Rh und Ru hervorgerufen. Bild 4.2 gibt als Beispiel die Fe-Seite des binären Systems Fe-Mn wieder. Ihm ist zu entnehmen, daß bei ausreichend hohen Mn-Gehalten bereits bei Raumtempe-

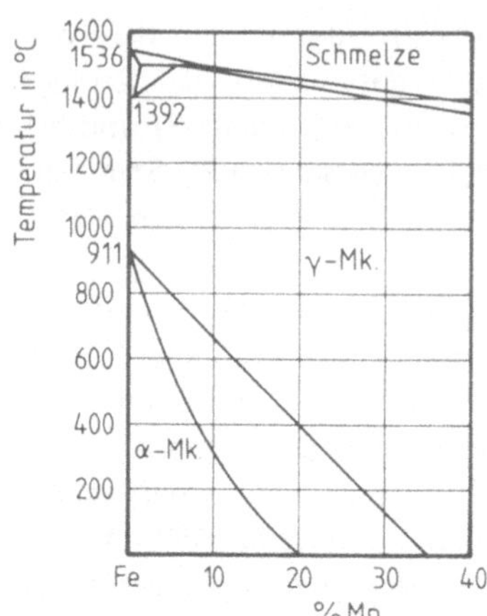

Bild 4.2 Eisenseite des Zweistoffsystems Fe-Mn (Gleichgewichtslinien bei Temperaturen unter 500 °C wegen erschwerter Diffusion unsicher)

ratur ein γ-Mischkristall auf Fe-Mn-Basis stabil ist.

In einer Reihe von Fällen ist die Löslichkeit des Legierungselementes im γ-Fe in der Form begrenzt, daß zwar zunächst ein erweitertes γ-Feld entsteht, dieses aber durch ein heterogenes Zustandsfeld begrenzt wird. Diese Art der Begrenzung des γ-Feldes findet sich im Diagramm Fe-C und liegt auch in den Zweistoffsystemen des Eisens mit den Elementen N, Cu, Zn, Au, Re und B vor.

Wird die A_3-Temperatur des Eisens durch ein Legierungselement angehoben und die A_4-Temperatur abgesenkt, so kommt es zu einer *Einengung des γ-Feldes*. Dabei kann eine regelrechte Abschnürung des γ-Feldes eintreten, und das Zustandsfeld der α-Mischkristalle geht dann kontinuierlich in das der δ-Mischkristalle über. Das ist möglich, weil vom Gitteraufbau her kein Unterschied zwischen α- und δ-Mischkristallen besteht. Das Bild 4.3 zeigt die Abschürung des γ-Feldes des Eisens durch das Element Sizilium. Andere Elemente mit der gleichen Wirkung sind Al, Be, P, Cr, Mo, W, Ti, V, As, Sb und Sn. Sie führen zu einem begrenzten γ-Feld, das vom Feld der α-Mischkristalle umschlossen wird.

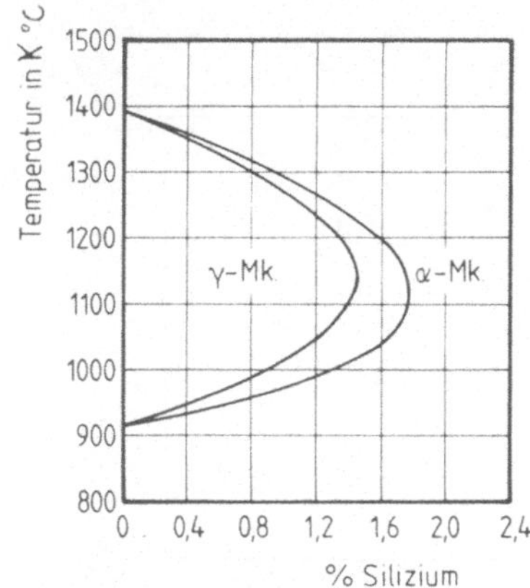

Bild 4.3 Abschnürung des γ-Feldes im Zweistoff-system Fe-Si

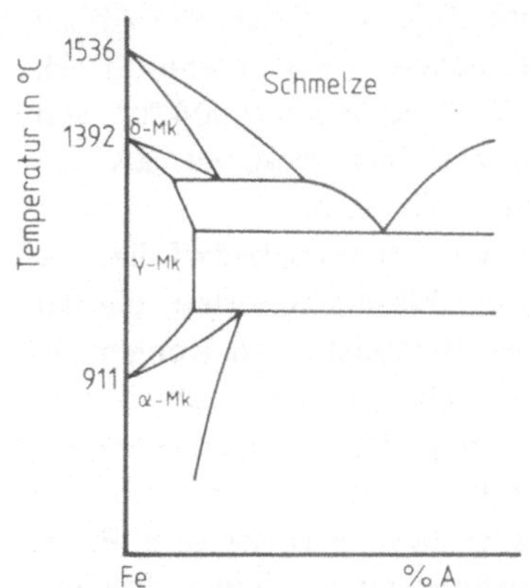

Bild 4.4 Einengung des γ-Feldes bei Begrenzung durch heterogene Zustandsfelder

Daneben kann eine Einengung des γ-Gebietes in der Weise erfolgen, daß es durch heterogene Zustandsfelder begrenzt wird. Eine derartige Wirkung haben die Elemente Ce, Hf, Nb, Ta und Zr. Diese liegen in der Regel nur in geringen Gehalten im Stahl vor. Bild 4.4 veranschaulicht die Wirkung dieser Elemente.

4.4 Rein- und Weicheisen

Wenn in der Werkstoffkunde von Reineisen gesprochen wird, so ist zunächst der Hinweis nötig, daß es nicht möglich ist, ein vollständig reines Eisen in technischem Maßstabe herzustellen. Der nach den üblichen technischen Verfahren erzeugte C-arme Stahl enthält erhebliche Mengen an Verunreinigungen, die in fester Lösung oder als zweite Phase vorliegen. Durch Verwendung sehr reiner Einsatzstoffe, durch eine Vakuum- und Reduktionsbehandlung der Schmelze und durch eine Glühbehandlung in Wasserstoff oder im Vakuum gelingt es, die noch vorhandenen Eisenbegleiter Kohlenstoff, Sauerstoff, Stickstoff und Schwefel weitgehend zu entfernen und zu Reinheitsgraden um 99,98 % zu kommen. Es stellt sich dann etwa folgende chemische Zusammensetzung des Eisens

ein: 0,002 % C, 0,002 % Si, 0,001 % Mn, 0,003 % P, 0,003 % S, 0,003 % Al, 0,001 % N, 0,002 % O.

Einen sehr hohen Reinheitsgrad weisen das *Carbonyl-* und das *Elektrolyteisen* auf. Stärkere Verunreinigungen zeigt noch das *Armcoeisen*. Es wird durch weitgehendes Herunterfrischen der Schmelze im Siemens-Martin-Ofen oder im Elektroofen erzeugt. Eine Verbesserung der Verfahrensweise hat die Vakuummetallurgie gebracht.

Erhebliche Mengen von Rein- und Weicheisen werden in der Elektrotechnik für Gleichfeldanwendungen, insbesondere für Relaisteile und Kerne von anderen Elektromagneten verwendet. Dabei werden die verhältnismäßig kleinen Werte der Koerzitivfeldstärke und die hohen Werte der magnetischen Sättigung des Eisens genutzt. Eisen ist einer der Hauptwerkstoffe in der Gleichstromtechnik, es ist aber wegen seines geringen spezifischen Widerstandes für die Wechselstromtechnik unbrauchbar. Bei Wechselfeld-Ummagnetisierung entstehen erhebliche *Wirbelstromverluste*.

Die mechanischen Eigenschaften des Rein- und Weicheisens sind stark korngrößenabhängig. Die Korngrenzen behindern die Versetzungsbewegung. Bild 4.5 liefert die Abhängigkeit der Zahlenwerte der unteren Streckgrenze eines Weicheisens mit 0,004 % C vom Reziprokwert der Quadratwurzel aus dem mittleren Korndurchmesser.

Einer besonderen Beachtung bedarf die Alterungsneigung der Weicheisensorten, die sich auf Grund der Restgehalte an Kohlenstoff und Stickstoff ergibt. Im Vergleich zu unlegierten Stählen zeigt das Reineisen eine recht hohe Korrosionsbeständigkeit. Je größer der Reinheitsgrad ist, desto geringer ist z. B. die Lösungsgeschwindigkeit in Säuren. Das weitestgehend homogene ferritische Gefüge bietet keine Möglichkeit zur Lokalelementbildung. Außerdem zeigt das Eisen unter stark oxidierenden Bedingungen und bei hohen anodischen Stromdichten eine ausgeprägte Passivität, die auf einer Deckschichtenbildung auf der Metalloberfläche beruht.

4.5 Unlegierte weiche Stähle für Kaltumformzwecke

Unlegierte weiche Stähle, die für Kaltumformzwecke bestimmt sind, haben in der Technik eine herausragende Bedeutung erlangt. Bei den Walzwerkserzeugnissen dieser Stahlgruppe sind es vor allem die Bleche und Bänder, die sowohl hinsichtlich der erzeugten und verarbeiteten Menge als auch hinsichtlich der Eigenschaften eine besondere Entwicklung erfahren haben.

Die für Umformzwecke zum Einsatz kommenden Bleche werden als *Feinbleche* und als *Feinst- bzw. Weißbleche* bezeichnet. Feinbleche sind Flacherzeugnisse mit einer max. Dicke von 2,99 mm und kommen in erster Linie in der Automobilindustrie, in der Haushaltsgeräteindustrie, in der Büromöbelindustrie und im Bauwesen zum Einsatz. Feinst- und Weißbleche haben eine Dicke von 0,15 ... 0,49 mm. Sie werden meistens in verzinnter, spezialverchromter und lackierter Ausführung für Verpackungen aller Art, Spielwaren und Haushaltsartikel verwendet.

Von Blechen und Bändern aus unlegierten kohlenstoffarmen Stählen für Kaltumform-

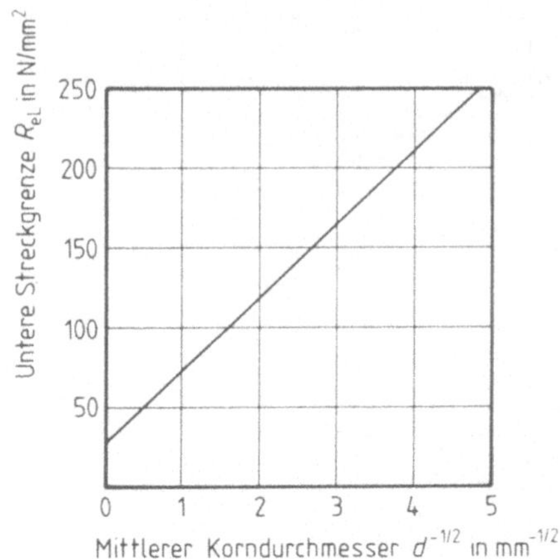

Bild 4.5 Zusammenhang zwischen den Zahlenwerten der unteren Streckgrenze R_{eL} und des mittleren Korndurchmessers d von Weicheisen mit 0,004 % C

zwecke werden von der verarbeitenden Industrie die nachfolgenden Eigenschaften verlangt: ein herausragendes Formänderungsvermögen, eine hohe Oberflächengüte, eine bestimmte Oberflächenausführung, Freiheit der Ziehteile von Fließfiguren, d. h. keine ausgeprägte Streckgrenze, eine einwandfreie Schweißbarkeit nach allen Verfahren, eine sichere Einhaltung der gemäß DIN 1541 zulässigen Maß- und Formabweichungen, eine hohe Gleichmäßigkeit hinsichtlich der Eigenschaften über die Bandlänge und die Bandbreite und ein niedriger Preis. Von diesen Eigenschaften ist die des guten Formänderungsvermögens die wichtigste. Als sehr komplexe Eigenschaft ist sie nur sehr unvollkommen auf herkömmliche Art und Weise zu prüfen und zu beurteilen.

Bei der Kaltumformung von Blechen und Bändern aus unlegierten weichen Stählen nimmt das Tiefziehen den breitesten Raum ein. Dabei setzt sich aber das betriebliche Tiefziehen aus zwei Umformvorgängen zusammen, die sich hinsichtlich der Werkstoffbeanspruchung grundsätzlich unterscheiden. Bei dem Umformvorgang mit Hilfe eines Ziehstempels, eines Niederhalters und eines Ziehringes ist die Werkstoffbeanspruchung eine andere als beim Streckzieh- oder Einbeulvorgang. Das *Tiefziehen* ist eine Zug-Druck-Umformung, das *Streckziehen* eine Zugumformung. Die ideale Tiefziehbeanspruchung stellt sich weitgehend bei der Umformung einer Blechronde zu einem zylindrischen Napf ein. Dabei bleibt die Blechdicke während der Umformung nahezu konstant und der Werkstoff fließt fast ausschließlich in Breiten- und Längsrichtung. Bei dem Umformvorgang durch reines Streckziehen, Abstrecken oder Einbeulen fließt der Werkstoff aus der Blechdicke und das Werkstoffverhalten wird durch das Dehnungsvermögen des Blechwerkstoffs unter Zugbeanspruchung festgelegt. Bild 4.6 veranschaulicht den Umformvorgang beim Tiefziehen und beim Streckziehen.

Das wichtigste Prüfverfahren für Bleche und Bänder aus unlegierten C-armen Stählen ist der Zugversuch. Der Zahlenwert für die Streck- bzw. die 0,2 %-Dehngrenze macht eine Aussage über den Spannungswert, der zur Einleitung des Fließens bei einachsiger Beanspruchung aufgebracht werden muß. Er stellt folglich eine Ersatzgröße für die zu Beginn des Fließens erforderliche Spannung der Formänderungsfestigkeit dar. Es besteht daher in der Regel ein Interesse der Blechverarbeiter an einem niedrigen Spannungswert für die Streck- bzw. 0,2 %-Dehngrenze.

Das Auftreten einer ausgeprägten Streckgrenze, die mit einer deutlichen Streckgrenzendehnung verbunden ist, zeigt dem Verarbeiter eine Anfälligkeit des Werkstoffs für die Bildung von *Fließfiguren* an. Der Übergang in den plastischen Zustand erfolgt zunächst nur in einigen bevorzugten Werkstoffzonen. Nach Erreichen des Spannungswertes der oberen Streckgrenze fällt die Spannung auf den Wert der unteren Streckgrenze ab, so daß die übrigen Werkstoffzonen zunächst nicht fließen können. Ein gleichmäßiges Fließen erfolgt erst, wenn die Spannung wieder ansteigt. Bild 4.7 vergleicht das Spannungs-Dehnungs-Schaubild von Blechen und Bändern, die eine ausgeprägte Streckgrenze zeigen, mit dem von Blechen und Bändern, bei denen der Übergang vom elastischen zum plastischen Bereich stetig erfolgt. In diesem Zusammenhang ist daran zu erinnern, daß der Spannungswert der oberen Streckgrenze durch die Blockierung der Versetzungen zustandekommt. Sie ist die Folge der N- und C-Atome, die sich in den gestörten Gitterbereichen der Versetzungen befinden. Werden die Versetzungen von den Blockierungen durch eine kleine Umformung gelöst bzw. werden neue gleitfähige Versetzungen gebildet, verschwindet die ausgeprägte Streckgrenze, und das Fließen setzt bereits bei einem niedrigeren Spannungswert

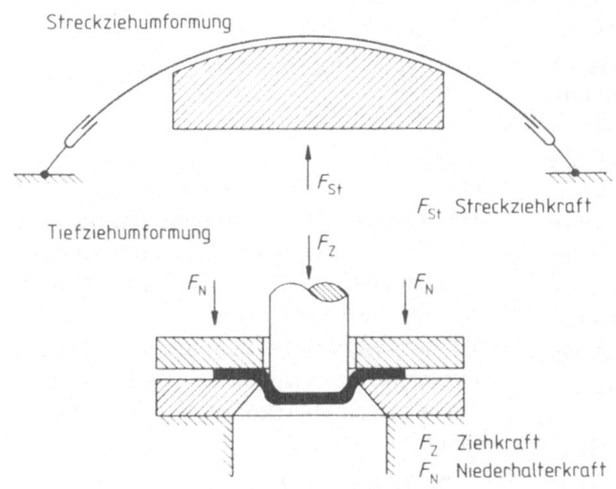

Bild 4.6
Streckzieh- und Tiefziehumformung
von Blechen

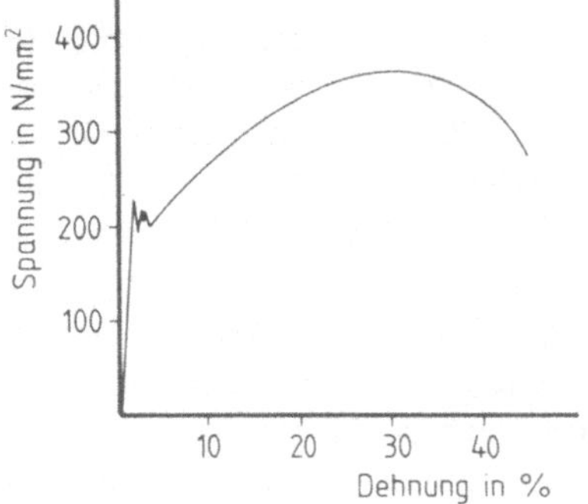

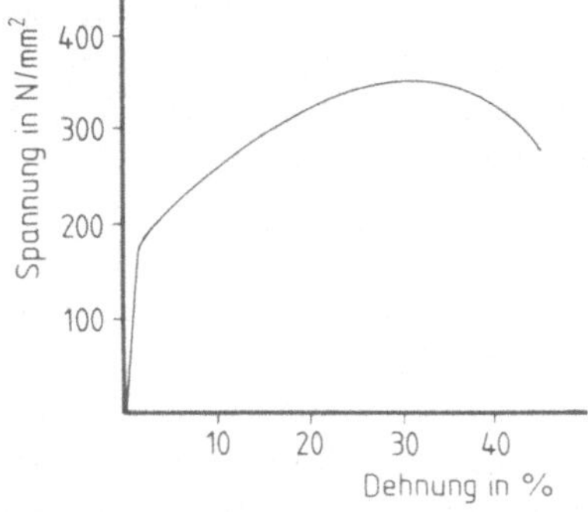

Bild 4.7 Spannungs-Dehnungs-Diagramm mit ausgeprägter Streckgrenze (nach Rekristallisationsglühung) und ohne ausgeprägte Streckgrenze (nach Rekristallisationsglühung und Nachwalzung) Werkstoff: unlegierter weicher Stahl mit 0,06 % C

ein. Die Alterung bildet allerdings die ausgeprägte Streckgrenze wieder zurück.

Der Spannungswert der Zugfestigkeit macht eine Aussage über die größte im Verlauf der Umformung im Ziehteil übertragbare Spannung. Für die Beurteilung der Kaltumformbarkeit ist der Zahlenwert des Streckgrenzenverhältnisses von größerer Aussagekraft. Für die Umformung der Bleche und Bänder zu Ziehteilen ist von Wichtigkeit, daß die zwischen den Spannungswerten der Streckgrenze und der Zugfestigkeit bzw. zwischen den zugehörigen Dehnungswerten liegenden Arbeitsbereiche möglichst ausgedehnt sind. Demzufolge ist das Streckgrenzenverhältnis neben der Gleichmaßdehnung eine Kenngröße, die mithilft, das Werkstoffverhalten bei der Umformung zu beschreiben.

Der Härtewert erlaubt keine sichere Aussage über das Formänderungsvermögen. Härte-

messungen gestatten lediglich eine gewisse Kontrolle hinsichtlich der Gleichmäßigkeit einer Charge.

Die Bruchdehnung setzt sich aus der Gleichmaßdehnung und der Einschnürdehnung zusammen. Von diesen beiden Dehnungsanteilen ist der Zahlenwert der Gleichmaßdehnung für die Beurteilung des Umformverhaltens von größerer Bedeutung. Er erfaßt den für die Blechumformung zur Verfügung stehenden Dehnungsbereich. Dieser erstreckt sich bis zu dem Punkt, an dem die Einschnürung als Vorstufe der Rißbildung einsetzt. Vielfach wird jedoch der Ermittlung der Bruchdehnung wegen der einfacheren Bestimmung der Vorzug gegeben. Sie ist dann die Ersatzgröße für den Zahlenwert der Gleichmaßdehnung und folglich nur mit Vorbehalten zur Beurteilung des Formänderungsvermögens heranzuziehen.

In Ergänzung der konventionellen Prüfwerte haben die Zahlenwerte der *senkrechten Anisotropie* r und des *Verfestigungsexponenten* n eine besondere Bedeutung für die Beurteilung der Kaltumformbarkeit von Blechen und Bändern erlangt. Der Zahlenwert der senkrechten Anisotropie wird in Anlehnung an Bild 4.8 durch das Verhältnis der logarithmischen Breitenformänderung φ_b zur logarithmischen Dickenformänderung angegeben. Das Verformungsverhältnis r errechnet sich dann mit Hilfe der Beziehungen

$$r = \frac{\varphi_b}{\varphi_h} = \frac{\ln \dfrac{b_o}{b_1}}{\ln \dfrac{h_o}{h_1}}.$$

In ihr sind b_o und h_o die Ausgangsabmessungen und b_1 und h_1 die Abmessungen der Probe, die sich nach einer bestimmten Gleichmaßdehnung im Zugversuch einstellen. In der Regel wird der r-Wert nach einer Gleichmaßdehnung von ϵ = 20 % ermittelt. Im Zugversuch kann angenommen werden, daß das Werkstoffvolumen konstant bleibt. Es gilt dann:

$$h_o \, b_o \, l_o = h_1 \, b_1 \, l_1.$$

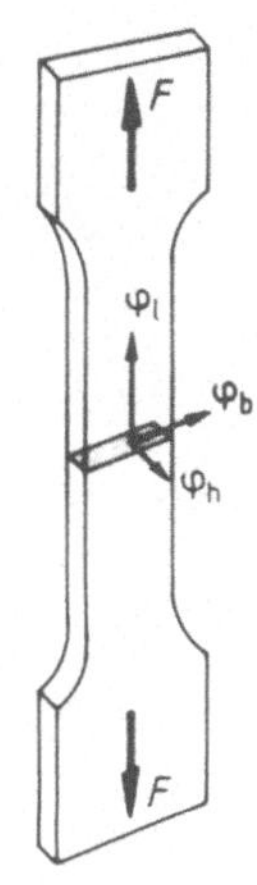

$$r = \frac{\varphi_b}{\varphi_h}$$

$$r = \frac{\ln \dfrac{b_o}{b}}{\ln \dfrac{h_o}{h}}$$

F Zugkraft
φ_l Längenformänderung
φ_b Breitenformänderung
φ_h Dickenformänderung
b_o Ausgangsbreite
h_o Ausgangsdicke
b Probenbreite nach einer Dehnung
h Probendicke nach einer Dehnung

(Dehnung ϵ in der Regel 20 %)

Bild 4.8 Formänderungen einer Zugprobe im Verlauf einer Dehnung

l_o und l_1 sind die Meßlängen vor bzw. nach der Zugverformung. Für den r-Wert läßt sich dann schreiben:

$$r = \frac{\ln \dfrac{b_o}{b_1}}{\ln \dfrac{b_1 l_1}{b_o l_o}}.$$

Der r-Wert beschreibt den Widerstand des Blechwerkstoffes gegen eine Dickenabnahme, die eine Rißbildung im Ziehteil zur Folge haben kann. Es hat sich gezeigt, daß ein eindeutiger Zusammenhang besteht zwischen dem Zahlenwert der senkrechten Anisotropie r und dem Verhalten des Werkstoffes bei einer Tiefziehbeanspruchung. Ein für eine Tiefziehumformung bestimmtes Blech bzw. Band sollte einen möglichst hohen r-Wert liefern. Dabei besteht eine Abhängigkeit des Zahlenwertes von r von der im Blech bzw. Band vorliegenden Rekristallisationstextur. Ein isotroper Blechwerkstoff zeigt einen Anisotropiewert von $r = 1{,}0$.
Hinsichtlich des Zahlenwertes der senkrechten Anisotropie besteht zusätzlich noch eine ausgeprägte Flächenanisotropie. Sie ist über

die Bestimmung des r-Wertes in den verschiedenen Richtungen der Blechebenen zu erfassen. Der Mittelwert der senkrechten Anisotropie ergibt sich dann z. B. zu

$$r_m = \frac{r_o + r_{90} + 2r_{45}}{4}.$$

Die Indizes bezeichnen die Richtungen in der Blechebenen in Bezug auf die Walzrichtung. In der Regel ergeben sich in der Walzrichtung und in der Querrichtung Höchstwerte für r, während in der Richtung der Diagonalen Minimalwerte gefunden werden. Bild 4.9 zeigt die Richtungsabhängigkeit des Zahlenwertes für die senkrechte Anisotropie am Beispiel eines beruhigt vergossenen unlegierten kohlenstoffarmen Tiefziehstahles und am Beispiel eines vakuumentkohlten mikrolegierten Stahles für Kaltumformzwecke. Beide Stähle besitzen eine besonders ausgeprägte *Textur*, die eine Formänderung in der Blechdickenrichtung behindert. Unberuhigt vergossene Stähle zeigen eine weit weniger ausgeprägte Textur und damit auch kleinere r-Werte.

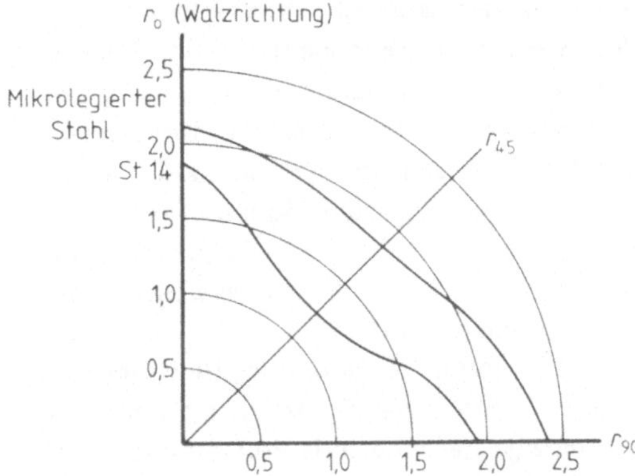

Bild 4.9 Flächenanisotropie von Blechen und Bändern aus einem Al-beruhigt vergossenen Sondertiefziehstahl St 14 mit 0,05 % C und einem vakuumentkohlten, Al-beruhigt vergossenen, mit Ti mikrolegierten Sondertiefziehstahl mit 0,008 % C

Wenn bei der Blechumformung eine überwiegende Abstreck- oder Einbeulbeanspruchung vorliegt, erfolgt ein Fließen des Werkstoffes aus der Blechdicke. Dabei führt eine hohe Werkstoffverfestigung zu einer verminderten Neigung des Bleches zum örtlichen Fließen, weil die Nachbarzonen eine gewisse Stützwirkung ausüben. Bei ferritischen Stählen erfolgt die Kennzeichnung der Verfestigung durch den Exponenten n der Potenzfunktion $k_f = a\,\varphi^n$. Bleche und Bänder mit einem hohen Zahlenwert für den Exponenten n sind gut für eine Streckziehumformung geeignet.

Bei der betrieblichen Umformung von Blechen und Bändern treten jedoch die idealen Grenzfälle der ausgesprochenen Tiefziehbeanspruchung und der ausgesprochenen Streckziehbeanspruchung des Werkstoffs nur selten auf. Es ergibt sich daher die Notwendigkeit, sowohl den Zahlenwert der mittleren senkrechten Anisotropie r_m als auch den des *Verfestigungsexponenten n* zur Werkstoffbeurteilung heranzuziehen. Dabei kann eine Mittelwertbildung des n-Wertes unterbleiben, weil seine Richtungsabhängigkeit verhältnismäßig gering ist. Bild 4.10 gibt eine Zusammenstellung der Zahlenwerte des Mittelwertes der senkrechten Anisotropie und des Verfestigungsexponenten von Blechen und Bändern aus unberuhigt vergossenen Tiefziehstählen, aus beruhigt vergossenen Sondertiefziehstählen und aus vakuumentkohlten mikrolegierten Sondertiefziehstählen. Es zeigt sich, daß das Formänderungsvermögen der Stähle in der gewählten Reihenfolge besser wird.

Ein verbreitetes Verfahren der Blechprüfung ist der Tiefungsversuch nach Erichsen. Es ist das einzige nachahmende Prüfverfahren, das in die Feinblechnormen Eingang gefunden hat. Die Prüfung besteht in dem Ausbeulen einer fest eingespannten Blechprobe bis zum Anriß (Bild 4.11). Als *Erichsen-Tiefung* wird die Tiefe in mm gemessen, bis zu der der Stempel ohne Verursachung eines Anrisses in das Blech eindringen kann. Dabei ist die Tiefung ein Maß für das Werkstoffverhalten bei

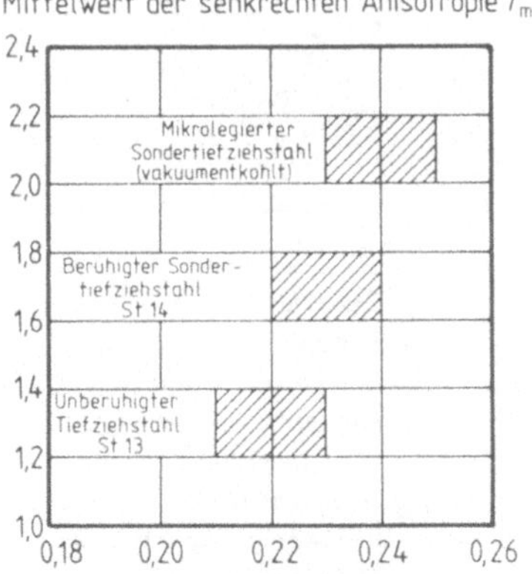

Bild 4.10 Zahlenwerte der mittleren senkrechten Anisotropie und des Verfestigungsexponenten von Blechen und Bändern für Kaltumformzwecke

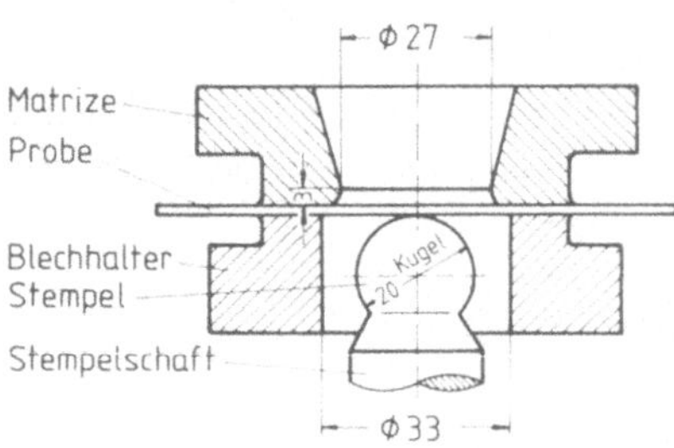

Bild 4.11 Tiefungsversuch nach *Erichsen* (Streckziehprüfung) Werkzeug für Blech- bzw. Banddicken zwischen 0,2 und 2 mm

einer Streckziehumformung. Demzufolge ergibt sich auch ein Zusammenhang zwischen den Zahlenwerten der Erichsen-Tiefung und denen des Verfestigungsexponenten n.

Das Formänderungsvermögen von Blechen und Bändern aus unlegierten weichen Stählen wird erheblich durch die metallurgischen und metallkundlichen Gegebenheiten bei der Herstellung beeinflußt. Tabelle 4.3 gibt eine Übersicht über die besonderen Kennzeichen, die Technologie der Bandwalzung und die Eigenschaften der unberuhigt und beruhigt vergossenen unlegierten C-armen Stähle für Kaltumformzwecke.

Tabelle 4.3 Merkmale und Eigenschaften unberuhigt und beruhigt vergossener unlegierter kohlenstoffarmer Stähle für Kaltumformzwecke

	Unberuhigt	Beruhigt (Al)
	vergossener Stahl	
C-Gehalt	0,05 %	0,06 %
Seigerung	ausgeprägt	seigerungsarm
Lunkerung	kaum ausgeprägt	ausgeprägt
Gasblasen	Gasblasenkränze	wenig Gasblasen
Ausbringen	hoch	vermindert

Warmbandwalzung
  Vorbrammendicke h_0
  Warmbanddicke h_{12}
  Walzendtemperatur
  Haspeltemperatur
	220 mm
	z. B. 2,5 mm
	890 °C
	580 °C	

Entzunderung	kontinuierlich in HCl oder H_2SO_4	

Kaltwalzung
  Formänderung ϵ
  log. Formänderung φ
	60 ... 70 %
	92 ... 120 %	

Rekristallisation
  Glühtemperatur
  Schutzgas
	690 °C
	Gasgemische aus N_2, H_2, CO, CO_2
	und H_2O	

Nachwalzung Formänderung ϵ	1,0 %	
Alterung	alterungsanfällig	alterungsbeständig
0,2 %-Dehngrenze	220 N/mm^2	200 N/mm^2
Zugfestigkeit	320 N/mm^2	300 N/mm^2
Bruchdehnung	38 %	42 %
r_m-Wert	1,3	1,7
n-Wert	0,22	0,23
Korngröße	ASTM 8 ... 9	ASTM 7 ... 8

Neben diesen konventionellen Stahlgüten bieten die *mikrolegierten Stähle* optimale Eigenschaften hinsichtlich des Formänderungsvermögens bei hohen Umformungsbeanspruchungen. Bei ihnen wird der C-Gehalt durch eine Vakuumbehandlung auf Werte unter 0,01 % abgesenkt, und es werden zur quantitativen Abbindung des Stickstoffs die Elemente Titan oder Niob dem Stahl zugesetzt. Die sich durch diese Behandlung einstellende Alterungsfreiheit ist gekoppelt mit r_m-Werten von 1,8 bis 2,2 und n-Werten von 0,24 bis 0,27. Die Vakuumbehandlung ist notwendig, um die Teilchenhärtung durch eine zu starke Carbonitridbildung einzuschrän-

ken. Diese Stähle werden auf Grund der Entfernung interstitiell gelöster Fremdatome aus der Eisenmatrix Interstitial-Free-Stähle genannt.

4.6 Allgemeine Baustähle

4.6.1 Grundlagen der unlegierten Baustähle

Allgemeine Baustähle werden im Hoch-, Tief- und Brückenbau, im Stahlwasserbau, im Behälter- und Apparatebau, im Schiffbau, beim Bau von Straßen-, Schienen- und Nutzfahrzeugen, im Maschinenbau und in der Rohrfertigung eingesetzt. Es handelt sich dabei um unlegierte Stähle, die in Form von Profilen, Grob-, Mittel- und Feinblechen oder als Breitflachstahl im Walzzustand oder normalisiert verwendet werden. Die Stahleigenschaften im Walzzustand können durch temperaturkontrollierte Walz- und Abkühlbedingungen beeinflußt werden, so daß eine nachfolgende Normalglühung entfallen kann. Für den Stahlverbraucher sind bei den allgemeinen Baustählen in erster Linie die Zahlenwerte der Streckgrenze, der Zugfestigkeit, der Kerbschlagarbeit und der Übergangstemperatur der Kerbschlagarbeit von Interesse. Daneben sind das Rißauffangvermögen und die Schweißeignung von Bedeutung. In besonderen Fällen interessiert die Witterungsbeständigkeit des zur Anwendung kommenden Stahles. Die Festigkeits- und Zähigkeitseigenschaften werden durch die chemische Zusammensetzung des Stahles, seine Wärmebehandlung und seine Korngröße bestimmt. Dabei steckt in der chemischen Zusammensetzung die metallurgische Vorgeschichte des Stahles, die insbesondere die Alterungsneigung vorbestimmt. Alterungsbeständige Stähle sind besonders beruhigt und müssen zur Erzielung einer ausreichenden Alterungsbeständigkeit einen gewissen Mindestgehalt an Aluminium haben. Dabei ergibt sich folgende Stoffbilanz.

$$Al_{ges} = Al_{Al_2O_3} + Al_{AlN} + Al_{Fe-Mk.}$$

Die Alterungsneigung eines Stahles führt bei mehrachsigen Beanspruchungen, hohen Beanspruchungsgeschwindigkeiten und tiefen Temperaturen zu einer erhöhten *Sprödbruchempfindlichkeit*. Zur Erfassung der Sprödbruchempfindlichkeit ist im Rahmen der Weiterentwicklung der Bruchmechanik eine Vielzahl von Prüfverfahren vorgeschlagen worden. Diese eignen sich aber alle recht unvollkommen für die laufende Qualitätskontrolle und für Abnahmeprüfungen. Dementsprechend ist der Kerbschlagbiegeversuch immer noch das vorherrschende Prüfverfahren zur Feststellung einer Sprödbruchempfindlichkeit.

In der Vergangenheit hat die Frage nach der *Schweißeignung* zunehmend an Bedeutung gewonnen. Schadensfälle im Hoch-, Brücken-, Schiff- und Maschinenbau haben dazu geführt, daß vor allem der Härteannahme in der wärmebeeinflußten Zone der Schweißnähte eine besondere Aufmerksamkeit gewidmet wurde. Das Ergebnis war die Beschränkung des C-Gehaltes des Stahles, der für die Härteannahme in der wärmebeeinflußten Zone verantwortlich ist, auf ca. 0,20 %.

Tabelle 4.4 gibt eine Zusammenstellung der wichtigsten Einflußgrößen einschließlich ihrer Wirkungen auf die Stahleigenschaften. Sie erlaubt die Schlußfolgerung, daß eine Reduzierung des Perlitanteils im Stahlgefüge und eine Kornverfeinerung die bevorzugten Maßnahmen zur Gütesicherung der allgemeinen Baustähle sein müssen.

4.6.2 Feinkornbaustähle

Die Eigenschaften von ferritischen und ferritisch-perlitischen Stählen werden vorrangig durch die Korngröße beeinflußt. Mit abnehmender Korngröße stellt sich ein deutlicher Anstieg der Zahlenwerte für die Streckgrenze und die Zugfestigkeit ein. Dabei ergibt sich eine ausgeprägte Proportionalität zwischen den Spannungswerten und dem Reziprokwert der Wurzel aus der mittleren freien Weglänge der sich in den Körnern bewegenden Versetzungen, die bei einem ferritischen Gefüge mit dem Korndurchmesser gleichgesetzt werden kann. Die Festigkeitskennwerte setzen sich folglich aus der Reibungsspannung σ_i, die der Versetzungsbewegung innerhalb der Körner entgegenwirkt, und dem Korngrenzwiderstand zusammen.

Die Sprödbruchneigung der Stähle wird durch eine Kornverfeinerung herabgesetzt. Das zeigt sich in der Verschiebung der Übergangstemperatur der Kerbschlagarbeit zu tieferen Temperaturen hin. Feinkornstähle bieten somit die Möglichkeit, unter Voraussetzung einer für alle Schweißverfahren gültigen Schweißeignung, Stähle mit angehobenen Werten für die Streckgrenze, die Zugfestig-

Tabelle 4.4 Einflußgrößen und deren Wirkung auf die Eigenschaften von Baustählen

Eigenschaft	Wirkung der Einflußgrößen			
	Perlitanteil im Gefüge	Mischkristall-bildung	Ausscheidungs-härtung	Kornverfeinerung
Streckgrenze Zugfestigkeit	+	+	+	+
Zähigkeit Sprödbruchsicherheit	−	+/−	−	+
Schweißbarkeit	−	−	−	+
Umformbarkeit	−	+/−	−	+

+ günstige Wirkung
− nachteilige Wirkung

keit und die Kerbschlagarbeit einzusetzen. Sie können im normalisierten Zustand oder vergütet oder mit einer thermomechanischen Vorbehandlung, d. h. mit einer aufeinander abgestimmten Walz- und Wärmebehandlung Verwendung finden. Dabei besteht die Vergütung in einer Härtung mit einer nachfolgenden Anlaßbehandlung. Sie führt bei niedriglegierten Stählen zu Streckgrenzenwerten zwischen 450 N/mm² und 1000 N/mm².
Feinkornstähle sind Si-Al- oder Al-beruhigte Stähle, so daß feinverteilte Nitride auftreten, die das Kornwachstum behindern und erst bei höheren Temperaturen in Lösung gehen. Im Lieferzustand und nach dem Schweißen liegt die ASTM-Korngröße bei 8. Sie kann durch zusätzliche Nb-, Ti- oder V-Gehalte weiter verringert werden.
Bedingt durch die Walzumformung kommt es in Baustählen zur Ausbildung langgestreckter, die Stahlmatrix unterbrechender Einschlußzeilen. Bei ihnen handelt es sich in erster Linie um Sulfide. Diese Einschlußzeiligkeit, die vielfach noch in ihrer Wirkung durch eine Gefügezeiligkeit verstärkt wird, führt zu einer ausgeprägten *Anisotropie der Eigenschaften.* Bild 4.12 gibt eine Vorstellung vom Einfluß des im Stahl vorliegenden Schwefelgehaltes auf die Übergangstemperatur der Kerbschlagarbeit von dicken Grobblechen bei verschiedenen Probenlagen. An den Stahlwerker ist demnach die Forde-

rung zu stellen, die Entschwefelung des Stahles bis hin zu S-Gehalten unter 0,010 % zu betreiben.

4.6.3 Perlitreduzierte Stähle

Auf fast allen Gebieten des konstruktiven Ingenieurbaus wird verstärkt die Verwendung von Bauteilen angestrebt, die bei möglichst geringem Gewicht eine hohe Tragfähigkeit bieten. Diese allseits gewünschte *Leichtbauweise* erfordert neben besonderen konstruktiven Maßnahmen die Anwendung von Werk-

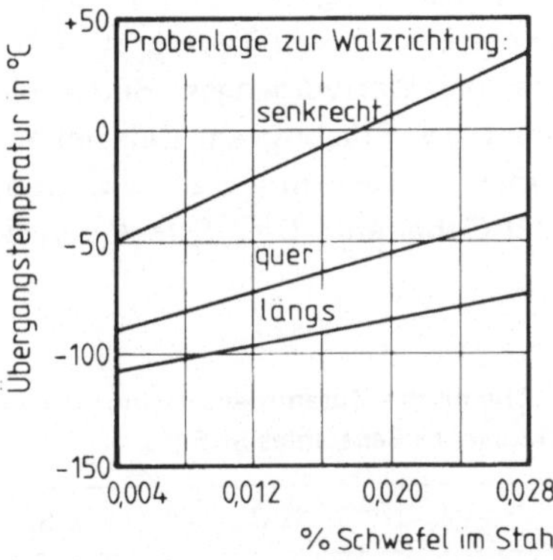

Bild 4.12 Einfluß des Schwefelgehaltes und der Probenlage auf die Übergangstemperatur der Kerbschlagarbeit von 50-mm-Grobblechen aus einem unlegierten Baustahl mit 0,12 % C
Proben ISO-Spitzkerbproben

stoffen mit hoher Sprödbruchsicherheit, guter Schweißeignung und mit mechanischen Eigenschaften, deren Zahlenwerte im Verhältnis zu ihrem Eigengewicht möglichst hoch liegen.

Aus Tabelle 4.4 ist zu ersehen, daß der Perlitanteil des Stahlgefüges die Zähigkeitseigenschaften, die Schweißbarkeit und das Umformverhalten ungünstig beeinflußt. Es ist daher wünschenswert, den C-Gehalt der Baustähle zu senken, um auf diese Weise zu perlitreduzierten Stählen zu gelangen. Diese Stähle können *perlitarm* sein, sie können aber auch regelrecht *perlitfrei* aufgebaut sein. Um trotz eines abgesenkten C-Gehaltes zu erhöhten Werten für die Streckgrenze und die Zugfestigkeit zu kommen, sind gewisse Mengen an carbid-, nitrid- und carbonitridbildenden Elementen erforderlich, die über eine Kornverfeinerung und Ausscheidungshärtung verfestigend wirken. In diesem Sinne wirken vor allem die Mikrolegierungselemente Niob und/oder Vanadin und Titan. Zusätzlich werden den perlitreduzierten Stählen in der Regel noch erhöhte Mn-Gehalte zur Mischkristallhärtung zulegiert. Es ergeben sich dann Stahlzusammensetzungen, wie sie in der Tabelle 4.5 mit der chemischen Zusammensetzung des Baustahles St 52-3 verglichen werden. Der Feinkorn- und Ausscheidungseffekt bedingt eine spezielle thermomechanische Behandlung der Stähle. Diese besteht in einer besonderen Temperaturführung während des Walzvorganges. Bild 4.13 veranschaulicht das Ergebnis am Beispiel eines perlitarmen Stahles mit 0,09 % C und steigenden V-Gehalten. Die Streckgrenze

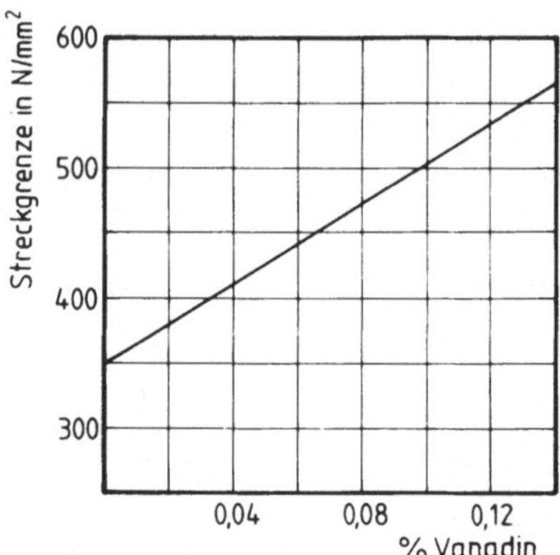

Bild 4.13 Einfluß des V-Gehaltes auf die Streckgrenze eines Stahles mit 0,09 % C und 1,4 % Mn (Kornverfeinerung und Ausscheidungshärtung)

steigt linear mit dem V-Gehalt an, weil die Korngröße geringer und die Menge der Ausscheidung größer wird.

4.6.4 Wetterfeste Baustähle

Unlegierte, niedriglegierte und viele hochlegierte Stähle korrodieren in ihrer unterschiedlich verunreinigten, feuchten Umgebung. Unter den vielen Stoffen, welche die Luft verunreinigen, ist das Schwefeldioxid SO_2 besonders aggressiv. Beim Rosten der Eisenwerkstoffe wird aus dem entstehenden Eisen(II)-Sulfat durch Oxidation ständig Schwefelsäure frei, die dann erneut korrosiv wirken kann. Der am weitesten verbreitete Schutz gegen Witterungseinflüsse ist der Farbanstrich. Daneben hat sich besonders die Verzinkung als Korrosionsschutzverfahren bewährt, und wo

Tabelle 4.5 Chemische Zusammensetzung von perlitarmen und perlitfreien Stählen im Vergleich mit der Zusammensetzung des Baustahles St 52-3

Stahl	% C	% Si	% Mn	% V	% Nb	% N
St 52-3	0,16 … 0,20	0,10 … 0,55	1,20 … 1,50	—	—	0,005
perlitarmer Stahl	0,08 … 0,12	0,10 … 0,40	1,00 … 2,00	bis 0,15	bis 0,10	0,004 … 0,009
perlitfreier Stahl (vakuumentkohlt)	0,01 … 0,02	0,10 … 0,40	1,00 … 2,00	bis 0,15	bis 0,10	0,004 … 0,009

hochaggressive Korrosionseinwirkungen vorliegen, kann die Zinkschicht zusätzlich durch einen Anstrich geschützt werden.
Beim Rosten des Stahles bilden sich nach einer primären Bedeckung der Werkstückoberfläche mit einer monomolekularen Adsorptionsschicht von Sauerstoff Reaktionsschichten, die in der Regel nur einen sehr unvollkommenen Schutz gegen den Fortgang der Korrosion geben. Es hat sich jedoch in der Praxis und bei Naturrostungsversuchen gezeigt, daß die Rostungsgeschwindigkeit des Stahles durch das Zulegieren von Cu merklich herabgesetzt werden kann. Dabei führen bereits Cu-Gehalte von 0,2 ... 0,3 % zu einer deutlichen Anhebung des Rostungswiderstandes. In diesen gekupferten Stählen erfährt das Cu im Verlauf des Korrosionsangriffes eine Anreicherung an der Oberfläche des Werkstückes. Langzeitige Naturrostungsversuche haben ergänzend gezeigt, daß gekupferte Stähle dann eine besonders große *Rostungsträgheit* zeigen, wenn gleichzeitig ein hoher P-Gehalt im Stahl vorliegt. Neben erhöhten Cu- und P-Gehalten wirken sich auch leicht erhöhte Gehalte an Cr, Ni und Si günstig auf das Korrosionsverhalten der Stähle in der Atmosphäre aus. Es bildet sich in relativ kurzer Zeit eine dichte festhaftende Rostschicht, die als *Sperrschicht* den Schutz der Metallphase übernimmt und sich, im Gegensatz zu künstlich aufgebrachten Schutzschichten, bei einer mechanischen Beschädigung selbst regeneriert. Im Verlauf des Rostungsvorganges bekommt die Stahloberfläche zudem eine dekorative braun-violette Färbung. Bild 4.14 veranschaulicht das günstige Rostungsverhalten des gekupferten Stahles und die ausgesprochene Witterungsbeständigkeit des optimal legierten wetterfesten Stahles bei Abwitterungsversuchen in Industrieluft im Vergleich zum Verhalten eines unlegierten Baustahles in derselben Atmosphäre. Bei mechanischen Eigenschaften, die denen des üblichen Baustahles St 52-3 entsprechen, ergibt sich für einen wetterfesten Stahl eine chemische Zusammensetzung mit 0,12 % C, 0,25 ...

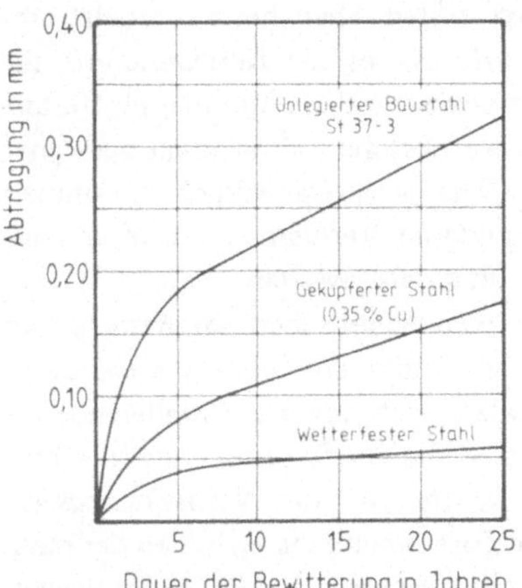

Bild 4.14 Abwitterungsversuche mit einem unlegierten Baustahl, einem gekupferten Stahl und einem wetterfesten Stahl in Industrieluft (jeweils 0,12 % C)

... 0,75 % Si,   0,25 ... 0,60 % Mn,   0,07 ... ... 0,15 % P, max. 0,030 % S, 0,25 ... 0,55 % Cu, 0,30 ... 1,25 % Cr und 0,50 ... 0,70 % Ni.

4.7 Weichmagnetische Silizium-Stähle

Weichmagnetische Eisen-Silizium-Stähle finden als *Elektrobleche* bzw. -bänder in der Elektroindustrie Verwendung. Diese setzt die Hauptmenge der silizierten Stahlgüten als *Dynamobleche* und -bänder beim Bau von Antriebsmotoren und Generatoren ein. Einen besonders in wirtschaftlicher Hinsicht bedeutsamen Anteil machen weiterhin die *Transformatorenbleche* und -bänder aus, die für die Herstellung von Kernen für Transformatoren Verwendung finden. Daneben werden Elektrobleche für den Bau von Relais, Drosselspulen, Übertragern, Wandlern, Transduktoren und Magnetsystemen für Elektronen- und Protonen-Synchrotrons benötigt. Als Grundwerkstoff für weichmagnetische Materialien kommt wegen seiner hohen Sättigungsflußdichte von $B_s = 2{,}158$ Vs/m^2 und der kostengünstigen großtechnischen Erzeugungsmöglichkeit in erster Linie das Eisen in Betracht. In unlegierten Rein- oder

Weicheisen treten aber hohe Wirbelstromverluste auf, die es als Kernwerkstoff für
Transformatoren und als Material für Stator-
und Rotorkernbleche weitgehend ungeeignet
machen. Diese Verluste würden zusammen
mit den anderen Verlustanteilen in nutzlo-
se Wärme umgesetzt werden.

Die in weichmagnetischen Werkstoffen in
W/kg zu ermittelnden *Ummagnetisierungsverluste* setzen sich aus drei Anteilen zusammen. Es sind die *Hystereseverluste*, die *Wirbelstromverluste* und die *Nachwirkungsver-
luste*. Der Zusammenhang zwischen der magnetischen Flußdichte und der magnetischen
Feldstärke wird bei Wechselfeldmagnetisie-
rung durch die Hystereseschleife erfaßt. Die
durch die Behinderung der Blochwandverschiebungen bedingten Hystereseverluste sind
durch die Breite der Hystereseschleife vorge-
geben und werden somit durch den Zahlenwert der Koerzitivfeldstärke bestimmt. Demzufolge soll die Ummagnetisierungsschleife
bei weichmagnetischen Werkstoffen möglichst schmal sein, denn die von ihr umschrie-
bene Fläche stellt eine Arbeit dar, die bei jedem Magnetisierungszyklus aufgebracht werden muß. Eine Verminderung der Beeinträchtigung der Blochwandbewegung ist möglich
durch eine möglichst weitgehende Beseitigung von Hindernissen und Störstellen, die
sich im Werkstoffgitter befinden. Verunreinigungen, Versetzungen, Korngrenzen und
Ausscheidungen sollten vermieden bzw. beseitigt werden. Es ist folglich ein metallurgisch sauberer, weitestgehend rekristallisier-
ter, grobkörniger, spannungsarmer Werkstoff
zu fordern. Bild 4.15 gibt die obere Hälfte der
Hystereseschleife eines 0,30 mm dicken Bleches aus einer Fe-Si-Legierung mit 3,1 % Si
wieder. Eine Kornorientierung sorgt zusätzlich für eine besonders gute Magnetisierbarkeit in der Walzrichtung.

In weichmagnetischen Werkstoffen, die einem magnetischen Wechselfeld ausgesetzt
sind, treten außerdem Wirbelströme und damit Wirbelstromverluste auf, die um so größer
sind, je höher die elektrische Leitfähigkeit

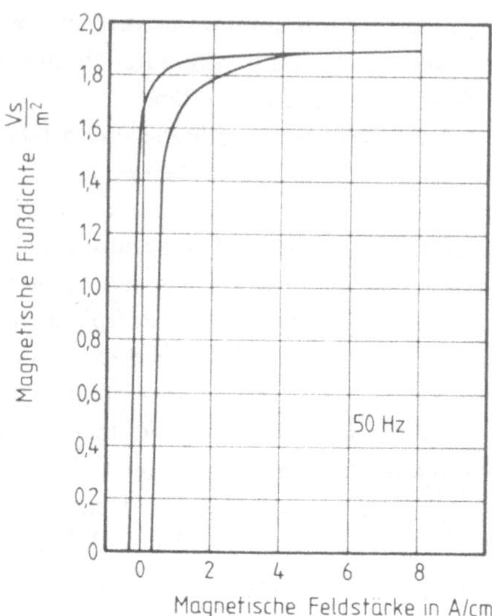

Bild 4.15 Obere Hälfte der Hystereseschleife eines
0,30 mm dicken Transformatorenbleches mit
einem Si-Gehalt von 3,1 % und mit Goss-Textur

des Kernwerkstoffs und je größer die Blechdicke ist. Da die Wirbelströme zudem qua-
dratisch mit der Frequenz ansteigen, die Hystereseverluste hingegen nur linear, gewinnt
der Wirbelstromanteil der Ummagnetisierungsverluste mit ansteigender Frequenz gegenüber dem Hystereseanteil zunehmend an
Gewicht. Er kann durch eine Anhebung des
elektrischen Widerstandes des Kernwerkstoffs
und durch eine Schichtung der Kerne aus
dünnen, voneinander isolierten Stanzteilen
vermindert werden.

Unter der Nachwirkung wird die zeitliche
Verzögerung der Änderung der magnetischen
Flußdichte gegenüber der Änderung des Feldes verstanden. Es bestehen jedoch kaum
Möglichkeiten der metallurgischen und metallkundlichen Einflußnahme auf die Nach-
wirkungserscheinungen.

Die gesamten *Ummagnetisierungsverluste*
werden in der Regel für eine Frequenz von
50 Hz und für Zahlenwerte der magnetischen
Flußdichte von $B = 1,0$ Vs/m^2 und 1,5 Vs/m^2
bzw. $B = 1,5$ Vs/m^2 und 1,7 Vs/m^2 in Watt
bezogen auf die Masse von 1 kg angegeben.

Dabei gelten für die magnetische Flußdichte die Zusammenhänge $1\ \text{Vs/m}^2 = 1\ \text{Wb/m}^2 = 1\ \text{T}$.

Bis zum Beginn dieses Jahrhunderts kam lediglich das unlegierte Eisen als weichmagnetischer Werkstoff zur Anwendung. Seit der Jahrhundertwende werden die Bleche mit einigen Prozent Silizium legiert. Dieses erhöht den spezifischen Widerstand des Eisens und vermindert so dessen Wirbelstromverluste. Als Folge einer verbesserten Walzwerkstechnologie wurde es im Laufe der Zeit möglich, den Si-Gehalt hochwertiger warmgewalzter Transformatorenbleche bis auf 4,8 % anzuheben. Dadurch konnten die Verlustwerte der 0,35 mm dicken Bleche bei einem Scheitelwert der magnetischen Flußdichte von 1,0 Vs/m^2 bis auf 0,80 W/kg und bei 1,5 Vs/m^2 auf 2,00 W/kg abgesenkt werden. Eine weitere Steigerung des Si-Gehaltes ist wegen der mit dem Si-Gehalt zunehmenden Versprödung der Bleche nicht möglich. Außerdem führt der Si-Zusatz zu einer Herabsetzung der Sättigungsflußdichte des Eisens (Bild 4.16).

Bild 4.3 gibt das für Elektrobleche maßgebende Teilgebiet des Zweistoffsystems Fe-Si wieder. Silizium gehört zu den Elementen, die das γ-Feld abschnüren, so daß ein Stahl mit 1,8 % Si bei der Aufheizung und Abkühlung im festen Zustand keine Umwandlung mehr erfährt. Das vermeidet die durch Volumenänderungen bedingten Umwandlungsspannungen. Dabei ist jedoch zu beachten, daß die üblichen Stahlbegleiter Kohlenstoff und Mangan dem Silizium entgegenwirken und das γ-Feld aufweiten. Weichmagnetische Fe-Si-Stähle sind ferritische Stähle.

Einen bedeutsamen Fortschritt im Transformatorenbau bewirkte der Einsatz kaltgewalzter Bleche und Bänder aus Si-Stahl, die als Folge einer besonderen Kaltwalz- und Glühbehandlung eine *Kornorientierung* aufweisen. Dadurch werden die Ummagnetisierungsverluste in Walzrichtung selbst bei abgesenktem Si-Gehalt fast auf die Hälfte der Verluste der besten weitgehend isotropen warmgewalzten Bleche herabgesetzt. Eine Bewertung der charakteristischen kristallographischen Richtungen des α-Eisen- bzw. Ferritkristalles hinsichtlich der Magnetisierbarkeit führt zu dem Ergebnis, daß die Würfelkantenrichtung $\langle 1\,0\,0\rangle$ der kubisch-raumzentrierten Elementarzelle die Richtung der besten Magnetisierbarkeit ist. Die Richtung der Flächendiagonalen $\langle 1\,1\,0\rangle$ verhält sich merklich schlechter, und die Richtung der Raumdiagonalen $\langle 1\,1\,1\rangle$ ist am schlechtesten zu magnetisieren. Bild 4.17 veranschaulicht die Richtungsabhängigkeit der Magnetisierung eines α-Fe-Einkristalles.

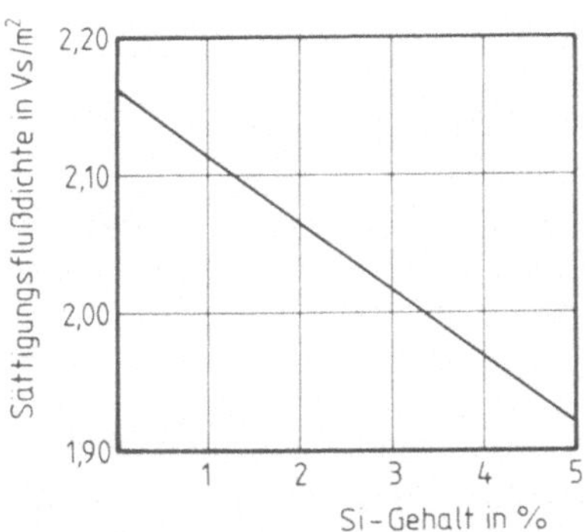

Bild 4.16 Einfluß des Siliziumgehaltes auf die Sättigungsflußdichte von Fe-Si-Legierungen

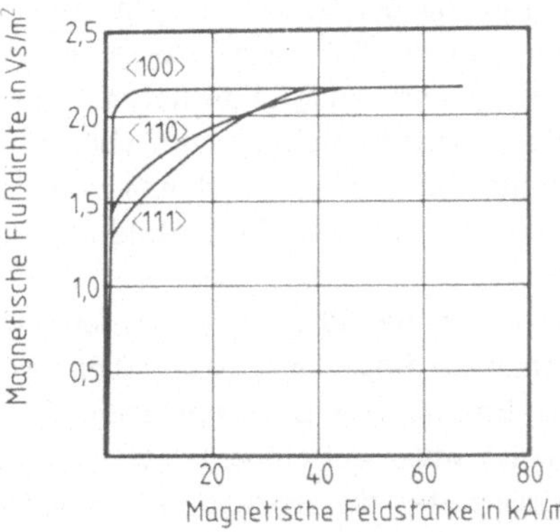

Bild 4.17 Magnetisierungskurven eines Eiseneinkristalles

Die zuerst von N.P. Goss beschriebene und nach ihm benannten *Rekristallisationstextur* der Fe-Si-Legierungen besteht darin, daß die Würfel der Elementarzellen der Fe-Si-Mischkristalle so auf der Kante stehen, daß Würfelkanten in der Walzrichtung des Bleches und Flächendiagonalen quer dazu verlaufen. Bild 4.18 verdeutlicht die Lage der Elementarzellen innerhalb des Bleches oder Bandes bei der *Goss-Textur*. Mit Hilfe der Millerschen Indizes kann sie als (1 1 0) [0 0 1] – Textur beschrieben werden. Sie hat zur Folge, daß sich in der Walzrichtung gute, in der Querrichtung aber weniger gute magnetische Eigenschaften einstellen. Gemäß Bild 4.19 sind die Ummagnetisierungsverluste bei einer magnetischen Flußdichte von 1,0 Vs/m^2 quer zur Walzrichtung etwa dreimal, bei 1,5 Vs/m^2 mehr als dreimal höher als in Walzrichtung. Dieser ausgeprägten Anisotropie muß beim Bau der Transformatoren Rechnung getragen werden. Wegen der eingeschränkten Kaltumformbarkeit der hochprozentigen Fe-Si-Legierungen muß der Si-Gehalt der mit verhältnismäßig hohen Formänderungen kaltzuwalzenden Transformatorenbänder auf etwa 3,6 % begrenzt werden.

Bei der *Würfeltextur* gemäß Bild 4.20 sind sowohl die Walzrichtung als auch die Querrichtung des Bleches bzw. Bandes magnetische Vorzugsrichtungen. Diese Textur ist als (1 0 0) [0 0 1] – Textur zu bezeichnen. Auch bei ihr handelt es sich um eine Rekristallisationstextur. Es müssen Vorgänge der primären, sekundären und tertiären Rekristallisation zusammenwirken, um über eine Kornwachstumshemmung und eine Wachstumsselektion zu einer Texturbildung zu kommen.

Die Blech- und Banddicken der Dynamogüten liegen in der Regel bei 0,50 und 0,65 mm. Für den Einsatz von Dynamoblechen und -bändern ist außer der Höhe der Ummagnetisierungsverluste die Sättigungsflußdichte von Bedeutung. Daneben interessiert die Stanzbarkeit der Bleche und Bänder, die sich im Werkzeugverschleiß äußert. Da beim Legieren des Eisens mit Silizium die magneti-

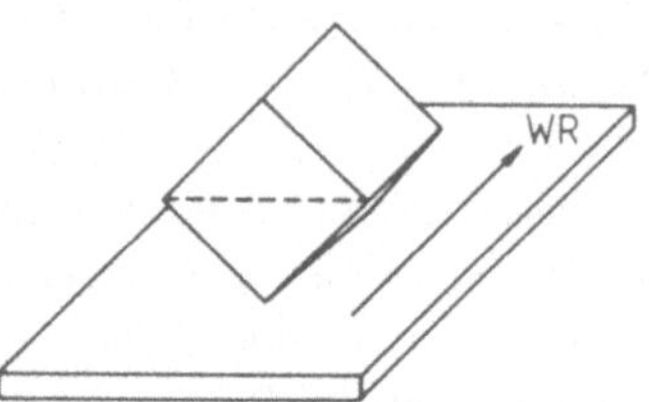

Bild 4.18 Ausrichtung der Elementarzellen der Kristalle bei der Goss-Textur (110) [001] (WR = Walzrichtung)

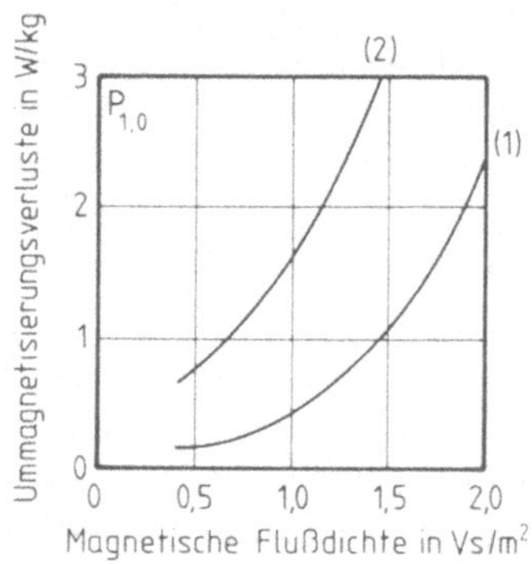

Bild 4.19 Abhängigkeit der Ummagnetisierungsverluste von Transformatorenblechen mit Goss-Textur von der magnetischen Flußdichte bei Messung in Walzrichtung und in Querrichtung (B = 1,0 Vs/m^2)
(1) Walzrichtung;   (2) Querrichtung

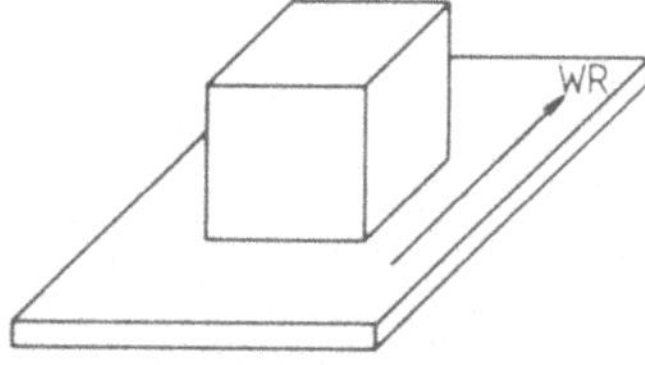

Bild 4.20 Ausrichtung der Elementarzellen der Kristalle bei der Würfeltextur (100) [001]

sche Sättigung abnimmt und die Stanzbarkeit ab etwa 1,0 % Si schlechter wird, erhalten Dynamogüten einen niedrigeren Si-Gehalt als Trafogüten, und es wird unter Umständen sogar ganz auf das Legierungselement Silizium verzichtet. Die Stanz- und Schneidbarkeit dieser weichen Güten kann durch einen höheren P-Gehalt des Stahles verbessert werden. Die notwendige Schlußglühung der Bleche und Bänder kann einmal im Walzwerk, zum andern aber auch nach dem Stanzen und Schneiden beim Verarbeiter durchgeführt werden. Im letzteren Falle treten im Stanzteil keine Schnittkantenverluste auf. Eine Kornorientierung ist bei Dynamoblechen und -bändern unerwünscht, weil möglichst gleiche magnetische Eigenschaften unter jedem Winkel zur Walzrichtung in der Blechebene erwünscht sind. Tabelle 4.6 gibt eine Übersicht über die Verlustwerte von kaltgewalzten, schlußgeglühten Elektroblechen und -bändern ohne und mit Vorzugsrichtung.

4.8 Chemisch beständige Stähle

4.8.1 Nichtrostende Stähle

Grundlage für die chemische Beständigkeit nichtrostender Stähle ist ein ausreichender Cr-Gehalt. Stähle mit mehr als 12 % Cr lassen sich *passivieren*. Es kommt zur Bildung einer dünnen stabilen Oxidschicht bzw. einer adsorptiv gebundenen Sauerstoffschicht, so daß der Stahl aus dem aktiven Zustand in den passiven Zustand übergeleitet wird.

Eine erste Einteilung der nichtrostenden Stähle führt auf der Grundlage der Gefügeausbildung zu den ferritischen, den austenitischen, den martensitischen und den ausscheidungshärtenden Stählen.

Das im Bild 4.21 dargestellte Zustandsschaubild Fe-Cr zeigt, daß in Fe-Cr-Legierungen das γ-Feld durch Chrom abgeschnürt wird, so daß Legierungen mit mehr als 13 % Cr von tiefen Temperaturen bis zur Soliduslinie *ferritisch* sind. Dabei ist jedoch zu beachten, daß besonders die Stahlbegleiter Kohlenstoff und Mangan, sowie der Stickstoff das Zustandsfeld der kubisch-flächenzentrierten γ-Mischkristalle wieder aufweiten, so daß ein Stahl mit 17 % Cr und nur 0,10 % (C+N) schon nicht mehr durchgehend ferritisch ist. Der Ferrit erfährt bei dieser Stahlzusammen-

Tabelle 4.6 Verlustwerte von kaltgewalzten, schlußgeglühten Elektroblechen und -bändern ohne und mit Textur

Sorte	Nenndicke	Ummagnetisierungsverluste	
		$P_{1,0}$	$P_{1,5}$
	mm	W/kg	W/kg
Sorten ohne eine Kornorientierung			
V 110-35	0,35	1,1	2,7
V 130-35	0,35	1,3	3,3
V 135-50	0,50	1,35	3,3
V 150-50	0,50	1,5	3,5
V 170-50	0,50	1,7	4,0
V 200-50	0,50	2,0	4,7
V 230-50	0,50	2,3	5,3
V 260-50	0,50	2,6	6,0
V 300-50	0,50	3,0	6,8
V 360-50	0,50	3,6	8,1
Sorten mit Goss-Textur (Verlustmessung in Walzrichtung)			
		$P_{1,5}$	$P_{1,7}$
VM 111-35	0,35	1,11	1,65
VM 97-30	0,30	0,97	1,50
VM 89-28	0,28	0,89	1,40
Unsilizierte Güten			
		$P_{1,0}$	
	0,50	4,2	
	0,50	6,0	

Der Eisenfüllfaktor oder Stapelfaktor soll mindestens 97 % betragen.

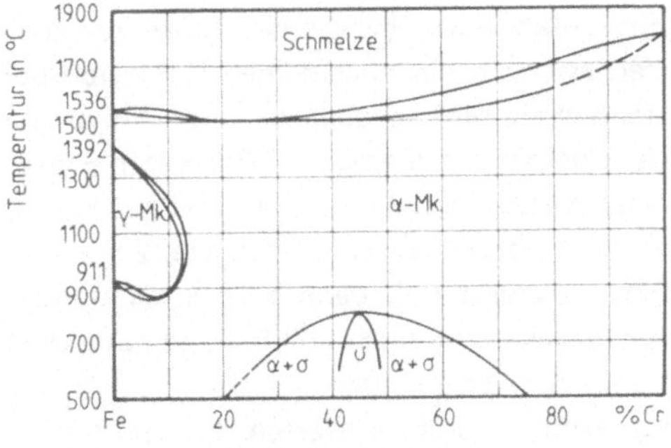

Bild 4.21 Zustandsdiagramm Fe-Cr

setzung im Bereich des Beständigkeitsfeldes der γ-Mischkristalle bereits eine teilweise Umwandlung in Austenit. Bei mittleren Cr-Gehalten tritt im Zustandsdiagramm Fe-Cr die harte und spröde *Sigmaphase* auf. Diese entspricht hinsichtlich ihrer stöchiometrischen Zusammensetzung nahezu der intermetallischen Verbindung FeCr. Sie besitzt ein tetragonales Kristallgitter. Bei einer von der Gleichgewichtsabkühlung abweichenden schnelleren Abkühlung unterbleibt die Bildung der σ-Phase. Andere ferritbegünstigende Elemente, wie Silizium und Molybdän, werden in der σ-Phase bevorzugt gelöst und vergrößern den Beständigkeitsbereich unter gleichzeitiger Beschleunigung der Bildung dieser sonst trägen Phase. Eine Glühung bei einer Temperatur oberhalb von 850 °C bringt die σ-Phase wieder in Lösung.

Je nach ihrem Cr- und C-Gehalt werden die Cr-Stähle im geglühten, gehärteten oder vergüteten Zustand eingesetzt. Bei C-Gehalten um 0,07 % zeigen die Cr-Stähle ein ferritisches Gefüge. Der Cr-Gehalt liegt dann in der Regel bei 17 %, und das Gefüge kann durch Wärmebehandlungen nur beeinflußt werden, wenn im Anschluß an eine Umformung eine Rekristallisation stattfindet oder wenn dem Werkstoff bei hohen Temperaturen Gelegenheit gegeben wird, die Korngrenzenergie zu verringern, so daß ein Grobkorn entsteht. Die betriebliche Wärmebehandlung ist entweder eine Rekristallisation oder ein Konzentrationsausgleich durch Diffusion. Sie erfolgt im Temperaturbereich zwischen 750 °C und 850 °C. Eine nennenswerte Kornvergröberung findet dabei noch nicht statt.

Ein zusätzlicher Mo-Gehalt führt zu einer Verbesserung der allgemeinen Korrosionsbeständigkeit und speziell zu einer Anhebung der Lochfraßbeständigkeit. Die besten Ergebnisse werden mit Mo-Gehalten von 2 % und einem zusätzlichen Cu-Gehalt von 2 % erhalten. Es ergibt sich dann eine Erleichterung der Passivierung, und es bilden sich besonders stabile Schutzschichten.

Im kubisch-raumzentrierten Ferritgitter ist die Löslichkeit für Elemente, die interstitielle Lösungen bilden, bei Raumtemperatur gering. Sie ist um eine Größenordnung kleiner als im kubisch-flächenzentrierten Austenit. Infolge der geringen Löslichkeit liegt bei Raumtemperatur nahezu der gesamte C- und N-Gehalt im Gefüge der ferritischen Cr-Stähle in Form von Ausscheidungen vor. Der Kohlenstoff bildet das Carbid $Cr_{23}C_6$ und der Stickstoff das Nitrid Cr_2N. Diese Zweitphasen treten bevorzugt auf den energetisch günstigen Korngrenzen auf. Dabei führt die Bildung der Cr-reichen Carbide und Nitride zu einem Chromentzug aus der Matrix der Umgebung der Ausscheidungen. Diese *Chromverarmung* beeinträchtigt die Korrosionsbeständigkeit der Korngrenzenbereiche und führt zur *interkristallinen Korrosion* (Kornzerfall).

Legierungszusätze von Ti oder Nb/Ta erhöhen als Folge ihrer hohen Affinität zu Kohlenstoff und Stickstoff die Beständigkeit der Cr- und Cr-Mo-Stähle gegen interkristalline Korrosion. Sie bilden Ausscheidungen in Form von stabilen Carbiden und Nitriden bzw. Carbonitriden, so daß eine Cr-Verarmung der Stahlmatrix unterbleibt. Dabei werden die stabilisierten Güten X 8 CrNb 17, X 8 CrTi 17 oder X 8 CrMoTi 17 erhalten.

Eine Weiterentwicklung dieser herkömmlichen ferritischen Cr- bzw. Cr-Mo-Stähle stellen die Cr-reicheren ferritischen Stähle mit verbesserter Kaltzähigkeit und günstigen Umform- und Schweißeigenschaften dar, die unter der Bezeichnung *Superferrite* bekannt sind. Voraussetzung für das gute Kaltzähigkeitsverhalten ist die Absenkung der Gehalte an Kohlenstoff und Stickstoff auf wenige tausendstel Prozent mit Hilfe von Vakuum-Schmelz- und Umschmelzverfahren oder mit Hilfe mehrstufiger Sauerstofffrisch- und Entgasungsverfahren. Der Stahl der Bezeichnung X 1 CrNiMoNb 28 4 2 ist z. B. ein Superferrit. Er besitzt eine herausragende Meerwasserbeständigkeit bei hoher Beständigkeit gegen Chlorid-Spannungsrißkorrosion.

Cr- und Cr-Mo-Stähle mit höherem C-Gehalt sind härt- bzw. vergütbar. Bis zu C-Gehalten von 0,4 % erfolgt im allgemeinen eine Vergütung, und bei Gehalten über 0,4 % C wird der Stahl im gehärteten Zustand eingesetzt. Dabei setzt sich die Vergütung zwecks Erzielung einer möglichst hohen Zähigkeit bei einer vorgegebenen Zugfestigkeit aus einem Härten und einem nachfolgendem Anlassen zusammen. Zu den Cr-Stählen, die gehärtet werden, zählen die Messerstähle, deren typische Vertreter die Stähle X 40 Cr 13 und X 55 CrMo 14 sind. Der Zusatz von Mo erhöht die Rostbeständigkeit. Die Stähle zeigen im geglühten Zustand eine verminderte Beständigkeit, weil ein erheblicher Teil des Chroms als Carbid abgebunden ist und für Passivierungsaufgaben nicht zur Verfügung steht. Die Härtetemperatur muß mit 1000 ... ... 1050 °C so gewählt werden, daß eine hinreichende Carbidauflösung zwecks Bildung einer harten martensitischen Grundmasse mit einem ausreichend hohen, in Lösung befindlichen Cr-Gehalt erfolgt. Die Härtetemperatur sollte aber auch nicht überschritten werden, da sonst der Restaustenitanteil im Härtungsgefüge zu hoch wird. Die Abschreckung hat in Öl oder in bewegter Luft zu erfolgen. Die Härtewerte belaufen sich dann auf etwa 57 HRC.

Bei den zu vergütenden Stählen wird der C-Gehalt in der Regel auf 0,30 % beschränkt, weil sonst die Korrosionsbeständigkeit des Gefüges infolge von Chromcarbidausscheidungen beim Anlassen stark beeinträchtigt wird. Jedes Carbidteilchen besitzt dann einen Hof, der an Chrom verarmt ist. Bei den zu vergütenden nichtrostenden Stählen handelt es sich z. B. um die Stähle der Bezeichnung X 20 Cr 13, X 20 CrMo 13 oder X 22 CrNi 17. Sie finden u. a. für Turbinenschaufeln, für Teile in Pumpen, Dampf- und Wasserarmaturen, für chirurgische Instrumente und für Schiffswellen Verwendung.

Nichtrostende Stähle mit einem *austenitischen Gefüge*, also mit einem Mischkristallgefüge auf der Basis des kubisch-flächenzentrierten γ-Fe, enthalten als wichtigstes zusätzliches Legierungselement das Ni. Ni erweitert wie die Elemente C, Mn und N das γ-Feld des Fe. Bild 4.22a gibt das Gleichge-

wichtsschaubild Fe-Ni für die Fe-Seite wieder. Die Gleichgewichtszustände stellen sich jedoch erst nach sehr langen Zeiten ein, so daß realistischen Betrachtungen das Realdiagramm Fe-Ni zu Grunde gelegt werden muß. Dieses hat die Gefüge- und Konzentrationsveränderungen für die Aufheizung und für die Abkühlung wegen der sich einstellenden Hysterese getrennt wiederzuge-

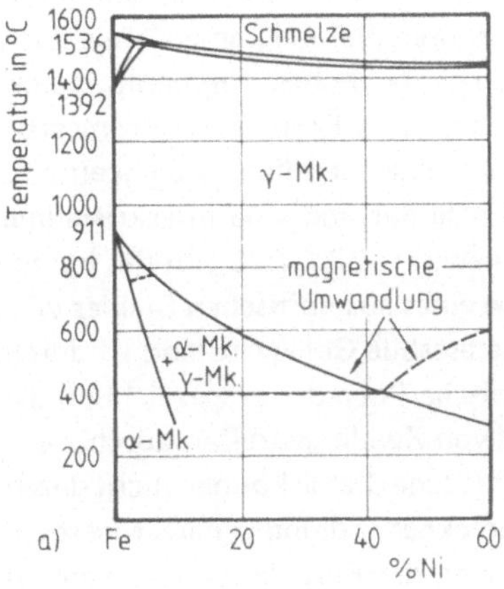

Bild 4.22a Gleichgewichtsdiagramm Fe-Ni (Eisenseite) (Einstellung des Gleichgewichtes erfolgt erst nach sehr langen Glühzeiten)

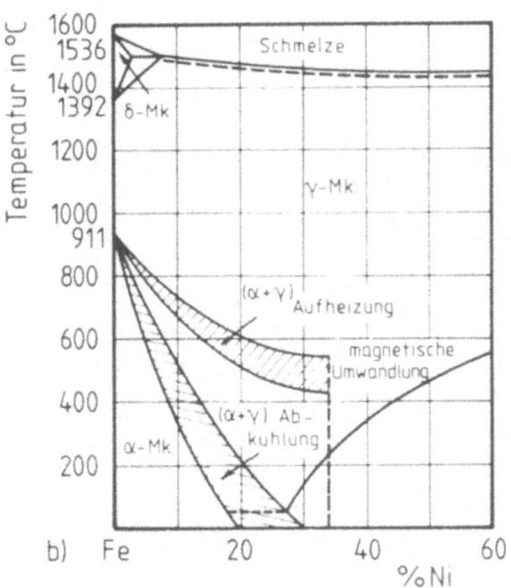

Bild 4.22b Realdiagramm Fe-Ni (Eisenseite) für Aufheiz- und Abkühlvorgänge

ben. Bild 4.22b zeigt das für technische Bedingungen annähernd gültige Realdiagramm. Auf Grund des erweiternden Einflusses des Nickels auf das γ-Feld des Fe ist es möglich, das austenitische Gefüge von Fe-Cr-Ni-Legierungen bei hinreichend großer Abkühlgeschwindigkeit bis zur Raumtemperatur weitgehend stabil zu halten. Die notwendige Wärmebehandlung besteht demnach in einem Glühen im Temperaturbereich der γ-Mischkristalle zwischen 1050 °C und 1100 °C mit nachfolgender beschleunigter Abkühlung in Luft oder Wasser. Bei langsamer Abkühlung scheidet sich der bei hohen Temperaturen gelöste Kohlenstoff in Form von Chromcarbiden aus, was eine merkliche Zähigkeitseinbuße zur Folge hat und eine interkristalline Korrosion bewirkt. Bild 4.23 gibt das homogene Gefüge eines austenitischen Stahles wieder. Der metastabile Gefügezustand ist durch charakteristische Polyeder ausgezeichnet, die weitgehend von Zwillingsstreifen durchzogen sind. Austenitische Stähle können nicht durch eine Abschreckbehandlung gehärtet werden. Eine Anhebung der Festigkeitswerte kann in nennenswertem Maße nur über eine Kaltumformung erfolgen. Die Neigung zur Kornvergroberung ist bei austenitischen Stählen weniger ausgeprägt als bei ferritischen Stählen. Besonders in der wärmebeeinflußten Zone einer Schweißnaht ist die Gefahr einer Kornvergröberung bei austenitischen Stählen merklich geringer als bei ferritischen Stählen. Auch bei austenitischen nichtrostenden Stählen erleichtert ein Mo-Zusatz die Bildung von Passivierungsschichten und erhöht deren Stabilität. Dementsprechend verbessert Molybdän in austenitischen nichtrostenden Stählen die Korrosionsbeständigkeit gegenüber einer Vielzahl von Medien, insbesondere gegenüber nichtoxidierenden Säuren und gegenüber einer maritimen und industriellen Atmosphäre. Weiterhin bewirkt Molybdän eine deutliche Verringerung der Empfindlichkeit der Cr-Ni-Stähle gegenüber Lochfraß. Grundsätzlich ist zu beachten, daß Molybdän auf Grund seiner ferritstabilisierenden Wirkung dazu neigt, einen möglichen Ferritanteil im Gefüge zu vergrößern. Es erweist sich deshalb als notwendig, diese Wirkung des Molybdäns durch eine gleichzeitige Zugabe von austenitbegünstigenden Elementen zu neutralisieren. In der Regel

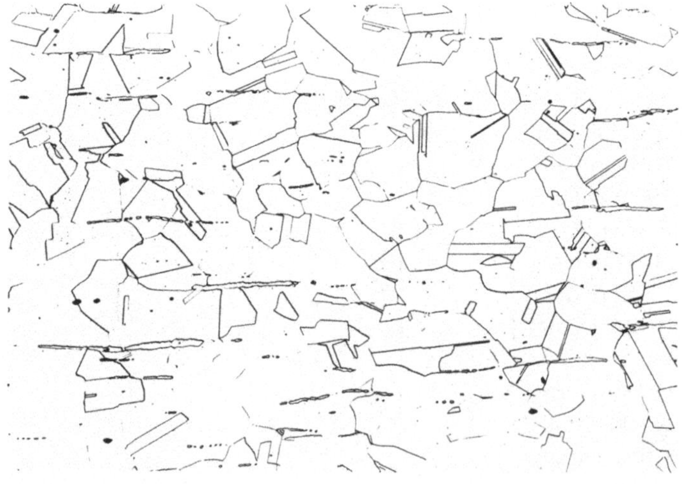

Bild 4.23 Gefüge eines nichtrostenden Stahles der Bezeichnung X 5 CrNi 18 9 (Austenit). Wärmebehandlung: 1100 °C/H_2O; Ätzung: V2A-Beize; Vergrößerung V = 100:1

geschieht dies durch eine Anhebung des Ni-Gehaltes. So wird aus dem für Schweißkonstruktionen bevorzugten Stahl der Bezeichnung X 5 CrNi 18 9 der zusätzlich mit Mo legierte Stahl der Bezeichnung X 5 CrNiMo 18 10 mit 2,3 % Mo, der z. B. als Stahl für die Außenarchitektur in Industrieluft in der Anwendung ist.

Mit Ti bzw. Nb/Ta legierte Stähle sind stabilisierte Stähle. Sie binden den Kohlenstoff ab und verhindern so die Bildung von Cr-Carbiden, die zu einer örtlichen Verarmung der Grundmasse an Chrom und damit zur interkristallinen Korrosion führen. Die Carbide der stabilisierenden Elemente Ti und Nb/Ta beeinträchtigen allerdings die Polierbarkeit. Stabilisierte Stähle sind z. B. die Stähle der Bezeichnung X 10 CrNiTi 18 9, X 10 CrNiNb 18 9, X 10 CrNiMoTi 18 10 oder X 10 CrNiMoNb 18 10.

Durch erhöhte Gehalte an den Elementen Schwefel, Selen, Phosphor und Blei läßt sich die Zerspanbarkeit der austenitischen nichtrostenden Stähle verbessern. Die entstehenden zweiten Phasen beeinträchtigen allerdings die Korrosionsbeständigkeit. Ein derartiger, zur Herstellung von Drehteilen geeigneter Stahl ist der mit der Bezeichnung X 12 CrNiS 18 8 mit max. 0,27 % S.

Die Hauptmenge der ferritischen und austenitischen nichtrostenden Stähle wird für Umformzwecke benötigt. Es ist folglich notwendig, die mechanischen, physikalischen und technologischen Eigenschaften der beiden Stahlgruppen miteinander zu vergleichen. Die Tabelle 4.7 vermittelt daher eine Übersicht über die wichtigsten kennzeichnenden Eigenschaften der beiden typischen Stähle X 8 Cr 17 und X 5 CrNi 18 9. Ergänzend gibt Bild 4.24 deren Spannungs-Dehnungs-Schaubild wieder, und Bild 4.25 vergleicht die Tiefungswerte der beiden nichtrostenden Stähle mit denen des Sondertiefziehstahles St 14.

Die Zahlenwerte der Tabelle 4.7 und die beiden Spannungs-Dehnungs-Diagramme zeigen an, daß die zur Einleitung einer plastischen Formänderung erforderliche Fließspannung des ferritischen Stahles höher liegt als die des

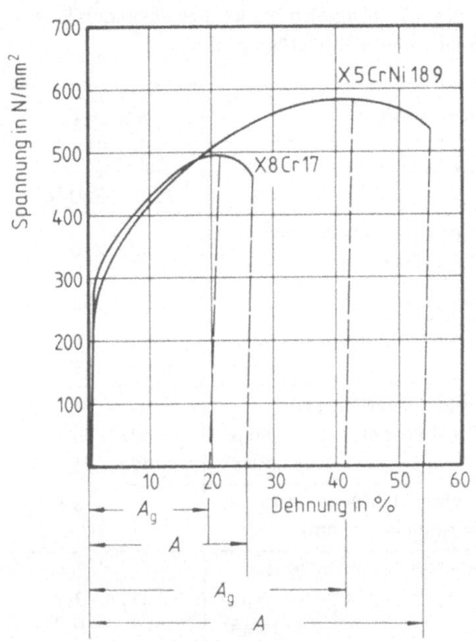

Bild 4.24 Spannungs-Dehnungs-Diagramm eines ferritischen und eines austenitischen nichtrostenden Stahles

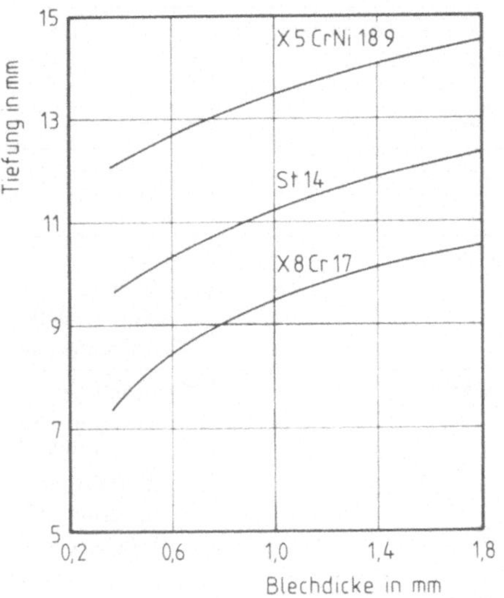

Bild 4.25 Vergleich der *Erichsen*-Tiefung der Stähle X 8 Cr 17, X 5 CrNi 18 9 und der Sondertiefziehgüte St 14

Tabelle 4.7 Vergleich der kennzeichnenden Eigenschaften der Stähle X 8 Cr 17 und X 5 CrNi 18 9

Eigenschaften	X 8 Cr 17	X 5 CrNi 18 9
Wärmebehandlung	Glühung 750 ... 850 °C	Abschreckung 1 000 ... 1 050 °C
Streckgrenze in N/mm^2 (0,2 %-Dehngrenze)	mind. 270	mind. 190
Zugfestigkeit in N/mm^2	450 ... 600	500 ... 700
Bruchdehnung in % längs / quer	mind. 20 / mind. 15	mind. 50 / mind. 38
Kerbschlagarbeit in J (DVM-Probe) längs / quer	mind. 85 / mind. 65	mind. 140 / mind. 105
Erichsen-Tiefung in mm (Blechdicke: 1 mm)	9,5	13,5
Senkrechte Anisotropie r_0 / r_{45} / r_{90} / r_m	1,2 / 0,7 / 2,2 / 1,2	1,0 / 1,2 / 1,0 / 1,1
Verfestigungsexponent n	0,18	0,45
Wärmeleitfähigkeit bei 20 °C in $\frac{W}{m \cdot °C}$	25	15
Wärmeausdehnung zwischen 20 °C und 500 °C in $10^{-6} \frac{m}{m \cdot °C}$	11,0	18,0
Magnetisierbarkeit	vorhanden	nicht vorhanden
Zerspanbarkeit	gut	mäßig
Schweißbarkeit	mäßig (Grobkorn) (Kornzerfall) Elektroschweißung	gut Elektroschweißung
Verwendung	Haushaltsgeräte Innenarchitektur Automobilbau (Zierleisten) (Stoßstangen) (Radkappen)	geschweißte Teile im Chemieapparatebau in der Brauerei-, Molkerei- und Nahrungsmittel- industrie Haushaltsgeräte

austenitischen Stahles. Dabei wird vorausgesetzt, daß die Korngrößen im üblichen Bereich zwischen ASTM 7 und 9 liegen. Der sich bei einer Zugbeanspruchung zwischen den Spannungswerten der Streckgrenze und der Zugfestigkeit erstreckende nutzbare Arbeitsbereich ist bei dem austenitischen Stahl größer als bei dem ferritischen Stahl. Ebenso ist der für die Umformung zur Verfügung stehende Dehnungsbereich bei dem austenitischen Stahl größer. Diese Schlußfolgerung kann in Ermangelung der Zahlenwerte für die Gleichmaßdehnung aus den Bruchdehnungswerten gezogen werden. Dabei wird allerdings die vereinfachte Annahme gemacht, daß eine hohe Bruchdehnung gleichzusetzen ist mit einer hohen Gleichmaßdehnung. Das Umformverhalten der austenitischen Stähle wird demzufolge günstiger sein als das der ferritischen Stähle. Diese Aussage wird durch Bild 4.25 bestätigt. Bei der Streckziehbeanspruchung des Tiefungsversuches ist der austenitische Stahl sogar dem Sondertiefziehstahl überlegen. Die Zahlenwerte der senkrechten Anisotropie weisen darauf hin, daß sich der ferritische Stahl kaum im Tiefziehverhalten vom austenitischen Stahl unterscheiden wird. Erst mit zunehmenden Anteilen einer Streckziehumformung wird das Verhalten der ferritischen Stähle ungünstiger.

Der mit zunehmender Kaltumformung auftretende Anstieg der Spannungswerte der Streckgrenze, der Zugfestigkeit und der Formänderungsfestigkeit ist bei ferritischen Stählen erheblich geringer als bei den austenitischen Stählen. Er wird für die Formänderungsfestigkeit als Funktion der logarithmischen Formänderung φ durch den Verfestigungsexponenten n gekennzeichnet. Dessen Angabe und Wertung setzen allerdings voraus, daß die Fließkurven der zu beurteilenden Stähle der Potenzfunktion $k_f = a\,\varphi^n$ gehorchen, was bei den austenitischen Stählen in der Regel nicht der Fall ist. Bild 4.26 vergleicht die Fließkurven des ferritischen nichtrostenden Stahles X 8 Cr 17 und des austenitischen Stahles X 5 CrNi 18 9 mit der eines unlegierten C-armen Stahles für Kaltumformzwecke. Als Folge der Mischkristallverfestigung liegt die Fließkurve des Cr-legierten ferritischen Stahles oberhalb der des unlegierten ferritischen Stahles. Im Kurvenverlauf sind sich die beiden Stähle ähnlich. Der metastabile austenitische Stahl verfestigt sich hingegen wesentlich stärker als die beiden ferritischen Stähle. Zu Beginn der Umformung ist die eintretende Verfestigung in er-

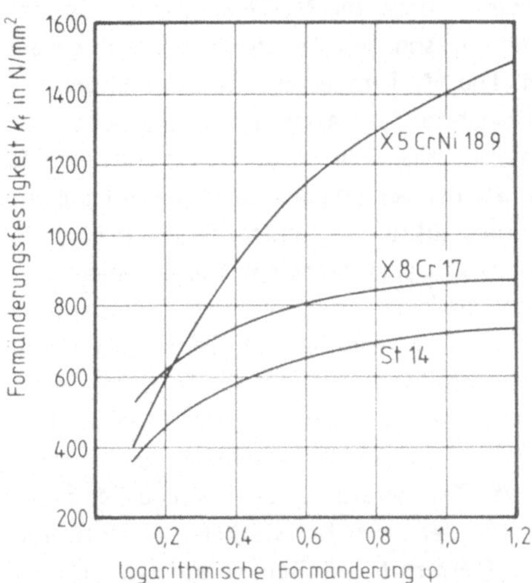

Bild 4.26 Fließkurven der Stähle X 8 Cr 17 und X 5 CrNi 18 9 im Vergleich mit der Fließkurve eines Sondertiefziehstahles St 14 (Ermittlung durch Zugversuche an vorgewalzten Blechstreifen)

ster Linie auf die Anhebung der Versetzungsdichte und die daraus resultierende gegenseitige Behinderung der Versetzungen zurückzuführen. Bei stärkerer Umformung ergibt sich zunehmend ein Verfestigungsanteil, der die Folge einer Umwandlung des metastabilen Austenits in einen thermodynamisch stabileren Gefügezustand ist. Die Formänderung erhöht über die Zunahme der latenten Verformungsenergie die thermodynamische Instabilität des austenitischen Gefüges. Sie bedingt, daß die austenitische Phase in eine stabilere Phase mit martensitischer Struktur übergeht. Dieser Martensit wird zur Unterscheidung vom Abschreckmartensit, der in C-haltigen Stählen gebildet wird, als *Nickel- oder Verformungsmartensit* oder auch als α'-Martensit bezeichnet. Dabei ist der Abschreckmartensit der C-Stähle der α-Martensit. Im Vergleich zum α-Martensit besitzt der α'-Martensit ein besseres Formänderungsvermögen. Es ist jedoch merklich schlechter als das des Austenits.

Als Maßzahl für die Stabilität des Austenits gegen die Bildung von Verformungsmartensit kann einmal die M_s-*Temperatur*, zum anderen die sog. M_d-*Temperatur* gewählt werden. Die M_s-Temperatur ist die Temperatur der beginnenden Martensitbildung, wenn der Austenit abgekühlt wird. Sie ist vom Gehalt des Stahles an Legierungselementen abhängig und sollte möglichst niedrig liegen. Je höher ein austenitischer Stahl legiert ist, desto niedriger liegt seine M_s-Temperatur, d. h. entsprechend stabiler ist er gegen eine Martensitbildung bei der Umformung. Eine näherungsweise Festlegung der M_s-Temperatur kann formelmäßig geschehen.

Die M_d-Temperatur ist die höchste Temperatur, bei der auch bei stärkster Umformung kein Martensit im Gefüge auftritt. Da es schwierig ist, das Ausbleiben der Martensitbildung mit hinreichender Genauigkeit zu ermitteln, ist es allgemein üblich, bei der Bestimmung der Austenitstabilität von der $M_{d\ 30}$-*Temperatur* auszugehen. Dabei handelt es sich um diejenige Temperatur, bei der sich nach einer Umformung von $\epsilon = 30\ \%$ ein Martensitanteil von 50 % im Gefüge feststellen läßt. Dabei gibt es auch für die $M_{d\ 30}$-Temperatur Näherungsbeziehungen, durch welche die Stabilität des Austenits in Abhängigkeit von der chemischen Zusammensetzung beschrieben wird.

Es ist zu beachten, daß der Anteil an Verformungsmartensit bei gleicher Formänderung um so größer ist, je niedriger die Temperatur bei der Umformung ist. Bei einer Umformung in kleinen Schritten entsteht demnach mehr Verformungsmartensit als bei hohen Formänderungen je Umformschritt.

Die Entwicklung der austenitischen nichtrostenden Stähle ist gekennzeichnet durch eine stetige Absenkung des C-Gehaltes. Dadurch wird die Anfälligkeit gegen interkristalline Korrosion vermindert und das Schweißverhalten verbessert. Die als Folge der Verminderung des C-Gehaltes herabgesetzte Austenitstabilität der Stähle wird durch einen höheren Ni-Gehalt ausgeglichen. Den Vorteilen der durch Vakuumfrischen erzeugten *Extra-Low-Carbon-Güten* steht allerdings der Nachteil einer vielfach unerwünschten Herabset-

zung der Festigkeitswerte gegenüber. Dem kann entgegengewirkt werden durch ein Zulegieren von Stickstoff zur Schmelze. Stickstoff führt zu einer Anhebung der Zahlenwerte für die 0,2 %-Dehngrenze und die Zugfestigkeit und zu einer Vergrößerung der Gefügestabilität des Austenits. Bei einem auf max. 0,03 % begrenzten C-Gehalt beträgt der Stickstoffgehalt in der Regel zwischen 0,15 % und 0,25 %.

Die sich bei nichtrostenden Stählen zunächst anbietenden Möglichkeiten zur Steigerung der Festigkeits- und Härtewerte bestehen einmal in der Martensithärtung C-haltiger Cr- bzw. Cr-Mo-Stähle und zum andern in der Verformungsverfestigung der umwandlungsfreien Cr-Ni- und Cr-Ni-Mo-Stähle. Den sich aus der Anhebung der Festigkeits- und Härtewerte ergebenden Vorteilen stehen jedoch einige beachtenswerte Mängel gegenüber. Die härtbaren Stähle bieten nur eine begrenzte Korrosionsbeständigkeit und eine vielfach unzureichende Zähigkeit. Außerdem hat die hohe Härtetemperatur eine gewisse Verzunderung und einen starken Härteverzug zur Folge. Durch die unzureichenden Schweißeigenschaften ergeben sich zusätzliche Einschränkungen hinsichtlich der Verwendung im Maschinenbau und in der Kerntechnik. Die Verfestigung durch Kaltumformung muß in der Regel vor der Verarbeitung stattfinden, was eine nachfolgende spanlose Umformung merklich erschwert.

Ein wirkungsvoller Härtungsmechanismus ist in der Regel die Ausscheidungshärtung. Sie bietet das gute Umformverhalten im abgeschreckten Zustand und die beträchtliche Steigerung der Festigkeits- und Härtewerte nach erfolgter Aushärtung.

Ausscheidungshärtende nichtrostende Stähle sind Cr-Ni-Stähle, die zwecks Härtung durch Teilchen zusätzliche Legierungselemente enthalten. Auf Grund ihrer Gefügeausbildung können im wesentlichen vier aushärtbare nichtrostende Stahlgruppen unterschieden werden:

    martensitische Stähle,
    z. B. X 5 CrNiCuNb 17 4,

austenitisch-martensitische Stähle,
z. B. X 7 CrNiAl 17 7,
austenitische Stähle,
z. B. X 5 NiCrTi 26 15 und
austenitisch-ferritische Stähle,
z. B. X 5 CrNiMoCu 26 8.
In diesen Stählen sind zweite Phasen, die Cu, Al und Ti enthalten, die Träger der Ausscheidungshärtung. Nach dem Lösungsglühen und Abschrecken sind sie in Lösung. Im Verlauf der Warmauslagerung treten die Ausscheidungen in Form von Carbiden, Nitriden, Carbonitriden oder intermetallischen Phasen auf. Über die Wahl des Matrixgefüges entscheiden die Wünsche und Forderungen hinsichtlich Härte, Warmfestigkeit, Zeitstandfestigkeit, Verschleißfestigkeit, Formänderungsvermögen, Korrosionsverhalten usw.

4.8.2 Hitzebeständige Stähle

Auf der Oberfläche von unlegierten Eisenwerkstoffen bildet sich bei der Erwärmung in einer oxidierend wirkenden Gasphase eine Oxidschicht, die in der Regel aus den drei im Gleichgewichtsdiagramm Fe-O auftretenden Verbindungen besteht. Von der Oberfläche des verzunderten Werkstücks ausgehend finden sich in Richtung des metallischen Werkstoffes nacheinander eine Fe_2O_3-Schicht (Hämatit), eine Fe_3O_4-Schicht (Magnetit) und eine FeO-Schicht (Wüstit). Dabei wird das Zustandsfeld des FeO vielfach durch eine Unterkühlung bis auf Raumtemperatur heruntergezogen. Diese Zunderschicht wächst mit der Temperatur und mit der Zeit. Das Wachsen der FeO- und Fe_3O_4-Schichten erfolgt durch eine Diffusion der Fe-Ionen, die von der Metalloberfläche ausgeht. Die außen liegende Fe_2O_3-Schicht wird dagegen infolge einer Sauerstoffdiffusion dicker. Da die *Diffusion* in festen Stoffen hauptsächlich über die 0-dimensionalen Gitterbaufehler der Leerstellen und Zwischengitteratome abläuft, ist der Grad der Fehlordnung in der Oxidschicht für die Intensität der Verzunderung bestimmend. Zunderbeständige Werkstoffe bilden demzufolge Oxidschichten, die einen geringen Fehlordnungsgrad aufweisen. Sie bilden dichte und festhaftende Schutzschichten. Bei den hitzebeständigen Stählen sind es die Oxide des Cr, des Al und des Si, die diffusionshemmend und absperrend wirken und verhältnismäßig fest auf der Oberfläche des Stahles haften. Das wichtigste Legierungselement des Stahles ist das Chrom. Hinsichtlich der möglichen Gefügeausbildung lassen sich

ferritische Cr-, Cr-Al- und Cr-Si-Stähle,
ferritisch-austenitische Cr-Ni-Si-Stähle und
austenitische Cr-Ni-Ti und Cr-Ni-Si-Stähle

unterscheiden.
Hitzebeständige Stähle sollen eine hohe Zunderbeständigkeit, eine gute Schweißbarkeit, eine gute Warm- und Kaltumformbarkeit, eine gewisse Warmfestigkeit und hohe Werte der Zeitdehngrenze zeigen. Die Zeitdehngrenze wird allgemein als diejenige Spannung definiert, die bei einer bestimmten Temperatur nach 1000 Stunden eine Dehnung um 1 % hervorruft.
Tabelle 4.8 bietet einen Vergleich der wichtigsten Kenngrößen und Eigenschaftswerte der an Luft bis etwa 1200 °C beständigen Stähle X 10 CrAl 24 und X 15 CrNiSi 25 20. Den Bezeichnungen ist zu entnehmen, daß der Stahl X 10 CrAl 24 ferritisch ist und der Stahl X 15 CrNiSi 25 20 austenitisch.
Der austenitische Stahl ist durch ein hohes Formänderungsvermögen, durch hohe Zahlenwerte für die Zeitdehngrenze, durch einen im Vergleich zu dem ferritischen Stahl höheren Ausdehnungskoeffizienten, durch eine befriedigende Schweißbarkeit, durch eine gegenüber dem ferritischen Stahl schwierigere Zerspanung und durch eine besondere Empfindlichkeit gegenüber S-haltigen Verbrennungsgasen ausgezeichnet. Außerdem ist der austenitische Stahl unmagnetisch. Die hohe Empfindlichkeit der austenitischen Stähle gegenüber S-haltigen Gasen bei hohen Temperaturen beruht auf dem niedrig-schmelzenden Eutektikum im *Zweistoffsystem* Ni-NiS (Bild 3.38). Das bereits bei einer Temperatur von 645 °C schmelzende Eutektikum dringt entlang der Korngrenzen in den Werkstoff ein und erschwert die Warmumformung sowie die Hochtemperaturbelastung von Kon-

Tabelle 4.8 Vergleich der Kenngrößen und Eigenschaftswerte ferritischer und austenitischer hitzebeständiger Stähle. Beispiele: X 10 CrAl 24 und X 15 CrNiSi 25 20

	X 10 CrAl 24	X 15 CrNiSi 25 20
% C	0,08	0,12
% Cr	24,0	25,0
% Ni	—	20,0
% Al	1,45	—
% Ti	—	0,10
% Si	1,40	2,00
% Mn	0,70	0,70
Wärmebehandlung	800 … 850 °C/Luft	1 050 … 1 100 °C/Luft Wasser
Gefüge	ferritisch	austenitisch
Lieferzustand	geglüht	abgeschreckt
Streckgrenze	mind. 300 N/mm^2	mind. 300 N/mm^2
Zugfestigkeit	500 … 650 N/mm^2	600 … 750 N/mm^2
Bruchdehnung	mind. 10 %	mind. 40 %
Beständigkeit an Luft	bis 1 200 °C	bis 1 200 °C
Beständigkeit gegenüber S-haltigen red. Gasen S-haltigen oxid. Gasen N_2-haltigen O_2-armen Gasen	groß sehr groß gering	sehr gering gering groß
Aufkohlung über 900 °C	mäßig	gering

1 %-Zeitdehngrenze
1 000 h
  bei   800 °C
      1 000 °C
      1 200 °C
	mind. 4 N/mm^2
	mind. 0,7 N/mm^2
	—
		mind. 20 N/mm^2
		mind. 4 N/mm^2
		mind. 0,5 N/mm^2

Wärmeausdehnung zwischen 20 und 1 200 °C	$15,0 \dfrac{m \cdot 10^{-6}}{m \cdot °C}$	$19,5 \dfrac{m \cdot 10^{-6}}{m \cdot °C}$
Magnetisierbarkeit	vorhanden	nicht vorhanden
Zerspanbarkeit	gut	befriedigend
Formänderungsvermögen	mäßig	sehr gut

struktionsteilen. Dabei ist die Einwirkung von Schwefeldioxid SO_2 wegen der sich bildenden oxidischen Deckschichten weniger gefährlich als die von Schwefelwasserstoff H_2S, der Sulfide mit geringer Schutzwirkung bildet.

Aufkohlende Ofengase wirken sich schädlich aus, soweit Chromanteile infolge Carbidbildung für die Schutzwirkung gegen Verzunderung verlorengehen. Mit steigender Temperatur gehen die Carbide jedoch zunehmend in Lösung, so daß die Chromanteile dem Grundwerkstoff wieder zur Verfügung stehen.

Die hitzebeständigen Stähle enthalten mit den Legierungszusätzen Chrom und Aluminium Elemente, die stabile Nitride bilden. Bevorzugt in Al-haltigen Stählen kann es infolge der Nitridbildung zu einer Al-Verarmung des Mischkristalls kommen, so daß die

Al-haltigen ferritischen Stähle in einer stickstoffhaltigen, sauerstoffarmen Atmosphäre bei hohen Temperaturen eine verminderte Beständigkeit aufweisen können.

Für den Langzeiteinsatz bei hohen Temperaturen ist von Wichtigkeit, daß die hitzebeständigen Stähle in bestimmten Temperaturbereichen Versprödungserscheinungen zeigen können. Gründe dafür sind Entmischungserscheinungen des Fe-Cr-Mischkristalles, Carbidausscheidungen, das Auftreten der Sigmaphase oder die Grobkornbildung vornehmlich bei ferritischen Stählen.

4.8.3 Stähle für die Kerntechnik

Für Werkstoffe, die innerhalb des Strahlungsbereiches eines Reaktors zum Einsatz kommen, ist zunächst zu fordern, daß neben höchster Korrosionsbeständigkeit *Reaktor-Reinheit* besteht. Infolge Neutroneneinfangs durch den Atomkern bilden sich Isotope der natürlichen Elemente. Die *Isotope* sind instabil, so daß die Kerne über eine Zerfallsstrahlung versuchen, sich wieder zu stabilisieren. So können sich durch Neutronenabsorption in den Reaktorstählen radioaktive Isotope der einzelnen Legierungselemente bilden, die sich durch ihre Zerfallsstrahlung ungünstig auswirken, denn diese Aktivierung von Bauteilen des Reaktors erschwert den Umgang mit diesen Teilen bei Reparaturen oder bei einem Brennstabwechsel. Unangenehm sind in dieser Hinsicht Nuklide mit großer Halbwertszeit. Von den im Stahl enthaltenen Elementen besitzen die aktiven Isotope Co-60 mit 5,28 Jahren und Ta-182 mit 111 Tagen die längsten Halbwertszeiten. Zudem tritt vor allem beim Kobalt eine sehr intensive Gammastrahlung auf. Unter Verwendung reinster Einsatzstoffe bei der Stahlerzeugung können Co-Gehalte von 200 ppm und Ta-Gehalte von 100 ppm im Stahl mit Sicherheit eingehalten werden.

Die Leistung von Kernreaktoren ist annähernd ihrem Neutronenfluß proportional, so daß die Leistungsregelung durch Veränderung des Neutronenflusses erfolgen kann.

Für die Regeleinrichtungen und für Abschirmungen werden Werkstoffe mit hohem *Neutronen-Absorpitonsquerschnitt* benötigt. Das Element Bor besitzt einen sehr großen Absorptionsquerschnitt, so daß Stahl durch das Zulegieren von Bor zu einem vielseitig verwendbaren Werkstoff mit hohem Neutronen-Absorptionsquerschnitt wird. Unter den B-legierten Stählen haben besonders die austenitischen Cr-Ni-B-Stähle eine herausragende Bedeutung erlangt. Dabei ist die Löslichkeit des Bors im Fe-Mischkristall verhältnismäßig gering, so daß der größte Teil des Bors zu Boriden gebunden ist. Die austenitischen Cr-Ni-B-Stähle sind bis zu B-Gehalten von 2,5 % warm umformbar. Werkstoffe mit höheren B-Gehalten sind nur noch als Gußlegierungen herzustellen. Wegen des Auftretens von Cr-reichen Boriden muß der durch das Bor hervorgerufenen Cr-Verarmung Rechnung getragen werden und der Cr-Gehalt der Stähle um etwa 5 % pro % B heraufgesetzt werden. Die austenitische Gußlegierung erfordert dann die Zusammensetzung mit 38 % Cr, 10 % Ni, 5 % B und max. 0,02 % Co bei max. 0,07 % C.

Wenn ein Metall mit energiereichen Neutronen beschossen wird, kommt es zwischen Neutronen und Atomkernen zu elastischen Zusammenstößen. Dabei können Gitteratome aus ihrer Gleichgewichtslage herausgeschossen werden und bei genügender Energie ihrerseits weitere Gitteratome aus ihren Gleichgewichtslagen herausstoßen. Die dadurch entstehenden Paare von Leerstellen und Zwischengitteratomen beeinflussen die von den Gitterbaufehlern abhängigen Werkstoffeigenschaften derart, daß die Zahlenwerte für die Streckgrenze und die Zugfestigkeit angehoben und die Werte für die Bruchdehnung, die Brucheinschnürung und die Kerbschlagarbeit gesenkt werden. Weiterhin steigt die Übergangstemperatur der Kerbschlagarbeit. Diese auf eine Werkstoffversprödung hinauslaufenden *Strahlenschäden* können durch eine Wärmebehandlung wieder beseitigt werden. Erfolgt die Bestrahlung selbst bei höherer Temperatur, so treten die Werkstoffschädigungen in milderer Form auf. Die Neutronenversprödung würde sich beim Reaktordruckbehälter, der die nukleare Wärmequelle umschließt, besonders verhängnisvoll auswirken, so daß an den Stahl für Reaktordruckbehälter besondere Anforderungen hinsichtlich Beständigkeit gegen Neutronenversprödung, Festigkeit bei Betriebstemperatur, Zähigkeit und Schweißbarkeit gestellt werden. Die Korrosionsbeständigkeit gegen das Kühlmittel wird in der Regel über eine austenitische Plattierung erzielt. Für den sehr dickwandigen Druckbehälter hat sich z. B. der Feinkornbaustahl 22 NiMoCr 3 7 bewährt. Er kommt vergütet zum Einsatz. Die kugelförmige Sicherheitshülle des Reaktors ist natürlich keiner Strahlung ausgesetzt. Für sie werden Grobbleche aus einem schweißbaren Feinkornbaustahl mit einer Mindeststreckgrenze von 460 N/mm² eingesetzt (Blechdicke um 30 mm). Die gasdichte Sicherheitshülle ist außen von der Sekundärabschirmung aus Stahlbeton umgeben.

4.9 Edelbaustähle

4.9.1 Einsatzstähle

Zu den *thermochemischen Diffusionsverfahren*, die eine Änderung der chemischen Zusammensetzung des Stahles in der Oberflächenzone zur Folge haben, zählt die *Aufkohlung* mit dem Ziel einer *Oberflächenhärtung*. Unter dieser Einsatzhärtung wird eine Anreicherung der Oberflächenzone eines Werkstückes mit Kohlenstoff und eine nachfolgende Abschreckhärtung verstanden. Diese Behandlungskombination führt zu einer harten und verschleißfesten Oberflächenschicht und zu einem zähen und schlagunempfindlichen Kern des Werkstücks.

Die für eine Einsatzhärtung in Betracht kommenden Stähle sind solche mit einem verhältnismäßig niedrigen C-Gehalt, die nach der Formgebung und Bearbeitung aufgekohlt und im Anschluß daran gehärtet werden. Dabei kann es sich um unlegierte und legierte Stähle handeln. Für einfache und

mäßig beanspruchte Konstruktionsteile genügen unlegierte Stähle. Für kompliziert gestaltete, hoch beanspruchte und große Werkstücke, für die hohe Kernfestigkeits- und Zähigkeitswerte gefordert werden, kommen legierte Stähle zur Anwendung. Der C-Gehalt ist in jedem Fall auf 0,25 % begrenzt. Neben unlegierten Stählen kommen Cr-legierte Stähle (z. B. 15 Cr 13), Cr-Mn-Stähle (z. B. 16 MnCr 5), Cr-Ni-Stähle (z. B. 15 CrNi 6), Cr-Mo-Stähle (z. B. 20 CrMo 2) und Cr-Ni-Mo-Stähle (z. B. 17 CrNiMo 6) zum Einsatz. Die zu treffende Wahl richtet sich nach den Anforderungen an den Grundwerkstoff hinsichtlich Härtbarkeit, Korngröße und Verzug und nach den Eigenschaften der einsatzgehärteten Oberflächenzone, die durch die Kohlungstiefe, die Randhärtbarkeit und die Überkohlungsempfindlichkeit bestimmt werden.

Bei der Aufkohlungsbehandlung der Einsatzstähle wird das im Vergleich zum α-Mischkristall hohe Lösungsvermögen des γ-Mischkristalls für Kohlenstoff genutzt. Die Aufkohlung oder Zementation erfolgt demnach im Temperaturbereich zwischen 880 °C und 940 °C Dabei ist der Einfluß der Legierungselemente auf die A_3-Temperatur zu berücksichtigen. Durch eine Anhebung der Temperatur wird die Kohlenstoffdiffusion in der festen Lösung der γ-Mischkristalle und damit die Aufkohlungstiefe erhöht. Zu hohe Aufkohlungstemperaturen vergrößern jedoch den Restaustenitanteil bei einer sich unmittelbar an die Aufkohlung anschließenden Abschreckhärtung und begünstigen in überhitzungsempfindlichen Stählen das Kornwachstum. Eine Verlängerung der für die Aufkohlung zur Verfügung stehenden Zeit hat zusätzlich eine Zunahme des Randkohlenstoffgehaltes zur Folge. Da der Höchstwert der Härte nach dem Abschrecken aber bereits bei C-Gehalten um 0,65 % erreicht wird (Bild 3.61), liegen die optimalen Randkohlenstoffgehalte nach der Aufkohlung zwischen 0,65 % und 0,85 %. Eine Überkohlung würde bewirken, daß der übereutektoidische Zementit schalenförmig die

Körner umgibt und zu einer bedenklichen Versprödung der gehärteten Randzone führt, wenn er nicht durch eine kostensteigernde Glühbehandlung vor dem Härten in die kugelige Form gebracht wird.

Die Aufkohlung der Werkstücke kann in festen, flüssigen und gasförmigen Kohlungsmitteln erfolgen. Diese wirken nur dann optimal, wenn der C-Transport vom Zementationsmittel zum aufzukohlenden Werkstück über die Gasphase erfolgt. Die Aufkohlung in festen Stoffen hat in der Vergangenheit immer mehr an Bedeutung verloren. Bei ihr werden die Werkstücke in Einsatzpulver eingebettet. Das *Kohlungspulver* besteht aus dem Kohlungsmittel und dem sog. Aktivator. Das Kohlungsmittel ist in der Regel Holzkohle. Aktivatoren sind in erster Linie die Carbonate der Alkali- und Erdalkalimetalle. Das bevorzugte Aktivierungsmittel ist das Bariumcarbonat $BaCO_3$, und das bekannteste Zementationsmittel besteht aus Holzkohle und $BaCO_3$ im Verhältnis 60 : 40. Den Aktivierungsmitteln müssen Einflüsse auf die Gleichgewichtseinstellung in den aufkohlenden Gassystemen und gewisse katalytische Wirkungen zugeordnet werden.

Die *Aufkohlungsbäder* bieten den Vorteil der gleichmäßigen Erwärmung der Werkstücke und der guten Regelbarkeit der Einsatztiefe. Alle Aufkohlungsbäder sind cyanidhaltig. In der Regel handelt es sich um Mischungen von Alkalicyaniden und -cyanaten mit Chloriden und Carbonaten der Alkali- und Erdalkalimetalle. Sie geben daher neben Kohlenstoff auch Stickstoff an die Stahloberfläche ab. Im Prinzip ist also jeder Aufkohlungsvorgang im Salzbad ein Carbonitrierprozeß.

Bei der Anwendung der Salzbadverfahren ist den gesetzlichen Auflagen hinsichtlich der *Entgiftungs- und Abwasseraufbereitungsanlagen* eine besondere Beachtung zu schenken. Eine Steigerung der Wirtschaftlichkeit der Verfahren zur Einsatzhärtung wird durch weitgehend selbsttätig arbeitende Kohlungsanlagen ermöglicht. Dafür eignen sich ganz besonders *Gasaufkohlungsanlagen*, bei denen nach Ablauf der Aufkohlungsbehandlung die Härtung der Werkstücke direkt aus dem Einsatz vorgenommen werden kann. Als Kohlungsgase bieten sich hauptsächlich einfache gesättigte Kohlenwasserstoffe wie Methan und Propan an, daneben können Alkohole, Ester, Ketone und schließlich auch Erdgas und Koksgas in Betracht gezogen werden. Die Aufkohlung kann näherungsweise auf die Boudouard-Reaktion $2\,CO \rightarrow C + CO_2$ zurückgeführt werden. Es ist jedoch darauf zu achten, daß Kohlenstoffabscheidungen wegen der Beeinträchtigung des Aufkohlungsvorganges unterbleiben. Bild 4.27 gibt die Abhängigkeit der Aufkohlungstiefe von der Aufkohlungszeit bei der Gasaufkohlung eines Stahles der Bezeichnung 20 MnCr 5 wieder, und Bild 4.28 zeigt den Härteverlauf in der Randzone eines Werkstückes aus dem gleichen Werkstoff nach einer Aufkohlung bei einer Temperatur von 950 °C und Einfachhärtung von 820 °C.

Für den im Anschluß an die Aufkohlung stattfindenden Härtungsvorgang wird besonders für Großserien die *Direkthärtung* nach Bild 4.29 bevorzugt. Sie gewährleistet bei geringstem Verzug der Werkstücke die höchste Wirtschaftlichkeit. Es wird direkt von der Aufkohlungstemperatur oder im Anschluß an einen geringen Temperaturabfall abgeschreckt. Für die aufgekohlte Randzone ist die Härtetemperatur zu hoch, deshalb setzt

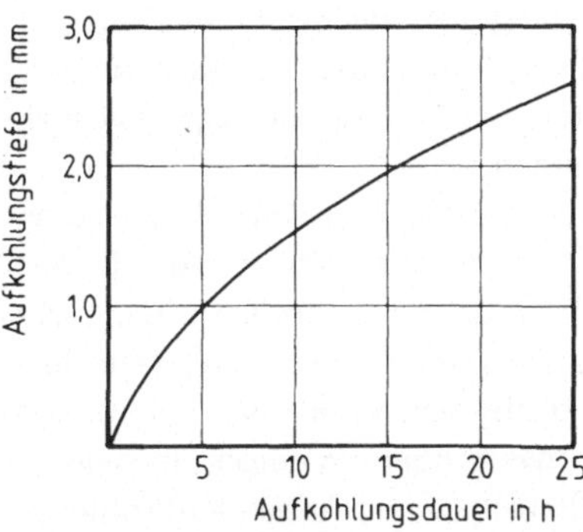

Bild 4.27 Abhängigkeit der Aufkohlungstiefe von der Aufkohlungsdauer bei der Gasaufkohlung des Stahles 20 MnCr 5 (Aufkohlungstemperatur 930 °C)

die Direkthärtung Stähle voraus, die sich durch eine geringe Neigung zur Kornvergröberung und Überkohlung im Verlauf der Aufkohlungsbehandlung auszeichnen. Die Kornvergröberung wird mit Hilfe eines nitridbildenden Al-Zusatzes vermieden, während die wegen der hohen Konzentration an Randcarbiden versprödend wirkende Überkohlung in erster Linie durch eine Absenkung des Cr-Gehaltes eingeschränkt werden kann. Chrom bewirkt eine sehr starke Erhöhung des Randkohlenstoffgehaltes und führt zu einer Anhäufung von Cr-haltigen Carbiden in der Randschicht. Daher enthalten Einsatzstähle, die für eine Direkthärtung bestimmt sind, in der Regel kein Chrom. Aufkohlung und Direkthärtung werden vorzugsweise in kontinuierlich betriebenen Öfen durchgeführt.

Bei der *Einfachhärtung* erfolgt die Härtung des in der Randzone aufgekohlten Werkstückes nach Abkühlung von der Aufkohlungstemperatur in einer gesonderten Wärmebehandlung. Die Härtetemperatur kann dann entsprechend der chemischen Zusammensetzung der aufgekohlten Randschicht gewählt werden. Bild 4.30 veranschaulicht den für die Einfachhärtung üblichen Temperaturverlauf. Dabei kann zwischen Aufkohlung und Härtung noch eine Zwischenglühung eingeschoben werden. Sie ist dann angezeigt, wenn ein im Verlauf der Aufkohlungsbehandlung entstandener Verzug beseitigt werden soll und auf weitgehende Spannungsarmut Wert gelegt wird. Weiterhin bietet diese als Weichglühung ausgeführte Zwischenglühung die Möglichkeit, vor dem Härten noch Bearbeitungen vornehmen zu können.

Bei der Härtung des Werkstückes von einer Temperatur dicht oberhalb der Ac_3-Temperatur des Randes erfolgt im Kern keine Umwandlung, denn dessen Härtetemperatur liegt höher. Er bleibt weich und zeigt bei Stählen, die zur Kornvergröberung neigen, infolge der langen Haltezeit bei der hohen Aufkohlungstemperatur ein ausgeprägtes Grobkorn. Wird jedoch von einer Temperatur gehärtet, die oberhalb der Ac_3-Temperatur des Kernes

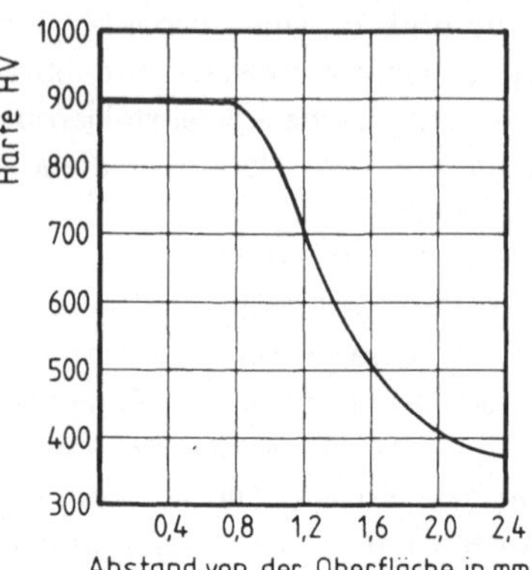

Bild 4.28 Härteverlauf in der Randzone eines Werkstückes aus dem Stahl 20 MnCr 5 nach Aufkohlung bei 950 °C und Einfachhärtung von 820 °C

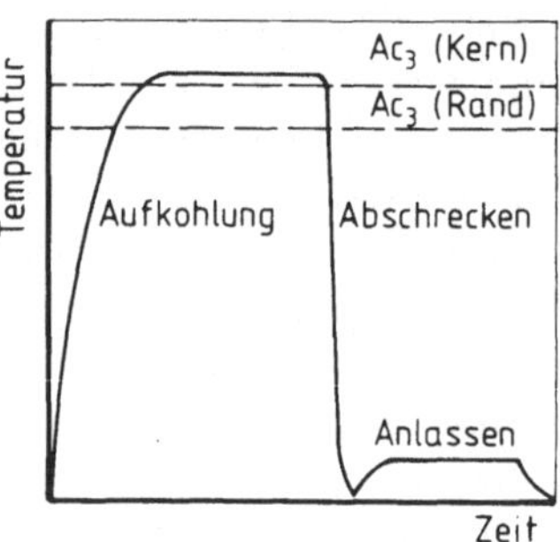

Bild 4.29 Temperaturverlauf bei der Direkthärtung von Einsatzstählen (schematisch)

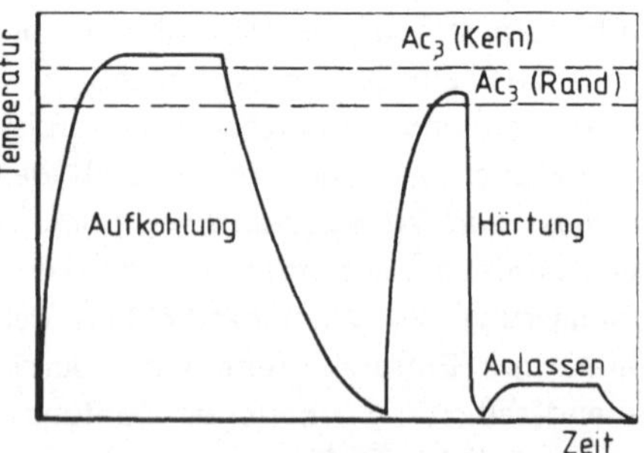

Bild 4.30 Temperaturverlauf bei der Einfachhärtung mit Randhärtung von Einsatzstählen (schematisch)

liegt, erfährt auch der Kernwerkstoff eine Umwandlung und wird bei der Werkstückabschreckung feinkörnig. Dadurch erhöhen sich die Zahlenwerte für die Streckgrenze, die Zugfestigkeit und die Kerbschlagarbeit des Kernes. Die Randzone wird als Folge dieser etwas überhöhten Härtetemperatur zwar etwas grobkörniger, was aber durch die Verwendung eines Feinkornstahles in Grenzen gehalten wird. Bild 4.31 gibt diese Arbeitsweise bei der Einfachhärtung wieder.

Die *Doppelhärtung* liefert die beste Gefügeausbildung der Rand- und Kernzonen des Werkstückes. Bei dieser Arbeitsweise wird gemäß Bild 4.32 zunächst von der höheren Ac_3-Temperatur des Kernes und nachfolgend von einer Temperatur dicht oberhalb der Ac_3-Temperatur der Randzone abge-

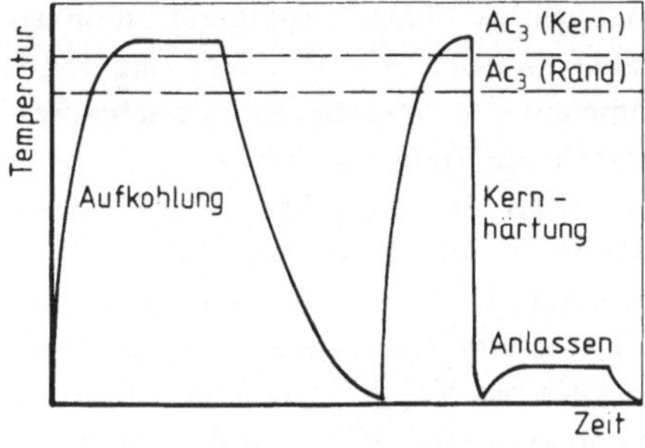

Bild 4.31 Temperaturverlauf bei der Einfachhärtung mit Kernhärtung (schematisch)

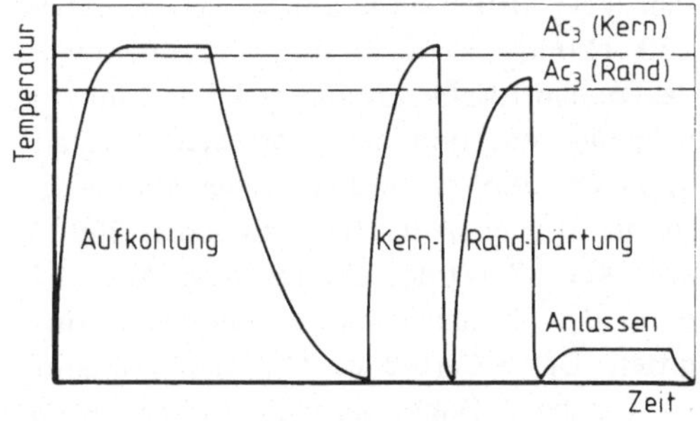

Bild 4.32 Temperaturverlauf bei der Doppelhärtung von Einsatzstählen (schematisch)

schreckt. Da die erste Härtung für die Randzone eine überhitzte Härtung darstellt, ist es ratsam, für sie Öl als Abschreckmittel zu wählen. Wegen der zweimaligen Abschreckung ist der Verzug bei dieser Arbeitsweise recht groß. Nach dem Vorbild der Direkthärtung kann die erste Härtung auch von der Aufkohlungstemperatur ausgehend erfolgen. Wegen der aufwendigen Arbeitsweise wird die Doppelhärtung nur noch selten durchgeführt.

Das sich an die Härtungsvorgänge anschließende Anlassen der Werkstücke bei Temperaturen zwischen 150 °C und 200 °C bewirkt eine Verminderung der Spannungen, ohne daß die Härte der Randzone wesentlich abfällt. Der Härteabfall beschränkt sich auf 1 … 2 HRC, so daß eine Härte von etwa 63 HRC an der Werkstückoberfläche verbleibt.

Als Legierungselemente haben in Einsatzstählen neben dem Kohlenstoff die Elemente Chrom, Mangan, Nickel und Molybdän die größte Wirkung. Das Chrom fördert wegen der Behinderung der C-Diffusion die Überkohlungsneigung und erhöht die Gehalte des Randzonengefüges an Restaustenit. Wegen der carbidbildenden Wirkung des Chroms führt die Überkohlung zu einem erhöhten Gehalt an Cr-reichen Carbiden in der Randzone, der einerseits die Verschleißfestigkeit der Randzone heraufsetzt, andererseits deren Zähigkeit vermindert. Mangan verringert die kritische Abkühlungsgeschwindigkeit und erhöht die Kernfestigkeit. Nickel setzt die kritische Abkühlungsgeschwindigkeit besonders stark herab und verbessert dadurch deutlich die Härtbarkeit. Es vermindert die Gefahr einer Randüberkohlung. Die Restaustenitgehalte des Abschreckgefüges werden erhöht. Ni-legierte Einsatzstähle zeigen eine hohe Zähigkeit, und die Übergangstemperatur der Kerbschlagarbeit wird zu tieferen Temperaturen verschoben. Als Folge der durch Nickel abgesenkten Umwandlungstemperaturen des Eisens und der $Fe\text{-}Fe_3C$-Legierungen ergeben sich im Vergleich zu unlegierten und anderen legierten Stählen niedrigere Härtetemperaturen. Damit vermindert sich der Härteverzug.

Nickel bildet keine Carbide. Es wirkt allein über die feste Lösung auf die Stahleigenschaften ein.

Molybdän ist ein carbidbildendes Element. Seine Wirkung ist mit der des Chroms zu vergleichen. Der Randkohlenstoffgehalt der Mo-legierten Stähle liegt etwas unter dem der Cr-legierten Stähle. Die Härtbarkeit, die Durchvergütbarkeit und die Warmfestigkeit der Stähle werden durch Molybdän verbessert.

Während unlegierte Einsatzstähle für weniger hoch beanspruchte Teile, wie kleine Zahnräder, Zapfen, Bolzen, Wellen, Hebel usw. des Fahrzeug- und allgemeinen Maschinenbaus eingesetzt werden, finden legierte Einsatzstähle für hochbeanspruchte Bauteile im Fahrzeug-, Flugzeug- und allgemeinen Maschinenbau Verwendung, die stoßender und schlagender Beanspruchungen ausgesetzt sind. Dabei bewirkt die Einsatzhärtung als Folge von Druckspannungen in der gehärteten Randzone eine bedeutsame Steigerung der Dauerfestigkeit.

4.9.2 Vergütungsstähle

Das Vergüten von Stählen setzt sich aus den Wärmebehandlungsschritten des Härtens und des Anlassens zusammen. Dabei soll ein Werkstoffgefüge mit möglichst hoher Zähigkeit bei einer dem Verwendungszweck des Werkstückes angepaßten Streckgrenze bzw. Zugfestigkeit erreicht werden. Als Werkstoffe kommen dafür unlegierte und legierte Vergütungsstähle mit C-Gehalten zwischen 0,25 % und 0,70 % in Frage.

Neben der chemischen Zusammensetzung und der metallurgischen Vorgeschichte der Vergütungsstähle sind die Austenitisierungs- und Abkühlbedingungen beim Härten und die Höhe der Temperatur, die Behandlungsdauer und die Zahl der Vorgänge beim Anlassen die bestimmenden Einflußgrößen. Die Kenntnis über die Art und Weise der Härtungseinflüsse wird hauptsächlich aus dem ZTU-Schaubild für kontinuierliche Abkühlung gewonnen. Es macht Aussagen über das Gefüge und dessen Härte. Das Anlaß-

schaubild gibt ergänzend die Werkstoffeigenschaften in Abhängigkeit von der Anlaßbehandlung wieder.

Nach der Abschreckhärtung liegen im Werkstück Phasen vor, die unterschiedlich thermodynamisch stabil sind. Für sie bietet die Anlaßbehandlung die Möglichkeit, in einen stabileren Zustand überzugehen. Folglich zerfällt der Restaustenit, und die aus Martensit und Zwischenstufengefüge bestehenden Gefügebestandteile nähern sich über Carbidausscheidungen dem Gleichgewichtszustand. Mit ansteigender Temperatur formen sich die Carbide ein und koagulieren in zunehmendem Maße.

Beim *Anlassen eines martensitischen Härtungsgefüges* mit gewissen Anteilen an Restaustenit, die besonders bei höheren Gehalten an Legierungselementen zu erwarten sind, lassen sich mit steigender Temperatur drei oder vier Stufen unterscheiden, ohne daß allgemeingültige klare Temperaturgrenzen angegeben werden können. Vor allem Legierungselemente verursachen Verschiebungen zu höheren Temperaturen.

In der ersten, bis etwa 250 $^\circ$C reichenden Anlaßstufe findet bereits eine Auscheidung feindisperser Carbide aus dem Martensit statt. Es handelt sich dabei um das hexagonale ϵ-Carbid $Fe_{2,4}C$. Diese Verringerung des zwangsgelösten Kohlenstoffs führt bereits zu einer Herabsetzung der tetragonalen Gitterverzerrung des Martensits, die schließlich zur Folge hat, daß der Martensit kubisch wird.

Die zweite Anlaßstufe erstreckt sich ungefähr über den Temperaturbereich zwischen 250 $^\circ$C und 350 $^\circ$C. In ihm tritt zunehmend das zementitische Eisencarbid Fe_3C im Anlaßgefüge auf und der Restaustenit zerfällt in die Carbidphase und kubischen Martensit.

In der dritten Anlaßstufe zwischen 350 $^\circ$C und 450 $^\circ$C erfolgt die restliche Ausscheidung des Kohlenstoffs aus dem Martensitgitter. Das ϵ-Carbid geht in den Zementit Fe_3C über. Dabei können Legierungselemente das ϵ-Carbid über einen weiteren Temperaturbereich stabilisieren. Die Carbidausscheidungen werden zunehmend im Lichtmikroskop sichtbar. An der oberen Temperaturgrenze dieser Anlaßstufe sind sie in der nunmehr weitgehend ferritischen Grundmasse eingebettet.

Bei weiterer Temperatursteigerung wachsen die Zementitteilchen und formen sich in die Matrix der α-Mischkristalle ein, so daß sich das Gefüge allmählich dem des weichgeglühten Zustandes nähert. In legierten Stählen wird mit zunehmendem Diffusionsvermögen der gelösten carbidbildenden Legierungselemente, wie Cr, Mo, V, zunächst das Eisencarbid Fe_3C auflegiert. Darüber hinaus bilden sich je nach dem Legierungszustand weitere Carbidphasen, wie z. B. die M_7C_3-Phase, die $M_{23}C_6$-Phase, die M_6C-Phase und die MC-Phase. In diesen allgemeinen Summenformeln steht der Buchstabe M für ein Metallatom.

Bild 4.33 gibt das Anlaßschaubild des legierten Vergütungsstahles 50 CrMo 4 wieder. Die Zahlenwerte der 0,2 %-Dehngrenze bzw. der Streckgrenze und der Zugfestigkeit fallen bis auf die Werte für den geglühten Gefügezustand ab, während die Dehnungswerte ansteigen. Eine Meßzahl für die Vergütungswirkung ist dabei neben dem Zahlenwert der Kerbschlagarbeit das Verhältnis der Streckgrenzenwerte zu den Zugfestigkeitswerten. Die-

ses Streckgrenzenverhältnis sollte möglichst hoch sein. Für den Vergütungsstahl 50 CrMo 4 liegt der übliche Temperaturbereich der Anlaßbehandlung zwischen 520 °C und 680 °C. Dieser Anlaßbereich führt auf Grund der eingetretenen Kornverfeinerung des Gefüges und der gleichmäßigen Carbidausscheidungen zu einer günstigen Kombination von Zahlenwerten für die Streckgrenze und die Zugfestigkeit, die dem Verwendungszweck des Stahles angepaßt sind, und solchen für die Zähigkeitseigenschaften. Gleichzeitig ergeben sich besonders gute Werte für die Dauerfestigkeit.

Sondercarbidhaltige Stähle weisen eine erhöhte Anlaßbeständigkeit auf. Sondercarbide, also Carbide der Legierungselemente, verhalten sich bei der Ausscheidung aus dem Martensit träge. Das carbidbildende Legierungselement hält einen Teil des Kohlenstoffs im Martensitgitter fest, und eine Sondercarbidbildung tritt erst ein, wenn die Temperatur hoch genug ist, um eine Diffusion von C-Atomen und Legierungsatomen zu ermöglichen. Die Sondercarbide scheiden sich dann in feiner Verteilung aus, und auch das bereits ausgeschiedene Eisencarbid setzt sich noch mit den carbidbildenden Legierungselementen zu Sondercarbiden um. Dabei können die feindispersen Carbidausscheidungen zu einer Wiederanhebung der Festigkeits- und Härtewerte führen.

Neben Kohlenstoff, Mangan und Silizium sind die Elemente Chrom, Nickel, Molybdän, Vanadin und Bor die wichtigsten Legierungselemente in Vergütungsstählen.

Mangan vermindert die kritische Abkühlungsgeschwindigkeit und verschiebt die Umwandlung zu niedrigeren Temperaturen. Silizium verringert auf Grund seines hemmenden Einflusses auf die Kohlenstoffdiffusion die kritische Abkühlgeschwindigkeit und steigert die Anlaßbeständigkeit.

Chrom ist ein Carbidbildner und setzt die kritische Abkühlgeschwindigkeit herab. Voraussetzung ist jedoch, daß die Austenitisierungstemperatur so hoch gewählt wird, daß sich die Cr-haltigen Carbide im Austenit auflösen.

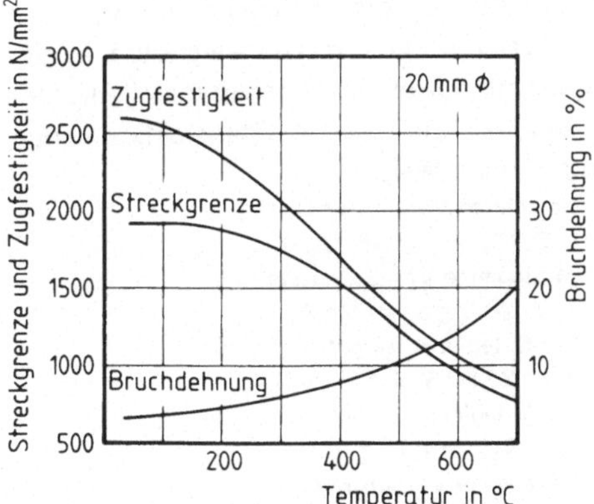

Bild 4.33 Anlaßschaubild für den Vergütungsstahl 50 CrMo 4
Härtung: 830 °C/Öl. Anlassen im Salzbad

Chrom senkt die M_s-und M_f-Temperaturen und vergrößert somit den Restaustenitanteil im Härtungsgefüge. Als Folge der Sondercarbidbildung weisen Cr-haltige Stähle eine erhöhte Anlaßbeständigkeit auf.

Nickel setzt ebenfalls die kritische Abkühlgeschwindigkeit herab und vergrößert damit die Härtbarkeit und die Durchvergütung. Es nimmt nicht an der Carbidbildung teil und bildet keine oxidischen Einschlüsse, so daß Ni-Stähle einen höheren Reinheitsgrad aufweisen. Die starke Erweiterung des γ-Feldes des Eisens führt zu einer deutlichen Herabsetzung der A_1- und A_3-Temperaturen. Die Übergangstemperatur der Kerbschlagarbeit wird durch Nickel zu tieferen Temperaturen verschoben bzw. weitgehend zum Verschwinden gebracht, so daß Ni-Stähle im vergüteten Zustand als Tieftemperaturstähle Verwendung finden.

Molybdän steigert die Härtbarkeit und die Durchvergütbarkeit stärker als Chrom. Als sondercarbildbildendes Element erhöht Molybdän die Anlaßbeständigkeit. In legierten Stählen verhindert ein Mo-Zusatz die unangenehme Anlaßsprödigkeit.

Das Element Vanadin (Vanadium) ist ein starker Carbidbildner. Das Carbid VC geht erst bei hohen Temperaturen im γ-Mischkristall in Lösung. Demzufolge sind hohe Austenitisierungstemperaturen Voraussetzung für die härtbarkeitssteigernde Wirkung des Vanadins. Bei niedrigen Härtetemperaturen hat das Vanadin eine kornverfeinernde Wirkung.

Das Element Bor erhöht bereits bei geringen Gehalten um 0,005 % die Härtbarkeit. Dabei hängt seine Wirkung vom C-Gehalt des Stahles ab. Mit ansteigendem C-Gehalt verliert sich die Wirkung des Bors allmählich.

Vergütungsstähle können auch als mikrolegierte Stähle erschmolzen werden. Sie enthalten dann bei Gehalten um 0,1 % die Elemente Vanadin oder Niob und werden an Stelle einer Vergütung einer kontrollierten Warmumformung und Abkühlung unterworfen. Dabei kommt es unter Beteiligung der Carbide und Carbonitride des Vanadins und Niobs zu einer ausscheidungshärtenden Wirkung dieser Elemente.

Legierte Vergütungsstähle können gegen eine langsame Abkühlung von der Anlaßtemperatur hinsichtlich ihrer Zähigkeit empfindlich sein. Diese *Anlaßsprödigkeit* zeigt sich nach einer langsamen Abkühlung, z. B. nach einer Ofenabkühlung. Dabei bleiben die Werte für die Streckgrenze, die Zugfestigkeit, die Bruchdehnung und die Brucheinschnürung weitgehend unbeeinflußt. Die Kerbschlagarbeit-Temperatur-Kurve erfährt jedoch eine Verschiebung zu höheren Temperaturen. Die niedrigsten Übergangstemperaturen werden nach einer Wasserabschreckung erhalten. Die Versprödung tritt bevorzugt in Mn-, Cr-, Cr-Mn- und Cr-Ni-Stählen auf. Sie kann durch eine beschleunigte Abkühlung von der Anlaßtemperatur wieder rückgängig gemacht werden. Als Ursache der Anlaßversprödung sind Korngrenzenausscheidungen anzusehen, an denen in erster Linie der Phosphor beteiligt ist. Ein Mo- bzw. W-Zusatz zum Stahl vermindert die Empfindlichkeit der Stähle gegen eine langsame Abkühlung nach der Anlaßbehandlung. Dabei wirken allerdings nur die gelösten Mo- und W-Anteile des Stahles.

Die genannten Legierungselemente lassen sich auf Grund ihres Einflusses auf die Härtbarkeit und Durchvergütung, auf die im Härtungsgefüge verbleibenden Restaustenitmengen, auf die Carbidbildung, auf die Anlaßbeständigkeit, auf die Anlaßversprödung und die Wirtschaftlichkeit zu geeigneten Legierungskombinationen zusammenstellen. Unter Einbeziehung des Kohlenstoffs ergeben sich auf diese Weise

> unlegierte Vergütungsstähle,
> z. B. Ck 35, Ck 45, Ck 60,
> Mn-legierte Vergütungsstähle,
> z. B. 28 Mn 6, 40 Mn 4,
> Mn-Si-legierte Vergütungsstähle,
> z. B. 37 MnSi 5, 53 MnSi 4,
> Mn-V-legierte Vergütungsstähle,
> z. B. 42 MnV 7,
> Cr-legierte Vergütungsstähle,
> z. B. 34 Cr 4, 41 Cr 4,
> Cr-V-legierte Vergütungsstähle,
> z. B. 50 CrV 4,

Cr-Mo-legierte Vergütungsstähle,
z. B. 25 CrMo 4, 50 CrMo 4,
Cr-Mo-V-legierte Vergütungsstähle,
z. B. 30 CrMoV 9,
Ni-legierte Vergütungsstähle,
z. B. 24 Ni 8, 34 Ni 5,
Cr-Ni-legierte Vergütungsstähle,
z. B. 24 NiCr 14, 36 NiCr 6,
Cr-Ni-Mo-legierte Vergütungsstähle,
z. B. 34 CrNiMo 6.

Die unlegierten Vergütungsstähle weisen eine hohe kritische Abkühlgeschwindigkeit auf, so daß selbst bei Wasserabschreckung nur eine wenige mm dicke Randzone härtet, während die Umwandlung des Restquerschnittes in der Perlitstufe erfolgt. Eine Vergütung wird bei ihnen in der Regel nur bei kleinen Abmessungen (bis ca. 40 mm ϕ) durchgeführt. Im normalisierten Zustand werden diese Stähle auch für große Schmiedestücke, wie Rotorwellen, Schiffskurbelwellen und Pressensäulen herangezogen.

Im allgemeinen gilt die Regel, daß der Legierungsgehalt der Vergütungsstähle um so höher zu wählen ist, je größer der Querschnitt des Werkstückes ist und je höher die Zahlenwerte für die Streckgrenze und die Zugfestigkeit sein sollen. Dabei kommt der Durchhärtung eine besondere Bedeutung zu. Dementsprechend werden für Bau- und Konstruktionsteile mit großem Vergütungsquerschnitt bevorzugt Cr-Ni-Mo-Stähle verwendet. Bei hohen Anforderungen an die Zähigkeit stehen Ni- und Cr-Ni-Stähle im Vordergrund. Grundsätzlich ist davon auszugehen, daß für den Grad der Aufhärtung der C-Gehalt des Stahles maßgebend ist, während die Legierungselemente die Einhärtung und Durchvergütung, Zähigkeit, Verschleißfestigkeit und Anlaßbeständigkeit festlegen.

Besonders bei den hochbeanspruchten legierten Vergütungsstählen ist eine gleichmäßige Verteilung der Legierungs- und Begleitelemente über den Werkstückquerschnitt und über die Werkstücklänge zu fordern, weil sonst Unterschiede in der Härteannahme, innere Spannungen und Verzugserscheinungen innerhalb des Werkstückes auftreten. Weiterhin soll keine Einschluß- und Gefü-

gezeiligkeit vorhanden sein. Innere, als Flokken bezeichnete Risse, die auf zu hohe Wasserstoffgehalte des Stahles zurückzuführen sind, müssen durch Vakuumbehandlungsverfahren für den flüssigen Stahl vermieden werden. Turbinen- und Generatorwellen benötigen u. U. Rohblöcke mit Gewichten bis zu 400 t. Es ist daher erforderlich, die Konzentrationsunterschiede der Seigerungen durch *Umschmelzverfahren* möglichst weitgehend zu mildern. Hierfür bieten sich besonders die Verfahren des Umschmelzens unter Vakuum und das Elektro-Schlacke-Umschmelzverfahren ESU an.

In einer Reihe von technischen Bereichen werden große Mengen von höher gekohlten Stahldrähten benötigt, die z. B. für die Fertigung von Federn, Drahtseilen, Speichen, Reifen, Sieben oder Signalanlagen eingesetzt werden. Dabei wird von den Stahldrähten fast immer eine hohe Festigkeit bei einem möglichst hohen Formänderungsvermögen gefordert. Diese Kombination von Eigenschaften kann durch eine Stahlhärtung nicht und durch eine Vergütung nur unvollkommen erreicht werden. Auch eine reine Kaltumformung durch Ziehen führt nicht zu einem Werkstoffzustand, der hohe Festigkeitswerte mit einem guten Formänderungsvermögen vereint.

In der Stahldrahtzieherei wird daher seit langem eine Wärmebehandlung in Kombination mit dem Ziehen angewandt, die als *Patentieren* bezeichnet wird. Bei ihr wird das Ziel verfolgt, ein feinlamellares Perlitgefüge zu erhalten, das unter dem Namen Sorbit bekannt ist. Mit zunehmender Feinheit des Perlits nimmt einmal die Härte des Drahtgefüges zu (Bild 4.34), zum andern bietet es bei der Umformung vermehrte Gleitmöglichkeiten. Die feinen Carbidlamellen lassen sich auch bei starker Umformung noch hinreichend biegen. Gröbere Lamellen würden bei der Umformung zerbrechen und eine ausgeprägte Kerbwirkung innerhalb des Gefüges verursachen. Die bereits recht hohen Werte der Zugfestigkeit und der Härte des Patentiergefüges lassen sich durch eine Kaltumformung noch er-

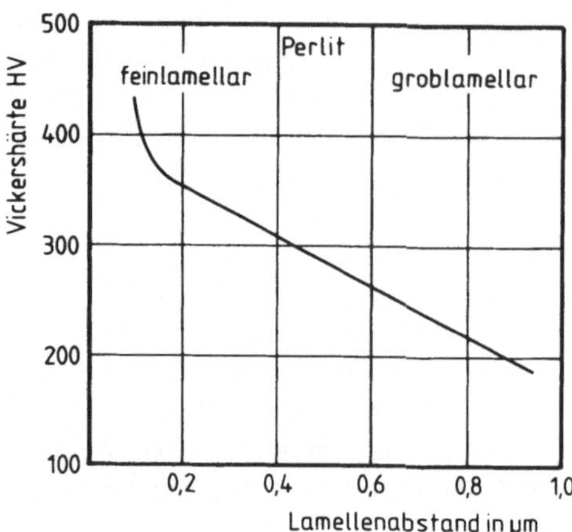

Bild 4.34 Härte des Perlits in Abhängigkeit vom Abstand der Zementitlamellen
Feinlamellarer Perlit = Sorbit

heblich anheben. Dabei sind die nach der Ziehbehandlung vorliegenden hohen Festigkeitswerte mit verhältnismäßig hohen Zahlenwerten der Bruchdehnung, der möglichen Biegungen und Torsionen gekoppelt.

Die Patentierbehandlung setzt sich zusammen aus einer Erwärmung des Drahtes auf Austenitisierungstemperatur, einem Halten bei dieser Temperatur bis sich Austenit gebildet hat, einem Abschrecken in ein Metalloder Salzbad, dem Halten bei der Temperatur der Schmelze bis die Umwandlung vollständig abgelaufen ist und dem Abkühlen des sorbitischen Drahtes auf Raumtemperatur (Bild 3.67). Dabei besteht die Durchziehpatentieranlage aus dem Durchziehofen, einem Bleibad und dem Wickelwerk. Die Werte der Zugfestigkeit des Drahtes setzen sich nach dem Ziehen aus der Patentierfestigkeit und der Verformungsverfestigung des Ziehens zusammen. So ergeben bei einem Stahldraht mit 0,80 % C die Patentierfestigkeit von R_m = 1250 N/mm^2 und die auf die Patentierung folgende Ziehverfestigung bei einer Querschnittsabnahme von ϵ = 90 % eine Endfestigkeit des Fertigdrahtes von R_m = 2600 N/mm^2.

4.9.3 Stähle für die Oberflächenhärtung

Bei den Oberflächenhärteverfahren soll eine harte, verschleißfeste Randschicht der Werkstücke erzeugt werden. Die zu härtenden Oberflächenzonen werden chemisch nicht verändert, sondern das aus härtbarem Stahl gefertigte Werkstück wird örtlich an der Oberfläche erwärmt und an diesen Stellen auf geeignete Weise abgeschreckt. Dabei wird der zu härtenden Oberfläche in der Zeiteinheit mehr Wärme zugeführt als durch Wärmeableitung in das Werkstückinnere abfließt. Als Verfahren der Oberflächenhärtung kommen hauptsächlich die *Flammhärtung,* die *Induktionshärtung* und die *Tauchhärtung* zur Anwendung.

Bei der Oberflächenhärtung bleibt der Werkstückkern weitgehend unbeeinflußt. Seine Eigenschaften sind durch eine vorausgegangene Wärmebehandlung, die in der Regel eine Vergütung ist, bestimmt. Ausschlaggebend für die Werkstoffauswahl sind neben der gewünschten Oberflächenhärte die Einhärtung, die zu fordernden Eigenschaften des Kerns, die Unempfindlichkeit gegen Härterisse sowie eine möglichst geringe Verzugsneigung. Der C-Gehalt ist im allgemeinen auf 0,70 % begrenzt, wird aber 0,30 % kaum unterschreiten. Höhere Gehalte als 0,70 % leisten keinen Beitrag mehr zur Oberflächenhärte. Sie begünstigen die Neigung des Werkstoffes zur Rißbildung bei der Härtung. Mit zunehmendem Anteil der im Austenit gelösten Legierungselemente ergibt sich eine Vergrößerung der Einhärtung. Dabei ist die Reihenfolge in Bezug auf den Einfluß der Elemente ungefähr: Ni, Si, B, Cr, V, W, Mo, Mn. Sie wird verändert durch den Auflösungsgrad der Carbide im γ-Mischkristall.

Bei den Stählen für die Oberflächenhärtung handelt es sich vorzugsweise um Vergütungsstähle. Daneben wird die Oberflächenhärtung auch bei Werkstücken angewendet, die aus anderen Werkstoffen bestehen. Da sind z. B. die *Kaltwalzen* zu nennen, die aus einem 2 %-igen Cr-Stahl mit 0,85 % C bestehen und

nach den Verfahren der Induktionshärtung
in einer 15 mm dicken Schale gehärtet werden (bis 100 Shore). Auch Gußeisenwerkstoffe können einer Oberflächenhärtung unterzogen werden. Wegen des größeren Formänderungsvermögens ist die Gefahr von Härterissen beim Gußeisen mit Kugelgraphit
wesentlich kleiner als beim Gußeisen mit Lamellengraphit.

4.9.4 Automatenstähle

Automatenstähle sind für eine spanabhebende Werkstückbearbeitung auf schnellaufen-
den Automaten bestimmt. Ihr Einsatz soll
gewährleisten, daß sich bei hoher Schnittge-
schwindigkeit eine lange Standzeit der Werkzeuge, eine automatengerechte Spanbrüchig-
keit, niedrige Schnittkräfte und eine hohe
Oberflächengüte der spanend hergestellten
Teile ergeben. Ansonsten hat der Automatenstahl die spezifischen Eigenschaften der
verschiedenen Stahlsorten, wie z. B. die der
weichen Stähle, der Einsatz- und Vergütungsstähle oder der nichtrostenden Stähle aufzu-
weisen.

Die bei Automatenstählen auftretende *Kurz-
brüchigkeit der Späne* ist eine Folge der in
der Stahlmatrix eingelagerten, gleichmäßig
verteilten Einschlüsse und der durch höhere
P- und N-Gehalte bedingten Stahlversprö-
dung. Wirksame Einschlüsse bilden die Elemente Schwefel, Blei, Wismut, Tellur und
Selen.

Der *Schwefel* kann in Eisenwerkstoffen Rotbruch hervorrufen. Im Zweistoffsystem
Fe-FeS (Bild 4.35) tritt das Eutektikum bei
einer Temperatur von 988 °C auf. Bei der
Abkühlung eines Eisenwerkstoffes erscheint
die eutektische Phase als Korngrenzenfilm,
so daß bei der Wiedererwärmung auf die
Temperatur der Warmumformung der Zusammenhalt zwischen den Kristalliten infolge Aufschmelzens des Korngrenzenfilms verloren geht. Diese Rotbruchneigung wird noch
erhöht, wenn neben dem Schwefel auch
Sauerstoff in Form von FeO im Eisenwerk-
stoff vorhanden ist. Das System FeO-FeS be-

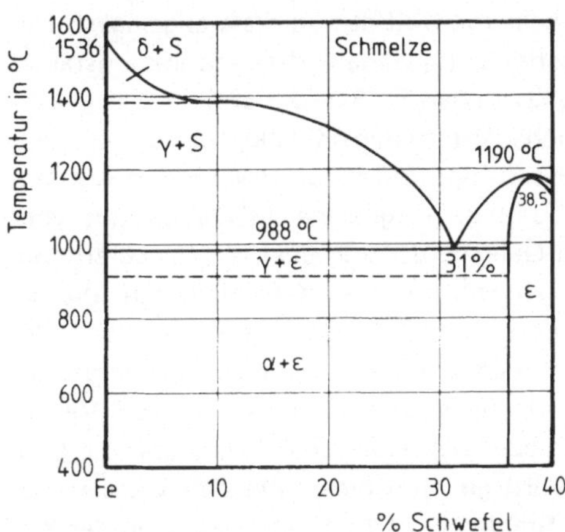

Bild 4.35 Zustandsschaubild Eisen-Schwefel mit
niedrig schmelzendem Eutektikum (Rotbruchgefahr)

sitzt ein Eutektikum bei 940 °C, und in Gegenwart von Fe ergibt sich ein ternäres Eutektikum bei 895 °C.

Auf Grund der großen Affinität des Mangans
zum Schwefel wird bei Anwesenheit von
Mangan in Eisenwerkstoffen Mangansulfid
MnS gebildet, wodurch die niedrig schmelzenden Eutektika und damit die Neigung
zum Rotbruch wegfallen. Es muß jedoch das
stöchiometrische Verhältnis von Mn zu S,
das 1,72 beträgt, mit Sicherheit über den gesamten Block- oder Gußstückquerschnitt
überschritten werden. Die obere Grenze des
S-Gehaltes im Automatenstahl liegt bei etwa 0,40 %, da die mechanischen und technologischen Eigenschaften des Stahles vor
allem in Querrichtung durch erhöhte Sulfid-
anteile im Gefüge erheblich beeinträchtigt
werden.

Blei kann in Automatenstählen sowohl gemeinsam mit Schwefel als auch als alleiniges
Legierungselement oder in Kombination mit
anderen Elementen zum Einsatz kommen.
Eisen zeigt im flüssigen Zustand nur eine sehr
geringe Löslichkeit für Blei. Im festen Zustand besteht wegen der stark voneinander
abweichenden Atomradien keine Löslichkeit.
Blei liegt dann feindispers in der Eisenmatrix
vor oder hat sich bei gleichzeitigem Vorhan-

densein von Sulfiden an diese angelagert. Der günstigste Pb-Gehalt des Automatenstahles liegt zwischen 0,15 und 0,35 %.

Weiche Automatenstähle können unberuhigt, halbberuhigt und beruhigt vergossen werden. Unberuhigt vergossene Stähle weisen über den Querschnitt und über die Länge erhebliche Konzentrationsunterschiede auf, die besonders den S-Gehalt betreffen. Wird der Kochprozeß in der Kokille eingeschränkt, gehen die Seigerungen zurück und die S-Verteilung über den Querschnitt und über die Länge wird gleichmäßiger. Bei den vollberuhigten Stählen wird die Kochreaktion in der Kokille ganz vermieden, was zu einer weitgehend gleichmäßigen S-Verteilung im Block und in den Walzerzeugnissen führt. Dabei ist allerdings zu berücksichtigen, daß harte Desoxidationsprodukte wie Silikate und Tonerde die Zerspanbarkeit der weichen Hochleistungs-Automatenstähle beeinträchtigen. Deshalb werden beruhigt vergossene Automaten-

stähle hauptsächlich als Mn-desoxidierte Stähle mit Mn-Gehalten über 1,0 % angeboten.

Tabelle 4.9 gibt die chemische Zusammensetzung einiger Weich-, Einsatz- und Vergütungsautomatenstähle wieder. Daneben sind wegen ihrer Bedeutung noch die nichtrostenden Stähle X 12 CrMoS 17 und X 12 CrNiS 18 8 mit S-Gehalten zwischen 0,15 und 0,35 % zu nennen. Ein einfacher Nachweis für S-Anreicherung im Stahl ist der Baumann-Abdruck. Höhere S-Gehalte bewirken eine intensive Dunkelung des Bromsilberpapiers.

4.9.5 Nitrierstähle

Ein wichtiges thermochemisches Diffusionsverfahren zur Oberflächenbehandlung von Stahl ist das Nitrieren. Der dabei in die Stahloberfläche eindiffundierende Stickstoff bildet zusammen mit den im Eisenmischkristall gelösten stickstoffaffinen Elementen Al, Cr,

Tabelle 4.9 Chemische Zusammensetzung ausgewählter Weich-, Einsatz- und Vergütungsautomatenstähle

Bezeichnung	% C	% Si	% Mn	% P	% S	% N	% Bi	% Pb	% Te
9 S 20	0,08/0,13		0,90/1,20		0,200/0,270				
		Sp.		0,050/0,100		> 0,007			
9 SMnPb 28	0,08/0,13		0,90/1,30		0,260/0,320			0,15/0,30	
		Sp.		0,050/0,100		> 0,006			
9 SMn 28 PbBi	0,08/0,13		0,90/1,20		0,280/0,320		0,070/0,090		
		Sp.		0,050/0,090		> 0,007		0,15/0,30	
9 SMn 28 PbTe	0,08/0,13		0,90/1,20		0,260/0,320				0,040/0,060
		Sp.		0,050/0,100		> 0,006		0,15/0,30	
9 SMn 36 PbBi	0,08/0,13		1,00/1,30		0,380/0,420		0,070/0,090		
		Sp.		0,050/0,100		0,007/0,011		0,15/0,30	
15 S 20	0,12/0,18		0,50/0,90		0,180/0,260				
		0,10/0,40		≤ 0,070					
15 S 20 Pb	0,12/0,18		0,50/0,90		0,180/0,260			0,15/0,30	
		0,10/0,40		≤ 0,070					
35 S 20	0,32/0,39		0,50/0,90		0,180/0,250				
		0,15/0,35		≤ 0,060					
35 S 20 Pb	0,32/0,39		0,50/0,90		0,180/0,250			0,15/0,30	
		0,15/0,35		≤ 0,060					
35 S 20 PbTe	0,32/0,39		0,50/0,90		0,180/0,250			0,15/0,30	
		0,15/0,35		≤ 0,060					0,040/0,060
60 S 20	0,57/0,65		0,60/0,90		0,180/0,250				
		0,15/0,35		≤ 0,060					

Mo, V, Ti, Nb, Ta und Zr *feinverteilte Nitride*, die als harte Teilchen mit den Versetzungen in Wechselwirkung treten. Weiterhin können in den Carbiden die Gitterplätze des Kohlenstoffs von anderen Elementen mit kleinem Atomradius, z. B. Stickstoff, eingenommen werden, so daß Carbonitride entstehen, die durch die allgemeine Summenformel $M_x C_y N_z$ zu kennzeichnen sind. Wie die Carbide, so lösen sich die Nitride und Carbonitride ebenfalls unterschiedlich leicht im Fe-Mischkristall.

Die zur Anwendung kommenden Nitrierverfahren sind das Gasnitrieren, das Badnitrieren, das Glimmnitrieren und gelegentlich das Pulvernitrieren. Das *Gasnitrieren* wird im Ammoniakstrom bei Temperaturen zwischen 500 °C und 530 °C durchgeführt. Entsprechend dem Härtungsmechanismus der Teilchenbildung ist keine Abschreckbehandlung erforderlich, so daß die Härtung praktisch verzugsfrei durchgeführt werden kann. In der nitrierten Randzone treten lediglich Druckspannungen auf.

Bei der *Badnitrierung* wird mit cyanid- und cyanathaltigen Salzschmelzen gearbeitet. Die Behandlungstemperatur liegt zwischen 540 °C und 580 °C. Bei der *Glimm- oder Plasmanitrierung* werden die zu nitrierenden Werkstücke in einer stickstoffhaltigen Atmosphäre einer Glimmentladung ausgesetzt. Dabei wird der Stickstoff in Ionenform auf die Werkstückoberfläche geschossen. Die Ionisierung erfolgt in einem Vakuumbehälter (10^{-1} ... 10 Torr). Die Behandlungstemperatur liegt zwischen 450 °C und 600 °C, wobei eine Beheizung von außen nicht erforderlich ist. Das Verfahren ist auch unter dem Namen Ionitrieren bekannt.

Bei einer Nitriertiefe von höchstens 1 mm stellt sich an der Werkstückoberfläche ein Härtewert zwischen 800 HV und 1200 HV ein. Er liegt in der Regel höher als die Martensithärte einsatzgehärteter Werkstücke. Dafür ist die Härtetiefe bei der Nitrierhärtung geringer als bei der Einsatzhärtung, denn bei den verhältnismäßig niedrigen Nitriertemperaturen diffundiert der Stickstoff nur langsam in den Stahl hinein. Bild 4.36 vergleicht den Härteverlauf des gasnitrierten Stahles 34 CrAlMo 5 mit dem des einfachgehärteten Einsatzstahles 15 CrNi 6.

Voraussetzung für eine wirkungsvolle Nitrierbehandlung ist eine Übergangs- und Kernzone des Werkstückes, die eine hinreichende Tragfähigkeit für die dünne Nitrierschicht aufweist. Ausgesprochene Nitrierstähle sind daher anlaßbeständige *Vergütungsstähle* mit verschiedenen Kombinationen von Legierungselementen, die stabile Nitride bilden und zusätzlich auf das Werkstoffverhalten bei der Vergütung einwirken. Außerdem hat die Nitrierung für Werkzeugstähle, insbesondere Schnellarbeitsstähle, eine Bedeutung.

Werkstücke, die einer Nitrierbehandlung unterzogen wurden, zeigen eine hohe Verschleißfestigkeit, wobei die Härte und die Verschleißfestigkeit der Nitrierschicht bis zur Temperatur der Auflösung der Nitride bei etwa 500 °C erhalten bleiben, während die Martensitschicht einsatzgehärteter Werkstücke bereits ab 200 °C ihre Härte und Verschleißfestigkeit verliert. Die Nitrierschicht darf allerdings keinen zu hohen Flächenpres-

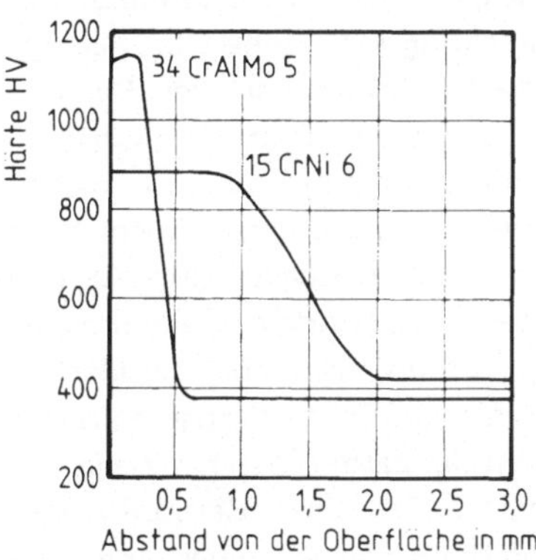

Bild 4.36 Härteverlauf in der nitrierten Randzone eines Werkstückes aus den Nitrierstahl 34 CrAlMo 5 verglichen mit dem Härteverlauf in der aufgekohlten Randzone eines einfachgehärteten Werkstückes aus dem Einsatzstahl 15 CrNi 6

34 CrAlMo 5: 55 h bei 510 °C in NH_3
15 CrNi 6:   7 h bei 940 °C im Salzbad
Einfachhärtung: 820 °C/Öl

sungen oder Schlagbeanspruchungen ausgesetzt werden, denn die harte, aber auch spröde Nitrierschicht kann sich in die weichere darunter befindliche Zone eindrücken, bzw. sie kann abplatzen.

Die Nitrierung der Werkstückoberfläche verbessert in besonderem Maße die Dauerfestigkeit und die Verschleißfestigkeit und vermindert die Kerbempfindlichkeit. Gegenüber dem unbehandelten Grundwerkstoff zeigt die Nitrierschicht eine merklich höhere Korrosionsbeständigkeit.

Die durch das Nitrieren erzeugte Randschicht der Werkstücke setzt sich aus einer äußeren, in der Regel nur einige μm dicken Verbindungsschicht und einer darunter liegenden Diffusionsschicht zusammen. Die Dicke der Diffusionsschicht nimmt mit steigendem Legierungsgehalt ab.

Beim *Carbonitrieren* diffundieren C und N gemeinsam in den Werkstückrand ein. Die Behandlung erfolgt überwiegend in einer geeigneten Gasatmosphäre oder im Salzbad. Wegen des Übergewichtes der Zementation ist nach dem Carbonitrieren eine Abschreckung des behandelten Werkstückes erforderlich. Die zu carbonitrierenden Stähle brauchen keine Legierungselemente zu enthalten, die sonst nach der Nitridbildung bereits ohne Abschreckung eine hohe Oberflächenhärte erbringen. Hinsichtlich der Behandlungstemperatur ist zwischen einer Carbonitrierung oberhalb von Ac_1 und einer solchen unterhalb von Ac_1 zu unterscheiden. Wird bei Temperaturen zwischen 800 $^\circ$C und 860 $^\circ$C gearbeitet, so handelt es sich um eine Variante des Aufkohlens, wobei der Martensitpunkt durch den Stickstoff abgesenkt und die Härtbarkeit der carbonitrierten Zone heraufgesetzt wird. Bei einer Carbonitrierbehandlung unterhalb von Ac_1 übernimmt der Stickstoff die bestimmende Rolle. Die N-haltigen Randzonen sind auch schon bei langsamer Abkühlung bis unter 700 $^\circ$C austenitisch, so daß die Abschreckhärtung von Temperaturen zwischen 650 $^\circ$C und 700 $^\circ$C durchgeführt werden kann. Die Randzone des Werkstückes besteht dann aus einer dünnen

Nitrierschicht, die von einer Martensitschicht gestützt wird.

Auch beim Salzbadnitrieren ist auf die Entgiftungsproblematik bei den Abwässern und Salzrückständen hinzuweisen.

4.9.6 Verschleißfeste Stähle

Unter Verschleiß wird die Funktionsminderung von Werkstücken verstanden, die durch einen mechanischen Angriff hervorgerufen wird. Die dabei auftretenden Werkstoffbeanspruchungen sind außerordentlich komplex, so daß es keine Werkstoff-Kenngröße gibt, die als Verschleißfestigkeit das Werkstoffverhalten zahlenmäßig erfaßt.

Tabelle 4.10 gibt zunächst eine Zusammenstellung der wichtigsten zur Verfügung stehenden verschleißfesten Werkstoffe und deren Eignung für einen Einsatz bei speziellen Verschleißbeanspruchungen.

Der vielfach als verschleißfester Werkstoff in Erwägung gezogene Manganhartstahl bietet eine sehr hohe Beständigkeit gegen Kerbverschleiß (Backenbrecher), eine mäßige Beständigkeit gegen Mahlverschleiß (Kugelmühlen) und einen geringen Widerstand gegen den erosiven schmirgelnden Verschleiß (Sandstrahlen).

Im *Manganhartstahl* stehen die C- und Mn-Gehalte im Verhältnis 1 : 10 zueinander. Dabei liegt der C-Gehalt in den Grenzen von 1,0 … 2,0 %. In der Regel wird unter Manganhartstahl ein Stahl der Bezeichnung X 120 Mn 12 verstanden. Er besitzt nach einem Lösungsglühen im Temperaturbereich von 980 … 1020 $^\circ$C und beschleunigter Abkühlung auf Raumtemperatur ein überaus zähes austenitisches Gefüge. Bei dickwandigen Gußstücken ist es allerdings kaum zu vermeiden, daß Carbidausscheidungen in den Kernzonen auftreten. Die Carbide liegen dann teilweise als Korngrenzencarbide und zum andern Teil als nadelige Carbide im Austenitkorn vor. Wird der austenitische Manganhartstahl erwärmt, wie es z. B. beim Brennschneiden der Fall sein kann, so läuft die bei der Abschreckbehandlung unterdrück-

Tabelle 4.10 Verschleißfeste Werkstoffe und deren Verwendung

Werkstoff	Verwendung
Hartguß, perlitisch-carbidisch	starker schmirgelnder Verschleiß mäßige Druck- und Schlagbeanspruchung
Hartguß, martensitisch-carbidisch	sehr starker schmirgelnder Verschleiß geringe Druck- und Schlagbeanspruchung
Chromgußeisen G-X 300 CrMo 15 3 G-X 260 Cr 27	sehr starker schmirgelnder Verschleiß geringe Druck- und Schlagbeanspruchung
Vergütungsstahl, perlitisch bis martensitisch	starker schmirgelnder Verschleiß mittlere Schlagbeanspruchung
Hochfeste Stähle	starker schmirgelnder Verschleiß mittlere Schlagbeanspruchung
Legierte Kaltarbeitsstähle 90 Mn 4, 62 SiMnCr 4	starker schmirgelnder Verschleiß mittlere Schlagbeanspruchung
Manganhartstahl, austenitisch	geringer schmirgelnder Verschleiß hohe Druck- und Schlagbeanspruchung
Manganhartstahl, austenitisch-carbidisch	geringer schmirgelnder Verschleiß hohe Druckbeanspruchung mittlere Schlagbeanspruchung
Hartmetall	sehr starker schmirgelnder Verschleiß mittlere Druckbeanspruchung geringe Schlagbeanspruchung
Hartstoffe, martensitisch-carbidisch mit 50 % TiC	starker schmirgelnder Verschleiß mittlere Druck- und Schlagbeanspruchung
Stähle, oberflächenbehandelt	schmirgelnder Verschleiß
Stähle, aufgepanzert (z.B. mit Stelliten)	schmirgelnder Verschleiß

te Austenitumwandlung zu Perlit und Carbiden ab. Die dadurch hervorgerufene Versprödung kann nur durch eine erneute Abschreckbehandlung wieder aufgehoben werden.

Das austenitische Gefüge liefert Werte für die Zugfestigkeit zwischen 900 N/mm^2 und 1150 N/mm^2, Bruchdehnungswerte von mindestens 45 % und Werte für die Kerbschlagarbeit an DVM-Proben von 175 J. Ein stärkerer Zähigkeitsabfall tritt dann ein, wenn im Gefüge Carbide auftreten.

4.9.7 Warmfeste Stähle

Wird ein metallischer Werkstoff bei erhöhter Temperatur durch eine gleichbleibende Spannung beansprucht, so ist im Laufe der Beanspruchungsdauer eine bleibende Verformung zu beobachten. Dieses Werkstofffließen wird allgemein als *Kriechen* bezeichnet. Es ist die Folge einer Reihe von thermisch aktivierten Teilvorgängen, die im Werkstoff ablaufen.

Für die bei niedrigen Temperaturen zum Einsatz kommenden Werkstoffe reichen die mit Hilfe des konventionellen Zugversuchs bestimmten Streckgrenzwerte in der Regel aus, um Bau- und Konstruktionsteile zu berechnen. Die Einflußgröße Zeit bleibt dabei außer Ansatz. Bei Beanspruchungstemperaturen oberhalb einer Grenztemperatur von $T_{Gr} = 0,4\ T_s$ macht sich der Zeiteinfluß so sehr bemerkbar, daß die im Kurzzeit-Zugversuch ermittelten Spannungswerte der Streckgrenze und der Zugfestigkeit keine verläßliche Aussage hinsichtlich eines sicheren Werktoffeinsatzes mehr machen. In der Beziehung für die Grenztemperatur bedeutet T_s die Schmelztemperatur in K. Wird die Grenztemperatur überschritten, sind vom Konstrukteur die im Langzeitversuch ermittelten Werkstoffkennwerte, wie die *Zeitdehngrenze* oder die *Zeitstandfestigkeit*, als Basiswerte für die Dimensionierung statisch beanspruchter Bau- und Konstruktionsteile heranzuziehen. Dabei ist die Zeitdehngrenze diejenige Spannung, die bei der Beanspruchungstemperatur nach einer vorgegebenen Zeit eine bestimmte Dehnung zur Folge hat. In der Regel erfolgt die Werkstoffbeurteilung nach der 0,2 %- oder 1 %-Zeitdehngrenze für 10 000 h oder 100 000 h. Die Zeitstandfestigkeit ist diejenige Spannung, bei der nach vorgegebener Zeit der Bruch eintritt.

Unterhalb der Beanspruchungstemperatur von $T_{Gr} = 0,4\ T_s$ spielen die Gleitprozesse der Versetzungen und deren Behinderung die vorherrschende Rolle. Bei höheren Temperaturen können die Versetzungen Hindernisse durch das sog. Klettern umgehen und sich in einer anderen Gleitebene weiterbewegen. Weiterhin macht sich ein viskoses Fließen entlang der Korngrenzen bemerkbar, und es setzen Rekristallisationsvorgänge ein.

Bei Werkstoffen, die bei hohen Temperaturen Spannungen aufnehmen müssen, stellt sich die Frage, welche der bei Raumtemperatur zur Festigkeitssteigerung nutzbaren Prozesse auch zur Verbesserung der Warmfestigkeit geeignet sind.

Die Fließspannung reiner Metalle ist durch Legieren zu steigern. Die sich bildenden Substitutions- bzw. Einlagerungsmischkristalle führen zu Gitterverspannungen und damit zu einer Behinderung der Versetzungsbewegung. Dieser Verfestigungsmechanismus bleibt bei höheren Temperaturen bestehen.

Eine Kaltumformung erhöht die Versetzungsdichte und führt wegen der gegenseitigen Behinderung der Versetzungen zu einer Verfestigung. Diese Steigerung der Fließspannung wird aber bei erhöhten Temperaturen durch die Erholungsvorgänge zwar nur wenig, durch die *Rekristallisationsvorgänge* aber vollständig wieder aufgehoben. Es ist daher anzustreben, einen sich stark verfestigenden Werkstoff mit hoher Rekristallisationstemperatur einzusetzen. Dementsprechend bieten sich die austenitischen Stähle als warmfeste Werkstoffe an. Sie zeigen eine starke Verfestigung und eine gemäß Bild 4.37 gegenüber den ferritischen Stählen höhere Rekristallisationstemperatur. Daneben heben die hochschmelzenden Stahllegierungselemente Molybdän und Wolfram in gelöster Form die Rekristallisationstemperatur an. Dabei bewirkt das Molybdän eine besonders weitgehende Verschiebung der Rekristallisationstemperatur.

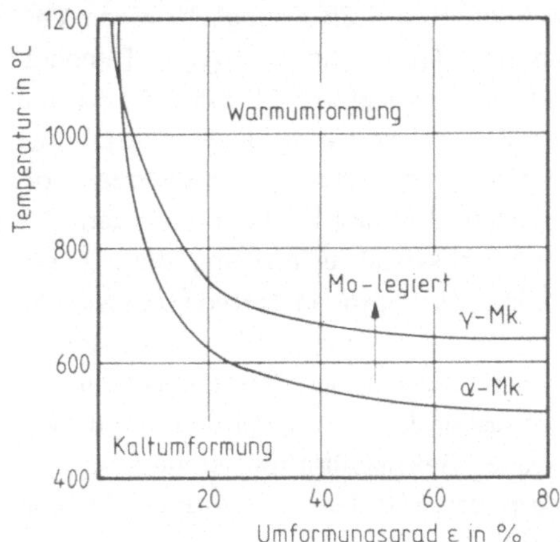

Bild 4.37 Rekristallisationstemperatur austenitischer und ferritischer Gefüge in Abhängigkeit vom Grad der Umformung (Anhebung durch Mo-Zusatz)

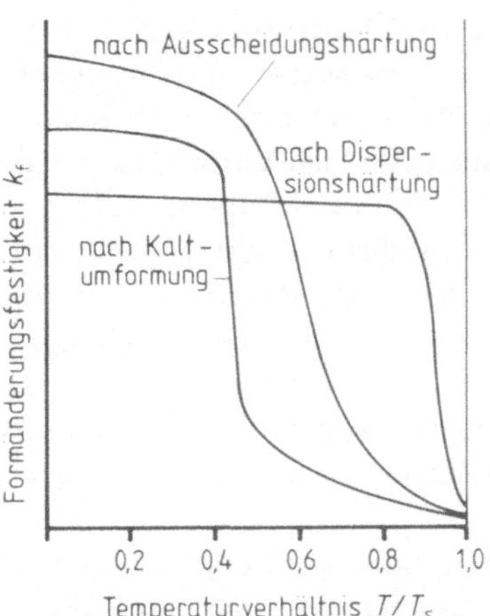

Bild 4.38 Temperaturverhalten der Formänderungsfestigkeit nach einer Kaltumformung, nach einer Ausscheidungshärtung und nach einer Dispersionshärtung
T_s Schmelztemperatur

Bei Raumtemperatur liefern metallische Werkstoffe mit einem feinkörnigen Gefüge höhere Zahlenwerte für die Fließspannung als solche mit einem groben Korn, denn die Korn-, Phasen- und Zwillingsgrenzen stellen Hindernisse für die Versetzungen dar. Bei hohen Temperaturen kommt aber den Korngrenzen wegen der dann möglichen *Korngrenzengleitung* eine ganz andere Bedeutung zu als bei weniger hohen Temperaturen. Die ungünstige Korngrenzengleitung macht sich um so stärker bemerkbar, je höher der Anteil der Korngrenzen pro Volumeneinheit ist. Für kriechfeste Werkstoffe, die bei hohen Temperaturen beansprucht werden, ist daher ein Gefüge mit grobem Korn vorzuziehen. Das viskose Fließen entlang der Korngrenzen wird dadurch eingeschränkt.
Eine wirkungsvolle Möglichkeit zur Verbesserung der Warmfestigkeit bieten die Mechanismen der *Teilchenhärtung*. Das gilt sowohl für Zweitphasen, die als Ausscheidungen auftreten als auch für Dispersoide, die z. B. pulvermetallurgisch in die metallische Matrix eingebracht werden. Von Bedeutung sind dabei die Größe, die Verteilung, die Form und

die Härte der Zweitphasenteilchen sowie ihr Verhalten bei erhöhter Temperatur und die Art der Wechselwirkung mit den Versetzungen. Während bei niedrigen Temperaturen eine geringe Teilchengröße angestrebt wird, gibt es für warmfeste Werkstoffe eine optimale Partikelgröße, die oberhalb derjenigen der bei Raumtemperatur wirksamen Teilchen liegt. Sehr kleine Teilchen können bei höheren Temperaturen von den Versetzungen durch einen Kletterprozeß überwunden werden, zum andern werden sie bei Vorliegen einer Löslichkeit leicht in der metallischen Matrix gelöst. Ausscheidungen können aus Carbiden, Nitriden, Carbonitriden und intermetallischen Verbindungen bestehen. Bei hohen Temperaturen verlieren sie durch Koagulation und Auflösung ihre warmfestigkeitssteigernde Wirkung. Dispergierte Teilchen, die sich nicht in der Matrix lösen, bieten hingegen optimale Bedingungen für eine Hochtemperaturbeanspruchung. Bild 4.38 veranschaulicht das Temperaturverhalten der Formänderungsfestigkeit metallischer Werkstoffe nach einer Kaltumformung, einer Ausscheidungshärtung und nach einer Dispersionshärtung. Die Dispersionshärtung ist der ideale Verfestigungsmechanismus für warmfeste Metalle. Ausscheidungen und Dispersionen bieten außerdem den Vorteil, daß sie die Bewegung der Großwinkelkorngrenzen und damit den Rekristallisationsablauf behindern. Außer hohen Werten der Warmfestigkeit müssen die Stähle für Hochtemperaturbeanspruchungen eine hohe Zähigkeit, eine hinreichende Umformbarkeit und Schweißbarkeit und eine weitgehende Zunderbeständigkeit zeigen.

Die warmfesten Baustähle können nach ihrer chemischen Zusammensetzung und den sich daraus ergebenden mechanischen, technologischen, thermischen und chemischen Eigenschaften eingeteilt werden in niedrig legierte Mo-, Cr-Mo- und Cr-Mo-V-Stähle (z. B. 15 Mo 3, 24 CrMo 5, 21 CrMoV 5 11, vergütet, Einsatz bis etwa 550 °C), in hochlegierte vergütbare 12 %-ige Cr-Stähle mit weiteren Legierungselementen (z. B. X 19 CrMo 12 1, X 17 CrMoVNb 12 1, Einsatz bis etwa 650 °C, Verwendung für Gas- und Dampfturbinenschaufeln) und in hochlegierte austenitische Cr-Ni-Stähle, die zur Verbesserung der Warmfestigkeit noch Legierungselemente mit dem Ziel der Rekristallisationsverzögerung und der Ausscheidungshärtung enthalten (z. B. X 8 CrNiMoNb 16 16, X 8 CrNiMoVNb 16 13, X 5 NiCrTi 26 15, abgeschreckt bzw. ausgehärtet, Einsatz bis etwa 725 °C, Verwendung für Gas- und Dampfturbinenschaufeln). Bei Hochtemperaturbeanspruchungen bis ca. 1050 °C kommen Legierungen auf Co- und Ni-Basis und dispersionsgehärtete Werkstoffe zum Einsatz. Darüber hinaus finden hochschmelzende Metalle Verwendung.

Bei der Prüfung warmfester Stähle dient bis zu einer Temperatur von 450 °C die Warmdehngrenze $R_{p\,0,2}$ als Berechnungsgrundlage. Zur Prüfung bei höheren Temperaturen sind Langzeitversuche erforderlich, mit deren Hilfe Zahlenwerte für die Zeitdehngrenze und die Zeitstandfestigkeit ermittelt werden. Als maßgebender Festigkeitskennwert wird im allgemeinen der niedrigste Wert aus der Warmdehngrenze und der Zeitstandfestigkeit

verwendet. Bild 4.39 ermöglicht einen Vergleich der $R_{p\,0,2}$- und $R_{m\,/\,100000}$-Temperatur-Kurven der Stähle X 20 CrMoV 12 1 und 15 Mo 3. Der vergütete Cr-Mo-V-Stahl ist dem niedrig legierten vergüteten oder normalisierten Mo-Stahl deutlich überlegen. Die starke Mischkristallverfestigung, die in feiner Verteilung vorliegenden Carbide und Nitride, die zu einer wirkungsvollen Verringerung der freien Weglänge der Versetzungen führen, die weitgehende Durchvergütung und die angehobene Rekristallisationstemperatur vermindern das Kriechen bei erhöhten Temperaturen.

4.9.8 Druckwasserstoffbeständige Stähle

Es kommt zu besonders hohen Werkstoffbeanspruchungen, wenn Wasserstoff unter hohem Druck bei hohen Temperaturen auf das Stahlgefüge einwirkt. Das ist z. B. bei der Ammoniaksynthese, bei der Kohlehydrierung und bei der Erdölverarbeitung der Fall. Bei einigen Hydrierverfahren wird mit Drük-

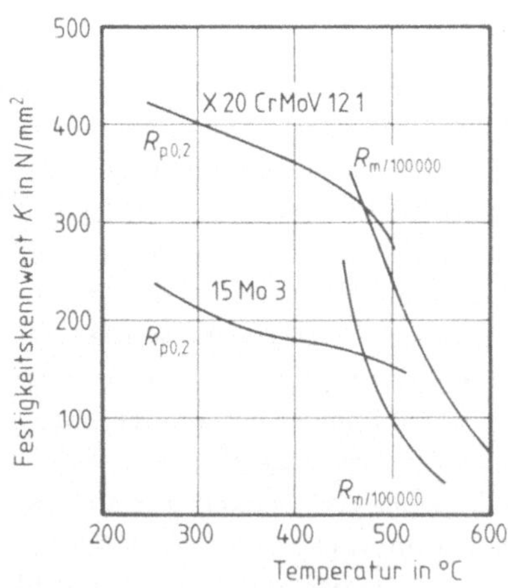

Bild 4.39 Temperaturabhängigkeit der Festigkeitskennwerte der warmfesten Stähle 15 Mo 3 und X 20 CrMoV 12 1
15 Mo 3: normalisiert bei 925 °C
X 20 CrMoV 12 1: vergütet 1050 °C/Öl; 720 °C/Luft

ken bis 1000 bar und mit Temperaturen bis 650 °C gearbeitet.

Bei den genannten Drücken und Temperaturen reagiert der atomar gelöste Wasserstoff mit dem Kohlenstoff des Stahles unter Bildung von Methan gemäß der Reaktionsgleichung $Fe_3C + 2 H_2 \rightarrow 3 Fe + CH_4$. Das CH_4-Molekül ist nicht in der Lage, aus dem Stahl herauszudiffundieren. Es ruft in Mikrofehlstellen hohe Drücke und Werkstoffzerreißungen hervor. In Verbindung mit der Entkohlung ergibt sich dadurch für ein Bauteil ein merklicher Verlust an Festigkeit und Zähigkeit. Die rasche Korngrenzenlockerung führt bald zu interkristallinen Rissen.

In Stählen, die gegen Druckwasserstoff beständig sein sollen, muß die *Stabilität der Carbide* so weit gesteigert werden, daß keine Reaktion mit dem Wasserstoff stattfindet. Sie wird verhindert, wenn Carbide der Elemente Cr, Mo, W, V, Ti, B, Nb, Ta oder Zr an Stelle des Eisencarbids Fe_3C im Stahl vorhanden sind.

Bei den druckwasserstoffbeständigen Stählen handelt es sich um warmfeste Stähle. Ihr Legierungsbereich erstreckt sich vom Stahl 25 CrMo 4, der vergütet wird, bis zum hochlegierten austenitischen Stahl X 8 CrNiMoBNb 16 16, der ausgehärtet wird. Dieser kann im Dauerbetrieb bei Einwirkung von Druckwasserstoff bis zu einer Temperatur von 700 °C eingesetzt werden.

4.9.9 Kaltzähe Stähle (Tieftemperaturstähle)

Die bei tiefen Temperaturen zur Anwendung kommenden Stähle müssen neben ausreichenden Streckgrenzen- und Zugfestigkeitswerten die Fähigkeit besitzen, sich bei derartigen Temperaturen unter statischen und dynamischen Beanspruchungen noch plastisch zu verformen. Diese Fähigkeit wird näherungsweise durch die Zahlenwerte der Brucheinschnürung und der Bruchdehnung, sowie der Kerbschlagarbeit bei tiefen Temperaturen beschrieben. Außerdem sollen die kaltzähen Stähle durch ein möglichst hohes Formände-

rungsvermögen bei Raumtemperatur und eine gute Schweißbarkeit ausgezeichnet sein.

Für den Einsatz in der Tieftemperaturtechnik genügen bis zu Temperaturen von etwa −80 °C in der Regel unlegierte, mit Al beruhigte Feinkornstähle. Unterhalb dieser Temperatur werden im allgemeinen Ni-legierte Vergütungsstähle mit Ni-Gehalten zwischen 1,5 % und 13 % und niedrigen C-Gehalten eingesetzt. Bei Temperaturen unterhalb −200 °C finden austenitische Cr-Ni-, Cr-Ni-Mo-, Cr-Ni-Mn- und Cr-Ni-N-Stähle Verwendung. Daneben kommen noch ausgehärtete Al-Legierungen und Fe-Ni- sowie Ni-Cu-Legierungen bei Tieftemperaturbeanspruchungen zum Einsatz.

Grundsätzlich steigen bei allen Stählen mit abnehmender Temperatur die Zahlenwerte für die Streckgrenze und die Zugfestigkeit, und die Werte für die Bruchdehnung, die Brucheinschnürung und die Kerbschlagarbeit nehmen ab. Bild 4.40 gibt den Temperatureinfluß auf die genannten Stahleigenschaften für einen Ni-legierten Vergütungsstahl der Bezeichnung X 8 Ni 9 wieder. Da-

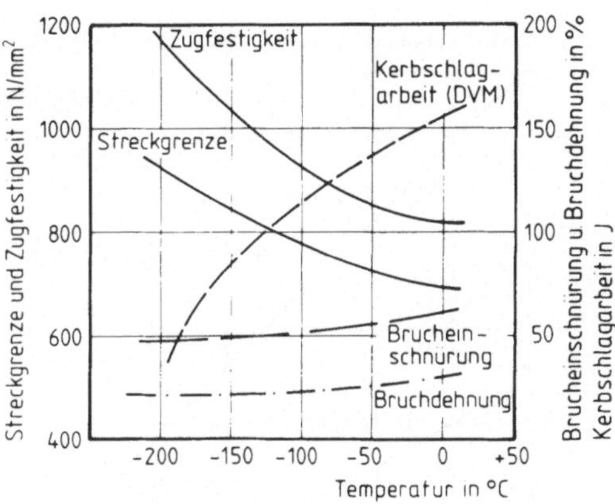

Bild 4.40 Temperaturabhängigkeit der Werte für die Streckgrenze, die Zugfestigkeit, die Bruchdehnung, die Brucheinschnürung und die Kerbschlagarbeit des Stahles X 8 Ni 9 nach Vergütung (780 °C/Öl/560 °C) Eignung für Gasverflüssigungsanlagen Brucheinschnürung in %; Bruchdehnung in %; Kerbschlagarbeit in J.

bei kommt der Temperaturabhängigkeit der Kerbschlagarbeit die größte Bedeutung zu. Zur Ergänzung des Kerbschlagbiegeversuches kommen verstärkt mehr praxisbezogene Rißauslösungs- und Rißauffangversuche zur Anwendung.

Nickel verschiebt den Steilabfall der Kerbschlagarbeit zu tieferen Temperaturen, wobei der Abfall der Werte von der Hochlage zur Tieflage mit ansteigendem Ni-Gehalt zunehmend gemildert wird. Auf Grund seiner Austenitbegünstigung senkt Nickel die Temperaturen der A_1- und A_3-Umwandlung (Bild 4.41). Dem ist bei der Festlegung der Wärmebehandlungstemperaturen Rechnung zu tragen. Die mit dem Fe gebildeten Substitutionsmischkristalle bewirken eine Mischkristallhärtung.

Austenitische Stähle müssen eine hinreichende Gefügestabilität aufweisen, damit keine Umwandlung in Martensit eintritt. Bei Beibehaltung des austenitischen Gefüges stellt sich auch bei tiefsten Temperaturen kein Steilabfall der Kerbschlagarbeit ein (z. B. X5CrNi1810).

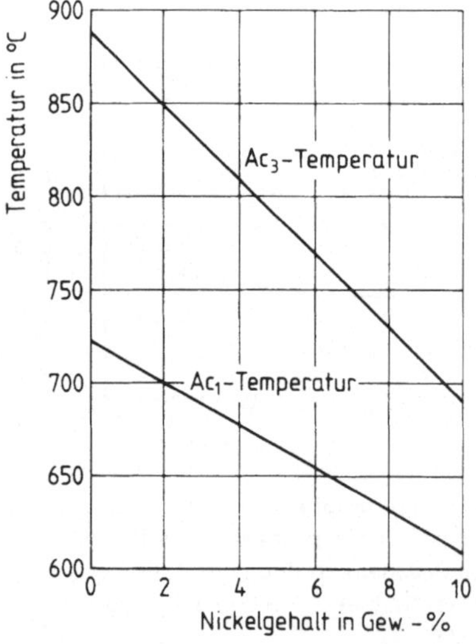

Bild 4.41 Einfluß des Ni-Gehaltes auf die Ac_1- und Ac_3-Temperaturen eines Stahles mit 0,06 % C

4.9.10 Federstähle

Die wichtigsten Aufgaben der Federn bestehen darin, an einer vorgegebenen Stelle eine bestimmte Kraft auszuüben, Arbeit zu speichern und bereitzuhalten, stoßartige und schwingende Beanspruchungen aufzunehmen und zu dämpfen und Kräfte zu messen.

Diese Aufgaben bedingen, daß der Bereich des elastischen Formänderungsvermögens bei Federstählen möglichst groß ist. Dieses Werkstoffverhalten wird durch den Spannungswert der *Elastizitätsgrenze* des Spannungs-Dehnungs-Diagrammes bestimmt. Er sollte folglich bei Federstählen möglichst hoch liegen. Weiterhin muß das Vormaterial für die Federnfertigung ein hinreichend großes plastisches Formänderungsvermögen aufweisen, da der Werkstoff bei der Federnherstellung in den meisten Fällen bis in den Bereich der plastischen Formänderung beansprucht wird. Dabei ist das Formänderungsvermögen in grober Annäherung durch die Zahlenwerte der Bruchdehnung und Brucheinschnürung zu erfassen.

Die für die Federnfertigung zur Verfügung stehenden Stähle werden in warmgewalzter, kaltgewalzter oder gezogener und in der Regel wärmebehandelter Ausführung geliefert. Dabei kommt der Oberflächenbeschaffenheit des Vormaterials bereits eine besondere Bedeutung zu. Oberflächenfehler wie nichtmetallische Einschlüsse, Rost- und Zundernarben, Schalen und Splitter erhöhen die Bruchgefahr, wobei die Empfindlichkeit gegen Oberflächenfehler mit steigender Werkstofffestigkeit zunimmt. Weiterhin führen Randentkohlungen als Folge unsachgemäßer vorausgegangener Wärmebehandlungen zu einer verminderten Härte in der Oberflächenzone, so daß der Werkstoff die in ihm hervorgerufenen Spannungen nicht mehr aufnehmen kann.

Eine wesentliche Eigenschaft der Federstähle ist die *Härtbarkeit.* Das nach der Härtung vorliegende Gefüge sollte rein martensitisch sein. Es bietet so die besten Voraussetzungen dafür, daß nach dem Anlassen gleichmäßige Eigenschaften über den Querschnitt vorliegen. Unlegierte Stähle kommen demnach nur für kleine Querschnitte in Betracht. Größere Abmessungen bedingen den Einsatz von legierten Stählen, die eine geringere kritische Abkühlungsgeschwindigkeit aufweisen. Als legierte Federstähle kommen in erster Linie Si-Stähle (z. B. 50 Si 7), Mn-Si-Stähle (z. B. 60 SiMn 5), Cr-Si-Stähle (z. B. 60 SiCr 7), Cr-V-Stähle (z. B. 50 CrV 4) und Mn-Cr-B-Stähle (z. B. 52 MnCrB 3) in Betracht. Als Werkstoff für hochbeanspruchte Fahrzeugfedern sei der Stahl 60 SiMn 5 hinsichtlich seiner Behandlung und seiner Eigenschaften beschrieben:

Weichglühlung	660 ... 700 °C
Härtung	830 ... 860 °C / Öl
Anlassen	420 ... 560 °C
Streckgrenze	mind. 1050 N/mm^2 (vergütet)
Zugfestigkeit	1340 ... 1550 N/mm^2
Bruchdehnung	mind. 6 %.

Federn unterliegen in erster Linie einer Dauerschwingbeanspruchung. Für sie ist daher besonders die Dauerschwingfestigkeit von Interesse. Diese wird stark von der Oberflächenbeschaffenheit beeinflußt. Die höchsten Werte werden bei Federn gefunden, die nach der Wärmebehandlung geschliffen und poliert wurden oder durch Kugelstrahlen an der Oberfläche eine Festigkeitssteigerung erfahren haben.

Für Polster-, Matratzen- und Zick-Zack-Federn wird ein *patentierter und federhart gezogener Stahldraht* eingesetzt, der in Abhängigkeit vom C-Gehalt und vom Grad der Formänderung beim Ziehen Werte für die Zugfestigkeit zwischen R_m = 800 N/mm² und 3200 N/mm² liefert.

Bei Vorliegen besonderer Anforderungen hinsichtlich Korrosionsbeständigkeit, Warmfestigkeit oder Kaltzähigkeit werden nichtrostende, warmfeste oder kaltzähe Stähle als Federwerkstoffe eingesetzt. Für Federn, die Korrosionseinflüssen ausgesetzt sind, kommen härtbare nichtrostende Stähle (z. B. X 40 Cr 13, X 35 CrMo 17), austenitische Cr-Ni- oder Cr-Ni-Mo-Stähle (z. B. X 7 CrNiAl 17 7, X 5 CrNiMo 18 10) oder aus-

scheidungshärtende nichtrostende Stähle (z. B. X 7 CrNiMoAl 15 7) zum Einsatz. Warmfeste Federn werden im Motoren-, Triebwerks- und Turbinenbau benötigt (Stähle: 30 WCrV 17 9, 65 WMo 34 8). Besonders hoch beansprucht sind *Ventilfedern*. Sie werden entweder aus patentiert gezogenem Draht hergestellt, oder sie werden nach der im geglühten Zustand erfolgenden Wicklung schlußvergütet. Letztere verhalten sich dauerfestigkeitsmäßig günstiger.

4.9.11 Wälzlagerstähle

Wälzlagerstähle sind Werkstoffe für die Rollkörper und Rollbahnen von Wälzlagern. Es handelt sich dabei um eine Gruppe von durchhärtenden übereutektoidischen Stählen mit etwa 1 % C und 0,5 ... 1,8 % Cr (105 Cr 2, 105 Cr 4, 100 Cr 6, 100 CrMn 6 und 100 CrMo 6). Als rostbeständige Wälzlagerstähle finden in erster Linie die härtbaren nichtrostenden Stähle X 90 CrMo V 18 und X 105 CrMo 17 Verwendung.

Die hohen betrieblichen Anforderungen an Wälzlager führen zu strengen Vorschriften hinsichtlich der Eigenschaften der Wälzlagerstähle. Unabdingbar ist die Freiheit von makroskopischen Fehlern wie z. B. Lunkern, Poren, Seigerungen, Flocken und Innenrissen, die weitestgehende Freiheit von mikroskopischen Fehlern, speziell nichtmetallischen Einschlüssen und die Freiheit von Randentkohlungen. Die Lagerfertigung erfordert ein hohes Formänderungsvermögen, eine gute Zerspanbarkeit und eine einwandfreie Schleif- und Polierbarkeit der Stähle. Die notwendige Verschleiß- und Dauerfestigkeit beruht auf einem optimalen Härtungsgefüge mit eingelagerten Carbiden und nur geringen Anteilen an Restaustenit. Die Automatenfertigung der Lager bedingt ein Weichglühgefüge mit nicht allzu feinkörnig koagulierten Carbiden, während die Härtbarkeit durch feinkugelige Carbide begünstigt wird.

Außer von den makroskopischen Fehlern wird die Lebensdauer der Wälzlager durch die oxidischen und sulfidischen Einschlüsse und durch Carbidseigerungen und Carbidzeilen beeinträchtigt. Eine sorgfältige Desoxidation und zusätzliche Entgasungs- und Umschmelzbehandlungen führen zu einer Verbesserung des *Reinheitsgrades* und einer Homogenisierung des Gefüges. Die mikroskopische Prüfung von Wälzlagerstählen auf nichtmetallische Einschlüsse erfolgt mit Hilfe von Richtreihen. Dabei wird ein Vergleich der in einem metallographischen Schliff unter dem Mikroskop sichtbaren Einschlüsse mit Darstellungen nichtmetallischer Einschlüsse in Bildreihentafeln vorgenommen. Die Beurteilung beschränkt sich in der Regel auf Sulfide, Tonerdeeinschlüsse, Silikate und globulare Schlacken.

4.9.12 Hochfeste Stähle

Die theoretisch mögliche Grenze der Festigkeit von Metallkristallen läßt sich mit Hilfe der zwischenatomaren Bindungskräfte abschätzen. Sie kann durch diejenige Spannung ausgedrückt werden, die erforderlich ist, um zwei Ebenen des fehlerfreien Kristallgitters gegeneinander zu verschieben. Diese Obergrenze der theoretischen Festigkeit wird jedoch in technischen Werkstoffen nicht erreicht, da sich die stets im Kristall vorhandenen 1-dimensionalen Gitterbaufehler der Versetzungen bereits bei einer weitaus geringeren Spannung bewegen und dadurch eine vorzeitige Formänderung bewirken. Eine Anhebung der Festigkeitswerte kann nur erfolgen, wenn eine wirkungsvolle Einschränkung der Beweglichkeit der Versetzungen durch Hindernisse, wie Legierungsatome, weitere Versetzungen, Korngrenzen oder Teilchen erfolgt. Dabei sind die *Härtungsmechanismen*, jeweils für sich allein betrachtet, in ihrer Wirkung durch vorgegebene Grenzen eingeschränkt. Die Mischkristallhärtung ist durch die maximale Löslichkeit im festen Zustand begrenzt. Der Anhebung der Versetzungsdichte und der Kornverfeinerung sind Grenzen gesetzt, und bei der Teilchenhärtung ist es schwierig, harte Teilchen optimaler Größe

bei geringem Teilchenabstand in gleichmäßiger Verteilung in eine metallische Matrix einzubringen. Starke Härtungseffekte werden daher in der Regel nur durch eine Kombination und Überlagerung von Härtungsmechanismen erzielt.

Hochfeste Baustähle zeigen Streckgrenzenwerte zwischen 350 N/mm^2 und etwa 1200 N/mm^2. Die Wärmebehandlung besteht durchweg in einer Normalglühung oder in einer Wasser- oder Luftvergütung. Es handelt sich immer um Stähle hoher Reinheit und Homogenität. Stähle, deren Streckgrenzwerte über 1200 N/mm^2 liegen, werden allgemein als höchstfeste Stähle bezeichnet. In diese Gruppe fallen höchstfeste Vergütungsstähle, martensitaushärtende Stähle und nichtrostende martensitaushärtende und ausscheidungshärtende Stähle. Bedingt durch ihre chemische Zusammensetzung haben die martensitaushärtenden Stähle bereits nach einer Luftabkühlung aus dem Austenitgebiet ein martensitisches Gefüge. Die Martensitaushärtung besteht in einer Ausscheidung intermetallischer Phasen, die im Verlauf einer Warmauslagerung stattfindet. So liefert z. B. der Stahl X 2 NiCoMo 18 8 5 auf Grund von Ni_3Mo-Ausscheidungen Werte für die Streckgrenze von mindestens 1650 N/mm^2 und für die Zugfestigkeit von mindestens 1750 N/mm^2.

4.9.13 Nichtmagnetisierbare Stähle (Amagnetische Stähle)

Nichtmagnetisierbare Stähle werden als Konstruktionswerkstoff dort eingesetzt, wo sie in magnetischen Feldern keine Kraftwirkungen erfahren dürfen und somit die magnetischen Felder durch ihre Anwesenheit nicht stören. Daneben werden noch zusätzliche Eigenschaften gefordert, die NE-Metalle nicht aufweisen. Dabei handelt es sich in erster Linie um mechanische, technologische und chemische Eigenschaften, wie Festigkeitseigenschaften, Verschleißfestigkeit, Korrosionsbeständigkeit, Formänderungsvermögen, Schweiß- und Zerspanbarkeit.

Als Meßzahl für die Magnetisierbarkeit dient die relative magnetische Permeabilität μ_r bei einem Meßfeld von $H = 79{,}60$ A/cm. Für die nichtmagnetisierbaren Stähle wird der Zahlenwert der relativen magnetischen Permeabilität zu $\mu_r = 1{,}001$ bis $1{,}03$ ausgewiesen. Voraussetzung für die geforderte Nichtmagnetisierbarkeit eines Stahles ist ein rein *austenitisches Gefüge*, das bei den herrschenden Betriebsbedingungen hinreichend stabil sein muß. Von den Festigkeitseigenschaften ist in erster Linie der Zahlenwert der Streckgrenze von Bedeutung. Eine Anhebung des Streckgrenzenwertes kann durch die Härtungsmechanismen der Mischkristallhärtung, der Verformungshärtung, der Korngrenzenhärtung oder der Teilchenhärtung erfolgen. Hinsichtlich der Mischkristallhärtung ist zu fordern, daß ein ferritfreies Austenitgefüge entsteht, das ohne Ferrit- und Carbidausscheidungen auf Raumtemperatur unterkühlt werden kann. Als wichtigste austenitbildende Legierungselemente kommen Mn und Ni, ferner C und N in Betracht. Bei Anwesenheit dieser Elemente trägt auch das Element Cr im Rahmen der üblichen Gehalte zur Stabilität des Austenits bei. Demzufolge stellen folgende Stahlgruppen in erster Linie die nichtmagnetisierbaren Stähle: Mn-Stähle (z. B. X 35 Mn 18, X 120 Mn 12), Mn-Cr-Stähle (z. B. X 40 MnCr 18), Cr-Mn-Ni-Stähle (z. B. X 15 CrNiMn 12 10) und Cr-Ni-Stähle (z. B. X 5 CrNi 18 11). Für eine Verwendung im Schiffbau bieten sich wegen ihrer Seewasserbeständigkeit die Stähle X 3 CrNiMnMoN 18 13 und X 4 CrNiMoN 18 14 an, die bei erhöhtem N-Gehalt hohe Werte für die 0,2 %-Dehngrenze aufweisen. Eine Kaltumformung austenitischer Stähle kann eine Martensitbildung bewirken. Die Neigung eines Stahles, auf diese Weise magnetisierbar zu werden, hängt einmal vom Grad der Umformung ab, zum andern von der Stabilität des Austenits (M_s-Temp., M_d-Temp.).

4.10 Werkzeugstähle

Werkzeuge für die spanabhebende und spanlose Fertigung können einmal aus *unlegierten Werkzeugstählen, legierten Kaltarbeitsstählen und legierten Warmarbeitsstählen* und zum andern aus *Schnellarbeitsstählen* hergestellt werden. Dabei sind die unlegierten Werkzeugstähle infolge der ausgeprägten Temperaturabhängigkeit der Härtewerte als unlegierte Kaltarbeitsstähle anzusehen.

Die Wärmebehandlung der Werkzeuge setzt sich unter der Voraussetzung, daß die Werkzeugstähle im weichgeglühten Zustand angeliefert und verarbeitet werden, durchweg aus folgenden Einzelbehandlungen zusammen: Spannungsarmglühen nach der Bearbeitung, Anwärmen, Vorwärmen, Austenitisieren und Abschrecken zwecks Härtung und ein- oder mehrmaliges Anlassen z. B. zum Zwecke der Restaustenitzersetzung oder der Sekundärhärtung. Zusätzlich können *Oberflächenbehandlungsverfahren* durchgeführt werden, die zur Leistungssteigerung der Werkzeuge beitragen. Dabei handelt es sich in erster Linie um das Nitrieren, das Borieren, das Hartverchromen, das Dampfanlassen und das Phosphatieren.

4.10.1 Unlegierte Werkzeugstähle

Die unlegierten Werkzeugstähle sind *Schalenhärter*. Sie besitzen nach der Härtung, die in der Regel eine Wasserhärtung ist, eine harte, verschleißfeste Oberflächenzone und einen zähen Kern. Hinsichtlich des C-Gehaltes schließen sie an die Vergütungsstähle an. In Bezug auf die chemische Zusammensetzung, den Reinheitsgrad und die Einhärtetiefe werden bei den unlegierten Werkzeugstählen verschiedene *Güteklassen* unterschieden. Die Stähle der Güteklasse 1 zeichnen sich durch eine geringe Einhärtetiefe, einen weiten Härtetemperaturbereich und einen hohen Reinheitsgrad aus. Dieser kommt in erster Linie in den niedrigen P- und S-Gehalten zum Ausdruck. Ihre Überhitzungsempfindlichkeit ist gering. Tabelle 4.11 bietet für drei unlegierte Werkzeugstähle unterschiedlicher Güteklassen (W 1, W 2, W 3) den Vergleich der Richtanalysen, der Wärmebehandlungstemperaturen und der Härtungsbedingungen und -ergebnisse. Als Folge ihrer geringen Anlaßbe-

Tabelle 4.11 Richtanalyse, Wärmebehandlungstemperaturen, Härtungsbedingungen, Härtungsergebnisse und Verwendung von drei unlegierten Werkzeugstählen unterschiedlicher Güteklassen

	C 100 W 1	C 100 W 2	C 90 W 3
% C	1,00	1,00	0,88
% Si	0,20	0,25	0,35
% Mn	0,22	0,25	0,50
% P	max. 0,025	max. 0,030	max. 0,035
% S	max. 0,020	max. 0,025	max. 0,035
Weichglühung	680 ... 710 °C	680 ... 710 °C	680 ... 710 °C
Härtung	760 ... 790 °C	760 ... 790 °C	760 ... 800 °C
Abschreckmittel	Wasser	Wasser	Öl
Einhärtetiefe	2 ... 3	2 ... 3,5	3,5 ... 5
Härteannahme	65 HRC	65 HRC	63 HRC
Verwendung	Holzbearbeitungswerkzeuge Kaltschlagmatrizen Prägewerkzeuge Biegewerkzeuge Klemmbacken Meßwerkzeuge		Schlachtmesser Mähmaschinenmesser Abgratschnitte Gesteinsbearbeitungswerkzeuge

ständigkeit sind sie nur als *unlegierte Kaltarbeitsstähle* einzusetzen.

Die unlegierten Werkzeugstähle kommen im allgemeinen im weichgeglühten Zustand an die Werkzeughersteller zur Auslieferung. Das Gefüge soll gleichförmige Zementitkugeln in der ferritischen Grundmasse enthalten. Der Durchmesser der Carbidkörner soll zwischen 4 und 8 μm betragen. Die betriebliche Weichglühung erfolgt zunehmend im Durchlaufofen.

Die Härtetemperatur ergibt sich aus dem Diagramm Fe-Fe$_3$C. Sie liegt bei untereutektoidischen unlegierten Werkzeugstählen etwa 25 ... 50 °C oberhalb der G-O-S-Linie. Bei den übereutektoidischen Stählen beträgt sie 30 ... 60 °C mehr als die Temperatur der S-K-Linie. Das Gefüge der Randzone besteht nach der Härtung aus Martensit bzw. Martensit mit eingelagerten Carbidkörnern. Dabei treten mit steigendem C-Gehalt zunehmende Restaustenitmengen im Gefüge auf. Sie bleiben jedoch bei richtiger Härtetemperatur auf wenige Prozent beschränkt.

Die Abschreckung hat im allgemeinen in Wasser bzw. Salzwasser zu erfolgen. Stähle mit angehobenen Si- und Mn-Gehalten sind in Öl abzuschrecken. Stets ist für eine intensive Bewegung des Werkstückes Sorge zu tragen. Dadurch wird der Weichfleckigkeit des Werkzeuges entgegengewirkt, die eine Folge der Dampfmantelbildung ist.

Die sich an die Härtung anschließende Anlaßbehandlung wird zur Milderung der Sprödigkeit und zum Abbau aufgetretener Härtespannungen durchgeführt. Bis zu einer Anlaßtemperatur von 100 °C bleibt die Randhärte praktisch unverändert, um dann aber mit zunehmender Anlaßtemperatur rasch abzusinken. Die Anlaßtemperatur beträgt daher höchstens 300 °C. In der Regel genügt ein 1-stündiges Auskochen der Werkzeuge, das direkt nach der Härtung durchgeführt werden sollte. Der Härteabfall ist dann auf 1 ... 2 HRC begrenzt, so daß Härtewerte von 64 HRC in der gehärteten Randzone des fertigen Werkzeuges zu erwarten sind. Da der Martensit der unlegierten C-Stähle bereits bei einer Temperatur von etwa 200 °C merklich erweicht, kommen für höhere Beanspruchungstemperaturen nur Stähle mit anlaßbeständigem Martensit in Betracht.

4.10.2. Legierte Kaltarbeitsstähle

Werkzeuge aus Kaltarbeitstählen nehmen keine höheren Oberflächentemperaturen als 200 °C an. Es handelt sich bei ihnen in erster Linie um Schnittwerkzeuge, Kaltscherenmesser und Werkzeuge für die Kaltmassivumformung. Weiterhin erfahren auch Werkzeuge für die Kunststoffverarbeitung keine höhere Temperaturbelastung an der Oberfläche.

Kaltarbeitsstähle müssen eine hohe Verschleißfestigkeit, eine hohe elastische Beanspruchbarkeit, eine hohe Zähigkeit, eine hohe Dauerfestigkeit, eine ausreichende Zerspanbarkeit, eine gute Schleifbarkeit und ein ausreichendes Formänderungsvermögen besitzen. Aus diesen komplexen Anforderungen resultieren zunächst eine hohe Härteannahme des Werkstoffes und ein für das Werkzeug optimaler Härteverlauf über den Werkstückquerschnitt.

Die Verschleißfestigkeit hängt vornehmlich von der Härte der Matrix und der Menge und Verteilung der harten Carbide ab. Sie läßt sich demnach mit Hilfe des C-Gehaltes und der Gehalte an Legierungselementen, welche die kritische Abkühlgeschwindigkeit und die Carbidbildung beeinflussen, einstellen und auf den Werkzeugeinsatz abstimmen. Die elastische Beanspruchbarkeit hängt von der Höhe der Elastizitäts- bzw. Fließgrenze ab und wird weitgehend vom Gefügeaufbau der Grundmasse bestimmt. Die Grundmasse sollte martensitisch sein. Restaustenit sollte nicht vertreten sein. Trotz der zu fordernden hohen Härte wird eine gewisse Mindestzähigkeit der Kaltarbeitsstähle verlangt. Dabei hängt die Zähigkeit des Härtungsgefüges in erster Linie von dessen Feinkörnigkeit ab. Ein Feinkorn erhöht das Arbeitsaufnahmevermögen des Werkzeugs bis zum Bruch bei überelastischer Beanspruchung. Größere Anteile an nicht gelösten Carbiden wirken sich nachteilig auf die Zähigkeit aus. Es ist daher bei der Werkstoffauswahl stets zu prüfen, ob auf Höchstwerte für die Härte und die Verschleißfestigkeit zugunsten einer verbesserten Zähigkeit und plastischen Verformbarkeit verzichtet werden kann.

Die Abstimmung der chemischen Zusammensetzung und damit auch der Gefügeausbildung der Kaltarbeitsstähle mit den vorrangig zu fordernden Werkzeugeigenschaften führt zur Einordnung der zur Anwendung kommenden Stähle in die Gruppen der *untereutektoidischen*, der *eutektoidischen*, der *übereutektoidischen* und der *ledeburitischen Stähle*. Dabei weisen die untereutektoidischen und eutektoidischen Stähle im gehärteten Zustand keine Carbide in der martensitischen Grundmasse auf. Bei den übereutektoidischen Stählen liegt der in der martensitischen Matrix vorhandene Carbidanteil bei maximal 7 % und bei den ledeburitischen Stählen über 15 %. Mit größer werdendem Carbidanteil nimmt die Verschleißfestigkeit zu, und die Zähigkeit nimmt ab.

Sondercarbidhaltige Stähle zeigen bei niedrigen Härtetemperaturen eine verhältnismäßig geringe Einhärtung, dafür aber eine hohe Verschleißfestigkeit. Das ist die Folge der vielen noch nicht in Lösung gegangenen Carbide. Sondercarbide gehen nur schwer in Lösung. Werden sondercarbidhaltige Stähle bei hohen Temperaturen austenitisiert, so ergibt sich eine tiefere Einhärtung, dafür aber eine verminderte Verschleißfestigkeit, weil die Sondercarbide vermehrt in Lösung gegangen sind.

Die Wärmebehandlung von Werkzeugen aus legierten Kaltarbeitsstählen setzt sich gemäß Bild 4.42 aus einem Spannungsarmglühen, dem Härten und der Anlaßbehandlung zusammen. Der Werkzeugfertigung geht in der Regel eine Weichglühung voraus, um eine optimale Bearbeitbarkeit und ein für die Härtung günstiges Ausgangsgefüge zu erzielen. Dabei muß die Glühzeit ausreichen, die Carbide weitestgehend einzukugeln.

Durch eine starke Bearbeitung bedingte Eigenspannungen werden bei der Werkzeughärtung durch Härtungsspannungen überlagert,

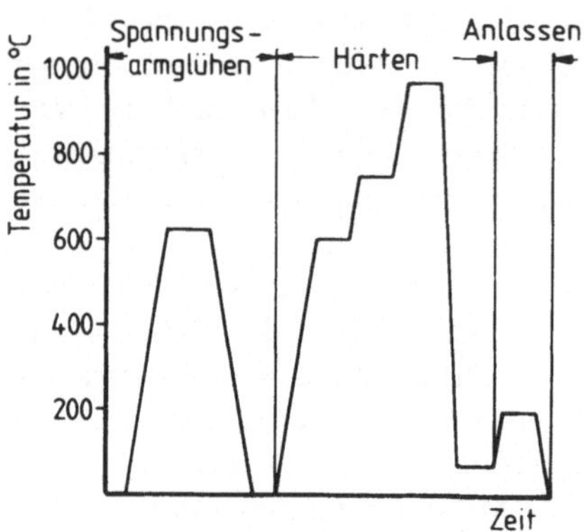

Bild 4.42 Ablauf der Wärmebehandlung eines hochlegierten Kaltarbeitsstahles (X 210 CrW 12) Anlieferungszustand: weichgeglüht (kugelige Carbide) ohne Randentkohlung

so daß es ratsam ist, verzugsgefährdete Werkzeuge 1 ... 2 Stunden lang im Temperaturbereich zwischen 580 °C und 650 °C zu entspannen. Danach muß die Abkühlung im Ofen vonstatten gehen, um den spannungsarmen Zustand zu bewahren.

Legierte Stähle zeigen eine verminderte *Wärmeleitfähigkeit*. Es ist daher erforderlich, die zu härtenden Werkzeuge in Stufen auf Härtetemperatur zu bringen. Dadurch werden die Wärmespannungen gemildert und Werkzeugschädigungen vermieden. Durch die stufenweise Vorwärmung wird der Wärme die notwendige Zeit verschafft, in das Werkstückinnere bzw. in dickere Querschnittsteile nachzufließen.

Der für die Härtung erforderliche Kohlenstoff liegt vor der Härtung in Carbidform vor. Im Verlauf der Aufheizung und der Haltezeit gehen die Carbide im γ-Mischkristall in Lösung. Dabei verhalten sich die Carbide der Legierungselemente Cr, Mo, W und V recht träge, so daß die Austenitisierungstemperatur der mit diesen Elementen legierten Stähle zwecks einer ausreichenden Carbidauflösung hinreichend hoch sein muß, bei dem Hochleistungsstahl X 155 CrVMo 12 1 z. B. 1000 ... ... 1040 °C. Zwecks Verhinderung von Randentkohlungen und Verzunderungen ist es ratsam, aus Salzbädern oder aus Öfen abzuschrecken, die mit Schutzgas betrieben wer-

den. Bei der Härtung ist grundsätzlich die mildeste Abschreckung anzustreben, um Spannungen und Maßänderungen möglichst weitgehend einzuschränken.

Bei Werkzeugen, die keine Maßänderung vertragen, ist es empfehlenswert, den nach der Abschreckbehandlung im Gefüge befindlichen Restaustenitanteil durch eine Tiefkühlung in Martensit umzuwandeln. Jeder spätere Restaustenitzerfall ist mit einer Volumenzunahme verbunden.

Wegen ihrer geringen Zähigkeit im gehärteten Zustand müssen Werkzeuge aus Kaltarbeitsstählen unmittelbar nach dem Abschrecken angelassen werden, wobei die notwendige Anlaßtemperatur durch die gewünschte Arbeitshärte der Werkzeuge bestimmt wird. Der Zusammenhang wird in Anlaßschaubildern dargestellt. Mit Ausnahme von einigen hochlegierten Qualitäten kommen nur niedrige Temperaturen zur Anwendung, wobei eine Temperatur von 300 °C wegen des eintretenden Härteverlustes kaum überschritten wird. Bei hochlegierten Stählen ergibt sich bei höheren Anlaßtemperaturen als Folge von Carbidausscheidungen eine gewisse Neigung zur Sekundärhärte, wie sie im Bild 4.43 am Beispiel des Stahles X 155 CrVMo 12 1, der von einer erhöhten Austenitisierungstemperatur in Öl abgeschreckt wurde, zu erkennen ist. Dabei bringt die erhöhte Austenitisierungstemperatur einen größeren Carbidanteil in Lösung, der beim Anlassen in feinverteilter Form ausgeschieden wird.

Verschleißfeste Diffusionsschichten können die Standzeit der Kaltarbeitswerkzeuge erhöhen. Dabei bietet sich in erster Linie das *Salzbadnitrieren* der Werkzeuge an. Der zu nitrierende Stahl muß jedoch bei der anzuwendenden Nitriertemperatur eine ausreichende Härte behalten. Dabei sollte eine Nitriertemperatur von 540 °C nicht überschritten werden.

Tabelle 4.12 gibt einige Verwendungshinweise für legierte Kaltarbeitsstähle. Als Stähle für die Kunststoffverarbeitung bieten sich Einsatz- und Nitrierstähle sowie durchhärtende, bereits vorvergütete und härtbare nichtrostende Stähle an.

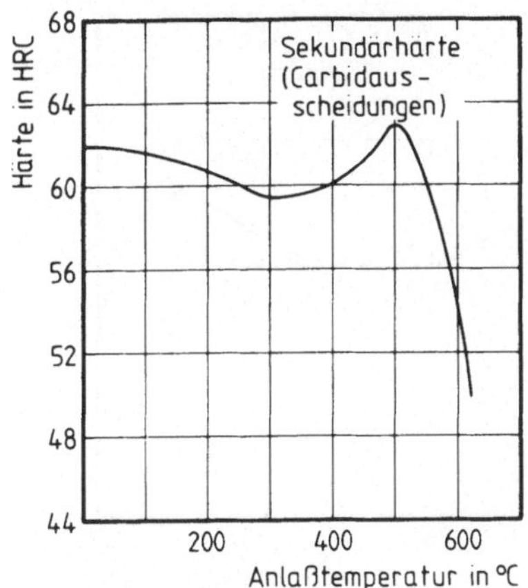

Bild 4.43 Anlaßschaubild des legierten Kaltarbeitsstahles X 155 CrVMo 12 1 Härtung: 1050 °C / Öl

Tabelle 4.12 Verwendung legierter Kaltarbeitsstähle

Stahl	Verwendung
50 CrV 4	Schraubenschlüssel
X 45 NiCrMo 4	Prägewerkzeuge Besteckstanzen
60 WCrV 7	Messer für Holzbearbeitung Preßluftmeißel
145 V 33	Kaltschlagmatrizen Tiefziehwerkzeuge
X 165 CrV 12	Tiefziehwerkzeuge Gewindewalzbacken Fließpreßwerkzeuge Schnitt- und Stanzwerkzeuge
X 210 Cr 12	Hochleistungsschnitte Räumnadeln Tiefziehwerkzeuge Ziehmatrizen und Ziehdorne
X 210 CrW 12	Hochleistungsschnitte Zieh- und Reduziermatrizen Ziehdorne Fließpreßwerkzeuge

4.10.3 Warmarbeitsstähle

Warmarbeitsstähle sind legierte Stähle, die im betrieblichen Einsatz eine oberhalb von 200 °C liegende Dauertemperatur annehmen. Dabei ist zu berücksichtigen, daß an den di-

rekten Berührungsflächen zwischen dem Werkzeug und dem zu bearbeitenden Werkstoff wesentlich höhere Temperaturen auftreten können, denn der Temperaturbereich der Warmumformung von Stahl liegt z. B. beim Strangpressen und Gesenkschmieden zwischen 1220 °C und der Temperatur der γ-α-Umwandlung.

Die hohen mechanischen und thermischen Beanspruchungen der Werkzeuge bedingen besondere Eigenschaften der zum Einsatz kommenden Warmarbeitsstähle. Sie sollen eine hohe Anlaßbeständigkeit, eine hohe Warmfestigkeit, eine hohe Verschleißfestigkeit bei erhöhten Temperaturen, eine hohe Warmzähigkeit, einen hohen Formänderungswiderstand in der Wärme, eine weitgehende Warmrißunempfindlichkeit, eine möglichst hohe Wärmeleitfähigkeit, eine weitgehende Oxidationsbeständigkeit, eine gute Bearbeitbarkeit und eine weitgehende Gleichmäßigkeit des Gefüges einschließlich einer möglichst geringen Anisotropie der Eigenschaften aufweisen. Die besonderen Bedingungen der jeweiligen Beanspruchung bestimmen die Art und die Zahl der jeweils unabdingbaren Eigenschaften. Dabei wirken die Eigenschaften in komplexer Weise weitgehend zusammen. So ist die Warmrißempfindlichkeit, die eine Folge häufiger Temperaturwechsel ist, das Ergebnis des Zusammenwirkens von verminderter Wärmeleitfähigkeit und nicht ausreichender Zähigkeit.

Eine herausragende Bedeutung hat wegen ihres Einflusses auf andere temperaturbeeinflußte Eigenschaften die *Anlaßbeständigkeit* des Stahles. Sie erfordert eine möglichst weitgehende Gefügestabilität mit steigender Temperatur bzw. sie bedingt Gefügeveränderungen, die als Folge der bekannten Härtungsmechanismen härte- und festigkeitssteigernd wirken. Anlaßbeständige Stähle enthalten sondercarbidbildende Elemente wie Cr, Mo, W und V. Die Sondercarbide gehen einerseits im Verlauf der Erwärmung nur schwer in Lösung, sie scheiden sich andrerseits aber auch nur schwer aus der martensitischen Matrix aus. Im Gegensatz zu den Verbindungspartnern Fe und C der Eisencarbide hat das carbidbildende Element längere Diffusionswege zurückzulegen, so daß höhere Anlaßtemperaturen und längere Anlaßzeiten notwendig sind. Daneben führt das Element Si, das sich in Eisenwerkstoffen als carbidfeindlich erweist, zu einer verbesserten Anlaßbeständigkeit der Stähle. Silizium erschwert die C-Diffusion und verschiebt so den Härteabfall zu höheren Temperaturen. Auch das Element Co verbessert die Anlaßbeständigkeit, ohne selbst stabile Carbide zu bilden. Es wirkt ebenfalls diffusionshemmend und behindert die Carbidausscheidung aus dem Martensit und dem Restaustenit.

Die sich in Warmarbeitsstählen im Verlauf der Anlaßbehandlung aus der Matrix ausscheidenden Carbide führen zu einer Wechselwirkung mit den Versetzungen und damit zu einer *Sekundärhärtung*. Die Menge der sich in feiner Verteilung ausscheidenden Carbide kann über die Höhe der Austenitisierungstemperatur gesteuert werden. Bei einer höheren Temperatur gehen mehr Carbide in Lösung, die sich dann im Verlauf der Anlaßbehandlung aus der Matrix ausscheiden. Außer Carbidausscheidungen können auch Ausscheidungen intermetallischer Verbindungen zu einer verbesserten Anlaßbeständigkeit beitragen. Aus Bild 4.44 geht die härtende Wirkung der Ausscheidungen aus der weitgehend martensitischen Matrix des Stahles X 40 CrMoV 5 1 hervor. Der im Anschluß an die Sekundärhärtung erfolgende Härteabfall ist die Folge der zunehmenden Koagulation der carbidischen und intermetallischen Ausscheidungen.

Die Wärmebehandlung der Werkzeuge aus Warmarbeitsstählen entspricht der von Werkzeugen aus legierten Kaltarbeitsstählen. Bearbeitungsspannungen werden durch eine Spannungsarmglühung abgebaut, und das Erwärmen der Werkzeuge auf Härtetemperatur hat der verminderten Wärmeleitfähigkeit der legierten Stähle Rechnung zu tragen. Die Härtetemperatur wird an der oberen Grenze des Härtetemperaturbereiches gewählt, wenn auf eine besondere Anlaßbeständigkeit Wert ge-

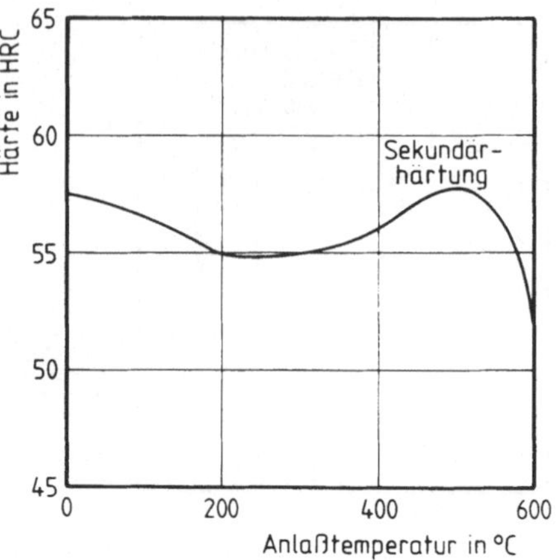

Bild 4.44 Anlaßschaubild für den Warmarbeitsstahl X 40 CrMoV 5 1. Härtung: 1070 °C / Öl (Die Ausscheidung von Sondercarbiden bewirkt eine Sekundärhärtung)

legt wird und eine verminderte Zähigkeit toleriert werden kann. Bei Werkzeugen, die auf Schlag und Stoß beansprucht werden, sollte die Härtetemperatur an der unteren Grenze des Härtetemperaturbereiches liegen. Das Abschrecken erfolgt in Öl, an Luft oder in ein Warmbad. Das Härtungsgefüge besteht aus Martensit mit Restaustenitanteilen und nicht gelösten Carbiden. Der Auflösungsgrad der Carbide legt die Höhe der sich beim Anlassen einstellenden Sekundärhärte fest.

Die Anlaßbehandlung der Werkzeuge führt zum Abbau der Härtespannungen und gibt ihnen die notwendigen Einbaueigenschaften. Dabei sollte bei einer Mindesthaltezeit von je zwei Stunden wenigstens zweimal angelassen werden. Bild 4.45 veranschaulicht den Wärmebehandlungsablauf für einen hochlegierten Warmarbeitsstahl und Tabelle 4.13 gibt Verwendungshinweise für einige Stähle.

Von den Oberflächenbehandlungsverfahren für Werkzeuge aus Warmarbeitsstählen hat das Nitrieren die größte Bedeutung erlangt, wobei eine mehrmalige Nachnitrierung möglich ist. Die Nitrierzeiten sollten jedoch möglichst kurz gehalten werden.

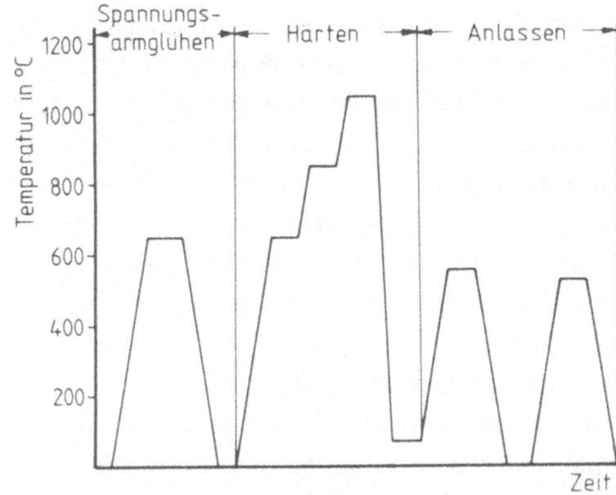

Bild 4.45 Ablauf der Wärmebehandlung eines hochlegierten Warmarbeitsstahles (X 40 CrMoV 5 1) nach der Werkzeugfertigung
Anlieferungszustand: weichgeglüht

Tabelle 4.13 Verwendung von Warmarbeitsstählen

Stahl	Verwendung
48 CrMoV 6 7	Mäntel und Zwischenbüchsen der Blockaufnehmer von Strangpreßanlagen
	Schleudergußkokillen für NE-Metalle
X 32 CrMoV 3 3	Gesenkeinsätze
	Werkzeuge der Schrauben-, Muttern- und Nietenerzeugung
X 37 CrMoW 5 1	Strangpreßwerkzeuge für NE-Metalle
	Schmiedegesenke und Gesenkeinsätze
	Warmscherenmesser
X 40 CrMoV 5 1	Innenbüchsen der Blockaufnehmer von Strangpreßanlagen
	Druckgießwerkzeuge
	Warmscherenmesser
X 40 CrMoV 5 3	Schmiedegesenke und Gesenkeinsätze
	Strangpreßwerkzeuge
	Warmscherenmesser

4.11 Schnellarbeitsstähle

Die Schnellarbeitsstähle verdanken ihren Namen der Tatsache, daß mit ihrer Einführung in die spanende Fertigung die anwendbaren Schnittgeschwindigkeiten gegenüber den vorher für Zerspanungsaufgaben eingesetzten Kaltarbeitsstählen erheblich gesteigert werden konnten. Inzwischen finden die Schnellarbeitsstähle auch auf den Gebieten der spanlosen Umformung eine breite Anwendung und führen zu Höchstleistungen bei den Umformwerkzeugen.

Die in Deutschland zum Einsatz kommenden Schnellarbeitsstähle enthalten 0,75 … … 1,50 % C, 4,0 … 5,0 % Cr, 2,0 … 18,0 % W, 0 … 9,5 % Mo, 1,0 … 5,0 % V und können 4,8 … 10,5 % Co aufweisen. Zwecks Kennzeichnung der chemischen Zusammensetzung der Schnellarbeitsstähle werden besondere Kurzbezeichnungen genutzt. Sie geben unter Vernachlässigung der C- und Cr-Gehalte direkt die Gehalte an den Legierungselementen W, Mo, V und Co in dieser Reihenfolge an, so daß der Schnellarbeitsstahl der Kurzbezeichnung S 18-1-2-5 in der Richtanalyse 18,0 % W, 1,0 % Mo, 2,0 % V und 5,0 % Co aufweist.

Die wichtigsten Eigenschaften eines Schnellarbeitsstahles sind seine Anlaßbeständigkeit, seine Warmfestigkeit und seine Verschleißfestigkeit. Er muß also in der gehärteten Grundmasse eine ausreichende Menge harter Sondercarbide enthalten. Von der Härte der in der martensitischen Matrix eingebetteten Carbide, des Martensits und des Ferrits gibt das Bild 4.46 eine Vorstellung.

Die Schnellarbeitsstähle zählen auf Grund ihres Legierungsgehaltes zu den *ledeburitischen Stählen*. Bei ihrer Erstarrung entsteht ein Netzwerk aus *Ledeburiteutektikum*, das aus Carbiden und γ-Mischkristallen besteht. Die entstehenden Primärcarbide können im festen Zustand nicht mehr in Lösung gebracht werden. Das Netzwerk kann lediglich durch eine ausreichende Schmiede- oder Walzumformung zertrümmert werden. Dabei muß ein ausreichender Verschmiedungs- bzw.

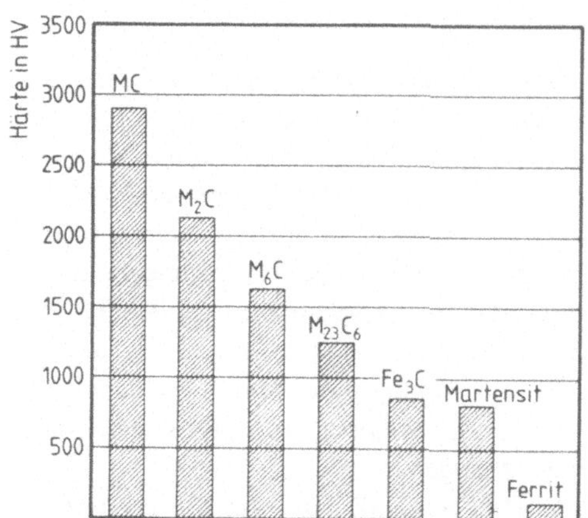

Bild 4.46 Mikrohärte der Carbide, des Martensits und des Ferrits in Schnellarbeitsstählen (Ferrit im Glühgefüge)

Walzgrad eingehalten werden. Die Carbide treten dann in Zeilen auf. Im weiteren Verlauf der Abkühlung des Stahles im festen Zustand bilden sich die *Sekundärcarbide*. Die dabei ablaufenden Vorgänge sind wegen des erschwerten Diffusionsausgleiches und der dadurch bedingten Nichteinstellung der Gleichgewichte recht verwickelt. Eine Orientierungshilfe kann dabei das Diagramm $Fe\text{-}Fe_3C$ geben. Bei der Wahl der Härtetemperatur ist zu beachten, daß der Beginn des Aufschmelzens des Ledeburiteutektikums im Temperaturbereich zwischen 1250... ... 1340 °C liegt. Dadurch ist die obere Grenze der Härtetemperatur festgelegt.

Der Werkzeugfertigung geht eine Glühbehandlung voraus, die ein gut bearbeitbares und für die Härtung günstiges Gefüge herbeiführen soll. Die Sekundärcarbide sollen sich weitgehend in die ferritische Grundmasse einformen, so daß im geglühten Zustand Carbide unterschiedlicher Größe und Zusammensetzung in der Grundmasse, die im wesentlichen aus Cr-haltigen α-Mischkristallen besteht, vorliegen. Die Glühung wird in der Regel bereits beim Stahlhersteller durchgeführt. Sie erfolgt möglichst entkohlungsfrei entweder als langzeitige Glühung im Temperaturbereich zwi-

schen Ac_1 und Ac_3 oder als Umwandlungsglühung mit einer ersten Wärmstufe oberhalb Ac_1 (830 °C), an die sich eine Einformstufe unterhalb Ac_1 (750 °C) anschließt. Es ist zu beachten, daß der Einkugelungsprozeß sehr langwierig ist und daher mehrere Stunden benötigt. Im geglühten Werkstoffzustand ist der Kohlenstoff fast vollständig an die carbidbildenden Elemente Cr, W, Mo und V gebunden, so daß der geglühte Stahl einen Volumenanteil von 25 ... 30 % an Carbiden enthält. Die Abkühlung von der Glühtemperatur hat bis mindestens 600 °C im Ofen zu erfolgen.

Vor der Werkzeughärtung sind Bearbeitungsspannungen durch eine Spannungsarmglühung zu beseitigen. Dabei sollte die Temperatur mindestens 600 °C betragen. Die Abkühlung hat langsam zu erfolgen.

Die Härtung von Schnellarbeitsstählen bedingt, daß ein möglichst großer Anteil an Carbiden im Verlauf der Austenitisierung in Lösung gebracht wird. Die Werkzeuge werden daher von einer Temperatur abgeschreckt, die dicht unterhalb der Temperatur der beginnenden Aufschmelzung liegt. Dabei sind 40 ... 60 % der möglichen Carbidmenge im Austenit gelöst. Zuerst gehen die Carbide des Typs $M_{23}C_6$ in Lösung. Die Carbide M_6C und MC beginnen sich bei einer Temperatur von 1150 °C im Austenit zu lösen, bleiben aber bis zur Härtetemperatur teilweise ungelöst und bilden diejenigen Carbidmengen, die nach dem Abschrecken im Härtungsgefüge vorliegen. Dieses besteht zu etwa 70 % aus Martensit, zu etwa 20 % aus Restaustenit und zu etwa 10 % aus den ungelösten Carbiden des Typs M_6C und MC. Dabei ist nicht nur die Carbidmenge sondern auch der Restaustenitanteil von der Härtetemperatur abhängig. Bild 4.47 gibt den Zusammenhang zwischen der Härtetemperatur, dem Restaustenitgehalt des Härtungsgefüges und der Abschreckhärte für einen Schnellarbeitsstahl mittlerer Leistung der Bezeichnung S 6-5-3 wieder. Die sich als Folge der Härtetemperatur einstellende Werkzeughärte resultiert aus der zunehmenden Lösung von Kohlenstoff

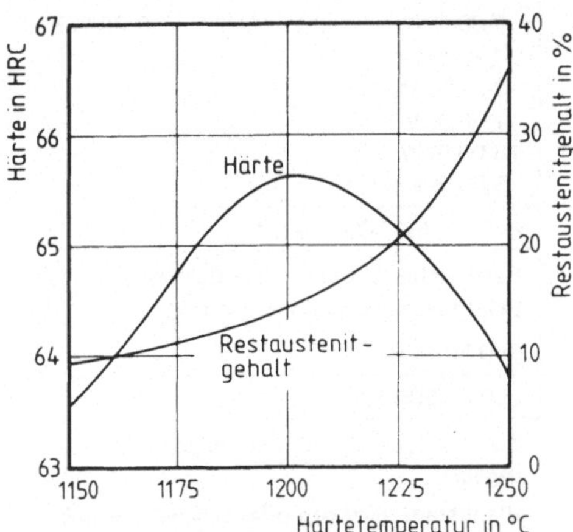

Bild 4.47 Zusammenhang zwischen der Härtetemperatur, dem Restaustenitgehalt des Härtungsgefüges und der Abschreckhärte bei einem
Schnellarbeitsstahl der Bezeichnung S 6-5-3

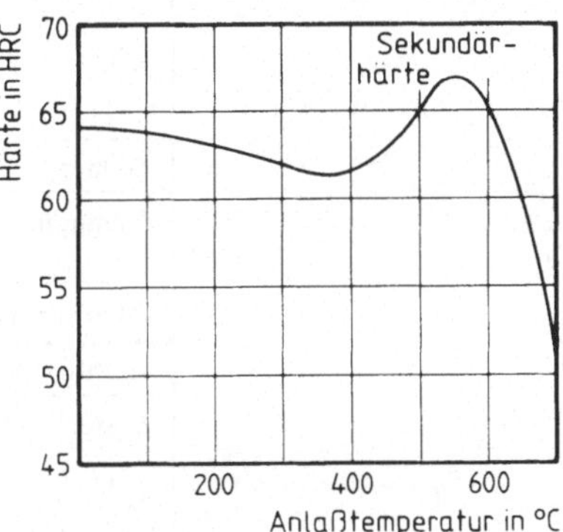

Bild 4.48 Einfluß der Anlaßtemperatur auf die
Härte eines Schnellarbeitsstahles der Bezeichnung
S 6-5-3
Härtung: 1220 °C / Warmbad von 530 °C

und Legierungselementen im Austenit mit ansteigender Temperatur und dem gleichzeitig
größer werdendem Restaustenitgehalt. Die
optimale Härtetemperatur liegt hier bei
1200 °C. Wird sie überschritten, so führt der
zunehmende Restaustenitanteil im Härtungsgefüge zu einem Härteabfall.
Wegen der hohen Härtetemperaturen sind für
die Härtebehandlung der Schnellarbeitsstähle
Salzbäder am geeignetsten. Sie gewährleisten
eine gleichmäßige Temperaturverteilung, die
Einhaltung enger Temperaturgrenzen und
saubere Werkstückoberflächen.
Bei der stark verminderten Wärmeleitfähigkeit der Schnellarbeitsstähle ist eine mindestens *zweistufige Erwärmung* der zu härtenden Werkzeuge erforderlich. Im Verlauf der
Anwärm- und Haltezeit muß die notwendige
Sättigung der austenitischen Grundmasse als
Folge der Auflösung der Sekundärcarbide erfolgen. Dabei kann die Härtetemperatur etwas abgesenkt werden, wenn die Haltezeit
entsprechend verlängert wird.
Die Werkzeuge sind möglichst unmittelbar
nach dem Härten in den Anlaßofen einzubringen. Das Anlassen hat zum Ziel, den im
Härtungsgefüge vorliegenden Restaustenit
möglichst vollständig in Martensit umzuwan-

deln und die martensitische Grundmasse
durch die Ausscheidung von *tertiären Sondercarbiden* härter und verschleißfester zu
machen. Bild 4.48 zeigt den Einfluß der Anlaßtemperatur auf die Werkzeughärte des
Schnellarbeitsstahles S 6-5-3. Im Temperaturbereich des Sekundärhärtemaximums wandelt sich der Restaustenit zu Anlaßmarten-
sit um, und es treten Carbidausscheidungen
aus dem Restaustenit und aus dem Martensit auf. Nach dem Durchlaufen des Härte-
maximums fällt die Härte als Folge des Mar-
tensitzerfalls und der Einformung und Koagulation der Carbide.
Die Anlaßbehandlung erfolgt allgemein im
Luftumwälzofen oder im Salzbad. Um eine
möglichst weitgehende Zersetzung des Restaustenits zu erreichen, ist es erforderlich,
mindestens zweimal anzulassen. Co-legierte
Schnellarbeitsstähle werden häufig dreimal
angelassen, da das in der Grundmasse vorliegende Kobalt eine Verzögerung der Carbidausscheidung bewirkt.
Bild 4.49 veranschaulicht den Ablauf der
Wärmebehandlung von Werkzeugen aus
Schnellarbeitsstählen, und Tabelle 4.14 gibt
eine zusammenfassende Übersicht über die
wichtigsten Kenngrößen eines Schnellarbeits-

Tabelle 4.14 Wichtige Behandlungsdaten und Eigenschaftswerte des Schnellarbeitsstahles S 18-1-2-5

Richtanalyse	0,80 % C	0,25 % Si	0,25 % Mn	
	4,20 % Cr			
	0,90 % Mo			
	1,60 % V			
	18,00 % W			
	5,00 % Co			
Glühen	800 … 850 °C (mind. 4 h)			
Glühgefüge	Ferritische Grundmasse + Carbide Sekundärcarbide eingeformt			
Glühfestigkeit	940 N/mm^2			
Glühhärte	250 … 290 HB			
Lieferformen	Stabstahl, geschmiedet oder gewalzt, geglüht Blankstahl, gezogen oder geschält, geglüht Walzdraht Profile Bleche (selten) Drehlinge Feinguß			
Spannungsarmglühen	600 … 650 °C (1 … 2 h)			
Härten	Anwärmen	(bis 600 °C)		
	Vorwärmen	(800 … 850 °C) (1 000 … 1 050 °C)		
	Härtetemperatur	1 260 … 1 300 °C		
	Vorgang	Sekundärcarbide werden in Lösung gebracht		
	Härtemittel	Öl, trockene Gebläseluft Warmbad (500 … 550 °C)		
Härtegefüge	Martensit + Restaustenit + Primärcarbide			
Abschreckhärte	65 HRC			
Anlassen	560 … 580 °C	(dreimal)		
	Vorgänge	Entspannung des Martensits, Zerfall des Restaustenits, Carbidausscheidungen		
Anlaßhärte	64 … 66 HRC			
Sonderbehandlungen	Nitrieren, Borieren, Dampfanlassen, Phosphatieren			

stahles. Gewählt wurde der Stahl S 18-1-2-5, der bevorzugt für schwere Schrupp-, Hobel- und Fräsarbeiten eingesetzt wird.

Neben der konventionellen Schmiede-, Walz- und Ziehumformung des Vormaterials für die Werkzeugfertigung haben sich *pulvermetallurgische Verfahrenswege* der Halbzeugfertigung oder der Werkzeugfertigung als gangbar erwiesen. Sie bieten den Vorteil, durch eine Gas- oder Wasserverdüsung einer Schnellstahlschmelze und durch Verdichtungs- und Sinterprozesse ein Gefüge hoher Gleichmäßigkeit mit feinverteilten Carbiden zu liefern. Zusätzlich bietet die Pulvermetallurgie die Möglichkeit, den aus metallurgischen Gründen begrenzten Carbidanteil der Schnellarbeitsstähle zu erhöhen.

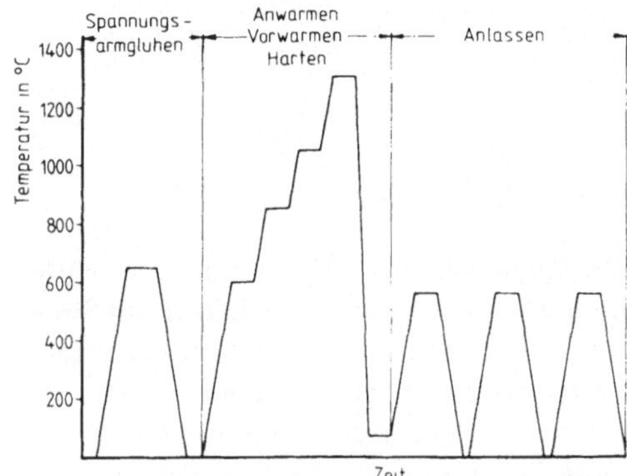

Bild 4.49 Ablauf der Wärmebehandlung eines
Schnellarbeitsstahles (S 18-1-2-5) nach der Werk-
zeugfertigung
Anlieferung: geglüht mit Bearbeitungszugaben

Durch härtesteigernde Oberflächenbehand-
lungen der Werkzeuge aus Schnellarbeitsstahl
kann deren Standzeit merklich verbessert
werden. So bietet der gehärtete und angelas-
sene Schnellarbeitsstahl die besten Voraussetzungen für eine Nitrierbehandlung von
Werkzeugen der spanenden und spanlosen
Umformung. Gleichfalls kann z. B. ein Borieren oder ein Dampfanlassen durchgeführt
werden. Das Dampfanlassen geschieht bei
Temperaturen zwischen 500 °C und 550 °C.
Dabei bildet sich eine dünne oxidische An-
laufschicht, die sehr hart und verschleißfest
ist.
Die für den technischen Einsatz bedeutsame
Anlaßbeständigkeit der Schnellarbeitsstähle
ist auf den Temperaturbereich bis 600 °C beschränkt. Dementsprechend ist der Kühlung
der Werkzeuge aus Schnellarbeitsstahl besondere Aufmerksamkeit zu schenken. Zu den
Konkurrenzwerkstoffen zählen hauptsächlich die Hartmetalle und die oxidkeramischen Werkstoffe, die mit ansteigender Temperatur keine Gefügeveränderung erfahren
und wegen der wesentlich höheren Anteile
an Hartstoffteilchen härter und verschleißfester sind. Dafür sind sie deutlich weniger
zäh und daher schlag-, stoß- und biegeem-
pfindlich.

5 Gußeisenwerkstoffe

Gußeisenwerkstoffe sind Eisen-Kohlenstoff-Legierungen mit mehr als 2 % C. Zu ihnen gehören das *Gußeisen mit Lamellengraphit* — gemeinhin Grauguß genannt —, das *Gußeisen mit Kugelgraphit*, der *Temperguß*, der *Hartguß* und die *legierten Gußeisensorten*, die z. B. eine besondere Korrosionsbeständigkeit oder eine besondere Verschleißfestigkeit aufweisen. Die allgemeingültigen Vorteile der Gußeisenwerkstoffe liegen in der Möglichkeit einer *kostengünstigen Erschmelzung* und in ihrer *guten Vergießbarkeit* unter Anwendung rationeller Form- und Gießverfahren. Der verhältnismäßig niedrige Temperaturbereich des Schmelzens und der Erstarrung und das schmale Erstarrungsintervall naheutektischer Legierungen bedingen eine geringe Viskosität der Schmelze, eine geringe Erstarrungsschwindung und geringe Seigerungserscheinungen im Gußstück. Maßgebend für die Eigenschaften der Gußeisenwerkstoffe ist ihr Gefügeaufbau, der sich in Bezug auf das Grundgefüge bei den unlegierten Sorten in weitgehender Annäherung aus dem stabilen Diagramm $Fe\text{-}C_{Graphit}$ und dem metastabilen Diagramm $Fe\text{-}Fe_3C$ ergibt.

Der Kohlenstoff kann als elementarer Kohlenstoff in Form von Lamellen- oder Kugelgraphit bzw. Temperkohle oder als Carbid in Form von Eisencarbid Fe_3C oder Carbiden anderer Elemente in den Gußeisenwerkstoffen vorliegen.

Obwohl das System $Fe\text{-}C_{Graphit}$ im Vergleich zum System $Fe\text{-}Fe_3C$ das stabilere ist, kristallisieren reine Fe-C-Legierungen in der Regel ganz oder teilweise nach dem metastabilen System $Fe\text{-}Fe_3C$. Der Grund besteht darin, daß die Diffusionswege des Kohlenstoffs zur Bildung von Graphitlamellen oder -kugeln bzw. -knoten bedeutend größer sind als zur Bildung von Zementit Fe_3C. Ein Zerfall des metastabilen Fe_3C kann nur bei sehr langsamer Abkühlung und mit Hilfestellung anderer Elemente erfolgen. Im Sinne eines Carbidzerfalls d.h. graphitbegünstigend wirken hauptsächlich die Elemente Si, Al, Ni und Cu. Von ihnen kommt dem Si die größte Bedeutung zu. Die Elemente Mn, Cr, S, Te und Mg fördern das Auftreten des Kohlenstoffs in Carbidform. Eine beschleunigte Abkühlung des Gußstückes wirkt dem Carbidzerfall entgegen und führt zu einem Gußstückgefüge mit größeren Carbidanteilen. Daraus folgt, daß der Einfluß einer schnelleren Abkühlung durch einen erhöhten Si-Gehalt der Gußeisenschmelze kompensiert werden kann.

5.1 Gußeisen mit Lamellengraphit

Beim Gußeisen mit Lamellengraphit ist der als Graphit vorliegende Kohlenstoffanteil in Lamellenform in die *stahlähnliche Matrix* eingebettet. Es handelt sich dabei im wesentlichen um einen Werkstoff auf der Basis Eisen-Kohlenstoff-Silizium, der durch eine gute Vergießbarkeit, mäßige Werte der Zugfestigkeit, geringe Werte der Bruchdehnung, hohe Werte der Druckfestigkeit, eine geringe Zähigkeit, eine hohe Dämpfungsfähigkeit, niedrige Zahlenwerte des E-Moduls, eine verhältnismäßig hohe Verschleißfestigkeit, eine ziemlich hohe Korrosionsbeständigkeit, eine gute Zerspanbarkeit, ein geringes Formänderungsvermögen, günstige Notlaufeigenschaften und durch eine Reihe von Möglichkeiten zur Wärmebehandlung ausgezeichnet ist. Diese kennzeichnenden Eigenschaften sind durchweg gefügebedingt.

Gemäß dem stabilen Zustandsdiagramm $Fe\text{-}C_{Graphit}$ ergibt sich bei der Abkühlung des reinen Fe-C-Werkstoffes aus dem Zustandsfeld der Schmelze unabhängig vom C-Gehalt ein ferritisches Grundgefüge, in das der Graphit eingelagert ist. Diese Gefügeausbildung wird jedoch normalerweise nur nach einer Wärmebehandlung bei Temperaturen zwischen 800 °C und 950 °C mit langsamer Abkühlung erreicht. Diese Glühung ist also eine Ferritisierungsglühung.

Bei der Gußstückabkühlung erfolgt die Austenitumwandlung in der Regel ganz oder teilweise nach dem metastabilen System Fe-Fe_3C. Dabei hängt das Perlit-Ferrit-Verhältnis vom Si-Gehalt und von der Abkühlungsgeschwindigkeit ab. Die Abkühlungsgeschwindigkeit wird von der Wanddicke des Gußstückes und der Art des Formstoffes festgelegt. Wird ein bestimmtes Perlit-Ferrit-Verhältnis verlangt, so muß mit abnehmender Wanddicke des Gußstückes der Si-Gehalt der Gußeisenschmelze angehoben werden. Mit größer werdendem Perlitanteil im Gefüge werden die Zahlenwerte für die Härte, die Zugfestigkeit und die Verschleißfestigkeit angehoben, während die an sich schon niedrigen Zahlenwerte für die Bruchdehnung weiter abgesenkt werden. Wegen der ungünstigen Zerspanbarkeit des lamellaren Perlits wird bei Gußstücken, die einer Zerspanung auf Automaten unterzogen werden sollen, ein mehr ferritisches Gefüge vorgezogen.

Die bei der Abkühlung von Rundstäben mit 30 mm Durchmesser aus Fe-C-Si-Legierungen in Abhängigkeit von den C- und Si-Gehalten entstehenden Gefügeausbildungen gibt das auch als *Maurer-Diagramm* bezeichnete Gußeisen-Diagramm wieder (Bild 5.1). Die benutzte Sandform wurde an Luft getrocknet. Das Diagramm wurde in der Vergangenheit unter Einbeziehung anderer Wanddicken und Formstoffe und unter Berücksichtigung des Einflusses weiterer Begleit- und Legierungselemente des Eisens ergänzt und abgewandelt.

Die Eigenschaften des Gußeisens werden in erheblichem Maße von der Graphitausbildung beeinflußt. Dabei können bei gleicher Graphitmenge erhebliche Unterschiede hinsichtlich der Form, der Orientierung, der Verteilung und der Größe der Graphiteinschlüsse auftreten. Grundsätzlich führt der lamellare Graphit infolge seiner *Kerbwirkung* zu be-

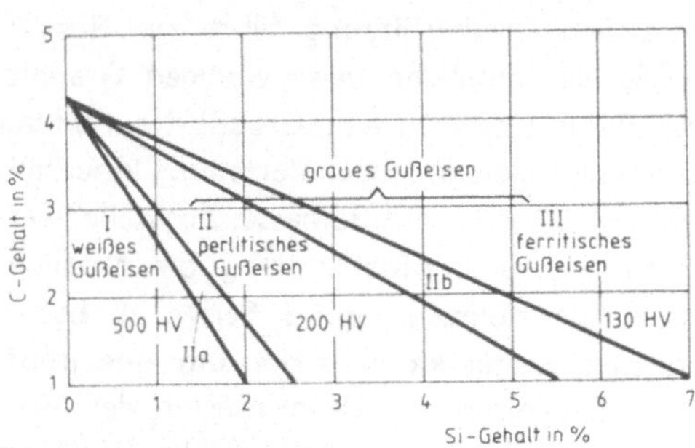

Bild 5.1 Maurer-Diagramm (Gußeisen-Diagramm) ermittelt an 30-mm-Rundstäben, die in lufttrockene Formen vergossen wurden (Härtewerte gelten für unlegierten Hartguß und für Gußeisen mit Lamellengraphit)

Bild 5.2 Spannungskonzentrationen in den metallischen Restquerschnitten als Folge einer inneren Kerbwirkung bei Gußeisen mit Lamellengraphit

störende Wirkung der lamellaren Graphiteinlagerungen auf den Kraftfluß in Gußstücken. Dabei ist zu bedenken, daß es sich bei den als Lamellen beschriebenen Graphiteinschlüssen um räumliche Gebilde handelt, die rosetten-, flügel- oder wirbelartig kristallisiert sind. Sie wirken als weitgend festigkeitslose Gefügebestandteile wie Hohlräume in der stahlähnlichen Grundmasse. Dabei verhalten sich grobe Graphitlamellen ungünstiger als feine, so daß versucht werden muß, durch metallurgische Maßnahmen, wie eine *Überhitzung* des schmelzflüssigen Gußeisens oder durch eine *Impfbehandlung* der Schmelze zu einer Graphitverfeinerung zu kommen. trächtlichen Spannungsspitzen im gegossenen Werkstück. Bild 5.2 veranschaulicht die

Die Schmelzüberhitzung führt zur Beseitigung der möglicherweise wenigen Graphitkeime und bewirkt eine Graphit-Neubildung in feiner, gleichmäßiger Verteilung innerhalb der metallischen Grundmasse. Zusätzlich verschafft eine Impfbehandlung die Möglichkeit, die Keimzahl im Gußeisen zu beeinflussen. Dabei kann es sich um eine Impfmittelzugabe in die Ofenrinne, in den Vorherd, in die Pfanne oder in die Gußform handeln. In der Regel handelt es sich um eine Pfannenimpfung oder um eine Formimpfung. Impflegierungen sind auf der Legierungsbasis Fe-Si, Ca-Si, Fe-Zr-Si oder Fe-Zr-Si-Mn aufgebaut.

Die Graphitlamellen führen beim Grauguß zu Zahlenwerten für die Zugfestigkeit, die Härte und die Bruchdehnung, die gegenüber den Werten für Stähle mit vergleichbarem Grundgefüge erheblich vermindert sind. Das Formänderungsvermögen des Gußeisens mit Lamellengraphit ist sehr gering. Tabelle 5.1 gibt eine Zusammenstellung von Zahlenwerten für wichtige Eigenschaften. Sie läßt erkennen, daß die Werte für die *Druckfestigkeit* dem Gußeisen eine bemerkenswerte Sonderstellung unter den metallischen Konstruktionswerkstoffen verleihen. Das Verhältnis der Werte für die Druckfestigkeit zu denen für die Zugfestigkeit führt zu der Schluß-

folgerung, daß Gußeisen mit Lamellengraphit ein idealer Konstruktionswerkstoff ist, wenn Druckspannungen aufzunehmen sind. Zugspannungen sollten möglichst weitgehend vermieden werden. Wegen der gegenüber anderen Eisenwerkstoffen verminderten Zähigkeit des Gußeisens mit Lamellengraphit sollten auch Schlag- bzw. Schlag-Biege-Beanspruchungen ausgeschaltet werden. Ein günstiges Verhalten zeigt das Gußeisen mit Lamellengraphit hinsichtlich der Dämpfungsfähigkeit gegenüber Schwingungen, der Kerbempfindlichkeit, der Verschleißfestigkeit und der Korrosionsbeständigkeit gegenüber vielen flüssigen und atmosphärischen Medien. Besonders der Sandguß besitzt in der silikatischen Gußhaut einen wirkungsvollen Korrosionsschutz.

Dem Gußeisen mit Lamellengraphit werden vielfach höhere P-Gehalte zulegiert, weil dadurch seine Dünnflüssigkeit auf Grund der Bildung des *ternären Eutektikums aus* γ-Mischkristallen, Eisenphosphid Fe_3P und Graphit bzw. Eisencarbid Fe_3C erhöht wird. Kompliziert gestaltete Gußformen werden dann sicherer ausgefüllt. Das Eutektikum erstarrt bei 950 $^\circ$C und bildet im Gefüge in der Regel ein zusammenhängendes Netzwerk. Bis zu einem P-Gehalt von etwa 0,3 % ergibt sich ein Anstieg der Zugfestigkeitswerte

Tabelle 5.1 Mechanische Eigenschaften von Gußeisen mit Lamellengraphit (Probestäbe getrennt gegossen, Durchmesser d = 30 mm)

Eigenschaften	Werkstoff						
	GG-10	GG-15	GG-20	GG-25	GG-30	GG-35	GG-40
Grundgefüge	ferritisch ←					→	perlitisch
Zugfestigkeit in N/mm²	100	150	200	250	300	350	400
Bruchdehnung in %	1,0		0,6				
Druckfestigkeit in N/mm²	500 … 600	550 … 700	600 … 830	700 … 1000	820 … 1200	950 … 1400	1100 … 1400
E-Modul in 10⁴ N/mm²	7,5 … 10,0		9,0 … 11,5		11,0 … 14,0		12,5 … 15,5

Übliche chemische Zusammensetzung
2,8 … 4,4 % C   0,2 … 1,6 % P
1,0 … 3,0 % Si   0,04 … 0,10 % S
0,5 … 1,2 % Mn

Vergütung und Härtung möglich

des Gußeisens und über den gesamten Legierungsbereich hinweg eine Zunahme der Verschleißfestigkeit aber auch der Sprödigkeit.

Gußeisen, das im Kupolofen erschmolzen wird, nimmt aus dem Koks zusätzlich zum S-Gehalt des Gießereiroheisens und des Schrottes weiteren Schwefel auf. Durch eine basische Schlackenführung oder mit Hilfe einer Entschwefelungsbehandlung des Gußeisens außerhalb des Ofens kann ein großer Teil des Schwefels aus dem Eisen entfernt werden. Der verbleibende Anteil sollte vollständig als Mangansulfid MnS im Gußeisen vorliegen. Der Schwefel ist im Gußeisen stets unerwünscht. Er macht das Eisen dickflüssig und begünstigt die carbidische Erstarrung, die zu harten Stellen im Gußstück führt. Durch Schwefel wird die Schwindung verstärkt und die Lunkerung begünstigt. Die mechanischen Eigenschaften des Gußeisens werden beeinträchtigt.

5.2 Gußeisen mit Kugelgraphit

Das Gußeisen mit Kugelgraphit unterscheidet sich infolge der kugeligen Graphitausbildung in seinen Eigenschaften merklich vom Gußeisen mit Lamellengraphit und nähert sich unter Bewahrung der guten Vergießbarkeit weitgehend dem Stahlguß. Die Grundmasse kann wie beim Gußeisen mit Lamellengraphit ferritisch, ferritisch-perlitisch oder perlitisch sein. Ähnlich wie ein vergleichbares Stahlgefüge kann sie wärmebehandelt werden. Die in das Grundgefüge eingelagerten *Graphitsphärolithen* beeinträchtigen den Kraftlinienfluß merklich weniger als die Graphitlamellen. Die Spannungsspitzen sind viel weniger ausgeprägt (Bild 5.3). Demzufolge ergeben sich beim Gußeisen mit Kugelgraphit vergleichsweise günstige mechanische Eigenschaften. Ein ferritisches Grundgefüge führt zu Zahlenwerten für die Zugfestigkeit um R_m = 400 N/mm² und zu Mindestwerten für die Bruchdehnung von A = 15 %, und ein perlitisches Grundgefüge bewirkt Zugfestigkeitswerte um R_m = 700 N/mm² und Bruchdehnungswerte von mind.

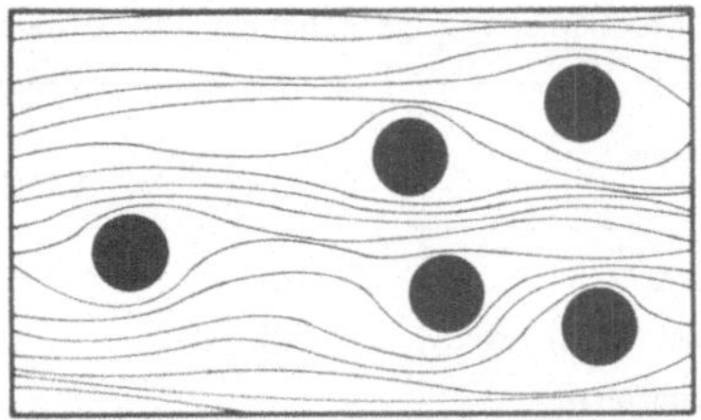

Bild 5.3 Spannungsbild von Gußeisen mit Kugelgraphit (weiche Umlenkung der Spannungslinien)

2 %. Die Spannungs-Dehnungs-Diagramme des Bildes 5.4 machen den durch die Graphitausbildung bedingten Unterschied zwischen den Gußeisensorten mit Lamellen- und Kugelgraphit deutlich, und die Tabelle 5.2 gibt eine Übersicht über die Zahlenwerte der mechanischen Eigenschaften des Gußeisens mit Kugelgraphit. Es zeigt sich, daß Gußeisen mit Kugelgraphit bei stahlähnlichen Werten für die Zugfestigkeit ein verhältnismäßig zäher Werkstoff ist und ein vergleichsweise hohes Formänderungsvermögen besitzt. Dieses erlaubt in erster Linie den Abbau örtlicher Spannungsspitzen.

Die in der stahlähnlichen Matrix eingelagerten Graphitkugeln bestehen aus einer Vielzahl von Kristallen, die von einem gemeinsa-

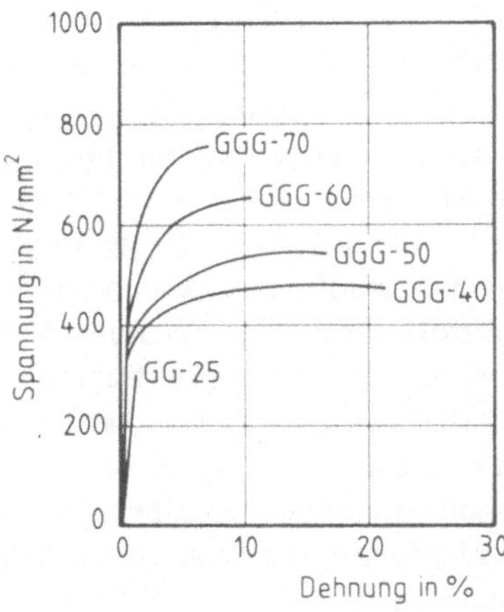

Bild 5.4 Spannungs-Dehnungs-Diagramme von Gußeisenwerkstoffen mit Lamellengraphit (GG-25) und Kugelgraphit (GGG-40 bis GGG-70)

Tabelle 5.2 Mechanische Eigenschaften von Gußeisen mit Kugelgraphit

Eigenschaften	Werkstoff				
	GGG-40	GGG-50	GGG-60	GGG-70	GGG-80
Grundgefüge	Ferritisch ←			→	perlitisch
Zugfestigkeit in N/mm^2	400	500	600	700	800
0,2 %-Dehngrenze in N/mm^2	250	320	380	440	500
Bruchdehnung in %	15	7	3	2	2
Brucheinschnürung in %	18 … 32	7 … 14	4 … 12	3 … 8	2 … 6
E-Modul in N/mm^2			160 000 … 185 000		
Druckfestigkeit in N/mm^2	700 … 1000	900 … 1100	1000 … 1200	1100 … 1300	1100 … 1300

Vergütung und Härtung möglich

men Mittelpunkt aus gewachsen sind. Diese Graphitausbildung wird durch das Vorhandensein von Ce, Mg oder CA in der Schmelze bewirkt. Von diesen Elementen hat das *Magnesium* die weitaus größte Bedeutung. Es ist ein Element, das carbidstabilisierend wirkt, so daß ein Gußeisen mit Kugelgraphit bei gleichen C- und Si-Gehalten mehr zur carbidischen Gefügeausbildung neigt als ein Gußeisen mit Lamellengraphit. Schon aus diesem Grunde sollte ein zu hoher Mg-Zusatz vermieden werden. Zum andern führt ein zu hoher Mg-Zusatz zu einem stark zerklüfteten Graphit, der zu einer Beeinträchtigung der Festigkeitseigenschaften führt. Um die Ausbildung von Graphitsphärolithen zu gewährleisten, müssen 0,02 … 0,06 % Mg im Guß vorhanden sein. Die Zugabe erfolgt in Form von Vorlegierungen auf der Basis Ni-Mg, Ni-Mg-Si, Fe-Si-Mg oder Cu-Fe-Si-Mg. Wegen der leichten Verdampfung des Mg und seiner hohen Sauerstoffaffinität sind besondere Verfahren vonnöten, um das Mg wirtschaftlich und quantitativ reproduzierbar in die Gußeisenschmelze einzubringen. Im Anschluß an diese Behandlung muß eine Impfbehandlung der Schmelze erfolgen. Die dabei zur Anwendung kommende Vielstoff-Ferrosiliziumbehandlung führt zu Sphärolithen gleichmäßiger Form und Größe und vermindert die Car-

bidanteile im Gefüge. Hinsichtlich der kugeligen Graphitausbildung gibt es eine Reihe von Störelementen. Es handelt sich dabei in erster Linie um die Elemente Al, Sb, Pb, B, Ti, Bi, Zn, Zr, Se und Cd. Das Element S bindet Mg und erhöht damit den Mg-Verbrauch. Die entstehenden Mg-Sulfide bilden unerwünschte Einschlüsse im Gußstück.

Mögliche Wärmebehandlungen sind das Spannungsarmglühen (600 °C), das ferritisierende Weichglühen (800 … 950 °C), das Härten (850 … 900 °C/Öl), das Vergüten und das Nitrieren.

5.3 Temperguß

Temperguß ist eine Fe-C-Si-Legierung, die in der Gußform graphitfrei, d. h. ledeburitisch erstarrt und daher im Gußzustand hart und spröde ist. Die Umwandlung dieses *Temperrohgusses* in den Temperguß erfolgt im Verlauf einer Langzeit-Wärmebehandlung.

5.3.1 Schwarzer Temperguß GTS

Schwarzer Temperguß GTS erhält die geforderten Zahlenwerte der Festigkeitseigenschaften, seine Zähigkeit und sein Formänderungsvermögen durch eine in der Regel zweistufige *Temperbehandlung* in einer neutralen Gasatmosphäre. Gemäß dem Temperaturverlauf nach Bild 5.5 wird das Gefüge des Temperrohgusses zunächst in der ersten Graphitisierungsstufe oberhalb der A_3-Temperatur durch Zerfall der ledeburitischen Carbide in γ-Mischkristalle und elementaren Kohlenstoff, die *Temperkohle*, überführt. In der zweiten, direkt nachfolgenden Graphitisierungsstufe im Temperaturbereich der A_1-Umwandlung werden die γ-Mischkristalle nach dem stabilen System Fe-$C_{Graphit}$ zum Zerfall gebracht, wobei sich das ferritische Grundgefüge bildet und der Kohlenstoff an die bereits vorhandene Temperkohle anlagert. Durch ein beschleunigtes Unterschreiten der A_1-Temperatur kann der Zerfall der γ-Mischkristalle zunehmend in das metastabile System Fe-Fe_3C verschoben werden. Es stellt sich dann ein ferritisch-perlitisches, ein perlitisches oder auch martensitisches Grundgefüge höherer Härte ein. Durchstoßöfen, Elevatoröfen oder Haubenöfen führen die Wärmebehandlung durch. Als Schutzgas dient in der Regel Stickstoff mit geringen Gehalten an CO, CO_2 und H_2 und einem Taupunkt von maximal $-40\,^{\circ}$C. Eine Randentkohlung und Verzunderung dürfen nicht erfolgen.

Die graphitische Temperkohle liegt mehr oder weniger zerklüftet flocken- oder knotenförmig in der ferritischen bis martensitischen Grundmasse vor (Bild 5.6). Diese verhältnismäßig kompakten Temperkohleeinlagerungen unterbrechen das Grundgefüge wesentlich milder als die Graphitgebilde des Gußeisens mit Lamellengraphit. Sie kommen in ihrer Form und Einflußnahme auf die Eigenschaften den Graphitsphärolithen nahe. Tabelle 5.3 gibt eine Übersicht über die mechanischen Eigenschaften des schwarzen Tempergusses. Er zeichnet sich durch stahlähnliche Festigkeitswerte und ein verhältnismäßig hohes Formänderungsvermögen aus. Die mechanischen Eigenschaften lassen sich je nach der Ausbildung der metallischen Grundmasse in weiten Grenzen variieren. Die in der Grundmasse eingelagerte Temperkohle bewirkt eine gewisse Schmierwirkung bei einer Verschleißbeanspruchung und bei der Zerspa-

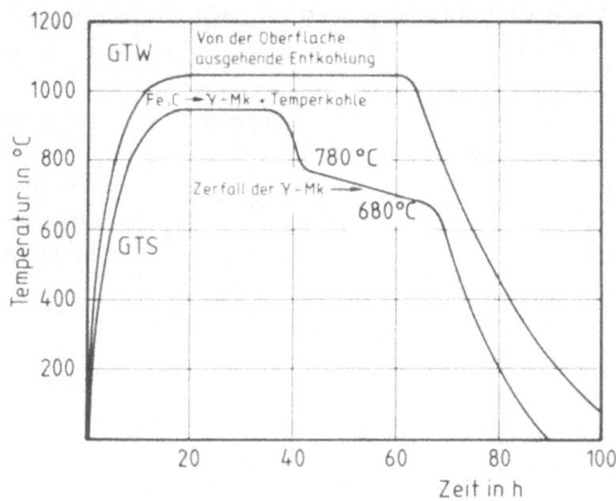

Bild 5.5 Wärmebehandlung von Temperrohguß für GTS und GTW

GTS:		GTW:		
2,2…2,6	% C	2,9…3,4	% C	
1,6…1,2	% Si	0,8…0,3	% Si	
0,4…0,5	% Mn	0,3…0,5	% Mn	
0,1…0,2	% S	0,1…0,25	% S	

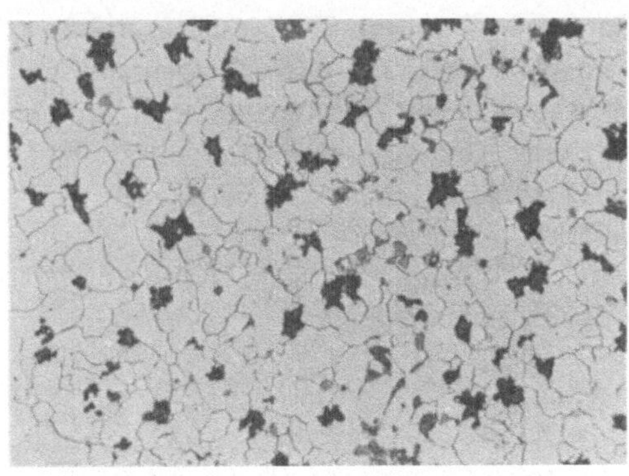

Bild 5.6 Gefüge von schwarzem Temperguß mit ferritischer Grundmasse (Ferrit + Temperkohle)
Ätzung: 3 %-ige alkoholische HNO_3
Vergrößerung V = 100 : 1

nung, die zudem durch die Bildung kurzbrechender Späne erleichtert wird.

Der nicht entkohlend geglühte Temperguß GTS wird für dünnwandige, auf Biegung, Stoß oder Schlag beanspruchte Konstruktionsteile eingesetzt, die zudem bei einer komplizierten Form maßgenau sein müssen.

Tabelle 5.3 Mechanische Eigenschaften von schwarzem Temperguß GTS (Probestäbe: d = 12 mm und 15 mm)

Eigenschaften	Werkstoff				
	GTS-35	GTS-45	GTS-55	GTS-65	GTS-70
Gefüge	Ferrit + Temperkohle	Perlit + Ferrit + Temperkohle	Perlit + Temperkohle (+ wenig Ferrit)	Perlit + Temperkohle	Vergütungsgefüge + Temperkohle
Zugfestigkeit in N/mm^2	350	450	550	650	700
0,2-%-Dehngrenze in N/mm^2	200	300	360	430	550
Bruchdehnung in % (L_0 = 3d)	12	7	5	3	2
E-Modul in N/mm^2	175000 ... 195000				
Druckfestigkeit in N/mm^2	4	mal Zugfestigkeit			2
Einsatz	Hinterachs- und Getriebegehäuse, Schaltgabeln, Bremstrommeln, Kreiskolben, Lenkgehäuse				

5.3.2 Weißer Temperguß GTW

Der weiße Temperguß GTW hat mit 2,9 ... ... 3,4 % C bei 0,3 ... 0,8 % Si ebenfalls eine untereutektische Zusammensetzung. Er erhält seine Gebrauchseigenschaften durch eine *entkohlende Glühung* in einer nicht zundernden Atmosphäre. Das Einblasen von Luft und Wasserdampf führt zu den Entkohlungsreaktionen

$$C + O_2 \rightarrow CO_2$$
$$C + CO_2 \rightarrow 2\,CO$$
$$C + H_2O \rightarrow CO + H_2$$
$$C + 2\,H_2 \rightarrow CH_4 .$$

Der Grad der Entkohlung hängt von der Diffussionsgeschwindigkeit des Kohlenstoffs ab. Innerhalb des Ofens stellt sich folgende Gaszusammensetzung ein: 8 ... 9 % CO_2, 25 ... ... 28 % CO, 12 ... 18 % H_2O, 16 ... 30 % H_2, Rest N_2 bei wenig CH_4. Dünnwandige Rohgußteile mit einem C-Gehalt um 3,2 % werden ohne eine Verzunderung bis auf C-Gehalte um 0,1 % entkohlt. Die Temperbehandlung erfolgt im Temperaturbereich zwischen 1020 °C und 1070 °C, wobei vorzugsweise Durchstoßöfen und Elevatoröfen zur Anwendung kommen. Bild 5.5 zeigt den Temperaturverlauf bei der Temperbehandlung des weißen Tempergusses GTW.

Nach Abschluß der Wärmebehandlung liegt je nach Wanddicke der Gußstücke ein Werkstoffgefüge mit wechselnden Anteilen an Ferrit und Perlit vor. Da der Entkohlungsvorgang trotz des niedrigen Si-Gehaltes von einem gewissen Graphitisierungsprozeß begleitet wird, enthält das Gußgefüge mit zunehmender Wanddicke größer werdende Anteile an Temperkohle. Im Gegensatz zum GTS hat der weiße Temperguß GTW folglich eine wanddickenabhängige Gefügeausbildung und damit auch wanddickenabhängige mechanische Eigenschaften. Die Randzone der Gußstücke ist ferritisch, die Übergangszone besteht aus Ferrit und Perlit und die Kernzone aus Perlit, Ferrit und Temperkohle. Bei Gußstücken mit Wanddicken unter 6 mm kann eine fast vollständige Entkohlung und damit ein ferritisches Gefüge erzielt werden.

Die mechanischen Eigenschaften des entkohlend getemperten Gusses gibt die Tabelle 5.4 wieder. Dabei ist die Wanddickenabhängigkeit der Zahlenwerte zusätzlich zu berücksichtigen. Die Werte sind weitgehend mit denen des schwarzen Tempergusses vergleichbar. Der schwarze Temperguß bietet Vorteile in Bezug auf die Zerspanbarkeit, während

Tabelle 5.4 Mechanische Eigenschaften von weißem Temperguß GTW (Probestäbe: d = 12 mm)

Eigenschaften	Werkstoff					
	GTW-35	GTW-S 38	GTW-40	GTW-45	GTW-55	GTW-65
Gefüge im Rand	Ferrit	Ferrit tief entkohlt	Ferrit	Ferrit	Ferrit	wenig entkohlt
Gefüge im Kern	Perlit + Temperkohle	Perlit + Ferrit + Temperkohle	Perlit + Temperkohle	Perlit + Temperkohle	feink. Perlit + Temperkohle	Vergütungsgefüge + Temperkohle
Zugfestigkeit in N/mm^2	350	380	400	450	550	650
0,2-%-Dehngrenze in N/mm^2	–	200	220	260	360	430
Bruchdehnung in % ($L_0 = 3\,d$)	4	12	5	7	5	3
E-Modul in N/mm^2			175000 ... 195000			
Druckfestigkeit in N/mm^2	3		mal Zugfestigkeit			2
Einsatz	Isolatorenkappen, Fittings, Spannarme für Schraubzwingen, Radsterne für Lkw-Räder					

der weiße Temperguß wegen seiner besseren Schweißbarkeit den Vorzug bekommt. Die Zahlenwerte der Kerbschlagarbeit und die Höhe der Übergangstemperatur sind gefügeabhängig. Verminderte Anteile an Temperkohle und an Zementit erhöhen die Werte für die Kerbschlagarbeit und setzen die Übergangstemperatur herab. Mit zunehmender Entkohlung werden die Zahlenwerte der Schlagzähigkeit stahlähnlicher.

5.4 Hartguß und Schalenhartguß

Bei C-Gehalten zwischen 2,2 % und 3,5 % und Si-Gehalten zwischen 0,3 % und 0,8 % besitzt der Hartguß ein Gefüge, in dem der gesamte Kohlenstoff in Carbidform vorliegt. Bei geringer Schlagzähigkeit und geringem Formänderungsvermögen weist er eine hohe Härte und Verschleißfestigkeit auf. Die Gefügeausbildung nach dem metastabilen System $Fe\text{-}Fe_3C$ ist in erster Linie die Folge des niedrigen Si-Gehaltes und einer beschleunigten Kokillenabkühlung. Daneben begünstigen die Carbidstabilisatoren wie z. B. Cr, Mn und S die *carbidische Erstarrung* über einen größeren Wanddickenbereich.

Mit zunehmendem Abstand von der Gußstückoberfläche nimmt die Abkühlungsgeschwindigkeit ab, so daß im Anschluß an die eigentliche Schreckzone die ersten Graphitteilchen in Form von Nestern im Gefüge auftreten. Sie nehmen in der sich an die Schreckschicht anschließenden Übergangszone immer mehr zu, so daß es in dieser sog. melierten Zone zu einem kontinuierlichen Härteabfall kommt bis in der Kernzone ein aus Perlit und Graphit bestehendes graues Gefüge vorliegt. Dabei kann der Graphit je nach Behandlung der Schmelze entweder in Lamellen- oder in Kugelform auftreten. Dieser Schalenhartguß besitzt also einen aus drei Zonen bestehenden Gefügeaufbau. Er besteht aus dem weißen Gußeisen der *Schreckzone*, das eine hohe Härte und Verschleißfestigkeit aufweist, dem melierten Eisen der Übergangszone und dem verhältnismäßig weichen grauen Gußeisen der Kernzone.

Der Hartguß bzw. *Schalenhartguß* hat sich z. B. als Walzenwerkstoff zum Walzen und Richten von Flacherzeugnissen und zum Walzen von Draht bewährt. Bei ihm beträgt die carbidische Schreckzone 10 ... 60 mm, und die Übergangszone weist dieselbe Dicke auf. Bild 5.7 gibt den Härteverlauf einer Blechwalze in Abhängigkeit vom Abstand von der Ballenoberfläche wieder. Der Walzenwerkstoff enthält 3,30 % C, 0,45 % Si, 0,25 % Mn, 0,20 % P und 0,08 % S.

Durch Zusatz von Legierungselementen wie Cr, Ni und Mo ergibt sich eine Verfeinerung des Perlits, der schließlich durch Martensit ersetzt wird. Das führt zu einer sehr hohen Härte und Verschleißfestigkeit des Hartgusses (bis 800 HV). Höhere Gehalte des Gefüges an Restaustenit sind jedoch wegen des eintretenden Härteabfalls zu vermeiden.

Mildhart- und *Indefinite-Chill-Guß* enthalten bereits in der Gußstückoberfläche die ersten Graphitpartikel. Dabei ist der Indefinite-Chill-Guß stets legiert, wobei die Legierungselemente Cr, Ni und Si genau aufeinander abgestimmt sein müssen. Beim *Halbhartguß* wird der Gußwerkstoff bei angehobenem Si-Gehalt in Kokillen gegossen, die mit Lehm ausgekleidet sind. Dadurch wird der Graphitanteil in der Arbeitsschicht gegenüber dem Mildhartguß weiter vergrößert. Er nimmt dann von der Oberfläche zum Kern hin allmählich zu, so daß die Härte ohne Steilabfall langsam abfällt.

5.5 Legiertes Gußeisen

Legierungselemente des Gußeisens können bei der Erstarrung und weiterer Abkühlung im Fe-Mischkristall auftreten, sich an der Carbidbildung beteiligen und in Form von anderen Verbindungen innerhalb des Gußgefüges vorhanden sein. Eine Löslichkeit im Graphit ist auszuschließen. Die Legierungselemente nehmen bei der Erstarrung der Gußlegierung und beim Austenitzerfall Einfluß auf die Gefügeausbildung, indem sie das stabile oder das metastabile Diagramm Fe-C begünstigen, und sie wirken auf die Ausdehnung der Zustandsfelder der γ- und α-Mischkristalle ein.

Aus der Gruppe der legierten Gußeisensorten sind die verschleißfesten Gußwerkstoffe, das hitzebeständige Gußeisen, die korrosionsbeständigen Gußeisenwerkstoffe und

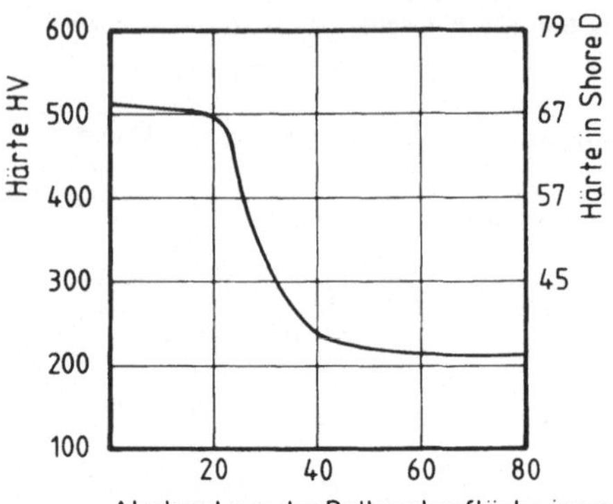

Bild 5.7 Härteverlauf von der Ballenoberfläche zum Kern einer Hartgußwalze mit perlitischem Grundgefüge (Blechwalze)

die Gußeisenwerkstoffe mit besonderen physikalischen Eigenschaften von besonderem technischen Interesse.

Verschleißfeste Gußeisenwerkstoffe basieren auf der Zusammensetzung und Gefügeausbildung des Hartgusses bzw. Schalenhartgusses. Dabei hat ein carbidisches Gußeisen mit martensitischer Grundmasse die höchste Härte und Verschleißfestigkeit. Seine Duktilität ist allerdings gering. Die Legierungselemente Ni, Cr und Mo bewirken bei abgestimmtem C- und Si-Gehalt ein martensitisch-carbidisches weißes Gefüge, das frei von Perlit und Restaustenit sein soll. Eine Legierung mit 3,0 % C, 1,8 % Si, 0,5 % Mn, 0,04 % S, 0,03 % P, 6,0 % Ni, 9,0 % Cr und 0,2 % Mo liefert eine Härte von 62 HRC als Sandguß und von 64 HRC als Kokillenguß.

Die Legierungselemente des *hitzebeständigen Gußeisens* bilden festhaftende, diffusionshemmende Schutzschichten. Es handelt sich dabei um die Elemente Cr, Al, Si und Ni. Bis zu einer Temperatur von etwa 450 °C ist unlegiertes Gußeisen einsetzbar. Bei höheren Temperaturen kommen hauptsächlich das Siliziumgußeisen mit 3 … 7 % Si, das Chromgußeisen mit 15 … 36 % Cr, das Al-legierte Gußeisen mit Al-Gehalten bis etwa 30 % und austenitische Gußeisenwerkstoffe zum Einsatz.

Hitzebeständiges Gußeisen muß beständig sein gegen eine Verzunderung und gegen Wachsen. Unter *Wachsen* ist die Neigung zu verstehen, beim Erhitzen auf höhere Temperaturen irreversible Volumenvergrößerungen durchzumachen. Das Wachsen kann verursacht werden durch einen Carbidzerfall, durch eine innere Oxidation oder durch das Auftreten feiner Risse, die infolge von Umwandlungsspannungen, von thermischen Spannungen und von äußeren Spannungen entstehen. Unlegiertes Gußeisen mit hohem Carbidanteil im Gefüge wächst am stärksten, wobei die Volumenvergrößerung unterhalb von $450\,^\circ$C unbedeutend ist. Bei höheren Temperaturen vermindern Carbidstabilisatoren das Wachstum. Dabei wirken sie zusammen mit den Elementen Si, Al und Ni auch der inneren Oxidation entgegen.

Als *korrosionsbeständige Gußeisenwerkstoffe* finden bevorzugt das Siliziumgußeisen, der Chromguß und das austenitische Gußeisen Verwendung. Bei einem C-Gehalt zwischen 0,4 % und 1,2 % weist das Siliziumgußeisen 14 ... 18 % Si auf. Es wird durch eine Silikathaut gegen Säuren geschützt, nicht aber gegen Alkalien und Flußsäure, welche die Schutzschicht zerstören. Das im Fe-Mischkristall gelöste Si verursacht eine beträchtliche Sprödigkeit der Gußstücke.

Chromguß enthält Cr-Gehalte zwischen 20 % und 26 %. Da Cr zu Carbiden abgebunden wird, muß der Cr-Gehalt dem C-Gehalt des Eisens angepaßt werden. Das Grundgefüge der Gußstücke ist ferritisch.

Das korrosionsbeständige austenitische Gußeisen weist eine vergleichsweise hohe Festigkeit und Zähigkeit auf. Seine Zusammensetzung kann weitgehend der Korrosionsbeanspruchung und den geforderten mechanischen und technologischen Eigenschaften angepaßt werden. Der C-Gehalt beläuft sich auf maximal 3,0 %, wobei es sich um Lamellen- oder Kugelgraphit handeln kann. Ein vielseitig einsetzbarer austenitischer Gußeisenwerkstoff enthält maximal 3,0 % C, 1,0 ... 3,0 % Si, 0,7 ... 1,5 % Mn, 18,0 ... ... 22,0 % Ni, maximal 0,5 % Cu, 1,7 ... ... 2,5 % Cr, maximal 0,08 % P und maximal 0,04 % S.

6 Metallkunde der Nichteisenmetalle

Bei den Nichteisenmetallen wird allgemein zwischen *Knetlegierungen* und *Gußlegierungen* unterschieden. Dabei umfaßt das Kneten die üblichen Verfahren der Warm- und Kaltumformung wie das Walzen, Schmieden, Strangpressen, Fließpressen oder Gleitziehen. Die werkstoffkundliche Beurteilung der Knetlegierungen erfolgt in erster Linie nach der Formänderungsfestigkeit und dem Formänderungsvermögen. Gußlegierungen werden nach ihrer Gießbarkeit beurteilt. Dieser komplexe Begriff umfaßt in erster Linie die Höhe der Schmelztemperatur, das Fließverhalten der Schmelze, das Ausmaß der Gasaufnahme, den Grad der Oxidation, das Ausmaß der Seigerung und das der Schwindung.

Die Benennung der unlegierten Metalle erfolgt nach dem Reinheitsgrad (Al 99,5). In der Kurzbezeichnung der NE-Legierungen werden den chemischen Symbolen der Legierungselemente deren Gehalte angefügt (CuNi12Zn24). Geringe Zusätze bleiben ohne Prozentangabe (CuZn31Si). Gewährleistete Festigkeitswerte werden durch ein F gekennzeichnet.

6.1 Kupfer und Kupferlegierungen

6.1.1 Reinkupfer und niedriglegiertes Kupfer

Kupfer erstarrt bei 1083 °C und bildet ein kubisch-flächenzentriertes Kristallgitter. Es erfährt keine Umwandlung im festen Zustand. Kupfer ist durch eine hohe Leitfähigkeit für den elektrischen Strom und für Wärme, eine gute Warm- und Kaltumformbarkeit und die Bildung einer Reihe technisch nutzbarer Legierungen ausgezeichnet. Weiterhin ist seine Korrosionsbeständigkeit von Bedeutung.

Die Einteilung und Kennzeichnung des Reinkupfers erfolgt nach dem allgemeinen Reinheitsgrad und nach dem Sauerstoffgehalt. In Bezug auf den Sauerstoffgehalt werden die hochleitfähigen sauerstoffhaltigen Kupfersorten (E-Cu), das hochleitfähige sauerstofffreie, nicht desoxidierte OF-Cu, die sauerstofffreien, mit Phosphor desoxidierten Sorten (SE-Cu, SW-Cu, SF-Cu) und Sonderqualitäten unterschieden. Sauerstoff liegt im Kupfer als Cu_2O vor. Die Gehalte betragen zwischen 0,005 % O und 0,04 % O. Ihr Einfluß auf die elektrische Leitfähigkeit des Kupfers ist wegen des Vorliegens in oxidischer Form gering. Unangenehm ist die Empfindlichkeit des sauerstoffhaltigen Kupfers gegenüber einer bei hohen Temperaturen einwirkenden H_2-haltigen Glüh-, Schweiß- oder Lötatmosphäre. Kupfer vermag große Mengen Wasserstoff aufzunehmen. Bei Anwesenheit von Kupfer(I)-Oxid Cu_2O kommt es unter Bildung des lösungs- und diffusionsunfähigen Wasserdampfes zur Reduktion des Cu_2O. Der sich auf den Korngrenzen und an Fehlstellen ausscheidende Wasserdampf steht unter einem hohen Druck und ist in der Lage, das Gefüge zu zerreißen. Es ist daher empfehlenswert, bei umfangreichen Löt- und Schweißarbeiten sauerstofffreies Kupfer einzusetzen.

Die *Desoxidation* des Kupfers mit einer Cu-P-Vorlegierung führt zu einer erheblichen Verminderung der elektrischen Leitfähigkeit, wenn nicht sehr niedrige Restgehalte an P eingehalten werden. Bild 3.103 gibt den beträchtlichen Einfluß von gelöstem P auf die elektrische Leitfähigkeit des Kupfers wieder.

Eine Reihe von technischen Anlagen benötigt für Leitungszwecke Werkstoffe mit hoher elektrischer Leitfähigkeit und gleichfalls hohen Werten für die Festigkeit. Das ist z. B. bei Cu-Werkstoffen für Fahrdrähte, Freileitungen, stromführende Federn und Elektro-

den von Widerstandsschweißanlagen der Fall. Eine Anhebung der Zahlenwerte für die Streckgrenze und die Zug- und Druckfestigkeit kann über eine Mischkristallhärtung, eine Verformungsverfestigung, eine Korngrenzenhärtung und eine Teilchenhärtung erreicht werden. In jedem Fall ergibt sich jedoch eine Verminderung der elektrischen Leitfähigkeit. Bezogen auf den erzielbaren Festigkeitsanstieg stellt sich bei der *Teilchenhärtung* die geringste Beeinträchtigung der elektrischen Leitfähigkeit des Kupfers ein. Besonders wirkungsvoll ist dabei die Ausscheidungshärtung. Aushärtbar sind die Cu-Be- die Cu-Zr-, die Cu-Cr- und die Cu-Ni-Si-Legierungen. Die mit fallender Temperatur abnehmende Löslichkeit des Cu für Be, Zr, Cr und die intermetallische Verbindung Ni_2Si führt nach einem Lösungsglühen und einer Abschreckbehandlung im Verlauf einer Warmauslagerung zu feinverteilten Ausscheidungen, die eine festigkeitssteigernde Behinderung der Versetzungsbewegung bewirken. Unter diesen aushärtbaren Cu-Legierungen nimmt die Cu-Cr-Legierung mit 0,5 ... 1,0 % Cr einen besonderen Platz ein. Sie bietet als Folge der Warmaushärtung ($1025\,^{\circ}C/H_2O/500\,^{\circ}C$) ein günstiges Verhältnis der Zahlenwerte von elektrischer Leitfähigkeit und Festigkeit und besitzt die für Elektrodenwerkstoffe erforderliche Warmhärte und Anlaßbeständigkeit. Im gezogenen und ausgehärteten Zustand ergeben sich Werte für die Zugfestigkeit um $R_m = 600\ N/mm^2$. Dabei erreicht die elektrische Leitfähigkeit immer noch Werte um $\kappa = 50 \cdot 10^6$ Siemens/m.
Kupfer zeigt sowohl bei der Warmumformung als auch bei der Kaltumformung ein *hohes Formänderungsvermögen*. Die bei der Kaltumformung eintretende Verfestigung wird durch die Fließkurve beschrieben. Dabei gibt die für ferritische Stähle gültige Potenzfunktion $k_f = a\,\varphi^n$ das Verfestigungsverhalten von Cu nur sehr unvollkommen wieder. In grober Annäherung kann der Verfestigungsexponent für mittlere Formänderungen zu n = 0,30 ermittelt werden, was auf

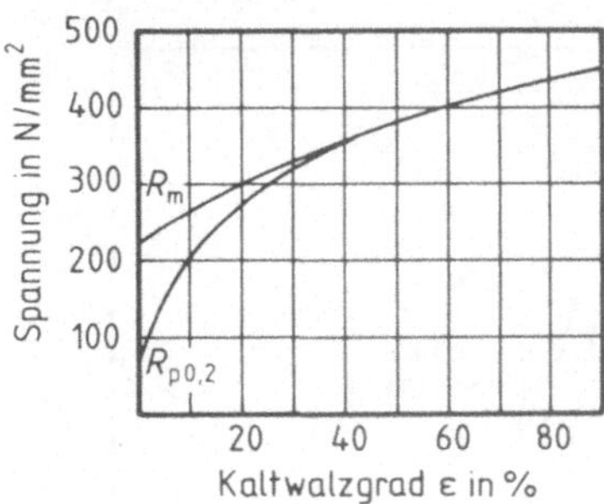

Bild 6.1 Einfluß einer Kaltumformung auf die Werte der 0,2-%-Dehngrenze und der Zugfestigkeit von SE-Kupfer

ein günstiges Werkstoffverhalten bei einer Streckziehumformung hindeutet. Bild 6.1 zeigt ersatzweise den verfestigenden Einfluß einer Kaltumformung auf die Werte der 0,2 %-Dehngrenze und der Zugfestigkeit von SE-Cu. Wie bei fast allen metallischen Werkstoffen fallen die Spannungswerte der 0,2 %-Dehngrenze bzw. der Streckgrenze und der Zugfestigkeit bei hinreichend hohen Formänderungen zusammen. Der Zahlenwert der senkrechten Anisotropie hängt von der Textur ab. Die für eine Umformung maßgebende Rekristallisationstextur ist eine Würfeltextur, bei der die Elementarzelle auf der Würfelfläche steht und eine Würfelkante in die Walzrichtung zeigt. Sie führt dazu, daß sich Cu-Bleche und -Bänder bei einem r_m-Wert um 1,0 weitgehend isotrop verhalten und somit zwar ein recht günstiges, aber kein überragendes Verhalten bei einer Tiefziehumformung aufweisen. Über das Rekristallisationsverhalten von SE-Cu gibt Bild 6.2 Auskunft. Hohe Formänderungen bedingen abgesenkte Glühtemperaturen.

6.1.2 Kupfer-Zink-Legierungen (Messinge)

Cu-Zn-Legierungen mit mehr als 50 % Cu führen die Bezeichnung Messing. Liegt der Cu-Gehalt über 72 %, so werden die Legierungen auch *Tombak* genannt. Cu-Zn-Legierungen zeigen ein hervorragendes Form-

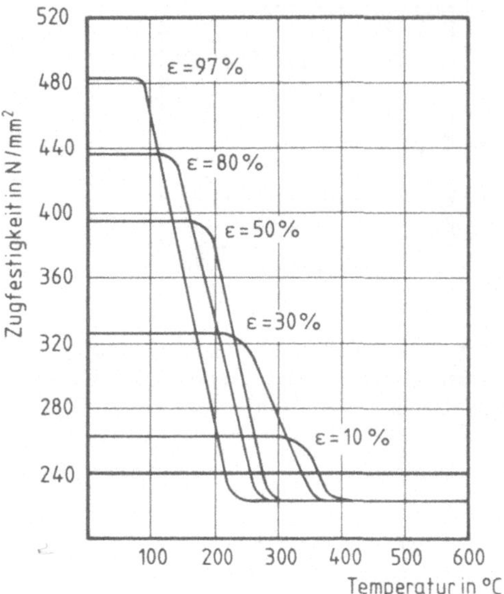

Bild 6.2 Rekristallisationsverhalten von SE-Kupfer in Abhängigkeit vom Formänderungsgrad ε

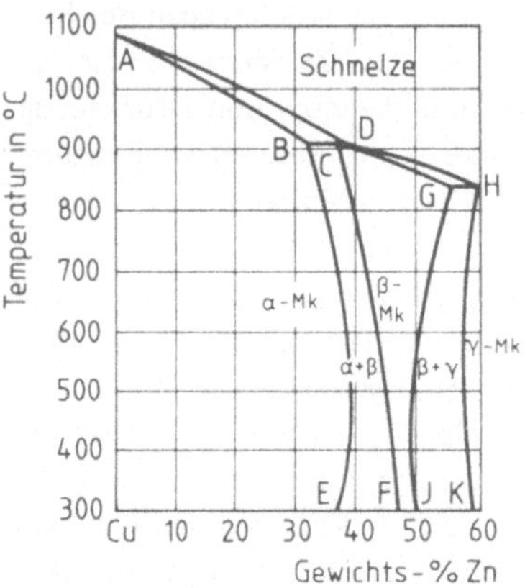

Bild 6.3 Cu-Seite des Zweistoffsystems Cu-Zn

änderungsvermögen, eine gute Zerspanbarkeit, bei der Herstellung von Sand-, Kokillen- und Druckguß ein befriedigendes Gießverhalten und eine gute Korrosionsbeständigkeit. Die Legierungen basieren auf dem Zweistoffsystem Cu-Zn, dessen Cu-reiche Seite von Bild 6.3 wiedergegeben wird. Das kubisch-flächenzentrierte Cu kann unter Bildung kubisch-flächenzentrierter α-Mischkristalle maximal 39 % des hexagonalen Zinks lösen. Darüber hinaus entsteht die kubisch-raumzentrierte β-Phase und bei Zn-Gehalten von über 50 % die spröde γ-Phase. Dementsprechend wird nach α-, (α+β)- und β-Messingen unterschieden.

Innerhalb des Konzentrationsbereiches der α-Mischkristalle nehmen die Zahlenwerte für die Streckgrenze, die Zugfestigkeit, die Formänderungsfestigkeit und die Härte als Folge der Mischkristallhärtung mit ansteigendem Zn-Gehalt zu. Bild 6.4 zeigt die Veränderung der Festigkeits- und Bruchdehnungswerte der Cu-Zn-Legierungen mit zunehmendem Zn-Gehalt. Die Zahlenwerte deuten zusammen mit den r_m- und n-Werten in Höhe von r_m = 1,0 ... 1,2 und n = 0,40 ... 0,50 auf ein

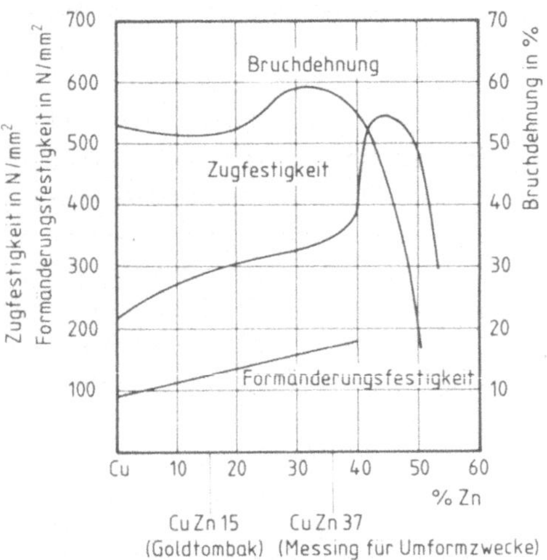

Bild 6.4 Zugfestigkeit, Formänderungsfestigkeit und Bruchdehnung von Cu-Zn-Legierungen in Abhängigkeit vom Zn-Gehalt

hohes Formänderungsvermögen hin. Dabei wird die Streckziehumformung besonders begünstigt.

Die Höhe der Rekristallisationstemperatur von Cu-Zn-Legierungen ist vom Grad der vorausgegangenen Umformung abhängig. Nach hohen Formänderungen beginnt die Primärrekristallisation bereits bei 220 °C und nach geringen Formänderungen bei 330 °C, so daß bei betrieblichen Glühungen Temperaturen um 450 °C zur Anwendung kommen.

Treten neben den α-Mischkristallen die β-Mischkristalle als zweite Phase auf, nimmt das Formänderungsvermögen der Cu-Zn-Legierungen ab. Dafür wird das Zerspanungsverhalten verbessert. Das ist besonders dann der Fall, wenn eine Pb-Zugabe das Messing zum *Automatenmessing* macht. So sind z. B. die $(\alpha+\beta)$-Legierungen CuZn39Pb2 und CuZn39Pb3 ausgesprochene Automatenlegierungen. Die Löslichkeit von Pb im Cu-Zn-Mischkristall ist gering, so daß Pb in feiner Verteilung im Mischkristallgefüge vorliegt.

Die Cu-Zn-Legierungen zählen allgemein zu den korrosionsbeständigen Legierungen. Dabei zeigen die Messinge mit homogenem α-Gefüge fast die gleiche Korrosionsbeständigkeit wie das reine Kupfer. Eine legierungstypische Korrosionsart des Messings ist die sog. *Entzinkung*. Das gemeinsam mit dem Zn-Anteil in Lösung gegangene Cu scheidet sich dabei sofort wieder an der korrodierten Stelle als zusammenhängende schwammartige Masse ab. In den heterogenen $(\alpha+\beta)$-Legierungen unterliegt bevorzugt der β-Mischkristall einer Entzinkung. Sie tritt besonders in sauren Lösungen auf und wird durch erhöhte Temperaturen begünstigt. Daneben zeigt das Messing eine besondere Empfindlichkeit gegen *Spannungsrißkorrosion*. Sie wird besonders durch Ammoniak und Ammoniakderivate in Gegenwart von Sauerstoff oder Feuchtigkeit ausgelöst. Wenn ein Messingwerkstoff unter Zugspannung steht, muß mit einer Spannungsrißkorrosion gerechnet werden.

Ein Zusatz weiterer Elemente zu den Cu-Zn-Legierungen führt zu den sog. Sondermessingen. Die Elemente verschieben die Phasengrenzen des binären Systems Cu-Zn, oder sie bilden intermetallische Verbindungen. Es handelt sich dabei hauptsächlich um die Elemente Al, Si, Sn, Pb, Fe, Mn, Ni, Co und As. Ihre spezifischen Wirkungen beruhen auf einer Mischkristallhärtung, einer Kornverfeinerung, einer Verbesserung der Korrosionsbeständigkeit, einer Einschränkung der Entzinkung, einer Verbesserung der Gleiteigen-schaften als Folge der Bildung neuer Kristallarten oder einer Verbesserung der Bearbeitbarkeit.

6.1.3 Kupfer-Zinn-Legierungen (Zinnbronzen)

Cu-Sn-Legierungen sind als Zinnbronzen nur bis zu einem Sn-Gehalt von 20 % von technischer Bedeutung. Sie finden als Knetwerkstoffe mit Sn-Gehalten zwischen 1 % und 10 % und als Gußwerkstoffe mit Sn-Gehalten bis 20 % Verwendung.

Bild 6.5 gibt das Zweistoffsystem Cu-Sn wieder, dessen Gleichgewichtszustände sich wegen der geringen Diffusionsgeschwindigkeit des Sn im Cu nur sehr langsam einstellen. Das verhältnismäßig breite Erstarrungsintervall zwischen der Liquidus- und Soliduslinie begünstigt wegen der erschwerten Diffusion das Auftreten von starken *Kristallseigerungen*, so daß Zinnbronzen im Gußzustand inhomogene Zonenkristalle aufweisen. Eine gewisse Homogenisierung des Gefüges läßt sich erst durch eine langzeitige Diffusionsglühung bei Temperaturen über 550 $^{\circ}$C erreichen.

Die gemäß Zustandsschaubild abnehmende Löslichkeit der kubisch-flächenzentrierten α-Mischkristalle unterhalb von 520 $^{\circ}$C wirkt

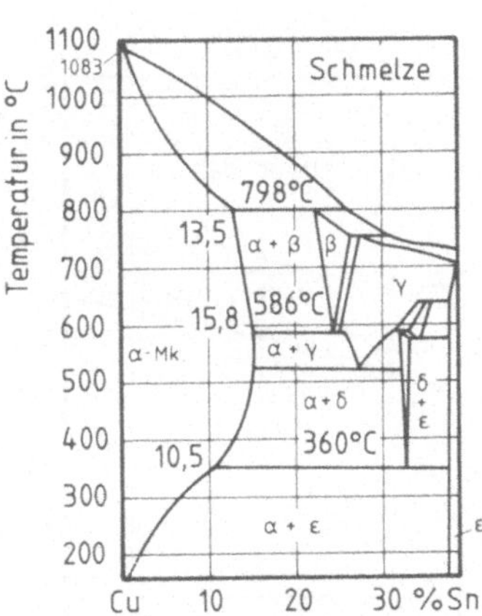

Bild 6.5 Zustandsdiagramm Cu-Sn (Cu-Seite) (Einstellung der Gleichgewichte erst nach sehr langen Zeiten)

sich wegen der Nichteinstellung des Gleichgewichtszustandes nicht aus, so daß in der Regel die Cu-Sn-Legierungen mit 10 % Sn noch aus homogenen α-Mischkristallen bestehen. Das spiegelt sich auch in der Abhängigkeit der mechanischen Eigenschaften der Cu-Sn-Legierungen vom Sn-Gehalt wieder (Bild 6.6). Aus den hohen Werten für die Bruchdehnung kann abgeleitet werden, daß die Cu-Sn-Knetlegierungen ein *hohes Formänderungsvermögen* bei der Kaltumformung zeigen werden. Voraussetzung ist, daß die Cu-Sn-Kristalle eine gleichmäßige Zusammensetzung besitzen und die als Folge der Seigerungsvorgänge aufgetretenen harten δ-Kristalle im Verlauf einer Homogenisierungsglühung aufgelöst wurden.

Bei den Cu-Sn-Gußlegierungen, die bis zu 20 % Sn enthalten, ist die harte δ-Phase am Gefügeaufbau beteiligt, so daß höher legierte Sn-Bronzen als Lagerwerkstoffe und Verschleißteile Verwendung finden. Der Sn-Gehalt beträgt in der Regel 12 ... 14 %. Ein Pb-Zusatz verbessert die Bearbeitbarkeit und verschafft dem Lagerwerkstoff gewisse Notlaufeigenschaften.

Sn-Bronzen sind korrosionsbeständige Werkstoffe. Sie sind z. B. beständig gegen Wasserdampf, Meerwasser, bestimmte Salzlösungen und Säuren. Sie sind weitgehend unempfindlich gegen Lochfraß und Spannungsrißkorrosion.

Die Cu-Sn-Gußlegierungen werden ergänzt durch die Cu-Sn-Zn-Legierungen, die als *Rotguß* bezeichnet werden. Sie sind seewasserbeständig und zeigen gute Gleiteigenschaften. Sie werden in erster Linie für Armaturen, Stütz- und Lagerschalen, Pumpengehäuse und Schiffswellenmäntel eingesetzt. So ist die Schleudergußlegierung GZ-CuSn7ZnPb ein vielseitiger Lagerwerkstoff für den Maschinenbau.

6.1.4 Kupfer-Aluminium-Legierungen (Aluminiumbronzen)

Das Zustandsschaubild Cu-Al zeigt bei Raumtemperatur bis zu einem Al-Gehalt von 9,4 % homogene α-Mischkristalle. Wegen Nichteinstellung des Gleichgewichtes bei der Abkühlung ergeben sich jedoch bereits bei Al-Gehalten von 8,0 % Al-Bronzen mit heterogenem Gefügeaufbau. Die entstehenden zweiphasigen Legierungen weisen ein erheblich vermindertes Formänderungsvermögen auf. Sie sind daher für Kaltumformzwecke wenig geeignet. Mehrstoff-Aluminiumbronzen enthalten in erster Linie zusätzlich die Elemente Fe, Ni, Mn oder Si.

Die Cu-Al-Legierungen gehören zu den korrosionsbeständigen Werkstoffen. Auf ihrer Oberfläche bildet sich eine Deckschicht aus Aluminiumoxid Al_2O_3, die einen weitgehenden Schutz gegen Meerwasser, Salzlösungen, Säuren und S-haltigen Rohölen bietet. Sie werden daher im Pumpen-, Turbinen- und Schiffbau, sowie in der chemischen Industrie und in Beizereien eingesetzt. Lieferformen sind Bänder, Stangen, Rohre, Drähte, Profile und Schleuderguß.

6.1.5 Kupfer-Nickel-Legierungen

Den Cu-Ni-Legierungen liegt das Zweistoffsystem Cu-Ni mit unbegrenzter Mischkristallbildung zu Grunde. Über den gesamten Zusammensetzungsbereich hinweg sind homogene kubisch-flächenzentrierte *Substitu-*

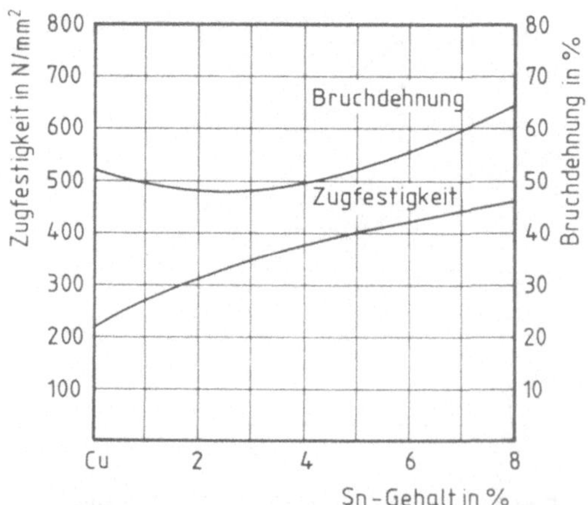

Bild 6.6 Zugfestigkeit und Bruchdehnung von Cu-Sn-Legierungen in Abhängigkeit vom Sn-Gehalt

tionsmischkristalle vorhanden. Dabei ist jedoch zu beachten, daß der diffusionsabhängige Konzentrationsausgleich bei der Erstarrung nur unvollkommen stattfindet, so daß seigerungsbedingte Zonenkristalle entstehen. Ein Konzentrationsausgleich kann nachträglich nur im Verlauf der Warmumformung und während Langzeit-Glühbehandlungen dicht unterhalb der Soliduslinie erreicht werden.

Infolge der Mischkristallhärtung steigen die Zahlenwerte für die 0,2 %-Dehngrenze, die Zugfestigkeit, die Formänderungsfestigkeit und die Härte mit zunehmendem Ni-Gehalt an und streben einem Maximum zu, das oberhalb von 50 % Ni liegt. Dabei nimmt die Bruchdehnung nur mäßig ab. Bild 6.7 gibt den Einfluß des Ni-Gehaltes auf die mechanischen Eigenschaften von Cu-Ni-Legierungen wieder. Es verdeutlicht die *gute Kaltumformbarkeit* der Cu-Ni-Legierungen. Sie lassen sich durch Stangen-, Rohr- und Drahtziehen, sowie durch Kaltwalzen oder Kaltpilgern mit hohen Querschnittsabnahmen umformen. So werden z. B. Kaltbänder aus CuNi25 in vielen Ländern für die Münzfertigung eingesetzt. Die Rekristallisationstemperatur hängt einmal von der chemischen Zusammensetzung der Legierung und vom Umformgrad ab, zum andern von den gewünschten Eigenschaftswerten und von der verlangten Korngröße. Ni verschiebt die Rekristallisationstemperatur des Cu zu höheren Temperaturen, so daß diese zwischen 500 °C und 950 °C liegen. Wie alle Cu-Legierungen erfahren die Cu-Ni-Legierungen keine merkliche Versprödung. Es handelt sich also stets um Tieftemperaturwerkstoffe.

Der geringe spezifische Widerstand der reinen Metalle Cu und Ni wird als Folge der Mischkristallbildung so stark angehoben, daß die Cu-Ni-Legierungen gemäß Bild 6.8 im mittleren Konzentrationsbereich als *Widerstandslegierungen* einsetzbar sind. Zudem verändert sich der Temperaturbeiwert des elektrischen Widerstandes über den Legierungsbereich so, daß er bei einem Ni-Gehalt von etwa 45 % mit vernachlässigbar kleinen Wer-

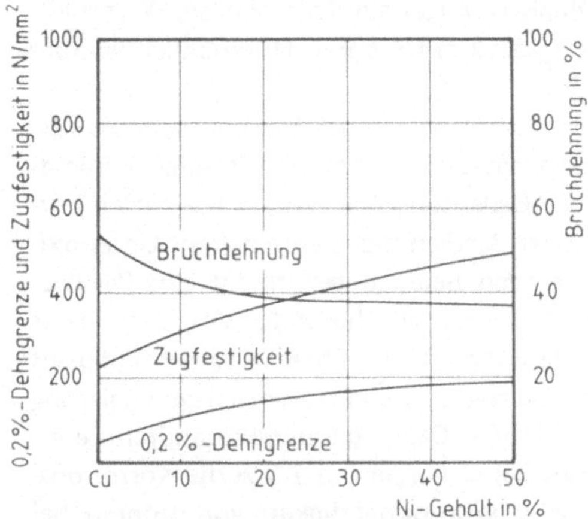

Bild 6.7 Mechanische Eigenschaften von Cu-Ni-Legierungen in Abhängigkeit vom Ni-Gehalt

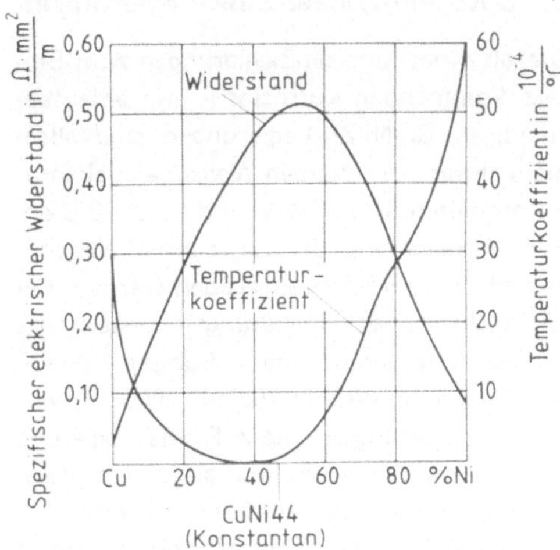

Bild 6.8 Elektrischer Widerstand und Temperaturkoeffizient des Widerstandes von Cu-Ni-Legierungen bei 0 °C

ten zwischen Raumtemperatur und 200 °C ein Minimum zeigt. Dementsprechend ist die Legierung CuNi44 als Widerstandsdraht und Thermoelementdraht für Präzisionswiderstände und für die Minusschenkel von Thermopaaren weitverbreitet in der Anwendung (Konstantan). Parallel zur elektrischen Leitfähigkeit wird natürlich auch die Wärmeleitfähigkeit des Cu durch Ni erheblich vermindert.

Die Cu-Ni-Legierungen besitzen auch als korrosionsbeständige Werkstoffe eine beträchtliche Bedeutung. Sie werden von vielen korrosiven Medien nicht angegriffen. Unter oxidierenden Bedingungen findet eine Passivierung der Oberfläche statt. Von besonderer Bedeutung ist die Meerwasserbeständigkeit der Cu-Ni-Legierungen, speziell der Legierung CuNi10Fe. Der Legierungsbestandteil Fe erhöht bei Gehalten um 1,0 % die Korrosions- und Erosionsbeständigkeit von Rohren bei schnellströmendem Meerwasser und verbessert die Warmfestigkeit. Cu-Ni-Legierungen sind weitgehend beständig gegen Lochfraß und Spannungsrißkorrosion.

6.1.6 Kupfer-Nickel-Zink-Legierungen

Die als Knet- und Gußlegierungen zum Einsatz kommenden korrosions- und anlaufbeständigen Cu-Ni-Zn-Legierungen sind allgemein unter dem Namen *Neusilber* bekannt. Sie enthalten 8 ... 26 % Ni und 12 ... 42 % Zn. Zur Verbesserung der Zerspanbarkeit können bis zu 2,5 % Pb zugegeben werden. Bei der Mehrzahl der Legierungen besteht das Gefüge aus homogenen kubisch-flächenzentrierten α-Mischkristallen. Die Zn-reicheren Legierungen, wie z. B. die Legierung CuNi10Zn42Pb, enthalten außerdem noch Anteile eines kubisch-raumzentrierten β-Mischkristalles. Die Kaltumformbarkeit wird dadurch beeinträchtigt.

Die Neusilber-Legierungen zeigen eine silberweiße Farbe, die bei höheren Cu-Gehalten gelblich und mit zunehmendem Ni-Gehalt leicht grünlich wird. Sie sind gegen atmosphärische Einflüsse, gegen Salzlösungen und organische Verbindungen weitgehend beständig und werden daher zu Bestecken, Tafelgeschirr, Gaststätteneinrichtungen, Reißzeugen, Uhrengehäusen, Brillenfassungen und dgl. verarbeitet. Außerdem werden Kontaktfedern aus Cu-Ni-Zn-Bändern gefertigt.

6.2 Nickel und Nickellegierungen

6.2.1 Reinnickel

Die technische Bedeutung des Nickels ergibt sich auf Grund seiner mechanischen, technologischen und physikalischen Eigenschaften, seines Formänderungsvermögens, seiner Korrosionsbeständigkeit und seiner Einflußnahme auf die Eigenschaften anderer metallischer Werkstoffe.

Das *ferromagnetische Nickel* besitzt bis zu seinem Schmelzpunkt bei 1453 °C ein kubisch-flächenzentriertes Kristallgitter. Der Atomradius beträgt $r_{Ni} = 1{,}25 \cdot 10^{-8}$ cm. Er bietet die Voraussetzung für die Bildung von lückenlosen Mischkristallreihen mit den Elementen

$$Cu\ (r_{Cu} = 1{,}28 \cdot 10^{-8}\ cm),$$
$$Co\ (r_{Co} = 1{,}25 \cdot 10^{-8}\ cm),$$
$$Fe\ (r_{Fe} = 1{,}24 \cdot 10^{-8}\ cm)\ und$$
$$Mn\ (r_{Mn} = 1{,}30 \cdot 10^{-8}\ cm).$$

Die Curietemperatur des Nickels liegt bei 363 °C, sie wird durch Verunreinigungen merklich beeinflußt.

Je nach Korngröße zeigt Reinnickel Werte für die 0,2 %-Dehngrenze von 100 ... ... 200 N/mm^2, für die Zugfestigkeit von 380 ... 500 N/mm^2 und für die Bruchdehnung von 40 ... 55 %. Der E-Modul beläuft sich bei Raumtemperatur auf 210 000 N/mm^2. Die mechanischen Eigenschaften weisen auf ein gutes Formänderungsvermögen hin. Die als Folge einer Kaltumformung auftretende Verfestigung entspricht der des Cu und ist größer als die des Weicheisens und des Rein-Al. Die Rekristallisationstemperatur hartgewalzten Nickels liegt bei 700 °C. Höhere Temperaturen und lange Glühzeiten führen zu einer Kornvergröberung. Verunreinigungen erhöhen durchweg die Rekristallisationstemperatur.

Auf Grund der Bildung von *Schutzschichten* ist Nickel gegen atmosphärische Einflüsse, gegen Meerwasser, nichtoxidierende kalte Säuren, alkalische Lösungen und Ätzalkalischmelzen beständig. S-haltige Gase führen bei hohen Temperaturen infolge des sich bildenden niedrigschmelzenden Eutektikums im System Ni-NiS (Bild 3.38) zu einer interkristallinen Werkstoffschädigung, die bei der Einwirkung reduzierender Gase größer ist als bei der Einwirkung oxidierender Gase.

Ni vermag beim Schmelzen, Schweißen und Glühen beträchtliche Mengen an Sauerstoff und Wasserstoff aufzunehmen. Dabei beeinträchtigt der oberhalb von 900 °C als Oxid NiO auf den Korngrenzen auftretende Sauerstoff das Formänderungsvermögen bei der Kaltumformung, und der gelöste Wasserstoff kann bei der Abkühlung aus dem schmelzflüssigen Zustand zu einer Blasen- und Porenbildung führen.

6.2.2 Nickel-Kupfer-Legierungen

Nickel und Kupfer bilden kubisch-flächenzentrierte Substitutionsmischkristalle. Dabei führt die Abkühlung aus dem Temperaturgebiet der Schmelze in der Regel nicht zu den durch das Zustandsdiagramm vorgegebenen Gleichgewichtskonzentrationen, sondern es bilden sich hinsichtlich der Zusammensetzung inhomogene Zonen- oder Schichtkristalle aus. Durch diffusionsfördernde Wärm- und Glühbehandlungen kann nachträglich ein hinreichender Konzentrationsausgleich herbeigeführt werden.

Die technisch wichtigste Ni-Cu-Legierung der Bezeichnung NiCu30Fe enthält 63...70 % Ni + Co, maximal 1,25 % Mn, 1,0...2,5 % Fe und 28...34 % Cu. Der Mn-Zusatz verbessert die mechanischen Eigenschaften und die Schweißbarkeit, der Fe-Zusatz hebt in erster Linie die Rekristallisationstemperatur an und verbessert die Korrosionsbeständigkeit. Die Zahlenwerte der Zugfestigkeit liegen im weichen Zustand zwischen 450 N/mm^2 und 600 N/mm^2, die der 0,2 %-Dehngrenze zwischen 150 N/mm^2 und 280 N/mm^2 und die der Bruchdehnung zwischen 30 % und 50 %. Sie zeigen an, daß sich die Legierung gut umformen läßt. Bänder und Bleche können mit gutem Ergebnis einer *Streck-* bzw. *Tiefziehumformung* unterzogen werden. Auf Grund der Bildung des niedrig schmelzenden *Ni-*

NiS-Eutektikums führen bereits geringe S-Gehalte zu einer merklichen Beeinträchtigung der Warm- und Kaltumformbarkeit.

Hinsichtlich der chemischen Zusammensetzung abgewandelte Legierungen sind der aushärtbare Werkstoff NiCu30Al mit 2,0... ...4,0 % Al und die Automatenqualitäten NiCu30S und NiCu30C. Ni-Cu-Gußlegierungen wird bis zu 4 % Silizium zugegeben, um das Gießverhalten hinsichtlich Dichtigkeit des Gußstückes und Formfüllungsvermögen zu verbessern.

Die Ni-Cu-Legierungen sind durch eine *hohe Korrosionsbeständigkeit* ausgezeichnet. Das gilt besonders bei der Einwirkung von Leitungswasser, Seewasser, alkalischen und neutralen Salzlösungen, nicht stark oxidierend wirkenden Säuren und trockenen Gasen, so daß sie in Kraft- und Reaktoranlagen, im Schiffbau, in der chemischen Industrie, in der Textilindustrie und in Beizereien zum Einsatz kommen.

Die Ni-Cu-Legierungen sind unter den Handelsnamen MONEL (INCO, Wiggin), SILVERIN (Vereinigte Deutsche Nickelwerke AG) und NICORROS (VDM) bekannt.

6.2.3 Nickel-Chrom-Eisen-Legierungen

Die unter dem Handelsnamen INCONEL 600 (Wiggin) bekannte Ni-Cr-Fe-Legierung mit 76 % Ni, 15,5 % Cr und 7,5 % Fe bietet eine *herausragende Korrosionsbeständigkeit* gegenüber vielen Medien der chemischen Industrie. Die Zahlenwerte der mechanischen Eigenschaften mit Werten für die 0,2 %-Dehngrenze um 240 N/mm^2, für die Zugfestigkeit um 650 N/mm^2 und für die Bruchdehnung um 40 % im rekristallisierten Zustand weisen auf ein gutes Formänderungsverhalten hin. Bei der Verarbeitung und beim Werkstoffeinsatz ist die geringe Wärmeleitfähigkeit zu beachten. Der Cr-Gehalt der Legierung deutet darauf hin, daß sie auch als hitzebeständiger und warmfester Konstruktionswerkstoff in S-armer Atmosphäre verwendet werden kann.

Bei limitierten Gehalten an Fe und anderen Elementen zeigt die unter dem Handelsnamen CORRONEL 230 erzeugte Ni-Cr-Legierung der Fa. Wiggin mit 35 ... 37 % Cr eine hohe Beständigkeit gegenüber Salpetersäure und Salpetersäure-Flußsäure-Mischungen. Sie dient daher u. a. als Konstruktionswerkstoff in Beizanlagen für legierte Stähle.

6.2.4 Nickel-Molybdän-Legierungen

Ni-Mo-, Ni-Mo-Cr- und Ni-Mo-Cr-Fe-Legierungen werden unter verschiedenen Handelsnamen erzeugt und vertrieben, u. a. unter den Handelsnamen HASTELLOY (Cabot Corporation) und CORRONEL 220 (Wiggin). Als günstige Zusammensetzung hat sich zunächst die mit 66 % Ni, 28 % Mo und maximal 6 % Fe erwiesen. Dabei kann der Legierung zusätzlich noch etwas V zugesetzt werden. Diese Ni-Mo-Legierung ist weitgehend beständig gegen Chlorwasserstoffsäure, Schwefelsäure, Phosphorsäure und organische Säuren. Die mechanischen Eigenschaften mit Zahlenwerten für die 0,2 %-Dehngrenze um 450 N/mm^2, für die Zugfestigkeit um 1000 N/mm^2 und für die Bruchdehnung um 50 % weisen auf ein hohes Formänderungsvermögen bei erhöhter Formänderungsfestigkeit hin.

Eine verbesserte Beständigkeit der Ni-Mo-Legierungen gegen oxidierende Medien ergibt sich, wenn ein Teil des Mo-Gehaltes durch das Element Cr ersetzt wird. Die Ni-Mo-Cr-Legierung setzt sich dann aus 16 % Mo, 16 % Cr und Nickel zusammen, wobei der Fe-Gehalt unter 5 % betragen sollte. Sie bietet eine hervorragende Beständigkeit gegenüber Salpetersäure und Mischungen oxidierender Säuren.

Eine kostengünstige Legierung enthält einen vergrößerten Fe-Anteil und weist dadurch eine etwas verminderte Beständigkeit auf. Ihre Zusammensetzung beläuft sich auf 6 % Mo, 22 % Cr, 22 % Fe, 2 % Nb/Ta und Nickel. Sie stellt die Verbindung zu den austenitischen nichtrostenden Stählen her. Die Legierungen auf Ni-Mo-, Ni-Mo-Cr- und Ni-Mo-Cr-Fe-Basis besitzen ein ku-

bisch-flächenzentriertes Kristallgitter und somit Eigenschaften, die mit denen der austenitischen Cr-Ni-Stähle vergleichbar sind. Es sind zähe Werkstoffe, die sich im Verlauf einer Kaltumformung stark verfestigen, eine geringe Wärmeleitfähigkeit zeigen und eine starke Wärmeausdehnung erfahren. Die Wärmebehandlung der Legierungen besteht aus einem Lösungsglühen im Temperaturbereich zwischen 1150 °C und 1230 °C mit nachfolgender beschleunigter Abkühlung.

6.2.5 Hochwarmfeste Nickellegierungen (Superlegierungen)

Hochwarmfeste Nickellegierungen finden als Werkstoffe für Flugtriebwerke, Gasturbinen, Reaktorteile und Konstruktionsteile im Ofenbau Verwendung. Dabei handelt es sich um Bauteile, die bei hohen Temperaturen hohen mechanischen Beanspruchungen ausgesetzt sind. Die Legierungsgrenzen der hochwarmfesten Ni-Legierungen liegen bei ca. 20 % Co, 20 % Cr, 10 % Fe, 8 % Al, 10 % Mo, 2 % Nb, 3 % Ta, 5 % Ti, 1 % V, 12 % W, 0,6 % Zr, 0,2 % B und 0,25 % C. Die Anhebung der *Kriechfestigkeit* erfolgt über die Ausscheidung der intermetallischen γ'-Phase Ni$_3$(Ti, Al). Die Phase Ni$_3$Al scheidet sich kohärent aus der übersättigten Lösung aus. Neben Al und Ti können die Elemente Nb, Ta und V in ihr vertreten sein. Zunehmende Gehalte an Elementen, welche die kubisch-flächenzentrierte γ'-Phase bilden, sind gleichbedeutend mit zunehmender Warmfestigkeit. Bild 6.9 gibt schematisch das binäre System Ni-γ'-Elemente wieder. Die Wärmebehandlung setzt sich aus dem Lösungsglühen, der beschleunigten Abkühlung und der Warmauslagerung zusammen (1100 ... 1150 °C/ Wasser o. Luft + 700 ... 850 °C/Luft). Dabei führt die Auslagerung zu feinen γ'-*Ausscheidungen* (d $\approx$ 300 · 10^{-8} cm) aus dem übersättigten Mischkristall. Sie bewirken eine deutliche Anhebung der Zeitstandfestigkeit der Legierungen. Demzufolge können hochwarmfeste Ni-Superlegierungen kurzzeitig bis zu Temperaturen um 1200 °C eingesetzt

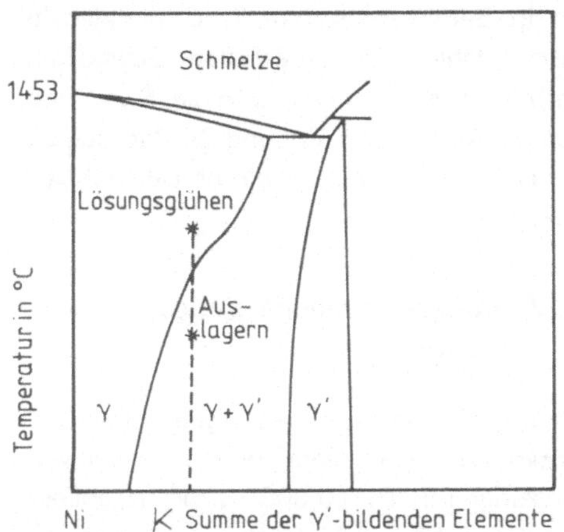

Bild 6.9 Schematische Darstellung des Systems Ni-γ'-Elemente und der Wärmebehandlungstemperaturen von hochwarmfesten Ni-Legierungen (Elemente, welche die γ'-Phase bilden: Al, Ti, Nb, Ta, V)

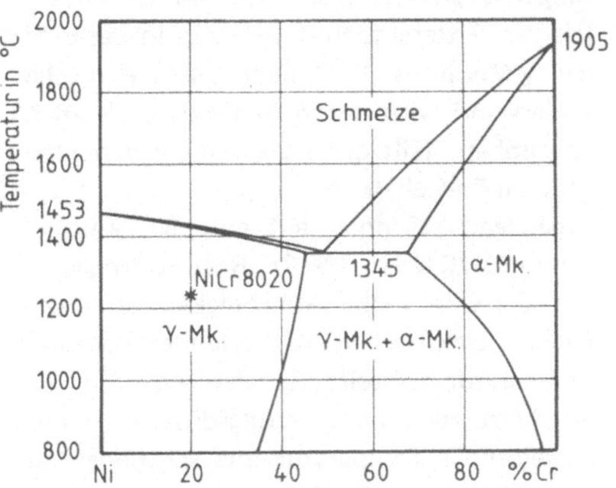

Bild 6.10 Zweistoffsystem Ni-Cr mit Cr-Ni-Heizleiterlegierung NiCr 8020 (Zulässige Höchsttemperatur im Dauerbetrieb 120 °C)

werden. Die Korrosionsbeständigkeit kann durch Cr- oder Al-Diffusionsschichten verbessert werden.

6.2.6 Ni-Cr- und Ni-Cr-Fe-Heizleiterlegierungen

Die Legierungen des Ni mit Cr bzw. mit Cr und Fe gehören zur Werkstoffgruppe der Heizleiter, die außerdem noch Legierungen auf der Basis Fe-Cr-Al und Ni-Fe umfaßt. Weiterhin finden die hochschmelzenden Metalle W, Mo, Ta und Pt, sowie keramische Stoffe, wie das Siliziumcarbid SiC, als Heizleiterwerkstoffe Verwendung. Von Heizleitern wird allgemein gefordert, daß sie einen hinreichend hohen Schmelzpunkt, eine hohe chemische Beständigkeit bei hohen Temperaturen, eine ausreichende Warmfestigkeit, einen hohen spezifischen elektrischen Widerstand bei einem kleinen Temperaturkoeffizienten des Widerstandes und eine hohe Gefügestabilität zeigen.

Den Heizleiterlegierungen auf Ni-Cr-Basis liegt das Zweistoffsystem Ni-Cr zugrunde. Bild 6.10 weist aus, daß das System eine Mischungslücke im festen Zustand besitzt.

Dabei stellen sich die Gleichgewichte im Temperaturbereich unterhalb von 1000 °C nur sehr träge ein. Für Ni-Cr-Heizleiter kommen nur Legierungen in Betracht, die im Beständigkeitsbereich der kubisch-flächenzentrierten γ-Mischkristalle liegen. Legierungen im α- und (α+β)-Gebiet haben wegen ihres geringen Formänderungsvermögens keine besondere Bedeutung. Innerhalb des Bereiches der γ-Mischkristalle steigt der spezifische Widerstand mit zunehmendem Cr-Gehalt an. Die wichtigste Heizleiterlegierung auf Ni-Cr-Basis enthält 80 % Ni und 20 % Cr. Sie besitzt hohe Werte der Warmfestigkeit, der Zeitstandfestigkeit und der Zeitdehngrenze und eine weitgehende Temperaturkonstanz des spezifischen elektrischen Widerstandes zwischen Raumtemperatur und der höchstzulässigen Heizleitertemperatur von 1250 °C. Ein Si-Zusatz hebt die Zunderbeständigkeit, vermindert aber das Formänderungsvermögen der Ni-Cr-Legierung.

Für den Gefügeaufbau der Ni-Cr-Fe-Heizleiterlegierungen ist das Dreistoffsystem Ni-Cr-Fe maßgebend. Bild 6.11 gibt das Zustandsdiagramm für Raumtemperatur wieder. Die zur Anwendung kommenden Legierungen zeigen ebenfalls einen kubisch-flächenzentrierten Gitteraufbau, fallen also in das Feld der γ-Mischkristalle hinein. Der elektrische Widerstand wird durch Fe-Gehalte bis 20 % angehoben, fällt dann aber mit weiter steigendem Fe-Gehalt ab.

Ergänzend sei noch auf eine Ni-Fe-Legierung mit 70 % Ni, 1 % Cr, Rest Fe hingewiesen, die eine starke Abhängigkeit des spezifischen elektrischen Widerstandes von der Temperatur aufweist. Ein derartiger Heizleiter führt zu einer Leistungsdrosselung mit ansteigender Temperatur und vermindert so die Gefahr einer Überhitzung.

Auf die Lebensdauer von Ni-Cr-, Ni-Cr-Fe- und Ni-Fe-Heizleitern hat die Ofenatmosphäre, die mit den Heizleitern in Verbindung steht, einen erheblichen Einfluß. Dabei wirkt sich wieder eine S-haltige reduzierende Atmosphäre besonders nachteilig aus. In Cr-haltigen Legierungen führt eine aufkohlende Atmosphäre zu einer Cr-carbidbildung und Cr-Verarmung der Legierung. Weiterhin können feuerfeste Baustoffe zu einer Metallverschlackung führen, wenn sie mit den Heizleitern in Berührung stehen. Ni-Cr-Werkstoffe sollten daher mit feuerfesten Baustoffen kombiniert werden, die arm an SiO_2 und reich an Al_2O_3 sind. Pb- und Zn-Rückstände können ebenfalls die oxidische Deckschicht schädigen.

6.2.7 Ni-haltige magnetische Legierungen

Nickel gehört zu den ferromagnetischen Elementen. Als reines Metall wird es jedoch wegen seiner mit B_s = 0,608 Vs/m² gegenüber dem Eisen (B_s = 2,16 Vs/m²) erheblich geringeren Sättigungsflußdichte, seiner mit 363 °C vergleichsweise niedrigen Curie-Temperatur, seines verhältnismäßig geringen spezifischen elektrischen Widerstandes und des recht hohen Preises kaum für magnetische Zwecke eingesetzt. Auf Grund des kubisch-flächenzentrierten Kristallgitters ist die Raumdiagonale $\langle 1\,1\,1 \rangle$ die magnetische Vorzugsrichtung des Ni-Einkristalles, und die Würfelkante $\langle 1\,0\,0 \rangle$ ist die Richtung der schwersten Magnetisierbarkeit. Als Legierungselement kommt dem Nickel in magnetischen Werkstoffen jedoch eine große Bedeutung zu.

Von den Ni-Fe-Legierungen sind die umwandlungsfreien mit mehr als 30 % Ni die wichtigsten. Von ihnen zeigen die Legierungen mit 70 ... 80 % Ni außergewöhnlich hohe Permeabilitätswerte. Das gilt sowohl für die Werte der Anfangspermeabilität als auch für die der Maximalpermeabilität. Dabei wird die Legierung mit 78,5 % Ni, die gemäß Bild 6.12 den Hochstwert der Anfangspermeabilität bietet, als *Permalloy* oder speziell als 78-Permalloy bezeichnet. Als magnetisch besonders weiche Stoffe besitzen die hochpermeablen Legierungen eine geringe Koerzitivfeldstärke und damit geringe Hystereseverluste. Nach der Kaltbandwalzung sorgt eine zweistufige Wärmebehandlung (950 °C/Ofen + 600 °C/beschleunigte Abkühlung) dafür, daß die Voraussetzungen für eine leichte Blochwandbewegung geschaffen werden. Zusätze von Cr, Cu und Mo können die Eigen-

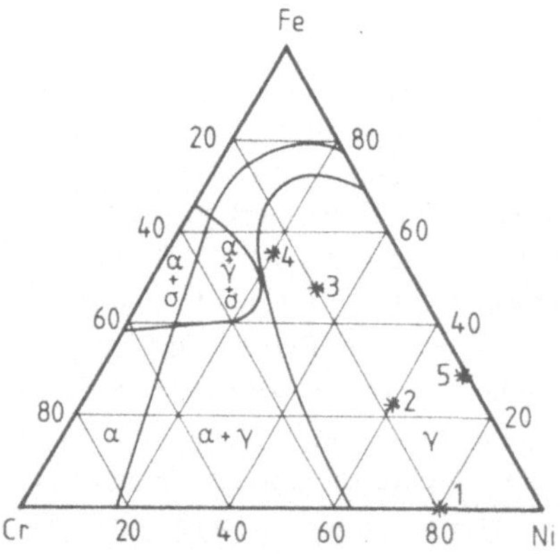

Bild 6.11 Dreistoffsystem Ni-Cr-Fe nach Gleichgewichtsabkühlung mit Heizleiterlegierungen

	Legierung	% Ni	% Cr	% Fe
(1)	NiCr8020	80	20	–
(2)	NiCr6015	60	18	22
(3)	NiCr3020	33	20	47
(4)	CrNi2520	20	25	55
(5)		70	1	29

schaften der hochpermeablen Ni-Fe-Legierungen weiter verbessern (z.B. Permalloy C, Mumetall).

Der Zahlenwert der Sättigungsflußdichte der Legierung mit 78 % Ni liegt verhältnismäßig niedrig. Gemäß Bild 6.13 weisen die Legierungen mit Ni-Gehalten zwischen 45 % und 50 % merklich höhere Zahlenwerte der Sättigungsflußdichte auf. Eine entkohlende Glühung in H_2 führt zu niedrigen Werten der

Koerzitivfeldstärke und zu verbesserten Permeabilitätswerten. Nach einer Kaltwalzung um $\epsilon = 98$ % und einer Rekristallisationsglühung oberhalb 900 °C stellt sich eine besonders ausgeprägte Würfeltextur ein, wobei die Würfelkante der Elementarzelle die Richtung leichtester Magnetisierbarkeit ist. Die Hystereseschleife wird rechteckig.

Die Fe-Ni-Legierungen mit Ni-Gehalten zwischen 35 % und 40 % sind bei einer Anfangspermeabilität von $\mu_i = 2000$ durch einen geringen Permeabilitätsanstieg über größere Feldstärkenbereiche ausgezeichnet. Diese Erscheinung wird für einen kleinen Klirrfaktor bei der Übertragung von Sprache und Musik ausgenutzt. Dabei kann die Permeabilitätskonstanz auf Kosten der Permeabilitätshöhe durch eine Absenkung der Schlußglühtemperatur auf Werte unter 900 °C merklich verbessert werden.

6.2.8 Nickellegierungen mit besonderen physikalischen Eigenschaften

Eine Fe-Ni-Legierung mit 36 % Ni besitzt zwischen −100 °C und +150 °C einen sehr kleinen thermischen Ausdehnungskoeffizienten. Bei ihr überlagert sich die durch Gitterschwingungen bedingte thermische Längenausdehnung bzw. -verminderung mit der relativen Volumenänderung, die alle ferromagnetischen Werkstoffe beim Übergang vom ferromagnetischen in den paramagnetischen Zustand bzw. umgekehrt erfahren. Verunreinigungen und Zusätze bewirken eine Anhebung des Ausdehnungskoeffizienten. Außerdem hat die Art der Wärmebehandlung einen Einfluß auf den Zahlenwert des Ausdehnungskoeffizienten. Eine beschleunigte Abkühlung aus dem Temperaturbereich zwischen 800 °C und 1000 °C führt zu einer Verringerung der Ausdehnungswerte. Eine Kaltumformung bewirkt ebenfalls eine Herabsetzung des Ausdehnungsbeiwertes. Die als *Invar-* oder Indilatans-Legierung bekannte Fe-Ni-Legierung wird u.a. für Meßgeräte und Regeleinrichtungen verwendet.

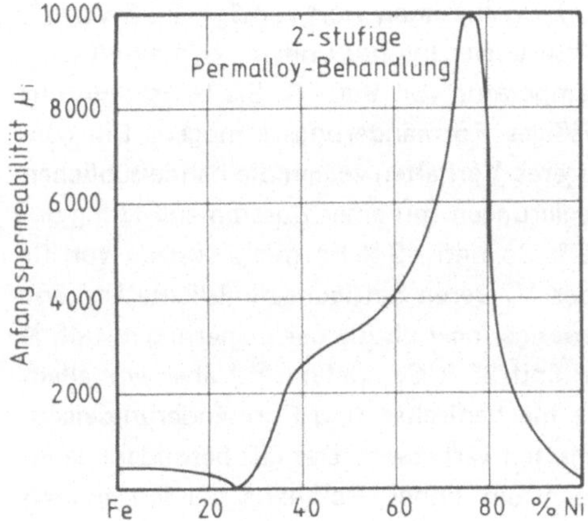

Bild 6.12 Abhängigkeit der Anfangspermeabilität der Fe-Ni-Legierungen vom Ni-Gehalt (nach Wärmebehandlung)

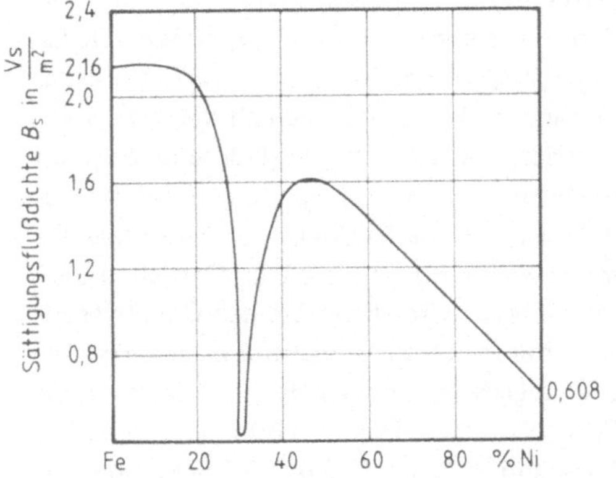

Bild 6.13 Sättigungsflußdichte der Fe-Ni-Legierungen in Abhängigkeit vom Ni-Gehalt bei Raumtemperatur

Eine Reihe von Konstruktionselementen, wie Federn in Waagen benötigen einen Werkstoff mit temperaturunabhängigem E-Modul. Einige Ni-Legierungen erfüllen diese Forderung. So ist der Temperaturkoeffizient des E-Moduls einer Legierung mit 36 % Ni, 12 % Cr und 52 % Fe gleich Null. Sie ist unter dem Namen *Elinvar* bekannt. Die Festigkeitswerte dieser Legierung können durch Legierungselemente angehoben werden, die eine Ausscheidungshärtung herbeiführen. Die ausscheidungsgehärteten Legierungen weisen hohe Zahlenwerte des E-Moduls bei kleinstem Temperaturbeiwert auf.

6.3 Kobalt und Kobaltlegierungen

6.3.1 Reines Kobalt

Kobalt erstarrt bei 1495 °C zur kubisch-flächenzentrierten α-Modifikation. Bei der Temperatur von 417 °C unterliegt reines Co einer allotropen Phasenumwandlung. Dabei wandelt sich die bei hohen Temperaturen beständige kubisch-flächenzentrierte α-Modifikation in die bei niedrigen Temperaturen stabile hexagonale ϵ-Modifikation um. Die *α-ϵ-Umwandlung* läuft als Umklappvorgang ab, so daß sie als eine martensitische Umwandlung bezeichnet werden kann. Sie geht träge vonstatten und ist daher mit einer beträchtlichen Hysterese verbunden.

Co ist recht gut warmumformbar, dagegen nur mäßig kaltumformbar, was durch den Gitteraufbau bedingt ist. Wie die anderen hexagonal dicht gepackten Metalle Zn, Cd und Mg verformt sich Co bei Raumtemperatur fast ausschließlich durch Gleitung auf den Basisebenen der hexagonalen Elementarzelle. Durch eine Anhebung des Reinheitsgrades kann das Formänderungsvermögen von Co merklich verbessert werden. Nach einer Kaltumformung beginnt bei ca. 400 °C die Erholung, bei ca. 500 °C die Primärrekristallisation und bei ca. 700 °C die Kornvergrößerung.

Handelsformen des Co sind Co-Granalien, Elektrolyt-Co, Co-Rondellen und Co-Pulver. Auf dem Sektor der Legierungen wird Co hauptsächlich für die Erzeugung von Magnetwerkstoffen, hochwarmfesten Legierungen, Sinterhartmetallen, Aufschweißwerkstoffen und legierten Stählen verwendet.

6.3.2 Kobaltlegierungen

Co ist eines der teuersten Elemente, die zur Herstellung *magnetischer Werkstoffe* verwendet werden. Dafür besitzt Co als das stabilste ferromagnetische Element eine Curie-Temperatur von 1121 °C und hebt die Sättigungsflußdichte des Eisens bei einem Gehalt von 35 % Co auf einen Wert von B_s = 2,35 Vs/m^2. Diese Legierung hat immer noch eine Curie-Temperatur von 980 °C. Sie besitzt ein nur mäßiges Formänderungsvermögen. Ein günstigeres Verhalten zeigen die handelsüblichen Legierungen mit einer Zusammensetzung um 49 % Co und 49 % Fe mit Zusätzen von Cr oder V. Deren Sättigungsflußdichte ist zwar etwas geringer als die der Legierung mit 65 % Fe und 35 % Co, dafür sind aber vor allem die mechanischen und Formänderungseigenschaften verbessert. Das gilt besonders dann, wenn ein hoher Reinheitsgrad eingehalten wird.

Hochwarmfeste Co-Guß-, Schmiede- und Sinterlegierungen nutzen wie die hochwarmfesten Ni-Legierungen die Erscheinung, daß kubisch-flächenzentrierte Mischkristalle infolge der angehobenen Erholungs- und Rekristallisationstemperaturen und der sich darin ausdrückenden verminderten Diffusionsfähigkeit der Atome bessere Warmfestigkeitseigenschaften besitzen als kubisch-raumzentrierte Mischkristalle. Während bei den hochwarmfesten Ni-Legierungen hauptsächlich eine Ausscheidung von intermetallischen Verbindungen die Warmfestigkeit weiter steigert, wird dieses bei den Co-Legierungen durch *Carbidausscheidungen* erreicht. Die Legierungsgrenzen der hochwarmfesten Co-Legierungen liegen bei 30 % und 65 % Co, 15 % und 30 % Cr, 0 % und 20 % Fe und 0 % und 32 % Ni. Der C-Gehalt kann bis 1,1 % betragen. Legierungszusätze an Mo, W, V, Ti, Nb, Ta, Zr und B dienen der Carbid- und Carbonitridbildung. Der Cr-Anteil kann abgesenkt werden, wenn eine besondere Korrosionsbeständigkeit bei hohen Temperaturen nicht erforderlich ist oder wenn ein zusätzlicher Oberflächenschutz durch Diffusionsschichten erfolgen kann. Das Element Cr zeigt verhältnismäßig hohe Verdampfungsverluste im Vakuum, was hinsichtlich der Verwendung der Legierungen in Anlagen der Raumfahrt Berücksichtigung finden muß. Das häufig zulegierte Element Ni beteiligt sich an der Mischkristallhärtung und stabilisiert das kubisch-flächenzentrierte Gefüge. Höhere C-Gehalte führen zu mehr sekundären Carbidausscheidungen und damit zu einer Anhebung der Zeitstandfestigkeit bei gleichzeitiger Verminderung der Zähigkeit und der Temperaturwechselbeständigkeit. Dabei handelt es sich je nach der Art und der Menge der zulegierten Carbidbildner um die Carbidtypen M_3C, M_7C_3, $M_{23}C_6$, M_6C oder MC. Co selbst ist kein Carbidbildner.

Die Legierung X 40 CoCrNi 45 20 mit Zusätzen von 4,5 % Mo, 4,5 % W und 4,5 % Nb/Ta ist eine typische hochwarmfeste Co-Legierung. Sie findet im Gasturbinen- und Triebwerkbau Verwendung. Das Erschmelzen und Vergießen erfolgt unter Vakuum. Das Lösungsglühen bei 1170 °C bringt die Carbide und die intermetallischen Phasen weitgehend in Lösung. Die nach der Wasserabschreckung im Temperaturbereich zwischen 650 °C und 850 °C erfolgende Auslagerung führt zu feinen Carbidausscheidungen, die der Versetzungsbewegung entgegenwirken. Bei Raumtemperatur ergeben sich an der wärmebehandelten Legierung Zahlenwerte der 0,2 %-Dehngrenze von 580 N/mm^2, der Zugfestigkeit von 1120 N/mm^2 und der Bruchdehnung von 20 %. Die Legierung vereint das hohe Formänderungsvermögen mit hoher Warmfestigkeit und Zunderbeständigkeit bis zu einer Temperatur von 1000 °C. Die maximale Betriebstemperatur der verfügbaren *Superlegierungen* auf Ni- und Co-Basis geht über 1000 °C nicht wesentlich hinaus, da oberhalb dieser Temperatur die festigkeitssteigernden γ'-Teilchen und die Carbide in Lösung gehen bzw. koagulieren. Die *Disper-*

sionshärtung bietet die Möglichkeit, eine zweite stabilere Phase in eine hochschmelzende Matrix einzulagern. Als wirkungsvolle Dispersoide kommen hauptsächlich hochschmelzende Oxide zur Anwendung. Als Matrixwerkstoffe bieten sich vor allem die hochwarmfesten Co-Legierungen an. Die Legierungen werden pulvermetallurgisch hergestellt.

6.4 Aluminium und Aluminiumlegierungen

6.4.1 Reinaluminium

Aluminium und Aluminiumlegierungen sind nach dem Stahl die am meisten zur Anwendung kommenden metallischen Werkstoffe. Aluminium bietet die folgenden herausragenden Eigenschaften:

— Aluminium ist leicht. Seine Dichte macht nur etwa ein Drittel der Dichte von Stahl aus (γ_{Al} = 2,70 kg/dm^3).

— Aluminium ist korrosionsbeständig. Es bildet eine passivierende oxidische Schutzschicht.

— Aluminium weist ein hohes Reflexionsvermögen auf.

— Aluminium besitzt eine hohe elektrische Leitfähigkeit und eine hohe Wärmeleitfähigkeit.

— Aluminium zeigt ein hohes Formänderungsvermögen. Es kann zu sehr dünnen Folien ausgewalzt werden.

— Aluminiumlegierungen haben Festigkeitseigenschaften, die mit denen unlegierter und niedriglegierter Stähle vergleichbar sind.

— Aluminium und Aluminiumlegierungen sind zäh. Sie sind auch als Tieftemperaturwerkstoffe einsetzbar.

— Aluminium und Aluminiumlegierungen sind nach allen Gießverfahren gut gießbar.

— Aluminium und Aluminiumlegierungen sind gut zerspanbar. Sie gestatten bei richtiger Werkzeuggestaltung recht hohe Schnittgeschwindigkeiten.

Das durch die Schmelzflußelektrolyse gewonnene Hüttenaluminium wird nach dem Reinheitsgrad bezeichnet und kommt als Al 99,9 H, Al 99,8 H, Al 99,7 H, Al 99,5 H und Al 99 H in die Raffinations- und Halbzeugbetriebe. Reinaluminium wird mit denselben Reinheitsgraden durch Umschmelzen von Hüttenaluminium und Rücklaufaluminium erzeugt. Durch eine besondere Raffination wird mit Hilfe der Dreischichten-Elektrolyse das Reinstaluminium als Glänzwerkstoff für Reflektoren und Schmuckgegenstände und als Werkstoff für spezielle Leitungszwecke gewonnen. Es hat als Al 99,99 R einen Reinheitsgrad von mindestens 99,99 % Al.

Reinst- und Reinaluminium zeichnen sich durch niedrige Härte- und Festigkeitswerte aus. Dabei hängen die Zahlenwerte einmal vom Reinheitsgrad und zum andern von der Korngröße ab. Die Zugfestigkeitswerte liegen zwischen 40 N/mm^2 und 80 N/mm^2 und die Bruchdehnungswerte zwischen 32 % und 38 %. Die für den bei der Kaltumformung notwendigen Kraft- und Leistungsbedarf maßgebende Fließkurve gehorcht bei Al und Al-Legierungen weitgehend der auch für unlegierte und niedriglegierte Stähle gültigen Potenzfunktion

$$k_f = a\ \varphi^n,$$

in der k_f die Formänderungsfestigkeit, a einen werkstoffabhängigen Festwert, φ die logarithmische Formänderung und n den Verfestigungsexponenten darstellen. Im doppeltlogarithmischen Koordinatennetz stellt sich daher die Fließkurve der Al-Werkstoffe als Gerade dar, deren Steigung durch den Exponenten n festgelegt wird. Bild 6.14 gibt die Fließkurve von Rein-Al Al 99,5 wieder, und Bild 6.15 überträgt die Fließkurve in das doppeltlogarithmische Netz.

Das hohe Formänderungsvermögen des Reinst- und Rein-Al erlaubt die Auswalzung dünner Bänder und Folien, die im Dickenbereich bis 0,02 mm als Folien und darüber als Bänder bezeichnet werden. Ausgehend von Walzbarren erfolgt die Band- und Foliener-

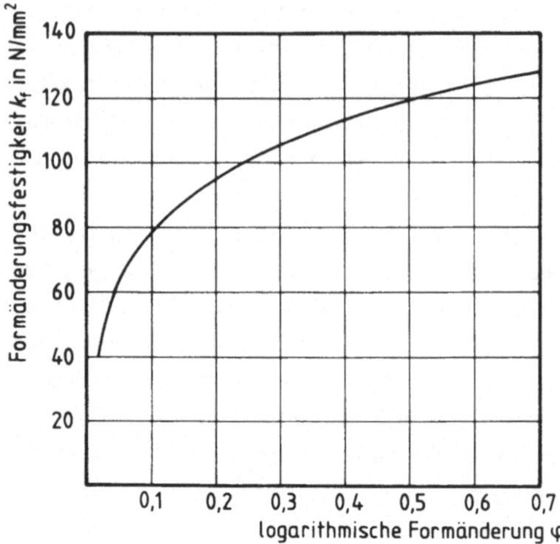

Bild 6.14 Fließkurve $k_f = f\ (\varphi)$ von Reinaluminium Al 99,5 (Ermittlung durch Zugversuche an vorgewalzten Blechstreifen)

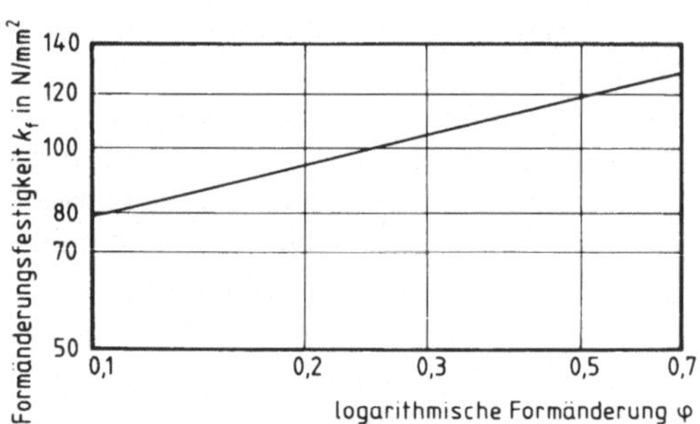

Bild 6.15 Fließkurve von Reinaluminium Al 99,5 in doppeltlogarithmischer Darstellung (Verfestigungsexponent $n = 0{,}24$) (Ermittlung durch Zugversuche an vorgewalzten Blechstreifen)

zeugung durch Warm- und Kaltwalzen. Der Verfestigungsexponent n von Reinaluminium liegt bei $n = 0{,}25$. Dieser Zahlenwert entspricht dem der logarithmischen Gleichmaßdehnung φ_{gl}. Er zeigt an, daß sich Reinaluminium gut durch Streckziehen umformen läßt, was sich auch in den Zahlenwerten der Erichsen-Tiefung ausdrückt. Der texturbedingte r_m-Wert liegt bei 0,9.

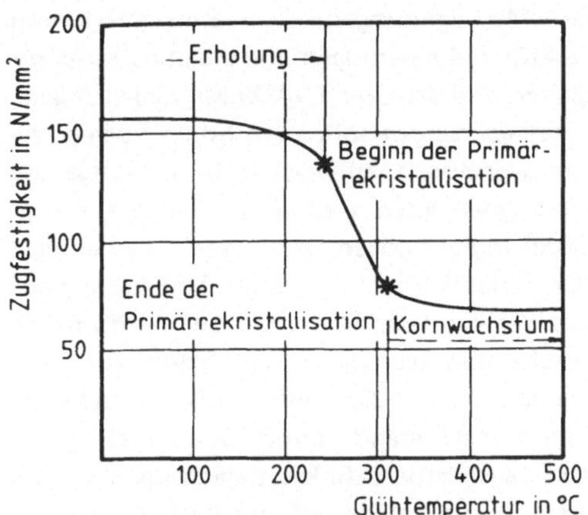

Bild 6.16 Abhängigkeit der Zugfestigkeit von Reinaluminium Al 99,5 von der Glühtemperatur (Kaltwalzgrad ϵ = 96 %)

Die Rekristallisationstemperatur des Reinaluminiums liegt nach hohen Formänderungen im Temperaturbereich von 250 ... 320 °C. Bild 6.16 gibt den Entfestigungsverlauf während der Erholung, der Primärrekristallisation und der Kornvergrößerungsvorgänge wieder. Im Verlauf der Erholung stellt sich wegen der geringen Verringerung der Versetzungsdichte nur eine begrenzte Entfestigung ein. Ein starkes Anwachsen der Korngröße als Folge der normalen und anormalen Kornvergrößerung ist zu vermeiden.

Von den beiden wichtigsten Werkstoffen für Leiter des elektrischen Stromes hat Kupfer die höhere elektrische Leitfähigkeit und günstigeren Festigkeits- und Kontakteigenschaften, während Aluminium die Vorteile der geringeren Dichte und des niedrigeren Preises bietet. Demzufolge ist die auf die Masseneinheit bezogene elektrische Leitfähigkeit des Aluminiums etwa doppelt so groß wie die des Kupfers. Ein leitwertgleicher Al-Leiter erfordert zwar ungefähr den 1,6-fachen Querschnitt, er hat dann aber immer noch nur das halbe Gewicht des vergleichbaren Cu-Leiters. Die elektrische Leitfähigkeit des Aluminiums ist ebenso wie die anderer metallischer Werkstoffe vom Reinheitsgrad abhängig. Sie wird von den einzelnen Verunreinigungselemen-

ten unterschiedlich beeinträchtigt. Als *Leitaluminium* wird in der Regel Reinaluminium E-Al 99,5 verwendet, dessen Verunreinigungen an Ti, Cr, V, Zr und Mn in der Summe nicht über 0,03 % liegen dürfen. Daneben wirkt der Gefügezustand auf die elektrische Leitfähigkeit ein. Im Mischkristall gelöste Elemente haben eine größere Beeinträchtigung der Leitfähigkeit zur Folge als Ausscheidungen. Durch eine Kaltumformung wird die Leitfähigkeit herabgesetzt. Sie ist aber die einzige Möglichkeit, um die Festigkeitswerte des Reinaluminiums zu erhöhen. Demzufolge ist eine Festigkeitsanhebung bei Reinaluminium immer mit einer Verminderung der elektrischen Leitfähigkeit verbunden. Werden speziell für den Freileitungsbau Leitungen höherer Festigkeit gefordert, so kommen die aushärtbare Legierung E-AlMgSi 0,5 und Stahl-Aluminium-Seile zur Anwendung. Die Stahl-Aluminium-Seile bestehen aus einem verseilten Aluminiummantel mit einer Stahlseele. Dabei beträgt das Querschnittsverhältnis Stahl/Aluminium in der Regel 1 : 6, 1 : 4,3 oder 1 : 3.

6.4.2 Aluminiumlegierungen

Bei den Al-Legierungen sind die Guß- und Knetlegierungen zu unterscheiden. Sie sind entweder aushärtbar, oder sie bieten nicht die Möglichkeit zur Ausscheidungshärtung. Die *Al-Gußlegierungen* sind gut vergießbar. Sie liefern maßgenaue Gußstücke mit einer sauberen und glatten Oberfläche. Dabei eignen sie sich gut für alle drei grundlegenden Gießverfahren, den Sand-, Kokillen- und Druckguß. Daneben bieten sie die Möglichkeit zur Anwendung von Sonder-Gieß- und -Formverfahren, wie z. B. von Gipsformverfahren, Feinguß oder Niederdruckguß. Besonders günstige gießtechnische Eigenschaften bieten die Gußlegierungen auf der Basis des Zweistoffsystems Al-Si, wie es von Bild 6.17 wiedergegeben wird. Maßgebend für das gute Gießverhalten ist das bei 577 °C und 11,7 % Si auftretende Eutektikum. Die *Al-Si-Gußlegierungen* sind hauptsächlich unter- bis naheutektisch. Zwecks Veredlung des

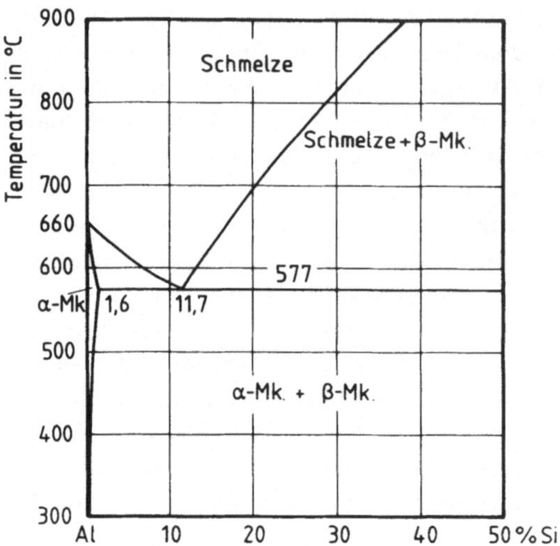

Bild 6.17 Zustandsdiagramm Al-Si (Al-Seite)

Eutektikums und Verbesserung der mechanischen Eigenschaften wird eine Behandlung der Schmelze mit Natrium vorgenommen. Dabei kann metallisches Na (0,1 %) oder ein Na-abgebendes Salz (NaF) in die Schmelze eingebracht werden. Es entsteht dabei ein sehr feines Eutektikum mit rundlichen Si-Kristallen. Durch diese Behandlung wird die eutektische Temperatur abgesenkt, und die eutektische Konzentration wird zu höheren Si-Gehalten verschoben.

Auf dem **Zweistoffsystem Al-Si** basieren auch die Legierungen für Kolben von Verbrennungskraftmaschinen. Diese Kolbenlegierungen sind aus der eutektischen Gußlegierung G-AlSi 12 hervorgegangen. Höhere Gehalte an Si vermindern die Wärmeausdehnung und nähern sie derjenigen des Zylinderwerkstoffes Gußeisen an. Gleichzeitig übernehmen die in das eutektische Grundgefüge eingelagerten Si-Kristalle die Funktion von verschleißmindernden Trägerkristallen. Zusätze von Cu und Ni heben die Warmfestigkeit. Diese übereutektischen Al-Si-Legierungen sind auch als Lagerwerkstoffe zu verwenden.

Andere Gußlegierungen sind die aushärtbaren G-AlSiMg- und G-AlSiCu-Legierungen, die nichtaushärtbaren, seewasserbeständigen G-AlMg-Legierungen, die warmaushärtbaren G-AlCuTi-Legierungen und die ohne Lösungsglühen aushärtbaren G-AlZnMg-Legierungen.

Knetlegierungen sollen ein hohes Formänderungsvermögen aufweisen. In Ermangelung einer geeigneten Kenngröße für das Formänderungsvermögen kann vom Zahlenwert der Bruchdehnung in grober Annäherung auf das Werkstoffverhalten bei der Umformung geschlossen werden. Dabei bleibt vor allen Dingen der bei der Umformung herrschende Spannungszustand ohne Berücksichtigung. Nichtaushärtbare Al-Knetlegierungen sind in erster Linie solche auf der Basis Al-Mg und Al-Mn. Sie werden hauptsächlich in Form von Bändern, Blechen, Profilen, Rohren und Schmiedeteilen im Bauwesen, im Schiffbau, im Fahrzeugbau und im Apparatebau eingesetzt. Die Legierungselemente bewirken gegenüber dem Reinaluminium eine Mischkristallhärtung, zu der zusätzlich noch eine Verformungsverfestigung kommen kann.

Aushärtbare Al-Knetlegierungen basieren auf den Zustandsdiagrammen Al-Cu, Al-Mg$_2$Si und Al-MgZn$_2$, die eine abnehmende Löslichkeit der Al-Mischkristalle zeigen. Sie werden stets im ausgehärteten Zustand verwendet. Die Wärmebehandlung setzt sich aus dem Lösungsglühen, der Abschreckbehandlung und der Warm- oder Kaltauslagerung zusammen. Die Auslagerung führt zu Ausscheidungen, die mit den Versetzungen in Wechselwirkung treten und deren Bewegung behindern. Die notwendige Umformung kann als Warmumformung bzw. als Kaltumformung im geglühten Zustand oder unmittelbar nach dem Abschrecken vorgenommen werden. Eine Kaltumformung im ausgehärteten Zustand erfordert höhere Umformkräfte. Sie führt zu einer weiteren Festigkeitssteigerung. Eine sich direkt an die Abschreckbehandlung anschließende Kaltumformung erhöht die Gefügeinstabilität und führt zu einer Beschleunigung des Entmischungs- und Ausscheidungsvorganges. Es ist zu beachten, daß die Wirkung der Aushärtung teilweise oder ganz wieder verloren geht, wenn die Ausscheidungsphasen beim Schweißen im Bereich der Wärme-

Tabelle 6.1 Behandlungsschema und Werkstoffbeeinflussung der kaltaushärtbaren Legierung AlCuMg 2 mit 4,4 % Cu, 1,5 % Mg und 0,5 % Mn

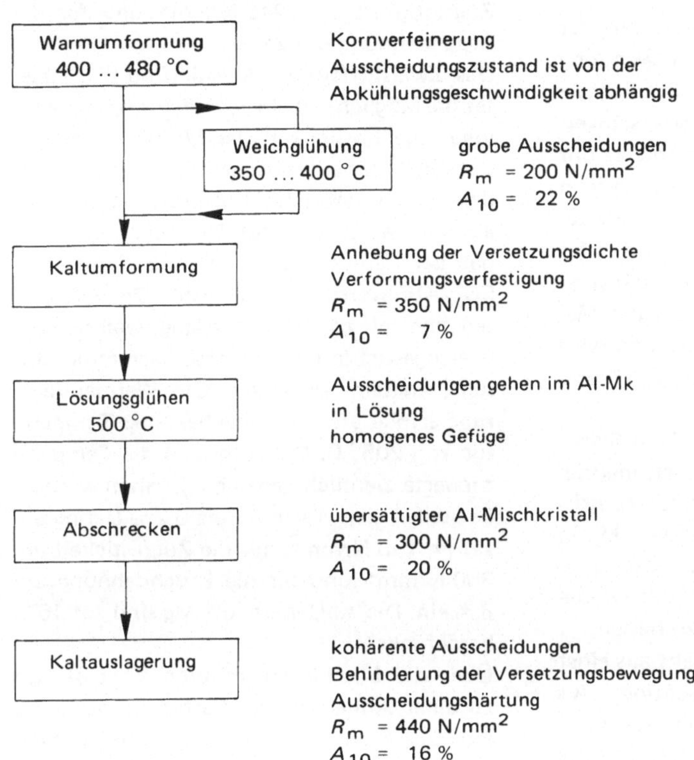

einflußzone wieder in Lösung gehen. In diesem Falle ist eine erneute Aushärtungsbehandlung erforderlich.

Die wichtigsten aushärtbaren Al-Knetlegierungen sind die Legierungen auf der Basis AlMgSi, AlCuMg, AlZnMg und AlZnMgCu. Tabelle 6.1 gibt das Behandlungsschema für die kaltaushärtbare Legierung AlCuMg 2 wieder und ordnet den einzelnen Behandlungsstufen die sich einstellenden Gefügezustände und Zahlenwerte der Zugfestigkeit und der Bruchdehnung zu.

Für Al und Al-Legierungen bietet sich eine Reihe von Verfahren der Oberflächenbehandlung an, die entweder dekorativen Zwecken dienen oder einen verbesserten Oberflächenschutz bewirken. Dabei setzen alle Verfahren eine weitestgehend entfettete Metalloberfläche voraus. Als vielfältige Verfahrensgruppen stehen die mechanische Oberflächenbehandlung (z. B. Schleifen, Polieren, Mattieren, Sandstrahlen), die chemische Oberflächenbehandlung (z. B. Beizen, Ätzen, chemische Oxidation, chemisches Einfärben), die elektrochemische Oberflächenbehandlung (z. B. anodische Oxidation) und das Aufbringen von metallischen und nichtmetallischen Überzügen (z. B. Galvanisieren, Plattieren, Anstriche, Emaillieren, Kunststoffbeschichtung) zur Verfügung. So werden Leichtmetall-Zylinder von Motoren durch eine galvanisch aufgebrachte Cr-Schicht geschützt.

6.5 Magnesium und Magnesium-legierungen

Mit einer Dichte von 1,74 kg/dm^3 ist Magnesium das leichteste der Metalle, die für Bau- und Konstruktionsteile Verwendung finden. Wegen der niedrigen Festigkeitswerte um R_m = 120 N/mm^2 und der erschwerten Verformungsverfestigung kommt es nur sehr selten als Reinmagnesium, sondern in der Regel in Form von Guß- und Knetlegierungen zur Anwendung. Daneben wird es für Legierungs-, Desoxidations-, Entschwefelungs- und Keimbildungszwecke in der Metallurgie benötigt. Als Reduktionsmittel wird es bei der Gewinnung von Ti, Be, Zr, B und Si verwendet.

Magnesium schmilzt bei 650 °C. Sein Siedepunkt liegt mit 1107 °C erstaunlich niedrig. Es müssen daher Vorsichtsmaßnahmen ergriffen werden, um beim Einbringen von Mg in Schmelzen von Eisenwerkstoffen Verdampfungsverluste und zusätzliche durch Oxidation bedingte Mg-Verluste klein zu halten.

Das Gitter der Mg-Kristalle besteht aus einer *hexagonal dichtesten Kugelpackung*. Als Gleitebene betätigt sich bevorzugt die Basisebene der hexagonalen Elementarzelle. Die Gleitung auf anderen kristallographischen Ebenen tritt gegenüber der auf der Basisebenen zurück. Wegen der beschränkten Anzahl der betätigten Gleitsysteme ist das Formänderungsvermögen des Mg und der Mg-Legierungen bei Raumtemperatur begrenzt. Es wird erst bei Temperaturen über 200 °C besser. Eine Kaltumformung von Mg und Mg-Legierungen erfordert daher in der Regel eine Reihe von Zwischenglühungen.

Das wichtigste Legierungselement ist das Al. Es folgen die Elemente Zn, Mn, Zr, Th, die Elemente der Seltenen Erden und Ag. Dabei lassen sich im wesentlichen die vier Legierungsgruppen MgAlZn, MgZnZr, MgCe und MgTh unterscheiden. Auf dem Sand-Kokillen- und Druckgußgebiet dominieren die MgAlZn-Legierungen. Sie zeigen eine gute Gießbarkeit und lassen sich gut spanabhebend bearbeiten. Hinsichtlich der Festig-keitseigenschaften bietet z. B. die Druckgußlegierung GD-MgAl9Zn1 Zahlenwerte für die 0,2 %-Dehngrenze um 160 N/mm^2, für die Zugfestigkeit um 240 N/mm^2 und für die Bruchdehnung um 2,5 %.

Das Zweistoffsystem Mg-Al (Bild 6.18) bietet die Möglichkeit einer *Aushärtungsbehandlung*. Die Löslichkeit des Mg für Al nimmt unterhalb der eutektischen Temperatur deutlich ab, so daß sich Al in Form der γ-Phase aus dem Mg ausscheidet. Die Lösungsglühung hat bei Temperaturen um 415 °C in einer SO$_2$-Atmosphäre zu erfolgen. Die Glühzeiten sind mit ca. 16 h sehr lang, weil sich die Gleichgewichte des Zustandsdiagrammes nur sehr langsam einstellen. Die Warmauslagerung erfolgt etwa 4 h lang bei einer Temperatur von 205 °C. Dabei müssen die Temperaturwerte ziemlich genau eingehalten werden. Es stellen sich Werte für die 0,2 %-Dehngrenze um 190 N/mm^2, für die Zugfestigkeit um 300 N/mm^2 und für die Bruchdehnung um 6 % ein. Die Al-Gehalte des Mg sind auf 10 % beschränkt.

Über die Mischkristallhärtung führt das Zn zu einer Anhebung der Festigkeitswerte des Mg. Das Element Zn bewirkt eine Kornverfeinerung, und die Zugabe von Metallen der

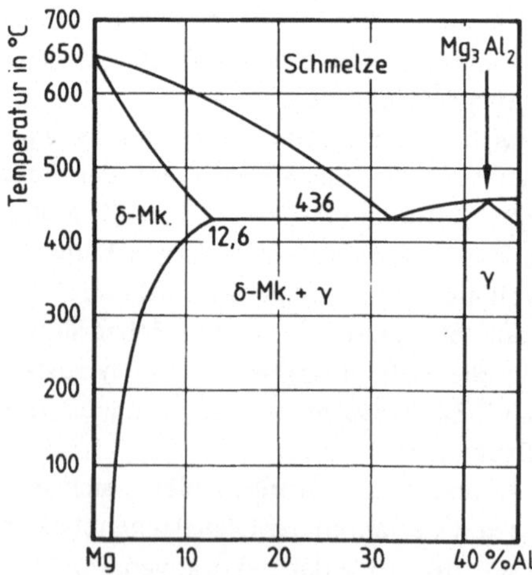

Bild 6.18 Zweistoffsystem Mg-Al (Mg-Seite)

Seltenen Erden erweitert die Einsatzmöglichkeit der Mg-Zr-Legierungen bis zu Temperaturen um 270 °C. Zusätze von Ce und Th vermeiden das Auftreten von Mikrolunkern in Gußstücken und heben die Zahlenwerte der Warm- und Dauerfestigkeit an. Eine Zulegierung von Mn verbessert die Korrosionsbeständigkeit der Mg-Legierungen, die ihre Ursache in der Bildung eines verhältnismäßig beständigen Schutzfilmes hat. In feuchter, salzhaltiger Atmosphäre, in Meerwasser und in Mineralsäuren wird der Schutzfilm zerstört und das Metall angegriffen. Für die meisten Anwendungen ist eine Oberflächenbehandlung der Werkstücke aus Mg-Legierungen erforderlich. Durch Beizbehandlungen und Anwendung spezieller elektrochemischer Verfahren ergibt sich ein zeitweiliger Korrosionsschutz und eine Aufrauhung der Oberfläche, die eine bessere Haftfähigkeit von Anstrichen gewährleistet.

Beim Erschmelzen und Gießen der Mg-Gußlegierungen muß die Metalloberfläche gegen eine Aufnahme von Sauerstoff und Stickstoff geschützt werden. Aus diesem Grunde wird die Schmelze vielfach einer *Salzbehandlung* unterzogen. Das zur Anwendung kommende Salzgemisch besteht hauptsächlich aus wasserfreiem Magnesiumchlorid, dessen Schmelzpunkt durch andere Salze herabgesetzt wird. Es schützt die Badoberfläche vor der Einwirkung der Atmosphäre. Außerdem hat das Salzgemisch eine gewisse Aufnahmefähigkeit für nichtmetallische Verunreinigungen. Eine vergleichbare *Schutzwirkung* wird durch eine Zugabe von Schwefel oder eine Anwendung von Schwefeldioxid SO_2 bzw. Schwefelhexafluorid SF_6 erreicht. Bei Sandguß wird dem Formsand ebenfalls etwas Schwefel zugesetzt. Zusätzlich vermindert ein kleiner Be-Zusatz zur Schmelze deren Oxidationsneigung.

Die Arbeiten mit Mg und Mg-Legierungen bedingt einige *Sicherheitsmaßnahmen*. Dünnwandige Teile, Späne und Stäube können sich auf Grund der hohen Sauerstoffaffinität des Mg entzünden. Für diesen Fall müssen geeignete Löschmittel wie Graugußspäne, trockener Sand oder Schmelzsalz greifbar sein. Wasser, Schaum oder Kohlendioxid dürfen nicht zur Anwendung kommen. Bei der spanabhebenden und schleifenden Bearbeitung von Werkstücken aus Mg-Legierungen ist eine zu starke Wärmeentwicklung unbedingt zu vermeiden.

6.6 Beryllium und Berylliumlegierungen

Das Leichtmetall Beryllium steht mit der Ordnungszahl 4 in der 2. Hauptgruppe des Periodensystems der Elemente. Seine Dichte ist mit 1,85 kg/dm^2 sehr gering, und sein E-Modul ist mit einem Zahlenwert von E = 375 00 N/mm^2 parallel und E = 280 000 senkrecht zur hexagonalen Achse außergewöhnlich hoch. Beryllium besitzt einen Schmelzpunkt von 1284 °C und einen Siedepunkt von 2970 °C. Es erstarrt zur kubisch-raumzentrierten β-Modifikation, die sich aber bereits bei 1245 °C in die α-Modifikation mit hexagonal dichtester Kugelpackung umwandelt.

Be zeigt eine gute elektrische Leitfähigkeit und eine hohe Wärmeleitfähigkeit. Es bietet den *niedrigsten Absorptionsquerschnitt* für thermische Neutronen aller für den Reaktorbau in Betracht kommenden Konstruktionswerkstoffe. Es besitzt eine hohe Durchlässigkeit für Röntgenstrahlen und eine befriedigende Korrosionsbeständigkeit, z. B. gegenüber Metallschmelzen.

Wegen des geringen Formänderungsvermögens infolge der hexagonalen Kristallstruktur und der Verunreinigungen bietet sich für Be die pulvermetallurgische Verarbeitung an. Dabei ist die große Affinität des Be für Sauerstoff, Stickstoff, Kohlenstoff und Schwefel zu berücksichtigen. Wärmebehandlungen müssen in der Regel im Vakuum oder unter Argon durchgeführt werden.

Die Festigkeitseigenschaften hängen stark von der Herstellungsweise ab. Nach der pulvermetallurgischen Verfahrensweise ergeben sich Werte der Zugfestigkeit um $R_m = 350$ N/mm^2 und der Bruchdehnung um 14 %. Dabei bietet das Be eine hohe Warmfestigkeit. Eine

Verminderung des Gehaltes an Metalloiden führt zu einer Verbesserung des Formänderungsvermögens.

Neben Be-Cu-, Be-Ni- und Be-Al-Legierungen für Kontakt- und Schaltfedern und für Konstruktionsteile in der Luft- und Raumfahrt kommen zunehmend Verbundwerkstoffe mit Be-Komponenten zum Einsatz. Be-Fasern steigern in einer Matrix aus einer Ti-Legierung den E-Modul und verringern gleichzeitig die Dichte. Das gleiche Ergebnis ergibt das Mischen und Strangpressen von Be- und Ti-Pulvern.

Be-Dämpfe und Be-Stäube sind gesundheitsschädlich. Be-Salze können zu Hautreaktionen führen.

6.7 Titan und Titanlegierungen

6.7.1 Unlegiertes Titan

Das Titan ist ein junges Metall. Parallel mit dem Aufschwung der *Luft- und Raumfahrtindustrie* im Laufe der 50-er Jahre begann auch der Fortschritt in der Metallurgie und Metallkunde des Titans.

Die herausragenden Eigenschaften des Titans sind seine im Vergleich zu anderen Nutzmetallen niedrige Dichte (γ_{Ti} = 4,5 kg/dm^3), seine recht hohen Festigkeitswerte, die sich durch geringfügige Änderungen der chemischen Zusammensetzung in verhältnismäßig weiten Grenzen variieren lassen, seine hohe Korrosionsbeständigkeit und seine bei Beachtung einiger metallurgischer und physikalischer Besonderheiten recht gute Bearbeitbarkeit.

Reintitan hat einen Schmelzpunkt von 1668 °C und einen Siedepunkt um 3250 °C. Es erstarrt zur kubisch-raumzentrierten β-Modifikation, die sich bei 882 °C in die α-Modifikation mit hexagonal dichtester Kugelpackung umwandelt. Abhängig vom Gehalt an Verunreinigungs- und Legierungselementen verlagert sich die Temperatur der allotropen Umwandlung des Ti zu niedrigeren oder höheren Temperaturen. Durch ausreichend hohe Zusätze bestimmter Elemente läßt sich die kubisch-raumzentrierte β-Modifikation bis

auf Raumtemperatur herunterdrücken. Das hexagonale Kristallgitter hat zur Folge, daß die Umformbarkeit der α-Phase wegen der beschränkten Anzahl von Gleitmöglichkeiten begrenzt ist. Wegen des unternormalen Achsenverhältnisses c/a = 1,587 ergeben sich jedoch beim Ti außer der Basisebene noch andere Gleitebenen, so daß das Formänderungsvermögen des Ti günstiger ist als z. B. bei Zn (c/a = 1,856) oder Mg (c/a = 1,623).

Bei unlegiertem Ti sind die mechanischen Eigenschaften weitgehend vom Gehalt an Sauerstoff, Stickstoff und Wasserstoff abhängig. Diese Elemente bilden auf Grund ihrer kleinen Atomradien mit dem Ti Einlagerungsmischkristalle und haben in dieser Form einen großen Einfluß auf die mechanischen Eigenschaften. Hauptsächlich durch die Elemente Stickstoff und Sauerstoff werden die Zahlenwerte für die Zugfestigkeit angehoben und die Bruchdehnungswerte abgesenkt. Gleichzeitig werden die Zähigkeitseigenschaften beeinträchtigt. Bild 6.19 gibt den Einfluß der Elemente Stickstoff und Sauerstoff auf die Zugfestigkeits- und Bruchdehnungswerte wieder. Die im unlegierten Ti technischer Reinheit vorliegenden Sauerstoffgehalte liegen zwischen 0,08 % und 0,32 %

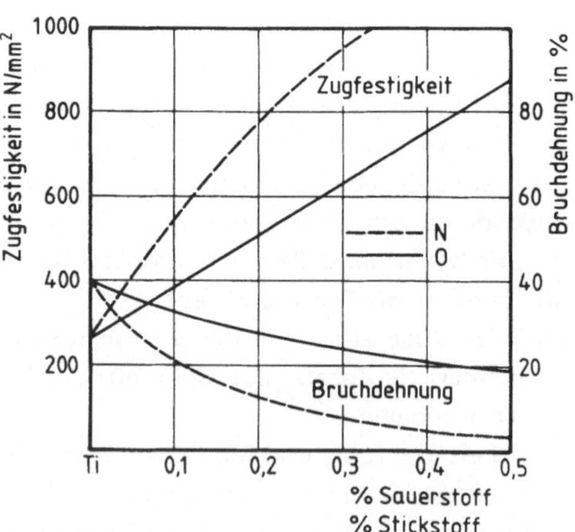

Bild 6.19 Zugfestigkeit und Bruchdehnung von unlegiertem Titan in Abhängigkeit vom Sauerstoff- und Stickstoffgehalt

und die Stickstoffgehalte zwischen 0,04 % und 0,08 %. Dabei ist eine hohe Gleichmäßigkeit des Rohblockes hinsichtlich der chemischen Zusammensetzung über den Querschnitt und über die Länge zu fordern.

Wie bei allen metallischen Werkstoffen besteht ein deutlicher Einfluß der Korngröße auf die Werte für die Streckgrenze, die Zugfestigkeit, die Formänderungsfestigkeit und die Kerbschlagarbeit. Dabei gilt auch für Ti die Hall-Petch-Beziehung für die Abhängigkeit der Streckgrenze von der Korngröße $R_{p0,2} = \sigma_i + k_y d^{-1/2}$.

Eine Kaltumformung von Ti durch Kaltwalzen, Stangen-, Rohr-, Profil- und Drahtziehen usw. hat eine Verfestigung zur Folge, die etwa der des unlegierten Stahles entspricht und mit dem Zahlenwert des Verfestigungsexponenten $n = 0,20$ näherungsweise erfaßt wird. Dabei liegt der n-Wert für weniger harte unlegierte Ti-Werkstoffe etwas darüber und der für höher-feste etwas darunter.

Die Zahlenwerte der Festigkeitseigenschaften der unlegierten Ti-Qualitäten, wie sie von Tabelle 6.2 erfaßt werden, vermitteln eine gewisse Vorstellung vom Verhalten der unlegierten Ti-Qualitäten bei der Kaltumformung.

Dabei sind die Eigenschaften von Bändern und Blechen zu Grunde gelegt. Sie wurden durch Kaltwalzen von Warmband hergestellt und einer Rekristallisationsglühung im Vakuumofen bei 750 °C unterworfen. Es ist zu berücksichtigen, daß eine ausgeprägte Richtungsabhängigkeit der Eigenschaften besteht. Sie ist die Folge einer deutlichen Textur, die sich auch in den hohen Zahlenwerten für die senkrechte Anisotropie r zeigt. Die mit ansteigenden O- und N-Gehalten zunehmenden 0,2 %-Dehngrenzwerte zeigen größer werdende Formänderungsfestigkeitswerte an. Für Umformungen werden größere Kräfte und Antriebsleistungen benötigt. Die abnehmenden Zahlenwerte der Bruchdehnung signalisieren ein vermindertes Formänderungsvermögen, und die kleiner werdenden n-Werte weisen auf eine Beeinträchtigung des Streckziehverhaltens hin. Für die härteren Ti-Sorten bietet sich die Möglichkeit, das Umformverhalten durch eine Erwärmung auf Temperaturen zwischen 200 und 400 °C zu verbessern. Bei hohen Formänderungen muß notfalls eine rekristallisierende Zwischenglühung eingeschoben werden.

Tabelle 6.2 Eigenschaften von unlegiertem Titan (Bänder und Bleche, Werte in Längsrichtung)

Eigenschaften	Qualität		
	I	II	III
% O_{max}	0,10	0,20	0,30
% N_{max}	0,05	0,06	0,07
% H_{max}	0,013	0,013	0,013
% Fe_{max}	0,20	0,25	0,35
% C_{max}	0,07	0,08	0,10
Zugfestigkeit R_m in N/mm²	290 ... 400	390 ... 540	540 ... 730
0,2 %-Dehngrenze $R_{p0,2}$ in N/mm²	mind. 190	mind. 270	mind. 430
Bruchdehnung A_{10} in %	mind. 30	mind. 22	mind. 16
Verfestigungsexponent n	0,23	0,20	0,18
Mittelwert der senkrechten Anisotropie r_m	2,6	2,2	2,0

Aus der Reihe der physikalischen Eigenschaften ist die mit 4,5 kg/dm³ vergleichsweise geringe Dichte besonders hervorzuheben. Außerdem zeigt Ti eine geringe Wärmeleitfähigkeit und eine geringe Wärmeausdehnung. Ti ist unmagnetisch. Der E-Modul von Reintitan liegt bei $E = 105\,00\ \text{N/mm}^2$ und ist somit nur halb so groß wie der von Stahl, was bei elastischen Formänderungen zu beachten ist.

Die hohe *Korrosionsbeständigkeit* des Ti beruht auf der Bildung eines dünnen, festhaftenden und dichten Oxidfilms bzw. von Deckschichten, deren Art und Wirkungsweise vom jeweiligen Angriffsmittel abhängt. Mit der Ti-Anwendung in der chemischen Industrie konnten schwerwiegende Korrosionsprobleme in der Kunststoff- und Bleichindustrie, bei der Chlorherstellung und -verarbeitung, in Meerwasserentsalzungsanlagen und bei der Salpetersäureherstellung und -anwendung gelöst werden. Die besonderen Festigkeitseigenschaften von Stahl lassen sich mit der besonderen Korrosionsbeständigkeit von Ti durch Ti-Sprengplattierungen kombinieren. Lochfraß wird dadurch ausgeschaltet.

6.7.2 Titanlegierungen

Die Korrosionsbeständigkeit passivierbarer Metalle kann durch Zulegieren geringer Mengen kathodisch wirksamer Edelmetalle verbessert werden. In Titan wirken sich die Elemente Pt, Pd, Rh und Ru besonders günstig aus. Seine Anwendungsgebiete werden dadurch erweitert. In der Regel genügt ein Pd-Zusatz von 0,2 % zu unlegiertem Ti.

Infolge der allotropen Umwandlung des Titans bei 882 °C ergeben sich mehrere Möglichkeiten für die Legierungsbildung. Eine Gruppe von Legierungselementen begünstigt die hexagonale α-Phase und hebt die Umwandlungstemperatur an, eine andere Gruppe von Elementen stabilisiert die kubischraumzentrierte β-Phase und verschiebt die Umwandlungstemperatur zu tieferen Temperaturen. Nach dem sich jeweils bei Raum-

temperatur einstellenden Gefüge werden die Ti-Legierungen nach α-, (α+β)- und β-Legierungen unterschieden. Bild 6.20a und b veranschaulicht das temperaturabhängige Auftreten der α-, (α+β)- und β-Gefüge einmal, wenn die α-Phase begünstigt wird und zum andern, wenn die β-Phase stabilisiert wird. Bei einer Verschiebung der β-α-Umwandlung zu niedrigeren Temperaturen verzögert sich die Umwandlung. Es können dann martensitische Zwischenzustände auftreten, die eine Gefügehärtung herbeiführen.

Der α-Zustand wird durch die Elemente C, O und N, die Einlagerungsmischkristalle mit dem Ti bilden, begünstigt, dann durch die Elemente Al, Zr und Sn, die Substitutionsmischkristalle bilden. Die hexagonale α-Legierungen liefern mittlere bis hohe Festigkeitswerte bei Raumtemperatur (R_m bis 1000 N/mm²), hohe Werte der Warmfestigkeit, die durch feindisperse Ausscheidungen von intermetallischen Verbindungen weiter angehoben werden können, aber auch verminderte Formänderungseigenschaften, die durch den hexagonalen Gitteraufbau der α-Phase bedingt sind.

Die (α+β)-Legierungen weisen weiter erhöhte Festigkeitswerte auf. In der Regel wird bei ihnen sowohl die Festigkeit der α-Phase als auch die der β-Phase durch Mischkristallhärtung erhöht. Zusätzlich bietet die Ausscheidungshärtung die Möglichkeit einer weitgehenden Festigkeitssteigerung.

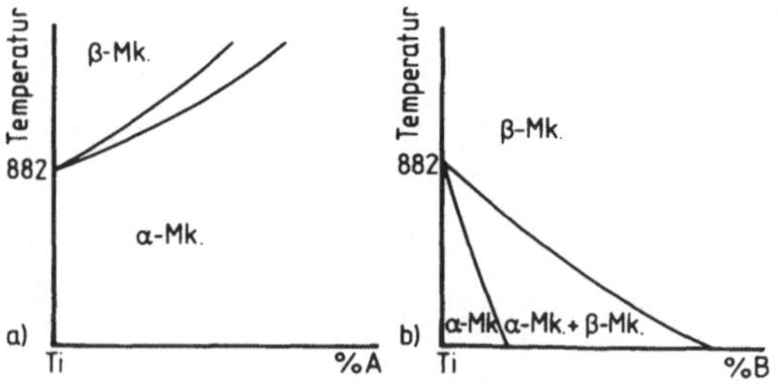

Bild 6.20

a) Anhebung der Temperatur der β-α-Umwandlung (Stabilisierung der α-Phase)

b) Absenkung der Temperatur der β-α-Umwandlung (Stabilisierung der β-Phase)

Die β-Legierungen besitzen einen kubisch-raumzentrierten Gitteraufbau und sind demzufolge besser kaltumformbar als die α- und (α+β)-Legierungen. Durch eine Ausscheidungshärtung kann die Festigkeit auf R_m-Werte über 1500 N/mm² gesteigert werden. Die höchsten Festigkeitswerte werden durch eine Kaltumformung vor der Auslagerung erreicht. Die Schweißbarkeit wird durch die Gefahr einer Grobkornbildung beeinträchtigt. Die wichtigsten β-Stabilisatoren sind die Elemente V, Mo, Nb und Ta. Bei einem Zusatz der Elemente Ni, Co, Fe, Cr und Mn kommt es zu einem Zerfall der β-Mischkristalle unter Bildung eines Eutektoids (Bild 6.21). Die Tabelle 6.3 ermöglicht einen Vergleich der Zahlenwerte der mechanischen Eigenschaften verbreiteter α-, (α+β)- und β-Legierungen. Es fällt auf, daß die höchsten Festigkeitswerte dann erreicht werden, wenn vor dem Auslagern eine Kaltumformung vorge-

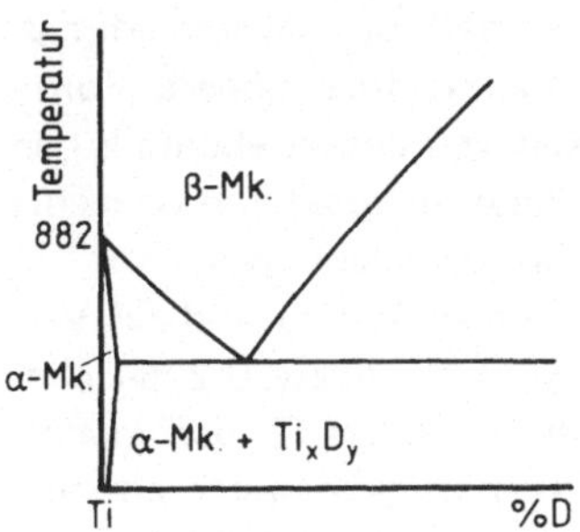

Bild 6.21 Eutektoider Zerfall der β-Mischkristalle

nommen wird. Durch die erhöhte Versetzungsdichte der übersättigten Mischkristalle ergibt sich eine Begünstigung feinstverteilter Ausscheidungen und damit eine besonders starke Behinderung der Versetzungen. Während das unlegierte Titan ein verhältnismäßig duktiler Werkstoff ist, wird das Formänderungsvermögen der Ti-Legierungen

Tabelle 6.3 Wärmebehandlung und mechanische Eigenschaften (bei 20 °C) von Titanlegierungen

Chemische Zusammensetzung	Gefügeaufbau	Behandlung	0,2-%-Dehngrenze N/mm²	Zugfestigkeit N/mm²	Bruchdehnung %
TiAl8Mo1V1	α	Rekristallisations-Glühung 790 °C/Luft	850	950	14
TiAl6V4	(α + β)	Rekristallisations-Glühung 750 °C/Luft	890	970	13
		Lösungsglühen 930 °C/Wasser Auslagern 540 °C/8 h/Luft	1 080	1 180	11
TiVl3Cr11Al3	β	Rekristallisations-Glühung 790 °C/Luft	900	950	14
		Lösungsglühen 790 °C/Wasser Auslagern 480 °C/17 h/Luft	1 220	1 290	7
		Lösungsglühen 790 °C/Luft Kaltumformung Auslagern 440 °C/24 h/Luft	1 700	1 820	4

durch die Mischkristall- und Ausscheidungshärtung eingeschränkt. Ihre höhere Formänderungsfestigkeit vermindert ebenfalls den
möglichen Formänderungsgrad und vermehrt
so die Zahl der Zwischenglühungen.
Die Titanlegierungen sind auf Grund des Ver-
hältnisses von Zugfestigkeit bzw. 0,2 %-Dehn-
grenze zur Dichte besonders für den *Leicht-
bau* geeignet. Die Festigkeitswerte entsprechen denen von hochfesten Stählen, während die Dichtewerte nur angenähert 56 %
des Dichtewertes von Stahl ausmachen.
Bei den Temperaturen der Tieftemperaturtechnik steigen die Zahlenwerte der 0,2 %-
Dehngrenze und der Zugfestigkeit mit sinkender Temperatur an. Die Zähigkeit und
das Formänderungsvermögen nehmen ab,
ohne daß eine ausgesprochene Versprödung
eintritt.

6.8 Zirkonium und Zirkoniumlegierungen

6.8.1 Reinzirkonium

Das Zirkonium ist ein Element der Titangrup-
pe. Zr und Ti unterscheiden sich in ihren
Eigenschaften nur wenig. Der bedeutsamste
Unterschied zeigt sich bei den Zahlenwerten
für die Dichte. Die Dichte des Zr ist mit
6,5 kg/dm^3 merklich größer als die des Ti mit
4,5 kg/dm^3. Der Schmelzpunkt des Zr liegt
mit 1852 °C über dem des Ti mit 1668 °C.
Die Umwandlungspunkte liegen mit 862 °C
für das Zr und 882 °C für Ti dicht beisam-
men. Auch das Zr kommt mit einem kubisch-
raumzentrierten Kristallgitter zur Erstarrung
und erfährt eine Umwandlung zum α-Zr, das
eine hexagonal dichteste Kugelpackung aufweist.
Metallisches Zr wird in Kernreaktoren als
Hüllmaterial für Brennstoffelemente verwendet. Es besitzt als Metall, das weitestgehend
von störenden Hafniumverunreinigungen frei
ist, einen kleinen Absorptionsquerschnitt für
thermische Neutronen. Obwohl das Hafnium
ebenfalls ein Element der Ti-Gruppe ist und
mit ihm vergesellschaftet vorkommt, besitzt

es einen fast 600 mal größeren Absorptionsquerschnitt für thermische Neutronen als Zirkonium. Die *Hüllrohre* der Brennstäbe haben
eine Verunreinigung des Kühlmittels durch
radioaktive Spaltprodukte und eine Korrosion des Urans bzw. des Urandioxids durch
das Kühlmittel zu verhindern. Sie müssen in
hohem Maße für Neutronen durchlässig sein.
Dementsprechend muß der Werkstoff für
Hüllrohre neben einem kleinen Absorptionsquerschnitt für thermische Neutronen eine
hohe Warmfestigkeit und eine hohe Korrosionsbeständigkeit besitzen. Der Werkstoff darf
nicht merklich verspröden und muß ein möglichst hohes Formänderungsvermögen zeigen.
Wie beim Ti sind die mechanischen Eigenschaften des Zr vom Gehalt an Verunreinigungen abhängig. Einen besonderen Einfluß
hat der Sauerstoff. Mit zunehmendem Gehalt an Sauerstoff steigen die Zahlenwerte der
Streckgrenze, der Zugfestigkeit und der Härte
an, während die Werte der Bruchdehnung, der
Brucheinschnürung und der Kerbschlagarbeit
abfallen. Reinzirkonium zeigt Werte der Zugfestigkeit um R_m = 200 N/mm^2 und Bruchdehnungswerte um A_{10} = 34 %. Mit ansteigender Temperatur fällt die Zugfestigkeit des
Zr rasch ab. Die Beständigkeit des Zr in wässrigen Elektrolytlösungen ist im allgemeinen
besser als die der nichtrostenden Stähle und
die des Ti. Von spezieller Bedeutung ist die
Beständigkeit des Zr gegenüber den zur
Anwendung kommenden Kühlmitteln wie
Leicht- und Schwerwasser, Druckwasser und
Wasserdampf, Metallschmelzen und Kohlendioxid. Die hohe Korrosionsbeständigkeit des
Zr beruht auf der Ausbildung einer dichten,
festhaftenden *Deckschicht* aus dem Oxid
ZrO_2 auf der Metalloberfläche.

6.8.2 Zirkoniumlegierungen

Ziele der Entwicklung von Zirkoniumlegierungen als Werkstoffe für die *Hüllrohre* der
Brennstäbe von Kernreaktoren waren die
Verbesserung der Festigkeitseigenschaften
und der Werte für die Zeitstandfestigkeit bei

höheren Temperaturen und die Anhebung der Korrosionsbeständigkeit speziell gegenüber Druckwasser und Dampf. Dabei durfte die Neutronenabsorption nicht wesentlich durch die Legierungselemente erhöht werden. In Tabelle 6.4 sind die wichtigsten Zirkoniumlegierungen für Hüllrohre hinsichtlich ihrer chemischen Zusammensetzung zusammengestellt. Von ihnen haben die Legierungen *Zircaloy-2* und *Zircaloy-4* die weitaus größte Bedeutung. Im rekristallisierten Zustand besitzt z. B. Zircaloy-2 Zahlenwerte der Streckgrenze um $R_{p0,2} = 400 \, \text{N/mm}^2$, der Zugfestigkeit um $R_m = 520 \, \text{N/mm}^2$ und der Bruchdehnung um $A_{10} = 28 \, \%$. Demnach zeigt die Legierung ein recht hohes Formänderungsvermögen und kann durch Kaltpilgern von Rohren mit hohen Formänderungen auf Hüllrohrabmessungen umgeformt werden.

Die Nb-haltigen Legierungen liefern z. T. etwas höhere Festigkeitswerte, zeigen dafür aber eine verminderte Korrosionsbeständigkeit gegen Druckwasser und Dampf. Cu-haltige Legierungen haben eine hohe Beständigkeit gegen das Kühlmittel CO_2 und kommen daher in gasgekühlten Reaktoren zum Einsatz.

Neben den kaltgepilgerten Hüllrohren kommen auch Bleche und Bänder aus Zr-Legierungen als Konstruktionswerkstoff in Reaktoren zur Anwendung. Sie werden durch Warm- und Kaltwalzen hergestellt. Die Rekristallisationsglühung erfolgt wie bei den Hüllrohren im Vakuum. Die Glühtemperatur liegt dabei zwischen 660 °C und 700 °C.

6.9 Zink und Zinklegierungen

6.9.1 Reines Zink

Zink hat eine Dichte von $7{,}13 \, \text{kg/dm}^3$. Es erstarrt bei 419,5 °C zu einem Kristallgitter mit *hexagonal dichtester Kugelpackung.* Die Elementarzelle zeigt ein stark übernormales Achsenverhältnis ($c/a = 1{,}856$). Bei der plastischen Umformung ist daher die Basisgleitung vorherrschend. Das Formänderungsvermögen des Zn ist daher begrenzt und zwar um so ausgeprägter je grobkörniger das Gefüge ist. Auch der Reinheitsgrad wirkt sich auf das Formänderungsvermögen aus. Elektrolytzink ist verhältnismäßig gut umformbar. Der hexagonale Gitteraufbau hat ausgeprägte Verformungs- und Rekristallisationstexturen zur Folge, so daß eine starke Richtungsabhängigkeit der Eigenschaften festzustellen ist. Auf Grund der Zunahme der Versetzungsdichte kommt es beim Zink zu einer Verfestigung, die derjenigen der kubisch-flächenzentrierten Metalle entspricht. Doch tritt bereits bei Temperaturen dicht oberhalb der Raumtemperatur eine Umordnung und Auslöschung von Versetzungen ein. Diese Erholungsvorgänge setzen sich bereits ab 40 °C in einer Rekristallisation fort, wobei die Rekristallisationstemperatur um so niedriger liegt, je höher der Reinheitsgrad des Zn ist und je größer der Formänderungsgrad gewesen ist. Eine zu hohe Glühtemperatur führt schnell zu einem Kornwachstum.

Zink erhält seine technische Bedeutung durch seine *Korrosionsbeständigkeit* gegen atmosphärische Einflüsse. Es bildet an der Luft

Tabelle 6.4 Chemische Zusammensetzung von Zirkoniumlegierungen für Hüllrohre in Kernreaktoren

Legierung	% Sn	% Fe	% Cr	% Ni	% Nb	% Cu
Zircaloy-2	1,2 … 1,7	0,07 … 0,20	0,05 … 0,15	0,03 … 0,08	–	–
Zircaloy-4	1,2 … 1,7	0,18 … 0,24	0,07 … 0,13	–	–	–
ZrNb1	–	–	–	–	1,0	–
ZrNb2,5	–	–	–	–	2,5	–
ZrCu2	–	–	–	–	–	1,6 … 2,5

Zircaloy-2 hauptsächlich für Siedewasser-Reaktoren
Zircaloy-4 hauptsächlich für Druckwasser-Reaktoren

Schutzschichten aus Zinkoxid, basischem Zinkcarbonat, basischem Zinkchlorid, Zinkhydroxid und gelegentlich auch aus Zinksulfat und Zinkphosphat. Dementsprechend findet Zink im Bauwesen für Dachabdeckungen, Gesims- und Fensterbankabdeckungen, Kamineinfassungen und Regenrinnen Verwendung und dient in zunehmendem Maße in Form von Schutzüberzügen der Werterhaltung von Bauteilen aus Stahl. Dabei kann das Aufbringen der korrosionshemmenden Zinkschicht durch eine Feuerverzinkung, eine galvanische Verzinkung, eine Spritzverzinkung, ein Sheradisieren oder ein Auftragen von Zn-haltigen Anstrichen erfolgen. Der Schmelztauchüberzug durch Feuerverzinken stellt das wichtigste Verzinkungsverfahren dar. Durch die Legierungsbildung mit dem Stahl ergibt sich eine feste Haftung der Zn-Schicht auf der Stahlunterlage. Das gute Umformverhalten und die einwandfreie Punktschweißbarkeit machen z. B. verzinkte Bänder und Bleche zum idealen Vormaterial für die Fertigung von Autokarosserien. Die Ansprüche hinsichtlich Korrosionsschutz und Aussehen können gesteigert werden, wenn verzinkte Teile zusätzlich einer Ein- oder Mehrschichtlackierung oder einer Kunststoffbeschichtung unterworfen werden.

6.9.2 Zinklegierungen

Verunreinigungen des Zn sind in erster Linie die Elemente Pb, Sn, Fe, Cd und Bi. Zinklegierungen enthalten hauptsächlich die Elemente Al, Cu, Mg, Mn, Ti und Be. Sie werden bevorzugt für die Herstellung von *Druckgußteilen* eingesetzt, wobei es sich meistens um große Stückzahlen handelt. Die Zn-Legierungen sind wegen ihrer guten Gießbarkeit und ihres niedrigen Schmelzpunktes besonders gut für den Druckguß geeignet. Sie sind dünnflüssig und zeigen ein gutes Formfüllvermögen. Es können bei hohen Gießleistungen auch schwierige Gußstücke mit dünnen Wandungen bei hoher Maßgenauigkeit hergestellt werden. Dabei ist die Palette der Anwendungsmöglichkeiten von Zn-Druckguß sowohl hinsichtlich der Formen als auch hinsichtlich der Stückgewichte außerordentlich groß. Die Legierungen werden fast ausschließlich bei Formentemperaturen von 170 ... ... 240 °C und Gießtemperaturen um 420 °C vergossen. Die Dauerformen bestehen aus legiertem Warmarbeitsstahl.

Bevorzugt zur Anwendung kommende Zn-Druckgußlegierungen sind solche auf der Basis des Feinzinks mit mindestens 99,99 % Zn. Den Hauptanteil bilden die Legierungen GD-ZnAl4, GD-ZnAl4Cu1 und GD-ZnAl2Cu1Be mit Zahlenwerten für die Zugfestigkeit zwischen

$$R_m = 250 \text{ N/mm}^2 \text{ und}$$
$$R_m = 350 \text{ N/mm}^2$$

und solchen für die Bruchdehnung zwischen $A_5 = 3$ % und $A_5 = 8$ %. Als Sand- oder Kokillenguß kommen außerdem die Legierungen G-ZnAl4Cu3 bzw. GK-ZnAl4Cu3 und G-ZnAl6Cu1 bzw. GK-ZnAl6Cu1 zum Einsatz. Hinsichtlich der Maßgenauigkeit der Gußteile ist zu beachten, daß in Zn-Al-Legierungen verzögerte Zerfalls- und Ausscheidungsvorgänge ablaufen, die ihre Ursache im Zweistoffsystem Zn-Al haben und bei der Lagerung zu einer Schrumpfung der Gußteile führen.

Die Hauptmenge der Zn-Druckgußteile für die Automobil- und Haushaltgeräteindustrie werden galvanisiert. Zn-Legierungen eignen sich für die galvanische Auftragung von Schichten aus Cu, CuZn, Ni, Cr, Ag und Au. Eine häufig zur Anwendung kommende Schichtkombination ist der Cu-Ni-Cr-Überzug. Den besten Haftgrund für Lackierungen bieten phosphatierte Oberflächen.

6.10   Blei und Bleilegierungen

6.10.1 Reinblei

Reinblei besitzt eine große Dehnbarkeit und läßt sich auf Grund seines hohen Formänderungsvermögens leicht zu Blechen auswalzen und zu Rohren pressen. Seine Zugfestigkeit ist mit Werten um $R_m = 18$ N/mm² gering. Sie ist stark von der Korngröße abhängig. Die Bruchdehnung ist mit $A_{10} = 45$ ...

... 70 % dem Formänderungsvermögen entsprechend hoch. Der Schmelzpunkt des Bleis liegt bei 327,4 °C. Er läßt vermuten, daß eine Umformung bei Raumtemperatur bereits zu einer Erholung und Rekristallisation führt. Geringe Formänderungen bei Raumtemperatur können daher bei Blei zu einem Grobkorn führen und die Festigkeitseigenschaften beeinträchtigen. Die fehlende Werkstoffverfestigung hat einen geringen Kriechwiderstand zur Folge, der nur über die Beeinflussung der Korngröße und des Ausscheidungszustandes bzw. Dispersionszustandes anzuheben ist. Dabei ist ein grobes Korn wegen der verminderten Korngrenzengleitung kriechbeständiger als ein Feinkorn.

Blei zeigt eine hohe Korrosionsbeständigkeit gegen atmosphärische Einflüsse und gegen eine Reihe von Chemikalien. Sie beruht auf der Bildung einer dichten *Schutzschicht* aus unlöslichen bzw. schwer löslichen Bleiverbindungen. An der Luft und in Trinkwasser bilden sich Oxid- und Carbonatschichten, in Schwefelsäure entsteht eine Schutzschicht aus unlöslichem Pb-sulfat. Blei kommt daher als Werkstoff für Auskleidungen im chemischen Apparatebau und in Beizereibetrieben in Betracht. Eisenwerkstoffe können elektrolytisch oder im Tauchverfahren verbleit werden. Bleischutzschichten können auch durch Pb-Pulveranstriche oder durch Flammspritzen aufgetragen werden.

Blei findet weiterhin bei der Fertigung von Bleiakkumulatoren Verwendung. Es dient als Werkstoff für Kabelmäntel und als Abschirmungsmaterial gegen γ- und Röntgenstrahlen. Hinsichtlich der Pb-Verarbeitung ist zu beachten, daß Pb-Dämpfe und Pb-Verbindungen gesundheitsschädlich sind. Sie wirken auf das Blut, das Knochenmark und auf das Nervensystem. Besonders gefährdet sind Kinder.

6.10.2 Bleilegierungen

Die wichtigsten Legierungselemente des Bleis sind das Antimon und das Zinn. Die Pb-Sb-Legierungen mit Sb-Gehalten zwischen 0,1 % und 13 % werden als *Hartblei* bezeichnet.

Bild 6.22 gibt das Zweistoffsystem Pb-Sb wieder. Es handelt sich um ein eutektisches System mit beschränkter Mischkristallbildung auf der Pb- und Sb-Seite. Die abnehmende Löslichkeit der α-Mischkristalle für Sb bietet die Möglichkeit einer *Ausscheidungshärtung*. Durch eine Abschreckbehandlung von 230 °C werden übersättigte α-Mischkristalle erzeugt, die das Bestreben haben, beim Lagern durch Bildung von Ausscheidungen in den stabilen Gleichgewichtszustand überzugehen. Dabei muß eine Überalterung als Folge einer zu hohen Auslagerungstemperatur und einer zu langen Haltezeit vermieden werden. Eine Auslagerungstemperatur von 50 °C sollte nicht überschritten werden. Überall dort, wo höhere Ansprüche an die Festigkeitseigenschaften und an die Zeitstand- und Wechselfestigkeit des Bleis gestellt werden, wird auf Pb-Sb-Legierungen zurückgegriffen. Das gilt z. B. für den chemischen Apparatebau und für die Fertigung von Bleikabelmänteln.

Die ternären Pb-Sb-Legierungen sind die Basislegierungen für *Lager-Weißmetalle* und Schriftmetalle. Sie kommen auf Grund ihrer mechanischen und technologischen Eigenschaften für Lager in Betracht, die je nach Reibungszustand mittleren bis hohen spezifischen Flächenpressungen und mittleren bis

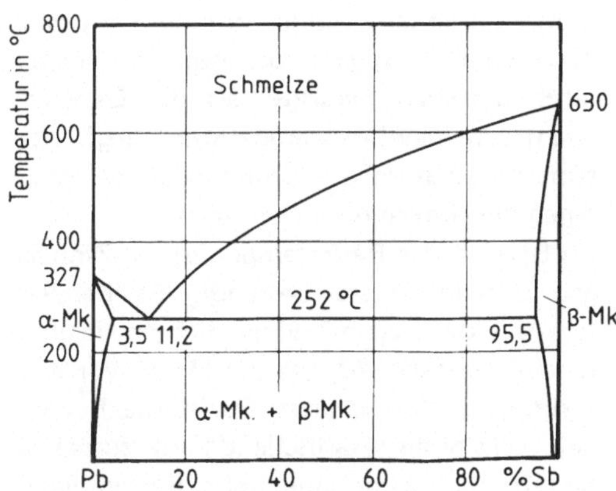

Bild 6.22 Zweistoffsystem Pb-Sb (Mischungslücke im festen Zustand)

hohen Zapfengleitgeschwindigkeiten unterliegen. Wegen ihrer verhältnismäßig geringen statischen Festigkeit werden die Weißmetalle in Verbundlagern eingesetzt, bei denen das Weißmetall in bronzene oder stählerne Stützschalen eingegossen wird. Das Gefüge eines Lagermetalles auf der Legierungsbasis Pb-Sn-Sb besteht aus einer eutektischen Grundmasse und eingelagerten Sn-Sb-Mischkristallen, welche die Funktion von Trägerkristallen übernehmen.

6.11 Zinn und Zinnlegierungen

6.11.1 Reinzinn

Zinn besitzt mit 231,9 °C einen vergleichsweise niedrigen Schmelzpunkt. Es ist leicht gieß- und umformbar und gut mit anderen Metallen zu legieren. Es besitzt eine hohe Beständigkeit gegen korrosive Angriffe und ist weitestgehend ungiftig. Auf Grund der niedrigen Schmelztemperatur erfolgt die Rekristallisation bereits bei Temperaturen unterhalb der Raumtemperatur.

Zinn tritt in zwei Modifikationen auf. Bei Temperaturen über 13,2 °C ist das tetragonale β-Zinn stabil, darunter das graue α-Zinn, das ein Diamantgitter aufweist, in dessen kubischer Elementarzelle jedes Atom tetraederförmig von vier Atomen umgeben ist. Die *Umwandlung* vom weißen in das graue Zinn führt zu einem voluminösen grauen Pulver, was die Ursache der Zinnpest ist. Die Gitterumwandlung läuft jedoch nur dann mit meßbarer Geschwindigkeit ab, wenn die Temperatur merklich niedriger als die Gleichgewichts-Umwandlungstemperatur liegt. Bestimmte chemische Verbindungen beschleunigen die Umwandlung katalytisch.

Im Bereich der Raumtemperatur ist Zinn gegen Luft und Wasser beständig. Es überzieht sich mit der Zeit mit einer dichten, festhaftenden *Oxidschicht*, die das Metall vor Korrosionsangriffen schützt. So ist die Beliebtheit verzinnter Stahlteile darauf zurückzuführen, daß Zinn eine hohe Beständigkeit gegen verdünnte Säuren — mit Ausnahme von verdünnter Salpetersäure — aufweist,

sein gutes Aussehen behält und günstige hygienische Eigenschaften bietet. Dementsprechend wird die Hauptmenge des Zinns für die Erzeugung von Weißblech bzw. Weißband benötigt. Dabei ist nach der Blech- bzw. Banddicke zwischen dem *Weißblech* mit einer Dicke zwischen 0,49 mm und 0,17 mm, dem *Leichtgewichtsweißblech* im Dickenbereich von 0,15 mm ... 0,12 mm und der *Weißblechfolie* mit einer Dicke um 0,05 mm zu unterscheiden. Der Sn-Auftrag erfolgt hauptsächlich elektrolytisch und kaum noch auf dem Wege der Feuerverzinnung.

6.11.2 Zinnlegierungen

Bevorzugte Legierungselemente des Zinns sind das Blei, das Antimon und das Kupfer. Zinn kann der Hauptbestandteil von Lagermetallen auf der Legierungsbasis Sn-Pb-Sb bzw. Sn-Pb-Sb-Cu sein. Zinn-Blei-Legierungen kommen als *Weichlote* zum Einsatz. Dabei erfolgt das Weichlöten bei einer Arbeitstemperatur unterhalb von 450 °C. Die zur Anwendung kommenden Lote enthalten in der Regel Sn-Anteile zwischen 30 % und 60 % Sn. Bild 6.23 gibt das Zustandsdiagramm Sn-Pb wieder. Es handelt sich dabei um ein eutektisches System, dessen eutek-

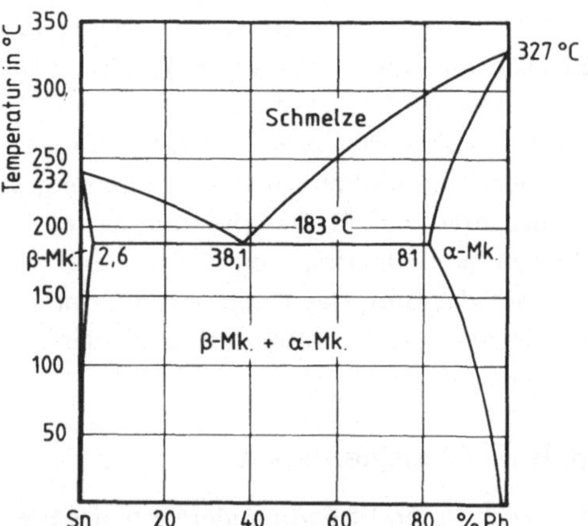

Bild 6.23 Zweistoffsystem Sn-Pb (Mischungslücke im festen Zustand)

tische Temperatur bei 183 °C liegt und dessen eutektische Zusammensetzung 61,9 % Sn und 38,1 % Pb beträgt. Bei der eutektischen Temperatur vermag Sn 2,5 % Pb und Pb 19 % Sn zu lösen. Mit abnehmender Temperatur nimmt die Löslichkeit der Mischkristalle für Pb bzw. Sn ab. Ausgehend vom Eutektikum verringert sich bei den unter- und übereutektischen Sn-Pb-Legierungen die Menge an Eutektikum im Gefüge, und das Erstarrungsintervall wird vergrößert. Die niedrigschmelzenden eutektischen Lote füllen enge Spalte gut aus und eignen sich besonders für Feinlötungen. Wird der Anteil des Eutektikums kleiner und damit das Erstarrungsintervall größer, so verbleibt das Lot bei der Abkühlung längere Zeit im plastischen Bereich, und die Lötstelle kann einer Formung und Bearbeitung unterzogen werden. Weichlote mit einem Sn-Gehalt unter 20 % liefern bei der Abkühlung zu wenig Eutektikum, so daß die Gefahr einer Lunkerung besteht. Voraussetzung für eine einwandfreie Lötung ist die Verwendung eines Flußmittels, das die zu lötenden Oberflächen reinigt und das Fließen und Benetzen des Lotes auf der Lötstelle gewährleistet.

Sn-Legierungen mit Pb, Bi und Cd besitzen sehr niedrige Schmelzpunkte. So schmilzt das Woodsche Metall mit 12,5 % Sn, 12,5 % Cd, 25 % Pb und 50 % Bi bereits bei 60 °C.

6.12 Hochschmelzende Metalle

Zu den Metallen, deren Schmelzpunkte oberhalb von 2000 °C liegen, gehören die Elemente Rhenium (Re) und Hafnium (Hf), die Platinmetalle Osmium (Os), Ruthenium (Ru) und Iridium (Ir) und die technisch besonders bedeutsamen Elemente Wolfram (W), Molybdän (Mo), Tantal (Ta) und Niob (Nb). Tabelle 6.5 gibt eine Zusammenstellung der Schmelzpunkte und der kennzeichnenden Eigenschaften der Elemente W, Mo, Ta und Nb. Die hohen Schmelzpunkte haben ihre Ursache in der *hohen Bindungsenergie* der Atome im Kristallgitter. Diese ergibt sich als Energiedifferenz zwischen der Gesamtenergie eines Kristalles und der Energie der aus dem Atomverband der Kristalle herausgelösten Atome. Die starke Bindung ist außerdem für den niedrigen Dampfdruck, den hohen E-Modul, die vergleichsweise hohen Festigkeitswerte bei Raumtemperatur und bei erhöhten Temperaturen, den kleinen thermischen Ausdehnungskoeffizienten und die hohe Rekristallisationstemperatur der hochschmelzenden Metalle verantwortlich.

Die hochschmelzenden Metalle W, Mo, Ta und Nb fallen nach Aufbereitung, Aufschluß und Reduktion der Erze in Pulverform an. Die Metallpulver werden verpreßt, bei hohen, die Diffusion begünstigenden

Tabelle 6.5 Schmelzpunkt und kennzeichnende Eigenschaften der hochschmelzenden Metalle Wolfram, Molybdän, Tantal und Niob

Eigenschaften	Wolfram	Molybdän	Tantal	Niob
Kristallgitter	kubisch-raumzentriert	kubisch-raumzentriert	kubisch-raumzentriert	kubisch-raumzentriert
Schmelzpunkt in °C	3 385	2 620	2 996	2 470
Dichte in kg/dm^3	19,3	10,2	16,6	8,6
E-Modul in N/mm^2	415 300	336 000	189 000	115 000
Formänderungsvermögen	gering	mäßig	hoch	recht hoch
Rekristallisationstemperatur in °C	1 200	950	1 050	850
Oxidationsbeginn an Luft in °C	550	600	500	600

Temperaturen unter Wasserstoff oder im Hochvakuum gesintert und zu dichten, porenfreien Sinterkörpern umgeformt. Die Umformung geschieht hauptsächlich durch Schmieden, Walzen, Strangpressen und Ziehen. Die dabei eintretende Werkstoffverfestigung wird durch eine Rekristallisationsbehandlung rückgängig gemacht.

Für die hochschmelzenden Metalle besteht ein besonderes Interesse in der *Luft- und Raumfahrt*. Die Flugzeug- und Raketentriebwerke arbeiten mit sehr hohen Dauertemperaturen. Zudem treten hohe Reibungstemperaturen in der Außenhaut auf, die bei Raketen kurzzeitige Temperaturstöße und bei Flugkörpern Gleichgewichtstemperaturen von längerer Einwirkdauer sind.

Alle vier hochschmelzenden Gebrauchsmetalle weisen ein kubisch-raumzentriertes Kristallgitter auf und erfahren keine Gitterumwandlungen. Die Wärmeausdehnung der vier Metalle ist geringer als die der übrigen Metalle, und ihre Wärmeleitfähigkeit ist vergleichsweise groß. Die *Hochtemperaturbeständigkeit* kann als Folge einer Anhebung der Rekristallisationstemperatur und einer Teilchenhärtung gesteigert werden. Dabei hat die Härtung durch das Einbringen disperser Phasen eine besondere Bedeutung.

Die hochwarmfesten Ni- und Co-Superlegierungen lassen Einsatztemperaturen bis 1000 °C zu. Bei höheren Arbeitstemperaturen müssen die hochschmelzenden Metalle und Legierungen zur Anwendung kommen. Dabei lassen sich die Legierungen der Metalle Mo und Nb bis zu einer Temperatur von 1500 °C, die des Ta bis zu einer Temperatur von 2000 °C und die des W bis zu einer Temperatur von 2500 °C verwenden. Bild 6.24 vermittelt einen Vergleich der Zahlenwerte für die Warmzugfestigkeit von hochwarmfesten Ni- und Co-Superlegierungen und von W-, Mo-, Ta- und Nb-Legierungen, die neben einer Mischkristallhärtung eine Teilchenhärtung und eine Anhebung der Rekristallisationstemperatur erfahren haben. So besitzt eine Mo-Legierung mit 0,5 % Ti und 0,1 %

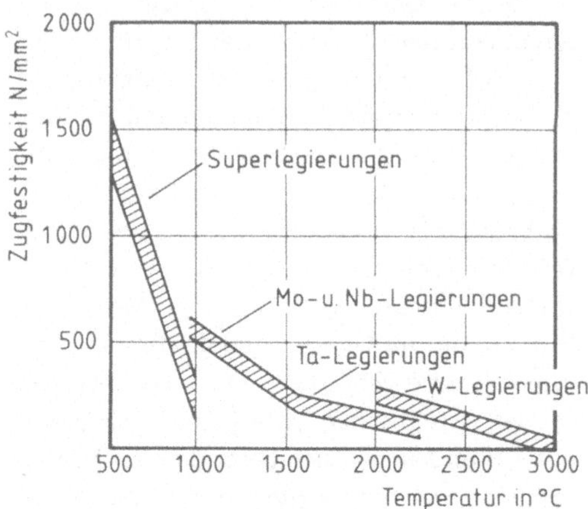

Bild 6.24 Warmzugfestigkeit von Hochtemperaturwerkstoffen

Zr hervorragende Hochtemperatureigenschaften.

Die nur sehr mäßige Beständigkeit der hochschmelzenden Metalle und Legierungen gegenüber oxidierenden Einflüssen zwingt zu einer Aufbringung von *Hochtemperatur-Schutzschichten* als Oberflächenschutz. Dabei kommen als Auftrags- und Diffusionsschichten solche aus Carbiden, Chromiden, Aluminiden, Siliziden, Titaniden und Berylliden sowie aus oxidkeramischen Schichten auf der Basis des Al_2O_3, Cr_2O_3 und des ZrO_2 und solche aus Hochtemperaturemails in Betracht.

Die geringe Oxidationsbeständigkeit der hochschmelzenden Metalle mit hoher Warmfestigkeit hat dazu geführt, daß zunehmend keramische Werkstoffe für den Triebwerksbau ins Gespräch gekommen sind. Dabei handelt es sich jedoch um spröde Materialien, die nicht in der Lage sind, thermisch oder mechanisch bedingte Spannungen durch ein plastisches Fließen abzubauen. Die aussichtsreichsten Vertreter der Werkstoffe für keramische Triebwerksbauteile sind das Siliziumnitrid Si_3N_4, das Siliziumcarbid SiC, das Bornitrid BN und das Borcarbid B_4C.

Der hohe Schmelzpunkt des W ist einer der Gründe für seine Verwendung als *Leuchtkörperwerkstoff* in Glühlampen und anderen elektrotechnischen Geräten. Die Verdampfungsgeschwindigkeit des W ist bei den Brenntemperaturen der Glühlampen sehr niedrig. Eine hohe thermische Belastung ist jedoch nur in einer inerten Atmosphäre oder im Vakuum möglich. Der niedrige Ausdehnungskoeffizient des W wird für Einschmelzungen in Glas bei Vakuumröhren genutzt. W kommt weiterhin als Emissionskatode in Elektronenröhren, als Werkstoff für Drehanoden in Röntgenröhren, als *Heizleiter* in Hochtemperaturöfen, als *Elektrodenwerkstoff* für das Lichtbogenschweißen unter Schutzgas und als Abschirmwerkstoff gegen γ-Strahlen zum Einsatz.

Mo zeigt hinsichtlich seiner chemischen und physikalischen Eigenschaften eine weitgehende Ähnlichkeit mit W. Es findet als *Heizleiterwerkstoff* im Hochtemperaturofenbau, als Konstruktionswerkstoff in Elektronenröhren, als *Elektrodenwerkstoff*, als Gußformenwerkstoff und in der Metallaufspritztechnik Verwendung. Nachteilig ist, daß Mo einer Oxidation nur einen geringen Widerstand entgegensetzt. Der Grund für dieses Verhalten liegt in der Bildung leicht flüchtiger Oxide. Die MoO_3-Verdampfung setzt bereits bei 600 °C ein.

Ta ist durch eine *hohe Korrosionsbeständigkeit* ausgezeichnet. Es wird daher für Auskleidungen, als Werkstoff für Filter, Düsen, Spinndüsen, Wärmeaustauscher und Heizschlangen in der chemischen Industrie und in der Textilindustrie und als Werkstoff für Knochennägel, Knochenplatten und Behälter für Herzschrittmacher verwendet. Die hohe Beständigkeit gegenüber anorganischen und organischen Säuren und gegenüber atmosphärischen Einflüssen beruht auf der Bildung einer dichten, festhaftenden *Oxidschicht.*

Nb kommt mit dem Ta vergesellschaftet vor und ähnelt in seinen Eigenschaften dem Ta. In Säuren, Salzlösungen und verdünnten Laugen kommt es wegen des Vorhandenseins einer oxidischen *Schutzschicht* zu keinem Korrosionsangriff. Seine Beständigkeit gegen Alkalimetallschmelzen macht Nb für Na-gekühlte Reaktortypen interessant. Von Bedeutung ist weiterhin das hohe Formänderungsvermögen des Nb, so daß es leicht durch Kaltwalzen, Drücken oder Tief- bzw. Streckziehen umgeformt werden kann. Ein besonders herausragendes Verhalten stellt die *Supraleitung* des Nb (T_c = 9,46 K) und einiger seiner Legierungen und Verbindungen dar.

6.13 Edelmetalle

Zu den Edelmetallen werden die Elemente Silber, Gold, Platin, Palladium, Rhodium, Iridium, Ruthenium und Osmium gerechnet. Von diesen zählen die Elemente Iridium, Ruthenium und Osmium auch zu den hochschmelzenden Metallen. Der besondere Charakter der Edelmetalle zeigt sich in ihrer Beständigkeit gegen atmosphärische und chemische Einflüsse aller Art. Sie steht bei der Anwendung von Edelmetallen in Apparaturen der chemischen Industrie und des chemischen Laboratoriums, für Dentallegierungen, elektrische Kontakte, Haushaltsgeräte, Schmuck, Münzen und Medaillen und Kunstwerke im Vordergrund.

Der hohe Schmelzpunkt, die hohe Warmfestigkeit und Zunderbeständigkeit machen Platin und Pt-Legierungen zu wichtigen Werkstoffen für Temperaturen oberhalb 1000 °C. Sie nehmen außerdem eine bevorzugte Stellung unter den katalytisch wirksamen Stoffen ein. Die thermische Ausdehnung von Pt ist derjenigen vieler Gläser annähernd gleich. Diese Eigenschaft bietet die Möglichkeit, Pt-Drähte als Stromzuführungen in Apparaturen aus Glas einzuschmelzen. *PtRh-Pt-Thermoelemente* bieten eine hohe Anzeigekonstanz, merkliche Alterungsfehler treten erst bei Temperaturen über 1300 °C auf.

Silber ist der beste Leiter des elektrischen Stromes. Aus der Gruppe der *Kontaktwerkstoffe* werden Ag, Ag-Legierungen und Ag-Verbundwerkstoffe in der Schwach- und Starkstromtechnik am häufigsten verwendet.

Grundlage der *Ag-Hartlote* ist das Zweistoffsystem Ag-Cu bzw. das Dreistoffsystem Ag-Cu-Zn. Bei den technisch genutzten Hartloten dieser Legierungskombination handelt es sich um Ag-Cu-Zn-Legierungen, deren Ag-Gehalt zwischen 10 % und 80 % liegen kann. Bei einem Gehalt von 40 % ... 45 % Ag wird die niedrigste Schmelztemperatur erreicht. Die Arbeitstemperatur beträgt dann 610 °C, so daß Eisenwerkstoffe noch keine direkten Gefügeveränderungen erfahren.

Das Edelmetall Gold erstarrt bei einer Temperatur von 1063 °C zu Kristallen mit einem kubisch-flächenzentrierten Gitter. Auf Grund der gleichartigen Kristallgitter und der ähnlichen Atomradien bildet Gold mit den legierungstechnisch wichtigen Metallen Cu, Ag und Pt eine lückenlose Reihe von Substitutionsmischkristallen. Wegen seiner geringen Härte wird das Gold in der Regel mit Ag, Cu, Ni oder Pd legiert. Gemäß der vielfach noch in der Anwendung befindlichen Karatberechnung hat 1000er Gold 24 Karat. Eine 750er Goldlegierung ist 18-karätig, und eine 585er Goldlegierung ist 14-karätig. Goldschmuck ist mindestens 8-karätig. Das sehr hohe Formänderungsvermögen des Goldes erlaubt die Herstellung dünner Walzgoldbleche und -bänder und dünnster Walzgoldfolien. Blattgold besitzt eine Dicke um 0,000003 mm.

Tabelle 6.6 vermittelt eine Übersicht über die kennzeichnenden Eigenschaften der Edelmetalle.

Tabelle 6.6 Eigenschaften der Edelmetalle (Dichte, Härte und Formänderungsvermögen bei Raumtemperatur)

Metall	Schmelzpunkt °C	Siedepunkt °C	Dichte kg/dm³	Kristallgitter	Härte HV	Formänderungsvermögen
Ag	960	2 170	10,5	kubisch-flächenzentriert	25	sehr gut
Au	1 063	2 960	19,3	kubisch-flächenzentriert	25	sehr gut
Ru	2 450	4 910	12,1	hexagonal-dichteste Kugelpackung	220	schlecht
Rh	1 966	4 550	12,5	kubisch-flächenzentriert	95	mäßig
Pd	1 552	3 970	12,2	kubisch-flächenzentriert	50	gut
Os	3 027	5 450	22,5	hexagonal-dichteste Kugelpackung	330	schlecht
Ir	2 450	5 230	22,4	kubisch-flächenzentriert	190	mäßig
Pt	1 773	4 320	21,5	kubisch-flächenzentriert	45	gut

7 Verbund - und Sinterwerkstoffe

7.1 Verbundwerkstoffe

Bei der gezielten Werkstoffentwicklung treten in zunehmendem Maße Verbundwerkstoffe in den Vordergrund. Sie ermöglichen eine auf den jeweiligen Verwendungszweck zugeschnittene Optimierung der Werkstoffeigenschaften.

Werkstoffe lassen sich auf verschiedenen Wegen zu Verbundwerkstoffen vereinigen. Teilchen können in feiner, gleichmäßiger Verteilung als zweite Phase in eine Matrix eingebracht werden. Kurz- oder Endlosfasern bzw. Fasermatten oder Fasergewebe können in eine zu verstärkende Matrix eingebettet werden. Tränklegierungen lassen sich durch Infiltration einer zweiten Komponente in einen porösen Grundwerkstoff herstellen, und schließlich können zwei oder mehr Komponenten schichtartig miteinander verbunden werden.

Zu den *Teilchenverbundwerkstoffen* zählen die dispersionsgehärteten Werkstoffe. Bei ihnen werden bevorzugt Oxide, Nitride, Carbide, Boride und Silizide, die in der Matrix unlöslich sind, und nicht mit ihr reagieren, mit geringer Teilchengröße in die Matrix eingebracht. Unter der Einwirkung einer Spannung müssen die Dispersoide von den Versetzungen geschnitten oder umgangen werden, was zu einer Teilchenhärtung des Werkstoffes führt. Dabei ist die Anhebung der Warmfestigkeit von besonderem Interesse.

Eine metallische oder nichtmetallische Matrix kann durch *Fasern* verstärkt werden. Dabei kann es sich um einen Verbund mit Whiskern, Fäden, Fasern oder Drähten handeln. Die Festigkeitswerte des verstärkten Verbundwerkstoffes setzen sich volumenanteilsmäßig aus denjenigen der Fasern und der Matrix zusammen. Der Volumenanteil der Fasern liegt in der Regel zwischen 20 % und 45 %. Bevorzugte Matrixwerkstoffe sind Kunststoffe und Legierungen auf Al-, Mg-, Ti-, Ni-, Co-, Fe-, W-, Mo-, Ta-, Nb-, Ag- und Cu-Basis. Als Verstärkungswerkstoffe werden Drähte und Fasern aus Glas, Quarz, Kunststoff, Bor, Stahl, SiC, Al_2O_3 und den Metallen W, Mo, Ta, Be, Ti und Zr sowie Whisker aus Al_2O_3, AlN, SiC, C, Ni, MgO, TiO_2, ZrO_2, ThO_2, BeO und B_4C angewendet bzw. erprobt. So werden Al und Al-Legierungen bevorzugt durch Fäden aus Bor und SiC verstärkt. Die SiC-Faser hat eine ausgezeichnete Beständigkeit gegenüber der Al-Matrix. Borfasern bedürfen hingegen bei Temperaturen oberhalb 500 °C einer Reaktionsbarriere gegenüber dem Aluminium. Sie kann z. B. durch eine Nitrierung der Faser oder durch eine Beschichtung der B-Fasern mit SiC erreicht werden. Kohlenstoff-Fäden (d = 5 ... 10 μm, R_m = 2200 N/mm², E = 380 000 N/mm²) werden z. B. unidirektional mit einem Volumenanteil von 60 % in Epoxidharze eingebettet (Einsatz im Flugzeugbau).

Während Teilchen- und Faserverbundwerkstoffe häufig unter Einschluß aller Komponenten pulvermetallurgisch hergestellt werden, wird bei den *Tränklegierungen* lediglich ein keramisches oder metallisches Gerüst gesintert, das anschließend mit einem niedrigschmelzenden Metall getränkt wird. Verbundwerkstoffe auf W-Cu-, W-Ag-, Mo-Cu oder Mo-Ag-Basis, die nach dem Sinter-Tränk-Verfahren hergestellt werden, sind für elektrische Kontakte mit hoher Abbrandfestigkeit geeignet.

Bei der Erzeugung von Verbundwerkstoffen ist die Beschichtung einer Komponente mit einer mehr oder weniger dicken Schicht einer zweiten Komponente eine häufig zur Anwendung kommende Verfahrensweise. *Schichtverbundwerkstoffe* zeigen gegenüber dem Werkstoffinnern verbesserte Oberflächeneigenschaften. Dabei handelt es sich meistens um die Korrosionsbeständigkeit, das Verschleiß-, Reflexions- und Ausdehnungsverhalten, um die Farbe, die Wärmeleitfähigkeit, die Hitzebeständigkeit, die Elektroisolation und die elektrische Stromleitung. Als Verfahren zur Herstellung von Schichtverbundwerkstoffen bieten sich z. B. das Flamm- und Plasmaspritzen, das Walz- und Sprengplattieren, das Aufdampfen im Hochvakuum, die Katodenzerstäubung, die elektrolytische Abscheidung, die chemische Abscheidung, das Schmelztauchen und das Auftragschweißen an.

7.2 Sinterwerkstoffe

Bei den pulvermetallurgisch hergestellten Sinterwerkstoffen wird der konventionelle Schmelz-, Gieß- und Umformprozeß weitgehend umgangen. Dabei besteht die erste Verfahrensstufe in der Erzeugung der benötigten Pulver. Das kann z. B. durch eine Granulation oder Zerstäubung von Schmelzen oder durch eine mechanische Zerkleinerung kompakter Ausgangsstoffe geschehen. Nach der Aufbereitung und dem *Mischen* der Pulver erfolgt deren Verdichtung zu Formkörpern oder Halbzeugen. Das *Verdichten* kann durch Pressen, Strangpressen, Walzen oder Rütteln vorgenommen werden. Das Heißpressen vereinigt den Preß- und den sich sonst anschliessenden Sintervorgang. Durch das *Sintern* wird der Pulverpreßling hinsichtlich seiner Dichte, seiner chemischen Zusammensetzung, seiner Gefügeausbildung und seiner mechanischen, physikalischen und technologischen Eigenschaften homogenisiert. Die Höhe der Sintertemperatur und die Sinterdauer bestimmen den notwendigen Diffusionsablauf. Dabei sind die Volumen-, Korngrenzen- und Oberflächendiffusion am Stofftransport beteiligt. Zur Vermeidung von unerwünschten Oberflächenreaktionen erfolgt der Sinterprozeß vielfach unter Schutzgas (H_2, gespaltenes NH_3, teilverbranntes Erd- bzw. Koksgas, Edelgase, N_2) oder im Vakuum. Nach dem Sinterprozeß können die Sinterteile notwendigen Nachbehandlungen unterzogen werden.

Pulvermetallurgische Verfahren kommen hauptsächlich zur Anwendung, wenn hochschmelzende Metalle erzeugt und verarbeitet werden sollen, wenn sich eine Komponente beim Schmelzen zersetzt, wenn Legierungen wegen der Unmischbarkeit der Komponenten schmelzmetallurgisch nicht hergestellt werden können, wenn die Erzeugnisse ein gewisses Porenvolumen aufweisen sollen und wenn Teilchen oder Fasern einer zweiten Komponente in gleichmäßiger Verteilung in eine Matrix eingelagert werden sollen. Für die Herstellung von Massenteilen bietet sich gelegentlich auch aus wirtschaftlichen Gründen der pulvermetallurgische Fertigungsweg an.

7.2.1 Sinterhartmetall

Sinterhartmetalle bestehen aus den *Carbiden* der Metalle W, Ti, Ta, Nb und Cr und einer aus einem Metall der Eisengruppe bestehenden *Bindephase*. Als solche dient in erster Linie das Metall Co. Auf Grund eines sehr hohen Carbidanteiles weisen die Hartmetalle eine hohe Härte und Verschleißfestigkeit auf. Die Zähigkeit wird in erster Linie vom Anteil der Bindephase bestimmt. Tabelle 7.1 gibt eine Zusammenstellung der Zahlenwerte für die Mikrohärte, den Schmelzpunkt und den E-Modul der in Hartmetallen vorkommenden Carbide, und Bild 7.1 zeigt den Einfluß des Co-Gehaltes auf die Härte eines WC-Co-Hartmetalles.

Ausgangsmaterial für die Hartmetallherstellung sind Pulvermischungen, die durch Pressen und Sintern zu harten Formkörpern verfestigt werden. Das Sintern erfolgt·im Vakuum bei Temperaturen zwischen 1370 °C und 1570 °C. Infolge der Bildung eines niedrigschmelzenden Eutektikums läuft der Sintervorgang unter Auftreten einer flüssigen Phase ab, die in die Kapillaren und Poren des Carbidgerüstes eindringt.

Tabelle 7.1 Mikrohärte, Schmelzpunkt und E-Modul von Carbiden

Carbid	Mikrohärte HV	Schmelzpunkt °C	E-Modul N/mm^2	Dichte kg/dm^3
WC	2 450	2 775	720 000	15,7
TiC	2 900	3 065	470 000	4,9
TaC	1 700	3 980	560 000	14,5
NbC	1 800	3 615	580 000	7,8
Cr_3C_2	2 150	1 815	400 000	6,7

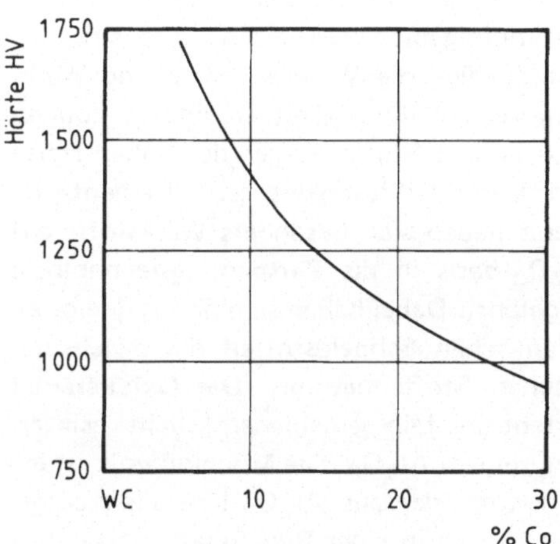

Bild 7.1 Einfluß des Co-Gehaltes auf die Härte von WC-Co-Hartmetallen

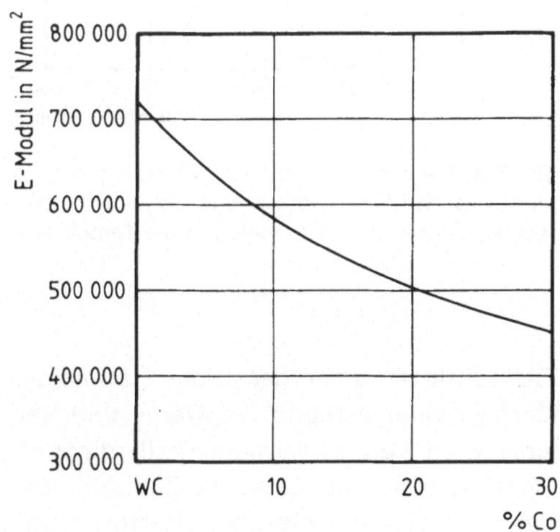

Bild 7.2 Einfluß des Co-Gehaltes auf den E-Modul von WC-Co-Hartmetallen

Außer vom Co-Gehalt wird die Härte des Hartmetalles von der Carbidkorngröße und vom TiC-Gehalt bestimmt. Ein feines Korn und ein TiC-Zusatz bewirken einen Anstieg der Härte.

Das Verhalten der Hartmetalle bei elastischer Beanspruchung wird durch den Zahlenwert des E-Moduls bestimmt. Dabei wird der hohe E-Modul der Carbidphase mit zunehmendem Anteil der Bindephase abgesenkt. Bild 7.2 gibt den Einfluß des Co-Gehaltes auf den Zahlenwert des E-Moduls von WC-Co-Hartmetallen wieder. Hartmetall-Kaltwalzen aus einem WC-Co-Hartmetall mit 6 % Co erfahren auf Grund des hohen E-Moduls eine wesentlich geringere Durchbiegung und Abplattung unter Einwirkung der Walzkraft als Stahlwalzen.

Für die spanabhebende Werkstoffbearbeitung ist die hohe Wärmeleitfähigkeit der Hartmetalle von Bedeutung. Sie ist zwei- bis dreimal höher als die der Schnellarbeitsstähle, so daß die entstehende Zerspanungswärme schnell von der Schneide abgeführt wird. Der besondere Vorteil der Hartmetalle gegenüber den Schnellarbeitsstählen liegt in der hohen Warmfestigkeit und Warmverschleißfestigkeit. Bedingt durch den Martensitzerfall unterliegen Werkzeuge aus Schnellarbeitsstahl bei Temperaturen oberhalb von 550 °C einer untragbaren Erweichung. Hartmetalle gestatten wesentlich höhere Arbeitstemperaturen. Bild 7.3 erlaubt den Vergleich der Härte-Temperaturkurven eines unlegierten Werkzeugstahles und eines Schnellarbeitsstahles mit denen zweier Hartmetalle. Der

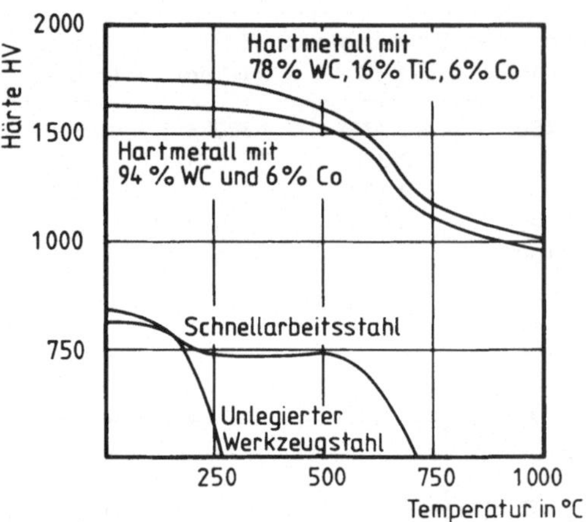

Bild 7.3 Abhängigkeit der Vickershärte eines
unlegierten Werkzeugstahles, eines Schnellarbeitsstahles und zweier Hartmetalle von der Temperatur

TiC-Gehalt des einen der beiden Hartmetalle
führt zu einer verbesserten Warm- und Verschleißfestigkeit. Er vermindert allerdings die
Biegefestigkeit und damit die Zähigkeit entsprechend zusammengesetzter Hartmetallsor-
ten.
Der Einsatz der Hartmetalle erfolgt vornehmlich auf den Gebieten der spanabhebenden
Bearbeitung, der spanlosen Formgebung, der
Gesteinsbearbeitung und des Kohleabbaus,
des Verschleißschutzes und des Maschinen-
und Anlagebaus.
Die Forderung nach hoher Verschleißfestigkeit und hoher Zähigkeit der Hartmetalle
lassen sich in der Regel nicht miteinander ver-
einbaren. Abhilfe kann nur so geschaffen
werden, indem hochverschleißfeste Ober-
flächenschichten auf zähe Hartmetallplatten
aufgebracht werden. In diesem Zusammenhang haben *Beschichtungen* aus TiC, TiN
und TiNC, die 5 ... 25 μm dick sind, eine
große Bedeutung erlangt. Mit beschichteten
Schneidplatten ist eine Anhebung der Schnitt-
geschwindigkeit bei der spanabhebenden Bearbeitung möglich, ohne daß die Standzeit
abfällt.
Pulvermetallurgisch hergestellte härtbare
Werkstoffe auf Stahlbasis können einen er-

höhten Carbidanteil (TiC) von etwa 50 Vol.-%
enthalten, der in eine Stahlmatrix eingebettet ist. Die gehärteten Werkzeuge zeigen eine
Härte von 72 HRC.

7.2.2 Oxidkeramische Schneidstoffe
Schnellarbeitsstähle

Neben den Carbiden, die in den Hartmetallen
allein oder in den Werkzeugstählen und härtbaren höher-carbidhaltigen Hartstoffen in
Verbindung mit einem harten martensitischen
Grundgefüge die Werkzeughärte und Werk-
zeug-Verschleißfestigkeit erbringen, können
auch andere Stoffe Träger der hohen Härte
und Verschleißfestigkeit sein. Dementsprechend haben sich besonders Werkstoffe auf
Al_2O_3-*Basis* in die Zerspanungstechnologie
eingeführt. Dabei haben sich neben den oxidkeramischen Schneidstoffen die mischkera-
mischen Stoffe bewährt. Die Oxidkeramik
besteht aus fein gemahlenem, dicht gesinter-
tem, reinem Al_2O_3. Die Mischkeramik ist ein
Werkstoff, der aus Al_2O_3-Kristallen aufgebaut ist, die in einer Bindephase eingebettet
sind. Mehr metallkeramisch sind Hartstoffe,
die aus Al_2O_3-Anteilen, harten Metallcar-
biden und einem Bindemetall bestehen. Sie
zeigen eine verbesserte Wärmeleitung.
Sowohl Hartmetalle als auch die oxidkeramischen Schneidstoffe sind außerordentlich
hart, dafür aber auch verhältnismäßig spröde.
Während jedoch in Hartmetallen kleine plastische Formänderungen bei mechanischer
Beanspruchung durchaus möglich sind, treten diese in oxidkeramischen Werkstoffen
fast gar nicht auf. Zusätzlich setzen Eigenspannungen und Fehlstellen, wie Kerben und
Mikrorisse die an sich schon geringe Biegefestigkeit der oxidkeramischen Schneidstoffe herab. Wie bei den Hartmetallen ist auch
bei der Schneidkeramik ein deutlicher Einfluß der Korngröße dahingehend vorhanden,
daß die Härte mit abnehmender Korngröße
der Oxidphase ansteigt. Tabelle 7.2 bietet
eine Gegenüberstellung der wichtigsten Eigenschaften von Schnellarbeitsstählen, Hartmetallen und oxidkeramischen Schneidstoffen.

Tabelle 7.2 Eigenschaften von Schnellarbeitsstählen, Hartmetallen und oxidkeramischen Schneidstoffen

Eigenschaften	Schnellarbeitsstähle	Hartmetalle	Oxidkeramische Schneidstoffe
Dichte in kg/dm^3	8 ... 9	9 ... 15	3 ... 4
Härte HRC	65	70 ... 78	76 ... 82
Biegefestigkeit in N/mm^2	3 000 ... 4 600	1 000 ... 2 400	250 ... 550
E-Modul in N/mm^2	210 000	450 000 ... 670 000	350 000 ... 420 000
Schmelztemperatur in °C	1 320 ... 1 480	2 775 (WC) 1 490 (Co) 1 280 (Eutektikum)	2 050 (Al_2O_3)

Auch bei Schnellarbeitsstählen ist die pulvermetallurgische Herstellung aussichtsreich, denn bei ihnen ergibt sich notwendigerweise die Forderung nach optimaler Homogenität der Stähle. Dabei sind in den Homogenitätsbegriff die Carbidverteilung und die Block- und Kristallseigerungen einzubeziehen. Die pulvermetallurgische Herstellungsweise verbessert nicht nur die Homogenität, sondern ermöglicht auch die Verringerung der Carbidkorngröße. Dadurch werden bei feingezahnten Werkzeugen Ausbröckelungen vermieden. Die Zähigkeit der Werkzeuge wird angehoben.

Die Schnellarbeitsstahlschmelze wird unter Inertgas verdüst und z. B. durch eine Kombination von isostatischem Kalt- und Heißpressen zu Halbzeug verdichtet. Dieses wird durch eine konventionelle Warmumformung auf die gewünschte Endabmessung gebracht.

7.2.3 Sintermagnetwerkstoffe

Dauermagnete bestehen aus stark magnetisierbaren Werkstoffen, die ohne eine äußere Erregung Magnetfelder im Nutzraum zwischen den Polen erzeugen. Die *Dauermagnetwerkstoffe* weisen auf Grund ihrer chemischen Zusammensetzung und ihres Gefügeaufbaus nach einer gezielten Behandlung hohe Zahlenwerte der Koerzitivfeldstärke, der Remanenz und des maximalen Energieproduktes $(B.H)_{max.}$ auf. Die Koerzitivfeldstärke ist ein Maß für den Widerstand des Werkstoffes gegen eine Ummagnetisierung. Diese geschieht durch ein Ausrichten der Magnetisierung der magnetischen Elementarbereiche in die neue Feldrichtung. Dabei kann eine Ausrichtung durch zwei Elementarvorgänge erreicht werden. Einmal erfolgt die energetisch leichte Wandverschiebung, und zum andern kommt es zur energetisch schweren Drehung der Bereichsmagnetisierung aus einer Vorzugsrichtung in die Feldrichtung. Die Remanenz ist ein Maß für den nach der Magnetisierung verbleibenden Magnetismus. Üblicherweise sind die Weißschen Bezirke im Remanenzpunkt nach der Richtung des vorher angelegten Feldes statistisch ausgerichtet, so daß die Remanenz den halben Wert der Sättigungsflußdichte erreicht. Der Zahlenwert der Remanenz kann erhöht werden, wenn die Kristallrichtung der leichtesten Magnetisierbarkeit mit der Feldrichtung zusammenfällt. Der Zahlenwert der Remanenz erreicht dann fast den der Sättigungsflußdichte. Die technischen Möglichkeiten bestehen einmal in einer Kornorientierung als Folge einer gerichteten Erstarrung oder einer Walz- bzw. Rekristallisationstextur, zum andern in einer Magnetfeldabkühlung, die zu einer Ausrichtung der magnetischen Vektoren der Weißschen Bezirke führt. Das $(B.H)_{max.}$-Produkt kennzeichnet die im Luftspalt auftretende potentielle Feldenergie. Bild 7.4 gibt die Entmagnetisierungskurven zweier gesinterter Dauermagnetwerkstoffe einschließlich der $(B.H)_{max.}$-Punkte wieder.

Bei den Dauermagnetwerkstoffen ergibt sich eine Marktteilung zwischen den gesinterten

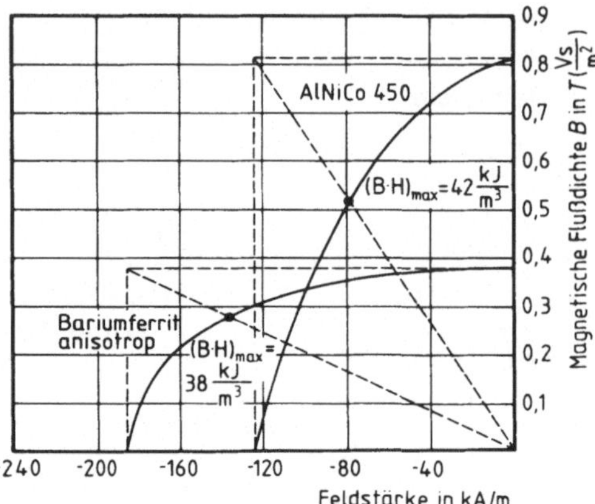

Bild 7.4 Entmagnetisierungskurven eines AlNiCo-Dauermagnetwerkstoffes (30,6 % Co, 13,1 % Ni, 13,8 % Al, 3,3 % Cu, 33,7 % Fe, 5,5 % Ti, Curietemperatur 860 °C) und eines Bariumferrits (Curietemperatur 460 °C)

oder gegossenen AlNiCo-Werkstoffen, den gesinterten Dauermagnetferriten der Zusammensetzung $BaO.6Fe_2O_3$ bzw. $SrO.6Fe_2O_3$ und den intermetallischen Verbindungen eines Atoms der Seltenerdmetalle Samarium (Sm) oder Praseodym (Pr) mit fünf Atomen Co.

Große AlNiCo-Magnete werden in der Regel gegossen, kleine werden gesintert. Der Sintermagnet ist feinkörnig und besitzt eine merklich höhere Festigkeit als der Gußmagnet. Bei ihm besteht nicht die Gefahr der Lunkerung. Beide verhalten sich spröde und sind nur durch Schleifen zu bearbeiten. Bei der Sintertechnologie werden die Ausgangspulver der Legierungskomponenten Fe, Co, Ni und Cu sowie der Vorlegierungen aus Fe und Al bzw. Ni oder Co und Al gemischt, zu Formkörpern verpreßt und im Temperaturbereich zwischen 1260 °C und 1400 °C in H_2 oder im Vakuum gesintert. Nach dem Sintern werden die Magnete einer thermomagnetischen Behandlung unterworfen. Diese besteht in einem homogenisierenden Glühen bei einer Temperatur zwischen 1200 °C und 1300 °C, einer geregelten Abkühlung, die zwecks Ausrichtung der sich ausscheidenden Teilchen im Magnetfeld erfolgen kann, und in einer

Anlaßbehandlung bei Temperaturen um 600 °C. Nach dieser Ausscheidungshärtung liegen im Gefüge die beiden kubisch-raumzentrierten Phasen α_1 und α_2 vor, die durch Zerfall der bei hohen Temperaturen stabilen α-Phase entstanden sind. Die α_1-Phase ist ferromagnetisch, die α_2-Phase ist nur schwer magnetisch und bildet die Matrix, in der die α_1-Phase in feiner Verteilung vorliegt. Dabei beträgt der Durchmesser der Ausscheidungen um $d = 200 \cdot 10^{-8}$ cm, so daß kaum Blochwände auftreten und folglich beim Ummagnetisierungsvorgang lediglich Drehprozesse ablaufen, die einen höheren Feldstärkeaufwand erfordern. Es zeigt sich, daß die Dauermagneteigenschaften hauptsächlich von der Größe, der Gestalt und der Orientierung der Teilchen abhängen.

Die hartmagnetischen Ferrite mit der ungefähren stöchiometrischen Zusammensetzung $BaO.6Fe_2O_3$ oder $SrO.Fe_2O_3$ werden ausschließlich pulvermetallurgisch hergestellt. Tabelle 7.3 vermittelt eine Übersicht über

Tabelle 7.3 Herstellungsgang von Bariumferrit-Dauermagneten

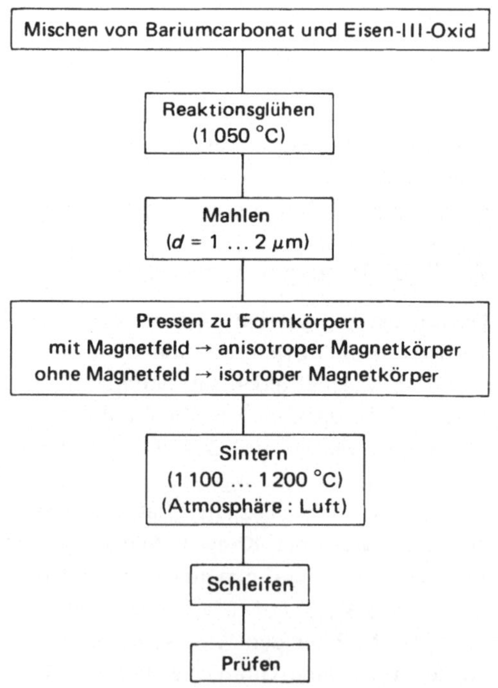

den Herstellungsgang der Bariumferrit-Dauer-magnete. Bei der Reaktionsglühung entsteht aus den Ausgangsstoffen Bariumcarbonat $BaCO_3$ und Eisen(III)-oxid Fe_2O_3 Barium-ferrit mit hexagonalem Gitteraufbau. Nach dem Mahlen auf optimale Korngröße erfolgt das Pressen zu Formkörpern. Es findet für isotrope Magnetköprer ohne und für aniso-trope Magnete unter Einwirkung eines Mag-netfeldes statt. Dabei richten sich die Ferrit-kristalle unter Feldeinwirkung mit ihren hexagonalen Achsen parallel zum Feld aus. Der Sinterprozeß führt zu spröden Magneten, die nur durch Schleifen oder Ultraschallboh-ren bearbeitet werden können. Bei hohem spezifischen elektrischen Widerstand und hoher Koerzitivfeldstärke weisen die hart-magnetischen Ferrite eine flache Magnetisie-rungskurve auf (Bild 7.4). Der Ablauf des Magnetisierungsprozesses hängt von der Teil-chengröße ab. Unterhalb von $d = 5\ \mu m$ lau-fen im wesentlichen nur Drehprozesse ab, und oberhalb von $d = 10\ \mu m$ hauptsächlich Wandverschiebungen.

Die Dauermagnetwerkstoffe, die aus den in-termetallischen Verbindungen von Co und einem oder mehreren der Elemente der Lan-thanreihe bestehen, zeichnen sich durch ein sehr hohes Energieprodukt und eine hohe Koerzitivfeldstärke aus. Sie bieten außerdem eine hohe Sättigungsflußdichte, eine hohe Curietemperatur ($SmCo_5$: 724 °C) und ein ausgeprägtes anisotropes Verhalten. Günstige Magnetwerkstoffe sind die SE-Co-Verbin-dungen $SmCo_5$, $PrCo_5$, $LaCo_5$, $CeCo_5$ sowie Mischungen von SE-Co-Verbindungen (z. B. $Sm_{0,5}Pr_{0,5}Co_5$.)

Die SE-Co-Sintermagnete werden in der Re-gel in einem Vakuuminduktionsofen er-schmolzen, auf eine Teilchengröße von etwa $5\ \mu m$ gemahlen, nach einer Ausrichtung der Pulverteilchen in einem Magnetfeld verpreßt und bei einer Temperatur um 1100 °C im Vakuum gesintert.

Herausragende dauermagnetische Eigenschaf-ten sind dann zu erzielen, wenn die Ummag-netisierung allein durch Drehprozesse unter Verhinderung der energetisch wesentlich leichter ablaufenden Wandverschiebungspro-zesse vonstatten geht. Das setzt eine weit-gehende Unterteilung des Gefüges voraus, so daß es aus submikroskopischen kleinen, läng-lichen Einbereichsteilchen besteht. Dabei ist die wesentliche Eigenschaft eines Einbe-reichsteilchens, daß es nur einen Weißschen Bezirk enthält und damit keine Blochwände. Die Folge ist, daß das Teilchen auch ohne Einwirkung eines äußeren Feldes einheitlich magnetisiert ist und nur durch einen Dreh-prozeß ummagnetisiert werden kann.

Sehr feines Fe-Pulver in der Größenordnung von $d = 0,01 \ldots 0,1\ \mu m$ kann z. B. durch Re-duktion von Eisenoxid mit Hilfe von H_2 oder durch elektrolytische Abscheidung an einer Hg-Katode erzeugt werden. Die sehr große Teilchenoberfläche macht jedoch einen Schutz gegen den Luftsauerstoff notwendig. Dieser Schutzüberzug kann z. B. aus organi-schen Stoffen wie Wachs oder Paraffin oder aus Metallen wie Sn, Zn oder Al bestehen. Er bewirkt neben dem Oxidationsschutz eine magnetische Isolation der Pulverteilchen. So läßt sich aus dem klassischen weichmagneti-schen Werkstoff, dem Eisen, ein Dauermag-netwerkstoff machen. Verbesserte hartmag-netische Eigenschaften bieten Magnetkörper aus Legierungspulvern z. B. auf der Basis Fe-Co oder Mn-Bi und solche aus oxidkera-mischen Feinstpulvern. Schließlich beruhen auch die hohen magnetischen Gütewerte der AlNiCo-Legierungen auf Ausscheidungen, welche die Größe und Gestalt von Einbe-reichsteilchen haben. Auch bei den Feinst-pulvermagneten richten sich die anisotropen Teilchen in einem Magnetfeld so aus, daß eine Richtung ihrer leichtesten Magneti-sierbarkeit in die Feldrichtung zu liegen kommt. Fe-Feinstpulvermagnete liefern dann $(B \cdot H)_{max}$-Werte, die denen der AlNiCo-Mag-nete nahekommen.

8 Kunststoffe

8.1 Kunststoffe als Werkstoffe

Der Name Kunststoffe besagt, daß es sich um „künstlich" hergestellte Werkstoffe handelt. Demnach müßten auch Stahl, Aluminium und andere Metalle bzw. Legierungen zu den „Kunststoffen" gezählt werden. Der Name ist also nicht glücklich gewählt; besser sind die Bezeichnungen Plaste, organische Werkstoffe oder Chemiewerkstoffe.

Kunststoffe bilden die jüngste Gruppe der Werkstoffe: Um 1870 wurde erstmalig der abgewandelte Naturstoff Zellulosenitrat CN (Celluloid) hergestellt; um 1910 entdeckte Baekeland den ersten vollsynthetischen Kunststoff Phenolformaldehyd PF; in den 30er Jahren wurden die Massenkunststoffe entwickelt (PS, PVC, PE). Erst ab 1950 aber wuchsen die Produktionsraten steil an und haben vom Gewicht her gesehen inzwischen die NE-Metalle überholt und knapp 10 % vom Stahl erreicht, vom Volumen her sogar ca. 40 % des Stahles. Die Weltproduktion liegt bei 60 Millionen Tonnen, die der Bundesrepublik bei 7 Millionen Tonnen pro Jahr.

Dieser rasante Anstieg ist einmal auf den relativ günstigen Preis, besonders auf das Volumen bezogen, zurückzuführen, dann aber auch auf die vielfältigen und stark modifizierbaren Eigenschaften. Kunststoffe sind „Werkstoffe nach Maß", teilweise speziell auf ihren Verwendungszweck eingestellt. Je nach Sorte oder auch, bei gleichem Material, je nach Modifikation können sie so spröde und durchsichtig wie Glas, elastisch wie Gummi, flexibel wie Leder, fest wie manche Metalle oder Hart- bis Weichschaumstoffe sein. Gemeinsame typische Eigenschaften sind: geringe Dichte, gute elektrische und Wärmeisolation, niedriger Elastizitätsmodul, geringe Zeit- und Temperaturstandfestigkeit (die aber andererseits die ausgezeichnete Formgebung bewirkt) und gute Korrosionsbeständigkeit.

Als Folge dieser Eigenschaften haben sich die Kunststoffe extrem weit gefächerte Anwendungsbereiche erobert. Das reicht von der Bau- und Elektroindustrie über Verpackungen, Konsumgüter, Konstruktionsteilen im Maschinen-, Apparate- und Fahrzeugbau bis zu Textilien, Lacken und Klebstoffen.

8.2. Morphologie der Kunststoffe

Im Vergleich zu den Metallen besitzen die Kunststoffe einen vollständig anderen atomaren Aufbau, aus dem sich die unterschiedlichen Eigenschaften und Verarbeitungsbedingungen weitgehend ableiten lassen.

Bei den Metallen sind die Atome in Kristallgittern angeordnet; aus der starken Metallbindung ergeben sich freie Elektronen. Daraus resultieren die typischen Eigenschaften Festigkeit, Verformbarkeit, Leitfähigkeit und Oberflächenglanz.

Die Kunststoffe dagegen bestehen aus Makromolekülen (Polymeren), also aus vielen aneinander gelagerten gleichen Einzelmolekülen (Monomeren) mit gebundenen Elektronen.

8.2.1 Makromoleküle: Form und Anordnung

Nach der *Form* der Makromoleküle unterscheidet man drei Gruppen von Kunststoffen:
- Thermoplaste (oder Plastomere; Bild 8.1): Ketten- oder Fadenmoleküle, die entweder linear oder verzweigt sein können. Die Seitenäste sind dabei in der Länge und räumlichen Anordnung mehr oder weniger gleichmäßig ausgebildet.
- Duroplaste (oder Duromore; Bild 8.2): Netzmoleküle, räumlich eng vernetzt.

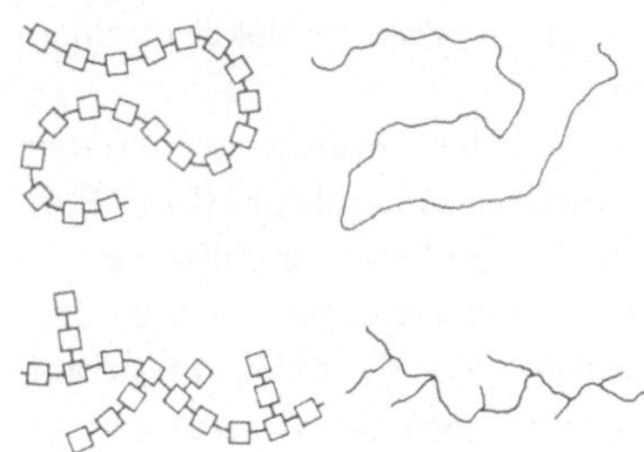

Bild 8.1 Lineare und verzweigte Thermoplaste, schematisch (je zwei Darstellungen; –☐– ist ein Monomer)

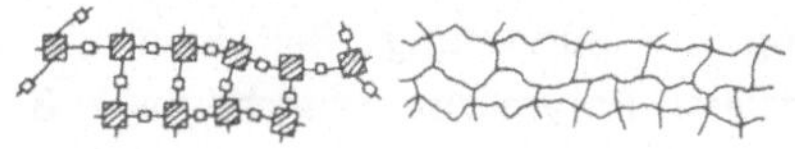

Bild 8.2 Duromere, schematisch

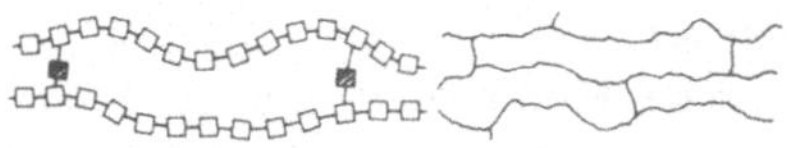

Bild 8.3 Elastomere, schematisch

— Elastomore (Bild 8.3): Netzmoleküle, räumlich weitmaschig vernetzt.

Thermoplaste werden bei Erwärmung zuerst weich und schmelzen danach; diese Vorgänge sind reversibel. Duromere dagegen bleiben hart, und Elastomere sind gummielastisch.

Diese Aneinanderlagerung von Molekülen ist insbesondere auf die Fähigkeit der C-Atome zurückzuführen, sich mit sich selbst zu verbinden. Neben C zeigt nur noch Si, aber weniger ausgeprägt, diese Verknüpfung.

Der genaue Aufbau eines Thermoplastes in der bei organischen Verbindungen üblichen Strukturformel sei am Beispiel des Polyethylens PE gezeigt:

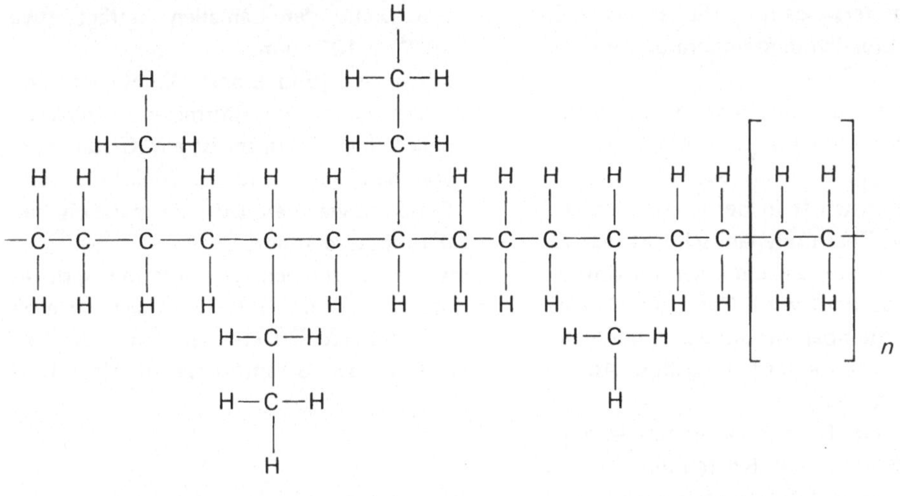

$$
-\underset{|}{\overset{|}{C}}-\underset{|}{\overset{|}{C}}-\underset{|}{\overset{|}{C}}-\cdots
$$

Dabei ist n der Polymerisationsgrad, ein Maßstab für die Länge der Makromoleküle. Die Größe von n liegt bei den meisten Kunststoffen zwischen 100 und über 100 000. Damit ergibt sich eine Kettenlänge von etwa $10^{-5} \dots 10^{-3}$ mm.

Anstatt n kann man auch die Molekülmasse M der Kette angeben, die sich errechnet aus der Summe der Atommassen der Monomeratome, multipliziert mit n. Entsprechende Werte liegen etwa zwischen $M = 10^4$ und über $3 \cdot 10^6$.

Bei diesen Werten muß beachtet werden, daß der Polymerisationsgrad eines bestimmten Kunststoffes niemals eine Konstante ist. Die Länge der einzelnen Ketten schwankt nach einer Gaußschen Verteilungskurve; deshalb spricht man besser von einem mittleren Polymerisationsgrad bzw. einer mittleren Molekularmasse. Praktisch ist auch die Größe der

Verteilung von Bedeutung: Bei einem gleichen mittleren Polymerisationsgrad hat z. B. der Werkstoff mit der engeren Verteilung eine höhere Erweichungstemperatur, ist zähflüssiger und schlagzäher.

Bei der Herstellung eines vollsynthetischen Kunststoffes geht man im allgemeinen in drei Stufen vor:
— Synthese des Monomeren, z. B. aus Erdöl;
— Aneinanderlagerung der Monomere zu Polymeren (Bildungsreaktion);
— Formgebung.

Eine Ausnahme bilden die abgewandelten Naturstoffe und Naturkautschuk, die bereits als Makromoleküle vorliegen.

Während die beiden ersten Stufen im allgemeinen bei den großen Chemiewerken durchgeführt werden, erfolgt die Formgebung in vielen, oft kleinen Betrieben.

Beim Ablauf der Bildungsreaktion kann der Polymerisationsgrad und damit das physikalische Verhalten des Kunststoffes beeinflußt werden. Mit steigendem n erhöhen sich z. B. Festigkeit, Erweichungstemperatur und Viskosität.

Die *Anordnung* der einzelnen Makromoleküle zueinander kann unterschiedlich sein. Im schmelzflüssigen Zustand liegt jeder thermoplastische Kunststoff in der maximalen Unordnung vor. Thermodynamisch läßt sich ableiten, daß dieser Zustand der maximalen Entropie angestrebt wird. Nach dem Abkühlen auf Raumtemperatur unterscheidet man:
— amorphe Thermoplaste: regellose Anordnung der Ketten;
— teilkristalline Thermoplaste: teilweise geordnete Ketten, d. h. Kristallite, die in die amorphe Grundsubstanz eingelagert sind.

Die Duromere und Elastomere sind amorph: Hier liegt im allgemeinen nur ein einziges räumlich vernetztes Makromolekül in einem Formteil vor.

Bei den amorphen Thermoplasten spricht man von einer Wattebauschstruktur (Bild 8.4). Die einzelnen Ketten liegen räumlich verfilzt durcheinander, dabei treten an manchen Stellen Verhakungen und Verschlaufungen auf. Diese Anordnung wird der Glaszustand genannt: Die amorphe Struktur der Schmelze ist wie beim Glas eingefroren. Kinetisch gesehen enthält ein solcher Werkstoff keine inneren Spannungen.

Die teilkristallinen Thermoplaste können unterschiedliche Ordnungsbereiche enthalten, z. B.
— Fransenmizellen (Bild 8.5a): Parallel geordnete Makromoleküle mit fransenförmigen Enden, eingebettet in amorphe Bereiche. Die Länge der Mizellen liegt bei $1 \ldots 4 \cdot 10^{-5}$ mm.
— Faltungen (Bild 8.5b): Die Ketten liegen in mehreren hundert Schlingen parallel. Die Dicke der Lamellen beträgt etwa $10^{-4} \ldots 10^{-5}$ mm.
— Sphärolite (Bild 8.5c): Die Ketten sind tangential zu kugelförmigen Strukturen angeordnet. Zentrum ist ein Kristallkeim, von dem ausgehend die Sphärolite beim Erstarren wachsen. Durchmesser zwischen 0,1 mm und 1 mm.

Eine hundertprozentige Ordnung gibt es nicht; dazu sind die Kettenlängen zu groß und zu unterschiedlich. Der Anteil der Kristallite an der Gesamtmasse (Kristallinität)

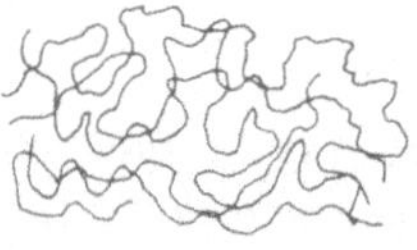

Bild 8.4
Amorphe Thermoplaste

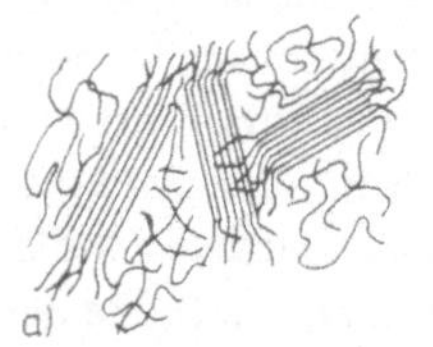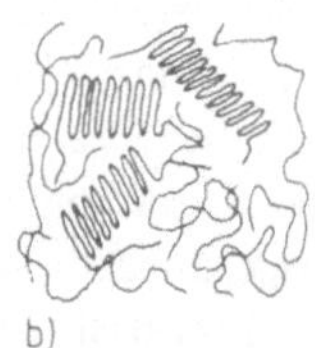

Bild 8.5 Teilkristalline Thermoplaste
a) Fransen-Mizellen,
b) Faltungen,
c) Sphärolite

beträgt maximal 80 %. Im allgemeinen liegen die Kristallite ungeordnet in der amorphen Grundsubstanz; bei einer Verformung aber können sie parallel verlagert werden, besonders die Mizellen.

Auch amorphe Thermoplaste können bei einer Formgebung ihre Makromoleküle in Fließrichtung umordnen (Bild 8.6). Man spricht dann von Orientierung.

Bei Kristallinität bzw. Orientierung verhalten sich die Werkstoffe anisotrop, d. h. die vektoriellen Eigenschaften längs und quer zur Verformungsrichtung sind unterschiedlich.

Während man die Kristallite in die bekannten Klassen einteilen kann (kubisch, hexagonal u. a.) mit röntgenografisch exakt ermittelten Werten für die Elementarzelle, ist das bei Orientierungen nicht möglich. Durch Verformung können jedoch auch amorphe Thermoplaste Kristallite bilden.

Innerhalb solcher geordneter Bereiche ist der Zusammenhalt zwischen den Makromolekülen durch die verringerte Entferung der Ketten stark erhöht; die Festigkeit, Schmelztemperatur, Dichte, Chemikalienbeständigkeit und Gasundurchlässigkeit eines Kunststoffes steigen mit der Kristallinität und Orientierung an.

Wie weit ein Kunststoff in geordnete Bereiche einstellbar ist, hängt überwiegend von dem Aufbau der Ketten ab. Je einfacher und gleichmäßiger in chemischer und geometrischer Hinsicht (d. h. linear, ohne unregelmäßige Verzweigungen) und je kürzer die Ketten sind, um so größer ist die Ordnung. Daneben spielen die Abkühlungsgeschwindigkeit beim Erstarren und die Größe und Art der zwischenmolekularen Bindungskräfte eine wichtige Rolle. Starke Kräfte und langsames Erstarren erhöhen die Kristallinität.

8.2.2 Bindungskräfte zwischen und innerhalb von Makromolekülen

Die Atome innerhalb der Makromoleküle sind über kovalente Bindungen (Atombindung) miteinander verknüpft; durch gemeinsame Elektronen wird also die Oktettregel (Edel-

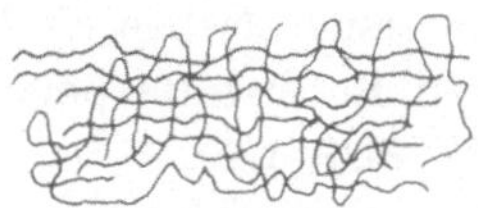

Bild 8.6
Orientierung

gaskonfiguration) erfüllt. Freie Elektronen sind nicht vorhanden. Durch diese Hauptvalenzkräfte (Primärbindungen, chemische Bindungen) wird ein stabiler Zusammenhalt erzielt.

Zwischen den Makromolekülen sind ebenfalls Kräfte wirksam: die Nebenvalenzkräfte (Sekundärbindungen, physikalische Bindungen). Diese können je nach Kunststoff von unterschiedlicher Art sein:

– van der Waalssche Kräfte (Dispersionskräfte);

– Dipolkräfte;

– Wasserstoffbrücken (Protonenbrücken).

Die van der Waalsschen Kräfte entstehen durch unsymmetrische Ladungsverteilung in den Elektronenwolken. Dadurch werden elektrische Momente erzeugt, die durch Induktion eine Anziehung auf benachbarte Moleküle ausüben.

Dipolkräfte entstehen durch unterschiedliche Elektronegativität (nach der Pauling-Skala) innerhalb eines Moleküls. Das negativere Atom zieht die benachbarten Elektronenpaare stärker zu sich heran, dadurch sind die positiven und negativen Ladungen ungleichmäßig verteilt, und das Molekül verhält sich wie ein Dipol. Solche Dipole in Polymeren ordnen sich und bewirken Anziehungskräfte auf die Nachbarketten (Dipolkopplung): Bild 8.7

Während die van der Waalsschen Kräfte zwischen allen Molekülen wirken, treten die Dipole nur zwischen polaren Molekülen auf,

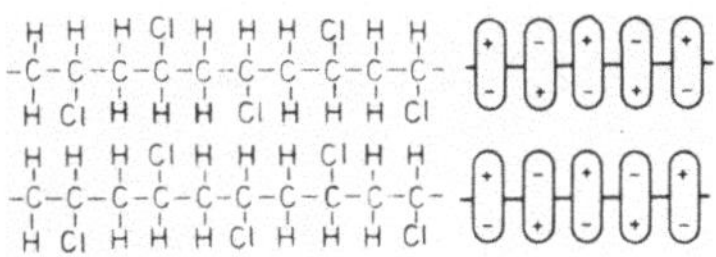

Bild 8.7 Dipole im PVC (zwei Darstellungen)

also zusätzlich zu dem ersten. Neben PVC sind z. B. die folgenden Kunststoffe polar ausgerichtet: PA, PMMA, PUR, CA.

Die Wasserstoffbrücken entstehen durch spezielle Dipolanziehung zwischen H-Atomen in OH- und NH-Gruppen (wobei O bzw. N und H wieder stark unterschiedliche Elektronegativität besitzen) und zwischen O-Atomen der benachbarten Ketten. Beispiel PA (Bild 8.8). Dabei kreisen die Außenelektronen von O und N teilweise auch um den H-Kern, so daß eine sehr starke Bindung entsteht. Diese Brückenbildung ist neben PA z. B. auch bei Zellulose und PUR vorhanden.

Allgemein sind diese Nebenvalenzkräfte schwächer als die Hauptvalenzkräfte, wobei die Wasserstoffbrücken als stärkste ca. 50 % der Primärbindungen erreichen, die Polarkräfte ca. 5 % und die van der Waalsschen Kräfte nur ca. 1 %. Dadurch können unter der Einwirkung von Verformungskräften die Ketten aneinander entlanggleiten.

Die Stärke der Sekundärbindungen steigt mit der Berührungsfläche der Ketten, d. h. mit der Länge der Makromoleküle. Außerdem nehmen die Verschlaufungen (mechanische Bindungen) zu. Dadurch erschwert sich zwar die Verarbeitung (höhere Viskosität und Verarbeitungstemperatur), verbessert sich jedoch die Schlagzähigkeit, und die chemische Löslichkeit wird geringer.

Alle Nebenvalenzkräfte nehmen mit dem Abstand von den Nachbarketten ab, die van der Waalsschen Kräfte besonders stark, so daß sie nur über geringe Entfernungen wirken. Dadurch steigen die Kräfte mit dem Ordnungszustand an, werden aber andererseits durch eingelagerte Fremdstoffe, z. B. Weichmacher, verringert.

Bild 8.8 Wasserstoffbrücken im PA

Die Dipol- und Wasserstoffbrückenkräfte sind stark temperaturabhängig: In der Wärme verringern sie sich, so daß die Ketten besser aneinander entlanggleiten können.

Man erkennt, daß das mechanische und thermische Verhalten der Thermoplaste entscheidend von den jeweils vorhandenen sekundären Bindungskräften beeinflußt wird. Andererseits sind die starken Hauptvalenzkräfte in den vernetzten Duromeren die Erklärung dafür, daß diese Werkstoffe weder weich werden noch schmelzen.

8.3. Bildungsreaktionen und technische Ausführung

Wir wissen bereits, daß die Bildungsreaktionen die Herstellung der Kunststoffe durch Verknüpfung von Monomeren darstellen. Die Synthese der Monomere (aus gasförmigen oder flüssigen Rohstoffen, im allgemeinen aus Erdöl) soll später bei den einzelnen Kunststoffen besprochen werden und die Bildungsreaktionen nur so weit, wie sie zum Verständnis und werkstoffkundlich von Interesse sind.

Man unterscheidet drei Arten von Bildungsreaktionen: Polymerisation, Polykondensation und Polyaddition. Zusammen mit der Synthese der Momonere werden sie im allgemeinen in den großchemischen Werken durchgeführt und ergeben die Rohpolymere oder Formmassen (Z. B. Granulate oder Pulver), die später urgeformt werden.

8.3.1 Polymerisation

Diese ist die wichtigste Bildungsreaktion. Die bedeutendsten Kunststoffe werden durch sie erzeugt, insgesamt ca. 70 % aller Kunststoffe, fast alle Thermoplaste.

Die Polymerisation besteht in einer Verknüpfung von gleichartigen, ungesättigten Monomeren ohne Abspaltung eines Nebenproduktes in einer chemischen Ungleichgewichtsreaktion (Kettenraktion, keine Stufenreaktion, d. h. Abfangen auf einer Zwischenstufe ist nicht möglich). Die Polymerisation verläuft in drei Schritten:

- Startreaktion, Aktivierung der Mono-
  mere;
- Kettenbildung;
- Kettenabbruch.

Startreaktion. Verbindungen mit Doppelbindung sind bekanntlich besonders reaktionsfreudig. Von den beiden Elektronenpaaren
zwischen zwei C-Atomen kann eines relativ
leicht gelöst und für weitere Anlagerungen
verwendet werden. Man sagt: die Doppelbindung klappt auf und bildet ein Radikal. Dieses wird durch die Startreaktion bewirkt.

Äußerlich wird sie ausgelöst durch Zufüh-
rung von Aktivierungsenergie (Temperatur,
seltener durch Strahlung) oder meistens durch
Zugabe von 0,1 ... 5 % Katalysator, besonders Peroxide der allgemeinen Form
R-O-O-R.

Der Ablauf soll am Beispiel des Polyethylens
PE erläutert werden. Monomere ist Ethylen
C_2H_4, ein Gas. Durch Wärme spaltet sich
das Peroxid auf: R-O-O-R → R-O- + R-O-
Diese Radikale sind sehr reaktionsfreudig;
sie lösen das lockere Elektronenpaar des
C_2H_4 und bilden die stabilen Atombindun-
gen:

$$R-O-\underset{\underset{H}{|}}{\overset{\overset{H}{|}}{C}}-\underset{\underset{H}{|}}{\overset{\overset{H}{|}}{C}}-$$

Es entstehen wieder Radikale, die weiteres
C_2H_4 aktivieren und anlagern:

$$R-O-\underset{\underset{H}{|}}{\overset{\overset{H}{|}}{C}}-\underset{\underset{H}{|}}{\overset{\overset{H}{|}}{C}}-\underset{\underset{H}{|}}{\overset{\overset{H}{|}}{C}}-\underset{\underset{H}{|}}{\overset{\overset{H}{|}}{C}}-\underset{\underset{H}{|}}{\overset{\overset{H}{|}}{C}}-\underset{\underset{H}{|}}{\overset{\overset{H}{|}}{C}}-$$

Neben dieser Radikalpolymerisation wird zunehmend auch Ionenpolymerisation durchgeführt: Durch Zugabe spezieller Katalysatoren
mit besonderen Elektronenanordnungen, die
sich hier nicht verbrauchen, erfolgt die Aktivierung der C-Doppelbindung im Momoner.

Bei der Startreaktion durch reine Energiezuführung wächst die Kette an beiden aktivierten C_2H_4-Enden:

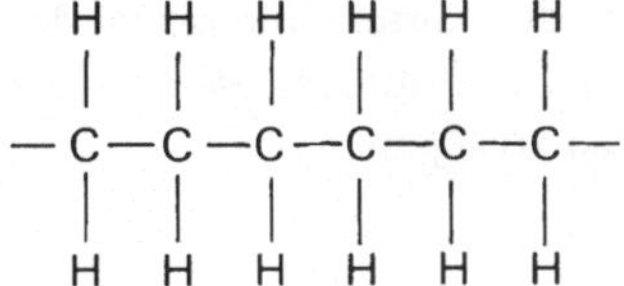

Kettenbildung. Das oben bereits erläuterte
Wachstum der Kette ist ein exothermer Vorgang. Die frei werdende Polymerisationswärme (ca. 500 ... 5000 KJ pro kg Monomeres, je nach Kunststoff) muß durch Kühlung abgeführt werden, sonst würde der
Kunststoff sofort wieder zersetzt. Die Zugabemenge des Katalysators zusammen mit der
Größe der Aktivierungsenergie steuern den
Polymerisationsgrad: Je mehr Peroxid, desto
kürzer werden die Ketten.

Kettenabbruch. Hierfür gibt es verschiedene
Möglichkeiten. z. B.
- Wanderung eines H-Atomes von einem
  Kettenende zum anderen:

- Zwei Kettenenden sättigen sich gegenseitig ab:

- Zugabe von Reglersubstanzen, die das Ket-
  tenradikal absättigen. Hiermit ergibt sich
  eine weitere Möglichkeit, den Polymerisationsgrad zu steuern.

Da der Kettenabbruch ziemlich zufällig erfolgt, resultieren daraus unterschiedliche Ket-

tenlängen (mittlerer Polymerisationsgrad, s. Abschn. 8.2.1)

Um die Entstehung von Verzweigungen zu verhindern, um Seitenäste regelmäßig anzuordnen, und um die Geschwindigkeit der Polymerisation zu beeinflussen, werden oft weitere Substanzen zugegeben.

Von besonderer praktischer Bedeutung ist die Verwendung von stereospezifischen Katalysatoren, die eine regelmäßige räumliche Anordnung der Monomere bewirken. Die möglichen Strukturen seien am Beispiel des Polypropylens PP gezeigt:

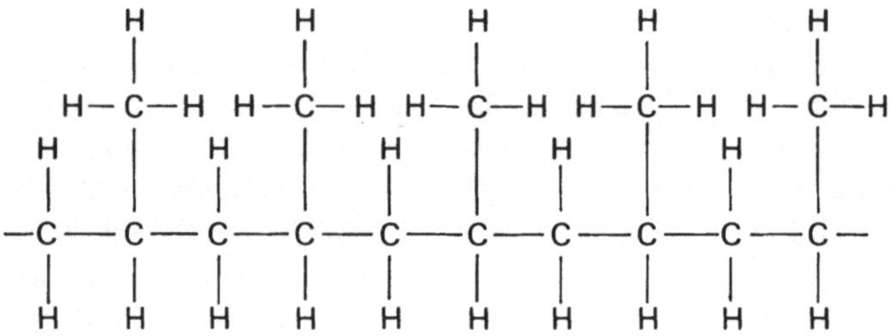

isotaktische Struktur (regelmäßige, gleichseitige Anordnung der CH_3-Seitenäste)

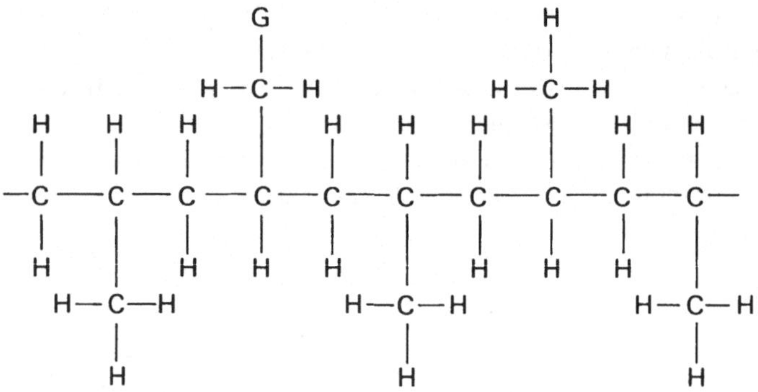

syndiotaktische Struktur (regelmäßig, wechselseitig)

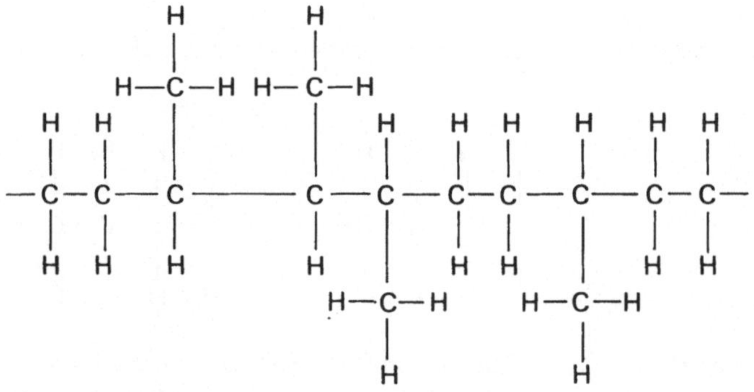

ataktische Struktur (regellos)

Angestrebt wird die isotaktische Struktur (räumlich: Spiralform der Seitenäste mit drei Monomeren in einer Drehung), die eine erhöhte Kristallinität und Verhakung der Äste zur Folge hat.

8.3.1.1 Technische Ausführung der Polymerisation

Die verfahrensmäßige Durchführung der Polymerisation ist durch Anpassung an den jeweiligen Kunststoff (Druck, Temperatur, Lösungsmittel u. a.) unterschiedlich. Sie soll an zwei einfachen Beispielen erläutert werden.

Chargenweise Polymerisation im Rührkessel (Bild 8.9). Das Monomere wird in den Kessel eingebracht, die Startreaktion, z. B. durch Beheizung eingeleitet, bei Beginn der exothermen Kettenbildung auf Kühlung umgeschaltet und zwar so weit, daß das Polymerisat flüssig abgelassen werden kann.

Kontinuierliche Polymerisation im Reaktionsturm (Bild 8.10). In den beiden Zulaufbehältern erfolgt wechselweise die Startreaktion sowie der Beginn der Kettenbildung. Im Röhrensystem wird kontinuierlich auspolymerisiert und der flüssige Kunststoff abgezogen, danach gekühlt und z. B. zu Granulat zerkleinert.

Nachteil beider Verfahren, insbesondere des ersten, ist die schwierige Temperaturbeherrschung. Die Reaktion muß so langsam ablaufen, daß die Polymerisationswärme trotz der schlechten Wärmeleitfähigkeit des Kunststoffes gleichmäßig abgeführt wird.

Deshalb wird eine Polymerisation des *reinen*, nur mit Katalysator, Regler u. ä. versehenen Monomeren (Massepolymerisation oder Polymerisation in Substanz) weniger durchgeführt als die folgenden Methoden. Vorteil der Massepolymerisation ist jedoch, daß sehr reine, z. T. glasklare Kunststoffe entstehen.

Ein Sonderfall: Es kann auch *direkt in der Form* polymerisiert werden, ohne Granulat und Formgebung: bei kleinen Teilen bis 50 kg, sehr langsamer Ablauf (Tage bis Wochen) wegen der Temperaturregulierung (s. PMMA und PA).

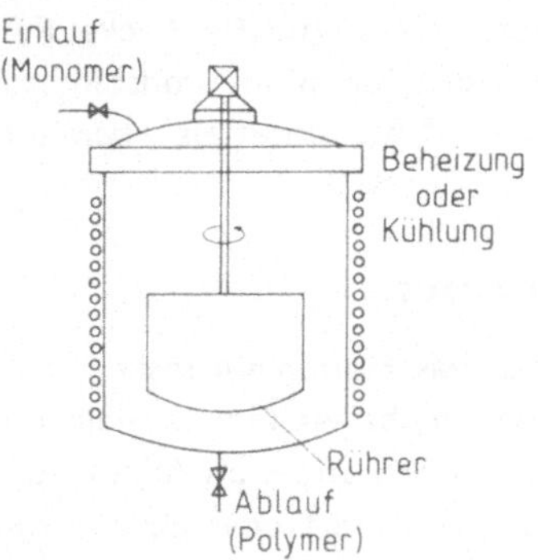

Bild 8.9 Rührkessel (schematisch)

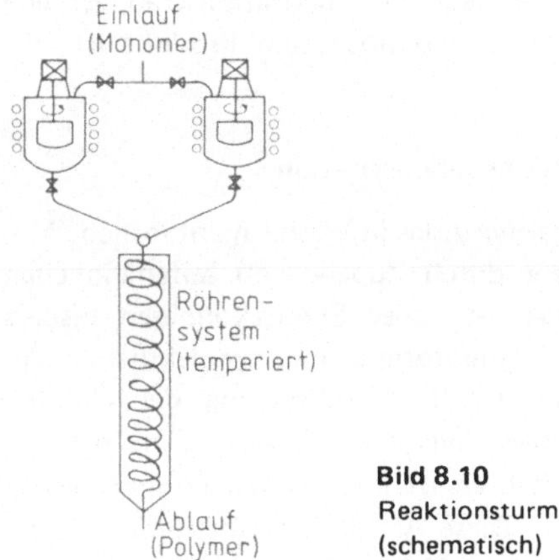

Bild 8.10
Reaktionsturm
(schematisch)

8.3.1.2 Methoden der Polymerisation

Lösungspolymerisation

Hierbei ist sowohl das Monomere als auch das entstehende Polymere in dem Lösungsmittel löslich. Die Ableitung der Reaktionswärme wird dadurch erleichtert: bessere Wärmeleitfähigkeit und örtliche Verdampfung des Lösungsmittels; Kühlung von innen her durch Verbrauch der Verdampfungswärme. Während der Polymerisation steigt die Viskosität und fällt die Wärmeleitfähigkeit. Deshalb läßt man beim Chargenbetrieb die Monomerlösung langsam zulaufen oder bevorzugt das kontinuierliche Verfahren. Einen besonderen Vorteil bietet dieses Verfahren, wenn das Produkt direkt als Lösung weiterverarbeitet wird, z. B. Klebstoffe, Lacke, Fasern, Kaschierungen, denn die vollständige Entfernung des Lösungsmittels bereitet Schwierigkeiten.

Fällungspolymerisation

Hierbei ist zwar das Monomere löslich, das Polymere jedoch nicht, es fällt deshalb im Verlaufe der Polymerisation als feines Pulver aus; es wird abfiltirert oder abzentrifugiert. Die Viskosität steigt nicht, dadurch bleibt die Wärmeableitung gut. Dieses Verfahren ist schneller als die Lösungspolymerisation, das Lösungsmittel ist wieder verwendbar, der Polymerisationsgrad ist eng einstellbar und hoch, das Produkt ist sehr rein.

Emulsionspolymerisation

Hierbei wird das in Wasser nicht lösliche Monomere durch Zugabe von seifenähnlichen Emulgatoren oder Schutzkolloiden dispers (also tropfenförmig, nicht molekular) ineinander verteilt: Herabsetzung der Oberflächenspannung des Wassers. Ein zusätzliches Rühren ist im allgemeinen nicht erforderlich. Diese Art der Polymerisation ist am schnellsten (0,5 ... 3 Stunden), thermisch am besten steuerbar und wird am häufigsten durchgeführt. Man gewinnt ein feinkörniges Pulver (bis 0,04 mm Durchmesser), das im Wasser emulgiert ist. Diese Dispersion kann unmittelbar verwendet werden oder durch Abtrennung des Wassers (Filtration, Sprühtrocknung) und eventuell des Emulgatores (z. B. Auswaschen) in feste Form übergeführt werden. Die vollständige Trennung vom Emulgator ist schwierig, dadurch ist das Produkt gegenüber anderen Polymerisationsarten unreiner, z. B. trübe und elektrisch schlechter isolierend.

Suspensionspolymerisation

Diese Methode ähnelt der Emulsionspolymerisation, beide werden oft zusammengefaßt zur Dispersionspolymerisation. Die disperse Verteilung des im Wasser unlöslichen Mono-

meren erfolgt durch starkes Rühren. Emulgatoren werden nicht zugegeben, wohl aber geringe Mengen an Schutzkolloiden, um die Stabilität der Dispersion zu erhöhen und ein Verkleben der bereits polymerisierten Tropfen zu vermeiden, sowie Katalysatoren. Diese Zusatzstoffe verunreinigen jedoch die Polymere nicht, d. h. das Produkt ist sehr sauber, z. B. glasklar. Die Korngröße ist höher als bei der Emulsionspolymerisation. Nach dem Abtrennen des Wassers und der Zusatzstoffe entsteht ein Pulver ($> 0,15$ mm ϕ) oder Perlen bis zu einigen mm ϕ: Perlpolymerisation. Die Molekulargewichtsverteilung stellt sich bei dieser Methode relativ eng ein.

8.3.2 Polykondensation

Im Vergleich zur Polymerisation sind in den gleichen oder verschiedenartigen Monomeren keine Doppelbindungen enthalten sondern reaktionsfähige Endgruppen, die bei der Anlagerung freie Bindungen bilden durch die Abspaltung eines Nebenroduktes (meistens H_2O, auch HCl, NH_3 o. a.; Austritt als Kondensat, daher der Name). Enthalten die Monomere zwei solcher Endgruppen, entstehen Thermoplaste, bei drei oder vier Duromere.

Es handelt sich um eine chemische Gleichgewichtsreaktion, die nach dem Massenwirkungsgesetz über die Menge der Reaktionsteilnehmer gesteuert wird (Nichtabführen des Nebenproduktes bedeutet Stillstand), d. h. man kann die Anlagerung abfangen und später weiterführen (Stufenreaktion). Das ist für die Formgebung von Duromeren außerordentlich wichtig: Man unterbricht auf der kettenförmigen *thermoplastischen Zwischenstufe*, lagert oder versendet diese Rohmaterialien („Systeme" oder Formmassen) und führt die thermoplastische Verarbeitung während der endgültigen Vernetzung durch. Da die Nebenprodukte als Gase bei der Formgebung entstehen, besteht die Gefahr poröser Produkte. Deshalb muß mit Druck gearbeitet werden.

Beispiel für die Bildung eines Thermoplastes: gesättigter Polyester PETP

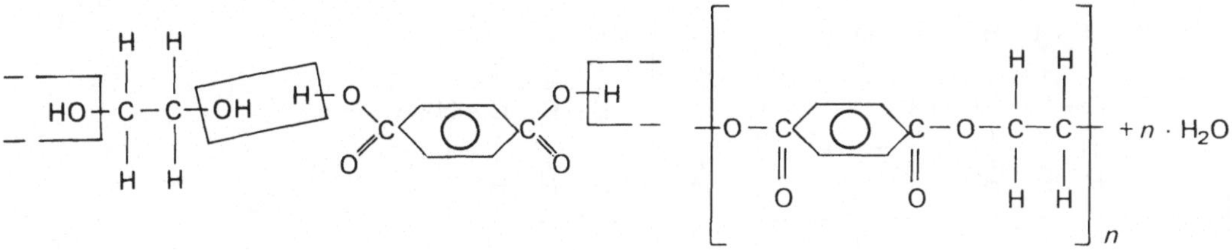

Ethylendiol   +   Terephtalsäure   →   Polyethylenterephthalat PETP

Ein Beispiel für die Bildung eines Duromeren mit Unterbrechung auf der thermoplastischen Zwischenstufe ist Phenolformaldehyd PF:

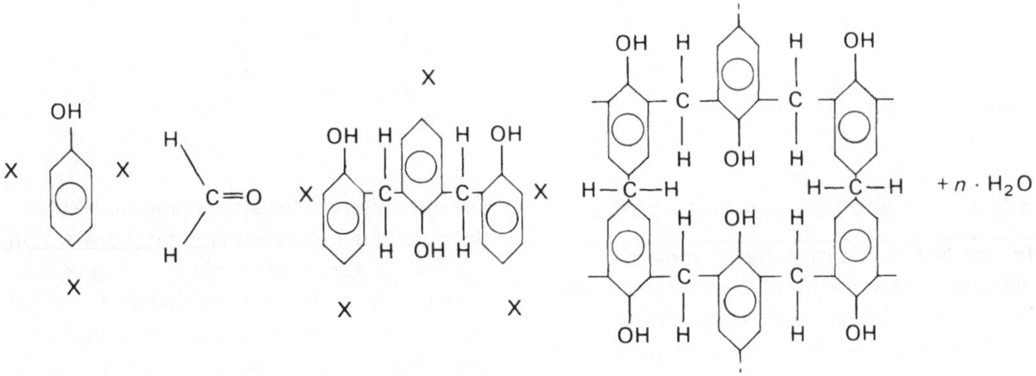

Phenol   Form-   Thermoplastische   Phenolformaldehyd   +   Kondensat
(X =   aldehyd   Zwischenstufe
reaktionsfähige
H-Atome)

Die Unterbrechung auf der Zwischenstufe erfolgt entweder durch zeitliches Unterkühlen oder Verringerung des Formaldehydanteiles.
Auch hier werden verfahrenstechnisch drei Schritte unterschieden:
— Startreaktion: Radikalbildung durch Aktivierungsenergie und/oder Katalysatoren;
— Ketten- bzw. Netzbildung, exotherm, es muß gekühlt werden;
— Abbruch der Reaktion.

8.3.3 Polyaddition

Bei dieser jüngsten Bildungsreaktion verknüpfen sich verschiedenartige Monomere ohne C-Doppelbindung und ohne Abspaltung eines Nebenproduktes. Die freien Bindungen entstehen durch Platzwechsel eines H-Atoms von einem Monomeren zum anderen. Auch hier können, je nach Anzahl der Platzwechsel, Thermoplaste oder Duromere gebildet werden. Eine Unterbrechung auf der thermoplastischen Zwischenstufe ist auch hier möglich. Da kein Nebenprodukt entsteht, ist die Anlagerung zwar keine Gleichgewichtsreaktion, aber durch Dosierung der Monomere wird die Kettenstufe fixiert und die Vernetzung erst bei der Formgebung durchgeführt.

Beispiel: Bildung eines linearen Polyurethans PUR:

$$HO-\overset{\overset{\displaystyle H}{|}}{\underset{\underset{\displaystyle H}{|}}{C}}-\overset{\overset{\displaystyle H}{|}}{\underset{\underset{\displaystyle H}{|}}{C}}-\overset{\overset{\displaystyle H}{|}}{\underset{\underset{\displaystyle H}{|}}{C}}-\overset{\overset{\displaystyle H}{|}}{\underset{\underset{\displaystyle H}{|}}{C}}-OH \ + \ \overset{\overset{\displaystyle O}{\|}}{C}=N-\overset{\overset{\displaystyle H}{|}}{\underset{\underset{\displaystyle H}{|}}{C}}-\overset{\overset{\displaystyle H}{|}}{\underset{\underset{\displaystyle H}{|}}{C}}-\overset{\overset{\displaystyle H}{|}}{\underset{\underset{\displaystyle H}{|}}{C}}-\overset{\overset{\displaystyle H}{|}}{\underset{\underset{\displaystyle H}{|}}{C}}-\overset{\overset{\displaystyle H}{|}}{\underset{\underset{\displaystyle H}{|}}{C}}-\overset{\overset{\displaystyle H}{|}}{\underset{\underset{\displaystyle H}{|}}{C}}-N=\overset{\overset{\displaystyle O}{\|}}{C} \longrightarrow$$

Buthylendiol + Hexamethylendiisozyanat   ⟶

$$\longrightarrow \ \left[-O-\overset{\overset{\displaystyle H}{|}}{\underset{\underset{\displaystyle H}{|}}{C}}-\overset{\overset{\displaystyle H}{|}}{\underset{\underset{\displaystyle H}{|}}{C}}-\overset{\overset{\displaystyle H}{|}}{\underset{\underset{\displaystyle H}{|}}{C}}-\overset{\overset{\displaystyle H}{|}}{\underset{\underset{\displaystyle H}{|}}{C}}-O-\overset{\overset{\displaystyle O}{\|}}{C}-N-\overset{\overset{\displaystyle H}{|}}{\underset{\underset{\displaystyle H}{|}}{C}}-\overset{\overset{\displaystyle H}{|}}{\underset{\underset{\displaystyle H}{|}}{C}}-\overset{\overset{\displaystyle H}{|}}{\underset{\underset{\displaystyle H}{|}}{C}}-\overset{\overset{\displaystyle H}{|}}{\underset{\underset{\displaystyle H}{|}}{C}}-\overset{\overset{\displaystyle H}{|}}{\underset{\underset{\displaystyle H}{|}}{C}}-\overset{\overset{\displaystyle H}{|}}{\underset{\underset{\displaystyle H}{|}}{C}}-N-\overset{\overset{\displaystyle O}{\|}}{C}- \right]_n$$

⟶   linearer PUR

8.3.4 Abwandlung von Naturstoffen

In der Natur kommen Kettenmoleküle vor, die aber weder thermoplastisch noch löslich sind, z. B. Zellulose (sehr starke Wasserstoffbrücken und hohe Kristallinität ergeben eine Fließtemperatur, die höher liegt als die Zersetzungstemperatur). Eine Bildungsreaktion ist also hier nicht nötig, aber eine chemische Abwandlung, um diese Naturstoffe überhaupt verarbeiten zu können. Dabei werden z. B. den reaktionsfähigen Gruppen der Zellulosemolkelüle Säurereste angelagert, außerdem die Kristallinität und der Polymerisationsgrad verringert. Auch auf den Sonderfall der Vulkanisation von Naturkautschuk wird später eingegangen.

Wegen der fehlenden Bildungsreaktion zählen die abgewandelten Naturstoffe nicht zu den vollsynthetischen Kunststoffen.

8.4 Thermische Zustandsformen und Prinzipien der Verarbeitung

Im Hinblick auf den Einsatz, die Warmfestigkeit und Formgebung von Kunststoffen ist eine genaue Kenntnis der thermischen Zustandsformen unerläßlich.

Das thermische Verhalten niedermolekularer Stoffe und der Metalle kann nicht übertragen werden. Während diese die drei Aggregatzustände fest − flüssig − gasförmig reversibel durchlaufen, stellen sich bei makromolekularen Stoffen ganz andere Zustände ein, die noch dazu mit dem Strukturaufbau differieren.

Wir haben bereits gesehen, daß man die Kunststoffe unterteilt in Thermoplaste (amorphe und teilkristalline), Duromere und Elastomere. Ihr mechanisches Verhalten mit steigender Temperatur soll nun untersucht werden. Als Maßstab für die Festigkeit wird der dynamische Schubmodul G genommen, der sich aus dem Torsionsschwingversuch ergibt. Zusätzlich wird aus demselben Versuch der mechanische Verlustfaktor d, d. h. die Dämpfung, mit aufgetragen, die besonders im Tieftemperaturbereich empfindlich auf Zustandsänderungen im Material reagiert.

8.4.1 Schubspannungs-Temperatur-Kurven und Temperaturskalen

Amorphe Thermoplaste (Bild 8.11)

Bereich 1: Glaszustand. Bei niedriger Temperatur (unter Raumtemperatur) verhalten sich

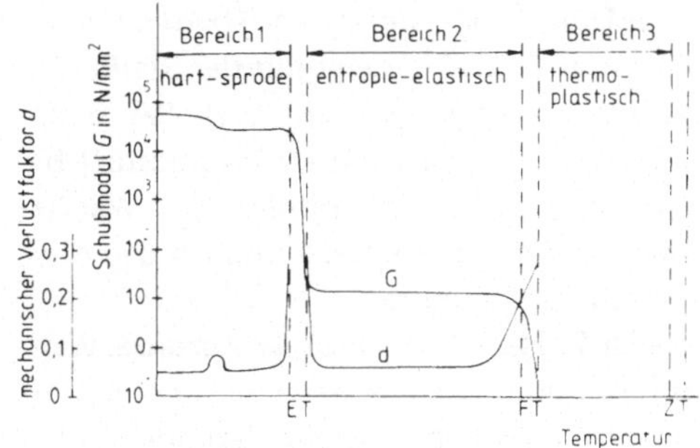

Bild 8.11 Temperaturabhängigkeit des Schubmoduls G und Verlustfaktors d bei amorphen Thermoplasten

diese Werkstoffe hart und eventuell spröde. Sie sind in Struktur und Eigenschaften dem Glas vergleichbar. Die Ketten sind wegen der geringen Wärmebewegung thermisch „eingefroren". Bei kurzen Seitenästen oder kurzen Ketten werden schon unterhalb der Raumtemperatur die sekundären Bindungskräfte an diesen Stellen überwunden, und die Sprödigkeit fällt geringfügig ab (sekundäres Dispersionsgebiet).

Im genannten Bereich finden diese Kunststoffe Verwendung. G ist größer als 10^3 N/mm². Zunehmende Temperatur erhöht die thermische Schwingung der Makromoleküle (Mikro-Brownsche Bewegung), dadurch lockern sich die Nebenvalenzkräfte so weit, daß die Ketten abschnittweise gegeneinander beweglich werden. Dieser Übergang wird Glastemperatur GT oder Erweichungstemperatur ET genannt.

Wie alle weiteren Übergangstemperaturen liegt auch die ET nicht bei einer exakt definierten Temperatur, sondern in einem Bereich von etwa ± 5K. Das ist auf die Längenverteilung der Ketten zurückzuführen. Freie Molekülenden werden eher beweglich als dicht liegende Kettenmitten. Die ET liegt höher bei starken Sekundärbindungen und hohem Polymerisationsgrad.

Bereich 2: Entropieelastischer Zustand. Der Werkstoff verhält sich gummi-, thermo- oder entropieelastisch. Unter Belastung werden die Moleküle teilweise in Verformungsrichtung orientiert, haben jedoch das Bestreben,

in den Zustand der maximalen Entropie zurückzukehren. Bei Entlastung sind sie wegen der thermischen Beweglichkeit dazu in der Lage: elastisches Verhalten. Die exakte Rückverformung ist dadurch möglich, daß sich die Schlaufen und Verhakungen zwischen den Ketten *(mechanische Vernetzungsstellen)* sowie die Nebenvalenzkräfte *(physikalische Vernetzungen)* noch nicht gelöst haben. Die abschnittweisen Kettenbewegungen zwischen diesen Festpunkten sind also reversibel. Bei hohem Molekulargewicht und schwachen Sekundärbindungen haben wir einen breiten entropieelastischen Bereich vorliegen.

Weitere Erwärmung führt zur Fließtemperatur FT. Jetzt erreichen die starken thermischen Schwingungen der Ketten, daß praktisch alle Nebenvalenzkräfte überwunden werden. Die Makromoleküle gleiten aneinander entlang (Makro-Brownsche Bewegung). Bei starken Sekundärbindungen und hohem Polymerisationsgrad liegt die FT hoch (nahe bei der Zersetzungstemperatur), weil die Überwindung der elektrischen Kräfte und Verschlaufungen mehr Wärme benötigt (z. B. PVC).

Bereich 3: Thermoplastischer Zustand. Der Kunststoff fließt, allerdings relativ zäh (z. B. wie Honig; visko-elastisch). Das ist darauf zurückzuführen, daß sich zwar die mechanischen, aber noch nicht alle physikalischen Vernetzungsstellen gelöst haben. Sie gewährleisten noch einen gewissen Zusammenhalt, besonders bei hohem Polymerisationsgrad. Auch dieser Bereich ist eine Funktion der Kettenlänge: Bei niedrigem Molekulargewicht ist er schmal.

Als *Maßstab für das Fließverhalten* eines Kunststoffes, und damit auch für seine mittlere Kettenlänge, werden verschiedene Werte verwendet, z. B.

— *Schmelzindex MFI* (melt flow index) für Polyolefine und PS. Es wird die Menge in g gemessen, die in 10 min aus einer genormten Düse bei vorgegebenen Werten für Druck und Temperatur ausfließen, z. B. MFI 190/5 = 20 g/10 min bei 190°C und 50 N.

— *Viskositätszahl Z oder K-Wert* für PVC, PA, CA, PETP u. a. Diese Werte ergeben sich aus einer (ziemlich komplizierten) Rechnung der relativen Viskositätsänderung einer Lösung des Kunststoffes gegenüber der Viskosität des reinen Lösungsmittels. Je dünnflüssiger der Kunststoff ist, desto kleiner ist Z bzw. K.

Bei der Zersetzungstemperatur ZT werden die Hauptvalenzkräfte überwunden, d. h. die Elektronenpaarbrücken innerhalb der Ketten werden zerstört. Es erfolgt also eine Depolymerisation, dazu evtl. je nach Kunststoff eine Gasabspaltung, Oxidation mit der Luft, eine Verkokung oder andere chemische Reaktionen. Entweder vergast der Werkstoff vollständig, oder es bleibt ein kompakter Rest, z. B. aus Koks, zurück. Während alle Vorgänge bis unterhalb der ZT wiederholbar sind, ist die Zersetzung irreversibel.

Teilkristalline Thermoplaste (Bild 8.12)

Bereich 1: Glaszustand. Bis zur Glastemperatur sind die beiden Phasen, die Kristallite und die amorphe Grundsubstanz, eingefroren; durch die starken physikalischen Anziehungskräfte befinden sich die Ketten in enger Bindung zueinander. Der Werkstoff verhält sich so hart und spröde, daß er im allgemeinen hier praktisch nicht verwendbar ist.

Bei der ET werden zuerst nur die nicht so dicht liegenden amorphen Anteile beweglich.

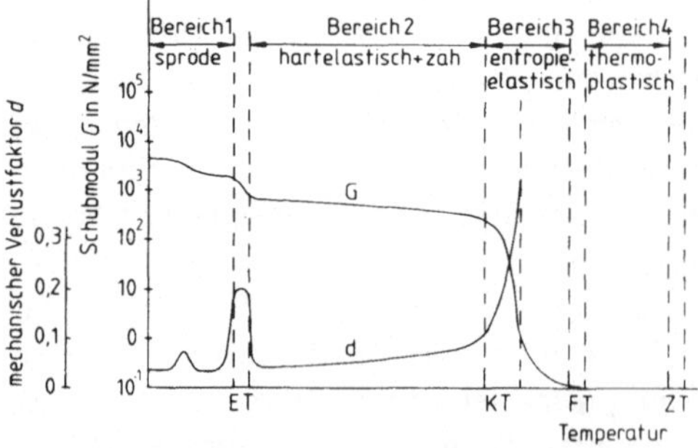

Bild 8.12 Temperaturabhängigkeit des Schubmoduls *G* und Verlustfaktors *d* bei teilkristallinen Thermoplasten

Die ET liegt bei unpolaren Thermoplasten weit unter 0 °C. Sie steigt mit der Stärke der sekundären Bindungen an, z. B. PA 6 bei + 40 °C. Trotzdem ist dieser Kunststoff bis weit unter 0 °C zäh infolge der Wärmeschwingungen der Ketten zwischen den physikalischen Fixpunkten.

Bereich 2: Hartelastisch-zäher Zustand. Während die amorphen Anteile sich bereits im entropieelastischen Zustand befinden, bleiben die Kristallite durch die starken sekundären Bindungskräfte hart und fest. Dieses ist allgemein der Anwendungsbreich der teilkristallinen Thermoplaste. Das Material ist sowohl hart (durch die Kristallite) als auch zähelastisch (durch die amorphen Phasen): Man spricht von hornartig.

Bereich 3: Entropieelastischer Zustand. Dieser Bereich beginnt mit dem allmählichen Aufschmelzen der Kristallite (Kristallitschmelztemperatur KT). Die Nebenvalenzkräfte auch zwischen den dicht liegenden restlichen Anteilen werden nun weitgehend überwunden. Dadurch werden auch diese Phasen amorph, aber praktisch ohne Verschlaufungen, die sich nur aus der ursprünglich verfilzten Wattebauschstruktur ergeben. Da die Entropieelastizität jedoch verursacht wird durch mechanische oder physikalische Vernetzungen, ist je nach Kristallinität des Kunststoffes dieser Bereich hier im allgemeinen eng oder fast gar nicht vorhanden im Vergleich zu den amorphen Thermoplasten.

Ferner muß man hier zwischen hoch- und niedrigmolekularen Werkstoffen unterscheiden. Bei langen Ketten bewirken die Verschlaufungen in den ursprünglich amorphen Bereichen einen ausgeprägteren entropieelastischen Zustand, z. B. PE, PP. Die ursprünglichen Kristallitbereiche fließen bereits, die mechanischen Vernetzungsstellen aber geben dem Werkstoff die Gummielastizität. Bei kurzen Ketten dagegen liegen KT und FT praktisch zusammen, da alle Makromoleküle gut aneinander entlanggleiten können, z. B. PA, POM.

Bereich 4: Thermoplastischer Zustand. Mit dem Überschreiten der Fließtemperatur FT wird der Kunststoff in steigendem Maße flüssig. Oberhalb der Zersetzungstemperatur ZT tritt wieder die Zerstörung des Werkstoffes ein.

In Ausnahmefällen kann folgendes eintreten: Die Molekularmasse ist extrem groß und/oder die physikalischen Bindungen sind extrem stark, so daß die Primärbindungen eher zerstört werden, als daß die Ketten gleiten. Dann liegt die ZT unter der FT, ein thermoplastischer Bereich ist also nicht vorhanden (z. B. Zellulose, gegossenes PMMA).

Duromere (Bild 8.13)

Durch die enge chemische Vernetzung, die auch bei erhöhter Temperatur nicht gelockert werden kann, ist der Werkstoff über einen breiten Temperaturbereich hart und spröde. Hier erfolgt der Einsatz. Bei der Glastemperatur werden nur örtliche, nicht vernetzte Makromoleküle etwas beweglich, so daß der Schubmodul geringfügig abfällt. Schon kurz oberhalb der ET erfolgt die chemische Zersetzung.

Elastomere (Bild 8.14)

Bei niedriger Temperatur verhalten sich auch diese Werkstoffe hart und spröde. Schon unterhalb von 0 °C jedoch erweichen sie durch Überschreiten von ET bzw. KT. Alle Kettenmoleküle, ob amorph oder kristallin, sind zwischen den weitmaschigen Vernetzungsstellen unter Belastung beweglich. Dieser Vor-

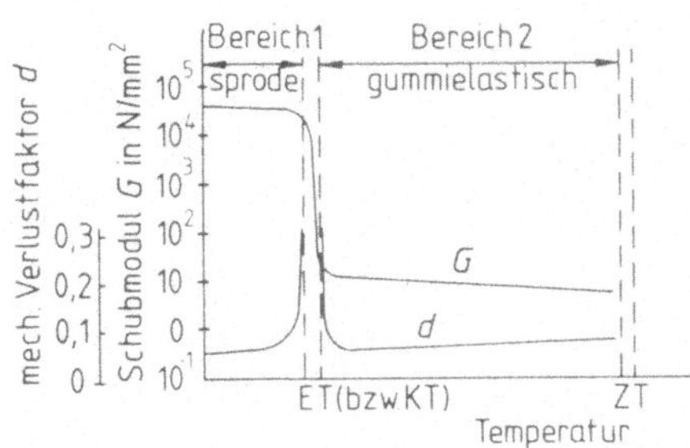

Bild 8.14 Temperaturabhängigkeit des Schubmoduls G und Verlustfaktors d bei Elastomeren

gang ist aber bei Entlastung reversibel: vgl. Entropieelastizität, hier aber *chemische* Vernetzung. Eine Aufhebung der Vernetzung wird nur durch die Zersetzung möglich. Bis dahin liegt der Schubmodul angenähert konstant bei $10^{-1} \dots 10^{2}$ N/mm² : temperaturunabhängiges entropieelastisches Verhalten.

Wie man erkennt, läßt sich mit G und d das mechanisch-thermische Verhalten der Kunststoffe gut erfassen. Anstelle dieser Werte kann man auch die anschaulicheren Festigkeitseigenschaften Zugfestigkeit R_m und Reißdehnung ϵ_R gegen die Temperatur auftragen. Dadurch ergeben sich wertvolle Hinweise auf die Umformung, die z. B. bei minimaler R_m und maximaler ϵ_R durchgeführt werden soll (Bilder 8.15–8.18). Im Bild 8.15 bedeutet das Minimum der Reißdehnung bei der FT Warmsprödigkeit, die z. B. bei PVC auftritt. Dieser Bereich muß bei der Formgebung vermieden werden.

Eine weitere Darstellungsart der thermischen Zustandsformen ist die *Temperaturskala*, die unabhängig von mechanischen Eigenschaften die Bereiche und Übergänge angibt (Bild 8.19). Diese Temperaturskalen sollen im folgenden zur Charakterisierung des thermischen Verhaltens der einzelnen Kunststoffe verwendet werden. Schon vorab für einige wichtige Werkstoffe einige Anhaltszahlen:

HDPE (teilkristallin)

ET −100; KT 130; FT 180; ZT 250 °C

PP (teilkristallin)

ET − 30; KT 165; FT 210; ZT 250 °C

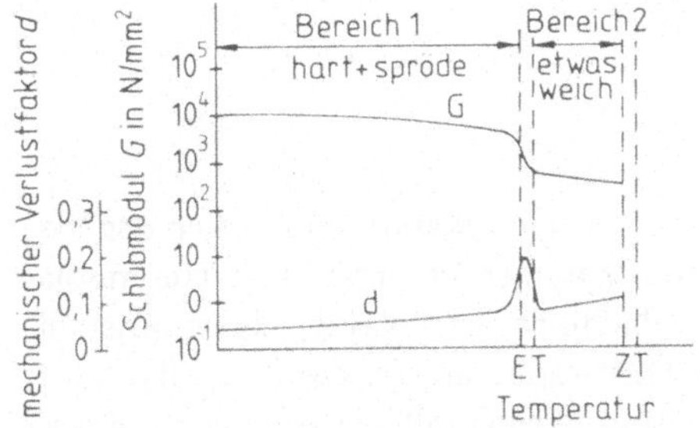

Bild 8.13 Temperaturabhängigkeit des Schubmoduls G und Verlustfaktors d bei Duromeren

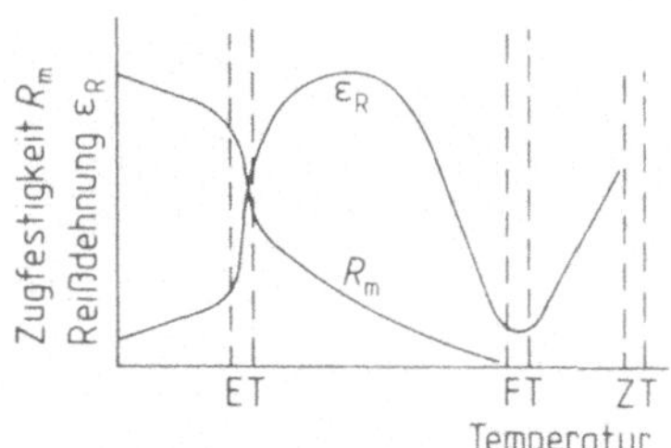

Bild 8.15 Temperaturabhängigkeit der Zugfestigkeit R_m und Reißdehnung ϵ_R bei amorphen Thermoplasten

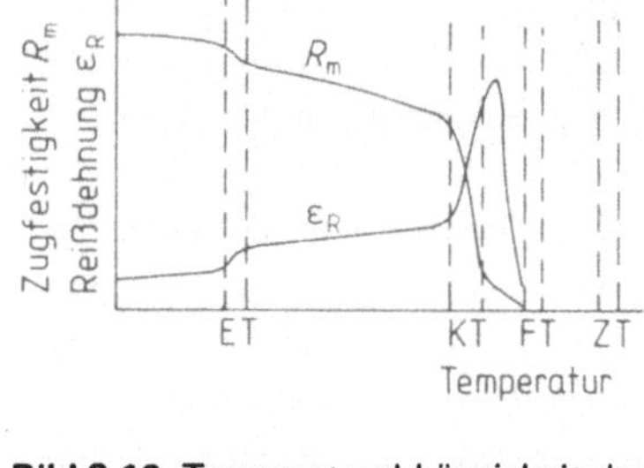

Bild 8.16 Temperaturabhängigkeit der Zugfestigkeit R_m und Reißdehnung ϵ_R bei teilkristallinen Thermoplasten

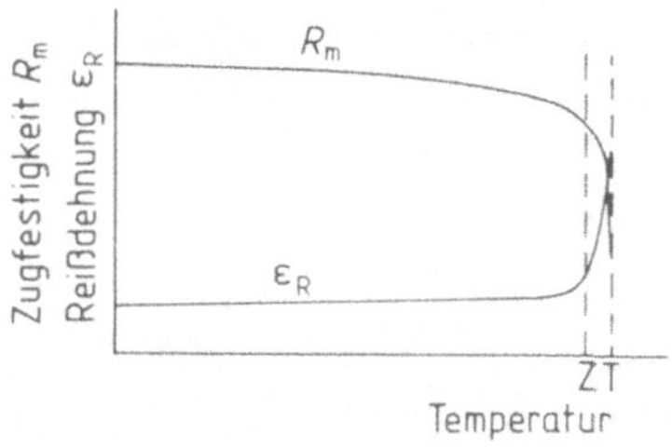

Bild 8.17 Temperaturabhängigkeit der Zugfestigkeit R_m und Reißdehnung ϵ_R bei Duromeren

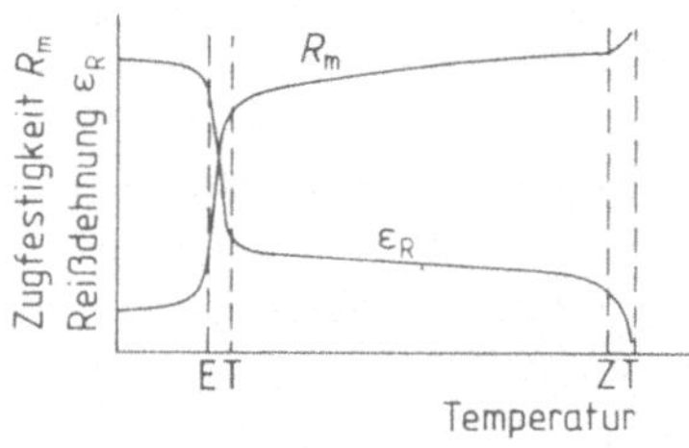

Bild 8.18 Temperaturabhängigkeit der Zugfestigkeit R_m und Reißdehnung ϵ_R bei Elastomeren

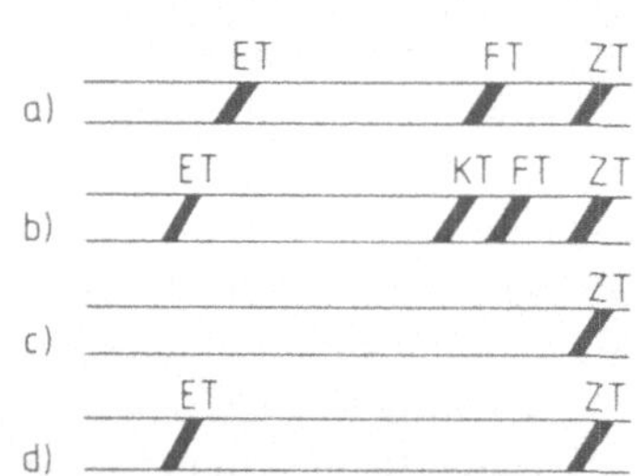

Bild 8.19 Temperaturskalen von
a) amorphen Thermoplasten
b) teilkristallinen Thermoplasten
c) Duromeren
d) Elastomeren

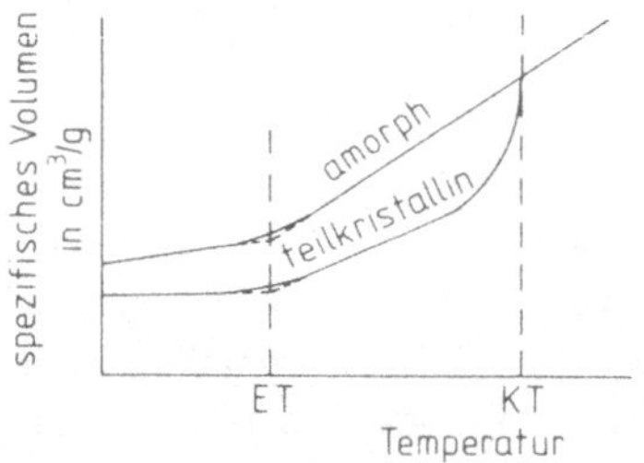

Bild 8.20 Temperaturabhängigkeit des spezifischen Volumens bei Thermoplasten

PVC-hart (amorph)
    ET + 75;   FT 160; ZT 170 °C
PS (amorph)
    ET + 80;   FT 150; ZT 260 °C
Für die Verarbeitung von Thermoplasten ist zusätzlich die Abhängigkeit des spezifischen Volumens von der Temperatur wichtig (Bild

8.20). Wie man erkennt, ändert sich das spezifische Volumen bei amorphen Thermoplasten allmählich und gering, bei teilkristallinen Thermoplasten dagegen ist das Aufschmelzen der kristallinen Anteile mit einem starken Anstieg des Volumens verbunden: Die dichte Anordnung der Ketten löst sich auf. Daneben muß bei teilkristallinen Thermoplasten mehr Wärme zum Schmelzen aufgebracht werden.

8.4.2 Urformen und Umformen bei Thermoplasten

Von der chemischen Großindustrie werden die Thermoplaste im allgemein als granulierte oder pulverige *Formmassen* hergestellt, die die Ausgangsprodukte für die Verarbeitung bilden. Daraus können in einem Arbeitsgang *Formteile* hergestellt werden durch Aufschmelzen und Formung in geschlossenen Werkzeugen (Spritzgießen, Pressen u. a.), oder es können *Formstoffe* = Profile erzeugt werden (z. B. durch Extrudieren, Kalandrieren), die direkt verwendet werden können oder durch nachträgliches Umformen, Bearbeiten bzw. Verbinden ihre endgültige Form erhalten. Daneben gibt es eine Reihe Verfahren, die von Lösungen ausgehen oder die durch Beschichten anderer Materialien Formteile oder Formstoff erzeugen.

Hier sollen nur die Prinzipien der Verarbeitung besprochen werden, und zwar von den thermischen und makromolekularen Voraussetzungen ausgehend und in erster Linie so weit, wie die werkstofftechnischen Eigenschaften beeinflußt werden.

Urformen von Thermoplasten

Spritzgießen. Es ist das wichtigste Verfahren zur Serienfertigung von Formteilen. Hierbei wird die Formmasse bis in den thermoplastischen Zustand erhitzt und durch eine Düse (Anguß) in das Werkzeug gespritzt, in dem sie erkaltet (Bild 8.21).

Vor dem Anguß liegen die Makromoleküle in ihrer maximalen Entropie vor, jegliche Ordnung ist also aufgehoben. Beim Spritzen werden die Ketten in dem engen Anguß in Strömungsrichtung orientiert, und zwar zwischen den Verschlaufungen, die als Festpunkte weitgehend bestehen bleiben. Im Werkzeug streben sie wieder *den* stabilen Zustand der Regellosigkeit an, der für sie charakteristisch ist: mehr teilkristallin oder amorph. Diese

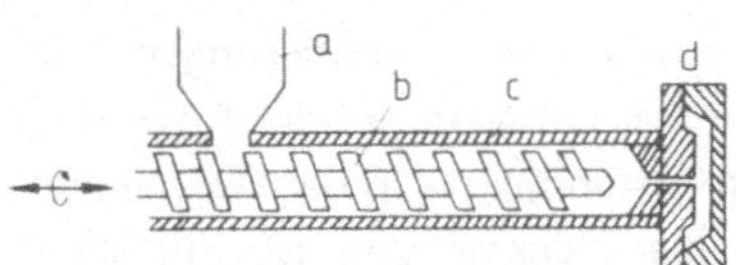

Bild 8.21 Spritzgießmaschine (schematisch)

a Fülltrichter
b Schnecke
c beheizter Zylinder
d geteilte Form

Rückstellung (Reorientierung) ist temperatur- und zeitabhängig. Wie weit sie gelingt, hängt damit von den folgenden Faktoren ab (Bild 8.22):

— Spritztemperatur: Je höher sie liegt, um so stärker ist die Rückstellung;
— Wandstärke des Formteiles: Je größer sie ist, um so länger dauert die Erstarrung, und damit steigt die Reorientierung;
— Einspritzgeschwindigkeit: Schnelles Füllen mit hohem Druck erhöht die Zeit für die Rückstellung.

Außerdem kühlt das Formteil an der kälteren Werkzeugwand schneller ab. In der ca. 0,5 mm dicken Haut frieren die Orientierungen weitgehend ein, in der Mitte dagegen ist die Rückstellung am stärksten. Diese Unterschiede können durch erhöhte Formtemperatur (ca. 40 ... 80 °C) verringert werden, sonst ist evtl. mit Spleißneigung zu rechnen.

In jedem Formteil bleiben mehr oder weniger *Restorientierungen* erhalten, die sich auf die Werkstoffeigenschaften folgendermaßen auswirken. In Orientierungsrichtung sind Zugfestigkeit und Elastizitätsmodul größer, die Reißdehnung und Schlagzähigkeit aber

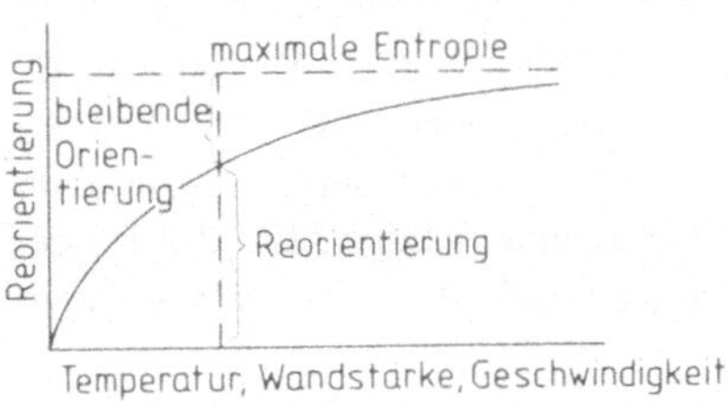

Bild 8.22 Reorientierung beim Spritzgießen

geringer (Anisotropie). Orientierungen können also durchaus erwünscht sein. Außerdem ist die Formbeständigkeit in der Wärme kleiner, denn die Rückstellung ist mit einer Schrumpfung des Formteiles in Fließrichtung verbunden. Je stärker die Restorientierung ist, bei um so niedriger Temperatur und um so stärker schrumpft das Material beim Tempern oder bei einer Wärmeverwendung. Verbleibende Orientierungen führen eventuell zu Spannungsrissen. Durch eine Glühung knapp oberhalb der ET bei amorphen Thermoplasten bzw. der KT bei teilkristallinen Thermoplasten kann man die Orientierungen über den Schrumpf messen und beseitigen.

Zusätzlich zu dieser Schrumpfung tritt natürlich beim Abkühlen des Formteils im Werkzeug noch die thermische Volumenschwindung von 1 ... 4 % ein, die bei teilkristallinen Thermoplasten größer ist (Bild 8.20). Der dadurch bedingte Werkstoffehler (Lunker) wird durch Nachdruck verringert. In die bereits gefüllte Form wird flüssiger Kunststoff nachgespritzt. Dabei müssen Massetemperatur, Angußquerschnitt und Anschnitt so aufeinander abgestimmt werden, daß der Nachdruck lange genug wirksam ist (kein schnelles Erstarren im Anguß), und daß andererseits nach dem Auswerfen des Formteiles möglichst kein Ansatz zurückbleibt (sonst ist Nachbearbeitung nötig).

Aus den angeführten Gründen, und um das Formfüllungsvermögen des Kunststoffes voll ausnutzen zu können, liegt die Spritztemperatur im allgemeinen so hoch wie möglich im thermoplastischen Bereich.

Extrudieren. Es ist das wichtigste Verfahren zur Herstellung von endlosen Profilen. Hierbei wird die Formmasse im Zylinder des Extruders ähnlich wie bei der Spritzgießmaschine bis in den thermoplastischen Zustand erwärmt, kontinuierlich durch eine Düse (evtl. mit einem Dorn, für Rohre) gepreßt, dadurch geformt und danach abgekühlt.

Die Formungstemperatur wird im allgemeinen niedriger eingestellt als beim Spritzgie-

ßen, außerdem werden hochmolekulare Kunststoffsorten verwendet. Dadurch stehen die Profile hinter der Düse besser und fließen auf der Fördervorrichtung nicht auseinander.

Je nach der Schnelligkeit des Flüssigwerdens, der Viskosität und der zeitabhängigen Breite des thermoplastischen Bereichs bei den einzelnen Kunststoffen muß die Erwärmung schonend oder schnell erfolgen (kurze oder lange Schnecke, Doppelschnecke, Größe und Verteilung der Kompression).

In der Düse werden die Makromoleküle orientiert und stehen unter hohem Druck. Hinter der Düse wirken deshalb drei Einflüsse auf den Querschnitt ein:
— thermische Schwindung;
— Schrumpf in Fließrichtung durch Rückstellung;
— Strangaufweitung (Schwellen) durch Druckentlastung und Rückstellung.

Es überwiegt der dritte Einfluß, und zwar ungleichmäßig über den Querschnitt. Dem muß durch entsprechende Konstruktion der Düse sowie durch nachfolgende Kalibrierung, z. B. mit Walzen, Rechnung getragen werden.

Da amorphe Thermoplaste eine geringere Schrumpfung zeigen und nicht so sprunghaft in den festen Zustand übergehen, lassen sie sich im allgemeinen problemloser verarbeiten als die teilkristallinen.

Zur Herstellung von Hohlkörpern werden Rohrabschnitte hinter dem Extruder, evtl. in einer Form, aufgeblasen (Extrusionsblasen). Dabei liegt die Temperatur noch im thermoplastischen Bereich, so daß ein Strekken des Materials mit Erhöhung der Orientierungen kaum auftritt; z. T. aber liegt die Temperatur auch niedriger (Extrusionsstreckblasen).

Kalandrieren. Dieses Verfahren dient hauptsächlich zur Herstellung von Platten und Folien aus PVC; zuerst wird z. B. das Pulver zwischen einem beheizten Duowalzwerk zu einer sogenannten „Puppe" plastifiziert, dann auf Mehrfachwalzen verformt. Kalander sind also Walzwerke für organische Werkstoffe (Bild 8.23). Man erkennt, daß dieses Verfah-

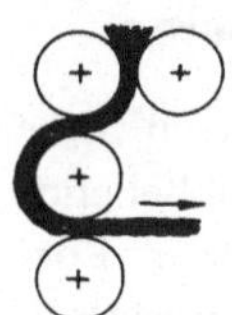

Bild 8.23
4-Walzen-Kalander
(schematisch)

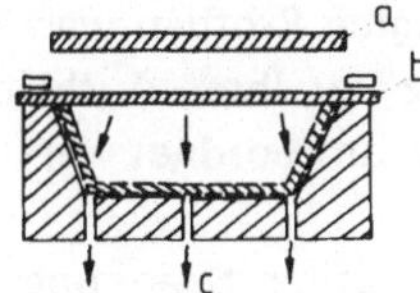

Bild 8.24
Vakuumformen
(schematisch)
a   Heizstrahler
b   Kunststoff-Tafel
c   Saugkanäle

ren nur für solche Kunststoffe anwendbar ist, die im thermoplastischen Zustand eine hohe Viskosität besitzen. Je nach der Umlaufgeschwindigkeit nachgeschalteter Walzen kann die Festigkeit in Laufrichtung durch Recken im entropieelastischen Bereich gesteigert werden.

Umformen von Thermoplasten

Im Hinblick auf die werkstofftechnische Beeinflussung und auch wirtschaftlich ist das *Warmformen (= Thermoformen)* von besonderer Bedeutung. Hierbei werden Halbzeuge, z. B. Tafeln, Folien, Rohre und Fasern, handwerklich oder mit Maschinen im entropieelastischen Zustand mit Druck, Unterdruck oder Zug umgeformt. Man muß grundsätzlich zwei verschiedene Zielrichtungen unterscheiden:
— Verfahren mit optimaler Formänderung, aber ohne Festigkeitssteigerung;
— Verfahren mit optimaler Festigkeitssteigerung.
Zur ersten Gruppe zählen besonders das Druckluft- und Vakuumformen (Bild 8.24), zur zweiten deas Recken von Bändern und Folien sowie das Verstrecken von Fasern.
Bei den *Verfahren der ersten Gruppe* wird die Umformung bei der Temperatur der maximalen Dehnung durchgeführt, d. h. bei amorphen Thermoplasten oberhalb der ET, bei den teilkristallinen oberhalb der KT. Da der Temperaturbereich dieses Maximums bei teilkristallinen Thermoplasten schmal ist, und da das Material kurz unterhalb stabil, kurz oberhalb aber schon fließend ist, werden überwiegend amorphe Thermoplaste auf diese Art verformt (z. B. Verpackungsbehälter aus PS). Um in diesem gummielastischen

Bereich überhaupt dauerhaft verformen zu können, muß unter konstanter Umformkraft auf unterhalb der ET abgekühlt werden.
Bei der hier eingestellten relativ hohen Temperatur werden Orientierungen kaum erzeugt. Die Ketten gleiten weitgehend aneinander entlang, ohne ihre Unordnung zu verlieren. Außerdem sind die Umformgrade so hoch, daß die mechanischen und physikalischen Festpunkte im wesentlichen überwunden werden. Damit ist die Formbeständigkeit der Fertigteile in der Wärme relativ hoch und das Rückstellbestreben entsprechend gering.
Bei den *Verfahren der zweiten Gruppe* wird auf eine erhebliche Steigerung der Orientierungen hingearbeitet. Dadurch werden Zugfestigkeit und Elastizitäsmodul in Verformungsrichtung stark erhöht, z. B. auf den 5-fachen Wert, die Reißdehnung entsprechend verringert. Voraussetzung ist eine Streckgrenze im Spannungs-Dehnungs-Diagramm des Kunststoffes; die Verformungsspannung muß natürlich die Streckspannung überschreiten. Dazu werden die folgenden Temperaturen eingestellt:
— Amorphe Thermoplaste: in der Nähe der ET. Die Ketten sind hier relativ gut gegeneinander beweglich, die Fixpunkte aber noch so stabil, daß zwischen ihnen ausgeprägte Orientierungen auftreten;
— Teilkristalline Thermoplaste: knapp unter der KT. Werden z. B. Folien oder Fasern aus Schmelzen extrudiert und sofort anschließend während der Abkühlung gereckt, so bilden sich die Kristallite unter Zugspannung und orientieren sich in Verformungsrichtung. Bei einer Erwär-

mung von vorher erzeugten Profilen werden die Kristallite kurz vor ihrer Auflösung so instabil, daß sie umgeordnet werden können.

Auch hier muß natürlich unter Spannung abgekühlt werden, um die Orientierung durch Einfrieren zu fixieren. Folien müssen biaxial gereckt werden, sonst sinkt die Festigkeit quer zur Orientierungsrichtung, und Neigung zum Spleißen wäre die Folge.

Dieser Zwangszustand gegenüber der maximalen Entropie ist bestrebt, sich aufzulösen, und zwar temperatur- und zeitabhängig. Bei späterer Erwärmung des Materials werden die Orientierungen wieder aufgehoben. Dabei geht der Kunststoff weitgehend in die Gestalt vor der Verformung zurück: *Thermorückerinnerung, Rückstellung, Memory-Effect.* Schon unterhalb der ET beginnt die Reorientierung, erfordert dann jedoch längere Zeit. Knapp oberhalb der ET sind nur wenige Minuten nötig. Auch dieser Vorgang ist mit einem Schrumpf in Verformungsrichtung verbunden. Je höher die Umformtemperatur liegt, um so geringer ist das Rückstellbestreben, d. h. um so besser ist die Formbeständigkeit in der Wärme. Je niedriger die Umformtemperatur liegt, um so größer ist die elastische Festigkeit und damit die weitere Formänderungsmöglichkeit ohne Rißgefahr.

Im allgemeinen ist der Memory-Effect unerwünscht, denn er bedeutet geringere Formbeständigkeit in der Wärme. Vorteilhaft ausgenützt wird er z.B. bei Schrumpffolien (für Verpackungen, elektrische Isolierung, Korrosionsschutz) oder zum Aufziehen von Werkzeuggriffen.

Das *Kaltverformen* ist in den molekularen Vorgängen dieser zweiten Gruppe ähnlich; es wird z. B. bei teilkristallinen Fasern (PA, PUR linear) oft angewendet. Der höheren Verformungskraft steht eine Ersparnis an Zeit gegenüber, denn es kann sofort wieder entlastet werden (keine Thermofixierung).

8.4.3 Formgebung bei Duromeren

Duroplastische Kunststoffe sind nach ihrer vollständigen Vernetzung nur spanabhebend, aber nicht mehr plastisch verformbar. Entsprechend sind sie auch nicht schweißbar, sind unlöslich und nur gering quellbar. Deshalb müssen sie während ihrer Bildungsreaktion geformt werden, wobei dieses nicht zeitlich zu verstehen ist. Man kann die Vernetzung fast beliebig lange auf der thermoplastischen Zwischenstufe unterbrechen. Von den drei Bildungsreaktionen sind ja die Polykondensation und die Polyaddition Stufenreaktionen, die eine solche Unterbrechung ermöglichen. Diese linearen Zwischenprodukte sind fest oder flüssig. Zur endgültigen Formgebung reicht z. T. erhöhte Temperatur aus, z. T. muß man die fehlende Vernetzungssubstanz oder einen Katalysator (den Härter) hinzufügen.

Duromere werden fast immer mit Verstärkungsmitteln (Abschn. 8.5.3) versehen, durch die sie erst ihre charakteristischen Eigenschaften erreichen. Die Art der Formgebung wird dadurch beeinflußt. In erster Linie jedoch hängt die Verarbeitung davon ab, ob sich bei der Härtung ein gasförmiges Nebenprodukt abspaltet (Polykondensation) oder nicht. Im ersten Fall muß mit erhöhtem Druck gearbeitet werden, um ein blasiges Produkt zu vermeiden. Im großen unterscheidet man danach zwei Gruppen von Verarbeitungsverfahren und dazugehörigen Kunststoffen.

Preßverfahren

Die Durchführung erfolgt mit festen, im allgemeinen pulverigen Vorprodukten (Preßmassen, Harz und Verstärkungsmittel), die über Polykondensation aushärten: PF, UF, MF. Beim Pressen wird die dosierte Masse in die heiße Form gefüllt, wird zuerst plastisch fließend und danach durch die Vernetzung fest. Bild 8.25 zeigt den zeitlichen Viskositätsverlauf. Danach steht für die eigentliche Formgebung nur eine begrenzte Zeit zur Verfügung, die aber variierbar ist.

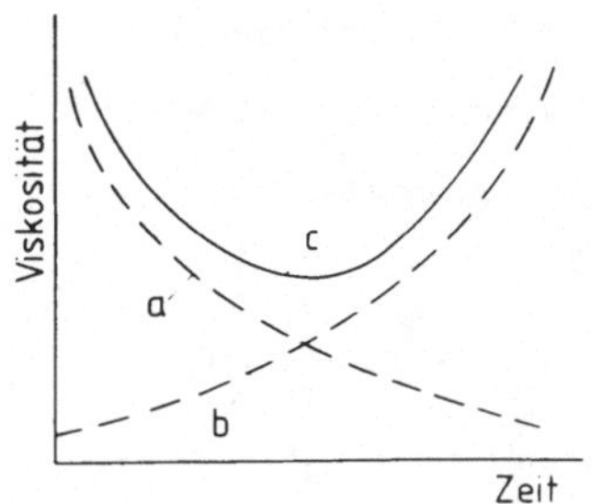

Bild 8.25 Zeitlicher Viskositätsverlauf einer duroplastischen Preßmasse

a   Abnahme durch Erwärmung
b   Zunahme durch Härtung
c   praktischer Verlauf (a + b)

Ähnlich arbeiten die Spritzpressen und – zur Herstellung von großflächigen Teilen, z. B. Hartfaserplatten – die Etagenpressen in mehreren Schichten übereinander (Formgebung zwischen beheizten Stahlplatten). Auch das Spritzgießen von duroplastischen Formmassen wird seit einiger Zeit praktiziert. Dabei spielt die Temperaturführung eine entscheidende Rolle. Die Formmasse darf im Zylinder eine kritische Obergrenze nicht überschreiten, um hier noch nicht zu härten (z. B. 120 °C), während das Werkzeug sich auf der höheren Härtetemperatur befindet. Im Vergleich zum Spritzgießen von Thermoplasten erfolgt also die Verfestigung nicht durch Abkühlung einer Schmelze, sondern durch Vernetzung bei hoher Temperatur. Entsprechend kann hier im heißen Zustand entformt werden.

Bei allen diesen Verfahren besteht das Problem, die sich bei der Härtung bildenden Nebenprodukte (Flüchte) abzuführen: Entlüftungskanäle anbringen oder den Preßstempel kurz anheben. Je nach Verfahren ist mit einer Orientierung der Verstärkungsmittel in Fließrichtung zu rechnen; anisotorpe Eigenschaften sind die Folge.

Gieß- und Niederdruckverfahren

Bei diesen Verfahren ist Druck eigentlich nicht erforderlich, denn die Vernetzung erfolgt ohne Bildung von Nebenprodukten. Wegen der Einlagerung von Verstärkungsmitteln ist aber doch ein geringer Druck nötig, um Lufteinschlüsse zu vermeiden.

Die Rohstoffe bestehen im allgemeinen aus den flüssigen EP, UP und PUR, die mit dem Zusatzmittel, dem Härter, versehen werden und dann kalt oder warm aushärten. Diese Vernetzung ist mit einem Schwund verbunden; außerdem entsteht Reaktionswärme. Dadurch besteht besonders bei dickwandigen Teilen die Gefahr von Verbrennungen, Spannungen oder Rissen. Durch Zugabe von weniger Katalysator oder von anderen Hilfsmitteln muß eine langsame Härtung erzielt werden.

Wenn die Verstärkungsmittel kleinstückig sind, werden sie mit den Harzkomponenten zu flüssigen bis rieselfähigen Formmassen vermischt und von Hand oder auf Maschinen (auch im Spritzguß) in Formen gegeben, wo die Aushärtung stattfindet. Um den Einschluß von Luft zu vermeiden, kann eventuell das Mischen und/oder Formen im Vakuum erfolgen. Der zeitliche Viskositätsverlauf nach Bild 8.25 ist zu beachten.

Flächige Verstärkungsmittel sind im allgemeinen Glasfasern; die entsprechenden Kunststoffe bestehen besonders aus UP oder EP. Für die Formgebung gibt es eine Reihe von handwerklichen und maschinellen Verfahren, bei denen das Harzgemisch zusammen mit dem Verstärkungsmaterial, oft in mehreren Schichten, auf eine Positiv- oder Negativform mit geringem Druck aufgebracht wird und dann aushärtet. Teilweise geht man auch von Harzmatten (Prepregs) aus; das sind mit dem Harz vorimprägnierte Bahnen, die beim Warmpressen nach Erreichen der Anspringtemperatur aushärten. Je nach Richtung der Fasern sind diese Schichtstoffe (Laminate) in ihren mechanischen Eigenschaften mehr oder weniger anisotrop.

8.5   Modifikation von Kunststoffen

Sowohl bei den Bildungsreaktionen als auch bei der Formgebung wird oft eine Vielzahl von Zusatzverfahren angewendet, um den Werkstoff optimal auf seine Verwendung einzustellen. Dabei handelt es sich um eine Beeinflussung des molekularen Aufbaus innerhalb und zwischen den Makromolekülen.

8.5.1 Copolymere und Polyblends

Bei der Copolymerisation wird nicht nur eine Monomereart zu Makromolekülen verbunden (Homopolymere), sondern verschiedene Arten (Bi- oder Ter- oder Multipolymere). Dieses Verfahren ist damit dem Legieren bei Metallen vergleichbar.

Die Anordnung der einzelnen Bausteine kann, je nach dem Zeitpunkt der Radikalbildung bei der Startreaktion, regellos sein. Eine besonders gesteuerte Polymerisation kann zu *Blockpolymeren* führen: Blöcke des einen Monomeren wechseln sich mit Blöcken des anderen Monomeren ab. Unter *Propfpolymerisation* versteht man ein nachträgliches „Aufpfropfen" der zweiten Monomere an aktivierte Seitengruppen der kompletten Hauptkette (Bild 8.26). Dabei geht man praktisch nach zwei Arten vor:

— Das fertige Formteil wird oberflächlich aktiviert, z. B. durch Bestrahlung, so daß die anderen Monomere sich anlagern können.
— Die beiden Polymerrohstoffe werden intensiv mechanisch-thermisch durchgearbeitet, z. B. in einem Schneckenkneter.

Durch die Propfpolymerisation steigt insbesondere die Warmfestigkeit des Grundmaterials, da sich die Seitenäste verhaken.

Die *Polyblends* ähneln in den Eigenschaften den Copolymeren weitgehend. In ihnen liegen die verschiedenen Polymerketten regellos nebeneinander, ohne daß sie über Hauptvalenzkräfte verbunden sind. Die Herstellung erfolgt durch Mischen der Polymere, z. B. als Pulver bei der Formgebung.

8.5.2 Weichmachung von Thermoplasten

Allgemein bedeutet Weichmachung eine Erniedrigung der Erweichungstemperatur und

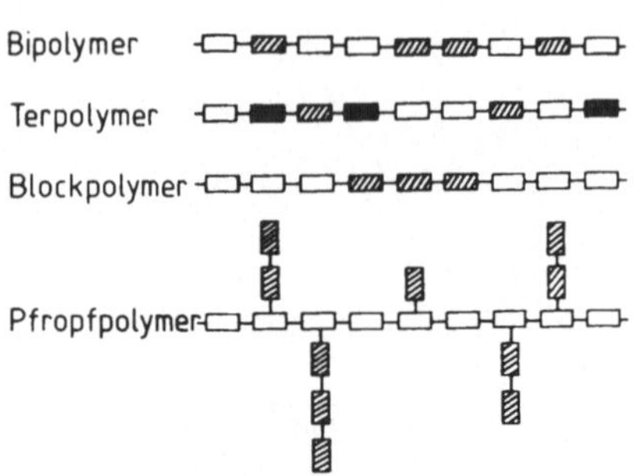

Bild 8.26 Arten der Copolymerisation

Zugfestigkeit sowie Erhöhung der Reißdehnung und Zähigkeit eines Thermoplastes. Dabei kann die ET bis unter Raumtemperatur abgesenkt werden, so daß der Werkstoff gummielastisch wird.

Man unterscheidet zwei Arten der Weichmachung:

— *Innere* Weichmachung ist eine spezielle Copolymerisation. Beispiel: Das harte, spröde Polystyrol PS wird schlagfest durch Zugabe von Butadien und/oder Acrylnitril.
— *Äußere* Weichmachung erreicht man durch losen Einbau von Weichmachern, besonders Phthalsäureester, z. B. Dioctylphthalat DOP für PVC in einem Anteil von 20 … 50 %. Die Wirkung beruht auf einer Vergrößerung der Kettenabstände und damit Verringerung der physikalischen Bindungskräfte.

Bei einem Vergleich der beiden Arten zeichnet sich die innere Weichmachung durch erhöhte Stabilität aus, denn die nur lose zugegebenen Substanzen können allmählich ausdiffundieren, besonders bei Kontakt zu anderen weichmacherfreien Materialien und bei erhöhter Temperatur (Weichmacherwanderung). Dadurch versprödet der Werkstoff.

8.5.3 Füllen und Verstärken

Unter Füllstoffen versteht man Zusätze in fester Form, die sich hinsichtlich ihrer Zusammensetzung und Struktur von der Matrix Kunststoff unterscheiden. Vgl. Polyblend!

Man unterscheidet inaktive Füllstoffe, die im wesentlichen eine Verbilligung des Kunststoffes bewirken, und aktive Füllstoffe (Verstärkungsmittel), die zu einer Verbesserung der Gebrauchs- und Verarbeitungseigenschaften führen. Zu den Verstärkungsmitteln zählen insbesondere die Harzträger der duroplastischen Formmassen; ihr Zusatz ist unbedingt erforderlich, weil durch sie erst das Material seine charakteristischen Struktureigenschaften erhält. Alle Duromere verhalten sich auf Grund ihres Netzaufbaues spröde, sie brechen also bei einer Schlagbeanspruchung ohne Verformung. Von dem Sonderfall der Gießharze abgesehen (Abschn. 8.8.1) werden alle Duromere erst durch den Zusatz der Harzträger verwendbar. Die exakte Abgrenzung zwischen Füllstoffen und Verstärkungsmitteln ist oft nicht möglich. So kann z. B. eine Verbilligung auch dadurch eintreten, daß die Wandstärke des verstärkten Formteiles wegen der erhöhten Festigkeit verringert wird.

Von Art und Form her kommen sehr unterschiedliche Füllstoffe zum Einsatz. Die wichtigsten sind:

— anorganisch: Glasfasern (GFK = glasfaserverstärkte Kunststoffe) in Form von Kurzfasern, Matten, Geweben u. a., Glaskugeln, Gesteinsmehl, Kreide (am billigsten), Kaolin, Talkum, Dolomit, Glimmer, Asbest, Silikate, Quarzmehl, Aluminiumhydroxid, Metalloxide, Metallpulver (beide z. T. als Einkristalle: Whiskers), Carbon- und Bor-Fasern
— organisch: Ruß, Holzmehl, Zellulosefasern und -flocken, Papierschnitzel und -bahnen, Textilfasern und -gewebe.

Die Zusatzanteile liegen bei den Thermoplasten im allgemeinen bis zu 30 %, bei Duromeren bis 60 %. Die Zugabe von kleinstückigen, z. B. pulverigen Füllstoffen, erfolgt hauptsächlich vor der Formgebung in Mischern, die von flächigen Stoffen während der Formgebung. Besonders bei den Duromeren haben sich spezielle Kombinationen als vorteilhaft erwiesen. Diese sind nach Typen genormt; ihre Qualität wird von Prüfungsämtern überwacht.

Spezielle Eigenschaftsänderungen werden bei den einzelnen Kunststoffen besprochen; einige allgemeine Gesichtspunkte sollen vorweg behandelt werden.

Durch kleinstückige Füllstoffe steigt insbesondere die Steifheit und thermische Stabilität des Grundmaterials, weniger die Zugfestigkeit und Schlagzähigkeit. Fasern dagegen erhöhen sowohl die Zugfestigkeit und Zähigkeit als auch den E-Modul und die Wärmeformbeständigkeit. Diese letzte Eigenschaft ist bei Thermoplasten die wesentliche Zielrichtung. Weiter wird die Kriechgeschwindigkeit von Thermoplasten bis auf die Werte von Duromeren gesenkt, das hohe Schwindmaß der teilkristallinen Thermoplaste erniedrigt, je nach Füllstoff die Brennbarkeit vermindert sowie manche elektrische Eigenschaft verbessert.

Als Ursachen für die Verstärkung gelten:

— Zwischenmolekulare Bindungen zwischen dem Füllstoff und den Makromolekülen, also physikalische Verknüpfungen z. B. mit den polaren Bereichen des Kunststoffes;
— Mechanische Verankerungen durch spezielle Gestalt der jeweiligen Oberflächen.

Beide zusammen bedeuten damit eine „konträre Weichmachung". Entsprechend diesen Ursachen kann durch Zusatz von *Haftvermittlern* zum Füllstoff die Wirkung erheblich verbessert werden, und zwar sowohl physikalisch (deshalb besonders bei den unpolaren Kunststoffen PE, PP u. a. wichtig) als auch mechanisch. Daneben bilden die Haftvermittler eine elastische Zwischenschicht, die wegen der unterschiedlichen thermischen Schwindung die Scherspannungen aufnimmt. Chemisch gesehen handelt es sich oft um Silane als vielseitig einsetzbare Haftvermittler, daneben gibt es mehrere spezielle, wie z. B. komplexe Chromverbindungen. Bei Glasfasern nennt man sie auch Schlichte. Sind die Füllstoffe mit der Matrix nicht fest verbunden, gleiten sie eventuell beim Schrumpfen heraus.

Allgemein werden die Umwandlungstemperaturen der Thermoplaste durch die Füllstoffe wenig beeinflußt. Die Wirkung ist bei teilkristallinen Thermoplasten wesentlich stärker als bei amorphen. Während der Erstarrung bei der Formgebung bilden sich *kleinere* Kristallbereiche aus, besonders Sphärolite, durch sehr feinkörnige Füllstoffe, da wegen der hochschmelzenden Mittel die Keimbildung verstärkt wird. Dadurch ist einmal eine schnellere Verarbeitung möglich und andererseits die erhöhte Festigkeit mit zu erklären. Ferner schmelzen diese Kristallite erst bei erhöhter Temperatur wieder auf, so daß die Gebrauchstemperatur gesteigert wird. Das nutzt man besonders bei PA und PP aus. Je nach Füllstoff muß mit einem stärkeren Verschleiß an den Verarbeitungsmaschinen gerechnet werden. Für Spritzguß u. ä. Formgebungsverfahren sind langfaserige Mittel wegen des zu engen Angusses natürlich nicht geeignet.

Bei den Duromeren ergibt sich durch die Einlagerung eine nicht so enge Vernetzung, so daß die Elastizität und Zähigkeit verbessert werden.

Die Verteilung der Füllstoffe soll im allgemeinen homogen sein (isotropes Verhalten des Werkstoffes), kann aber je nach den gewünschten Gebrauchseigenschaften auch inhomogen sein (anisotrop), das letztere besonders bei den verschiedenen Glasfasergeweben. Davon zu unterscheiden ist die ungewollte Anisotropie bei kleinstückigen Füllstoffen, die durch die Formgebungsbedingungen eintritt, z. B. Orientierung der Verstärkungsmittel in Fließrichtung beim Spritzguß, bevorzugt in den schnell erstarrenden Randschichten. Allgemein sinkt die Zugfestigkeit senkrecht zur Faserrichtung (Querempfindlichkeit).

Die Bedeutung der Füllstoffe, sowohl der aktiven als auch der inaktiven, ist stark steigend.

8.5.4 Schäumen von Kunststoffen

Schaumkunststoffe sind künstlich hergestellte leichte Werkstoffe mit Zellenstruktur. Nach der Art der Zellen unterscheidet man:

- offenzellig; die Poren stehen miteinander in Verbindung;
- geschlossenzellig; die Poren bilden in sich geschlossene Hohlräume;
- gemischtzellig; die Poren stehen z. T. miteinander in Verbindung.

Daneben gibt es Integral- oder Strukturschaumstoffe, die eine massive, nicht geschäumte Außenschicht besitzen und von dort allmählich in den zelligen Kern übergehen.

Nach der Härte der Schaumstoffe unterscheidet man weiter:

- sprödhart; die Zellen brechen bei Überlastung ohne Verformung;
- zähhart; es tritt eine bleibende Verformung ein;
- weichelastisch; die Verformung ist stark elastisch.

Theoretisch lassen sich alle Kunststoffe schäumen, indem man im flüssigen Zustand bei der Formgebung Treibgas zusetzt. Praktisch haben jedoch nur wenige eine größere wirtschaftliche Bedeutung.

Die Herstellung der Schaumstoffe erfolgt auf fünf verschiedene Arten:

- Schäumen mit physikalischem Treibmittel: z. B. das Styropor-Verfahren (EPS = expandiertes Polystyrol). In das PS-Granulat ist ein leicht verdampfbarer Kohlenwasserstoff einpolymerisiert. Durch Erwärmen in einer Form blähen die Körner auf und verschweißen miteinander.
- Schäumen mit chemischem Treibmittel: Feste oder flüssige organische Verbindungen, z. B. Azodicarbonamid, werden mit dem Kunststoffgranulat gemischt. Während der Formgebung tritt bei der Anspringtemperatur von 150 ... 250 °C Stickstoffabspaltung ein.
- Schäumen mit permanenten Gasen: In die Kunststoffschmelze wird beim Verformen z. B. Stickstoff mit hohem Druck eingemischt, dabei gelöst, und später erfolgt durch Entspannen das Aufschäumen.
- Schaumschlagen: Einrühren von Luft in die Schmelze und danach aushärten als Duromer, z. B. UF.

— Schäumen bei der Kunststoffsynthese: Bei PUR z. B. bildet sich das Treibgas CO_2 während der Reaktion der beiden flüssigen Komponenten (RSG = Reaktionsschaumguß), so daß hier auch freies Schäumen außerhalb einer Form möglich wird.

Integralschaum kann sich nur beim Formschäumen bilden, z. B. beim RSG oder TSG (= Thermoplastschaumguß in Spritzgußmaschinen) oder TSE (= Thermoplast-Schaum-Extrudieren). Bei den letzten beiden Verfahren wird das Treibmittel entweder vor der Formgebung mit dem Granulat gemischt oder dem flüssigen Kunststoff in der Maschine unter Druck zugefügt (Direktbegasung). Die Temperaturführung des Werkzeuges ist dabei von Wichtigkeit, um einen ausreagierten und trotzdem massiven Rand zu erhalten.

8.5.5 Vernetzen von Thermoplasten

Manche Thermoplaste lassen sich während der Formgebung oder danach als fertige Formteile vernetzen, also in den duroplastischen Zustand überführen. Das wird gelegentlich durchgeführt, um die Festigkeit und Wärmebeständigkeit zu erhöhen oder um elektrische Vorteile zu erzielen. Die Brückenbildung setzt die Schaffung von reaktionsfähigen Stellen an den Kettenmolekülen voraus. Dazu gibt es zwei Möglichkeiten:

— Peroxidvernetzung: Die Granulat-Peroxid-Mischung in der Spritzgußmaschine wird zuerst geformt, z. B. bei 150 °C, danach weiter auf die Zerfalltemperatur des Peroxids erwärmt, z. B. 220 °C, und dabei vernetzt. Dieser Vorgang läuft, z. B. bei PE, chemisch folgendermaßen ab:

$$
\begin{array}{ccccc}
H & H & H & H & H \\
| & | & | & | & | \\
-C-&C-&C-&C-&C- \\
| & | & | & | & | \\
H & H & H & H & H \\
\end{array}
$$

$$
\begin{array}{ccccc}
H & H & H & H & H \\
| & | & | & | & | \\
-C-&C-&C-&C-&C- \\
| & | & | & | & | \\
H & H & H & H & H \\
\end{array}
\quad + R-O-O-R \longrightarrow
$$

$$
\begin{array}{ccccc}
H & H & H & H & H \\
| & | & | & | & | \\
-C-&C-&C-&C-&C- \\
| & | & | & | & | \\
H & H & & H & H \\
\end{array}
$$

$$
\begin{array}{ccccc}
H & H & & H & H \\
| & | & | & | & | \\
-C-&C-&C-&C-&C- \\
| & | & | & | & | \\
H & H & H & H & H \\
\end{array}
\quad + 2\ ROH
$$

— Strahlenvernetzung: UV-, Röntgen- oder Elektronenstrahlen reißen H-Atome aus PE, so daß sich die C-Atome quer verbinden können. Da schon geringe Strahlungsintensität die Schmelzviskosität so stark erhöht, daß PE nicht mehr verarbeitet werden kann, werden *Formteile* vernetzt. Dünnwandige Teile reagieren durchgehend, dickere vernetzen nur oberflächlich.

Bei manchen anderen Kunststoffen dagegen sind Strahlen schädlich und führen zur Zersetzung oder Depolymerisation.

8.5.6 Stabilisatoren, Antistatika, Gleitmittel, Farbmittel

Stabilisatoren

Fast alle Kunststoffe ändern ihre Eigenschaften unter dem Einfluß von Wärme, Licht, Luftsauerstoff, Wasser, UV-Stahlen, Ozon, mechanischen Einwirkungen u. a. Die Ursachen und Wirkungen können verschieden sein (s. bei den einzelnen Kunststoffen), z. B. Vernetzung (spröde), Depolymerisation (weich), Zersetzung, O_2-Anlagerung. Empirisch hat man Stabilisatoren, Antioxidantien und Alterungsschutzmittel gefunden, deren Zusatz bei der Verarbeitung oder je nach Verwendungszweck unbedingt erforderlich (PVC) oder vorteilhaft ist. Es handelt sich z. B. um Ruß, Pb-, Cd-, Ca-, Sn-Verbindungen, Phenole oder Amine; die Zugabemenge geht bis 3 %.

Antistatika

Wegen ihres hohen elektrischen Oberflächenwiderstandes entstehen bei manchen Kunststoffen durch Reibung, Luftströmung o. a. elektrostatische Aufladungen. Als Folge davon ziehen sie Staub an, oder es können sich bei der Entladung Funken bilden. Eine Abhilfe ist u. a. durch Zusatz von Antistatika möglich, z. B. 5 % Ruß, Metallpulver oder spezielle Ether.

Gleitmittel

Manche Kunststoffe fließen bei ihrer Formgebung so träge (PVC) oder kleben an den Maschinenteilen (EP), daß ein Zusatz von Gleit- oder Trennmitteln unbedingt erforderlich oder vorteilhaft ist. Dazu dienen z. B. 1 ... 2 % Wachse, Metallseifen oder Fettalkohole.

Farbmittel

Kunststoffe werden überwiegend in der Masse gefärbt, also nicht oberflächlich, und zwar entweder bei den Rohstoffherstellern (gefärbte Formmassen) oder durch Mischen bei der Verarbeitung. Man unterscheidet zwischen Farbstoffen, die löslich sind und transparente Färbungen ergeben, und Pigmenten (unlöslich; gedeckte Färbungen).
Mischungen aus Kunststoffen mit solchen Hilfsstoffen oder auch Füllstoffen heißen Compounds, trockene und rieselfähige Mischungen Dry-blends.

8.6. Einteilung der Kunststoffe

Zur Zeit gibt es etwa 40 wirtschaftlich interessante Kunststoffe, die man z. T. durch Mo-

difizieren variiert. Diese kann man nach verschiedenen Gesichtspunkten in Gruppen einteilen, z. B.
— nach dem chemischen Aufbau, z. B. C-C, C-O, C-N, C-S, Si-O in der Hauptkette;
— nach dem molekularen Aufbau: Thermoplaste, Duromere, Elastomere;
— nach den Bildungsreaktionen: Polymerisate, Polykondensate und Polyaddukte als vollsynthetische Kunststoffe, sowie die abgewandelten Naturstoffe;
— nach der hauptsächlichen Verarbeitungsart;
— nach dem hauptsächlichen Verwendungszweck;
— nach besonderen Eigenschaften, z. B. temperaturbeständige Kunststoffe.
Im folgenden behandeln wir die dritte Art. Dabei gehören zu der wichtigsten Gruppe, den Polymerisaten, ausschließlich Thermoplaste, zu den Polykondensaten sowohl Thermoplaste, zu den Polykondensaten sowohl Thermoplaste (PA, PC, PPS, PES, PSO und lineare Polyester) als auch Duromere (PF, UF, MF, UP, PI, PPO und SI) und auch zu den Polyaddukten gehören sowohl Thermoplaste (lineare PUR) als auch Duromere (EP, vernetzte PUR). Auf die besonderen Verhältnisse bei den abgewandelten Naturstoffen wird später eingegangen.

8.7 Polymerisate

8.7.1 Polyolefine PO

Unter diesem Begriff faßt man eine Gruppe von Kunststoffen zusammen, die aus den Monomeren der Alkene (die ältere technische Bezeichnung ist Olefine) entstehen, d. h. ungesättigte C-H-Verbindungen der allgemeinen Form C_nH_{2n}.
Die Rohstoffbasis besteht im allgemeinen aus Erdöl; durch Cracken und Modifizieren verschiedener Fraktionen erhält man die gasförmigen Monomere.
Die PO bilden von der Menge her die wichtigste Gruppe der Kunststoffe, und zwar ca. 33 %.

8.7.1.1 Polyethylen PE

Großtechnische Produktion von LDPE seit 1937 (Imperial Chemical Industries ICI), von HDPE seit 1954 (Hoechst). Wichtigster Massenkunststoff (ca. 25 %). Relativ preiswert.

Herstellung

Monomer ist Ethylen C_2H_4 mit einem Siedepunkt von $-104\,°C$. Schema der Polymerisation (Abschn. 8.3.1).

Die Eigenschaften dieses teilkristallinen, unpolaren Thermoplastes werden hauptsächlich bestimmt durch die Polymerisationsverfahren und die dadurch eingestellten Werte von Molekulargewicht, Verzweigungsgrad und Kristallinität. Technisch ausgeführt werden im wesentlichen drei Verfahren:

Hochdruckverfahren der ICI. Massepolymerisation, z. B. im Röhren-System mit ca. 0,01 % O_2 als Katalysator. Höhere O_2-Gehalte würden zwar die Ausbeute erhöhen, aber das Molekulargewicht erniedrigen und zu explosiven Gemischen führen. Druck 1500 ... 2000 bar. Temperatur ca. 200 °C. Die Startreaktion erfolgt durch Peroxidradikale (Abschn. 8.3.1). Danach muß wegen der hohen Polymerisationswärme intensiv gekühlt werden. Das Polymere wird nach der Druckerniedrigung als zähflüssige Masse entnommen und z. B. zu Granulat verarbeitet. Nicht umgesetztes Monomeres, ca. 70 %, gelangt wieder in den Prozeß zurück. Das Produkt hat einen relativ geringen Polymerisationsgrad von $n = 700$ bis 1800, das entsprechende Molekulargewicht M liegt bei 20 000 bis 50 000, und die vielen Verzweigungen (ca. 30 CH_3-Gruppen pro 1000 C-Atome) sind ungleich lang (Abschn. 8.2.1). Dadurch bedingt ist die Kristallinität gering (40 ... ... 55 %) und die Festigkeit sowie Dichte ebenfalls (0,92 ... 0,94 g/cm^3). Name dieses Produktes: LDPE (low density = niedrige Dichte), auch PE-weich oder Hochdruck-PE.

Niederdruckverfahren nach Ziegler. Fällungspolymerisation, z. B. im Rührkessel, mit Dieselöl und metallorganischen Katalysatorgemischen (Al-triethyl und Ti-tetrachlorid). An der Oberfläche der $TiCl_4$-Kristalle und zwischen Al und den drei C_2H_5-Resten findet die Polymerisation statt. Temperatur 20 ... ... 70 °C. Druck normal. PE fällt in Flocken aus, wird abgesaugt und von den Resten an Dieselöl und Katalysator befreit (technisch aufwendig). Das Produkt hat einen höheren Polymerisationsgrad als LDPE: $n = 1500$ bis 9000, entsprechend $M = 40\,000$ bis 250 000, in Sonderfällen auch bis $M = 2 \cdot 10^6$. Die Ketten sind wesentlich linearer aufgebaut (nur ca. 5 ... 10 CH_3 pro 1000 C), dadurch liegt die Kristallinität höher (60 ... ... 80 %) und auch die Festigkeit sowie Dichte (0,94 ... 0,96 g/cm^3). Name dieses Produktes: HDPE (high density = hohe Dichte), auch PE-hart oder Niederdruck-PE.

Mitteldruckverfahren. Hier gibt es zwei ähnliche Varianten, nach Phillips Petroleum Co. (USA) und Standard Oil (USA). Lösungspolymerisation. Druck 40 ... 80 bar. Temperatur 150 ... 250 °C. Lösungsmittel sind verschiedene Kohlenwasserstoffe, Katalysatoren verschiedene Metalloxide. Die Produkte ähneln in bezug auf den Molekularaufbau und die Eigenschaften dem HDPE, aber die Linearität ist noch ausgeprägter (nur ca. 2 CH_3 pro 1000 C), so daß auch die Kristallinität (75 ... 80 %) und die Dichte (0,96 ... ... 0,97 g/cm^3) höher liegen.

Eigenschaften

Außer in der Dichte werden die PE-Sorten im Schmelzindex MFI unterschieden. LDPE fließt wegen des geringeren Molekulargewichtes leichter und ist damit besser verarbeitbar. Ferner liegen bei LDPE die ET, KT und FT niedriger (Temperaturskalen):

	ET	KT	FT	ZT
LPDE:	/	/	/	/
	-100	105	160	250 °C

	ET	KT	FT	ZT
HDPE:	/	/	/	/
	-80	130	180	250 °C

Für die Abhängigkeit der Eigenschaften von der Molekülstruktur gelten die folgenden Zusammenhänge:

Je höher das Molekulargewicht, desto
kleiner ist der Schmelzindex;
höher ist die Festigkeit;
höher ist die Schlagzähigkeit;
höher ist die Kriechfestigkeit.

Je höher die Kristallinität, desto
höher ist die Dichte;
höher sind Festigkeit, E-Modul und Zeitstandfestigkeit;
höher ist der Kristallitschmelzbereich und damit die Warmfestigkeit;
geringer ist die Quellbarkeit und Gasdurchlässigkeit;
geringer ist die Transparenz.

Da Kristallinität und Molekulargewicht schwierig zu messen sind, werden bei den einzelnen PE-Sorten die ihnen proportionalen Werte Dichte und MFI angegeben.

Mit der Kristallinität steigt die Empfindlichkeit gegen Spannungsrißkorrosion, HDPE neigt also eher dazu als LDPE. Durch den sprunghaften Schrumpf am Kristallitschmelzpunkt (Bild 8.20) nach der Formgebung entstehen innere Spannungen, die besonders beim Eindringen von Lösungsmitteln (z. B. Waschmittel oder andere oberflächenaktive Stoffe) und/oder durch mechanische Beanspruchungen zu Rissen führen können, da die Ketten unter diesen Voraussetzungen leicht gleiten.

Von diesen strukturabhängigen Eigenschaften abgesehen gleichen sich die PE-Sorten: wachsartige, glatte Oberfläche; ungefärbt: milchig-durchscheinend; gut färbbar; sie sind entflammbar und brennen nach dem Anzünden weiter; geruch- und geschmacklos; physiologisch indifferent; gut schweißbar, aber nicht mit HF-Strom, da der dielektrische Verlustfaktor gering ist; allgemein weich bis steif und von niedriger Festigkeit mit einer Streckgrenze im Spannungs-Dehnungs-Diagramm; ein Verstrecken über die Streckspannung hinaus hat ein Fließen der Ketten und damit erhebliche Steigerung der Festigkeit zur Folge; hohe Zähigkeit.

Als unpolarer Werkstoff ergeben sich spezielle elektrische und chemische Eigenschaften:
— hoher spezifischer elektrischer Widerstand und hohe Durchschlagfestigkeit, hervorragende dielektrische Eigenschaften auch bei hohen Frequenzen;
— kaum Quellung in polaren Lösungsmitteln, geringe Wasseraufnahme, kaum Wasserdampfdurchlässigkeit (aber stark permeabel für O_2, CO_2, Aromastoffe u. a.), schlecht kleb- und bedruckbar (besser nach oxidativer Vorbehandlung in der Flamme oder mit speziellen Bädern, wie z. B. Chromschwefelsäure), in unpolaren Lösungsmitteln (Öle, Fette) quellbar und ab 60 °C löslich, bei hoher Dichte aber beständig gegen Treibstoff und Heizöl, beständig gegen Säuren, Laugen und Salzlösungen.

PE ist empfindlich gegenüber Halogenen und oxidierende Säuren (HNO_3 u. a.) sowie Luftsauerstoff in Kombination mit Wärme und UV-Strahlen: Es tritt Kettenabbau ein durch Anlagerung von O_2 (Versprödung, Rißbildung). Antioxidantien, z. B. 2 % Ruß, geben jedoch eine gute Stabilisierung.

In Tabelle 8.1 sind typische Richtwerte der wichtigsten Eigenschaften zusammengestellt.

Verarbeitung

Sowohl LDPE als auch HDPE eignen sich problemlos für alle thermoplastischen Formgebungsverfahren. Zum Spritzguß werden die leicht fließenden Sorten bevorzugt (mit niedrigem Molekulargewicht; MFI 190/2,16 = 1,5 … 25 g/10min; Teile aus LDPE auch mit Hinterschneidungen ohne weitere Teilung der Form), zum Extrudieren die höhermolekularen Sorten (MFI = 0,1—4). Warmumformen, Pressen und Wirbelsintern (zum Korrosionsschutz) werden ebenfalls durchgeführt, spanende Bearbeitung dagegen ist selten.

Verwendung

Der Verbrauch von LDPE liegt insgesamt höher als der von HDPE. Das ist zurückzuführen auf den großen Anteil, den die Folien ausmachen:

Verpackunsfolien
Säcke
Tragetaschen
Plane
Schrumpffolien

Weitere Verwendungsbeispiele:
Transport- und Lagerbehälter
Flaschenkästen
Mülltonnen
Haushaltwaren (Eimer, Wannen, Schüsseln, Behälter)
Hohlkörper (Kanister, Flaschen, Kfz-Tanks, Heizöltanks)
Rohre (für Trinkwasser, Bewässerung, Gasrohre, Belüftung; auch HDPE-Rohre können aufgewickelt und günstig verlegt werden)
Fittings
Teile für den Maschinen-, Apparate- und Fahrzeugbau (Dichtungen, Handgriffe, Armaturen)
Isolierungen in der Elektrotechnik (Fernmelde- und Hochspannungskabel, Abzweigdosen, Gehäuse)
Schutzhelme
Spielzeug
Fasern (z. B. Bändchen für Gewebe)

Modifizierte Sorten

Vernetztes Polyethylen VPE (vgl. Abschn. 8.5.5). Es wird hauptsächlich chemisch, weniger durch Bestrahlung hergestellt. Schon das weitmaschig vernetzte PE schmilzt nicht; es wird oberhalb des Kristallschmelzbereichs gummielastisch. Dadurch steigt die Kriechfestigkeit und fällt die Neigung zu Spannungsrissen.

Verwendung findet VPE bevorzugt in der Hochspannungskabelisolation (bis 110 kV); für Spritzgußteile, Rohre, Schrumpfschläuche und Folien (z. B. zur Verpackung von Lebensmitteln).

Ethylen-Vinylazetat-Copolymerisat EVA. Die VA-Seitenäste behindern die Kristallinität, so daß die Struktur ab 40 % VA amorph ist. Während die kristallinen Bereiche dem Werkstoff die Steifigkeit und Härte verleihen, sorgen die amorphen VA-Anteile für Elastizität.

Tabelle 8.1 Eigenschaften der Polyolefine

Eigenschaften	Einheit	LDPE	HDPE	PP	PP + 40 % Asbest	PB
Dichte	g/cm^3	0,93	0,95	0,905	1,25	0,92
Schmelzindex MFI 190/2,16	g/10 min	0,1 … 25	0,01 … 8	–	–	–
Schmelzindex MFI 230/2,16	g/10 min	–	–	0,3 … 15	ca. 1	0,3 … 20
Zugfestigkeit (Streckspannung)	N/mm^2	8 … 10	20 … 30	30 … 37	40	15 … 25
Reißdehnung	%	600	400 … 800	400 … 700	10	150 … 400
Dehnung bei Streckspannung	%	20	10	10	–	10
Elastizitätsmodul	N/mm^2	150 … 400	700 … 1500	800 … 1200	5000	700
Kerbschlagzähigkeit bei 23 °C	kJ/m^2	o. B.	10 … o. B.	4 … 8	4	o. B.
− 20 °C	kJ/m^2	o. B.	5 … 10	1 … 3	1	15 … 40
Gebrauchstemperatur min	°C	− 80	− 60	− 10	− 10	− 70
max	°C	80	90	110	120	100
spezifischer Durchgangswiderstand	$\Omega \cdot cm$	10^{17}	10^{17}	10^{17}	10^{16}	10^{17}
Durchschlagfestigkeit	kV/mm	70	70	70	40	70
dielektrischer Verlustfaktor	$\tan \delta$	$5 \cdot 10^{-4}$	$5 \cdot 10^{-4}$	$5 \cdot 10^{-4}$	10^{-2}	$5 \cdot 10^{-4}$

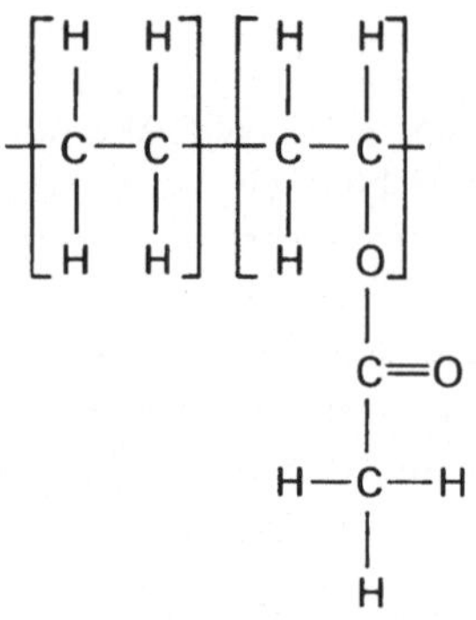

$$\left[\begin{array}{cc} H & H \\ | & | \\ C - C \\ | & | \\ H & H \end{array}\right]\left[\begin{array}{cc} H & H \\ | & | \\ C - C \\ | & | \\ H & O \end{array}\right]$$

$$\begin{array}{c} | \\ C = O \\ | \\ H - C - H \\ | \\ H \end{array}$$

Die Beständigkeit gegen Spannungsrißbildung wird verbessert, die dielektrischen Eigenschaften aber durch das polare VA verschlechtert.

Bis zu einem Anteil von 25 % VA ähnelt EVA dem LDPE, zeigt jedoch höheren Glanz.

Verwendung besonders für Folien und Schläuche.

Von 40 ... 50 % VA und bei weitmaschiger Vernetzung (mit Peroxid oder Strahlung) sowie mit Füllstoffen (z. B. Kreide) erhält man ein gummielastisches Material. Die Wärmebeständigkeit ist mit 120 °C ausgezeichnet.

Verwendung für Spielzeug, Dichtprofile sowie — mit ferritischen Dauermagneten — in Kühlschranktüren.

Polyvinylazetat PVAC ist in reiner Form nicht temperaturstandfest und wird in gelöster Form als Klebstoff, Spachtelmasse, Bindemittel u. a. verwendet.

Chloriertes PE (CPE) und **chlorsulfoniertes PE (CSM)**. Werden H-Atome im PE nachträglich durch Chlor (bis 48 %) bzw. SO_2Cl ersetzt und die Ketten weitmaschig vernetzt, so erhält man wegen der starken Herabsetzung der Kristallinität gummiähnliche Stoffe. Sie zeichnen sich aus durch Kaltelastizität, gute Abriebfestigkeit, sind selbstverlöschend, neigen allerdings zum kalten Fluß.

Verwendung finden sie für Dichtungen, Schläuche, elektrische Isolation u. a.

Ionomere. Durch Copolymerisation des Ethylens mit ca. 11 % Acrylsäure und Na-Salz

entstehen so starke polare Bindungen, daß die Struktur amorph wird und sich eine *Ionen-Vernetzung* bildet. Diese löst sich bei ca. 290 °C, so daß eine thermoplastische Formgebung möglich wird, und bildet sich beim Abkühlen zurück. Das Material ist glasklar, sehr zäh und steif (ähnlich LDPE, aber elastischer) sowie beständig gegenüber unpolaren Lösungsmitteln.

Verwendung als Klarsichtverpackungsfolien, Flaschen für Öl, Fett, Kosmetika, elektrische Isolierungen u. a.

PE-Schaum wird sowohl nach dem TSE- als auch Formschäumverfahren mit permanentem Treibgas (Abschn. 8.5.4) hergestellt, hauptsächlich aus LDPE und auch vernetzt. Das Material ist geschlossenzellig und von weich (unvernetzt) bis hart einstellbar.

Verwendung als wärme- und stoßdämmende Formteile, z. B. im Fahrzeugbau, Abdichtungen, Auskleidungen, Matten, Kabelisolierung.

Einige Handelsnamen.
Hostalen (Hoechst)
Lupolen (BASF)
Baylon (Bayer)
Vestolen (Hüls)
Marlex (Phillips)
Levapren (Bayer; EVA-Gummi)
Hostapren (CPE)
Hypalon (Du Pont; CSM)

8.7.1.2 Polypropylen PP

Herstellung

Großtechnisch seit 1957. Der Anteil an der Kunststoffproduktion liegt bei 6 % mit einer außerordentlich hohen Steigerungsrate.

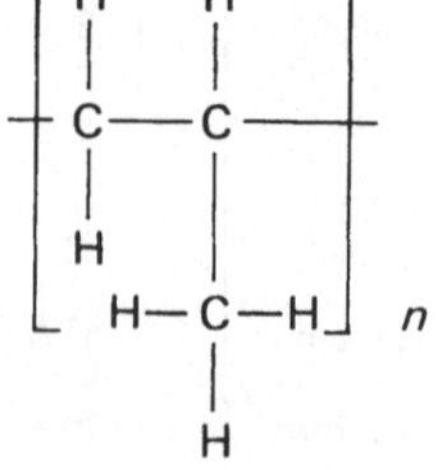

$$\left[\begin{array}{cc} H & H \\ | & | \\ C - C \\ | & | \\ H & \\ & H - C - H \\ & | \\ & H \end{array}\right]_n$$

Monomer ist Propylen C_3H_6, ein Crackgas.
Die Bildung von PP erfolgt als Fällungspolymerisation im Niederdruckverfahren, ähnlich dem HDPE, in Dieselöl. Es müssen spezielle, von Natta (Italien) entwickelte stereospezifische metallorganische Katalysatoren zugesetzt werden, um eine isotaktische Anordnung der CH_3-Seitenäste zu erreichen (Abschn. 8.3.1). Neue Katalysatoren erlauben auch eine Gaspolymerisation.

Nur die isotaktische Struktur ergibt hochkristallines PP; syndiotaktisches PP ist weniger kristallin, und kaum vermeidbare ataktische Anteile sind amorph: Sie werden abgetrennt, sind kautschukähnlich (Kurzzeichen APP) und werden als Dichtungsmassen verwendet.

Eigenschaften

Die langen Ketten ($n = 7\,000$ bis $18\,000$; $M = 300\,000$ bis $700\,000$) verkrallen sich mit ihren weitgehend parallel liegenden Methylgruppen (Kristallinität $60 \ldots 70\,\%$), behindern das Gleiten und erhöhen damit, gegenüber dem sonst ähnlichen PE, die Festigkeit, Wärmebeständigkeit und Zeitstandfestigkeit. Nachteilig ist die Sprödigkeit in der Kälte ab $0\,^\circ C$, die jedoch durch Verringerung der Kristallinität oder Copolymerisation mit PE (bis $50\,\%$) verbessert werden kann.

Die Neigung zu Spannungsrissen ist nur gering, die Empfindlichkeit gegenüber Luftsauerstoff jedoch groß, besonders bei erhöhter Temperatur (Stabilisierung). Geringe Dichte. Hoher Oberflächenglanz.

Durch Verstärkung mit Asbestfasern ($40\,\%$), Talkum ($20 \ldots 40\,\%$) oder Kurzglasfasern ($30\,\%$) wird die Steifigkeit wesentlich verbessert und das Material flammwidrig eingestellt. Damit gehört PP zu den temperaturmäßig am höchsten beanspruchbaren Konstruktionskunststoffen. Steigende Bedeutung!
Temperaturskala:

ET	KT	FT	ZT
-32	165	210	$250\,^\circ C$

Bei PP ist es möglich, die Oberfläche nach einer chemischen Vorbehandlung galvanisch zu metallisieren, aber nicht zu verkupfern, weil dabei die PP-Ketten katalytisch abgebaut werden.
Die Verarbeitung entspricht der des PE.
Typische Richtwerte der Eigenschaften gibt die Tabelle 8.1 an.

Verwendung

Im Vergleich zum billigeren PE setzt man es für hochbeanspruchte technische Teile ein:
in Haushaltsgeräten, Waschmaschinen, Staubsaugern, Heißwasserbehältern,
Kfz-Teile (hauptsächlich als verstärktes PP: Heizungskanäle, Ventilator, Behälter für Bremsflüssigkeit und Kühlwasser, Akkukästen)
Maschinen-, Apparate- und Rohrleitungsbau (Ventile, Gehäuse, Griffe, Abflußrohre, auch für kochendes Wasser)
Sanitärarmaturen
Schuhabsätze (nagelbar)
Koffer
elektrische Isoierteile.
Daneben in großem Umfang in Bindegarn, Fasern (z. B. für Verpackungsbänder, gewebte Säcke) und Folien.

Handelsnamen

Hostalen PP (Hoechst)
Novolen (BASF)
Vestolen P (Hüls)

8.7.1.3 Polybuten PB

Durch stereospezifische Polymerisation des Crackgases Buten mit Ziegler-Natta-Katalysatoren erhält man das isotaktische teilkristalline (ca. $50\,\%$) unpolare PB mit sehr hohem Polymerisationsgrad ($n = 12\,000$ bis $36\,000$; $m = 700\,000$ bis $2 \cdot 10^6$). Der Produktionsbeginn erfolgte um 1970.

```
    ⎡  H     H   ⎤
    ⎢  |     |   ⎥
  ──┼─ C ─── C ──┼──
    ⎢  |     |   ⎥
    ⎢  H     |   ⎥
    ⎣     H─C─H  ⎦  n
             |
          H─C─H
             |
             H
```

Die langen Ketten haben gegenüber den anderen Polyolefinen eine hervorragende Zeitstandfestigkeit, auch bei erhöhter Temperatur, und gute Spannungsrißbeständigkeit zur Folge. Sonst ähnelt das Material dem HDPE (Tabelle 8.1).

PB ist polymorph. Nach der thermoplastischen Verarbeitung entsteht beim Abkühlen aus der Schmelze zuerst die instabile tetragonale flexible Modifikation, die sich unter Schrumpfung nach ein bis zwei Tagen in die stabile rhomboedrische Struktur umwandelt. Trotz des hohen Molekulargewichts ist Spritzgießen und Extrudieren ab 190 °C gut möglich. Beim Warmformen muß der Übergang in die instabile Struktur beachtet werden: Während des Abkühlens tritt Rückfederung ein, deshalb muß die Spannung lange konstant gehalten werden.

Verwendung

Hauptsächlich Rohre, wegen des Langzeitverhaltens; besonders Heißwasser- und Großrohre
Fittings
Behälterauskleidungen
chemischer Apparatebau
Kabelisolierung

Handelsname

Vestolen BT (Hüls)

8.7.1.4 Polyisobutylen PIB

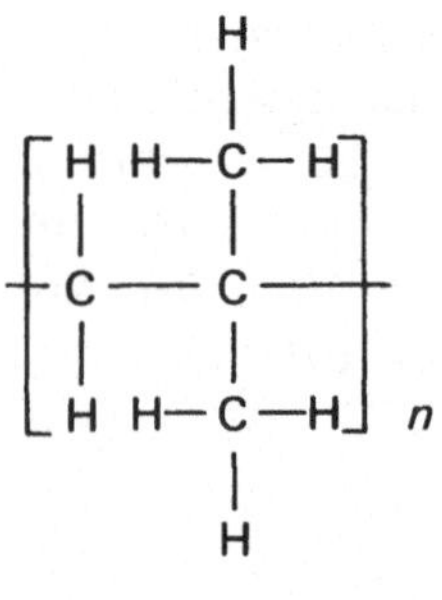

Je nach dem eingestellten Polymerisationsgrad erhält man zähflüssige Öle (kurze Ketten, n = ca. 60), weichplastische Massen oder, zur weitmaschigen Vernetzung modifiziert, gummielastische Produkte (n = ca. 5000). PIB ist wegen seines sperrigen Molekülaufbaus amorph und glasklar, oxidations- und chemikalienbeständig sowie hervorragend gasdicht.

Verwendung

Elektroisolieröl
Kabelisolierung
Dichtungsmassen
Klebstoffe
Zusatz zu Gummimischungen
Folien (mit Füllstoff, im Bauwesen)
Reifenschläuche (Butylkautschuk)

Handelsname

Oppanol (BASF); seit 1935

8.7.1.5 Polymethylenpenten PMP

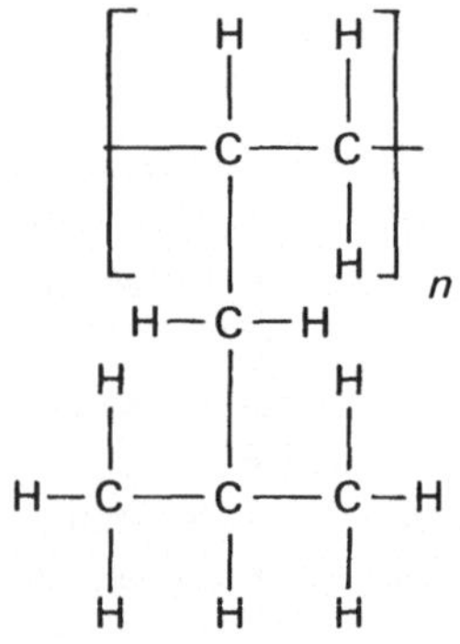

Produktion seit 1965 (ICI, GB). Die stereospezifische Polymerisation mit Ziegler-Natta-Katalysatoren ergibt ein isotaktisches Produkt, glasklar, mit einer Kristallinität von 40 … 60 % und der geringsten Dichte aller Kunststoffe (0,83 g/cm^3). Außerdem zeichnet sich das Material aus durch hohe Härte und Steifigkeit (Streckspannung 28 N/mm^2, E-Modul 1500 N/mm^2, Reißdehnung 15 %) sowie der besten Formbeständigkeit in der Wärme aller Polyolefine (bis 220 °C). Allerdings verhält sich PMP oxidations- und lichtempfindlich und ist deshalb für den Außeneinsatz kaum geeignet.

Verwendung

Leuchtenabdeckungen, Laborgeräte

Handelsname

TPX-Polymers (ICI)

8.7.2 Polyvinylchlorid PVC

Die Produktion wurde 1935 aufgenommen. PVC nahm lange die Spitzenstellung aller Kunststoffe ein und liegt seit 1962 an 2. Stelle mit einem Anteil von ca. 17 %.

Herstellung

Das gasförmige Monomere Vinylchlorid, Siedepunkt $-14\,^\circ C$, wird hergestellt entweder aus Ethylen C_2H_4 + Chlor oder Azetylen C_2H_2 + Salzsäure HCl und ist gesundheitsschädlich: Vorsichtsmaßnahmen bei der

$$\left[\begin{array}{cc} H & H \\ | & | \\ C & C \\ | & | \\ H & Cl \end{array}\right]_n$$

Verarbeitung sind erforderlich. Die Gehalte an Monomerrückständen im Fertigprodukt jedoch sind ungefährlich gering, ebenso die PVC-Anteile bei der Müllverbrennung.

Die Polymerisation erfolgt unter Druck (ca. 10 bar, flüssiges VC), bei erhöhter Temperatur ($40 \dots 80\,^\circ C$), mit Katalysatoren (Peroxide) und nach verschiedenen Verfahren:

- *Emulsionspolymerisation* (E-PVC): Die wässerige VC-Lösung wird mit Emulgatoren stabilisiert. Das Produkt enthält bis 2,5 % Emulgator (besseres Gleiten bei der Verarbeitung, schlechtere Transparenz und elektrische Isolation). Die Korngröße ergibt sich aus der Art der Vortrocknung: Sprühtrocknung, feines Pulver ($15 \dots \dots 25\,\mu m$, für Pasten), Walzentrocknung, grobes Korn ($60 \dots 300\,\mu m$, rieselfähig, gute Weichmacheraufnahme);
- *Suspensionspolymerisation* (S-PVC): Perlen mit $60 \dots 250\,\mu m$;
- *Massepolymerisation* (M-PVC): Korngröße ca. $150\,\mu m$.

Die beiden letzten Sorten sind glasklar, sehr rein, rieselfähig und nehmen Weichmacher gut auf.

Allgemeine Eigenschaften

Der Polymerisationsgrad ist relativ gering ($n = 450$ bis 1000) und die Struktur wegen der Größenunterschiede der seitlichen Kettenbausteine H und Cl amorph. Die starke Polarität der C-Cl-Dipole hat orientierte Kräfte zwischen den Ketten zur Folge und damit hohe Festigkeit und Steifigkeit sowie geringe Zähigkeit. Mit steigender Temperatur nehmen diese Dipolkräfte jedoch ab, und es können thermische Drehschwingungen von Kettensegmenten entstehen, so daß die Festigkeit bei ca. $75\,^\circ C$ steil abfällt.

Als Maßstab für das Fließverhalten und damit die Verarbeitbarkeit dient der K-Wert (Abschn. 8.4.1) anstatt der Moleküllänge: K = 55 bis 80. Je größer K ist, um so besser sind die mechanischen Eigenschaften, um so schwieriger wird jedoch die Verarbeitung.

Die enge C-Halogen-Bindung bewirkt sehr gute Chemikalienbeständigkeit; nur einige polare Lösungsmittel greifen an (Tetrahydrofuran, Cyclohexanon). Die Brennbarkeit ist gering, und PVC ist selbstverlöschend. Spannungskorrosion tritt nicht auf.

Als Fertigmaterial erfolgt der Einsatz von PVC in außerordentlich modifizierten Formen:

- Rein-PVC (PVC-hart);
- PVC-weich mit äußerer Weichmachung ist lederartig-hart bis gummiartig-weich;
- Copolymerisation und Polyblends variieren PVC-hart, erhöhen insbesondere die Zähigkeit (innere Weichmachung);
- Erhöhung des Cl-Gehaltes von PVC-hart ergibt bessere Temperaturfestigkeit und Löslichkeit.

8.7.2.1 PVC-hart

Das Homopolymerisat ist hart, relativ spröde, besonders in der Kälte kerbempfindlich, gut zeitstandfest; durch Warmformung (bei $100 \dots 140\,^\circ C$; zwischen $140\,^\circ C$ und FT Warmsprödigkeit), spanabhebend und durch Schweißen zu verarbeiten; glasklar, gut färbbar und physiologisch indifferent. Das elektrische Isolationsverhalten ist ausgezeichnet,

wegen der Polarität jedoch nicht in der HF-Technik (hoher dielektrischer Verlustfaktor; dafür ermöglicht er das HF-Schweißen).
Typische Richtwerte der Eigenschaften werden in Tabelle 8.2 gegeben. Das nachteilige Wärmeverhalten zeigt die Temperaturskala in zweifacher Hinsicht:

$$ET \qquad FT \quad ZT$$
$$75{-}80 \qquad 160 \quad 170\ ^{\circ}C$$

— schon bei 75 °C beginnt der Erweichungsbereich;

— der thermoplastische Verarbeitungsbereich ist so eng, daß mit Zersetzung zu rechnen ist. Das macht den Zusatz von ca. 3 % Stabilisatoren erforderlich (besonders Bleikarbonat, dann aber nicht für die Lebensmittelverpackung verwendbar; sonst Cd-, Ca-, Sn- und organische Verbindungen).

Auch im Gebrauch treten durch Wärme und Licht Materialschädigungen auf, wenn nicht stabilisiert wird. Diese Schädigungen bestehen in Dunkelfärbung, HCl-Abspaltung, Oxidation und Verminderung der mechanischen Eigenschaften, meistens Versprödung:

$$\begin{array}{ccccccc}
H & H & H & H & & \\
| & | & | & | & & \\
-C- & C- & C- & C- & & \\
| & | & | & | & & \\
H & Cl & H & Cl & &
\end{array}
\quad\longrightarrow\quad
\begin{array}{cccc}
H & H & H & H\\
| & | & | & |\\
-C=&C-&C=&C-\\
\end{array}
\quad + n\cdot HCl$$

Maschinenteile müssen wegen des HCl aus korrosionsfestem Stahl bestehen. Die Anlagerung von Sauerstoff an die Doppelbindungen kann entweder zu Vernetzungen oder zum Kettenabbau führen.
PVC fließt im Vergleich zu den meisten anderen Thermoplasten schwer; das erfordert den Zusatz von Gleitmitteln und eine langsamere Verarbeitung. Im Vordergrund steht das Extrudieren, ferner das Kalandrieren, weniger durchgeführt werden das Spritzgießen (K-Wert $<$ 60) und Wirbelsintern.
Diese Zusatzstoffe, zusammen mit Farbmitteln, evtl. Füllstoffen, Weichmachern u. a. werden gerade bei PVC oft erst in den Verarbeitungsbetrieben zugemischt.

Tabelle 8.2 Eigenschaften von PVC-hart

Eigenschaften	Einheit	PVC-hart	erhöht schlagzäh	hoch schlagzäh
Dichte	g/cm^3	1,35 … 1,4	1,35 … 1,4	1,35 … 1,4
Zugfestigkeit	N/mm^2	50 … 60	45 … 55	35 … 50
Reißdehnung	%	10 … 50	20 … 70	30 … 100
Elastizitätsmodul	N/mm^2	2 000 … 3 000	2 200 … 2 600	1 800 … 2 300
Kerbschlagzähigkeit, 23 °C	kJ/m^2	2 … 5	5 … 10	30 … 50
0 °C	kJ/m^2	2 … 3	3 … 8	8 … 20
Gebrauchstemperatur min	°C	0 … −5	−40	−40
max	°C	65 … 75	80	75
spezifischer Durchgangswiderstand	$\Omega\cdot cm$	10^{16}	10^{15}	10^{15}
Durchschlagfestigkeit	kV/mm	30	30	30
dielektrischer Verlustfaktor	$\tan\delta$	0,02	0,02	0,02

8.7.2.2 Modifiziertes PVC-hart

Ziel seiner Produktion ist insbesondere die Erhöhung der Schlagzähigkeit in der Kälte durch
— Copolymerisation oder Mischen (Polyblends) mit chloriertem PE (25 ... 40 % Cl, Anteil 5 ... 10 %);
— Mischen mit Butadien-Ethylen oder ABS;
— Pfropfpolymerisation mit EVA;
— Copolymerisation mit Polyacrylaten.

Man erreicht Kerbschlagzähigkeiten bei 23 °C von $a_K = 5 \ldots 20$ kJ/m^2 (erhöht schlagzäh) und $a_K = > 20$ kJ/m^2 (hoch schlagzäh). Die Festigkeit dieser Sorten wird verringert, die Reißdehnung entsprechend gesteigert (Werte s. in Tabelle 8.2).

Höhere Cl-Gehalte kann man einstellen durch
— Nachchlorieren des PVC mit CCl$_4$ ergibt PVCC mit maximal 65 % anstatt 56,8 % Cl;
— Copolymerisation mit 80...85 % Polyvinylidenchlorid PVDC.

$$-\overset{\displaystyle \overset{H}{|}}{\underset{\displaystyle \underset{H}{|}}{C}}-\overset{\displaystyle \overset{Cl}{|}}{\underset{\displaystyle \underset{Cl}{|}}{C}}-$$

Beide Sorten zeichnen sich aus durch eine erhöhte Temperaturstandfestigkeit von maximal 110 °C, spalten aber bei der Verarbeitung verstärkt HCl ab. Chloriertes Polyvinylchlorid PVCC ist in Azeton gut löslich und kann deshalb z.B. zu Fasern verarbeitet werden. PVDC als Homopolymerisat wird nicht hergestellt. Das Copolymere ist sehr chemikalienfest, gasundurchlässig und findet Verwendung als Fäden, Folien und Borsten. Copolymere mit 5 ... 20 % Vinylazetat VAC, evtl. auch mit Maleinsäure, erlauben eine schnellere Verarbeitung z. B. beim Pressen von Schallplatten, sind aber weniger formbeständig in der Wärme.

Verwendung von PVC-hart

Rohre für Trinkwasser, Entwässerung u. a.
Profile für Fensterrahmen, Rolläden und Dachrinnen
Wellplatten, Fassadenverkleidungselemente
im Apparate- und Behälterbau (als Profile, Tafeln, Auskleidungen, Armaturen, Pumpen, Fittings)
in der Verpackungsindustrie (als Flaschen, Becher, Schachteln, Folien)
dünne und elastische Folien (< 0,05 mm dick) als Schrumpffolien, Fenster in Briefumschlägen
Ton- und Klebebänder (längs gereckt und thermisch nachbehandelt)
in der Elektroindustrie (als Stecker, Isolierrohre, Verteilerkästen)
Lampenschirme
Bürobedarf
Zeichen- und Meßgeräte
Spielwaren
Allgemein findet PVC-hart die häufigste Verwendung aller Kunststoffe für die handwerkliche Verarbeitung.

8.7.2.3 PVC-weich

Im Vergleich zum PVC-hart beträgt der Produktionsanteil ca. 40 %.

Der Weichmacherzusatz liegt bei 20 ... 50 %; verwendet wird hauptsächlich Dioctylphthalat DOP. Weichmacher müssen polare Gruppen enthalten, die sich an die C-Cl-Dipole des PVC anlagern. Das Zumischen des flüssigen DOP erfolgt in speziellen Mischern bei ca. 160 °C; dadurch geliert die Masse. Nur auf diese Art, und auch wegen der polaren Gruppen, wird die gleichmäßige Verteilung gewährleistet (Vorplastifizierung). Danach gelangt die Masse auf den Extruder oder Kalander.

Da die Ketten besser gleiten können, wird die Erweichungstemperatur gegenüber PVC-hart erniedrigt. Mit ca. 20 % DOP liegt sie bei Raumtemperatur; deshalb sind geringere Gehalte nicht sinnvoll.

PVC-Pasten aus E-PVC-Pulver mit hohen Weichmachergehalten und Verdünnungsmitteln werden kalt gemischt und erst bei der Formgebung gelatiniert.

Die Eigenschaften von PVC-weich werden entscheidend durch den Gehalt an Weichmachern beeinflußt; insbesondere fällt die Zugfestigkeit und steigt die Reißdehnung (Bild 8.27).

Wie bei kautschukartigen Materialien üblich, wird die Shore-A-Härte als kennzeichnende

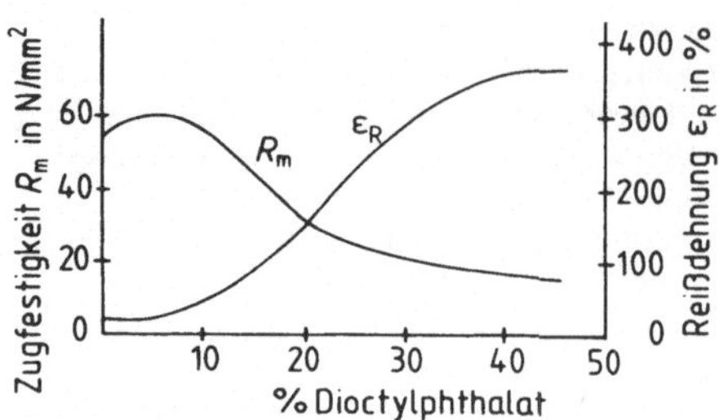

Bild 8.27 Zugfestigkeit R_m und Reißdehnung ϵ_R von PVC-weich

Größe angegeben: 55 (sehr weich) bis 95 (hartgummi-ähnlich). Mit dem Weichmacheranteil fällt die Kältebruchtemperatur (ca. ET) auf 0 ... − 50 °C.

Im Verglich zum Gummit ist die Neigung zum Kriechen stärker und die elastische Rückverformung langsamer. Bei höherer Temperatur steigt die plastische Verformung und fällt die Härte; die maximale Gebrauchstemperatur liegt bei 60 °C, mit Spezialweichmachern bis 105 °C. Ab 120 °C ist mit Zersetzung zu rechnen.

Die chemische Beständigkeit verringert sich gegenüber PVC-hart, da die Moleküle weniger dicht liegen, und da organische Substanzen die Weichmacher herauslösen können. Zu beachten ist weiter die Weichmacherwanderung (Versprödung; Abschn. 8.5.2). PVC-weich brennt leichter als PVC-hart und ist nicht selbstverlöschend; Spezialeinstellungen führen jedoch zur Verbesserung. Solche sind auch für Lebensmittelverpackungen notwendig.

Farbe: glasklar, gut färbbar.

Die Verarbeitung erfolgt durch Extrudieren, Kalandrieren, Spritzgießen und als Pasten durch Streichen, Tauchen und Gießen.

Verwendung

Fußbodenbelag (als Platten und Bahnen; zur Erhöhung der Abriebfestigkeit und Beständigkeit gegen Reinigungsmittel mit gemahlener Kreide u. a.)
Kunstleder und andere beschichtete Gewebe (für Sitzbezüge, Taschen, Schuhobermaterial und -sohlen, Handschuhe, Traglufthallen, Überdachungen, LKW-Plane)

in der Elektrotechnik (Kabelisolierung, Stecker, Schrumpfschläuche; nicht in HF-Technik)
Schläuche, Profile (z. B. Fußleisten, Teppenhandläufe, Stoßkanten, Dichtungen)
im Kfz-bau (Sitze, Dachverkleidungen, Armstützen)
Auskleidungen im Apparatebau
Dekorationsstoffe, Tischdecken, Vorhänge
Beschichtungen (z. B. als Korrosionsschutz)
Folien (für Bautenschutz, Landwirtschaft, Verpackung, zum Kleben)
Transportbänder, Falttüren
Spielwaren (Bälle, Puppen)
Schlauchboote
Stiefel
Mäntel
Griffe für Fahrräder und Werkzeuge
Bucheinbände
Wäscheleinen

8.7.2.4 PVC-Schaumstoffe

Geschäumt wird mit chemischen Treibmitteln oder permanenten Gasen, sowohl bei PVC-hart (geschlossenzellig) als auch bei PVC-weich (offen- und geschlossenzellig). Aus PVC-hart stellt man besonders TSE-Strukturschäume her. Die Dichte liegt bei 30 ... 400 kg/m^3.

Geschlossenzelliges PVC-weich ist absolut wasserdicht und wird für Wärmeschutz und Stoßdämpfung verwendet, z. B. in Schutzhelmen, als Turn- und Badematten, Unterlagen gegen Maschinenvibration, Schwimmwesten, Dichtungen.

Offenzelliges PVC-weich dient zum Schallschutz und als Polsterung, und ist oft kaschiert, z. B. im Kfz-bau, als Fußbodenbelag, Kunstleder in der Täschner-, Polster- und Bekleidungsindustrie.

PVC-hart wird z. T. vernetzt (hohe Temperaturstandfestigkeit, ca. 110 °C) und findet Verwendung als Kernmaterial für Verbund-Bauteile mit Deckschichten aus Metallblech, Holz oder Kunststoff (z. B. im Kfz- und Flugzeugbau, für Boote, Wandelemente im Hochbau, Türzargen), Netzschwimmer für die Fischerei u. a.

Einige Handelsnamen

Hostalit (Hoechst; Hostalit Z = Copolymer mit chloriertem PE)
Vestolit (Hüls)

Vinoflex (BASF)
Mipolam, Trosiplast und Astralon (Dynamit Nobel)
Pegulan (Pegulan-Werke)
Skai (Hornschuh)
Acella (Benecke)

8.7.3 Styrol-Polymerisate

Polystyrol PS als ältester thermoplastischer Kunststoff wird seit 1930 produziert. Mit einem Anteil von ca. 10 % stehen die Styrol-Polymerisate heute an 3. Stelle und sind relativ preiswert.

8.7.3.1 Standard-Polystyrol PS

Herstellung

Das Monomere Styrol, eine farblose Flüssigkeit, Siedepunkt 145 °C, wird hergestellt aus

Ethylen und Benzol und polymerisiert leicht: langsam schon mit Licht bei Raumtemperatur, technisch bei ca. 80 °C (Massepolymerisation) oder mit Peroxid-Katalysatoren (Suspensions- und Lösungspolymerisation).

Eigenschaften und Verarbeitung

Durch die unregelmäßige (ataktische) Anordnung der sperrigen Benzolringe bedingt, ergibt sich eine amorphe Struktur. Der Polymerisationsgrad beträgt $n = 1500$ bis 4000, $M = 150\,000$ bis $400\,000$, die entsprechenden Werte für MFI 200/5 = 1 ... 25 g/10 min, d. h. PS fließt ausgezeichnet, das Formfüllungsverhalten ist sehr gut, und deshalb steht die Verarbeitung im Spritzguß weitaus im Vordergrund: ca. 75 %, der Rest Extrusion.

Temperaturskala:

ET	FT	ZT
80	150	260 °C

Mit n steigt die Festigkeit und Formbeständigkeit in der Wärme an. PS zeigt ein unpolares Verhalten, ist glasklar, sowohl durchsichtig als auch gedeckt sehr gut färbbar, hart und spröde, gut zeitstandfest, kerbempfindlich und hervorragend elektrisch isolierend, auch bei hoher Frequenz (geringer dielektrischer Verlustfaktor; HF-Schweißen aber nicht möglich). Typische Richtwerte der Eigenschaften werden in Tabelle 8.3 gegeben. Die chemische Beständigkeit gegenüber Wasser und anorganischen Stoffen ist gut, gegenüber den meisten organischen Stoffen jedoch schlecht: aromatische und chlorierte Koh-

Tabelle 8.3 Eigenschaften von Styrol-Polymerisaten

Eigenschaften	Einheit	PS	SB	SAN	ABS
Dichte	g/cm^3	1,05	1,05	1,08	1,06
Zugfestigkeit	N/mm^2	50 ... 60	25 ... 50	70 ... 80	35 ... 55
Reißdehnung	%	2 ... 4	15 ... 50	4 ... 5	15 ... 25
Elastizitätsmodul	N/mm^2	3 300	1 500 ... 3 000	3 700	2 000 ... 2 800
Kerbschlagzähigkeit, 23 °C	kJ/m^2	2	5 ... 15	3	8 ... 20
− 40 °C	kJ/m^2	0	3 ... 8	0	4 ... 8
Gebrauchstemperatur min	°C	− 50	− 50	− 50	− 50
max	°C	60 ... 85	60 ... 85	95	95
spezifischer Durchgangswiderstand	Ω · cm	10^{18}	10^{17}	10^{16}	10^{15}
Durchschlagfestigkeit	kV/mm	200	200	150	150
dielektrischer Verlustfaktor	tan δ	10^{-4}	$4 \cdot 10^{-4}$	$8 \cdot 10^{-3}$	$2 \cdot 10^{-2}$

lenwasserstoffe (C_6H_6, CCl_4 u. a.) bilden Lösungsmittel und damit auch Klebemittel. PS brennt nach dem Anzünden mit stark rußender Flamme weiter. Im Außeneinsatz tritt Vergilbung durch UV-Strahlen ein. Physiologisch ist PS indifferent.

Die Spannungsrißempfindlichkeit ist gerade beim PS besonders ausgeprägt. Dabei können die Spannungen auch leicht innerlich vorhanden sein, z. B. durch Orientierungen beim Spritzgießen und unterschiedliche Schrumpfung. Kontakt zu aliphatischen Kohlenwasserstoffen (z. B. Benzin), Ölen oder Aromastoffen führt dann zu örtlichen Gleitvorgängen an den Spannungsstellen und Rissen. Eine Abhilfe besteht im langsamen Spritzen, erhöhter Werkzeugtemperatur oder Tempern der Formteile (Abbau der Spannungen). PS-Folien werden im thermoplastischen Zustand stark gereckt, dann die Orientierungen unter Spannung eingefroren. Dadurch erhält man ein flexibles, reißfestes Material (z. B. elektrische Isolierbänder).

Verwendung

Überwiegend Verpackungen, z. B. Klarsichtbehälter — teils aus Spritzguß, teils tiefgezogen — für Lebensmittel, Kosmetika, Medikamente, Werkzeuge, Textilien, Schreibwaren

In der Elektroindustrie (Spulenkörper, Isolatoren, Isolierbänder, Abdeckhauben für Phonogeräte, Skalen, Tasten)

Konsumwaren (Lampen für Innenräume; Haushaltsgegenstände wie Küchenschütten, Kleiderbügel, Bürstenkörper; Tubenverschlüsse, Kugelschreiber, Modeschmuck, Kammwaren, Wegwerfbestecke)

Spielwaren,

Handelsnamen

Hostyren (Hoechst)
Polystyrol (BASF)
Vestyron (Hüls)
Styroflex (Norddeutsche Kabelwerke)

Modifizierung des PS

Um die Nachteile insbesondere der Sprödigkeit und Temperaturstandfestigkeit zu verringern, wurde eine Vielzahl von modifizierten Typen entwickelt. Die Herstellung der Copolymerisate, heute weniger Polyblends, erfolgt hauptsächlich mit Butadien, das sonst überwiegend im Synthesekautschuk enthalten ist, und/oder Acrylnitril:

— Styrol und Butadien ergibt SB-Copolymerisate;
— Styrol und Acrylnitril ergibt SAN-Copolymerisate
— Styrol und Butadien und Acrylnitril ergibt ABS-Terpolymerisate (Bild 8.2.8).

Daneben werden in neuerer Zeit Modifizierungen mit Methylmethacrylat, α-Methylstyrol, sowie PVC, Polycarbonat PC und Glasfasern hergestellt.

8.7.3.2 SB-Copolymere

Diese haben eine höhere Produktion als Standard-PS. Man erhält schlagfeste Einstellungen. Der Butadien-Anteil beträgt im allgemeinen maximal 30 %. Bei der Herstellung spielt die Einstellung einer optimalen Struktur die entscheidende Rolle in bezug auf die Eigenschaften. Man pfropft monomeres Styrol auf plastifiziertes Polybutadien im Emulsionsverfahren auf. Dadurch wird z. B. die Kerbschlagzähigkeit gegenüber einem Polyblend gleicher Zusammensetzung stark erhöht.

Eigenschaften (Tabelle 8.3)

SB-Copolymere sind auch bei niedriger Temperatur schlagfest durch das stoßdämpfende Verhalten der Kautschuk-Komponente, sind aber von geringerer Festigkeit und Zeitstand-

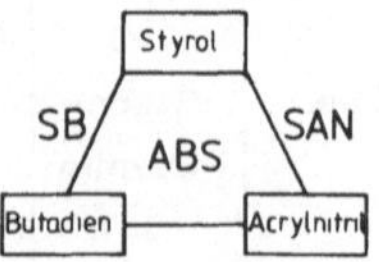

Bild 8.28
PS-Copolymere

festigkeit, nicht mehr transparent (opak), erhöht alterungsempfindlich: die Anlagerung von Luftsauerstoff an die Doppelbindungen führt zur Vernetzung und damit Versprödung. SB fließt etwas schlechter als PS, wird aber auch überwiegend im Spritzguß verarbeitet. Im chemischen, thermischen und elektrischen Verhalten sowie in der Spannungsrißanfälligkeit ähnelt es dem PS.

Eine Verbesserung der Lichtbeständigkeit erreicht man neuerdings durch den Einbau von EPDM-Kautschuk (Abschn. 8.11.2) anstelle von Butadien, das praktisch keine Doppelbindungen enthält: dadurch ist auch der Außeneinsatz möglich (Campingartikel, Gartenmöbel, Elektroteile).

Verwendung

In der Elektro- und Feinwerktechnik: Gehäuse für Rundfunk-, Fernseh-, Phono-, Film- und Haushaltsgeräte, Gehäuse von Starterbatterien, Innenverkleidung von Kühlschränken, Teile von Büromaschinen und Rechnern, Uhrengehäuse
Verpackung von Margarine, Joghurt, Sahne, Speiseeis, Quark, Getränken, Menüschalen für Kantinen (Wegwerfpackungen)
Sitzmöbel und andere Möbelteile
Haushaltswaren
Spielwaren

Handelsnamen

Hostyren, Polystyrol, Vestyron (vgl. PS, jedoch mit Zusatzzeichen).

8.7.3.3 SAN-Copolymere

Der AN-Anteil beträgt bis zu 35 %, bevorzugt 22 bis 28 %. Die Herstellung erfolgt nach der

Lösungs-, Suspensions- oder Fällungs-Polymerisation. Die Komponente AN verbessert die Festigkeit, Steifigkeit, Zähigkeit (wenig),

Temperatur- und Zeitstandfestigkeit, die chemische Beständigkeit gegen die unpolaren Stoffe Benzin, Öle, Aromastoffe sowie die Spannungsrißbeständigkeit. SAN ist glasklar wie PS, die elektrischen Eigenschaften aber sind deutlich schlechter. Richtwerte in Tabelle 8.3.

Durch die Einlagerung von z. B. 35 % Glasfasern wird insbesondere der E-Modul stark erhöht (auf 10 000 N/mm^2).

Neuerdings gelangen auch Produkte mit sehr hohem AN-Anteil zum Einsatz, die sich durch extreme Gasdichte auszeichnen (*Barriere-Kunststoffe* zum Abfüllen von kohlensäurehaltigen Getränken).

Geringe Mengen an einpolymerisiertem α-Methylstyrol erhöhen die Temperaturstandfestigkeit weiter auf ca. 105 °C.

Verwendung

Überwiegend technische durchsichtige Teile wie Gehäuse für Hausgeräte, Abdeckungen für Plattenspieler, Skalen
Konsumartikel wie Haushaltsgeschirr, Eßbestecke, Kugelschreiber, Kaffeefilter
Verpackungen
Elektroteile

Handelsnamen

Luran (BASF)
Vestoran (Hüls)

8.7.3.4 ABS-Terpolymere

Anstatt die Polymere zu mischen, z. B. SB und SAN (Polyblends), wird zunehmend die Pfropfpolymerisation durchgeführt. Zu einer Polybutadien-Latex gibt man monomeres

Styrol sowie AN und polymerisiert danach als Emulsion.

Die Gehalte an Butadien und AN liegen im allgemeinen bei je maximal 30 %.

ABS zeichnet sich aus durch eine außerordentlich günstige Kombination von hoher Zähigkeit — auch bei tiefer Temperatur bis $-40\,^{\circ}$C — Steifigkeit, Oberflächenglanz (nicht glasklar; opak) und chemische Beständigkeit. Wegen der ungesättigten Butadien-Komponente ist ABS nicht witterungsbeständig, und die elektrische Isolation ist verschlechtert. Eigenschaftswerte in Tabelle 8.3. Höher temperaturstandfeste Sorten enthalten auch hier etwas α-Methylstyrol. Höhere Steifigkeit erreicht man durch Glasfaser-Einlage. ABS läßt sich gut mit anderen Thermoplasten mischen, z. B. mit 20 % PVC (brennfest), 20 ... 60 % PC (temperaturstandfester), ca. 40 % PMMA (transparent). Als einer der wenigen Kunststoffe kann ABS nach einer speziellen Vorbehandlung galvanisch metallisiert werden.

Verwendung

Überwiegend technische Teile für die Elektrotechnik und Kfz-Industrie (Fernsprechapparate, Gehäuse, Abdeckungen, Instrumentenbretter, Kühlergrill, verchromte Zierleisten, kleine Karosserien, Autoverbandskästen)
Sportboote
Schutzhelme
Sitzmöbel, Schrankteile
Koffer
Verpackungen
Spielwaren
Rohre
Fittings

Handelsnamen

Novodur (Bayer)
Terluran (BASF)

8.7.3.5 ASA-Terpolymere

Dieses Acrylnitril-Styrol-Acrylester (Formel in Abschn. 8.7.5.1) ist seit 1969 auf dem Markt. Im Vergleich zum ABS wird die Propfpolymerisation mit der Acrylester-Elastomeren (anstatt Polybutadien) als Grundlage durchgeführt. Da in diesem Werkstoff die Doppelbindungen fehlen, ergibt sich eine

hervorragende Licht- und Alterungsbeständigkeit, die ihn auch für Außeneinsätze geeignet macht. Die sonstigen Eigenschaften sind denen des ABS ähnlich.

Verwendung

Gehäuse für Straßenlampen
Hinweisschilder
Briefkästen
Verkaufsautomaten
Schutzbleche für Mopeds
Abdeckungen an Landmaschinen
Wohnwagenteile
Gartenmöbel
Fassadenverkleidungen

8.7.3.6 PS-Schaum EPS (Expandiertes PS)

Sowohl Standard-PS als auch die verschiedenen Copolymere werden in großem Umfang zu Schaumstoffen verarbeitet.

Herstellungsverfahren

— Styropor-Verfahren gleich Formschäumverfahren (ergibt Partikelschaum): Treibmittelhaltiges Granulat wird mit Wasserdampf von ca. 100 $^{\circ}$C offen vorgeschäumt, zum Druckausgleich innerhalb der Poren mehrere Tage zwischengelagert (sonst würde man eine ungleichmäßige Dichte erhalten) und dann in der Form bei ca. 100 $^{\circ}$C ausgeschäumt. Dabei blähen die Körner (Partikel) auf, erweichen und versintern zu einem harten Formteil. Die Volumenvergrößerung liegt bei 20- bis 50-fach, die Dichte bei 10 ... 40 kg/m^3.

— TSE- und TSG-Verfahren ergeben Verpackungsfolien und eventuell Strukturschaumteile mit einer Dichte von 30 ... ... 60 kg/m^3.

Solche Struktur- oder Integralschaumteile haben eine Mindestwandstärke von 5 mm. Die Dichteverteilung über den Querschnitt zeigt Bild 8.29. Ihr besonderer Vorteil liegt in der geringen Dichte und der zugleich hohen Steifigkeit, denn der E-Modul nimmt proportional der Dichte ab, jedoch mit der 3. Potenz der Wandstärke zu. Bei gleichem Gewicht sind sie damit höher belastbar als

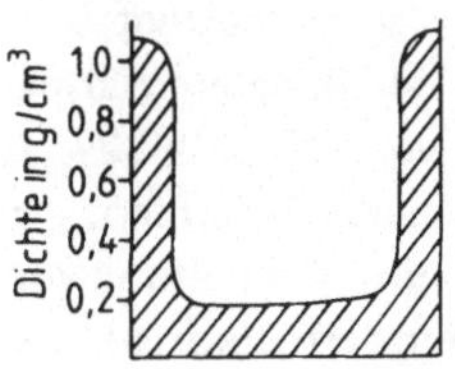

Bild 8.29
Dichteverteilung bei
Integralschaum

massive Teile. Charakteristisch sind die holz-
ähnlichen Eigenschaften.

EPS ist ein geschlossenzelliger Hartschaum.
Die Druckfestigkeit beträgt 0,1 ... 0,6 N/mm^2,
die außergewöhnlich niedrige Wärmeleitfähigkeit 0,035 W/K·m und die maximale
Gebrauchstemperatur 100 °C. EPS ist mit einem heißen Draht schneidbar und mit Spe-
zialklebern verbindbar.

Verwendung

Partikelschaumstoff:
Wärmedämmung im Bauwesen (z. T. schwer ent-
flammbar eingestellt)
Verpackungsbehälter (stoßdämpfend, für empfind-
liche Teile)
Blasfolien, z. T. im Verbund mit Papier (für Eier-
packungen, Einweggeschirr)
Kälteisolation
Schaufenstergestaltung
Gußmodelle (in Metallgießereien, als verlorenes
Modell)
Rettungsringe, Schwimmwesten

Integralschaumteile:
Kleinmöbel, Tische, Stühle
Tonmöbelgehäuse
Transportkästen
Spielwaren
Dekorationsartikel

Handelsnamen

Styropor (BASF)
Hostapor (Hoechst)
Vestypor (Hüls)

8.7.4 Fluor-Polymerisate

Diese Gruppe von teuren, F-haltigen Spezial-
kunststoffen mit außergewöhnlichen Eigenschaften wird seit 1940 in relativ geringen
Mengen großtechnisch hergestellt.

8.7.4.1 Polytetrafluorethylen PTFE

Herstellung

Das gasförmige Monomere C_2F_4, Siedepunkt
− 78 °C, gewinnt man aus Chloroform und
Flußsäure über die Zwischenstufe Difluor-
chlormethan:

$$CHCl_3 + 2\,HF \rightarrow CH_2F_2Cl + 2\,HCl$$
$$2\,CHF_2Cl \rightarrow C_2F_4 + 2\,HCl$$

Diese Reaktion läuft bei 600 ... 800 °C mit
Platin als Katalysator ab. Die Suspensions-

$$\left[\begin{array}{cc} F & F \\ | & | \\ -C - & C - \\ | & | \\ F & F \end{array} \right]_n$$

polymerisation findet mit Peroxid-Beschleu-
nigern in Wasser statt. Sie verläuft stark exotherm, so daß intensiv gerührt und gekühlt
werden muß, um einen explosiven Zerfall
des Monomeren zu vermeiden. Daneben wird
auch die Emulsionspolymerisation durchgeführt.

Struktur und Verarbeitung

Wegen des völlig symmetrischen Aufbaus ist
PTFE sehr hoch kristallin: das Polymerisationspulver zu 93 ... 98 %, Fertigteile zu
53 ... 70 %. Es verhält sich nach außen hin
unpolar (Dipole heben sich gegenseitig auf),
und die zwischenmolekularen Kräfte sind
demnach nur gering (niedrige Festigkeit,
kleiner Reibungsfaktor). Die Bindungskräfte innerhalb der Ketten zwischen den
C- und F-Atomen sind extrem groß. Die
nur wenig unterschiedlichen Atomradien
führen zu einer fast völligen Bedeckung
der C-Atome durch die valenzmäßig abgesät-
tigten F-Atome, so daß C gegenüber äußeren
Einflüssen abgeschirmt ist (extrem gute chemische und thermische Beständigkeit; antiadhäsiv). Als Folge des sehr hohen Polymerisationsgrades von $n = 5\,000$ bis $50\,000$

(M = 500 000 bis 5 000 000) ist PTFE nicht thermoplastisch verformbar.

Je nach Temperatur zeigt PTFE Phasenumwandlungen, d. h. die Anordnung der Ketten ändert sich. Bei 19 °C entsteht aus der triklinen die hexagonale Struktur mit einer Volumenvergrößerung von 1,2 %. Beim Kristallitschmelzpunkt 327 °C bildet sich ein amorphes durchsichtiges Gel mit sehr hoher Vis-

kosität, die Volumenzunahme beträgt 5 ... ... 8 %. Zusammen mit der linearen Wärmeausdehnung ergibt sich von 20 ... > 327 °C ein um knapp 30 % größeres Volumen. Ab 400 °C tritt Zersetzung ein: Abspaltung von giftigem und aggressivem HF (korrosionsfeste Verarbeitungsmaschinen und Sicherheitsvorkehrungen sind erforderlich).

Temperaturskala:

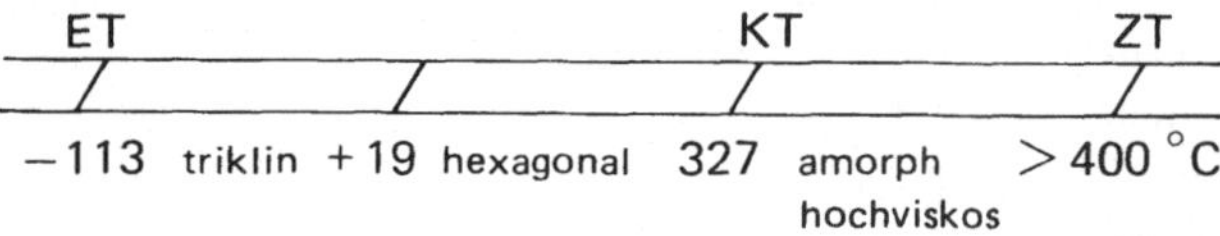

Verarbeitungsverfahren

Preßsintern. Das Polymerisationspulver wird kalt gepreßt, entformt, bei 370 °C bis 380 °C gesintert und danach langsam bis kurz unterhalb 327 °C abgekühlt, um eine hohe Kristallinität zu erzielen. Bei schneller Abkühlung bleibt der amorphe Zustand weitgehend erhalten, die Folge ist ein weiches, flexibles und transparentes Material. Durch dieses drucklose Sintern enthalten die Formteile feinste Poren. Wird dagegen in der Form unter Druck gesintert, erhält man einen porenfreien Werkstoff höherer Dichte und Festigkeit.

Ramextrusion. Sie dient zur Herstellung von Rohren und Stäben. Das Pulver gelangt diskontinuierlich in eine vertikale Kolbenstrangpresse, wird verdichtet und im unteren beheizten Teil mit nachgedrückten Preßlingen kontinuierlich gesintert.

Pastenextrusion. PTFE-Pulver wird mit ca. 20 % Benzin angerührt, dann extrudiert, im Durchlaufofen verdampft das Benzin, und anschließend erfolgt das Sintern.

Beschichten. Die Dispersion von der Polymerisation gießt man auf die Metall- oder Keramikoberfläche und sintert. Die Schicht ist nicht ganz porenfrei und deshalb zum Korrosionsschutz nicht geeignet.

Folienherstellung. Sie erfolgt durch Abschälen von preßgesinterten Formteilen.

Eigenschaften

PTFE ist ein außergewöhnlicher Kunststoff in vielfacher Hinsicht:

— chemische Beständigkeit: resistent gegen fast alle Stoffe, außer geschmolzenen Alkalimetallen, Chlortrifluorid und F; unbrennbar; wetterfest.

— thermische Beständigkeit: die Gebrauchstemperatur reicht von + 260 ... − 200 °C (Versprödung).

— niedrigster Reibungskoeffizient aller Feststoffe; antiadhäsiv; nicht klebbar.

— höchste Dichte aller Kunststoffe: 2,1 ... ... 2,3 g/cm^3 je nach Kristallinität

— elektrisch ausgezeichnet isolierend, besonders in der HF-Technik (der geringe dielektrische Verlustfaktor ist unabhängig von der Frequenz).

Von Aussehen und Festigkeit her ähnelt PTFE dem HDPE: wachsartige Oberfläche, gedeckt färbbar, relativ weich und zäh, geringe Zeitstandfestigkeit. Eine Erhöhung der Festigkeit kann durch Glasfaserverstärkung erzielt werden. Gegen energiereiche Strahlen ist es nicht ganz beständig; durch Kettenabbau wird es weicher. Für Eigenschaftswerte siehe Tabelle 8.4.

Tabelle 8.4 Eigenschaften von Fluor-Polymerisaten

Eigenschaften	Einheit	PTFE	FEP	PFA	ETFE	PVDF
Dichte	g/cm^3	2,1 … 2,3	2,15	2,15	1,7	1,8
Zugfestigkeit	N/mm^2	20 … 30	19 … 21	28	45	50
Reißdehnung	%	150 … 500	300	300	200	50
Elastizitätsmodul	N/mm^2	350 … 700	350	600	800	1 900
Kerbschlagzähigkeit, 23 °C	kJ/m^2	15	o. B.	o. B.	o. B.	20
−40 °C	kJ/m^2	10 … 12	15	10	> 30	−
Gebrauchstemperatur min	°C	− 200	− 100	− 200	− 100	−60
max	°C	260	200	260	150	150
spezifischer Durchgangswiderstand	$\Omega \cdot cm$	10^{18}	10^{18}	10^{18}	10^{16}	10^{15}
Durchschlagfestigkeit	kV/mm	30	25	20	30	−
dielektrischer Verlustfaktor	$\tan \delta$	10^{-4}	$5 \cdot 10^{-4}$	10^{-4}	10^{-3}	10^{-2}

Verwendung

In der chemischen Industrie für Auskleidungen, Laborgeräte, Rohre, Dichtungen, Ventile u. a.

Im Maschinenbau für schmierungsfreie Gleitlager (wegen geringer Festigkeit verstärkt oder als Folie in einer Stützschale), antiadhäsive Beschichtungen.

In der Elektrotechnik für Drahtisolierungen, Isolatoren, Einzelteile der HF-Technik, Isolierung von Supraleitern.

In der Flugzeug- und Raumfahrtindustrie.

Im Haushalt für beschichtete Pfannen, Bügeleisen u. a.

Handelsnamen

Teflon (Du Pont)
Hostaflon TF (Hoechst)
Fluon (ICI).

8.7.4.2 Copolymere des PTFE

Ziel dieser Copolymere ist es, eine thermoplastische Verarbeitung ohne wesentliche Einbußen an den hervorragenden PTFE-Eigenschaften zu erreichen.

- Tetrafluorethylen-Perfluorpropylen FEP, mit 10 … 50 % TFE, seit 1960. (Formel a)
- Perfluoralkoxy-Copolymer PFA, seit 1972. (Formel b)
- Ethylen-Tetrafluorethylen ETFE, mit ca. 85 % TFE, seit 1972. (Formel c)

PFA und besonders FEP verhalten sich bei der thermoplastischen Verarbeitung hochviskos. ETFE dagegen ist bei der sehr hohen Temperatur von 320 ... 380 °C dünnflüssig (z. B. dünne Drahtisolierung von 0,03 mm), hat aber auch die geringste Gebrauchstemperatur, die allerdings durch Glasfaserverstärkung verbessert werden kann. FEP ist noch weicher als PTFE; PFA und besonders ETFE sind härter.

ETFE verlöscht außerhalb der Flamme und ist gut strahlenbeständig; bei hoher Dosis tritt jedoch Vernetzung ein. Richtwerte der wichtigsten Eigenschaften sind in Tabelle 8.4 gegeben.

Verwendung

Extrudierte Drahtisolierung
Spritzgußteile für Apparatebau und E-Technik
korrosionsfeste Auskleidungen
Folien
Schrumpfschläuche

Handelsnamen

FEP: Teflon FEP (Du Pont)
PFA: Teflon PFA (Du Pont)
ETFE: Tefzel (Du Pont)
Hostaflon ET (Hoechst)

8.7.4.3 Polyvinylidenfluorid PVDF oder PVF$_2$

$$\left[\begin{array}{cc} H & F \\ | & | \\ C & - C \\ | & | \\ H & F \end{array}\right]_n$$

Bedingt durch die polare Struktur verschlechtern sich die chemische Beständigkeit gegenüber polaren Stoffen sowie der dielektrische Verlustfaktor, besonders bei hoher Frequenz. Vorteilhaft sind hohe Festigkeit, Steifigkeit, Zeitstandfestigkeit und gute thermoplastische Verarbeitbarkeit ab 200 °C. Außerdem ist dieser Werkstoff relativ preiswert.

Verwendung

Im Rohrleitungs- und Apparatebau der chemischen Industrie (z. B. für Druckrohre, Fittings)

Flaschen (geblasen, gasdicht)
elektrische Drahtisolation

Handelsnamen

Dyflor (Dynamit Nobel)
Kynar (Pennwalt, USA)

8.7.4.4 Polychlortrifluorethylen PCTFE und Copolymer

$$\left[\begin{array}{cc} F & F \\ | & | \\ C & - C \\ | & | \\ F & Cl \end{array}\right]_n$$

PCTFE ist härter als PTFE, thermoplastisch ab 260 °C verarbeitbar (mit hohem Druck), aber chemisch, thermisch sowie elektrisch schlechter. Als Homopolymerisat wird es weniger, neuerdings jedoch als Copolymerisat mit Ethylen im Molverhältnis 1 : 1 angewendet: ECTFE.

Handelsname

Halar (Allied Chemical, USA)

8.7.5 Acryl-Polymerisate

Unter diesem Begriff wollen wir drei Kunststoffe zusammenfassen, die sich ableiten von der Acrylsäure $H_2C = CHCOOH$.

8.7.5.1 Polyacrylsäureester (Polyacrylate)

$$\left[\begin{array}{cc} H & H \\ | & | \\ C & - C \\ | & | \\ H & C=O \end{array}\right]_n$$
$$|$$
$$O$$
$$|$$
$$R$$

Bei der Veresterung der Acrylsäure mit Methyl-, Ethyl- oder Butylalkohol und anschließender Polymerisation erhält man glasklare, weiche, dehnbare und klebrige Massen, und zwar um so weicher, je länger die alkoholischen Seitenäste R sind.

Verwendung

Klebstoffe
Lacke
Dichtungsmassen
innere Weichmacher in zahlreichen Copolymeren, z. B. mit PVC, ASA

8.7.5.2 Polyacrylnitril PAN

Das flüssige Monomere ist giftig. Das Polymere zersetzt sich schon kurz oberhalb der Erweichungstemperatur von ca. 200 °C; eine thermoplastische Verarbeitung ist also nicht möglich. Praktische Bedeutung erlangte PAN erst, als 1948 in Dimethylformamid ein Lösungsmittel gefunden wurde.

Hauptverwendung

Textilfasern mit hoher Licht-, Wetter- und Temperaturbeständigkeit für Bekleidung, Strickwaren, Teppiche, Gardinen, Segeltuch, Zeltplane.

Weitere Verwendung

in vielen Copolymeren, z. B. SAN, ABS, ASA als Barriere-Kunststoff (sehr gasdicht) mit ca. 70 % PAN, Rest Methacrylat oder Styrol für glasklare, schlagzähe Flaschen (CO_2-haltige Getränke, Speiseöl, Wein)

Handelsnamen

Dralon (Bayer)
Dolan (Hoechst)
Orlon (Du Pont)

8.7.5.3 Polymethylmethacrylat PMMA

Herstellung

Das Monomere besteht aus mit Methylalkohol veresterter Methacrylsäure und wird technisch hergestellt aus Erdöl und Erdgas

über das Zwischenprodukt Azetonzyanhydrin. Die farblose Flüssigkeit polymerisiert extrem leicht schon bei etwas erhöhter Temperatur oder mit einem Katalysator. Deshalb ist die Herstellung von Fertigteilen unmittelbar aus Monomeren durch eine Massepolymerisation möglich. Daneben wird die Suspensionspolymerisation durchgeführt.
Durch die Art der Polymerisation kann das Molekulargewicht eingestellt werden. Massepolymerisation ergibt die höchsten Werte bis zu $M = 3 \cdot 10^6$ (sonst ab $5 \cdot 10^5$) und damit hohe Viskosität, beste optische Eigenschaften, höhere Festigkeit und Wärmebeständigkeit. Durch die sperrigen Seitenäste bedingt hat PMMA eine amorphe Struktur; außerdem ist es stark polar.
PMMA wurde 1928 erstmalig hergestellt.

Eigenschaften

Glasklar, beste Lichtdurchlässigkeit aller Kunststoffe (Acrylglas), sowohl transparent als auch gedeckt gut färbbar; hohe Festigkeit, Steifigkeit und Zeitstandfestigkeit, aber nicht kratzfest; splittert beim Bruch nicht; sehr wetterfest. Als polares Material ist PMMA chemisch nicht beständig gegenüber polaren Lösungsmitteln wie chlorierte Kohlenwasserstoffe, Benzol und konzentrierten Säuren; außerdem ist sein dielektrisches Verhalten ungünstig. PMMA brennt knisternd, auch nach dem Entfernen der Zündflamme; Sondereinstellungen sind schwer entflammbar. Für Eigenschaftswerte siehe Tabelle 8.5.

Temperaturskala:

ET	FT	ZT
110	180	> 250 °C

Verarbeitung

Direkt aus den Monomeren wird das Kammergießen (zwischen Silikatglasplatten), das Bandgießen (zwischen endlosen Metallbändern) und das Schleudergießen (in Metallrohren) durchgeführt. Das Extrudieren erfolgt aus Formmassen mittleren Polymerisationsgrades. Nach diesen vier Verfahren werden Halbzeuge (z. B. Platten, Rohre, Profile) und Fertigteile (z. B. im Kunstgewerbe) hergestellt.

Zum Spritzgießen verwendet man Formmassen mit niedrigem Molekulargewicht.

Um optisch einwandfreie Werkstücke zu erhalten, ist ein Vortrocknen der Formmassen erforderlich. PMMA fließt bei der Verarbeitung relativ schlecht: MFI 230/3,8 = 1 ... ... 18 g/10 min.

Spanende Verarbeitung und Warmumformung sind gut möglich. Das Verbinden erfolgt im allgemeinen mit Polymerisationsklebern: monomeres MMA wird aufgetragen und verklebt durch Polymerisation unter Lichteinfluß.

Verwendung

Abdeckungen für Straßen-, Industrie- und Wohnraumleuchten
Lichtkuppeln
Verglasungen von Bussen, Flugzeugen, Industriehallen und Gewächshäusern
Überdachungen (z. B. Olympiastadion München)
Sanitärartikel (Waschbecken, Badewannen)
Werbeschilder, Leuchtschrift
Balkon- und Treppenverkleidungen
Uhrengläser
Haushaltsgeräte (Schüsseln, Becher, Bestecke)
Kfz-Rück- und Blinkleuchten
Verkehrsschilder
Laborgeräte
Meß- und Zeichengeräte

Bedienungstasten, Skalen
Modeartikel, Kunstgewerbe
Dentalmassen
Lichtleitdrähte (0,25 mm ϕ, flexibel, umhüllt, gebündelt, fast totale Reflexion auch bei starker Krümmung
Lacke (z. B. Schlußlackierung von PVC-weich, um den Weichmacheraustritt zu verhindern)

Handelsnamen

Plexiglas (Röhm)
Deglas (Degussa)
Resartglas (Resart-Ihm)
Acrifix (Kleber; Röhm)

Copolymere

Ziel ist insbesondere die Erhöhung der Zähigkeit und Oberflächenhärte (kratzfester). AMMA ist Acrylnitril-Methylmethacrylat mit maximal 70 % AN (Plexidur, Röhm), das jedoch die Anforderungen an Kfz-Verglasungen noch nicht erfüllt. Für die Eigenschaften siehe Tabelle 8.5.

Daneben gibt es andere Copolymerisate mit Butadien und Styrol. Verarbeitung und Verwendung sind dieselben wie bei PMMA; auch für schußsichere Verglasungen.

Hartschaum aus Polymethacrylimid PMI

Durch Zugabe von Ammoniak-abspaltenden Mitteln zu Copolymeren aus Methacrylsäure und Methacrylnitril erhält man ein geschlossenzelliges Material von hoher Festigkeit (R_m = 2 N/mm^2; E-Modul = 70 N/mm^2; Dichte 50 kg/m^3) und hoher Temperaturformbeständigkeit (ca. 180 °C).

Verwendung

Hauptsächlich als Kern in Leichtverbundwerkstoffen mit Deckschichten aus Al, Stahl, Kunststoffen, GFK oder Holz für temperaturfeste Isolierungen, Sportgeräte u. a.

Handelsname

Rohazell (Röhm)

8.7.6 Polyoxymethylen POM (Polyazetal)

Neben PA und PC ist POM ein wichtiger Konstruktionswerkstoff. Die Produktion wurde 1958 aufgenommen.

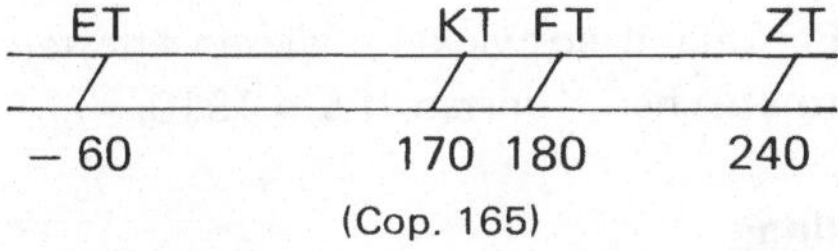

Das Monomere Formaldehyd muß vollkommen wasserfrei sein, um lange und stabile Ketten bilden zu können. Deshalb geht man von zyklischen Trimeren des OCH_2 aus (Trioxan, also 3 Monomere zum Ring verbunden), oder man copolymerisiert mit zyklischen Ethern. Die Bildungsreaktion erfolgt als Masse- oder Fällungspolymerisation.

Aus den Strukturdaten leiten sich typische Eigenschaften ab. Der lineare und gleichmäßige Molekülaufbau ergibt eine hohe Kristallinität von 70 ... 80 % und damit große Werte für Festigkeit, E-Modul und besonders Zeitstandfestigkeit, auch dynamisch. Das Material ist unpolar und die zwischenmolekularen Kräfte sind gering; das hat eine gute chemische Beständigkeit, einen niedrigen Reibungsfaktor sowie dielektrischen Verlustfaktor zur Folge. Die kurzen Ketten (n = ca. 1000) führen zu einem hohen Schmelzindex von MFI 190/2 = 1 ... 27 g/10 min. POM hat eine wachsartig glänzende Oberfläche.

Bei den Copolymeren liegt durch den Einbau von Ringmolekülen die Kristallinität etwas niedriger, und damit auch die Festigkeit; eine Verbesserung durch Glasfaserverstärkung ist jedoch möglich. Während die Molekülendgruppen des Homopolymerisates thermisch und hydrolytisch (durch starke Alkalien, auch heißes Wasser) angegriffen werden, zeichnen sich die modifizierten Sorten durch gute Beständigkeit aus. Alle POM-Typen müssen gegen oxidativen Abbau (Außenanwendung, UV-Strahlen, starke Säuren) stabilisiert werden und sind brennbar. Die Wärmebeständigkeit ist nicht besonders gut, die Zähigkeit auch bei niedriger Temperatur bis $-50\,^{\circ}C$ dagegen ausgezeichnet. Für Eigenschaftswerte siehe Tabelle 8.5.

Temperaturskala:

ET	KT	FT	ZT
-60	170	180	240

(Cop. 165)

Die Verarbeitung erfolgt überwiegend im Spritzguß, daneben durch Extrudieren und Blasformen. Warmumformen, Schweißen, Spanen, Nieten, Verschrauben und sogar Nageln sind möglich, Kleben jedoch ist wegen der glatten Oberfläche schwierig.

Verwendung

Zahnräder, Rollen, Lager (ungeschmiert, z. T. mit Zusatz von MoS_2 oder PTFE), Gleitschienen und

Tabelle 8.5 Eigenschaften von PMMA- und POM-Polymerisaten

Eigenschaften	Einheit	PMMA	AMMA	POM	POM-Cop.	POM-Cop. + 30 % GF
Dichte	g/cm^3	1,18	1,17	1,42	1,41	1,60
Zugfestigkeit	N/mm^2	65 ... 75	85	70	65	140
Reißdehnung	%	2,5 ... 4,5	60	20	40	5
Elastizitätsmodul	N/mm^2	3 300	4 500	3 300	3 000	10 000
Kerbschlagzähigkeit, 23 $^{\circ}$C	kJ/m^2	2	4	8	10	5
$-40\,^{\circ}$C	kJ/m^2	–	–	6	8	–
Gebrauchstemperatur max	$^{\circ}$C	70 ... 100	80	75	90	95
spezifischer Durchgangswiderstand	$\Omega \cdot$cm	10^{16}	10^{16}	10^{15}	10^{15}	10^{14}
Druckschlagfestigkeit	kV/mm	30	30	60	70	50
dielektrischer Verlustfaktor	tan δ	0,02	0,03	0,002	0,002	0,002

andere Präzisionsteile im Maschinenbau, Fahrzeug-
bau und für Haushaltsgeräte
Steuer-, Schalt- und Bedienungselemente in der
Feinwerktechnik
Armaturen, Schnappverbindungen, Schrauben, Be-
schläge
elektrische Isolierteile
Sprühdosen
Halbzeuge für hochbeanspruchte Konstrukstions-
teile.

Handelsnamen

Delrin (Du Pont)
Hostaform (Cop., Hoechst)
Ultraform (Cop., BASF)

8.8   Polykondensate

8.8.1 Phenolformaldehyd PF
(Phenoplast)

L. H. Baekeland entwickelte diesen ältesten
vollsynthetischen Kunststoff um 1910.

Herstellung

Das Prinzip wurde bereits in Abschn. 8.3.2
besprochen.
Ausgangsstoffe sind Formaldehyd, ein Gas,
das als ca. 35 %ige wässerige Lösung Forma-
lin verwendet wird, und Phenol (weiße Kristalle, Schmelzpunkt 41 °C) bzw. Kresol
(Methylphenol, ergibt CF) oder Resorzin
(Phenol mit zwei OH-Gruppen).
Bei der Herstellung muß auf der thermoplastischen Zwischenstufe unterbrochen werden;
später, bei der Formgebung, findet die endgültige Vernetzung statt. Der Ablauf wird bestimmt durch die Mischungsverhältnisse und
Katalysatoren:
— Beträgt das Molverhältnis Formaldehyd
   zu Phenol 0,8 : 1, so reicht der Formal-
   dehyd-Anteil nicht zur Vernetzung aus,
   d. h. es können sich nur Kettenmoleküle
   bilden (*Novolak*).
— Beträgt das Molverhältnis dagegen 1,7 : 1,
   so ist der Anteil ausreichend. Durch Unterkühlung muß die Zwischenstufe zeitlich fixiert werden (*Resol*, A-Stufe).
Da alkalische Katalysatoren langsamer wirken, werden diese im zweiten Fall verwendet, um sicher abfangen zu können. Bei
Novolak arbeitet man in saurer Lösung. Die

Katalysatoren bewirken jedoch auch die speziellen Molekülstrukturen von Resol bzw.
Novolak.
Beide Reaktionen finden im Rührkessel statt.
Die Mischung wird auf ca. 110 °C erwärmt
und dadurch die Reaktion unter Wasserabspaltung eingeleitet. Wegen der exothermen
Anlagerung muß danach gekühlt werden.
Das entstehende und eingebrachte Wasser
wird unter Vakuum abdestilliert, anschließend das bei ca. 140 °C flüssige Vorkonden-
sat abgelassen, dessen Formel in Abschn.
8.3.2 vereinfacht dargestellt ist. Dieses Zwischenprodukt erstarrt bei 90 ... 120 °C je
nach Kettenlänge und ist in Alkohol, Azeton
u. a. löslich.
Als *Novolak* wird es im allgemeinen gemahlen und ist unbegrenzt lagerfähig. Bei der
späteren Formgebung muß das zur Vernetzung notwendige Formaldehyd zugegeben
werden: als festes Hexamethylentetramin
$(CH_2)_6N_4$ zu 5 ... 15 %, das in der Wärme
bei ca. 150 °C Formaldehyd abspaltet
(Hexahärtung).
Das *Resol* kommt als Pulver oder Lösung zur
Verarbeitung; es ist nur begrenzt lagerfähig,
maximal sechs Monate, denn es vernetzt
langsam. Bei der Formgebung ist die Zugabe
eines Härters nicht erforderlich (Eigenhär-
tung). Bei 140 ... 180 °C bildet sich zuerst
die B-Stufe Resitol (längere Ketten, verzweigt,
schon etwas vernetzt; unlöslich und schwer
schmelzbar), danach die C-Stufe Resit (vernetzt, nicht mehr lös- oder schmelzbar). Der
Zusatz von Säure (HCl, H_3PO_4 o. a.) ermöglicht auch eine Kalthärtung (Säurehärtung).

Verarbeitung

Wie bei allen Duromeren ist auch hier die Zugabe von *Füllstoffen* (Harzträgern) die Regel.
Verwendet wird in erster Linie Holzmehl,
ferner Zellstoff, Asbest, Gesteinsmehl, Glimmer, Papierschnitzel u. a., außerdem, an Bahnen, Baumwollgewebe, Papier, Asbestgewebe,
Glasfasern u. a. Der Füllstoffgehalt liegt zwischen 30 % und 60 %. Art und Menge sind
genormt, ebenso die daraus resultierenden
Mindesteigenschaften.

Wie bei allen Polykondensaten muß bei der Formgebung mit *Druck* gearbeitet werden, sonst erhält man poröse unbrauchbare Preßteile. Der auf die Werkzeugstempelfläche bezogene Druck beträgt 20 ... 50 N/mm^2. Die Härtezeit liegt bei 0,5 ... 1 min/mm Wandstärke (untere Werte für Novolak = Schnellpreßmassen), und damit wesentlich über den Zeiten für Spritzguß.

Man unterscheidet drei *Lieferformen*:

— *Preßmassen* sind flüssige oder pulverige Mischungen auf der thermoplastischen Zwischenstufe, also Novolak oder Resol, die vom Lieferwerk entsprechend der Type mit Füllstoffen, Farbstoffen, Gleitmitteln und evtl. Hexa versehen sind. Der Weiterverarbeiter preßt daraus bei der vorgeschriebenen Temperatur Formteile nach verschiedenen Verfahren, auch im Spritzguß. Die Normung erfolgt nach DIN 7708, z. B. Typ 31 Holzmehl, Typ 12 Asbest, Typ 51 Zellstoff.

— *Schichtpreßstoffe* sind Halbzeuge wie Tafeln, Profile und Rohre, die schon ausgehärtet und verstärkt sind. Bei der Herstellung werden Harz und Füllstoffbahnen schichtenweise aufeinander gelegt. Die Weiterverarbeitung kann nur spanend erfolgen. Zu den Schichtpreßstoffen zählen auch Preßholz, Hartpapier Hp und Hartgewebe Hgw. Die Normung erfolgt nach DIN 7735, z. B. Hp 2061 Papierbahnen, Hgw 2082 Baumwollfeingewebe, Hgw 2031 Asbestgewebe, Hgw 2072 Glasfasergewebe.

— *Gießharz* erhält man ohne Druck und im allgemeinen ohne Füllstoffe durch langsames mehrtägiges Aushärten bei etwas erhöhter Temperatur von 70 ... 90 °C. Dabei entweicht das Wasser weitgehend, ohne Blasen zu erzeugen. Verwendet wird vorwiegend Resol in flüssiger Form.

Eigenschaften

Diese schwanken natürlich bei den Duromeren stark je nach Füllstoffart und -menge. Dazu kommt fast immer eine gewisse Anisotropie.

Typische PF-Eigenschaften sind: hohe Härte, gute thermische (kurzzeitig bis 300 °C) und chemische Beständigkeit, Schwerbrennbarkeit, elektrisch gut isolierend und relativ preiswert. Bei Bahnenverstärkung hohe Schlagzähigkeit.

Die Zersetzung beginnt bei 300 °C und führt zu einem fest verkokten Rückstand von ca. 40 Gew.-% mit eventuell eingebetteten Füllstoffen.

PF ist nicht lichtbeständig, es dunkelt nach (gelb-braun), deshalb verwendet man im allgemeinen nur dunkle Farben. Außerdem ist PF nicht ganz geruchsfrei (Phenolabspaltung) und ist demnach für den Kontakt mit Lebensmitteln nicht zugelassen.

Gegen unpolare organische Stoffe wie Benzin, Öle u. a. verhält sich PF sehr beständig, weniger gegen starke Säuren und Laugen. Bei organischen Füllstoffen erfolgt eine langsame Wasseraufnahme; für die Elektroisolation werden deshalb nur anorganische Verstärkungsmittel eingesetzt. Die starke Polarität hat einen hohen dielektrischen Verlustfaktor zur Folge. Wie alle Duromere ist auch PF nicht schweißbar. Richtwerte der wichtigsten Eigenschaften für einige Typen sind in Tabelle 8.6 gegeben.

Verwendung

Wegen Farbe und Geruch vorwiegend im technischen Bereich.

Formteile
In der Elektrotechnik (Gehäuse, Verteilerkästen, Schaltgeräte, Steckdosen, Stecker, Klemmleisten, Spulenkörper)
Griffe und Beschläge an Haushaltsgeräten, Töpfen und Heizungen
Lager
Zahnräder

Schichtpreßstoffe
In der Elektrotechnik (Schalttafeln, Träger für gedruckte Schaltungen, Isolationsteile, Schalthebel)
im Maschinenbau (Lagerschalen, Laufrollen, Bremsbacken, Zahnräder)
im Bauwesen (Wandverkleidungen, Tischplatten, Türverkleidungen)

Gießharze
„Edelkunstharz" für Galanteriewaren, Griffe u.a. (geringe Bedeutung)

Tabelle 8.6 Eigenschaften von PF-Preßstoffen

Eigenschaften		Typ 31	Typ 12	Hgw 2082	Hgw 2072
Füllstoff		Holzmehl	Asbest	Baumwoll-feingewebe	Glasfaser-gewebe
Eigenschaften	Einheit				
Dichte	g/cm^3	1,4	1,8	1,4	1,7
Biegefestigkeit	N/mm^2	70	50	100	200
Elastizitätsmodul	N/mm^2	7 000	12 000	7 000	14 000
Kerbschlagzähigkeit, 23 °C	kJ/m^2	1,5	2	10	40
Gebrauchstemperatur max	°C	125	150	120	130
spezifischer Durchgangswiderstand	$\Omega \cdot cm$	10^{11}	10^9	10^{10}	10^{11}
Durchschlagfestigkeit	kV/mm	10	5	4	15
dielektrischer Verlustfaktor	$\tan \delta$	0,4	0,5	0,1	0,1

Lack- und Bindemittel
Elektroisolierlack
Bindemittel für: Schleifscheiben, Brems- und Kupplungsbeläge, Gießerei-Formsande (Croning-Verfahren)

PF-Schaumstoffe

Man erwärmt flüssiges Resol, gemischt mit physikalischen Treibmitteln, auf Härtetemperatur und erhält einen sprödharten, gemischtzelligen Schaum der Dichte 40 ... ... 100 kg/m^3. Herausragend ist die hohe Wärmestandfestigkeit von dauernd 130 °C, kurzzeitig 250 °C.

Verwendung
Besonders als Wärmeschutz im Hochbau (für Dächer, Wände, Fußböden)

Handelsnamen
Bakelite (Bakelite-Ges.)
Pertinax (Dielektra)
Hostaset PF (Hoechst)

Resinol (Raschig)
Trolitan (Dynamit Nobel)

8.8.2 Aminoplaste

Zu dieser Gruppe faßt man UF und MF zusammen, die in den Ausgangsstoffen Aminogruppen NH_2 enthalten. Die Produktion wurde 1937 aufgenommen. Beide ähneln dem PF stark in bezug auf die Polykondensation mit Formaldehyd, die Unterbrechung auf der thermoplastischen Zwischenstufe und die spätere Aushärtung sowie in vielen Eigenschaften. Deshalb werden oft auch alle drei Kunststoffe zu den Formaldehyd-Polymeren zusammengefaßt. UF und besonders MF haben höhere Produktionsraten als PF; gemeinsam liegen sie an 4. Stelle nach PE, PVC und PS.

8.8.2.1 Harnstoffharz UF

$$\text{Harnstoff (Urin)} + \text{Formaldehyd} \longrightarrow \text{UF}$$

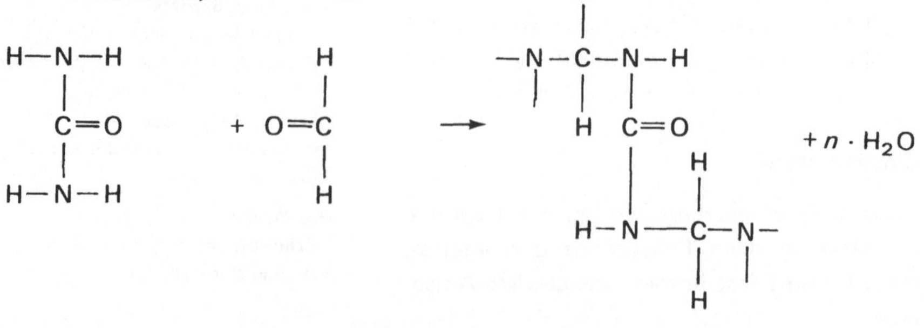

Die Reaktion erfolgt im Rührkessel im Molverhältnis U : F = 1 : 2, das für die Vernetzung ausreicht. Das Produkt ist auf der thermoplastischen Zwischenstufe wasserlöslich, so daß sich eine ca. 60 %ige Harzlösung bildet. Die Weiterverarbeitung erfolgt entweder in dieser Form oder nach einer Sprühtrocknung als Pulver. Auch hier ist die Lagerfähigkeit begrenzt, und zwar auf maximal drei Monate.

Die Härtung erfordert Druck und 140 ... ... 150 °C, sie kann jedoch mit Säurezusatz auch bei Raumtemperatur erfolgen. Wegen der dabei auftretenden starken Schwindung ist reines UF für die Verwendung zu spröde; aber auch bei Zusatz von Füllstoffen ist die Gefahr von Spannungsrissen groß.

Vorteilhaft gegenüber PF ist die Farblosigkeit und Lichtbeständigkeit, die auch helle Farben ermöglicht; nachteilig ist die geringere Temperatur- und Heißwasserbeständigkeit sowie der höhere Preis. Wegen Formaldehydabspaltung ist auch UF im Kontakt zu Lebensmitteln nicht zugelassen. Die Atomanordnung in den Molekülen hat eine starke Polarität zur Folge.

Wie bei PF erfolgt die Verarbeitung zu Schichtpreßstoffen, Preßteilen und Lacken. Hauptsächlich wird UF als Bindemittel zur Herstellung von Holzfaserplatten verwendet:

UF-Anteil 8 ... 12 % für Möbel, Tonmöbel und Ladenbau. Preßmassen enthalten als Füllstoff vorwiegend kurzfaserige Zellulose (Typisierung ebenfalls nach DIN 7708), der UF-Gehalt beträgt ca. 60 %. Für Eigenschaftswerte siehe Tabelle 8.7.

Verwendung

Elektrisches Installationsmaterial, z. B. helle Schalter, Stecker, Abzweigdosen, Sicherungskästen, ferner für sanitäre Teile, Haushaltsgeräte, z. B. Gehäuse von Küchenmaschinen, sowie Lacke und Klebstoffe.

UF-Schaum wird aus der Harzlösung unter Säurezusatz mit physikalischen Treibmitteln und Einmischen von Druckluft hergestellt, sowohl in stationären Anlagen als auch in transportablen Sprühgeräten (zum Ausschäumen). Er ist offenzellig, spröd-hart, von allen Hartschäumen am leichtesten (4 ... ... 20 kg/m^3) und von geringer Festigkeit.

Verwendung

besonders als Schall- und Wärmedämmung im Bauwesen, z. B. für die Dach-, Wand- und Rohrleitungsisolierung.

Handelsnamen

Resopal H (Römmler)
Kaurit (BASF)
Hostaset UF (Hoechst)
Pollopas (Dynamit Nobel)
Iporka (Schaum, BASF)

Tabelle 8.7 Eigenschaften von UF- und MF-Preßstoffen

Eigenschaften		UF Typ 131	MF Typ 152	MF Typ 155	MF Hgw 2272
Füllstoff		Zellulose	Zellulose	Gesteinsmehl	Glasfasergewebe
Eigenschaften	Einheit				
Dichte	g/cm^3	1,5	1,5	2,0	1,9
Biegefestigkeit	N/mm^2	80	80	40	270
Elastizitätsmodul	N/mm^2	7 000	9 000	10 000	14 000
Kerbschlagzähigkeit, 23 °C	kJ/m^2	1,5	1,5	1,0	30
Gebrauchstemperatur max	°C	100	120	130	130
spezifischer Durchgangswiderstand	$\Omega \cdot$cm	10^{11}	10^{11}	10^9	10^{10}
Durchschlagfestigkeit	kV/mm	10	12	8	12
dielektrischer Verlustfaktor	tan δ	0,3	0,3	0,4	0,1

8.8.2.2 Melaminharz MF

Melamin   +   Formaldehyd   ⟶   MF

Ein Melaminmolekül kann an sechs Stellen Methylenbrücken bilden; in der Praxis sind es weniger. Die genaue Struktur ist, wie bei UF, noch nicht geklärt. Bei der Herstellung beträgt das Molverhältnis M : F = 1 : (1,5 ... ... 3).

Auch hier erhält man eine Harzlösung mit ca. 60 % MF. Die Weiterverarbeitung erfolgt entweder in dieser Form oder als getrocknetes Pulver, dessen Lagerfähigkeit nur ca. einen Monat beträgt. Die Härtung wird bei 120 ... 165 °C oder mit Säure durchgeführt. Sprödigkeit und Spannungsrisse des reinen MF sind Folge der hohen Schwindung; deshalb wird der Werkstoff nur mit Füllstoffen verwendet. Durch Mischen mit PF als Mischpolymerisat werden Schrumpfung und Rißgefahr weiter verringert.

Eigenschaften

Melaminharz ist licht- und farbbeständig, völlig geruchsfrei, hat bessere Temperatur- und Wasserbeständigkeit als UF (ca. wie PF), ist teurer als UF, hat sehr gute Kriechstromfestigkeit und ist stark polar.

Füllstoffe bei den Preßmassen (DIN 7708) sind Zellulose (Typ 152), Holzmehl, Baumwollfasern, Gesteinsmehl und Asbestfasern, bei den Schichtpreßstoffen (DIN 7735) Papier (Hp), Glasfaser- und Baumwollgewebe (Hgw). Für Eigenschaftswerte siehe Tabelle 8.7.

Verwendung

Preßteile

In der Elektrotechnik als hellfarbiges, kriechstrom- und wärmefestes Isolations- und Installationsmaterial

Eß- und Trinkgeschirr (,,synthetisches Porzellan'', besonders für Kantinen und Krankenhäuser)

Haushaltsgeräte (Rührschüsseln, Gehäuse)

Topfgriffe (kurzzeitig bis zu 300 °C haltbar)

Schichtpreßstoffe

überwiegend als dekorative Schichtstoffplatten (DKS) für Möbel-, Wand-, Tisch- Ladenbau- und Schiffsbau-Beläge (der Kern besteht im allgemeinen aus PF- oder UF-Holzfaserplatten)

elektrische Schalttafeln

gedruckte Schaltungen

Klebstoffe und Lacke

Elektro-Isolierlack

Handelsnamen

Resopal (Römmler)

Hornitex (Künnemeyer)

Ultrapas (Dynamit Nobel)

Keramin (Phoenix)

Resart (Resart-Ihm)

Hostaset MF (Hoechst)

Supraplast (Südwestchemie)

Bakelite (Balkelite-Ges.)

Melopas (Ciba)

Biramin (Bisterfeld)

Resipas (Raschig)

8.8.3 Polyester

Ester entstehen bekanntlich aus Alkoholen und Säuren. Sind beide Ausgangsstoffe zweiwertig, so können sie Ketten bilden, und man erhält die thermoplastischen gesättigten Polyester (Polyalkylenterephthalate). Enthält die Säure dagegen noch eine Doppelbindung, so gewinnt man die ungesättigten Polyester, die man nachträglich zu Duromeren vernetzen kann.

8.8.3.1 Polyalkylen-Terephthalate PETP, PBTP

PETP wird seit 1947 als Textilfaser produziert; erst 1967 gelang es, auch Spritzgußteile daraus herzustellen. PBTP befindet sich seit 1972 auf dem Markt.

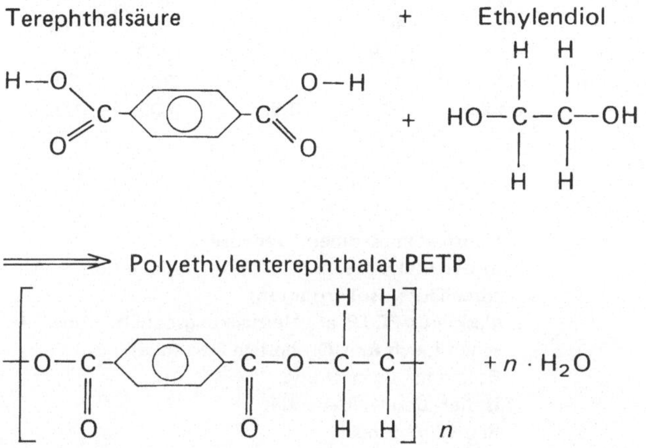

Terephthalsäure + Ethylendiol

$$\Longrightarrow \text{Polyethylenterephthalat PETP} + n \cdot H_2O$$

Mit Butylendiol erhält man entsprechend Polybutylenterephthalat PBTP (Polytetramethylenterephthalat PTMT) mit vier anstatt zwei CH_2-Gruppen.

Wegen der Sperrigkeit der PETP-Ketten, bedingt durch die Benzolringe, ist die Kristallisationsgeschwindigkeit äußerst gering. Bei normaler Abkühlung der Schmelze erhält man ein amorphes Material, das erst durch Recken bei erhöhter Temperatur und Thermofixierung (> ET) kristallin und brauchbar wird (Fasern, Folien). Ohne diese Behandlung, z. B. bei Spritzgußteilen, findet eine starke Nachkristallisation statt, die wegen erheblicher Schrumpfung zu Verzug und Versprödung führt.

Erst durch den Zusatz von Kristallisationskeimbildnern und erhöhte Werkzeugtemperatur (125 ... 150 °C) ist man in der Lage, die Kristallisation zu verringern (auf 30 ... ... 45 %) und so früh zu beenden, daß fehlerfreie Teile entstehen. Deren Aussehen ist opak und glänzend. Andere Einstellungen bleiben auch nach der Abkühlung amorph und sind glasklar.

PBTP kristallisiert schneller, benötigt nur eine Formtemperatur von 30 ... 60 °C und ist damit wirtschaftlicher zu verarbeiten. Seine Bedeutung ist gegenüber PETP zunehmend.

Beide Sorten haben nur einen geringen Polymerisationsgrad. Typisch für beide ist weiter die niedrige Glastemperatur von 60 ... 70 °C. Hier sinkt der Schubmodul amorpher Sorten stark ab, bei teilkristallinen weniger. Durch eine Glasfaserverstärkung von 10 ... 30 % bei teilkristallinem Material bleibt die Steifheit fast bis zum Kristallitschmelzpunkt (PETP ca. 260 °C, PBTP ca. 225 °C) erhalten (Bild 8.30). Die Zersetzung beginnt bei 300 °C.

Hier sind auch teilkristalline Thermoplaste *unter* der ET verwendbar, denn wegen der geringen Kettenlänge ist das sekundäre Dispersionsgebiet ausgeprägt, es wird eine kleine Ausbildungsform der Kristallite eingestellt, und der Kristallisationsgrad ist niedrig.

Die Polyalkylen-Terephthalate sind harte, zähe und maßhaltige Konstruktionswerkstoffe, dem POM und PA vergleichbar, mit gu-

Tabelle 8.8 Eigenschaften von Polyalkylenterephthalaten

Eigenschaften	Einheit	PETP amorph	PETP teilkr.	PETP + 30 % GF	PBTP teilkr.	PBTP + 30 % GF
Dichte	g/cm^3	1,32	1,37	1,60	1,30	1,55
Zugfestigkeit (Streckspannung)	N/mm^2	56	73	160	50	130
Reißdehnung	%	300	150	2	250	3
Elastizitätsmodul	N/mm^2	2 500	3 000	10 000	2 600	9 000
Kerbschlagzähigkeit, 23 °C	kJ/m^2	5	4	10	8	15
Gebrauchstemperatur max	%	70	85	240	50	210
spezifischer Durchgangswiderstand	$\Omega \cdot cm$	10^{16}	10^{16}	10^{16}	10^{16}	10^{16}
Durchschlagfestigkeit	kV/mm	25	30	30	30	30
dielektrischer Verlustfaktor	$\tan \delta$	0,02	0,02	0,02	0,02	0,02

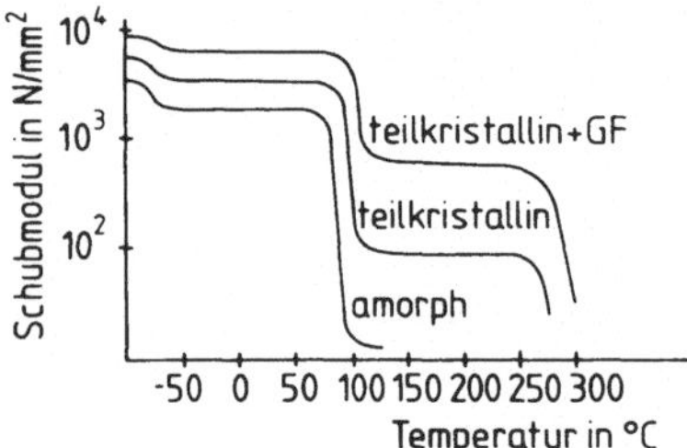

Bild 8.30 Temperaturabhängigkeit des Schubmoduls verschiedener PETP-Sorten

tem Gleit- und Langzeitverhalten. Auch bei dem härteren PETP bleibt die Zähigkeit fast konstant bis − 40 °C. Die Dichte steigt mit der Kristallinität an. Beide Kunststoffe brennen nach dem Anzünden weiter, können jedoch flammwidrig eingestellt werden. Wegen der Polarität ist die chemische Beständigkeit nur zufriedenstellend; konzentrierte Säuren, Laugen und Chlorwasserstoffe greifen an, heißes Wasser führt zu Hydrolyse (Versprödung durch Molekülabbau). Das elektrische Isolationsverhalten ist gut, die dielektrischen Eigenschaften weniger. Richtwerte der Eigenschaften sind in Tabelle 8.8. gegeben.

Verwendung

Überwiegend als Textilfasern (gute Form- und Knitterfestigkeit; für Anzüge, Hemden, Gardinen u. a.) Präzisionsteile in Maschinenbau und Feinwerktechnik (Gleitlager, Zahnräder, Rollen, Steuerscheiben, Tasten, Griffe)

Haushaltsmaschinen (Gehäuse) in der Elektrotechnik (Stecker, Spulenkörper, Motorgehäuse, Isolierplatten) glasklares PETP als Verpackungsbehälter und Flaschen (auch für CO_2-haltige Getränke) Folien für Verpackung Isolier- und Klebebänder Bauabdichtungen Magnetbänder

Handelsnamen

Fasern:
Diolen (Glanzstoff)
Trevira (Hoechst)
Vestan (Bayer)
Dacron (Du Pont)
Terylene (ICI)

Werkstoff:
Hostadur (Hoechst; Hostaphan als Folie)
Ultradur (BASF)
Pocan (Bayer)
Vestodur (Hüls)

8.8.3.2 Ungesättigte Polyester UP

Herstellung

Sie wird großtechnisch seit 1950 durchgeführt und erfolgt in zwei Stufen. Über eine Polykondensation bildet man zuerst einen linearen Polyester mit einer C-Doppelbindung, z. B. im Rührkessel bei 150 ... 200 °C. Für die Dicarbonsäure bzw. Diole gibt es verschiedene Möglichkeiten, z. B.:
Der Polymerisationsgrad ist so niedrig, d. h. die Erweichungstemperatur liegt so tief, daß eine bei Raumtemperatur zähflüssige Masse

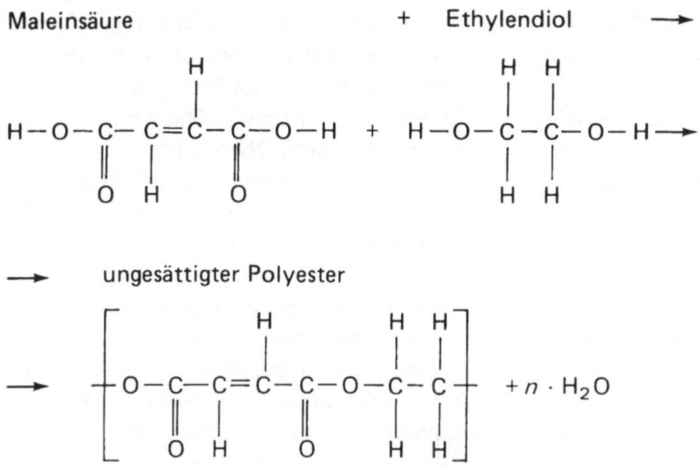

Maleinsäure   +   Ethylendiol   ⟶

$$H-O-\underset{\underset{O}{\|}}{C}-\underset{\underset{H}{|}}{C}=C-\underset{\underset{O}{\|}}{C}-O-H \quad + \quad H-O-\underset{\underset{H}{|}}{\overset{\overset{H}{|}}{C}}-\underset{\underset{H}{|}}{\overset{\overset{H}{|}}{C}}-O-H \longrightarrow$$

⟶   ungesättigter Polyester

$$\longrightarrow \quad \left[O-\underset{\underset{O}{\|}}{C}-\underset{\underset{H}{|}}{\overset{\overset{H}{|}}{C}}=C-\underset{\underset{O}{\|}}{C}-O-\underset{\underset{H}{|}}{\overset{\overset{H}{|}}{C}}-\underset{\underset{H}{|}}{\overset{\overset{H}{|}}{C}} \right] \quad + n \cdot H_2O$$

entsteht, die erst in der 2. Stufe durch Härtung verwendbar wird. Vernetzungsmittel ist Monostyrol, das sich zu je zwei bis drei Styrolgruppen an die C-Doppelbindungen anlagert: s. vereinfachte Formel.

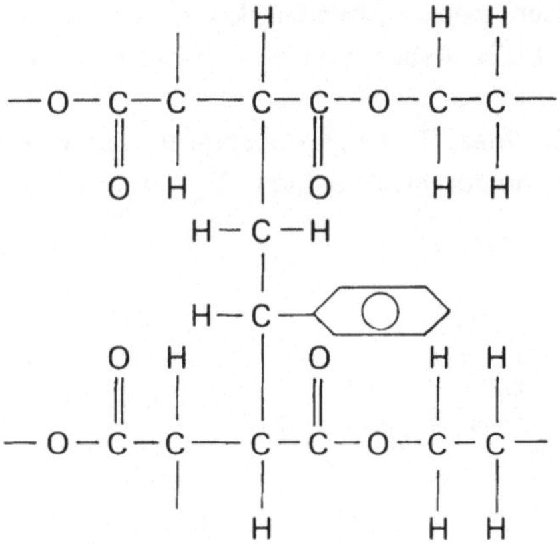

Durch Mischen mit ca. 30 % Styrol entsteht eine etwa sechs Monate lagerfähige Lösung, die erst nach der Zugabe eines Katalysators (Härter) reagiert. Zusätzlich ist eine Anspringtemperatur von 70 ... 100 °C erforderlich (Warmhärtung). Zur Kalthärtung ist der weitere Zusatz eines Beschleunigers nötig. Damit zählt UP zu den *Reaktionsharzen*, die

z. B. als niedermolekulare Vorprodukte angeliefert werden und erst bei der Formgebung ohne Abspalten flüchtiger Stoffe aushärten (vgl. EP, PUR).

Man unterscheidet zwei Härter-Beschleuniger-Kombinationen:

- 0,5 ... 4 % Methylethylenketonperoxid MEKP + 0,2 ... 2 % Kobalt-Naphthenat (Co-Beschleuniger)
- 1 ... 3 % Benzoylperoxid BPO + 1 ... 2 % Diethylanilin (Aminbeschleuniger)

Härter und Beschleuniger dürfen nicht für sich vermischt werden (Explosion!). Deshalb ist es üblich, den Beschleuniger zu der Harzlösung zu geben, den Härter aber erst kurz vor der Formgebung. Von dieser Zeit an läuft die Topfzeit (Gelierzeit), d. h. die Zeit bis zum Beginn des Aushärtens. Sie ist, je nach dem Prozentsatz des Härters, von ca. 5 min (bei 4 % MEKP) bis ca. 1 h (bei 0,5 %) einstellbar. Neue Sondereinstellungen härten durch UV-Strahlen oder Licht aus. Die Reaktion ist exotherm: Nach der Topfzeit steigt bei der Kalthärtung die Temperatur kurz auf 50 ... 120 °C an. Auch nach dem Erkalten ist, im Gegensatz zur Warmhärtung, die maximale Festigkeit noch nicht erreicht, sondern erst nach ca. einer Woche bei Raumtemperatur oder nach vier Stun-

den durch Tempern bei 80 °C (Nachhärten).
Die Volumenschwindung bei der Härtung beträgt 6 ... 8 %.
Unverstärkter UP ist glasklar und spröde; Eigenschaftswerte sind in Tabelle 8.9 zusammengestellt. Wertvolle mechanische Eigenschaften erhält man erst durch die Zugabe von Füllstoffen.
Hauptverstärkungsmittel sind *Glasfasern*, die nach dem Düsenverfahren aus alkaliarmem E-Glas (wasserunempfindlich) gezogen werden, einen Durchmesser von nur 5 ... 14 μm besitzen und dadurch hochfest und nicht spröde sind: Zugfestigkeit 200 N/mm^2, Reißdehnung 3 %, Dichte 2,5 g/cm^3. Die Verwendung erfolgt in folgenden Formen:
- Kurzfasern bis 0,5 mm lang für Formmassen, besonders Spritzguß;
- Langfasern ca. 4 mm lang für Formmassen.

Diese beiden Arten werden auch in viele Thermoplaste eingesetzt.
- Gewebe; Herstellung analog Textilstoffen, aus Spinnfäden (100 bis 200 Einzelfäden (Glasfilament) oder aus Rovings; im allgemeinen mit Vorzugsrichtungen (Anisotropie der Festigkeit);
- Rovings sind Stränge aus z. B. 60 Spinnfäden;

- Matten werden aus ca. 5 cm langen Spinnfäden mit Bindemitteln verpreßt und haben keine bevorzugte Richtung;
- Vliese sind harzreiche Matten, als Deckschicht für glatte Oberflächen.

Eine Oberflächenbehandlung der Glasfasern mit Haftvermittlern (Schlichte) ist üblich. Der GF-Anteil liegt zwischen 12 % und 40 %, in Ausnahmefällen auch höher.
Wichtig für die Formgebung ist, daß die Aushärtung in einer Polymerisation besteht, d. h. es kann drucklos gearbeitet werden. Damit unterscheidet man die folgenden *Verarbeitungsverfahren* bzw. *Lieferformen*:
- Gießharz oder Reaktionsharz;
- Formmassen nach DIN 16911 für Preß- und Spritzgießverfahren enthalten bereits alle notwendigen Bestandteile wie Füllstoffe und Härter; dadurch ist die Lagerfähigkeit auf einige Monate begrenzt. Mit Styrol und Langfasern erhält man halbtrockene, teigig-faserige Massen (Sauerkraut-Massen). Mit Langfasern und einem styrolfreien *festen* Spezialhärter sind die Massen trocken, mit Glaskurzfasern (z. B. Typ 802), Asbest oder Holzmehl auch rieselfähig granuliert;
- GFK, hier GF-UP, insbesondere zur Herstellung von großflächigen Teilen und Pro-

Tabelle 8.9 Eigenschaften von UP-Formteilen

Eigenschaften	Einheit	UP ungefüllt	UP Typ 802	UP Matte 50 % GF	UP Gewebe 50 % GF	Zum Vergleich St 52	Dur-Al
Dichte	g/cm^3	1,2	2,0	1,6	1,6	7,8	2,7
Zugfestigkeit	N/mm^2	30 ... 60	30	180	500	550	500
spezifische Zugfestigkeit	km	—	—	11	31	7	19
Reißdehnung	%	3	3	2	2	20	6
Elastizitätsmodul	N/mm^2	3 500	12 000	15 000	20 000	210 000	70 000
Kerbschlagzähigkeit, 23 °C	kJ/m^2	0	5	30	50	—	—
Gebrauchstemperatur max	°C	110	150	150	150	—	—
spezifischer Durchgangswiderstand	$\Omega \cdot$cm	10^{14}	10^{13}	10^{14}	10^{14}	—	—
Durchschlagfestigkeit	kV/mm	20	10	10 ... 20	10 ... 20	—	—
dielektrischer Verlustfaktor	tan δ	0,02	0,1	0,02	0,02	—	—

filen (Laminaten) nach DIN 16913. Die Anlieferung der GF-Bahnen kann getrennt vom Gießharz erfolgen oder als komplett vorimprägnierte Prepregs (Abschn. 8.4.3), aufgewickelt zu maximal 1,6 m breiten Bahnen, mit einer PE-Trennfolie und bei kühler Lagerung ca. sechs Monate haltbar. Die Verarbeitung der gut fließenden Formmassen erfolgt im Niederdruck-Preßverfahren bei einer Temperatur von ca. 150 °C, die Aushärtezeiten liegen bei ca. 30 s/mm Wandstärke. Flächige Teile werden nach verschiedenen handwerklichen und maschinellen Verfahren hergestellt.

Die Schwindung dieser verstärkten Werkstükke bei der Verarbeitung beträgt zwar nur noch ca. 0,3 %, hat aber eine etwas ungleichmäßige Oberfläche zur Folge, so daß eventuell nachbearbeitet werden muß. Spezialsorten (LP-Massen, low profile) mit ca. 0,03 % Schwindung ergeben maßgenaue Teile.

Eigenschaften

Sie schwanken stark je nach UP-Typ: Art von Säure und Diol, Mischungsverhältnis, Vernetzungsgrad sowie Art und Menge der Füllstoffe. Insbesondere steigen Zugfestigkeit und Dichte mit dem GF-Anteil (Bild 8.31). Damit liegt GF-UP mit den mechanischen Eigenschaften im Bereich hochfester Baustähle und ausgehärteter Al-Legierungen (Tabelle 8.9). Zeitstand- und Schlagfestigkeit sind gut, die Steifigkeit ist geringer, dafür die auf die Dichte bezogene spezifische Zugfestigkeit höher.

GF-UP ist durchscheinend, beliebig färbbar, brennt nach dem Anzünden weiter (z. T. selbstverlöschend und nicht brennbar), als polares Material chemisch relativ gut beständig (nicht gegen starke oder oxidierende Säuren und einige organische Lösungsmittel), elektrisch gut isolierend, aber nicht gegenüber HF-Strom, und sehr kriechstromfest. Die Formbeständigkeit in der Wärme liegt je nach Sorte bei 110 ... 150 °C. Die Versprödung bei niedriger Temperatur ist äußerst gering; das Material kann bis unter − 100 °C eingesetzt werden.

Verwendung

Formteile aus Formmassen
Elektrische Isolierteile (z. B. Spulenkörper, Röhrensockel, Klemmleisten)
Schaltschränke, Verteilerkästen
Bauteile für den Kfz- und Maschinenbau
Haushaltsgeräte
schlagfeste Gehäuse
Schutzhelme

Formteile aus Harzmatten
Autokarosserien
Kfz-Stoßfänger
Aufbauten für LKW, Wohnwagen und Schienenfahrzeuge
Boote (Sport- und Marineboote, bis 50 m Länge)
Lager- und Transportbehälter (Silos, Container, Heizöltanks)
Segel- und Motorflugzeuge
Schwimmbäder
Möbel (Tische, Stühle)
Sportgeräte

Halbzeuge und Profile
Rohre
Wellbahnen u. a. für Garagendächer, Balkon- und Fassadenverkleidungen
Verschalungen
Lichtbänder für Reklame
Glasfiberstäbe
Skistöcke
Hitzeschilde für Raketen (äußere Lagen werden zersetzt)

Gießharze
Einbetten von wissenschaftlichen Präparaten und Elektroteilen
Imprägnieren von elektrischen Wicklungen
Modelle für Lehr- und Ausstellungszwecke

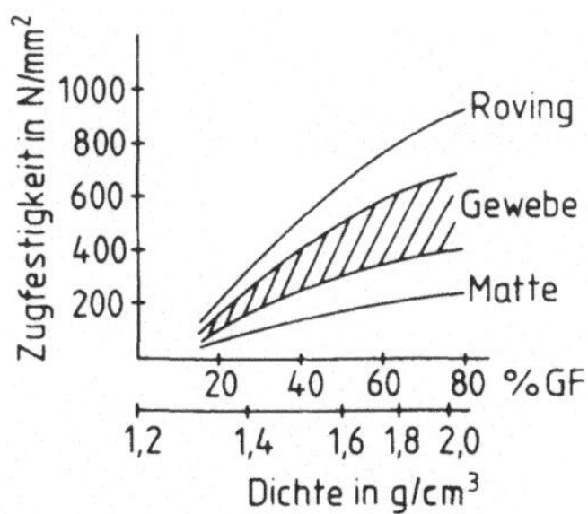

Bild 8.31 Zugfestigkeit und Dichte verschiedener GF-UP

Diallylphthalat DAP

Die Bildung erfolgt aus einer *gesättigten* Dicarbonsäure (einer Phthalsäure) und einem *ungesättigten* Alkohol (Allylalkohol), die Peroxidhärtung verläuft ähnlich wie bei UP. Damit zählt DAP zu den ungesättigten Polyestern.

DAP wird im allgemeinen mit Asbest oder kurzen Glasfasern zu Preßteilen verarbeitet, die gegenüber UP höher wärmebeständig (bis 210 °C) und chemisch resistenter sind. Es findet Anwendung besonders für elektrische Formteile, z. B. Autoelektrik, Radio- und Fernsehteile, und im Flugzeug- und Raketenbau.

Handelsnamen
Gießharze:
Leguval (Bayer)
Palatal (BASF)

Vestopal (Hüls)
Alpolit (Hoechst)

Formmassen und Prepregs:
Durodet (Flachglas)
Keripol (Phoenix)
Supraplast (Südwest-Chemie)

8.8.4 Polyamide PA

PA wird hauptsächlich zu Textilfasern verarbeitet. Als Kunststoff ist er ein hochwertiger Konstruktionswerkstoff, der seit 1938 und als amorphes PA seit 1970 hergestellt wird.

Herstellung

Man muß zwei Arten unterscheiden:
W. H. Carothers (Du Pont, USA) erfand *Nylon* durch Polykondensation von Diaminen mit Dicarbonsäuren, z. B.

Hexamethylendiamin (HMD) + Adipinsäure

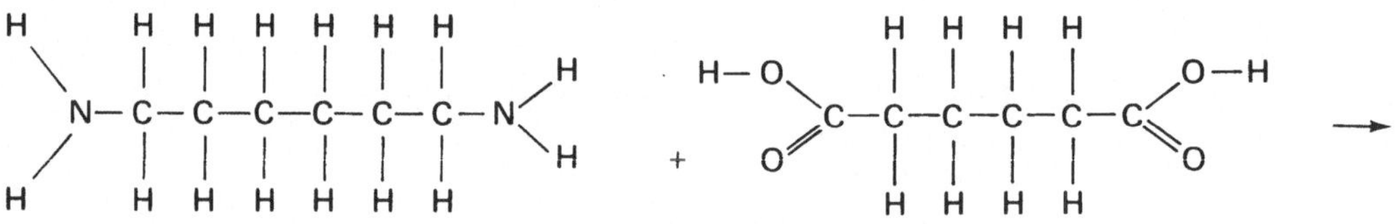

PA 66

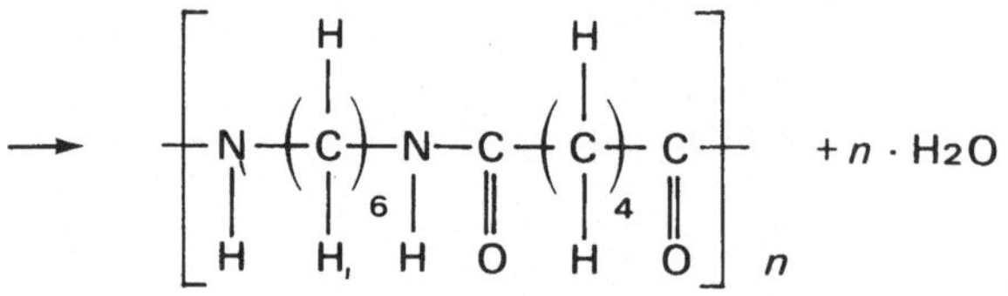

$$+ n \cdot H_2O$$

Fast gleichzeitig erfand P. Schlack (Deutschland) *Perlon* durch Polykondensation von ϵ-Aminocapronsäure:

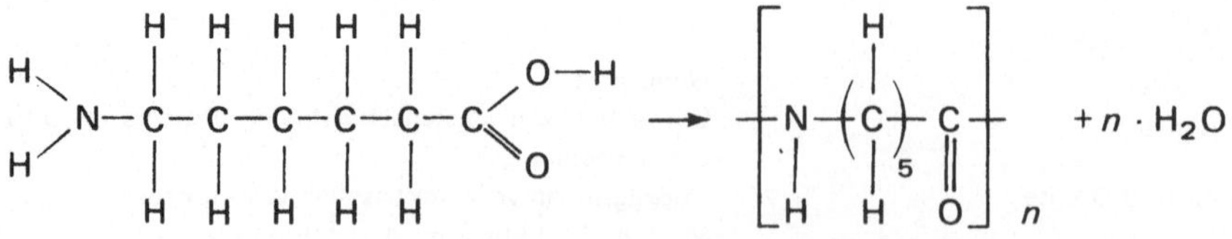

$$+ n \cdot H_2O$$

Man erkennt, daß beide Arten sich stark ähneln; typisch ist die Carbonamidgruppe CONH. Bei der amerikanischen Art sitzen die Endgruppen (Amino NH_2 und Säure COOH) an verschiedenen Monomeren, bei der deutschen Art am gleichen Monomer.

Die letztgenannte Art wird heute im allgemeinen mit ϵ-Caprolactam durchgeführt, das ist die wasserfreie, ringförmige ϵ-Aminocapronsäure. Die Bildungsreaktion findet hier ohne

```
        O        H
        ‖        |
        C ——— N
       /          \
  H—C—H        H—C—H
      |              |
  H—C—H        H—C—H
       \      H     /
        \     |    /
         \    C   /
              |
              H
```

Wasserabspaltung durch Aufklappen der Ringe und Anlagerung statt, sie führt zum gleichen Produkt.

Im allgemeinen wird bei allen Verfahren PA flüssig abgezogen und nach der Erstarrung gekörnt.

PA-Sorten und Eigenschaften

Auf der angegebenen Basis gibt es verschiedene PA-Sorten, die sich in der Zahl der CH_2-Gruppen unterscheiden: zur Kennzeichnung fügt man die Zahl der *C-Atome* in den Monomeren an, z. B. PA 66 im ersten Beispiel oben, PA 6 im zweiten Beispiel. Großtechnisch werden die folgenden Sorten hergestellt: PA 6 mit einem Anteil von ca. 50 %, PA 66 mit ca. 35 %, PA 11, PA 12, PA 610, PA 612, neu auch PA 69, ferner amorphes PA (s. unten).

Alle PA sind linear, d. h. thermoplastisch, durch die CONH-Gruppe stark polar, teilkristallin (bis zu 60 % Sphärolithe; stark abhängig von der Abkühlungsgeschwindigkeit: eine

Formtemperatur von $> 100\,°C$ oder Tempern ergibt eine hohe Kristallinität), mit einem relativ niedrigen Molekulargewicht von $M = 10\,000$ bis $40\,000$ (in Sonderfällen bis 100 000), d. h. mit kurzen Ketten.

Typische Eigenschaften sind:

– hohe Zähigkeit und Kerbschlagzähigkeit, bis $-50\,°C$
– mittlere Festigkeit, die aber durch Verstreckung (Orientierung der Kristallite) und Verstärkung wesentlich erhöht werden kann, z. B. Fasern bis 900 N/mm^2!
– hervorragende Verschleiß-, Gleit- und Langzeiteigenschaften
– scharfer „Schmelzpunkt", da KT und FT dicht zusammen liegen (wegen der kurzen Ketten), dadurch starke Volumenkontraktion beim Erstarren
– niedrige Schmelzviskosität wegen der kurzen Ketten, daher gute Formfüllung; an Spritzgußmaschinen sind Verschlußdüsen erforderlich
– hohe Feuchtigkeitsaufnahme, da die polaren CONH-Gruppen das polare Wasser anziehen
– gute Chemikalienbeständigkeit, besonders gegen organische Lösungsmittel, nicht gegen Phenol, Säuren, starke Laugen und Oxidationsmittel

Einige Eigenschaften werden stark beeinflußt durch die Zahl der CONH-Gruppen, bezogen auf die CH_2-Gruppen. Je größer sie ist, desto höher liegt:

– die Zugfestigkeit (Abschn. 8.2.2: H-Brücken durch CONH);
– die Wasseraufnahme;
– die Schmelztemperatur: PA 66 mit 255 °C, PA 12 mit 170 °C.

Steigende Kristallinität bewirkt höhere Festigkeit, Dichte und chemische Beständigkeit sowie niedrigere Zähigkeit, Reißdehnung und Wasseraufnahme.

Bei einer Luftlagerung (70 % relative Feuchtigkeit, 20 °C) beträgt die maximale Wasseraufnahme von PA 6 ca. 3 %, PA 66 2,5 %, PA 11 1,5 % und PA 12 1 %. Dieser Einfluß ist jedoch nur bei PA 6 und PA 66 von praktischer Bedeutung; die Maximalwerte stellen sich erst nach Wochen ein und führen zu verringerter Festigkeit, elektrischer Isolation sowie steigender Zähigkeit und Quellung. Frisch hergestellte Formteile verhalten sich hart und spröde; durch die weichmachende Wirkung des Wassers erreichen sie optimale Gebrauchseigenschaften, die sie in trockener Umgebung langsam wieder verlieren. Neuerdings sind auch trocken-zähe, mit PE copolymerisierte Sorten entwickelt worden.

Temperaturskala:

Je nach Sorte liegt die maximale Gebrauchstemperatur bei 100 ... 120 °C, kurzzeitig bis nahe an die KT. Durch Stabilisierung und Verstärkung lassen sich die letzten Werte dauernd einstellen. PA brennt nach dem Anzünden weiter; Sondergüten sind selbstverlöschend.

Das Aussehen ist wachsartig-opak, gedeckt färbbar. Wärme und Luft verfärben PA braun (stabilisieren!). PA ist physiologisch indifferent und auch für medizinische Zwecke geeignet.

Die elektrischen Eigenschaften hängen stark vom Wassergehalt ab. Trocken ist PA ein guter Isolator, wegen der Polarität jedoch nicht im HF-Feld.

Eine Verstärkung mit Kurzglasfasern (15 ... ... 50 %; auch Spritzguß ist wegen der niedrigen Viskosität möglich), Glaskugeln (bis 30 %; isotropes Verhalten) sowie mit Kohlenstoffasern (15 ... 40 %) ergibt höhere Festigkeit, Steifigkeit, Kriechfestigkeit und Temperaturbeständigkeit. Die Bedeutung dieser gefüllten Polyamide steigt (Tabelle 8.10).

Amorphe aromatische Polyamide

Je sperriger die Ketten aufgebaut sind, besonders durch die Einlagerung aromatischer Ringe, desto weniger kristallisiert PA. Ein Beispiel zeigt die Formel: PA 6-3-T aus Trimethyl-HMD und Terephthalsäure. PA 6-3-T

Tabelle 8.10 Eigenschaften von Polyamiden

Eigenschaften	Einheit	PA 6	PA 6 + 30 % GF	PA 66	PA 66 + 30 % C-Fasern	PA 12	PA 6-3-T
Dichte	g/cm^3	1,13	1,35	1,14	1,28	1,02	1,12
Streckspannung	N/mm^2	40 ... 70	100	50 ... 80	–	35 ... 45	85
Dehnung bei Streckspannung	%	30 ... 40	5	20 ... 30	–	10 ... 20	9
Zugfestigkeit	N/mm^2	50 ... 80	120	55 ... 85	240	40 ... 60	80
Reißdehnung	%	250	6	130	4	250	70
Elastizitätsmodul	N/mm^2	1 700	7 000	2 000	20 000	1 300	2 800
Kerbschlagzähigkeit, 23 °C	kJ/m^2	30	20	25	–	20	40
– 40 °C	kJ/m^2	15	10	10	–	5	–
Gebrauchstemperatur min	°C	– 50	– 50	– 50	– 40	– 40	–
max	°C	110	220	120	220	100	160
spezifischer Durchgangswiderstand	Ω·cm	10^{14}	10^{14}	10^{14}	–	10^{15}	10^{16}
Durchschlagfestigkeit	kV/mm	20	25	30	–	25	25
dielektrischer Verlustfaktor	tan δ	0,1	0,1	0,1	–	0,05	0,01

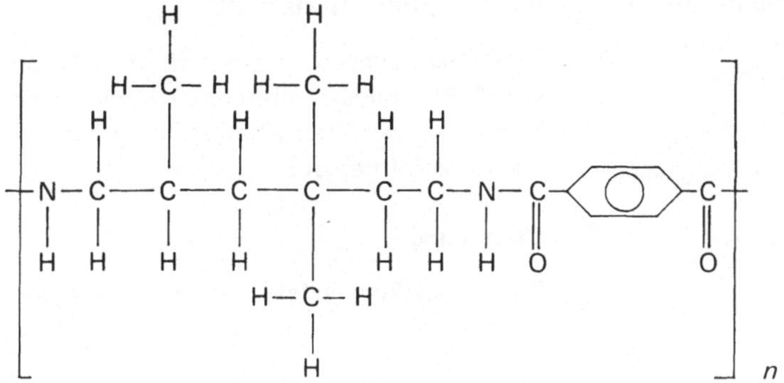

erstarrt amorph, ist glasklar, gut zeit- und temperaturstandfest, schwer entflammbar, nicht empfindlich gegen Luftfeuchtigkeit, als Schmelze höher viskos und mit breiterem Schmelzbereich als die aliphatischen Polyamide (Tabelle 8.10).

Verarbeitung

Die Formgebung erfolgt überwiegend im Spritzguß, daneben für höher viskose Sorten mit großem Molekulargewicht im Extruder. Ein Vortrocknen des Granulates ist erforderlich. Mit Caprolactam als Rohstoff läßt sich das Monomer-Gießen durchführen, indem man einen Katalysator mit in die Form gibt und beheizt. Man erhält hochmolekulare Produkte, z. B. PA 6 G. Wegen der niedrigen Schmelzviskosität eignet sich PA gut zum Wirbelsintern, um Überzüge auf Metallen zu erzeugen; dabei wird das vorgewärmte Metallteil kurz in das aufgewirbelte Kunststoffpulver getaucht. Warm- und Kaltumformen, Spanen, Schweißen (auch HF) sowie Kleben sind möglich.

Verwendung

Technische Spritzgußteile
Getriebe- und Antriebselemente (wie ungeschmierte Gleitlager, z. T. mit Grafit oder MoS_2 gefüllt, Zahnräder, Ritzel)
Gleitschienen, Laufrollen
schlagfeste Gehäuse
Armaturen
Schrauben, Dübel, Griffe, Scharniere
Schiffsschrauben
viele Funktionsteile im Kfz-Bau

Heizöltanks (aus Guß-PA)
Ketten
Dichtungen
Reißverschlüsse
Metallbeschichtungen
Halbzeuge (Profile, Tafeln, Rohre für Hydraulik- und Ölleitungen)
Folien (Verpackungen für Lebensmittel, Wursthüllen, Schmier- und Treibstoffe, Kaschierfolie)
Fäden und Drähte (Fischereinetze, Angelschnüre, Borsten, Operationsfäden)

In der Elektrotrechnik
Spulenkörper
Schaltgeräte
Tasten
Relais
Gehäuse
Verteilerkästen (z. T. transparent)
Isolierfolien

Handelsnamen

Durethan (Bayer)
Ultramid (BASF)
Vestamid (Hüls)
Trogamid (= PA 6-3-T; Dynamit Nobel)

Aramid-Fasern

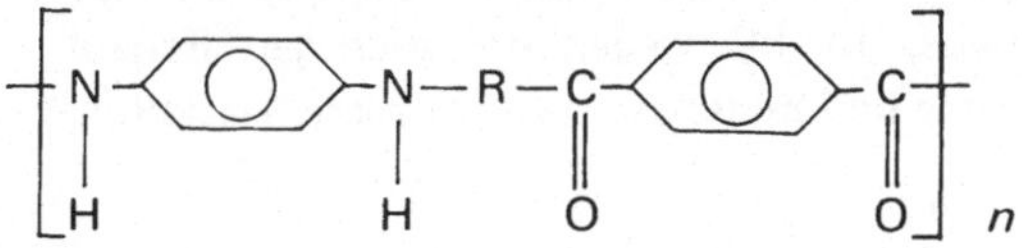

Das sind neue langkettige Polyamide, bei denen mindestens 85 % der Amidgruppen direkt an zwei aromatische Ringe gebunden sind. Sie zeichnen sich aus durch eine extrem hohe Zugfestigkeit (bis > 3500 N/mm^2; E-Modul über 100 000 N/mm²), hohe Temperaturbeständigkeit (über 250 °C), sind selbstverlöschend und in der Flamme verkokend.

Verwendung

finden sie als Verstärkungsfasern, z. B. in Gürtelreifen, als Feuerschutzkleidung u. a.

Handelsnamen

Kevlar (Du Pont)
X 500 (Monsanto)

8.8.5 Polykarbonate PC

Diese relativ neuen Kunststoffe (Produktion seit 1956; Bayer) mit einer Kombination hervorragender Eigenschaften sind hochwertige Konstruktionsstoffe.

Herstellung

Die Herstellung erfolgt heute überwiegend aus:

Dihydroxydiphenylpropan (Bisphenol A)   +   Phosgen   ⟶

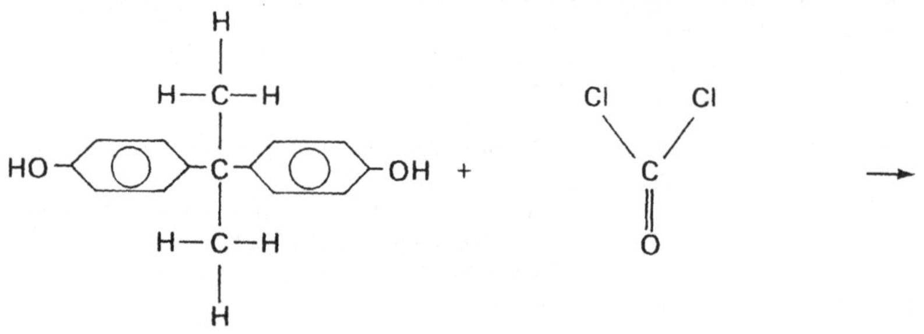

$$\text{PC}$$

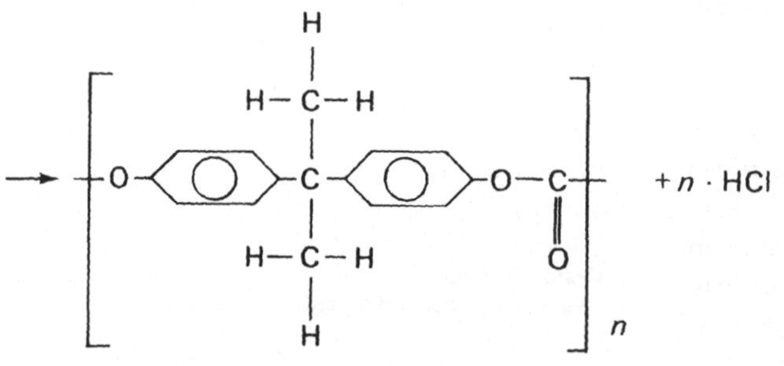

$$+\, n \cdot \text{HCl}$$

Die Polykondensation findet in einer Lösung statt. Auch das zuerst gebildete niedermolekulare PC bleibt gelöst und kann z. B. durch Gießen verarbeitet werden. Mit Zusatzmitteln wird PC höher molekular und fällt aus. Das Molekulargewicht liegt bei 20 000 bis 60 000. Trotz des linearen Aufbaues ist PC wegen der sperrigen Benzolringe und Seitenäste fast gar nicht kristallin.

Eigenschaften

Durchsichtig, gut färbbar sowohl transparent als auch gedeckt, hart-zäh in dem großen Temperaturbereich von $-90 \ldots 140\,°C$, jedoch spannungsrißempfindlich besonders bei Dauerbeanspruchung (Oberflächenrisse), aber wesentlich verbessert durch GF-Verstärkung von $10 \ldots 40\,\%$.

Tabelle 8.11 Eigenschaften von PC- und PPO-Polymerisaten

Eigenschaften	Einheit	PC	PC + 30 % GF	PPO modif.	PPO mod. + 30 % GF
Dichte	g/cm^3	1,20	1,45	1,06	1,27
Zugfestigkeit (Streckspannung)	N/mm^2	65	130	60	130
Dehnung bei Streckspannung	%	6	–	7	–
Reißdehnung	%	100	4	30	5
Elastizitätsmodul	N/mm^2	2 200	12 000	2 300	8 000
Kerbschlagzähigkeit, 23 °C	kJ/m^2	35	10	20	10
− 40 °C	kJ/m^2	20	5	6	3
Gebrauchstemperatur min	°C	− 90	− 90	− 50	− 50
max	°C	140	150	100	130
spezifischer Durchgangswiderstand	Ω · cm	10^{17}	10^{17}	10^{17}	10^{17}
Durchschlagfestigkeit	kV/mm	30	40	30	30
dielektrischer Verlustfaktor	tan δ	0,001	0,001	$4 \cdot 10^{-4}$	0,001

PC ist schwer entflammbar, selbstverlöschend, sehr wasserfest, witterungs- und alterungsbeständig und gegen UV-Strahlen stabilisierbar. Entsprechend der fehlenden Polarität ist die chemische Beständigkeit gut, jedoch nicht gegen Alkalien und Benzol. Auch die elektrische Isolation erreicht gute Werte, aber nicht die Kriechstromfestigkeit. Eigenschaftswerte sind in Tabelle 8.11 zusammengestellt.

Temperaturskala:

```
      ET        FT          ZT
    /         /           /
   150       230        320 °C
```

Verarbeitung

Als Thermoplast erfolgt sie überwiegend im Spritzguß — auch mit Kurzglasfasern — daneben im Extruder, z. T. mit Blasvorrichtung. Folien werden z. T. aus der Lösung gegossen und erreichen im gereckten Zustand Zugfestigkeiten von über 250 N/mm^2 bei einer Reißdehnung von 40 %. PC ist kalt und warm umformbar, nagel-, schweiß- und klebbar.

Verwendung

In der Lichttechnik (Lampen, Straßenleuchten, Verkehrsampeln, Kfz-Rücklichter)
temperatur- und schlagfeste Gehäuse und Formteile (Küchengeschirr, Kaffeefilter, Elektrogeräte, Babyflaschen)
Skalen
Schilder
Sicherheitsglas (Türfüllungen, Schalterverglasung, Telefonzellen, Automaten, Eisenbahn, Flugzeuge)
Schutzhelme
in der Elektrotechnik (Spulenkörper, Telefonwählscheiben, Tasten, Isolierteile und -folien)

Handelsnamen

Makrolon (Bayer)
Lexan (General Elektrik)

8.8.6 Polyphenylenoxid PPO

PPO ist ein relativ neuer, hart-zäher Konstruktionswerkstoff mit hoher Temperaturstandfestigkeit; Produktion seit 1964. PPO wird fast nur in modifizierter Form verwendet.
Das Ausgangsmaterial 2,6-Dimethylphenol verbindet sich über eine spezielle Art von Polykondensation (oxidative Kuppelung) katalytisch miteinander unter Abspaltung von Wasser:

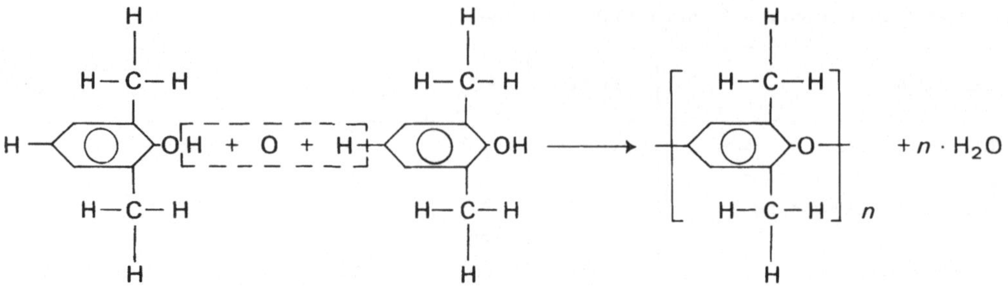

$$\text{(Struktur: Polykondensation zweier Dimethylphenol-Einheiten zu PPO)} \quad + n \cdot H_2O$$

Damit zählt PPO zur Gruppe der *aromatischen Polyether* (Ether: R-O-R).

Reines PPO ist teilkristallin und fließt wegen der verhakten CH_3-Seitenäste erst über 300 °C träge. Durch Modifizieren, im allgemeinen Bildung von Polyblends mit PS oder PAN, erhält man ein besser verarbeitbares Material. Dieses ist amorph und hat deshalb eine etwas verringerte Festigkeit, die man aber durch Glasfaserverstärkung (10 ... 30 %) wieder anheben kann.

Eigenschaften

Modifiziertes PPO ist opak, hervorragend zeit- und temperaturstandfest (je nach Sorte von − 40 bis 90 bzw. 150 °C), hat hohe Zähigkeit, gute Steifigkeit − besonders als GFK. Weitere Eigenschaften sind: geringe Wasseraufnahme, schwer entflammbar, selbstverlöschend, als unpolares Material gute chemische Beständigkeit (löslich in chlorierten und aromatischen Kohlenwasserstoffen), oxidationsempfindlich aber stabilisierbar, auch im HF-Feld gut isolierend, denn tan δ ist kaum frequenzabhängig. Eigenschaftswerte in Tabelle 8.11.

Temperaturskala:

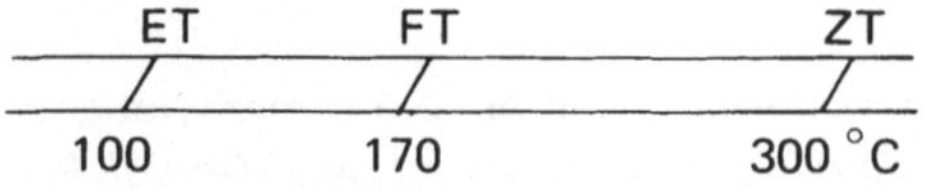

	ET	FT		ZT
100		170		300 °C

Verarbeitung

Sie erfolgt überwiegend im Spritzguß, daneben im Extruder und durch Warmformen.

Das Verbinden erfolgt durch Schweißen, Kleben oder mittels selbstschneidernden Schrauben.

Verwendung

Temperatur- und wasserbelastbare, stabile Konstruktionsteile, z. B. Gehäuse für Haushalts-, Heiz-, Phono- und Fernsehgeräte
Armaturen, Ventile, Wasserpumpen im Kfz-bau
Rohre
elektrische Isolierteile (Schalter, Stecker, Verteilerkästen)
Isolierfolien (aus unmodifiziertem PPO als Gießfolie)

Handelsname

Noryl (modif.; General Elektrik)

8.8.7 S-haltige Polymere

Hier sollen einige neue temperaturstandfeste Kunststoffe zusammengefaßt werden, deren Produktion nach 1965 aufgenommen wurde.

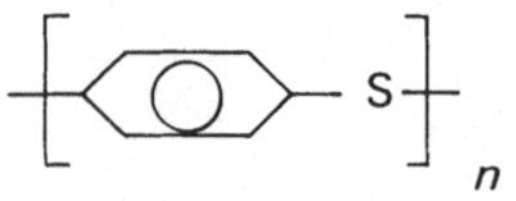

Polyphenylensulfid PPS

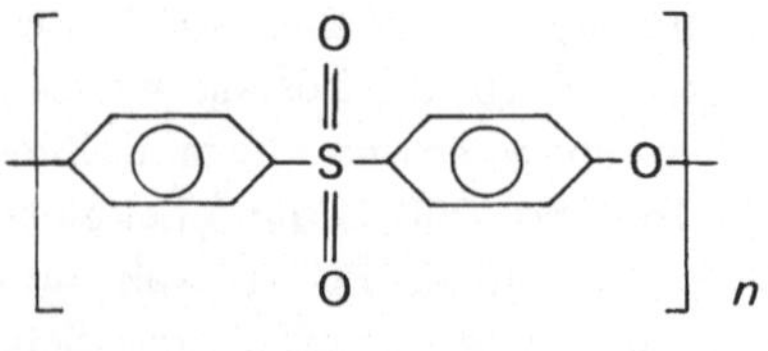

Polyethersulfon PES

$$\left[\begin{array}{c} \end{array}\right]_n$$

Polysulfon PSO

Es handelt sich um harte, steife Konstruktionswerkstoffe, deren Dauergebrauchstemperaturen über 140 °C liegen — bei GFK bis 260 °C — und die entsprechend hohe Verarbeitungstemperaturen besitzen (Spritzgießen über 320 °C).

Diese Eigenschaften werden verursacht durch Benzolringe: je dichter sie liegen, um so stabiler verhält sich der Werkstoff (vgl. auch PA 6-3-T, PC, PPO). Zusätzliche Temperaturfestigkeit ergibt die Sulfongruppe SO_2, so daß zur besseren Verarbeitbarkeit und Zähigkeit die Ethergruppe — O — erforderlich wird. Da sich SO_2 bereits in der höchsten Oxidationsstufe befindet, sind PES und PSO oxidationsfest, während PPS bei der Verarbeitung durch Luftsauerstoff schwach vernetzt; das ist durchaus erwünscht.

Die linearen PPS-Moleküle sind hochkristallin angeordnet (spröde, deshalb meistens GFK), die sperrigeren PSO und PES dagegen amorph (bernsteinfarbig-transparent). Die SO_2-Gruppe verhält sich stark polar, PPS ist unpolar: Zusammen mit der hohen Kristallinität verursacht dieses eine hervorragende chemische Beständigkeit (außer gegen konzentrierte Salpeter- und Schwefelsäure), während PSO und PES gegen polare Lösungsmittel u. a. nicht beständig sind. Alle drei brennen schlecht, sind selbstverlöschend und zeichnen sich durch äußerst geringe Zeit- und Temperaturabhängigkeit der mechanischen und elektrischen Eigenschaften aus. Richtwerte der Eigenschaften in Tabelle 8.12.

Neben den üblichen thermoplastischen Verarbeitungsverfahren erfolgt bei PPS auch das Beschichten: Als Dispersion oder Pulver wird es auf das Metall aufgetragen und bei ca. 370 °C geschmolzen; man erhält einen sehr geringen Reibungsfaktor.

Verwendung

Thermisch, mechanisch und elektrisch hochwertige Teile
PPS:
im chemischen Apparatebau (z. B. Ventile, Pumpen, Dichtungen)
schmierungsfreie Lagerschalen

Tabelle 8.12 Eigenschaften von S-haltigen Polymeren

Eigenschaften	Einheit	PPS	PPS + 40 % GF	PES	PSO
Dichte	g/cm^3	1,35	1,64	1,37	1,24
Zugfestigkeit	N/mm^2	75	150	85	70
Reißdehnung	%	3	2	30 … 80	50 … 100
Elastizitätsmodul	N/mm^2	3 400	8 000	2 400	2 500
Gebrauchstemperatur min	°C	− 60	− 60	− 80	− 80
max	°C	140	220	180	150
spezifischer Durchgangswiderstand	$\Omega \cdot cm$	10^{16}	10^{16}	10^{17}	10^{16}
Durchschlagfestigkeit	kV/mm	23	20	20	20
dielektrischer Verlustfaktor	$\tan \delta$	$4 \cdot 10^{-4}$	10^{-3}	$5 \cdot 10^{-3}$	$7 \cdot 10^{-3}$

antiadhäsive Beschichtungen für Kochtöpfe, Pfannen u. a.

PES, PSO:
durchsichtige Konstruktionsteile, wie Gehäuse für Trockner
Vergaserstutzen
Griffe
Lampenteile
Heißwasser-Installationsteile
Autoteile
tragende und isolierende Teile in der Elektrotechnik
gedruckte und integrierte Schaltungen

Handelsnamen
PPS:
Ryton (Phillips Petrol)
PES:
Polyethersulfon 200 P (ICI)
PSO:
Udel (Union Carbide)
Astrel (3 M Corp.).

8.8.8 Polyimide PI

Der allgemeine Nachteil der meisten Kunststoffe, die geringe Temperaturstandfestigkeit, kann vermindert werden:
— chemisch durch den Einbau von stabilen Elementen oder Gruppen, z. B. bei PTFE, SI;
— physikalisch durch den Einbau von steifen Ringverbindungen und polaren Gruppen (z. B. PSO, PES), sowie durch Kettenverhakungen (z. B. PP);
— durch geeignete Füllstoffe.

Bei den Polyimiden werden fast alle genannten Maßnahmen ergriffen: stabile Gruppen, Häufung von Ringen und oft Verstärkungsmittel.

Gemeinsames Bauelement aller PI-Sorten (Produktion seit 1967) ist die polare Imid-Gruppe NCOCO. Ein Beispiel aus der Vielzahl:

$$\left[\begin{array}{c} \text{(Polyimid-Struktureinheit)} \end{array} \right]_n$$

Bei der Polykondensation erfolgt auch eine räumliche Vernetzung, und die Entfernung des Reaktionswassers bereitet Schwierigkeiten, so daß die Formgebung fast ausschließlich beim Hersteller vorgenommen wird. Später kann sich eventuell eine spanende Fertigung anschließen; oder über eine *lösliche* Zwischenstufe kann z. B. eine Drahtisolierung hergestellt werden.

Daneben gibt es Polyamidimide, Polyesterimide u. a., die z. T. auch durch Polymerisation entstehen und dann auf einer thermoplastischen Zwischenstufe besser verarbeitbar sind.

Lieferformen

Pulver, Compounds (mit Füllstoffen), Prepregs, Halbzeuge, Folien, Fasern und Schaumstoffe (von starr bis flexibel).

Eigenschaften

Höchste thermische Beständigkeit aller Kunststoffe! von $-200\ldots300\,°C$, kurzzeitig bis $450\,°C$ (dann aber nicht an Luft); schwer entflammbar; unschmelzbar, ab $800\,°C$ tritt ein Verkoken ein; hervorragende chemische Beständigkeit (außer gegen starke Laugen); nicht heißwasserfest wegen der Polarität (ab

100 °C Rißbildung); sehr strahlenbeständig; teuer; von dunkler Farbe; hohe Festigkeit und Steifigkeit bei sehr geringer Dehnung; niedrige Kerbschlagzähigkeit; sehr gutes Gleitverhalten; elektrisch auch bei erhöhter Temperatur gut isolierend.

Durch Verstärkung mit Glas- oder Carbonfasern, Whiskers u. a. wird der Werkstoff noch steifer sowie wärme- und kriechfester; damit erreicht man die Werte vieler Metalle. Durch Zusatz von Grafit, MoS_2 oder PTFE kann die Gleitfähigkeit noch verbessert werden. Eigenschaftswerte sind in Tabelle 8.13 zusammengestellt.

Verwendung

Lager (selbstschmierend)
Kolbenringe
Scheibenbremsen
Zahnräder
Turbinenschaufeln
Flugzeugnasen
Teile für die Raumfahrt und für Kernanlagen
in der Elektrotechnik (Kabelisolierungen, Isolierfolien in Trafos und Kondensatoren, Träger für gedruckte Schaltungen)

Handelsnamen

Vespel (Du Pont)
Kinel (Rhône-Poulenc)
QX 13 (ICI)

Die Polyimide zählen zu den *Halb-Leiter-Polymeren*, das sind teilweise, d. h. über *eine*

Stelle miteinander verbundene leiterförmige Ringe. *Leiter-Polymere* bestehen dagegen aus Ringen, die an *zwei* Stellen verknüpft sind.

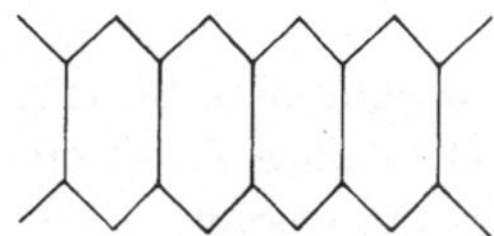

Die Ketten dieser Kunststoffe sind so unbeweglich, daß sie weder thermoplastisch noch in Lösung, sondern nur duroplastisch verarbeitet werden können, also durch Aushärtung während der Formgebung. Solche neuen Werkstoffe, deren Struktur sich dem Grafit nähert, besitzen extreme Wärmestandfestigkeit.

8.8.9 Silikone SI

Bei allen anderen Kunststoffen bestehen die Moleküle weitgehend aus Kohlenstoff, bei den Silikonen dagegen aus

$$-\overset{|}{\underset{|}{Si}} - O - \overset{|}{\underset{|}{Si}} - O - \overset{|}{\underset{|}{Si}} -$$

mit organischen Resten (z. B. Methyl- oder Phenylgruppen) als Seitenäste am vierwertigen Si. Man nennt die SI deshalb auch *halborganische Kunststoffe*. Es ergeben sich vielseitige Werkstoffe mit außergewöhnlichen

Tabelle 8.13 Eigenschaften von Polyimiden

Eigenschaften	Einheit	PI	PI + 65 % Glasgewebe
Dichte	g/cm³	1,35 … 1,45	1,9
Zugfestigkeit, 20 °C	N/mm²	75 … 120	350
260 °C	N/mm²	33 … 60	250
Elastizitätsmodul	N/mm²	3 000 … 4 000	25 000
Reißdehnung	%	1 … 3	1 … 3
Gebrauchstemperatur min	°C	− 200	− 200
max	°C	300	350
spezifischer Durchgangswiderstand	$\Omega \cdot cm$	10^{16}	10^{15}
Durchschlagfestigkeit	kV/mm	25	20
dielektrischer Verlustfaktor	tan δ	0,003	0,01

Eigenschaften, aber keine *festen* Kunststoffe. Produktion seit ca. 1950, Entwicklung seit 1930.

Herstellung

Die (teure) Herstellung geht von Si (aus Quarz) über Cl-, dann OH-haltige Zwischenprodukte, die durch Polykondensation verkettet oder vernetzt werden. Ein duroplastisches Beispiel zeigt die Formel.

$$
\begin{array}{ccccc}
CH_3 & & CH_3 & & CH_3 \\
| & & | & & | \\
-\,Si-O\,-\,Si-O\,-\,Si\,- & & & & \\
| & & | & & | \\
& & CH_3 & & \\
O & & & & O \\
& & CH_3 & & \\
| & & | & & | \\
-\,Si-O\,-\,Si-O\,-\,Si\,- & & & & \\
| & & | & & | \\
CH_3 & & CH_3 & & CH_3
\end{array}
$$

Je nach Polymerisations- und Vernetzungsgrad sowie Art der Seitengruppen erhält man die folgenden Produkte:
- SI-Öle: kurze Ketten (n = 50 ... 500), vorwiegend mit Methylästen;
- SI-Harze: zuerst nur schwach vernetzt und damit noch löslich; bei der Formgebung wird das Lösungsmittel entfernt und danach ausgehärtet (kalt oder warm, z. T. auch drucklos); mit Methyl- und Phenylgruppen gemischt;
- SI-Gummi: weitmaschig vernetzt.

Allgemeine Eigenschaften

Typisch für *alle* SI-Sorten sind die folgenden Eigenschaften:
- fast konstante Eigenschaften über den außergewöhnlich breiten Temperaturbereich von $-80 ... 200\,°C$, kurzzeitig bis $300\,°C$;
- chemisch sehr beständig (außer gegen Säuren), völlig wasserabstoßend, antiadhäsiv, wetterfest;
- unbrennbar; bei der Zersetzung oberhalb von $1000\,°C$ entsteht kein Kohlenstoff, der ja elektrisch leitend ist;
- elektrisch gut isolierend, unpolar (spezifischer Durchgangswiderstand $10^{14}\,\Omega \cdot cm$, tan δ = 0,001);
- physiologisch einwandfrei.

Spezielle Eigenschaften

SI-Öle
Es handelt sich um eine farblose Flüssigkeit, viskos auch bei hohen und niedrigen Temperaturen, von geringem Dampfdruck (in Vakuumgeräten).

SI-Gummi SIR
von $-100 ... 200\,°C$ flexibel, von geringer Festigkeit, z. T. kalt vernetzend durch Zugabe des Härters zu Pasten. Füllstoffe sind besonders Quarzmehl und Kreide.

Verwendung
SI-Öle
Schmiermittel
Hydrauliköl
Trennmittel, z. B. in Kunststofformen
Zusatz zu Polituren
Elektroisolieröl

SI-Harze ohne Füllstoffe (Gießharz)
Tränken von Wicklungen in E-Motoren
Imprägnierungen (für den Bautenschutz; regenfest)
Zusatz zu Lacken (Auto-, Ofenlack)

SI-Harze mit Füllstoffen (Glasfasern, Glimmer, Asbest u. a.)
Schichtpreßstoffe (Heizkörperträger in Wärmgeräten, Elektronikbauteile)
Isolier- und Dichtstoffe

SI-Gummi SIR
Schläuche, Dichtungen (z. T. mit Glasgewebe)
Transportbänder (antiadhäsiv!)
Elektroisolierung für thermisch hoch beanspruchte Geräte
Vergießen elektronischer Bauteile und Schaltungen
Isolierbänder
Formmaterial z. B. im Kunstgewerbe (kalt vernetzend)
medizinische Gegenstände

wird Bor mit in die Ketten einkondensiert, so erhält man ein selbstverschweißendes Material, z. B. für selbstklebende Isolierbänder

Handelsnamen

Silopren (SIR; Bayer)
Silgan (Wacker)
Silastic (SIR; DOW-Chemical, USA)

In der Entwicklung befinden sich weitere halborganische und rein anorganische Werkstoffe, die anstatt Si Phosphor, Bor, Titan o. a., auch in Kombination mit Si, enthalten. Man erwartet von ihnen extrem hohe Temperatur-, Zeit- und chemische Beständigkeit.

8.9 Polyaddukte

8.9.1 Epoxidharz EP

Dieser duroplastische Kunststoff mit einer vielseitigen Anwendung wird seit 1945 produziert.

Herstellung

Sie erfolgt in zwei Stufen:

In der ersten Stufe entsteht aus Epichlorhydrin und Bisphenol A (vgl. PC in Abschnitt 8.8.5) in Anwesenheit von NaOH durch Polykondensation das lineare Vorprodukt, und zwar unter Abspaltung von $NaCl + H_2O$:

Epichlorhydrin   Bisphenol A $\longrightarrow$

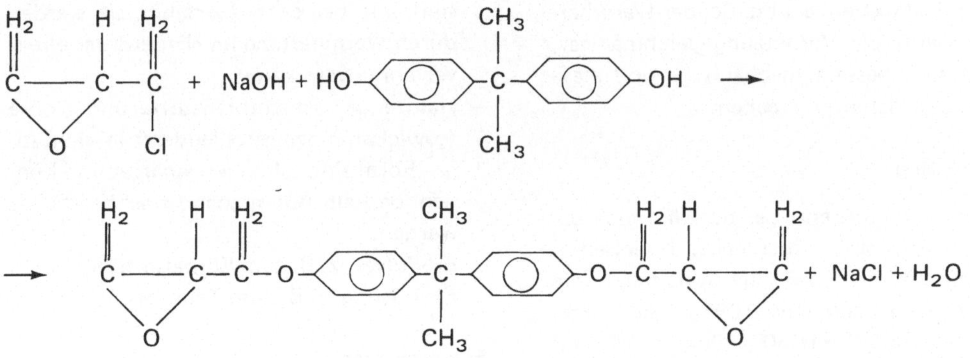

Anstatt des überwiegend verwendeten Bisphenol A können auch andere OH-haltige Verbindungen genommen werden, z. B. Zykloaliphate. Typisch am Vorprodukt sind die endständigen Epoxidgruppen

$$- CH - O - CH_2.$$

Je nach Art und Länge der Ketten erhält

man feste schmelzbare oder flüssige Stoffe (obere Formel: Schmelzpunkt 42 °C).

In der zweiten Stufe erfolgt die Vernetzung als Polyaddition an den Epoxidgruppen, und zwar mit verschiedenen H-haltigen Verbindungen, bevorzugt Phthalsäureanhydrid (Warmhärtung bei 140 ... 200 °C) oder mit mehrwertigen aliphatischen Aminen (Kalthärtung, da die Amin-H sehr reaktionsfähig sind):

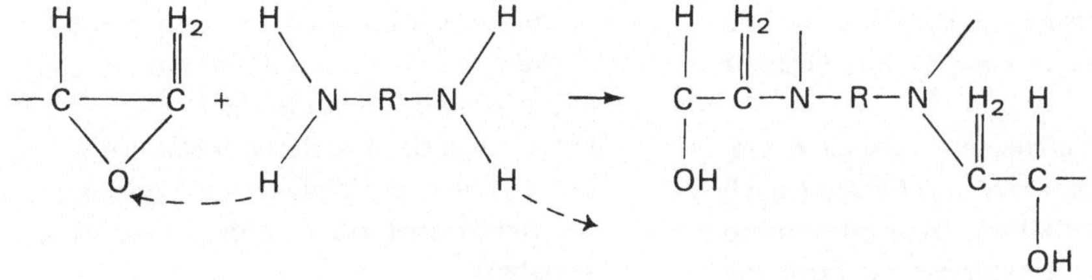

Im Gegensatz zum UP fungiert hier der Härter nicht als Katalysator, sondern als Vernetzungsmittel, d. h. die Zugabemenge muß genau eingehalten werden. Sie richtet sich nach dem Epoxidäquivalent (Epoxidwert = Mol Epoxidgruppen/100 g Harz), das vom Herstellerwerk angegeben wird. Je höher der Expoxidwert liegt, um so mehr Härter ist erforderlich. Die Topfzeit beträgt, je nach der Einstellung (nicht Mischungsverhältnis), wenige Minuten bis einige Stunden und wird ebenfalls angegeben.

Wichtig für die Praxis der Härtung: Sie ist eine Addition, d. h. es kann drucklos gearbeitet werden. Damit zählt EP zu den Reaktionsharzen wie UP oder PUR. Die Härtung verläuft exotherm, der dabei auftretende Schwund ist extrem gering. Bei der *Warm*härtung verläuft die Vernetzung gleichmäßiger, so daß sich bessere mechanische und elektrische Eigenschaften ergeben.

Verarbeitung

Sie ähnelt weitgehend der des UP; auch die Lieferformen sind entsprechend vielseitig. Man spricht von „EP-Harz-Systemen", die typisiert sind nach DIN 16946 (Gießharze; z. B. Typ 1000-6 mit 60 % Quarzmehl) und Typ 7735 (Schichtpreßstoffe). Man unterscheidet:
- Gießharze: Harz und Härter, beide zähflüssig, werden gemischt und mit oder ohne Füllstoffe vergossen. Dabei benötigt man Trennmittel in der Form, denn EP ist sehr haftfest. Als Verstärkungsstoffe kommen neben maximal 65 % Glasfasern (GF-EP) sowie Quarzmehl, Glimmer, Asbest und Al-Oxid auch die im Verhältnis zu ihrer niedrigen Dichte extrem festen und temperaturstabilen *„Hochmodulfasern"* zum Einsatz, z. B. Carbon- und Bor-Fasern, Whiskers aus C, SiC (Tabelle 8.14);
- trockene, im allgemeinen körnige Formmassen, die neben Harz und Härter auch die Füllstoffe enthalten. Diese sind um so länger lagerfähig, je niedriger die Tempera-

Tabelle 8.14 Eigenschaften von Hochmodulfasern

Eigenschaften	Dichte g/cm^3	Zugfestigkeit N/mm^2	E-Modul N/mm^2
C-Fasern	1,7	2 000 ... 3 000	200 000
Grafit-Whiskers	2,2	20 000	850 000
B-Fasern	2,7	3 500	430 000
SiC-Whiskers	3,2	9 500	630 000

tur liegt (maximal ein Jahr). Die nur als Warmhärtung mögliche Formgebung erfolgt meistens durch Spritzpressen und Spritzgießen;
- Prepregs mit maximal 60 % Glasgewebe sind nur begrenzt lagerfähig; sie werden durch Warmhärtung im Niederdruck-Preßverfahren verarbeitet;
- Halbzeuge, Schichtpreßstoffe und Rohre (gewickelt oder geschleudert) in vielfältiger Form sind schon ausgehärtet und können deshalb nur spanend nachbearbeitet werden;
- EP-Pulver, z. B. zum Wirbelsintern;
- EP-Lösung, z. B. zum Tauchen.

Eigenschaften

Sie schwanken stark je nach den Reaktionspartnern (EP-Systemen), dem Grad der Vernetzung, der Art und Menge der Verstärkungsmittel und nach der Art der Verarbeitung. Typische EP-Eigenschaften sind:
- Härtung fast ohne Schwindung (gute Maßhaltigkeit der Formteile);
- extrem gute Haftfestigkeit auf anderen Werkstoffen, besonders auf Leichtmetallen (Kleber; bei Glasfasern ist kein Haftvermittler erforderlich);
- durch Verstärkung sind extrem hohe Festigkeit, Härte, E-Modul und Abriebfestigkeit erzielbar, bis auf Stahl-Werte;
- hervorragende elektrische Isolationswerte; EP ist polar, der dielektrische Verlustfaktor bleibt aber bis zu hohen Frequenzen konstant.

Allgemein ist EP dem UP vergleichbar, jedoch ist es mechanisch, chemisch und thermisch höher belastbar und teurer.

Die milchig-transparente Eigenfarbe verhält sich im allgemeinen nicht lichtecht, sondern geht in gelb-braun über; deshalb wird EP oft dunkel eingefärbt. Die zykloaliphatischen Sorten zeichnen sich durch höhere Temperatur- und Witterungsbeständigkeit aus.

EP ist geruchs- und geschmacklos sowie physiologisch indifferent. Die Vorprodukte, besonders die Amine, ätzen, so daß ein Hautkontakt vermieden werden muß. EP ist chemisch gut beständig, allerdings nicht gegenüber konzentrierten Säuren, Azeton und chlorierten Kohlenwasserstoffen. Es brennt nach dem Anzünden weiter mit leuchtender, rußender Flamme und verkokt bei ca. 350 °C zu einem festen Rückstand von über 40 %, der sehr temperaturfest ist (z. B. Hitzeschild in der Raumfahrt). Richtwerte der Eigenschaften in Tabelle 8.15.

Verwendung

Mengenmäßig an erster Stelle steht der *Oberflächenschutz*: die Lack-Systeme werden aufgetragen, dann kalt oder warm ausgehärtet
für Konservendosen, Tuben, Behälter, Rohre
Fahrzeuge, Maschinen
Türen, Fenster, Armaturen
Betonanstrich, Imprägnieren von Fußböden.

Wegen der guten Haftfestigkeit lassen sich lackierte Bleche tiefziehen.

In der *Elektrotechnik*: Isolierlacke (eingießen oder wirbelsintern) für Wicklungen, Leiterstäbe, Schalter, Kondensatoren, Widerstände, Spulen.

Isolatoren aus Gießharzen, als zykloaliphatisches EP auch für den Außeneinsatz
Gedruckte Schaltungen, z. T. als GFK, auch flexibel eingestellt
Preßmassen für Tiefziehformen, Matrizen und andere Werkzeuge zum Verformen von Al- und dünnen Stahl-Blechen, Kunststoffen (z. B. Spritzgußformen)
Die Haltbarkeit liegt über der von Stahlformen, da das Material etwas elastisch ist.
Modell- und Lehrenbau (Maßhaltigkeit!)
Mit Hochmodulfasern verstärkt als Bauteile für die Raumfahrt, bis 240 °C belastbar
Laminate: Hoch beanspruchte Bauteile in Flugzeugen, Booten, Behältern, für Rohrleitungen, Skier, Halbzeuge u. a.
Klebstoffe: Im allgemeinen kalt oder warm aushärtende Zwei-Komponenten-Kleber oder Prepregs für Leichtmetalle (Flugzeuge, Raumfahrt), Stahl, Kunststoffe, Keramik u. a.
Leistungsfähigster Festkleber! Grundsätzlich stört Feuchtigkeit auf der Oberfläche, aber es gibt Spezialkleber, sogar für unter Wasser.
Gießharze zum Einbetten von Schliffen, für das Kunstgewerbe (z. T. glasklar).

Handelsnamen

Araldit (Ciba-Geigy)
Apikote (Shell)
Lekutherm (Bayer)
Rütapox (Rütgers).

Tabelle 8.15 Eigenschaften von Epoxidharzen

Eigenschaften	Einheit	EP ungefüllt	EP + 60 % Quarzmehl	EP + 65 % GF-Gewebe	EP + 65 % C-Fasern	EP + 65 % B-Fasern
Dichte	g/cm^3	1,2	1,8	1,7 … 1,9	1,6	2,1
Zugfestigkeit	N/mm^2	50 … 90	70	350 … 700	700	2 500
Reißdehnung	%	< 3	< 1	—	—	—
Elastizitätsmodul	N/mm^2	3 000 … 4 000	12 000	20 000	240 000	250 000
Kerbschlagzähigkeit, 23 °C	kJ/m^2	1 … 3	1	50	—	—
Gebrauchstemperatur max	°C	100 … 170	130	180	—	—
spezifischer Durchgangswiderstand	$\Omega \cdot$ cm	10^{14}	10^{14}	10^{14}	—	—
Durchschlagfestigkeit	kV/mm	15	15	15	—	—
dielektrischer Verlustfaktor	tan δ	0,01	0,02	0,01	—	—

8.9.2 Polyurethane PUR

Je nach Aufbau ist PUR Thermoplast, Duromer, Elastomer oder Schaumstoff (von weich bis hart): Polyurethane sind „Werkstoffe nach Maß", man spricht auch von einer „PUR-Chemie", die sehr hohe Steigerungsraten erfährt. Größte praktische Bedeutung haben die Schaumstoffe, daneben die Elastomere. Erstmalig wurde PUR um 1940 hergestellt (Bayer).

Aufbau und Herstellung

Alle PUR-Systeme bestehen aus Isozyanaten (mit der Gruppe NCO) und Polyolen (mit H bzw. OH), wie z. B. der folgende lineare PUR:

Hexamethylendiisozyanat + Butylendiol ⟶ linearer PUR

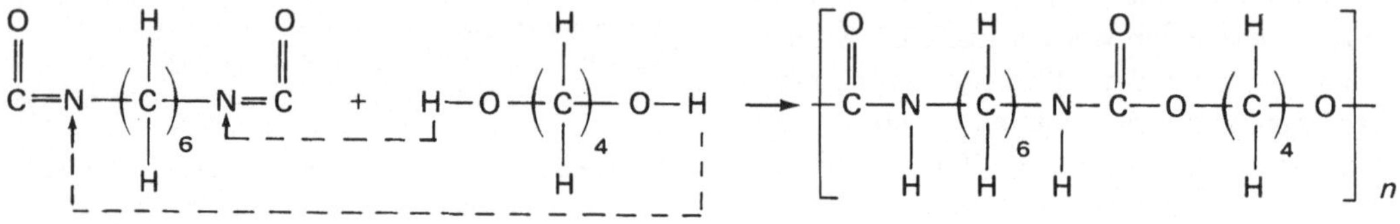

Größere Bedeutung haben jedoch die aromatischen Diisozyanate sowie die Polyether- und Polyester-Polyole, z.B.

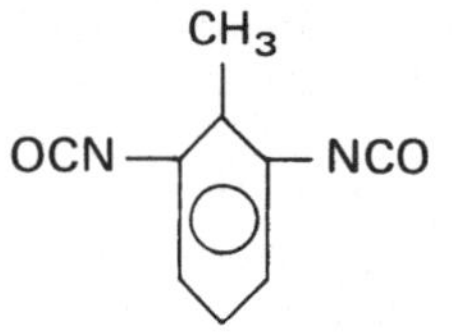

Toluol-Diisozyanat TDI

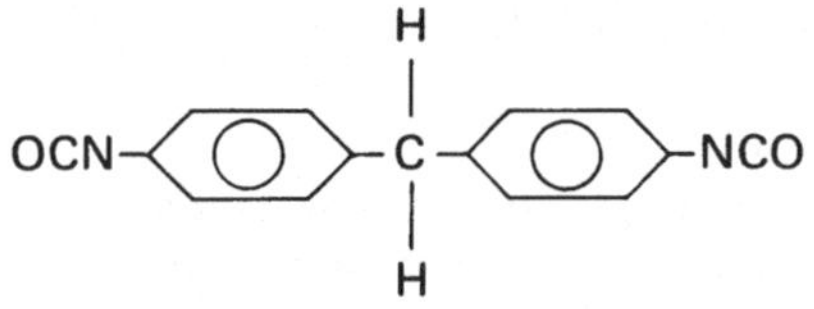

Diphenylmethan-Diisozyanat MDI

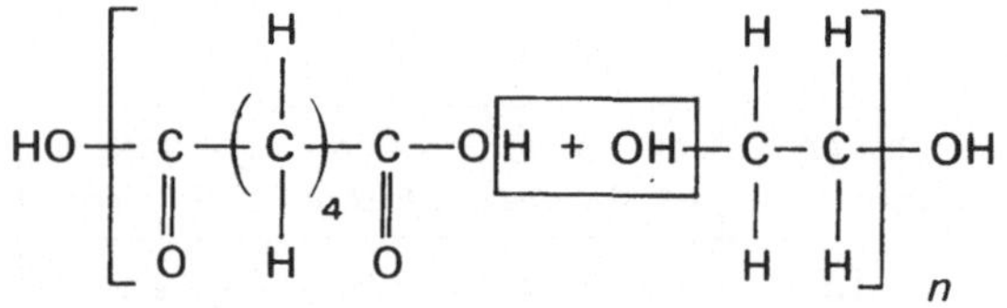

Polyester, z. B. aus Adipinsäure mit Ethylendiol

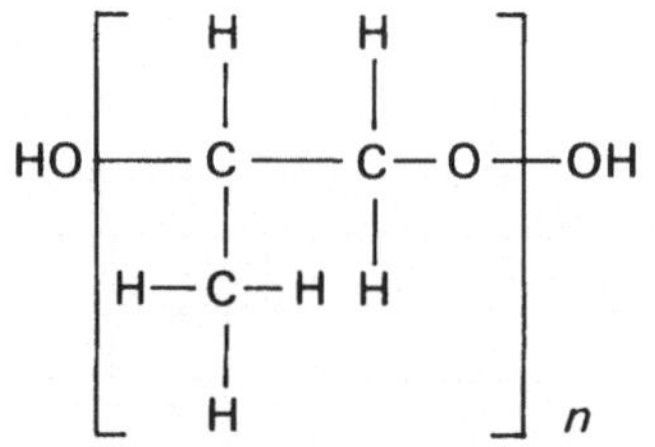

Polyether, z. B. Polypropylenoxid

Durch den Einbau von Triolen (mit 3 OH-Gruppen) lassen sich mehr oder weniger eng vernetzte Produkte herstellen. Aber auch an den NH-Gruppen ist eine Vernetzung möglich: Es werden zuerst lineare Vorprodukte erzeugt (Prepolymere) aus Diisozyanat und Polyol, die durch Zusatz von Diolen, Diaminen o. a. aushärten.

Die flüssigen, aber auch z. T. festen Rohstoffe reagieren bei Raumtemperatur exotherm miteinander, und mit einer kurzen Topfzeit. TDI scheidet giftige Dämpfe aus, die abgesaugt werden müssen.

Allgemeine Eigenschaften der vernetzten PUR

Die Eigenfarbe ist gelb-braun, aber nicht lichtbeständig; deshalb wird PUR oft dunkel gefärbt. Die weit schwankende Festigkeit sowie sehr hohe Abrieb- und Verschleißfestigkeit bleibt ziemlich konstant von -40 ... ... 100 °C. Als stark polares Material verhält sich PUR empfindlich gegenüber konzentrierten Säuren und Laugen, heißem Wasser (hydrolytischer Kettenabbau), Alkoholen, Phenol u. a., aber beständig gegen Treibstoffe, Öle u. a. Auf anderen Werkstoffen zeigt PUR hohe Haftfestigkeit. PUR brennt nach dem Anzünden weiter, ist aber auch flammwidrig einstellbar. Die Zersetzungstemperatur liegt über 250 °C, dabei spaltet sich geringfügig — und deshalb ungefährlich — auch Blausäure HCN ab.

Das elektrische Isolationsverhalten ist nicht besonders gut. Der spezifische elektrische Durchgangswiderstand liegt bei 10^{12} ... ... 10^{14} $\Omega \cdot cm$, die Durchschlagfestigkeit bei 20 kV/mm. Als polarer Werkstoff ist er für die HF-Isolation nicht geeignet (tan δ = 0,05).

PUR-Schaumstoffe

Das Schäumen von PUR kann auf zwei Arten erfolgen:
— Isozyanate reagieren mit H_2O unter Bildung des Treibmittels CO_2:

$$R-NCO + H_2O \longrightarrow R-N\begin{matrix}H\\\\H\end{matrix} + CO_2$$

Fügt man also dem *Polyol* 2 ... 3 % H_2O zu, so schäumt das Material während der Synthese auf. Das entstehende Amin RNH_2 reagiert wie ein Polyol mit weiterem Isozyanat. Die unterschiedlichen Geschwindigkeiten von Vernetzung und CO_2-Bildung werden durch Zusatz von Aktivatoren angeglichen. (Für kompakte PUR-Formteile dagegen müssen die Vorprodukte absolut wasserfrei sein).

— Zusatz von Halogenalkanen als physikalisches Treibmittel, z. B. $CFCl_3$ (Frigen 11), Siedepunkt 24 °C, das dem Polyol zugegeben wird und nach dem Mischen der Komponenten durch die Reaktionswärme verdampft.

Zum Schäumen ist kein Gegendruck erforderlich (vgl. EPS), deshalb können die flüssigen Systeme entweder frei geschäumt werden, z. B. kontinuierlich auf einem Band zu Blöcken, die anschließend zu Platten geschnitten werden, oder in Werkzeugen (mit Trennmittel) zu Formteilen, die je nach Temperaturführung der Form eventuell aus Integralschaum bestehen: Reaktionsschaumguß RSG (Abschn. 8.5.4).

Die Härte des Schaumstoffes läßt sich über den Vernetzungsgrad einstellen: Weichschaum ist weit, Hartschaum eng vernetzt. Auch die Art der Zellen läßt sich variieren. Hartschäume sind fast nur geschlossenzellig, da die Vernetzung bei der Gasbildung weitgehend abgeschlossen ist, so daß die stabilen Zellwände den Gasdruck aushalten, während die Weichschäume überwiegend offenzellig sind, da der Gasdruck die noch dünnen Zellwände aufreißt.

Weichschaum

Er hat mit Abstand die größte Bedeutung von allen PUR-Sorten. Rohstoffe sind hauptsächlich TDI und Polyether sowie Wasser als Treibzusatz („Polyetherschaum"), denn mit Polyester ergibt sich eine verringerte Rückprallelastizität (Eigenschaften in Tabelle 8.16).

Die Herstellung erfolgt als Block- oder Formschaum. Die durchschnittliche Dichte beträgt 25 kg/m^3.

Verwendung

Vollschaumsitze in Kraftfahrzeugen (Ausschäumen von dichten Textilhüllen in „einem Schuß" = one shot-Verfahren), Kopfstützen und Lehnen in Autos, Polstermöbel, Matratzen, Rückbeschichtung von Bodenbelägen, Schallschluckmaterial, Schwämme, Fütterung von Textilien, Filter, Dichtungen.

Tabelle 8.16 Eigenschaften von PUR-Werkstoffen

Eigenschaften		Einheit	Weich-schaum	Hart-schaum	Integral-Hartschaum	Elastomer
Dichte		kg/m^3	20 … 45	20 … 300	200 … 1 000	(1,26 g/cm^3)
Druckfestigkeit		N/mm^2	0,4 … 3	0,15 … 7	10 … 20	–
Zugfestigkeit		N/mm^2	0,1 … 0,2	0,25 … 2	15 … 20	30 … 50
Elastizitätsmodul		N/mm^2	–	2 … 20	1 000 … 1 500	20 … 600
Reißdehnung		%	200 … 300	6 … 10	6 … 15	400 … 600
Shore-Härte A		–	–	–	–	60 … 95
Wärmeleitfähigkeit		W/K·m	0,04	0,017 … 0,04	0,04	0,25
Gebrauchstemperatur	min	°C	– 40	– 100	– 100	– 30
	max	°C	100	120	110	80 … 130

Halbharter Schaum (semiflexibel)

Rohstoff-Systeme bilden hauptsächlich MDI und Polyester mit Wasser (abriebfester, ölbeständiger) oder MDI und Polyether mit Frigen (elastischer). Die Verarbeitung erfolgt entweder als Füllschaum durch Ausschäumen von Hüllen oder Hohlräumen, oder nach dem RSG-Verfahren zum Integralschaum mit lederartiger Haut. Die letztgenannte Art hat den Nachteil der fehlenden Farbigkeit, da PUR vergilbt (nur dunkel einstellbar oder lackieren), während z. B. Hüllen aus PVC-weich beliebig färbbar sind.

Die Dichte schwankt stark, auch je nach der Wandstärke, d. h. dem Anteil der kompakten Integralhaut: Füllschaum 70 … 150 kg/m^3, Integralschaum 150 … 180 kg/m^3. Semiflexibles PUR zeichnet sich durch optimale Dämpfung und Stoßabsorption aus. Das zähe Zellgerüst ist elastisch verformbar, und die Luft wird aus den Zellen herausgepreßt.

Verwendung

Teile für die passive Sicherheit im Kfz-bau (Front- und Heckpartien, Kopfstützen, Armlehnen, Schalttafeln, Türverkleidungen, umschäumte Lenkräder) Schuhsohlen, Absätze, Ski-Innenschuhe (RSG-Teile mit guter Haftung am Obermaterial) zum Schallschutz (ausschäumen)

Hartschaum

Rohstoffsysteme bilden hauptsächlich MDI und Polyether mit Frigen. Eigenschaftswerte sind in Tabelle 8.16 angegeben. Bei der Wärme- und Schallisolierung erzielt man sonst unerreichte Spitzenwerte. Wegen des Brandschutzes wird oft chemisch modifiziert durch Zugabe von Asbest, Glaswolle o. a. Die Herstellung erfolgt als Blockschaum, durch Ausschäumen, Sprühen auf offene Flächen (ergibt Dämmschichten) oder Sandwich-Elemente (Verbundwerkstoffe mit einem PUR-Kern und Deckschichten aus Stahl- oder Al-Blech, Holz, GFK, Hartgewebe oder Kunststoffen).

Verwendung

Wärmedämmplatten, Isolierung von Heißwassergeräten, Kälteisolierung von Kühlschränken u. a. Selbsttragende Verbund-Formteile (z. B. im Flugzeug-, Hoch-Schiffs-, Möbel- und Kfz-Bau, Sesselschalen, Lüftungskanäle in der Klimatechnik) Belag auf Flachdächern (Besprühen) Erzeugung von Leichtbeton

Integralschaum

Die Verarbeitung der dem Hartschaum ähnlichen Systeme erfolgt durch RSG. Dabei werden z. T. verstärkende Armierungen mit eingegossen. Von besonderem Vorteil ist die hohe mechanische Festigkeit bei niedrigem Gewicht (Abschn. 8.7.3.6). Wegen der Farbempfindlichkeit wird die Oberfläche im allgemeinen lackiert. Im Vergleich zu Holz ist PUR-Integralhartschaum witterungsbeständiger, variabler im Design und akustisch noch besser dämpfend (Tonmöbel). Eigenschaftswerte in Tabelle 8.16.

Verwendung

Rundfunk- und Fernsehgehäuse
Tische, Stühle, Möbel, Fensterrahmen
Gehäuse für Computer und Büromaschinen
Geräte für Sport und Spiel (Tennisschläger, Ski-
kerne, Paddel, Spielautomaten)
leichter Integralschaum mit ca. 20 kg/m^3 für De-
kor-Reliefs, Bilderrahmen, Holzbalken-Imitation
u. a.

PUR-Elastomere

Man verwendet z. T. spezielle PUR-Systeme,
die thermisch instabile chemische Vernetzungen ergeben. Beim Erwärmen spalten diese
sich auf und bilden sich beim Abkühlen neu.
Damit ergibt sich die Möglichkeit der thermoplastischen Formgebung, z. B. durch
Spritzgießen oder Extrudieren, ausgehend
von *festem* Granulat, das man durch Mischen
der Rohstoffe, Gießen und Zerkleinern erhält: *thermoplastischer Kautschuk*. Daneben
gibt es flüssige Gießsysteme, die nach dem
Gießen stabil weitmaschig vernetzen.
Je nach dem Vernetzungsgrad kann man die
Härte variieren von hochelastisch-weich bis
hartgummiartig. Teilweise wird noch zusätzlich geschäumt, oder es werden Füllstoffe zugesetzt (Kreide, Sand, Kaolin). Eigenschaften in Tabelle 8.16.
Im Vergleich zu anderen Elastomeren wie
Naturkautschuk, verhält sich PUR viel ab-
rieb- und verschleißfester, nicht alternd (versprödend), beständig gegen viele organische
Lösungsmittel (z. B. Öl, Benzin), hat höhere
Einsatztemperaturen (90 $^\circ$C, kurzzeitig bis
130 $^\circ$C) und ist einfacher zu verarbeiten.

Verwendung

Elastische Bauelemente im Maschinen- und Appa-
ratebau (Dämpfungs- und Federteile, Rollen, Dich-
tungen, Zahnriemen, Verschleißringe, Faltenbälge,
Schläuche, Transportbänder)
Vollgummireifen für Spezialfahrzeuge
Skischuhe
Kaschierung von Textilgeweben (Synthese-Leder
für Jacken, Schutzanzüge u. a.)
Bodenbelag für Sportplätze und -hallen
Vergießen von elektrischen Bauteilen und Geräten
Für PKW-Reifen (,,Gießreifen'') ist PUR — noch —
nicht geeignet, da sich Gummi in bezug auf Elasti-
zität und Rutschfestigkeit besser verhält.

Eng vernetzte PUR

Dieser Werkstoff wird relativ wenig hergestellt; er dient z. B. als Vergußmasse für elektrische Bauteile, Akkukästen oder Flüssig-
Spritzguß für massive, harte Formteile. Zugfestigkeit ca. 60 N/mm^2, Reißdehnung ca.
15 %, E-Modul ca. 2000 N/mm^2, Dichte
1,2 g/cm^3.

Lineare PUR

Sie ähneln in Aufbau und Eigenschaften
weitgehend den Polyamiden (Formeln in
Abschn. 8.8.4). Das Molekulargewicht beträgt nur ca. 8000, und die Kristallinität
liegt noch höher als bei PA, deshalb ist die
Wasseraufnahme geringer und die Chemikalienbeständigkeit besser.
Die Verarbeitung und Verwendung erfolgen
grundsätzlich wie bei PA, überwiegend aber
so leicht vernetzt, daß ein gummielastisch
hartes bis weiches und doch thermoplastisches Material entsteht.

Verwendung

Durch Spritzguß und Extrudieren werden hergestellt: Profile, Schläuche, Folien, Lagerschalen, Rollen, Dichtungsringe, Manschetten, Faltenbälge, ferner elastische Fasern (wie Gummibänder, Mieder-
waren).

Lacke und Klebstoffe

Ähnlich vielseitig einsetzbar wie die Epoxidharze.

Handelsnamen

Vorprodukte: Desmodur (Isozyanat; Bayer), Des-
mophen (Polyol; Bayer)
Weichschaum: Moltopren (Bayer), Elastoflex (BASF-
Elastogran-Werk)
Halbhart-Schaum: Bayflex (Bayer), Elastopan
(BASF)
Hartschaum: Baytherm (Bayer), Elastopor (BASF)
Integral-Hartschaum: Baydur (Bayer), Elastodur
(BASF)
Elastomere: Vulkollan (Bayer), Elastollan und
Cellasto (BASF), Contilan (Continental)
Duroplast: Baymidur (Bayer), Elastocoat (BASF)

8.10 Abgewandelte Naturstoffe

Diese ältesten Kunststoffe werden seit ca. 1870 hergestellt. Ihre heutige Bedeutung ist im Vergleich zu den vollsynthetischen Kunststoffen relativ gering; der Produktionsanteil liegt unter 5 %.

Die Rohstoffe Zellulose und Kasein kommen in der Natur bereits als Ketten-Makromoleküle vor, d. h. eine Bildungsreaktion aus Monomeren wie bei den vollsynthetischen Kunststoffen erübrigt sich. Aber sie sind nicht thermoplastisch und müssen deshalb zur Formgebung abgewandelt werden.

8.10.1 Zellulose-Derivate

Zellulose ist Hauptbestandteil von Holz und Baumwolle. Sie wird besonders aus Holz

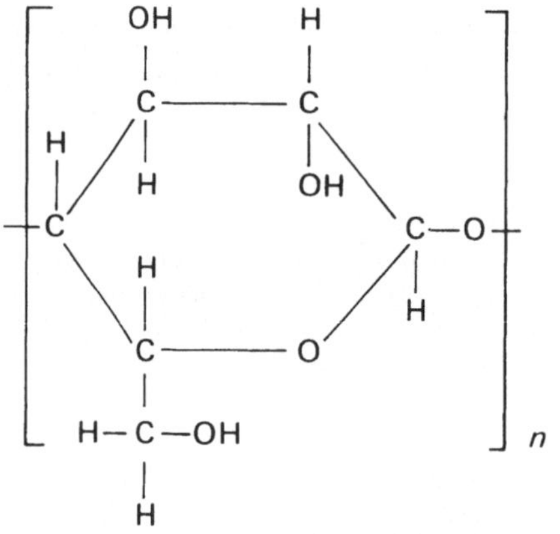

$$\left[\begin{array}{c} \text{(Zellulose-Grundbaustein)} \end{array}\right]_n$$

durch Herauslösen der restlichen Bestandteile gewonnen. In der Formel $(C_6H_{10}O_5)_n$ liegt der Polymerisationsgrad bei 2 000 ... ... 14 000. Diese sehr langen Ketten liegen weitgehend parallel, gegeneinander verdreht und sehr dicht in faserigen Kristalliten. Zwischen ihnen bilden die Wasserstoff-Brücken starke Anziehungskräfte. Dadurch zeigt die Zellulose kein thermoplastisches Verhalten (vgl. Abschnitt 8.2.2).

8.10.1.1 Hydrat-Zellulose = Regenerierte Zellulose

Unter diesen Begriffen werden zwei Zellulose-Produkte zusammengefaßt.

Vulkanfiber Vf

Ausgangsmaterial sind ungeleimte Papierbahnen, die durch eine 70 %ige, ca. 60 °C warme Zinkchloridlösung gezogen, dabei angequollen und dann auf einen Stahlzylinder aufgewickelt werden, bis die gewünschte Schichtdicke von maximal 50 mm erreicht ist. Mit einer Gegendruckwalze findet dabei durch Zusammenpressen die Pergamentierung der Zellulose statt. Nach dem Aufschneiden erfolgt, je nach Dicke, das mehrere Wochen lange Auswaschen des $ZnCl_2$ und Trocknen. Da Vulkanfiber chemisch nicht abgewandelt wird, ist eine thermoplastische Verarbeitung nicht möglich, sondern nur eine spanende oder durch Heißbiegen.

Eigenschaften (Tab. 8.17)

Vulkanfiber ist hart, etwas anisotrop (längs zur Walzrichtung härter als quer dazu) und sehr zäh; Wasseraufnahmen bis 10 % (Lackieren!). Es ist ferner unbeständig gegen Säuren und Laugen.

Verwendung

Laufrollen, Dichtungsscheiben, Manschetten, Zahnräder, Kofferecken, Transportbehälter u. a.

Handelsnamen

Hornex (Krüger)
Dynos (Dynamit-Nobel)

Viskose-Erzeugnisse (Zellglas, Zellwolle)

Diese haben von allen Zellulose-Derivaten die größte Bedeutung.

Zellulose wird in Natronlauge NaOH aufgequollen, dabei in Na-Zellulose umgewandelt, ausgepreßt, zerfasert und oxidativ abgebaut (,,Reifen''; Sauerstoff-Zusatz führt zu einer Kettenspaltung auf ca. ein Viertel). Durch anschließende Sulfidierung (Behandlung mit CS_2) bildet sich das Zellulose-Xanthogenat, das in NaOH als Viskose löslich ist. Diese wird durch Düsen in ein saures Fällbad verarbeitet zu:

– Folien: glasklar und durch Lackieren wasserundurchlässiger; zur Verpackung von z. B. Lebensmitteln (Zellglas). Handels-

Tabelle 8.17 Eigenschaften von abgewandelten Naturstoffen

Eigenschaften	Einheit	Vf	Zellglas	CN	CA	CAB
Dichte	g/cm^3	1,3	1,45	1,4	1,3	1,2
Zugfestigkeit	N/mm^2	60 … 100	100	50	40	35
Reißdehnung	%	15 … 10	20	40	20	50
Elastizitätsmodul	N/mm^2	5 500	–	2 000	2 500	1 500
Kerbschlagzähigkeit, 23 °C	kJ/m^2	30	–	25	10	30
Gebrauchstemperatur max	°C	110	180	70	50	80
spezifischer Durchgangswiderstand	$\Omega \cdot cm$	10^9	–	10^{11}	10^{12}	10^{13}
Durchschlagfestigkeit	kV/mm	7	–	15	30	35
dielektrischer Verlustfaktor	$\tan \delta$	0,05	–	0,05	0,05	0,03

namen: Cellophan (Kalle), Transparit (Wolff-Walsrode). Eigenschaften in Tabelle 8.17.

– Fasern: Zellwolle, Reyon (Sammelname); sehr vielseitig für Bekleidung und technische Zwecke einsetzbar.

In beiden Fällen kann durch Recken die Festigkeit wesentlich erhöht werden.

Anstatt über Viskose kann man Zellulose auch in Kupferammoniak (Schweizers Reagenz $Cu(NH_3)_4(OH)_2$) lösen unter Bildung eines komplexen Salzes. Daraus erhält man in erster Linie Kupferseide, daneben auch Folien.

8.10.1.2 Zellulose-Ester

Wegen der OH-Gruppen kann die Zellulose als Alkohol aufgefaßt und deshalb mit Säuren verestert werden: Ersatz von 2 bis 3 OH durch den Säurerest R. Praktisch erzeugt werden:

– Zellulose-Nitrat CN (Celluloid) mit Salpetersäure HNO_3 und R = NO_3;

– Zellulose-Azetat CA mit Essigsäure und R = CH_3COO;

– Zellulose-Propionat CP mit Propionsäure und R = CH_3CH_2COO;

– Zellulose-Azetobutyrat CAB mit Essig- und Buttersäure, R = $CH_3(CH)_2COO$.

Zellulose-Nitrat CN ist nicht voll thermoplastisch; da die Kettenmoleküle noch zu dicht gelagert sind. Die Verarbeitung erfolgt auf zwei Arten:

– Weichmachung mit 20 … 25 % Kampfer ergibt eine zähe, klebrige Masse, die gefärbt, zu Fellen gewalzt und in Schichten verpreßt wird. Je nach dem Verlegen der Felle lassen sich sonst unerreichbare Musterungen erzielen, ferner eine hochglänzende Oberfläche. Von den Blöcken werden Profile geschnitten oder Folien geschält.

– Gießen aus einer Lösung in Estern, z. B. für Fotofilme.

CN ist hornartig zäh, glasklar, bei über 70 °C umformbar, nicht beständig gegen Säuren und Laugen, elektrisch relativ gut isolierend, ohne elektrostatische Aufladung, mit dem Nachteil der leichten Entflammbarkeit. Eigenschaftswerte in Tabelle 8.17.

Verwendung

Brillengestelle, Kämme
Tischtennisbälle, Spielwaren
Toilettenartikel, Zahnbürsten
Zeichengeräte, Kugelschreiber
Filme mit abnehmender Bedeutung wegen der Brennbarkeit
Bindemittel für Nitrolacke

CA, CP, CAB: Bei ihnen erreicht man durch die längeren Seitenäste, durch den oxidativen Kettenabbau und die Zugabe von Weichmachern eine weitgehende Aufhebung der Kristallinität und damit ein voll thermoplastisches Verhalten (Granulat für Spritzguß und Extrudieren, daneben als Lösung gießbar). Ein weiterer Vorteil gegenüber CN ist die Schwerentflammbarkeit.

Mit steigender Länge der Seitenäste fällt die mechanische Festigkeit, steigt die Warm- und Kaltformbeständigkeit, fällt die Wasseraufnahme und steigt die Weichmacherverträglichkeit, wird also die Weichmacherwanderung verringert. Die beiden letzten Eigenschaften haben bessere Maßhaltigkeit, Alterungs- und Witterungsbeständigkeit zur Folge und damit eine steigende Möglichkeit des Einsatzes auch für technische Zwecke. Sonst entsprechen die Eigenschaften weitgehend denen von CN (Tabelle 8.17).

Verwendung

Überwiegend wie CN
ferner Sicherheitsfilme (CA)
Werkzeuggriffe (rißfrei aufgeschrumpft)
Schaltknöpfe, Beschläge, Skalen
Gehäuse von Elektro- und Haushaltsgeräten
Lampenschirme, Elektroisolierfolien
Textilfasern (Azetatseide)

Handelsnamen

Cellidor, Cellit und Triafol (Bayer)
Cellon und Cellonex (Dynamit-Novel)

8.10.2 Casein-Derivat Kunsthorn CS

Aus geronnener Magermilch gewinnt man Casein, ein Protein, das trotz seiner Kettenmakromoleküle nicht thermoplastisch ist.

$$\left[-N-C-C- \right]_n$$

Bei Zusatz von Wasser tritt eine Quellung des Pulvers ein, und durch Warmpressen erhält man Formteile, die in wässeriger Formaldehydlösung unter Bildung von Methylenbrücken ($- CH_2 -$) mit den NH-Gruppen nach mehreren Wochen teilweise duroplastisch aushärten.

Eigenschaften

Ähnlich Naturhorn; hart (Druckfestigkeit ca. 100 N/mm^2), zäh, glänzende Oberfläche, beliebig färbbar, durch Wasseraufnahme nicht maßhaltig.

Verwendung

Knöpfe, Modeschmuck, Spielwürfel, Galanteriewaren.

Handelsname

Galalith (Phoenix, Hamburg)

8.11 Kautschuk und Gummi

Die alte Streitfrage, ob Gummi zu den Kunststoffen gehört, muß in zunehmendem Maße bejaht werden, da neue Sorten vom Aufbau und der Verarbeitung her eindeutig dazuzählen.
Die Namen: Kautschuk ist der Rohstoff, bestehend aus Kettenmolekülen, der durch eine weitmaschige Vernetzung (Vulkanisation) zum Endprodukt Gummi verarbeitet wird. Die Produktion liegt bei 12 Millionen t/Jahr, davon ca. 9 Millionen Tonnen synthetisch.

8.11.1 Naturgummi NR (nature rubber)

Verschiedene tropische Bäume scheiden den Saft Latex ab, der ca. 35 % Kautschuk als Suspension enthält. Durch Abtrennen, Koagulation (Ausflockung) und Trocknen gewinnt man daraus Kautschuk, ein Polyisopren:

$$\left[-C-C=C-C- \right]_n$$

n = 5000...6000
M = 350000...400000
fast 100 % amorph
unpolar

Das Material ist gelbbraun, hoch elastisch, aber schon ab ca. 30 °C weich bis klebrig und unter 0 °C hart bis spröde.
Praktisch verwendbar wird Kautschuk erst durch die Vulkanisation: Der Zusatz von Schwefel führt zum Vernetzen an den unge-

sättigten C-Doppelbindungen. Im praktischen Ablauf werden die langen, dicht gelagerten Kettenmoleküle zuerst mechanisch und oxidativ auf ca. ein Drittel der Länge abgebaut (Mastikation auf Walzwerken bei ca. 60 °C und Zutritt von heißer Luft). Danach wird die Vulkanisationsmischung mit Schwefel, Füllstoffen (ca. 25 % Ruß), Beschleunigern, Alterungsschutzmitteln. u. a. hergestellt, diese in Pressen bei 120 ... 150 °C zunächst thermoplastisch geformt und danach vernetzt.

Die Zugfestigkeit und Reißdehnung der Formteile hängen in erster Linie vom S-Gehalt ab. Man unterscheidet zwischen Weich-, Halbhart- und Hartgummi (Ebonit; Bild 8.32), wobei die weichen Sorten mit einer Reißdehnung von über 100 % mit Abstand die größte Bedeutung besitzen und die halbharten, lederartigen kaum erzeugt werden.

Eigenschaften von Weichgummi

Am wichtigsten ist die hohe Elastizität mit der ausgeprägten Rückstellkraft, zusammen mit der guten Festigkeit. Atomare Erklärungen dafür: Die amorphen Kettenabschnitte zwischen den Vernetzungsstellen werden bei einer Deformation parallel gerichtet unter Kristallbildung, d. h. die Entropie fällt. Durch die S-Brücken ist dieser Zustand jedoch schon bei Raumtemperatur stark reversibel, also fast rein elastisch (Entropie-Elastizität). Dabei folgen Spannung und Dehnung nicht dem Hookeschen Gesetz ($\sigma = E\,\epsilon$). Der Elastizitätsmodul ist demnach keine Konstante; er liegt zwischen 1 N/mm^2 und 100 N/mm^2 (Bild 8.33). Außerdem tritt durch eine sehr geringe plastische oder verzögerte elastische Deformation Hysterese auf. Dabei bedeutet die Fläche zwischen der Be- und Entlastungskurve verlorene Formänderungsarbeit, die in Wärme umgewandelt wird, und ein Maß für die Dämpfung (d. h. bei einer dynamischen Beanspruchung ein schnelles Abklingen der Schwingungen). Dieses Verhalten bleibt annähernd erhalten im Temperaturbereich von $-30 ... 70$ °C, Kurzzeitig sogar von $-60 ... +100$ °C.

Bei Gummi tritt durch Luftsauerstoff, Ozon, Licht und Temperatur eine Alterung in Form von Versprödung ein. Dabei vernetzen die freien Doppelbindungen mit Sauerstoff, und zwar umso stärker, je weicher Gummi ist, denn erst bei 32 % S wären alle Doppelbindungen abgesättigt. Auch die chemische Beständigkeit hängt vom S-Gehalt ab; Weichgummi quillt in Öl, Benzin und anderen organischen Lösungsmitteln relativ stark.

NR ist brennbar, elektrisch gut isolierend (spezifischer Durchgangswiderstand 10^{15} ... $... 10^{17}\ \Omega \cdot$ cm, Durchschlagfestigkeit 20 kV/mm, tan $\delta = 0{,}01$), jedoch verschlechtert durch Rußzusatz, und bei direktem Kontakt zu Kupfer wird dieser vom Schwefel zerstört. Je nach Füllstoffen beträgt die Dichte 1 ... 2 g/cm^3 (ungefüllt 0,93). Die Härte nach Shore A liegt zwischen 40 und 80.

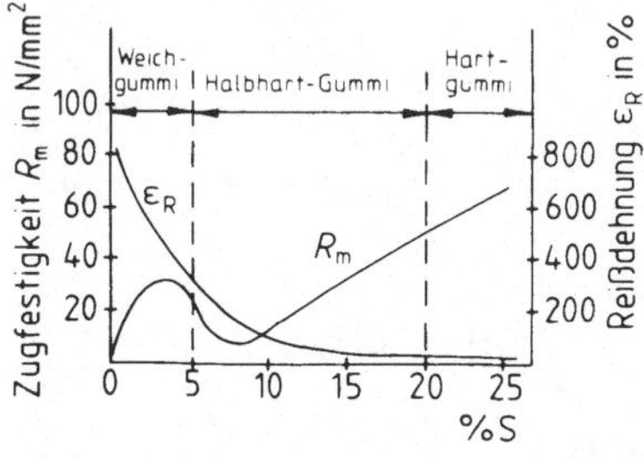

Bild 8.32 Zugfestigkeit R_m und Reißdehnung ϵ_R von Naturgummi

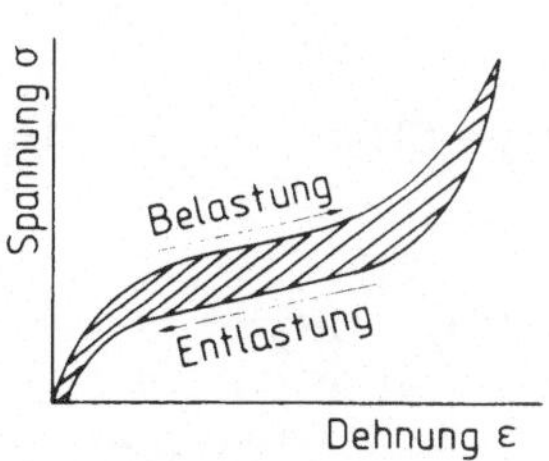

Bild 8.33 Spannungs-Dehnungs-Diagramm von Weichgummi

Verwendung

Hauptsächlich für Autoreifen
auch für Dichtungen, Profile
Transportbänder, Schläuche
Dämpfungselemente
Schuhsohlen
Kabelisolierung

Abgewandelter Naturkautschuk

Durch Behandlung mit Chlor werden die Doppelbindungen teilweise abgebunden (Kautschuk-Hydrochlorid mit ca. 30 % Cl) oder auch noch die H-Atome z. T. ersetzt (Chlorkautschuk mit ca. 65 % Cl). Durch die Zugabe von speziellen Katalysatoren sättigen sich die Doppelbindungen teilweise gegenseitig ab und bilden Ringe (Zyklokautschuk). Durch diese drei Maßnahmen wird Naturkautschuk chemikalien- und alterungsbeständiger sowie flammwidrig bis unbrennbar. Man verwendet das erstgenannte Material für sehr gasdichte, glasklare Verpackungsfolien, das zweite für Folien und Lacke (gelöst; wetterfest) und das dritte für Klebstoffe und Lacke.

8.11.2 Synthesegummi

Die Produktion wurde 1930 aufgenommen, und zwar mit BR. Auch heute noch haben die Butadien-Copolymerisate die größte Bedeutung, insbesondere SBR mit einem Anteil am Synthesegummi von ca. 60 %. Erst ab 1960 gelang es, Polyisopren (IR) mit den neuen metallorganischen Ziegler-Natta-Katalysatoren (Abschn. 8.7.1.2) wirtschaftlich zu polymerisieren.

Polyisopren IR (Isopren Rubber)

Das Monomere Isopren wird aus den Crackgasen der Benzinherstellung gewonnen; die

Vulkanisation erfolgt mit Schwefel. Der molekulare Ordnungszustand und damit die Kristallisation bei Belastung liegen nicht ganz so hoch wie bei NR (vgl. die cis-1,4-Struktur bei BR). Dadurch sinken Zugfestigkeit, Reißdehnung und Elastizitätsmodul geringfügig ab. Das Material ist relativ teuer und hat deshalb nur einen Produktionsanteil von ca. 5 %.

Butadien-Kautschuke

Polybutadien BR, auch aus Crackgasen als Rohstoff gewonnen, wurde ursprünglich mit Natrium als Katalysator polymerisiert (daher der Handelsname Buna, Chemische Werke Hüls), heute in Lösung mit Ziegler-Natta-Katalysatoren, die einen sehr regelmäßigen molekularen Aufbau bewirken. Man strebt eine möglichst einheitliche cis-1,4-Struktur an, d. h. eine gleichseitige Ausrichtung im 1-4-Takt

cis-1,4-Polybutadien

trans-1,4-Polybutadien

sowie ein eng verteiltes Molekulargewicht. Nicht erwünscht sind trans-1,4-Strukturen. Da außerdem die sperrenden CH_3-Seitenäste fehlen, zeichnet sich BR gegenüber dem NR durch eine relativ niedrige Glastemperatur und demnach erhöhte Elastizität — besonders in der Kälte — sowie geringere Zugfestigkeit aus.

Styrol-Butadien-Gummi SBR als Copolymer enthält im allgemeinen 25 % Styrol. Durch die stark ausgeprägten Seitenäste der Benzolringe wird das Gleiten der Molekülabschnitte zwischen den S-Brücken erschwert und dadurch die Festigkeit und Abriebfestigkeit verbessert (Autoreifen). Dieses Material ähnelt dem NR am meisten. Die Polymerisation erfolgt als Emulsion (E-SBR) oder neuerdings auch mit metallorganischen Katalysatoren als Lösung (L-SBR). Mit dieser letzten Art ist eine gezielte Beeinflussung der Struktur möglich. Die Styrol-Komponenten werden nicht statistisch, sondern als Blöcke oder in bestimmten Sequenzen in die Ketten eingebaut, so daß sie sich zu Mikrokristalliten ineinander verhaken können. Solche weitmaschigen *physikalischen Vernetzungen*, unterbrochen durch amorphe, d. h. elastische, Butadiensegmente sind nicht thermostabil, lösen sich also in der Wärme auf. Dadurch wird das Material als Pulver thermoplastisch, z. B. im Spritzguß, und damit wesentlich einfacher sowie weniger lohnintensiv verarbeitbar. Beim Abkühlen bildet sich der gummielastische Zustand ohne Vulkanisation zurück: *thermoplastischer Kautschuk* (vgl. PUR: thermolabile *chemische* Vernetzung). Die Wärmebeständigkeit und die dynamischen Eigenschaften sind allerdings noch nicht zufriedenstellend.

Diese drei Synthesegummisorten zählen zu den Allzweck-Kautschuken. Ihr Anteil liegt knapp unter 80 %, und sie werden bevorzugt für Autoreifen und allgemeine Gummiwaren eingesetzt. Die folgenden Spezial-Kautschuke dagegen gehen besonders in den technischen Gebrauch.

Nitril-Butadien-Gummi NBR erhält durch den Einbau von 20 bis 40 % polaren Acryl-nitrils eine erhöhte Beständigkeit gegen die unpolaren Treibstoffe, Öle und Fette. Die Elastizität, besonders in der Kälte, wird dagegen verringert. Das Material ist nur bis $-20\,^{\circ}C$ für chemikalienbeständige Dichtungen, Schläuche u. a. einsetzbar.

Polyolefin-Kautschuke

Ethylen-Propylen-Kautschuk EPR (EPM, wobei M für modifiziert steht) ist ein relativ neues Copolymerisat mit amorpher Struktur. Diese erzielt man durch spezielle metallorganische Katalysatoren und einen Propylenanteil von über 20 %. Wegen der fehlenden Doppelbindungen ist eine Vernetzung nur durch Peroxidzugabe möglich (Abschn. 8.5.5). Die Alterungsbeständigkeit ist entsprechend hervorragend; Zugfestigkeit und Elastizität ähneln dem NR, und die Wärmebeständigkeit ist wesentlich verbessert (bis $120\,^{\circ}C$).

Ethylen-Propylen-Terpolymer-Kautschuk EPTR (EPDM) enthält zusätzlich Diene und kann an deren Doppelbindungen mit Schwefel vulkanisiert werden. Das ergibt gegenüber dem EPM verfahrenstechnische Vorteile. Neuerdings sind EPDM-Sequenztypen entwickelt worden, die abwechselnd amorphe und kristalline Bereiche enthalten. Dadurch erzielt man thermoplastische Eigenschaften und hohe Festigkeiten.

Chloropren-Kautschuk CR

Diese Variante entsteht durch Ersatz eines H-Atoms im Butadien durch Chlor. Die sehr stabile polare C-Halogen-Bindung ergibt Schwerentflammbarkeit, gute chemische Beständigkeit, aber geringere Elastizität.

Handelsname: Neoprene (Du Pont)

Die genannten Synthese-Gummisorten repräsentieren einen Marktanteil von über 90 %. Von dem Rest wurden die wichtigsten schon vorher behandelt: Butylkautschuk IIR (Polyisobutylen PIB mit Isopren als vernetzbare Komponente copolymerisiert), PUR-, SI-, CPE-, CSM- und EVA-Kautschuk.

8.12 Zusammenfassung der Eigenschaften und spezielle Werkstoffprüfung

8.12.1 Dichte

Bei den kompakten Kunststoffen liegt die Dichte zwischen 0,83 g/cm^3 (PMP) und 2,3 g/cm^3 (PTFE), mit einem ausgeprägten Schwerpunkt zwischen 1,1 g/cm^3 und 1,4 g/cm^3. Auch durch Zusatz von Füllstoffen wird die Obergrenze kaum überschritten. Unter 1,0 g/cm^3 liegen nur die Polyolefine.

Die Dichte der Schaumstoffe beträgt 4 ... ... ca. 300 kg/m^3 oder 0,004 ... 0,3 g/cm^3, wobei die obere Grenze wegen der Integralschäume fließend ist.

Zur Ermittlung der Dichte gibt es eine Reihe von Verfahren, z. B. Ausmessen und Wägen, Schweben in unterschiedlichen Flüssigkeiten u. a.

8.12.2 Mechanische Festigkeit

Welche Festigkeitswerte bei den jeweiligen Kunststoffen angegeben werden, hängt von der Form des Spannungs-Dehnungs-Diagramms ab (Bild 8.34)

Die Kunststoffe nach Kurve c) sind verstreckbar. Unter Einschnürung orientieren sich die Ketten parallel, bilden eventuell Kristalle (meistens Fransenmizellen) und zwar je nach der Kristallinität des betreffenden Kunststofes (vor der Verstreckung im Verhältnis zum

werkstofftypischen Zustand), und die Festigkeit steigt erheblich.

Werte für die *Zugfestigkeit* bzw. *Streckspannung* liegen zwischen 8 N/mm^2 (LDPE) und 1500 N/mm^2 (GF-EP), dabei die ungefüllten Massen-Thermoplaste vorzugsweise zwischen 10 N/mm^2 und 100 N/mm^2.

Ein Vorteil der Kunststoffe gegenüber den Metallen ist die auf die geringe Dichte bezogene hohe *spezifische* Zugfestigkeit.

Werte für die *Reißdehnung* liegen zwischen 0 % (bei vielen Duromeren wird der Wert nicht bestimmt) und 1000 % (LDPE).

Der *Elastizitätsmodul* als Verhältnis von Spannung zur Dehnung im linearen elastischen Bereich des Spannungs-Dehnungs-Diagramms kann wegen des nicht-linearen Verhaltens oft nur angenähert ermittelt werden, z. B. mit Hilfe der Tangente. Dabei muß die Prüfgeschwindigkeit 1 mm/min betragen. Werte liegen zwischen 150 N/mm² (LDPE) und 20 000 N/mm² (GF-EP) und damit wesentlich niedriger als bei Metallen, können jedoch mit Hochmodulfaser-Verstärkung auch die Werte von Stahl erreichen.

Diese Festigkeitswerte ergeben sich aus *Kurzzeitversuchen*; im Gegensatz zu den Metallen sind sie stark abhängig von der Belastungsdauer, Temperatur und z. T. auch von der Feuchtigkeit (PA, CN u. a.).

Die *Zeitstandfestigkeit* ist für die Verwendung der Kunststoffe von besonderer Bedeutung. Alle Kunststoffe neigen mehr oder weniger zum Kriechen, d. h. bei langer Belastung

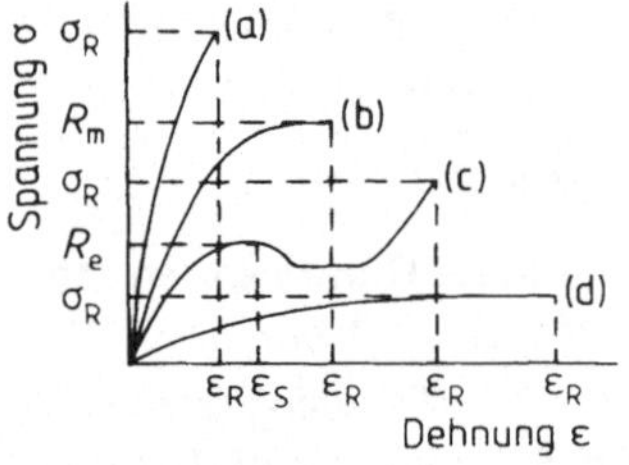

Bild 8.34 Verschiedene σ-ε-Diagramm-Typen

a) bei hart-spröden Kunststoffen (Duromeren oder amorphen Thermoplasten) die Reißfestigkeit σ$_R$ (oder auch die Zugfestigkeit R_m) und die Reißdehnung ε$_R$, z.B. bei PF, GFK, PS.

b) bei hart-zähen Kunststoffen die Zugfestigkeit R_m und die Reißdehnung ε$_R$, z.B. bei PVC-hart, PMMA.

c) bei teilkristallinen Thermoplasten tritt eine Streckgrenze auf: die Streckspannung R_e, die Dehnung bei der Streckspannung ε$_S$, ferner σ$_R$ (oder R_m) und ε$_R$, z.B. bei PE, PP, PA, PC.

d) bei gummielastischen Kunststoffen σ$_R$ (oder R_m) und ε$_R$, z.B. bei PVC-weich, Gummi.

auch unterhalb der Streckgrenze tritt eine bleibende Verformung auf. Diese wird verursacht durch Gleitung der Moleküle, also durch Überwindung der Nebenvalenzkräfte. Je kürzer die Ketten sind und je weniger sie miteinander verzahnt (auch durch Füllstoffe) oder vernetzt sind, um so stärker ist der Effekt ausgeprägt. Andererseits verhalten sich Duromere, besonders glasfaserverstärkte, wesentlich stabiler.

Bei der Ermittlung der Zeitstandfestigkeit unterscheidet man zwei Arten:

- Retardation: Bei konstanter Belastung nimmt die Dehnung allmählich zu (Bild 8.35; Kriechkurve);
- Relaxation: Bei konstanter Dehnung fällt die Spannung allmählich ab (Bild 8.36).

Praktisch wird wegen des höheren Aufwandes die Ermittlung der Relaxation weniger durchgeführt. Stattdessen zeichnet man die Kriechkurve um in das Relaxations- oder *Zeitstandsschaubild*. Daraus wieder kann man das *isochrone Spannungs-Dehnungs-Diagramm* umzeichnen (Bild 8.37; schematisch).

Man erkennt daran, daß ein hartes Material bei langer Belastung weicher erscheint. Entsprechend der Steigung der Anfangskurven fällt auch der Elastizitätsmodul. Wegen des gleichmäßigen Verlaufs der Kurven sind Extrapolationen auf längere Zeiten zulässig; das ist z. B. wichtig bei neuen Kunststoffen.

Oft werden in diese Diagramme auch die Zeitbruchlinie (bei einer bestimmten hohen Spannung reißen die Hauptvalenzbindungen auf) und die Schadenslinie (bei einer niedri-

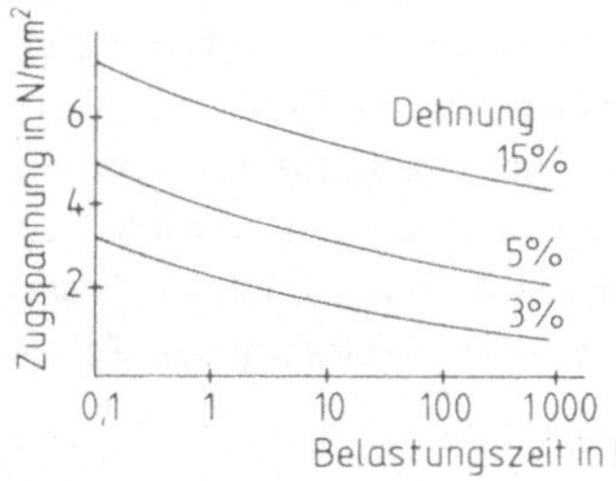

Bild 8.35 Retardation von PA 66 bei 20 °C

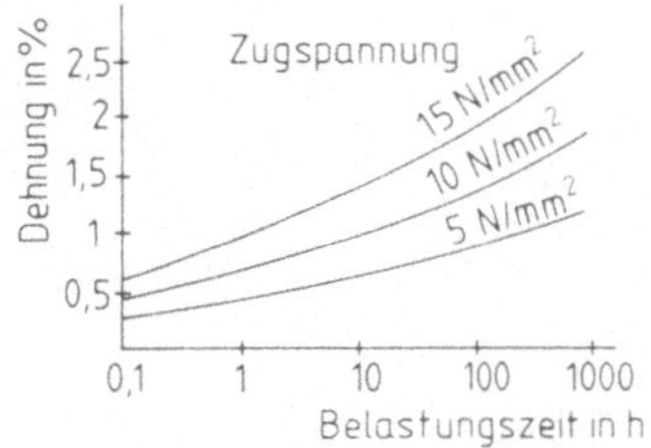

Bild 8.36 Relaxation von HDPE bei 20 °C

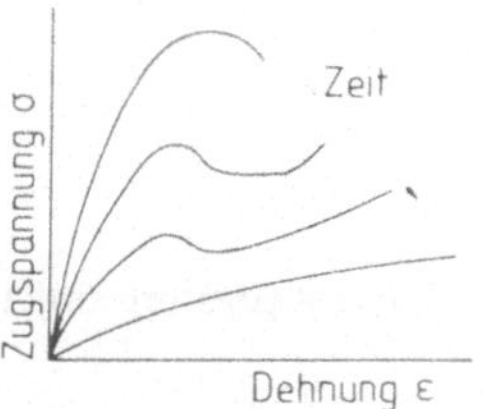

Bild 8.37 Isochrone σ-ϵ-Diagramme

geren Spannung treten erste Schädigungen auf, z. B. Spannungsrisse) eingezeichnet.

Für überschlägige Berechnungen aus der Kurzzeitfestigkeit genügen häufig auch die folgenden Faustregeln:

Die Zugfestigkeit von Thermoplasten sinkt
nach   1 000 h auf 50 %;
nach   10 000 h auf 40 %;
nach 100 000 h auf 35 %.

Die Zugfestigkeit von GFK sinkt
nach   10 000 h auf 65 %;
nach 100 000 h auf 60 %.

Abweichend von dieser Regel verhalten sich die folgenden Thermoplaste, die Konstruktionswerkstoffe sind, kriechfester: PB, POM, PC, PPO, PI und die neuen S-haltigen Polymere. Eine weitere Verbesserung tritt durch Füllstoffe ein.

Die *Temperaturstandfestigkeit* zeigt ähnliche Abhängigkeiten. Auch unterhalb der Erweichungs- bzw. Kristallitschmelztemperatur fällt die Kurzzeit-Zugfestigkeit ziemlich gleichmäßig ab (Bild 8.38). Deshalb kann man auch hier überschlägig die folgenden Verminderungen gegenüber der Raumtemperatur vornehmen:

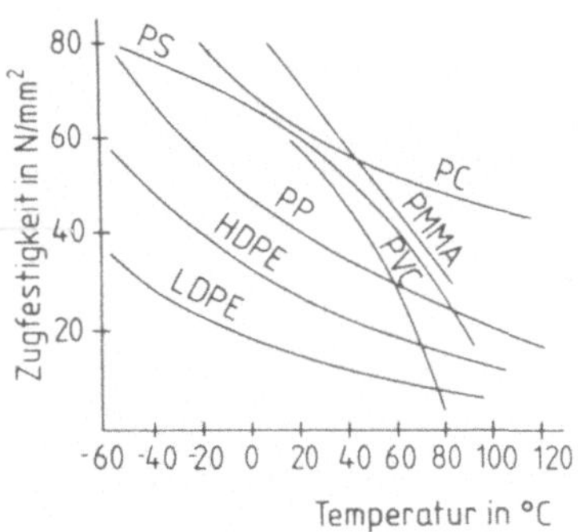

Bild 8.38 Temperaturabhängigkeit der Zugfestigkeit einiger Thermoplaste

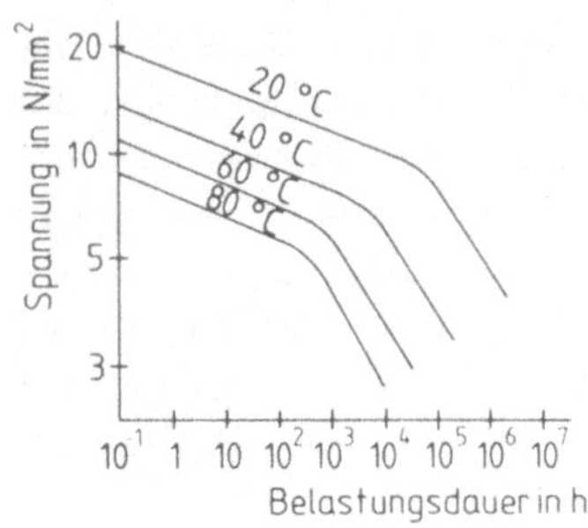

Bild 8.39 Zeitstandfestigkeit von HDPE

Die Zugfestigkeit von Thermoplasten sinkt bei

40 °C auf 70 %;
60 °C auf 50 %;
80 °C auf 35 %;
100 °C auf 25 %.

Diese Werte gelten natürlich nur, wenn keine Umwandlungspunkte überschritten werden, z. B. PVC bei 75 °C ET.

Duromere dagegen behalten ihre Festigkeit bis zur Zersetzungstemperatur fast konstant bei.

In der Verwendung tritt oft eine kombinierte Zeit- und Temperaturbeanspruchung auf, z. B. bei Heißwasserdruckrohren, so daß die langfristig einsetzbare Spannung interessiert. Ein Beispiel zeigt Bild 8.39.

Neben der Zugfestigkeit oder dem Druck sind häufig noch andere Eigenschaften bei erhöhter Temperatur von Bedeutung, z. B. die *Formstabilität* (gemessen nach *Martens* als Auslenkung eines Kunststoffstabes bei steigender Temperatur, oder nach *Vikat* als Eindringen einer Stahlnadel in die Kunststoffoberfläche, oder die Halbfestigkeitstemperatur, bei der die Zugfestigkeit auf die Hälfte gesunken ist), ferner die Schlagzähigkeit, der Gewichtsverlust und die elektrische Isolation. Manchmal muß die Temperatur auch in Kombination mit speziellen klimatischen oder chemischen Einflüssen beachtet werden. Die

Kunststoffhersteller liefern entsprechende Anhaltszahlen.

Für eine allgemeine Beanspruchung gelten die folgenden *Gebrauchstemperaturen* bei einer Belastungsdauer von über 3 Jahren:

max. 100 °C für PVC, PS, Polyolefine, PMMA, PPO, POM, PETP, PBTP.
100 ... 150 °C für PC, PF, UF, MF, EP, PUR, UP, PA.
150 ... 200 °C für SI, S-haltige Polymere, Fluorkunststoffe (außer PTFE), PF (Sondertypen), MF (Sondertypen).
über 200 °C für PI, PTFE und einige neue spezielle Kunststoffe.

Durch Füllstoffe und Wärmestabilisierung kann die Gebrauchstemperatur erheblich gesteigert werden.

Der *Einfluß niedriger Temperaturen* kann insbesondere in Schlag- und Kerbschlagversuchen ermittelt werden. Wie bei Metallen tritt in der Zähigkeits-Temperatur-Kurve ein Steilabfall mit sinkender Temperatur ein, d. h. auch Kunststoffe verspröden in der Kälte. Aus dem Vergleich der Schlag- und Kerbschlagzähigkeit eines Werkstoffes kann die Kerbempfindlichkeit abgeleitet werden, die z. B. bei PVC und PS relativ hoch ist. Faserverstärkte Kunststoffe ergeben große Zähigkeitswerte.

8.12.3 Thermische Eigenschaften

Wärmeleitfähigkeit

Alle Kunststoffe zeigen im Vergleich zu den Metallen eine außerordentlich niedrige Wärmeleitfähigkeit, besonders die Schaumstoffe (Wärme- und Kälteisolation). Durch Füllstoffe kann sie evtl. erhöht werden.
Werte — ungefüllt — liegen zwischen 0,14 W/m · K (PVC) und 0,4 W/m · K (HDPE), bei gefüllten Duromeren (PF, Typ 12) bis 0,75 W/m · K. Die Werte für W/m · K liegen bei Schaumstoffen zwischen 0,017 (PUR), 0,035 (EPS) und 0,05 (PE-Schaum); zum Vergleich seien hier einige Metallwerte angegeben: Kupfer 340, Aluminium 230, Eisen 72.
Die Wärmeleitfähigkeit steigt mit der Temperatur geringfügig an; sie ist etwas abhängig von der Orientierungsrichtung im Material, und zwar ist sie senkrecht zu ihr niedriger.

Wärmeausdehnung

Die Werte liegen im allgemeinen höher als bei Metallen; sie werden erniedrigt durch Füllstoffe, besonders durch Glasfasern.
$60 \ldots 80 \cdot 10^{-6} \mathrm{K}^{-1}$ für PS, PVC, PA, PMMA, PC, POM, PETP, PBTP und ungefüllte PF, MF, EP, UP;
$100 \ldots 200 \cdot 10^{-6} \mathrm{K}^{-1}$ für Polyolefine, PUR, PTFE, CN, CA, CAB;
$12 \ldots 50 \cdot 10^{-6} \mathrm{K}^{-1}$ für verstärkte Duromere, besonders GFK.
Zum Vergleich einige Metallwerte: Stahl ca. 11, Invar-Stahl 1, Kupfer 17, Aluminium $23 \cdot 10^{-6} \mathrm{K}^{-1}$.
Die Wärmeausdehnung nimmt bei Thermoplasten mit steigender Orientierung und Kristallinität wegen der dichteren Packung ab. Dadurch kann z. B. bei einem schnell abgekühlten Spritzgußteil mit entsprechend großen amorphen Bereichen beim nachträglichen Erwärmen durch die Kristallisation eine Schwindung eintreten.
Da sich an Umwandlungspunkten eine andere Struktur einstellt, ändert sich hier auch der Ausdehnungskoeffizient.

Spezifische Wärme c_p

Das ist bekanntlich die Wärmemenge, die je kg Masse zugeführt werden muß, um die Temperatur um 1 K zu erhöhen. Die Werte liegen höher als bei Metallen: c_p = 1,0 kJ/kg · K (PVC) bis 2,1 kg/kg · K (LDPE). Zum Vergleich: Stahl 0,46; Kupfer 0,38; Aluminium 0,89 kJ/kg · K.
c_p nimmt mit der Temperatur zu, wobei an Umwandlungspunkten Unstetigkeiten auftreten (Bild 8.40). Durch Messung von c_p erhält man also eine Methode, die Umwandlungspunkte exakt zu ermitteln, besonders den Kristallitschmelzbereich von teilkristallinen Thermoplasten.

8.12.4 Elektrische Eigenschaften

Kunststoffe sind die wichtigsten Isolierstoffe in der Elektrotechnik, insbesondere wegen der leichten Formgebung, z. B. im Vergleich zu keramischen Materialien. Je nach der speziellen Verwendung werden verschiedene Anforderungen an Isolatoren gestellt.

Spezifischer Durchgangswiderstand R_D

Dieser wichtigste Isolationswert liegt bei Kunststoffen extrem hoch: $R_D = 10^8 \ldots$ $\ldots 10^{18} \ \Omega \cdot$ cm. Er ist erklärlich durch das Fehlen freier Elektronen, denn es treten nur kovalente Bindungen auf. Auch durch Energiezuführung werden kaum Valenzelektronen frei. Die geringe Restleitfähigkeit ist auf

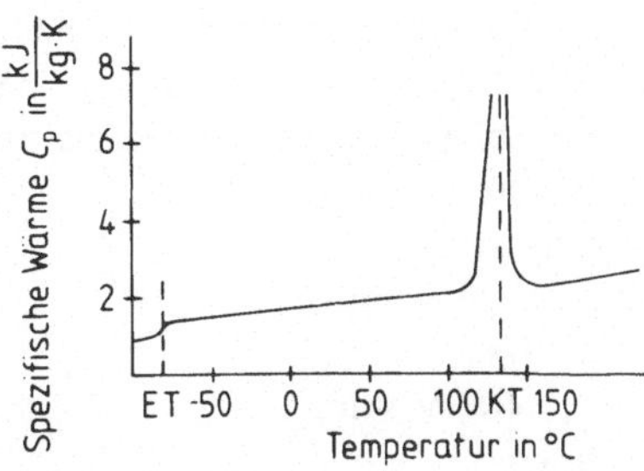

Bild 8.40 Temperaturabhängigkeit der spezifischen Wärme C_P von HDPE

Ionenwanderung zurückzuführen. In polaren Kunststoffen bewirken die inneren Felder eine Aufspaltung von Verunreinigungen, Füllstoffen u. dgl. in Ionen, und es wird zusätzlich mehr Wasser (stark polar) aufgenommen, das die Ionenwanderung verstärkt. Deshalb weisen die unpolaren Kunststoffe höhere Widerstandswerte auf:

Unpolare Kunststoffe, z. B. PE, PP, PS, PTFE, PC:

$$R_D = 10^{16} \ldots 10^{18}\ \Omega \cdot cm$$

Polare Kunststoffe, z. B. PVC, PMMA, PA, ABS, PUR:

$$R_D = 10^{12} \ldots 10^{16}\ \Omega \cdot cm$$

Gefüllte Duromere, z. B. PF, MF, UP, EP:

$$R_D = 10^{8} \ldots 10^{12}\ \Omega \cdot cm$$

Der spezifische Durchgangswiderstand fällt bei höherer Temperatur ab, denn die Ionendiffusion steigt; auch eingelagerte Feuchtigkeit, z. B. bei PA und CN senkt R_D.

Der *Oberflächenwiderstand* liegt im allgemeinen um eine bis zwei Potenzen niedriger, denn in ihm sind die äußeren Einflüsse wie Staub, Feuchtigkeit u. a. mit enthalten.

Durchschlagfestigkeit E_D

Sie ist für die Hochspannung wichtig und gibt den auf die Probendicke bezogenen kV-Wert an, bei dem der Isolator plötzlich leitend wird. Der Durchschlag ist hauptsächlich auf freie Elektronen zurückzuführen, die durch den Aufprall der schnellen Feldelektronen auf die Valenzelektronen gebildet werden. Hinzu kommt ein Wärmedurchschlag: Die steigende Elektronen- und Ionenbewegung hat eine innere Erwärmung zur Folge, und die schlechte Wärmeleitfähigkeit schaukelt diesen Vorgang hoch. Nach der Erklärung von R_D weiter oben weisen die unpolaren Kunststoffe höhere Werte auf:

unpolare Kunststoffe

$$E_D = 40 \ldots 100\ kV/mm;$$

polare Kunststoffe

$$E_D = 15 \ldots\ 40\ kV/mm;$$

gefüllte Duromere

$$E_D = 5 \ldots 15\ kV/mm.$$

Mit steigender Temperatur und Frequenz nimmt E_D ab. Die exakte Ermittlung der Werte ist schwierig durch den Einfluß von Feuchtigkeit, Inhomogenitäten, inneren Spannungen, Kristallinität (es können Entladungskanäle an den Kristallgrenzen auftreten) und der Dicke des Isolators. Im Kunststoff können Elektronenlawinen entstehen, deren Bildung vom Weg abhängig ist: Bei dünnen Folien z. B. können sie sich nicht voll entwickeln, so daß diese extrem hohe E_D-Werte zeigen.

Kriechstromfestigkeit

Sie ist ein spezieller Oberflächenwiderstand, der sich einstellt, wenn sich zwischen zwei Elektroden auf der Oberfläche eines Isolators (z. B. einer gedruckten Schaltung) eine leitende Flüssigkeit befindet, die beim Stromdurchgang erwärmt und verdampft wird. Dadurch kann sich der Kunststoff so zersetzen, daß ein leitender Kriechweg, z. B. als Kohlenstoffgerüst, entsteht.

Nach dem neuen Verfahren KC wird die maximale Spannung in Volt angegeben, bei der ein Kunststoff 50 Tropfen aushält, ohne leitend zu werden.

KC > 600 V: PTFE, PE, PP, UP, ABS, PPO, POM, CN, CA;

KC 300 … 600 V: PVC, EP, UF, MF, PA, PBTP;

KC < 300 V: PF, PC, PMMA, PS, SB, SAN.

Dielektrische Eigenschaften

Diese ergeben sich aus der inneren Polarisierung der Kunststoffe. Man unterscheidet zwei Arten:

- *Orientierungspolarisation* bei polaren Kunststoffen. Die ungeordneten Dipole werden von dem elektrischen Strom mit großem Energieaufwand in Feldrichtung gedreht.
- *Elektronenpolarisation* bei allen Kunststoffen. Von dem elektrischen Feld werden die Elektronenhüllen gegenüber den Atomkernen verschoben. Dadurch bilden sich Dipole, aber mit geringerem Energieaufwand.

Maßzahl für die Polarisierung eines Stoffes ist die dimensionslose *Dielektrizitätszahl* ϵ_r, die angibt, um welchen Faktor die Kapazität eines Kondensators vergrößert wird, wenn dieser statt eines Vakuums darin enthalten ist (Der Kondensator verkörpert im Versuch jeden Isolator allgemein). Erklärung für diese Vergrößerung: die Polarisierung ist dem elektrischen Feld entgegengerichtet.

Unpolare Kunststoffe:

$\epsilon_r = 2 \ldots 3$;

Polare Kunststoffe:

$\epsilon_r = 3 \ldots 6$;

Gefüllte Duromere:

$\epsilon_r = 4 \ldots 10$.

Je nach der Verwendung sollen die Werte groß (bei Kondensatoren) oder klein (z. B. bei der Kabelisolation) sein.

Im elektrischen *Wechselfeld* findet eine dauernde Umpolarisierung der polaren Moleküle statt, die zur Erwärmung des Werkstoffes durch innere Reibung führt. Das elektrische Feld wird dadurch entsprechend geschwächt (Energieabsorption des Kunststoffes). Maßzahl dieser Verluste ist der *dielektrische Verlustfaktor* $\tan \delta$, die Phasenverschiebung zwischen Strom und Spannung.

Unpolare Kunststoffe:

$\tan \delta < 0,001$;

Polare Kunststoffe:

$\tan \delta = 0,002 \ldots 0,1$;

Gefüllte Duromere:

$\tan \delta = 0,01 \ldots 0,5$.

Diese Vorgänge sind zeit- und damit auch frequenzabhängig, denn die Polarisierung benötigt eine gewisse Zeit. Mit steigender Frequenz können die Dipole dem Feld nicht folgen, d. h. $\tan \delta$ und ϵ_r werden kleiner. Andererseits sind die molekularen Teile schwingungsfähig und besitzen eine gewisse Eigenfrequenz. Das erregende Feld kann deshalb Resonanzen hervorrufen, d. h. die Schwingungen schaukeln sich zu einem Maximum auf. Entsprechend wird $\tan \delta$ in einem breiten Bereich maximal, so daß der Verzögerungseffekt stark zurücktritt. Die Frequenzlage des Maximums ist bei den einzelnen Kunststoffen unterschiedlich.

Unpolare Kunststoffe sind nur wenig von der Frequenz abhängig, da die Elektronenpolarisation relativ geringe Energie benötigt. Auch die Abhängigkeit von der Temperatur ist bei polaren Kunststoffen ausgeprägter. Die permanenten Dipole werden in der Wärme besser beweglich, $\tan \delta$ steigt also. Mit steigender Temperatur kommt es zu strukturbedingten typischen Maxima, z. B. an der Erweichungstemperatur.

Die oben und in den Tabellen angegebenen Werte beziehen sich auf 20 °C und 800 Hz. Polare Kunststoffe können bei niedriger Frequenz ohne weiteres verwendet werden, denn die Erwärmung erfolgt linear zur Frequenz. Die Hochfrequenzerhitzung wird z. B. bei PVC zum Verschweißen ausgenutzt.

Die Lage der Maxima erlaubt weitgehende Rückschlüsse auf die Struktur der Kunststoffe, denn sie ist ein Zeichen für die Beweglichkeit von Molekülteilen, z. B. in Abhängigkeit von Kristallisation, Verstrecken, Vernetzung, Alterung, Zusatz von Weichmachern oder Füllstoffen, Veränderungen der Seitenäste oder Verzweigungen.

8.12.5 Beständigkeit und Gasdurchlässigkeit

Witterungsbeständigkeit

Darunter soll der Einfluß von Licht, UV- und anderen Strahlen, von Sauerstoff, Wärme, Kälte und Feuchtigkeit verstanden werden, oft auch zusammengefaßt als Alterung. Die Wirkung auf die einzelnen Kunststoffe ist unterschiedlich und recht kompliziert, besonders bei Überlagerung und Wechsel der Einflüsse.

Licht bewirkt Farbänderungen und chemischen Abbau (Depolymerisation), insbesondere bei Anwesenheit von Sauerstoff. Strahlung großer Intensität führt zur Vernetzung. Licht und Wärme haben die Verdunstung gelöster Stoffe, z. B. der Weichmacher, zur Folge; Kälte verringert die Verformbarkeit. Die Änderung der mechanischen Eigenschaften ist dementsprechend verschieden; sie reicht vom Erweichen bis zur Versprödung.

Einige typische Beispiele:
PF dunkelt im Licht stark nach;
PS vergilbt bei langer Licht- und Sauer-
stoff-Einwirkung, ist aber stabilisierbar;
PVC spaltet bei intensivem Licht Salzsäure HCl ab; mit Sauerstoff tritt eine Vernetzung ein (stabilisieren!);
Polyolefine werden oxidativ abgebaut und
sind stabilisierbar;
Gummi altert stark: Vernetzung und auch
Abbau durch Sauerstoff.
Feuchtigkeit wird besonders an hygrosko-
pische Molekülgruppen (z. B. bei PA, CA,
CN) oder an organische Füllstoffe wie Holzmehl oder Zellulose angelagert und führt zu
erhöhter Zähigkeit, aber auch stärkerer Quellung und Absinken der Festigkeit, sowie einer verringerten elektrischen Isolation.
Zur Untersuchung sind umfangreiche Tests
entwickelt worden, die häufig im Zeitraffer
arbeiten.

Chemikalienbeständigkeit

Allgemein sind die Kunststoffe in dieser Hinsicht den Metallen überlegen; sie werden oft
als Korrosionsschutz, besonders bei Stahl,
verwendet. Während die Metalle von der Oberfläche her abgebaut werden, dringen die Chemikalien in die Kunststoffe ein, quellen sie
zuerst auf (Lockerung der sekundären Bindungskräfte) und lösen sie dann eventuell
(die sekundären Bindungskräfte werden null).
Demnach sind Duromere nur quellbar, nicht
löslich. Diese Vorgänge unterliegen den Dif-
fusionsgesetzen und sind damit abhängig von
der Konzentration des angreifenden Stoffes,
von der Temperatur, von Größe und Art der
Oberfläche sowie von der Zeit. Vorherrschend
jedoch gelten die kunststofftypischen Abhängigkeiten, z. B.:
– Packungsdichte: je lockerer die Moleküle
  liegen, um so besser dringt der Stoff ein.
  Danach verhalten sich teilkristalline Ter-
  moplaste beständiger als morphe; auch
  steigende Kettenlänge ist besser.
– Polarität: unpolare Stoffe wie Benzin,
  Benzol, Tetrachlorkohlenstoff greifen un-

polare Kunststoffe verstärkt an, polare
Stoffe dagegen wie Wasser, Alkohol, Phenol die polaren Kunststoffe. Insgesamt
aber sind die unpolaren Kunststoffe wesentlich beständiger.
– chemische Affinität: PS mit seinen Ben-
  zolringen ist empfindlich gegen aromatische Verbindungen, Estergruppen gegen
  starke Säuren und Laugen, OH- und
  CONH-Gruppen gegen Wasser.
– Bindungskräfte innerhalb der Makromoleküle: die stabilen Halogen-C-Bindungen ergeben eine hohe Beständigkeit (Fluorkarbonate, PVC).
– chemische Konstitution: die Polyolefine
  sind, wie alle Paraffine, reaktionsträge.
– Doppelbindungen sind bestrebt, sich ab-
  zusättigen (Gummi).
– Weichmacher und Füllstoffe müssen mit
  ihrer jeweiligen Beständigkeit berücksichtigt werden.
Diese Einflüsse überlagern sich recht unterschiedlich. So ist das unpolare aber hoch-
kristalline HDPE beständig gegen Benzin
(PKW-Kanister).
Die Chemikalienbeständigkeit im einzelnen
muß detaillierten Tabellen der Kunststoffhersteller entnommen werden. Extrem beständig verhalten sich die Fluorkarbonate,
PPS und PI; gut beständig SI, Polyolefine
und PVC.
Verstärkt werden die chemischen Angriffe
durch innere oder äußere Spannungen im
Material. In die Grenzen zwischen den
amorphen und orientierten Bereichen dringen die Lösungsmittel bevorzugt ein, bewirken Gleitvorgänge und damit Risse (Spannungsrißkorrosion).

Gasdurchlässigkeit

Die Permeation – wichtig besonders bei Verpackungen, bei Flaschen für CO_2-haltige Getränke, bei Rohren und Dichtungen – ist
ebenfalls ein Diffusionsvorgang. Maßzahl ist
der Permeationskoeffizient mit den Einhei-
ten:

$$\frac{g}{cm \cdot h \cdot mbar} \cdot 10^9 \quad \text{für Wasserdampf,}$$

$$\frac{cm^3}{cm \cdot h \cdot mbar} \cdot 10^{12} \quad \text{für Gase.}$$

Auch hier spielen die kunststofftypischen Abhängigkeiten eine entscheidende Rolle. Z. B. ist CO_2 unpolar (starke Durchlässigkeit bei PE); H_2O und NH_3 sind polar; HDPE ist dichter als LDPE; durch Recken wird die Durchlässigkeit verringert. Einige typische Werte bei 20 °C zeigt Tabelle 8.18. Die extrem gasdichten Barriere-Kunststoffe, insbesonders gegenüber der Kohlensäure,

Tabelle 8.18 Gasdurchlässigkeit einiger Kunststoffe

Werkstoff	H_2O	CO_2	Luft
HDPE	0,5	400	45
PVC	7	10	1
PA	30	40	3

werden neuerdings hauptsächlich auf der Basis von PAN entwickelt (ein Copolymerisat, um es besser verarbeiten zu können), oder man stellt wegen der unterschiedlichen Permeabilität Verbundwerkstoffe her.

Literatur

Systematik der Werkstoffe

W. J. Moore: Der feste Zustand, Verlag Vieweg, Braunschweig 1977
Ch. Kittel: Einführung in die Festkörperphysik, R. Oldenbourg, München, Wien 1976

Metallische Werkstoffe

Verein Deutscher Eisenhüttenleute (Hrsg.): Metallphysik, Verlag Stahleisen, Düsseldorf 1967
G. E. R. Schulze: Metallphysik, Springer-Verlag, Wien, New York 1974
L. Pauling: Die Natur der chemischen Bindung, Verlag Chemie, Weinheim 1962

Grundlagen der Metallkunde und der Metallphysik

P. Haasen: Physikalische Metallkunde, Springer-Verlag, Berlin, Heidelberg, New York 1974
E. Hornbogen: Werkstoffe, Springer-Verlag, Berlin, Heidelberg, New York 1979
A. Seeger: Moderne Probleme der Metallphysik, Band I, Fehlstellen, Plastizität, Strahlen-
schädigung, Elektronentheorie, Springer-Verlag, Berlin, Heidelberg, New York 1965
H. Schumann: Metallographie, VEB Deutscher Verlag für Grundstoffindustrie, Leipzig 1969
J. Hansen, F. Beiner: Heterogene Gleichgewichte, Walter de Gruyter, Berlin, New York 1974
H. Böhm: Einführung in die Metallkunde, BI Hochschultaschenbücher-Verlag, Bibliographisches
Institut, Mannheim, Zürich 1968
W. Dahl: Grundlagen des Festigkeits- und Bruchverhaltens, Verlag Stahleisen, Düsseldorf 1974
G. Wassermann, J. Grewen: Texturen metallischer Werkstoffe, Springer-Verlag, Berlin,
Göttingen, Heidelberg 1962
H. P. Stüwe: Mechanische Anisotropie, Springer-Verlag, Wien New York 1974
D. Horstmann: Das Zustandsschaubild Eisen-Kohlenstoff und die Grundlagen der Wärme-
behandlung der Eisen-Kohlenstoff-Legierungen, Verlag Stahleisen, Düsseldorf 1961
E. Macherauch: Praktikum in Werkstoffkunde, Verlag Vieweg, Braunschweig 1970
G. Wassermann: Praktikum der Metallkunde und Werkstoffprüfung, Springer-Verlag, Berlin,
Heidelberg, New York 1965
Vacuumschmelze GmbH (Hrsg.): Weichmagnetische Werkstoffe, Siemens-Aktiengesellschaft,
Berlin, München 1977
C. Heck: Magnetische Werkstoffe und ihre technische Anwendung, Hüthig-Verlag,
Heidelberg 1975
W. Harth: Halbleitertechnologie, B. G. Teubner, Stuttgart 1972
P. Guillery, R. Hezel, B. Reppich: Werkstoffkunde für Elektroingenieure, Verlag Vieweg,
Braunschweig 1978

Metallkunde der Stähle

E. Houdremont: Handbuch der Sonderstahlkunde, Springer-Verlag, Berlin, Göttingen,
   Heidelberg 1956
F. Rapatz: Die Edelstähle, Springer-Verlag, Berlin, Göttingen, Heidelberg 1962
Verein Deutscher Eisenhüttenleute (Hrsg.): Werkstoffkunde der gebräuchlichen Stähle Teil I
   und Teil II, Verlag Stahleisen, Düsseldorf 1977
H.-J. Eckstein: Wärmebehandlung von Stahl, VEB Deutscher Verlag für Grundstoffindustrie,
   Leipzig 1971
L. Habraken, J. L. de Brouwer: De Ferri Metallographia Bd. I, Grundlagen der Metallographie,
   Presses Académiques Européennes S. C., Brüssel 1966
A. Schrader, A. Rose: De Ferri Metallographia Bd. II, Gefüge der Stähle, Verlag Stahleisen,
   Düsseldorf 1966
A. Pokorny, J. Pokorny: De Ferri Metallographia Bd. III, Erstarrung und Verformung der Stähle,
   Editions Berger-Levrault, Paris, Nancy 1966
Edelstahl-Vereinigung e.V. und Verein Deutscher Eisenhüttenleute (Hrsg.): Nichtrostende
   Stähle, Verlag Stahleisen, Düsseldorf 1977

Gußeisenwerkstoffe

E. Piwowarsky: Hochwertiges Gußeisen, Springer-Verlag, Berlin, Göttingen, Heidelberg 1958
W. Patterson (Bearb.): Gußeisen-Handbuch, Gießerei-Verlag, Düsseldorf 1963
Zentrale für Gußverwendung (Hrsg.): Gießen heute, VDI-Verlag, Düsseldorf
K. Röhrig, D. Wolters: Legiertes Gußeisen, Gießerei-Verlag, Düsseldorf 1970
J. C. Thieme, S. Ammareller: Walzwerkswalzen, Hrsg. Climax Molybdenum Company, Zürich

Metallkunde der Nichteisenmetalle

Werkstoffhandbuch Nichteisenmetalle, VDI-Verlag, Düsseldorf 1963
Vereinigte Deutsche Metallwerke AG (Hrsg.): VDM-Handbuch, Selbstverlag der Vereinigte
   Deutsche Metallwerke AG, Frankfurt/Main 1964
Wieland-Werke AG (Hrsg.): Wieland-Buch, Kupferwerkstoffe, Selbstverlag der Wieland-Werke AG,
   Ulm 1978
D. Altenpohl: Aluminium und Aluminiumlegierungen, Springer-Verlag, Berlin, Heidelberg,
   New York 1965
U. Zwicker: Titan und Titanlegierungen, Springer-Verlag, Berlin, Heidelberg, New York 1974
K. E. Volk: Nickel und Nickellegierungen, Springer-Verlag, Berlin, Heidelberg, New York 1970
Zink-Taschenbuch, Metall-Verlag, Düsseldorf 1959
W. Hofmann: Blei und Bleilegierungen, Springer-Verlag, Berlin, Göttingen, Heidelberg 1962

Verbund- und Sinterwerkstoffe

R. Kiefer, W. Hotop: Pulvermetallurgie und Sinterwerkstoffe, Springer-Verlag, Berlin,
   Göttingen, Heidelberg 1948
F. Eisenkolb, F. Thümmler: Fortschritte der Pulvermetallurgie, Bd. I und Bd. II, Akademie-
   Verlag, Berlin 1963

R. Kiefer, F. Benesovski: Hartmetalle, Springer-Verlag, Berlin, Heidelberg, New York 1965

K. Schüler, K. Brinkmann: Dauermagnete, Werkstoffe und Anwendungen, Springer-Verlag, Berlin, Heidelberg, New York 1970

Kunststoffe

H. Saechtling: Kunststoff-Taschenbuch, Carl Hanser Verlag, München 1977

K. Stoeckhert: Kunststoff-Lexikon, Carl Hanser Verlag, München 1975

G. Menges: Einführung in die Kunststoff-Verarbeitung, Carl Hanser Verlag, München 1975

G. Menges: Werkstoffkunde der Kunststoffe, Carl Hanser Verlag, München 1979

K. Biederbick: Kunststoffe, Vogel-Verlag, Würzburg 1974

H. Käufer: Arbeiten mit Kunststoffen, Springer-Verlag, Berlin 1978

H. Elias: Neue polymere Werkstoffe, Carl Hanser Verlag, München 1975

G. Schulz: Die Kunststoffe, Carl Hanser Verlag, München 1964

F. Wagner: Kunststoffe in der Praxis, Verlag Girardet, Essen 1976

S. Haenle, B. Gnauck, G. Harsch: Praktikum der Kunststofftechnik, Carl Hanser Verlag, München 1972

W. Hellerich, G. Harsch, S. Haenle: Werkstoff-Führer Kunststoffe, Carl Hanser Verlag, München 1975

E. Behr: Hochtemperaturbeständige Kunststoffe, Carl Hanser Verlag, München 1969

M. v. Meysenbug: Kunststoffkunde für Ingenieure, Carl Hanser Verlag, München 1968

R. Lenk: Rheologie der Kunststoffe, Carl Hanser Verlag, München 1971

H. Domininghaus: Einführung in die Technologie der Kunststoffe, Farbwerke Hoechst A.G.

BASF: Kunststoff-Physik im Gespräch

Sachwortverzeichnis

Lehr- und Lernsystem
Maschinenelemente

(Approbiert für die höheren und technischen und gewerblichen Lehranstalten in der Republik Öster-
reich mit Az. ZL 25.091/1–14a/77; Lehrb. u. Aufgabensammlung).

Hermann Roloff u. Wilhelm Matek
Maschinenelemente

Normung — Berechnung — Gestaltung. Unter Mitarbeit von Dieter Muhs und Herbert Wittel. Mit
436 Abb., 48 Tabellen + Tabellenanhang. 7., durchges. u. verb. Aufl. 1976. XV, 608 S. + 96 S. Anhang.
DIN C 5 (Viewegs Fachbücher der Technik). Gbd.

Hermann Roloff, Wilhelm Matek, Dieter Muhs u. Herbert Wittel
Aufgabensammlung Maschinenelemente

Aufgaben — Lösungshinweise — Ergebnisse. Mit 329 Abb. u. 393 Aufg. 4., neubearb. Aufl. 1975. IV,
331 S. DIN C 5 (Viewegs Fachbücher der Technik). Kart.

Arbeitstransparente Maschinenelemente

Ausgewählt und zusammengestellt von Gerhard Wersten unter Mitarbeit von Wilhelm Matek, Dieter
Muhs und Herbert Wittel. 50 Arbeitstransparente 2-farbig. 26 X 26 cm. In Kassette

Günter Born und Herbert Heitmann
Projektaufgaben Maschinenelemente

Gestaltet und berechnet. Mit 48 Konstruktionszeichnungen. 1978. VI, 129 S. DIN C 5 (Viewegs
Fachbücher der Technik). Kart.

Von den üblichen Aufgabensammlungen unterscheidet sich das Buch dadurch, daß komplexe Kon-
struktionseinheiten (Projekte) analysiert und gelöst werden. Dabei muß der Zusammenhang der
einzelnen Grundaufgaben untereinander berücksichtigt werden. Ein Einzelteil wird also nicht isoliert
betrachtet, sondern seine Auswirkungen auf das gesamte Projekt und umgekehrt der Einfluß des Pro-
jektes auf die Gestaltung des Einzelteiles wird durchdacht und berechnet. Das Buch eignet sich besonders für die Vorbereitung auf Abschlußklausuren. Es ermöglicht dem Praktiker seine Erfahrungen in
zeitgemäße Rechnungsgänge umzusetzen.

Alfred Böge (Hrsg.)

Arbeitshilfen für das technische Studium

Diese Bände helfen Schülern und Studenten an Fachhochschulen und Fachschulen, Berufsaufbauschulen, Fachoberschulen und Fachgymnasien im Unterricht und beim Selbststudium.

Band 1: Grundlagen

Unter Mitarbeit von Alfred Böge, Klemens Herrmann, Walter Schlemmer und Wolfgang Weißbach. Mit 446 Bildern. 3., überarbeitete Auflage 1980. VIII, 264 Seiten. DIN C 5. Kartoniert

Inhalt: Mathematik / Physik / Chemie / Werkstoffkunde / Statik / Dynamik / Hydrostatik / Festigkeitslehre / Wärmelehre / Elektrotechnik.

Band 2: Konstruktion

Erarbeitet von Alfred Böge, Walter Schlemmer und Heinz Umbach. Hrsg. von Alfred Böge. Mit zahlreichen Abbildungen. 1978. VIII, 152 Seiten. DIN C 5. Kartoniert

Inhalt: Normzahlen, Normmaße, Toleranzen, Passungen, Oberflächen / Schraubenverbindungen / Federn / Achsen / Wellen, Zapfen / Nabenverbindungen / Kupplungen / Lager / Zahnradgetriebe / Flach- und Keilriemengetriebe / Stahlbau.

Band 3: Fertigung

Erarbeitet von Wolfgang Böge und Heinz Wittig. Mit 198 Abbildungen. 1979. VII, 156 Seiten. DIN C 5. Kartoniert

Inhalt: *Spanende Fertigung:* Grundlagen / Drehen / Hobeln und Stoßen / Räumen / Bohren / Fräsen / Schleifen. / Verfahrenübergreifende Informationen. *Spanlose Fertigung:* Einordnung spanloser Fertigungsverfahren / Sintern / Schneiden / Biegen / Tiefziehen / Schmieden / Fließpressen / Grundlagen zu Umformmaschinen.

In Vorbereitung:

Band 4: Elektrotechnik